高等学校教材

CAD/CAM原理与实践

杨　岳　罗意平　主编
李圣怡　　　　　主审

中　国　铁　道　出　版　社

2015年·北京

内 容 简 介

本书为铁道部重点教材。可供高等学校机械设计制造及其自动化专业和相关专业的高年级本科生、研究生使用。

计算机辅助设计与制造(CAD/CAM)是指从设计到制造的整个过程应用计算机进行信息处理、生产管理与控制的技术。本书主要介绍 CAD/CAM 技术的基本原理、开发应用方法、最新 CAD/CAM 软件的应用方法、最新软件开发平台，旨在培养学生 CAD/CAM 技术的实际开发应用能力。

图书在版编目(CIP)数据

CAD/CAM 原理与实践/杨岳等编. —北京:中国铁道出版社,2002.4(2015.12 重印)
高等学校教材
ISBN 978-7-113-04528-9

Ⅰ.C… Ⅱ.杨… Ⅲ.①机械设计:计算机辅助设计-高等学校-教材②机械设计-计算机辅助制造-高等学校-教材 Ⅳ.TH122

中国版本图书馆 CIP 数据核字(2002)第 025332 号

书　　名:CAD/CAM 原理与实践
作　　者:杨岳　罗意平　主编
出版发行:中国铁道出版社(100054,北京市西城区右安门西街 8 号)
责任编辑:赵　静　　编辑部电话:(路电)021—73133　(市电)010—51873133
封面设计:马　利
印　　刷:中国铁道出版社印刷厂
开　　本:787×1092　1/16　印张:28　字数:700 千
版　　本:2002 年 6 月第 1 版　2015 年 12 月第 4 次印刷
印　　数:6 501~8 000 册
书　　号:ISBN 978-7-113-04528-9
定　　价:38.40 元

前　言

计算机辅助设计与制造技术(简称 CAD/CAM 技术)的发展和应用,彻底改变了传统的设计与制造方式,将现代工业中的设计和制造技术带到了一个崭新的阶段。CAD/CAM 已被公认为 20 世纪十大杰出工程技术成果之一。CAD/CAM 技术在提升设计制造信息化自动化水平、缩短产品生产周期、保证产品质量、提高生产管理水平和产品竞争力等方面成效显著。

CAD/CAM 是一门跨多学科的技术,自它诞生起就一直处于不断的发展和完善之中。这一方面是由于它的支撑技术——计算机技术始终处于飞速发展之中,另一方面它自身的理论、方法和实施技术也还在不断地更新和发展。目前,一些成熟的 CAD/CAM 技术和系统在工业中已得到日益广泛的应用。另外,新的概念、方法和功能越来越强大的 CAD/CAM 系统一直层出不穷,为 CAD/CAM 技术的发展和应用不断注入新的活力。

现有的商品化 CAD/CAM 系统已具备较强的计算机辅助设计与制造功能,在某些应用场合已能较好地满足用户的计算机辅助设计与制造方面的要求。另一方面,商品化 CAD/CAM 系统在某些应用实际领域和应用对象上还难以满足用户要求,需要用户或第三方根据实际情况进行 CAD/CAM 应用系统开发或多个系统的集成。为使读者对 CAD/CAM 技术有全面的了解,并具备良好的 CAD/CAM 技术应用开发能力,本书力图向读者阐述清楚五方面的内容:CAD/CAM 及其相关技术的基本原理与方法;CAD/CAM 主要单项技术的基本原理与应用开发方法;中高档 CAD/CAM 系统的应用技术;CAD/CAM 应用系统开发方法和技术;CAD/CAM 技术的最新发展。

CAD/CAM 技术的一个显著特点是它的实践性非常强,很好地掌握和应用它需要通过大量的实践。故在各主要章节中,有的配有一些小的源代码,有的配有 CAD/CAM 软件系统的使用实例,有的配有 CAD/CAM 应用系统开发实例,便于读者加深对 CAD/CAM 技术内涵的理解和掌握。

全书共分十四章。第 1 章介绍了 CAD/CAM 的基本概念、应用范畴和发展历程;第 2 章介绍了 CAD/CAM 系统的硬件和软件构成;第 3 章阐述了 CAD/CAM 的软件技术基础及其工程数据处理等内容;第 4 章阐述了 CAD 图形技术基础;第 5 章阐述了较为实用的 CAD 三维造型技术;第 6 章介绍了计算机辅助工程分析的基本原理和应用;第 7 章介绍了利用 ObjectARX 对 AutoCAD 进行二次开发的技术;第 8 章阐述了计算机辅助工艺过程设计的基本原理与开发技术;第 9 章介绍了计算机辅助生产管理的主要内容及应用;第 10 章介绍计算机辅助质量控制技术;第 11

章介绍了数控程序编制的基本原理和计算机辅助数控编程；第 12 章介绍了 CAD/CAM 应用软件开发方法；第 13 章介绍了 CAD/CAM 系统集成技术；第 14 章介绍了 CAD/CAM 技术一些最新的发展和应用。

本书第 1、6、12、13 章由杨岳编写，第 9、10、14 章由罗意平编写，第 4、5、7 章由刘德福编写，第 2、3 章由周贤编写，第 8 章由李蔚编写，第 11 章由陈峰编写。全书由杨岳制订编写大纲，由杨岳、罗意平负责统稿及主编。

该书承蒙国防科技大学李圣怡教授审稿，在此表示衷心感谢。

本书编写过程中，江雪松、欧阳光、丁建军、王玉国、刘军等参加了有关工作，在此对他们的辛勤工作表示感谢。

限于作者水平有限，书中疏漏与谬误之处难免，请同行和读者予以批评指正。

作　者

2002 年 3 月于中南大学

目 录

第 1 章　CAD/CAM 概述

1.1　CAD/CAM 的基本概念

1.1.1　CAD/CAM 的概念

计算机辅助设计和计算机辅助制造(简称 CAD/CAM)技术是产品设计和制造工程技术人员在计算机系统的辅助之下,合理有效地进行产品设计和制造的一项新技术。CAD/CAM 是传统设计与制造技术与现代计算机技术的有机结合。

计算机辅助设计(Computer Aided Design,简称 CAD)是指工程技术人员以计算机为辅助工具,完成产品设计构思和论证,产品总体设计,技术设计,零部件设计,有关零件的强度、刚度、热、电、磁的分析计算和产品图绘制等工作。一般认为 CAD 系统应包括如下功能:草图设计、零件设计、工程分析、装配设计、产品数据交换等。CAD 系统的功能模型如图 1 - 1 所示,其中矩形盒表示 CAD 系统实现的功能,左侧箭头表示 CAD 系统的输入,右侧箭头表示 CAD 系统的输出,下方箭头表示支持 CAD 系统工作的软硬件环境。

计算机辅助制造（Computer Aided Manufacturing，简称 CAM）有狭义和广义两种定义。狭义 CAM 通常是指计算机辅助数控加工程序的编制，包括刀具路径规划、刀位文件生成、刀具轨迹仿真、NC 代码生成以及与数控机床数控装置的软件接口等。狭义 CAM 系统的功能模型如图1 - 2所示。广义 CAM 一般是指利用计算机辅助完成从生产准备到产品制造整个过程的活动，包括工艺过程设计、工装设计、NC 自动编程、生产作业计划、生产控制、质量控制等。

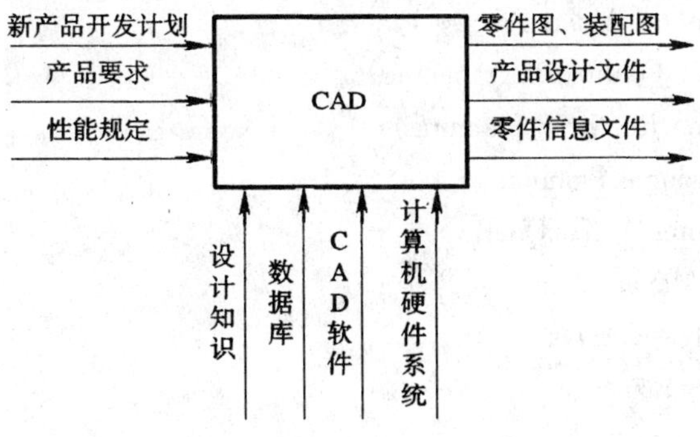

图 1 - 1　CAD 系统功能模型

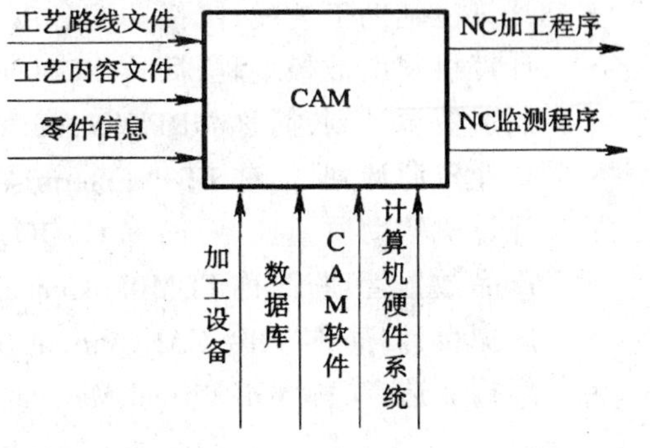

图 1 - 2　狭义 CAM 系统功能模型

1.1.2　产品设计制造过程与 CAD/CAM

图 1 - 3 给出了产品设计制造过程所包括的各个阶段。这是一个串行的过程链,但在实际生产中,有些过程是并行进行的。如在产品设计时,就要考虑产品的可制造性;产品制造过程

中，则始终有生产管理的要求。

在产品设计阶段，从市场需求分析开始的，根据需求确定产品的性能要求，建立产品的总体设计方案，进行综合分析论证；在此基础上设计具体结构，包括结构方案的优化、评估，几何参数、力学特性的分析计算；最后得到产品的设计结果。

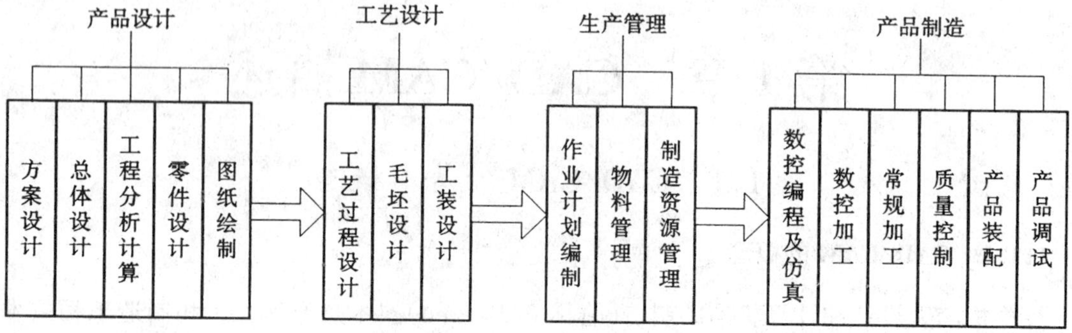

图 1－3　产品设计与制造过程

在工艺设计阶段，需进行生产准备方面的工作，即对产品的几何形状和制造要求作进一步分析，设计产品的加工工艺规程、工艺装备（如刀具、夹具等）和毛坯等。

在生产管理阶段，安排产品的生产作业计划，确定产品的加工进度，并对生产过程中的物料（包括毛坯、在制品、成品、外购件、工辅具等）进行有效的计划、调度和控制，保证生产任务在预定的时间完成，并能适应市场变化有效地组织生产，达到降低成本、减少库存、保证质量、提高市场竞争力的目的。

在产品制造阶段，在数控机床或常规机床上按产品的设计要求进行零件的加工。在制造过程中，对关键的工序、重要的零件尺寸和精度进行在线或离线的质量控制。然后进行产品的总装和检测。

在整个生产过程的各个具体领域中，计算机均能得到不同程度的应用，经过多年的发展，现已形成一系列 CAD/CAM 单项技术，其中有代表意义的有：

- 计算机辅助绘图，简称 CAG（Computer Aided Graphics）；
- 计算机辅助工程分析，简称 CAE（Computer Aided Engineering）；
- 计算机辅助工艺设计，简称 CAPP（Computer Aided Process Planning）；
- 计算机辅助数控编程，简称 NCP（Number Control Programming）；
- 制造资源计划，简称 MRPII（Manufacturing Resource Planning）；
- 企业资源计划，简称 ERP（Enterprise Resource Planning）；
- 计算机辅助质量控制，简称 CAQ（Computer Aided Quality ）；
- 产品数据管理，简称 PDM（Product Data Management）；
- 虚拟设计，简称 VR－CAD（Virtual Reality－CAD）；
- 虚拟制造，简称 VM（Virtual Manufacturing）。

1.1.3　CAD/CAM 系统的工作过程

CAD/CAM 系统是设计、制造过程中的信息处理系统，它充分利用了计算机高效准确的计算功能、图形处理功能以及复杂工程数据的存贮、传递、加工功能，在运行过程中，结合人的经验、知识及创造性，形成一个人机交互、各尽所长、紧密配合的系统。CAD/CAM 系统输入的是设计要求，输出的是制造加工信息。一个较为完整的 CAD/CAM 系统的工作过程如图 1－4 所示，它包括以下几个方面：

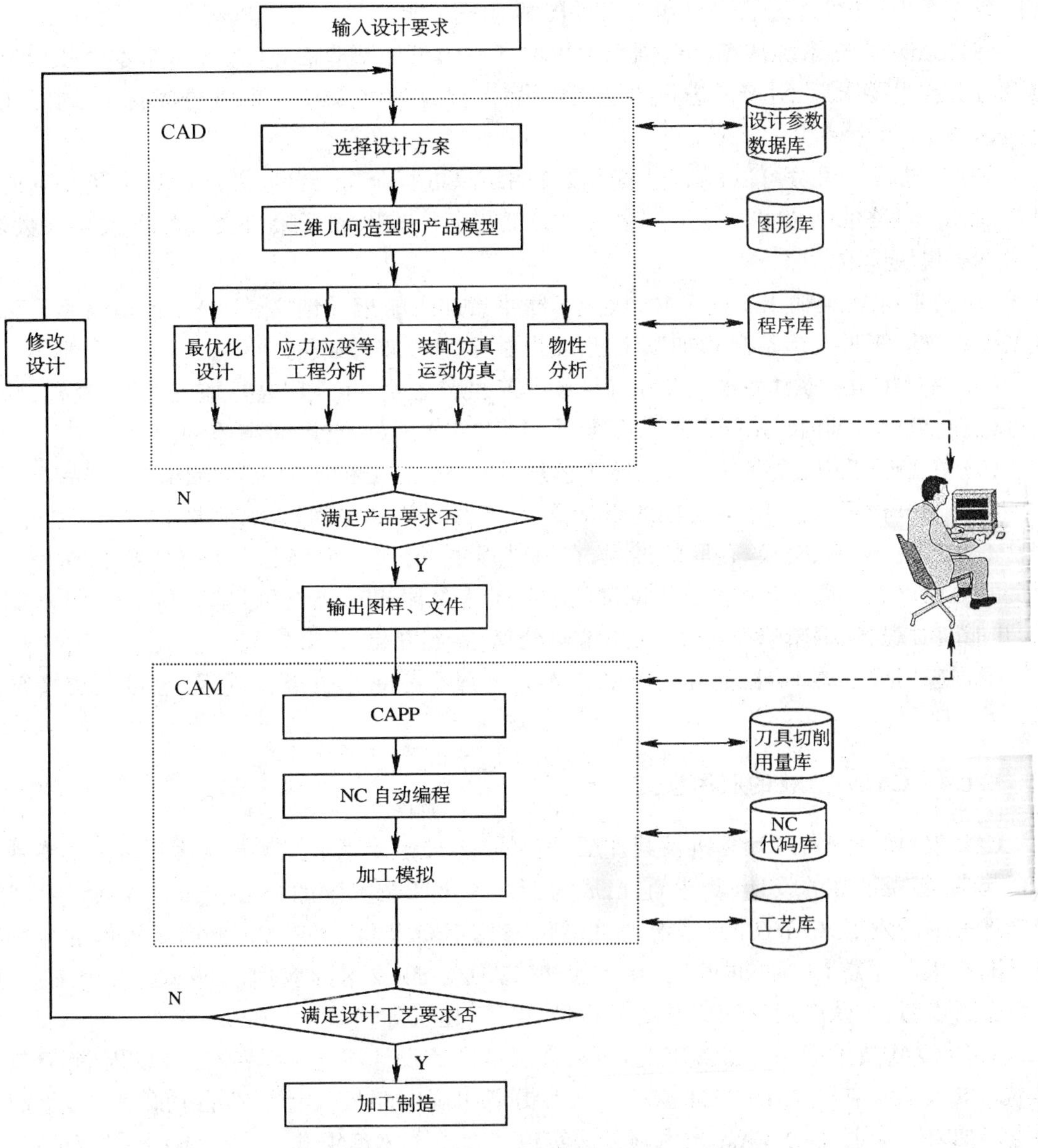

图 1-4 CAD/CAM 系统的工作过程

(1) 通过市场需求调查以及用户对产品性能的要求，向 CAD 系统输入设计要求。在 CAD 系统中首先进行设计方案的分析和选择，然后，利用几何建模功能，构造出产品的几何模型，计算机将此模型转换为内部的数据信息，存储在系统的数据库中。

(2) 调用 CAD/CAM 系统程序库中的各种应用程序对产品模型进行详细设计计算及结构方案优化分析，以确定产品总体设计方案及零部件的结构及主要参数，同时，调用 CAD/CAM 系统中的图形库，将设计的初步结果以图形的方式输出在显示器上。

(3) 通过计算机辅助工程分析计算功能对产品进行性能预测、结构分析、工程计算、运动仿真和装配仿真。即通过计算机数值分析求解速度快、效率高的优势，对设计产品的结构和性能指标进行必要的工程分析、计算和仿真。

(4) 根据计算机显示的结果，设计人员对设计的初步结果作出判断，如果不满意，可以通过人机交互的方式进行修改,直至满意为止。修改后的产品设计模型仍存储在 CAD/CAM 系统的数据库中,并可通过绘图机输出设计图和有关文档。

(5) CAD/CAM 系统从产品数据库中提取产品的设计制造信息,在分析其零件几何形状特点及有关技术要求后,对产品进行工艺规程设计,设计的结果存入系统的数据库,同时在屏幕上显示输出。

(6) 工艺设计人员可以对工艺规程设计的结果进行分析、判断,并允许以人机交互的方式进行修改。最终的结果可以是生产中需要的工艺卡片或以数据接口文件的形式存入数据库,以供后续模块读取。

(7) 在打印机上输出工艺卡片,成为车间生产加工的指导性文件。NC 自动编程子系统从数据库中读取零件几何信息和加工工艺规程,生成 NC 加工程序。

(8) 有些 CAD/CAM 系统在生成了 NC 加工程序之后,可对其进行加工仿真、模拟,验证其是否合理、可行。同时,还可以进行刀具、夹具、工件之间的干涉、碰撞检验。

(9) 在普通机床、数控机床上按照工艺规程和 NC 加工程序加工制造出有关产品。

由上述过程可以看出,从初始的设计要求、产品设计的中间结果,到最终的加工指令,都是信息不断产生、修改、交换、存取的过程,在该过程中,设计人员仍起着非常重要的作用。一个优良的 CAD/CAM 系统应能保证不同部门的技术人员能相互交流和共享产品的设计和制造信息,并能随时观察、编辑修改设计,实施编辑处理,直到获得最佳结果。

根据应用要求的不同,实际的 CAD/CAM 系统可支持上述全部过程,也可仅支持部分过程。

1.1.4 CAD/CAM 的应用意义

CAD/CAM 充分发挥计算机及其外围设备的能力,将计算机技术与工程领域中的专业技术结合起来,实现产品的设计、制造,它已成为新一代生产技术中的核心技术。随着计算机硬件和软件的不断发展,CAD/CAM 系统的性能价格比不断提高,使得 CAD/CAM 技术的应用领域也不断扩大。据统计,到 20 世纪 90 年代初,CAD/CAM 技术的应用已进入近百个工业领域。各种资料表明:公认应用比较成熟的是机械、电子、建筑等领域。

CAD/CAM 技术应用于机械工业,可大大提高产品设计质量、缩短产品开发周期、降低产品成本。电子工业应用 CAD/CAM 技术可大大提高印刷电路板设计制造自动化水平,集成电路的生产如果不借助 CAD/CAM 技术则无法实现。在土木建筑领域,引入 CAD 技术,可节省设计时间 90%。除此之外,CAD 技术还可用于轻纺服装行业的图案设计、款式设计、衣料裁剪,人文地质领域中的气象图、地形图、勘探图等。

图 1-5 是 CAD/CAM 应用效益的有关统计情况。CAD/CAM 技术应用意义主要体现在如下 4 个方面:

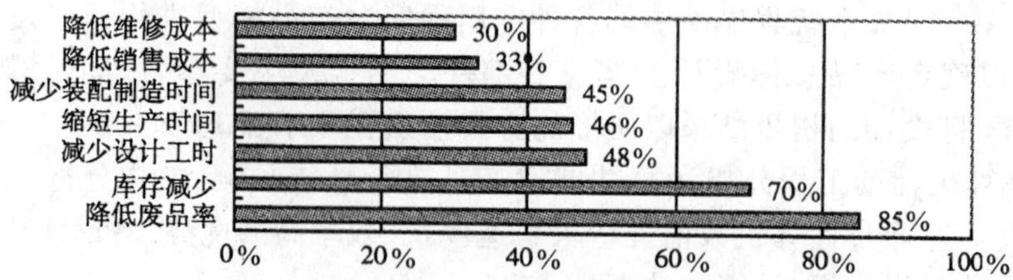

图 1-5 企业采用 CAD 系统后所取得的效益

(1) 缩短产品开发周期

由于计算机运算速度及数据查询速度极快,用户根据设计目标向计算机发出指令,计算机则根据人的意图做出反应。对特定的机械产品,利用专门的软件或程序,设计速度可以提高几十倍。由于计算机能够直观地将设计结果展示出来,设计者根据计算机的显示可以做出快速的反应。在计算机上修改设计比在图纸上修改要容易得多,而且计算机能提供复制、查询等功能。因此采用 CAD 系统能够极大地提高设计效率。

(2) 提高产品设计质量

由于计算精度高和便于优化设计,利用 CAD 手段,设计人员在具备专业知识的基础上,可以完成更高质量的设计。设计人员利用实体造型可以直观地在计算机中将产品制作出来。采用先进的参数化设计、全相关数据库技术可以最大限度地避免设计上的疏忽。此外,利用 CAE 技术,产品开发人员在设计阶段就可以评估和预测产品的性能;利用 CAM 则能提高机械产品的加工质量。

(3) 降低生产成本

由于 CAD/CAM 能够缩短设计、加工和装配的时间,降低废品率,减少库存,所以将大大降低企业的生产成本。

(4) 提高管理水平

CAD/CAM 系统所生成的设计结果主要是计算机数据,保存和检索都比较容易。在已经建立企业内部网的前提下,采用计算机辅助生产管理技术和产品数据管理技术易于实现全局性的管理,提高企业的管理水平。

1.2 CAD/CAM 系统的主要任务

CAD/CAM 系统需要对产品设计、制造全过程的信息进行处理,包括设计、制造中的数值计算、设计分析、绘图、工程数据库的管理、工艺设计、加工仿真等各个方面,CAD/CAM 系统可完成的任务主要有:

1. 零件造型

零件造型是指在计算机中建立零件的三维实体模型。设计人员在三维 CAD 软件的支持下可以根据自己的设想将零件从计算机中逐步“制作”出来。在制作过程中,设计人员可以从各个角度观察具有真实感的零件造型,如果对模型不满意,可以立即修改零件造型。常用的零件可以存储在零件库中,供需要时调用。零件造型能够准确表达零件的形状、尺寸、色泽、体积、重心、表面信息、材料信息等。利用 CAD/CAM 系统可对已有的零件造型提供方便的管理,以便存储、归档或与其他系统交换数据。先进的 CAD 系统都提供参数化的基于特征的实体造型方法。图 1-6 为用 Unigraphics Solution 公司的 CAD 软件 SolidEdge 8.0 对一个具体的零件(球阀阀体)进行三维零件造型示例。

对于复杂表面的造型,系统可采用曲面造型或雕塑曲面造型的方法,根据给定的离散数据或有关具体工程问题的边界条件来定义、生成、控制和处理过渡曲面,或用扫描的方法得到扫描体、建立曲面的模型。例如:汽车车身、飞机机翼、船舶等设计制造,均采用此种方法。图 1-6为用 PTC 公司的 CAD 软件 Pro/Engineer 2000i 对一个具体的零件(叶轮)进行曲面造型实例。

图 1-6　三维零件造型示例

图 1-7　曲面造型示例

几何造型技术是 CAD/CAM 系统的核心，它为产品的设计、制造提供基本数据，同时，也为其他模块提供原始的信息，例如，几何建模所定义的几何模型的信息可供有限元分析、绘图、仿真、加工等模块调用。

2. 装配造型

装配造型能够模仿实际的装配过程，生成产品的装配模型。通过装配造型可以发现由于设计不当在实际装配时可能出现的问题，如间隙过小或过大、零件之间的干涉等。装配造型还能够提供产品的外观效果图和反映装配关系的零件散开分布的爆炸图。对于复杂的产品，装配造型可提供多样的方法提高造型的效率。装配造型还提供了完善的系列化产品的设计方法，如通过更换部分零件来改变一种产品类型。图 1-8 为用 SolidEdge 8.0 建立的球阀装配模型，其中图(a)为一般的三维装配模型，图(b)为经过剖切后的装配图，图(c)为装配分解爆炸图。

(a)　(b)　(c)

图 1-8　装配造型示例

(a) 立体装配图；(b) 装配体立体剖视图；(c) 装配分解图。

3. 标准件库

大多数 CAD 系统均提供通用标准零件和特征的扩展库。用户可以很方便地选取标准特征或零件，并将它们组合进零件或部件的设计中。

常用的标准零件有方形和六角形螺母、螺栓、普通垫圈、弹簧垫圈、半月销、内六角螺钉、铆钉、开口销等等。

标准特征包括孔、槽、轴、颈、法兰、加强筋、壳、耳、螺纹、通风格栅、管状特征等等。

4. 工程绘图

产品设计的结果往往是工程图的形式，CAD/CAM 中的某些中间结果也是通过图形表达的。一般的 CAD 软件都具有人机交互输入和处理二维图形的能力,包括基本图元的生成、标注尺寸、图形的编辑(比例变换、平移、图形拷贝、图形删除等)以及显示控制、附加技术条件等功能,保证生成符合生产实际要求、也符合国家标准的工程图。

先进的 CAD 软件已具备根据零件的三维零件图和装配造型自动生成投影图、辅助图、剖面图和局部视图的功能,并能自动标注尺寸,其工程图样与零件造型密切相关。如果改变了图纸中的尺寸,相关零件的造型尺寸也将随之改变,图纸中的线条长度和位置也将反映这种变化,从而保证能够对设计进行快速、一致的修改。

5. 工程分析

CAD/CAM 系统构造了产品的形状模型之后,能够根据产品几何形状,计算出相应的体积、表面积、质量、重心位置、转动惯量等几何特性和物理特性、为系统进行工程分析和数值计算提供必要的基本参数。另一方面,CAD/CAM 中的结构分析中需进行大量的应力、温度、位移等分析计算。因此,要求 CAD/CAM 系统完成各类分析计算的算法正确、全面,能处理大量的数据,还要有较高的计算精度。

CAD/CAM 系统中结构分析常用的方法是有限元法,这是一种数值近似解方法,用来求解结构形状比较复杂的工程构件的静态和动态特性,以及构件的强度、振动、热变形、磁场、温度、应力分布状态等的计算分析。在进行静、动态特性分析计算之前,系统根据产品结构特点,划分网格、标出单元号、节点号、并将划分的结果显示在屏幕上;进行分析计算之后,将计算结果以图形、文件的形式输出,例如应力分布图、温度场分布图、位移变形曲线等,使用户方便、直观地看到分析的结果。

图 1-9 为一个零件的大孔有径向力作用下的有限元分析示例。该示例采用 Pro-Engineer 2000i 进行实体造型,如图 1-9(a)所示。用 Ansys 公司的 Ansys5.7 有限元分析软件包进行有限元分析计算,其网格划分情况如图 1-9(b)所示,应力分布情况如图 1-9(c)所示。

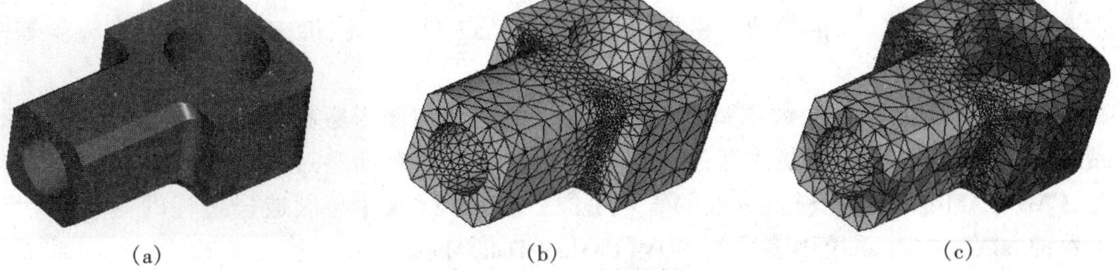

(a) (b) (c)

图 1-9 有限元分析示例

(a) 实体模型;(b) 有限元网格划分;(c) 应力分布图。

6. 优化设计

CAD/CAM 系统根据需要还可配置优化设计功能,也就是在某些条件的限制下,使产品或工程设计中的预定指标达到最优。优化包括总体方案的优化、产品零件结构的优化、工艺参数的优化等。优化设计是现代设计方法学中的一个重要的组成部分。

7. 计算机辅助工艺规程设计

设计的后续过程是加工制造,而工艺设计是为产品的加工制造提供指导性的文件。因此,计算机辅助工艺规程设计(CAPP)是 CAD 与 CAM 的中间环节。CAPP 系统应当根据建模后生成的产品信息及制造要求,自动决策出加工该产品所采用的加工方法、加工步骤、加工设备及加工参数。CAPP 的设计结果一方面能被生产实际所用,生成工艺卡片文件,另一方面能直接输出一些信息,为 CAM 中的 NC 自动编程系统接收、识别,直接转换为刀位文件。CAPP 的功能模型如图 1－10 所示。

8. 计算机辅助 NC 编程

早期的计算机辅助 NC 编程是指技术人员在分析零件图和制订出零件的数控加工方案之后，采用 APT 语言对加工路径、加工参数、刀具参数等进行描述，然后计算机对 APT 格式的数控程序进行分析处理并生成 NC 程序代码，最后制成穿孔纸带输入数控系统控制加工。

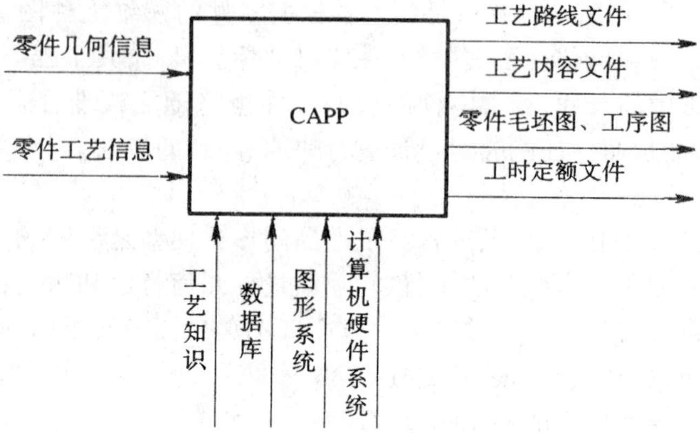

图 1－10　CAPP 功能模型

目前的 CAM 软件大部分采用图形交互式自动编程，即以 CAD 生成的零件几何信息为基础，采用人机交互对话方式，在计算机屏幕上指定被加工件的几何特征、定义相关的加工参数后，由计算机进行分析处理，直接产生 NC 加工程序。仿真功能则能在计算机上动态显示加工路径，模拟实际切削加工。

通过各自接口可将计算机与数控机床连接起来，利用 CAM 软件中的通信模块，能将计算机上的 NC 加工程序直接送至数控机床上的 CNC 系统（计算机数字控制系统）中控制数控加工，这个过程称为直接数字控制（DNC）。

9. 模拟仿真

在 CAD/CAM 系统内部，建立一个工程设计的实际系统模型，例如机构、机械手、机器人等。通过运行仿真软件，代替、模拟真实系统的运行，用以预测产品的性能、产品的制造过程和产品的可制造性。如数控加工仿真系统，从软件上实现零件试切的加工模拟，避免了现场调试带来的人力、物力的投入以及加工设备损坏的风险，减少了制造费用，缩短了产品设计周期。通常有加工轨迹仿真，机构运动学模拟，机器人仿真，工件、刀具、机床的碰撞、干涉检验等。

10. 工程数据管理

由于 CAD/CAM 系统中数据量大、种类繁多，既有几何图形数据，又有属性语义数据；既有产品定义数据，又有生产控制数据；既有静态标准数据，又有动态过程数据，结构还相当复杂，因此，CAD/CAM 系统应能提供有效的管理手段，支持工程设计与制造全过程的信息流动与交换。目前，CAD/CAM 系统中多采用 PDM（Product Data Management）系统或工程数据库系统作为统一的数据管理环境，实现各种工程数据的管理。

11. 应用软件二次开发

由于机械产品的用途多种多样，任何强大的 CAD 系统都不可能向用户提供各种具体产品的完善的 CAD/CAM 解决方案。大多数商品化 CAD 系统都提供了基于 C、C ++ 、Visual C ++ 、Visual Basic 的二次开发工具，为用户将自己或者第三方在其基础上编写应用软件提供了很大的方便。二次开发工具中提供的函数和方法可以调用 CAD 系统内部命令，直接存取 CAD 内部数据库。

在实际应用中，有可能只需完成上述的某几项任务，故应根据实际情况选购或开发所需的 CAD/CAM 系统。

在本书中，对以上 CAD/CAM 任务的具体内容及其实现原理、方法和工具均作了不同程度的介绍。另外，在本书中我们将计算机辅助生产管理、计算机辅助质量控制也纳入 CAD/CAM

的任务范畴,并进行了较详细介绍。

1.3 CAD/CAM技术发展简史与应用现状

自 1946 年世界上第一台电子计算机在美国出现后,人们就不断地将计算机技术引入机械设计、制造领域。早在 20 世纪 50 年代便首次研制成功数控机床,通过不同的数控程序就可以实现对不同零件的加工。随后,麻省理工学院的伺服机构实验室研究成功用计算机制作数控纸带,实现了 NC 编程的自动化。在此基础上,人们提出了如下设想:APT 程序系统是通过描述走刀轨迹的方法实现计算机辅助数控编程,那么,能不能不描述走刀轨迹,而是直接描述零件本身? 由此产生了 CAD 的最初概念。它设想计算机辅助的过程是通过自动运行的各个程序实现的,可以看作是解决不同复杂程度的生产计划问题的各个过程,从设计分析到计算是在人与计算机之间以交互方式进行的。在此期间,CAD 正处于准备、酝酿阶段。20 世纪整个 50 年代,电子计算机还处于电子管时期,使用机器语言编程,计算机主要用于科学计算,为之配置的图形设备也仅具数字输出功能。

1963 年,美国麻省理工学院的 I.E.萨瑟兰德(I.E.Sutherland)在他发表的博士论文中提出了二维绘图系统 SKETCHPAD。在该系统中可以用光笔在图形显示器上实现选择、定位等交互功能。而且,计算机可根据光笔指定的点画出直线,或者当用光笔指定圆心或半径后画出圆等。另外该系统对符号和图案的存贮采用分层的数据结构。即一幅完整的较复杂的图形可以通过分层调用各有关子图来合成。尽管该系统还是较原始的,但这些基本理论和技术至今仍是 CAD/CAM 技术的基础,十分有用。所以,I.E.萨瑟兰德的 SKETCHPAD 系统被公认为对交互式图形生成和显示技术的发展奠定了基础。

交互式图形生成技术的出现,促使了 CAD/CAM 技术的迅速发展。20 世纪 60 年代中期后,美国的一些大公司都十分重视这一技术,并投入相当资金对 CAD/CAM 技术进行研究和开发,研制了一些 CAD 系统。如 IBM 公司的开发的以大型机为基础的 CAD/CAM 系统,具有绘图、数控编程和强度分析等功能;美国通用汽车公司为设计汽车车身和外形而开发的 CAD－1 系统,在大型计算机上运行,成为该公司设计小轿车和卡车必不可少的工具。这一时期的 CAD/CAM 系统的特点是:规模庞大,价格昂贵。所以,只有经济实力雄厚和技术力量较强的大型企业和研究单位才能研究和应用 CAD/CAM 技术。

从 20 世纪 60 年代末期至 70 年代中期,以小型和超级小型计算机为主机的 CAD/CAM 系统进入市场并形成主流。这一时期计算机硬件的性能价格比不断改善,主要特点是图形输入板、大容量的磁盘存贮器和廉价的显示器等相继出现,以及数据库管理系统等软件的开发等。CAD/CAM 系统的特点是硬件和软件配套齐全,因此人们称它为“交钥匙”系统(Turnkey System),或称“一揽子”系统。与大型计算机 CAD/CAM 系统相比,其价格相对便宜,使用和维护也相对简单一些,这也是 CAD/CAM 技术得到进一步发展和扩大应用范围的原因之一。在这一时期内,对三维几何造型技术也开始进行研究。

20 世纪 70 年代末以后,32 位工作站和微型计算机的出现对 CAD/CAM 技术的发展起了极大的推动作用。32 位工作站是属单用户的计算机系统,具有较高的响应速度,它特别适用于 CAD/CAM 系统。而且,32 位工作站之间可通过联网达到共享系统内资源和发挥各台计算机特点的目的。因此,可以根据工作需要和经济条件以及 CAD/CAM 技术的发展等逐步投资,逐步发展和扩大 CAD/CAM 系统的功能与规模。

20世纪80年代是CAD/CAM技术迅速发展的时期。超大规模集成电路的出现，使计算机硬件成本大幅度下降，计算机外围设备(例如彩色高分辨率图形显示器、大型数字化仪、自动绘图机等品种齐全的输入输出装置)已成系列产品，为推进CAD/CAM技术向高水平发展提供了必要的条件。同时，相应的软件技术如数据库技术、有限元分析、优化设计等技术也迅速提高，这些商品化软件的出现，促进了CAD/CAM技术的推广及应用，使其从大中型企业向小企业发展，从发达国家向发展中国家发展；从用于产品设计发展到用于工程设计。在此期间，还相应发展了一些与制造过程相关的计算机辅助技术，例如计算机辅助工艺规程设计、计算机辅助生产管理、计算机辅助工装设计、计算机辅助质量控制等。然而，以上作为单项技术，只能带来局部效益，进入20世纪80年代以后，人们在上述计算机辅助技术的基础上，致力于计算机集成制造系统的研究，这是一种总体高效益、高柔性的智能化制造系统。

20世纪90年代以来，微机性能的一再大幅度提高，微机已具有较强的图形处理、支持多CPU及并行处理的能力，其性能逐步接近工作站。从20世纪80年代后期开始，以I-DEAS、UGⅡ、Pro/Engineer(以下称Pro/E)等为代表的CAD/CAM软件，其硬件平台以工程工作站为主，由于微机显著的价格优势，促使基于工程工作站平台的CAD、CAM软件纷纷向微机平台移植，以上三种CAD/CAM软件都有微机版本。而在基于微机平台的CAD、CAM软件方面则不断推出更优秀的新一代产品，如SolidWorks 2001、Inventor R5、MDT 6.0、MasterCAM 8.0等。

目前，CAD/CAM技术已不停留在过去单一模式、单一功能、单一领域的水平，而向着集成化、智能化、网络化、可视化、并行化、标准化方向发展。为了实现系统的集成，实现资源共享和产品生产与组织管理的高度自动化，提高产品的竞争能力，需在企业、集团内的CAD/CAM系统之间或各个子系统之间进行统一的数据交换，为此，一些工业先进国家和国际标准化组织都在从事标准接口的开发工作。与此同时，面向对象技术、并行工程思想、分布式环境技术及人工智能技术的研究，都有利于CAD/CAM技术向高水平发展。

我国的CAD/CAM技术的引进是从20世纪60年代开始的，最早起步于航空工业，最近几年发展很快，现已在机械、电子、建筑、汽车、服装等行业进入实用阶段。例如杭州汽轮机集团推广应用CAD/CAM技术，使得现有产品设计图样的90%实现CAD，每项产品设计时间从5～6月缩短为1～2个月，关键零部件实行了数控加工，中小零件的工艺设计采用CAPP技术。沈阳鼓风机厂将CAD/CAM技术用于透平压缩机生产，报价周期从原来的6周缩短到2周，设计周期从原来6个月缩短到3个月，技术准备周期从原来12个月缩短到6个月，三元叶片压型模的设计与制造由原来的10～12个月缩短到10天左右，产品供货期从原来的18个月缩短到10～12个月，整机运行效率提高了3%～5%。

近年来，一批反映时代潮流的商品化CAD/CAM软件在我国应用日益广泛，例如Pro/E、I-DEAS、CATIA、UGⅡ、Cimatron、AutoCAD、SolidWorks、SolidEdge、Inventor、MasterCAM等。另一方面，国内一些公司开发出一批具有自主知识产权的CAD/CAM系统，如广州红地技术公司推出的金银花CAD系统、北航海尔公司开发的CAXA系列软件、武汉开目公司的开目系列软件等。这些系统已具有很强的实用性和先进性，价格大大低于国外软件，进一步促进了CAD/CAM技术在我国的应用和发展。

1.4 CAD与CAM之间的联系

CAD/CAM技术是围绕产品(工程)的设计和制造相对独立发展起来的。在应用时，常常也是以独立的形式出现,并在各自的应用领域发挥了重要作用。然而,正如产品设计与产品制造是两个密切关联的环节一样,CAD 与 CAM 是企业生产活动自动化的两个重要环节,两者之间存在密切的信息联系。如 CAD 系统的输出是产品图样、技术文档和其他文件。在进入 CAPP 系统之前需要从图样中提取几何信息、技术要求等,以符合 CAPP 系统所要求的格式输入。在进行 NC 加工程序编制时,也需提取大量的零件几何形状信息和公差信息才能由 CAM 系统生成合适的零件 NC 加工程序。

如图 1-11 所示,采用独立的 CAD、CAPP、CAM(狭义)系统来进行产品设计、工艺过程设计和 NC 加工程序编制时,需要有大量的人工介入。CAD 系统的输出是产品图样、技术文档和其他文件,在进入 CAPP 系统之前需要人工从图样中提取几何信息、技术要求等,以符合 CAPP 系统所要求的格式输入。同样,CAD 系统和 CAM 系统之间也需要由数控编程人员进行大量的数据提取、组织和重新输入工作。这些人工转换工作,不仅造成了信息中断和重复输入,严重影响了工作效率的进一步提高,而且还可能发生信息丢失和重输出错误,降低了系统的可靠性。因此很有必要将 CAD、CAM 等系统有机地结合成为一个整体。

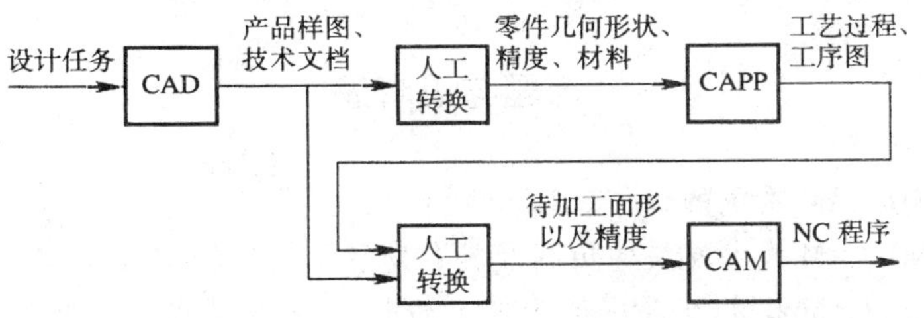

图 1-11　独立的 CAD 和 CAPP、CAM 系统之间的信息传递

集成化的 CAD/CAM 系统则由计算机系统内部完成图 1-11 中所示的零件传输与交换。一般的 CAD/CAM 集成指的是把 CAD、CAE、CAPP、CAPM、CAM 等各种功能软件有机地结合在一起,通过统一的信息管理和控制软件实现产品信息的提取、转换和共享,从而达到系统内信息的畅通和系统协调运行的目的。

图 1-12 为一种 CAD/CAM 集成系统框架图,CAD/CAM 集成系统是建立在计算机硬件基础之上,在操作系统和网络软件的支持下运行的一种计算机软件。数据库管理系统、图形系统、各种软件工具直接依赖于计算机操作系统和网络软件,形成 CAD/CAM 软件系统的支撑环境。

- 数据库管理系统　用于集中管理 CAD/CAM 的所有数据,实现用户对数据的共享,保证数据的一致性。
- 图形系统　主要用于建立产品的几何模型,进行产品的外形设计,生成绘制工程图样以及其他的各种图形。它是交互式设计系统的基础和核心。
- 软件工具　主要包括用于编制各种 CAD/CAM 应用软件所需的高级语言编译系统、文字处理系统和用户界面等。

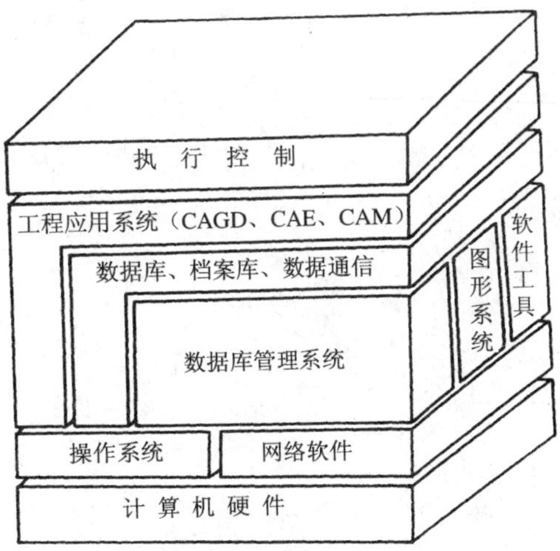

图 1-12　CAD/CAM 集成系统的总体结构

在上述支撑软件的支持下，建立产品设计的数据库和文件档案库，形成了 CAD/CAM 软件系统的核心层。数据库是集成系统的核心，是各种应用程序的统一接口，它把 CAD/CAM 应用程序之间的复杂网状联接关系简化为以数据库为核心的并联关系。档案库实际上是 CAD/CAM 集成系统的一个特殊的数据库，用于集成系统的全部技术文档的存储和管理。

通过接口程序实现 CAD/CAM 软件系统核心层与各种工程应用系统之间的数据通信、转换和交换。工程应用系统包括计算机辅助几何设计（CAGD）、计算机辅助工程分析（CAE）、计算机辅助制造（CAM）等。

数据库、档案库和各个工程应用系统等可在上述支撑环境下运行，也可以直接在操作系统支持下运行，也就是说可处于未经集成的应用程序的使用状态。

处于顶层的执行控制模块负责协调参与集成的各模块间的关系，为用户提供统一的使用界面和方便的使用手段。它通常采用各种窗口和菜单技术为用户提供友善的操作环境。在此环境下，用户可以从事应用程序的输入、设计结果的输出以及对数据库和文档系统的操作处理等工作。

习题与思考题

1.1　简述 CAD/CAM 系统的工作过程。

1.2　简述 CAD/CAM 技术发展的历程及其各发展阶段的特点。

1.3　简述 CAD/CAM 技术可以应用于产品设计与制造过程中的哪些方面，解决哪些问题。

第 2 章　CAD/CAM 系统的硬件和软件

2.1　CAD/CAM 系统结构

CAD/CAM 系统由硬件和软件两大部分构成。硬件由计算机及外围设备组成，如计算机、绘图机、打印机、网络设备等，它是 CAD/CAM 系统的物质基础。软件是指计算机程序及相关文档，它是信息处理的载体，包括系统软件、支撑软件和应用软件。图 2－1 为 CAD/CAM 系统的分层体系结构。

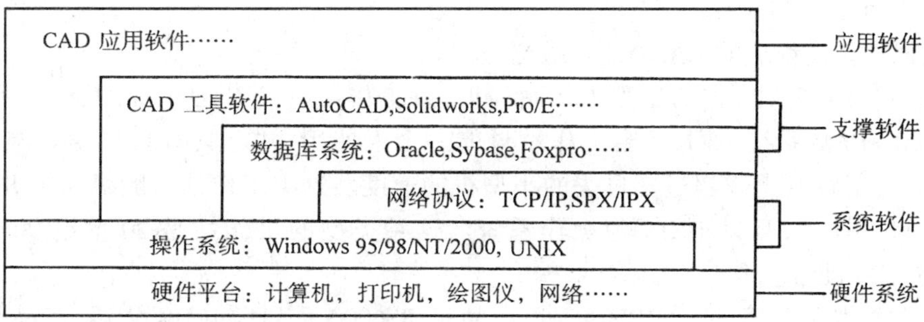

图 2－1　CAD/CAM 系统的体系结构

2.2　CAD/CAM 系统类型

可从不同的角度来对 CAD/CAM 系统的类型进行分类。一般是从 CAD/CAM 系统使用的计算机类型和计算机的连接方式两个角度来进行分类。根据使用的计算机性能和类型不同，可将 CAD/CAM 系统分为大型机 CAD/CAM 系统、小型机 CAD/CAM 系统、工程工作站 CAD/CAM 系统及微型机 CAD/CAM 系统四种类型。按照 CAD/CAM 系统的计算机连接方式，可分为单机方式的 CAD/CAM 系统和联机方式的 CAD/CAM 系统两种。

1. 按使用的计算机类型来划分 CAD/CAM 系统

(1) 大型机 CAD/CAM 系统

顾名思义，该系统一般具有大容量的存储器并以极强的计算功能的大型通用计算机为主机，一台计算机可以连接几十至几百台图形终端和字符终端及其他图形输入和输出设备。其主要优点有：①系统具有一个大型的数据库，可以对整个系统的数据实行综合管理和维护；②计算速度快；③给企业的集成管理带来方便；④提高了企业在设计、制造方面的效率，为企业的设计、制造一体化提供了条件，为企业生产方式向国际先进水平靠拢奠定了基础。主要缺点有：①安全性能低，如果主机出现故障，则整个系统都不能工作；但随着双机容错等先进技术的广泛使用，安全性能已经今非昔比。②终端距离不能太大；但随着网络技术的发展，距离的限制是越来越小了。③随着计算机的总负荷增加，系统的响应速度将降低。这种现象在三维造型和复杂有限元分析时尤为突出。但随着处理器速度的飞速发展,这个问题也将逐渐得到缓解;大型机系统的一般用户为大型的飞机制造公司和船舶制造公司。系统的成本很高,一般中小企业不可能承受。有代表性的大型机生产厂家是 IBM、NAS、CDC、Honeywell 等,IBM 公司是大型机市场的霸主。大型机 CAD/CAM 系统运行的 CAD 和 CAM 软件有:美国洛克德的公司的 CADAM 和法国达索公司的 CATIA 及 CV 公司的 CADDS 等。实际上,随着计算机技术的发展,小型机的性能和功能的提升已经逐渐取代了传统大型机的地位。

(2) 小型机 CAD/CAM 系统

20 世纪 70 年代末至 80 年代初,这类系统处于蓬勃发展时期。我国在此期间从国外购进的 CAD/CAM 系统大都属这种类型。生产、制造这类系统的厂商很多,如美国的 CV、Intergraph、DEC、Calma、Autotrol、Unigraphics 和法国的 Euclid 等。通过使用,人们逐渐发现了这类小型机系统有一定的局限性,如系统的计算能力和扩充能力差等,而且,不同系统之间数据是很难进行交换的,即不同系统的数据存储格式是不相同的。80 年代中期,由于分布式工程工作站的问世和异种机之间联网技术的发展,促进了这种孤立系统向开放式系统发展,而系统使用的软件也逐渐向工业标准方向靠拢。

(3) 工程工作站组成的 CAD/CAM 系统

20 世纪 80 年代初,32 位的工程工作站问世,以工作站组成 CAD/CAM 系统发展很快。它与小型机 CAD/CAM 系统不同,一台工作站只能一个人使用,并且具有较强的联网功能,其处理速度很快,一般都赶上或超过了过去的小型机的速度。这类工作站一般都采用 RISC 技术和开放系统的设计原则,且以 UNIX 为操作系统。这种类型的工作站是 20 世纪 90 年代 CAD/CAM 系统的主要机器。

生产这类产品的厂商有:①IBM 公司,产品是 RS6000 系列;②CDC 公司,产品是 Cyber910 系列;③DEC 公司,产品有 DEC Station 和 DEC System 系列;④HP 公司,产品有 HP9000/400 和 HP9000/800 及 HP9000/700 系列;⑤Sun 公司,产品有 Spare Station 1 和 Sun4/300 系列;⑥SGI 公司,产品有 IRIS 系列和 power 系列及 Indigo 等。

(4) PC 微型机组成的 CAD/CAM 系统

随着微机性能的不断提高,价格的不断下降,以 PC 机组成的 CAD/CAM 系统近年来增加很快。过去以 PC 微机为主机的 CAD/CAM 系统一般只能进行二维拼图和绘图,而现在可以进行三维造型和复杂的分析计算。值得一提的是,由于网络技术的发展,现在的微机已能与大型机和小型机及工作站联网,成为整个网络的一个节点,共享主机和工作站资源。这样,大型系统、工作站系统、PC 机系统就不再相互割裂,而成为一个有机的整体,在网络中发挥各自的优点,使得原来在小型机和工作战上运行的 CAD/CAM 软件直接在微机上运行。在我国用高档微机组成的 CAD/CAM 系统发展很快,在某些方面已接近低档工程工作站的能力。

2. 按计算机的连接方式来划分 CAD/CAM 系统

在实际应用中,也可按照 CAD/CAM 系统的计算机连接方式来分类——网络环境下的 CAD/CAM 系统(联机)和单机环境下的 CAD/CAM 系统。在过去几年里,基于微机的单机 CAD/CAM 系统给小型企业、个人以及教学使用带来了方便。但是,随着企业集成化管理和生产能力进一步提高的需要,网络化是必然的趋势,现代企业在 CAD/CAM 系统的建设过程中,必须要考虑到和 CAPP、PDM、MIS 等系统的集成问题。

(1) 单机方式的 CAD/CAM 系统

单机方式的 CAD/CAM 系统由一台计算机加上输入、输出设备组成,供单一用户使用的系统，如图 2－2 所示。

(2) 联机方式的 CAD/CAM 系统

联机方式的 CAD/CAM 系统由一组连成网络的多台计算机组成，网络内的计算机各司其职，一部分用于面向用户的数据处理，一部分用于控制整个网络的通信。联机又分为集中式和分布式，如图 2－3 所示。

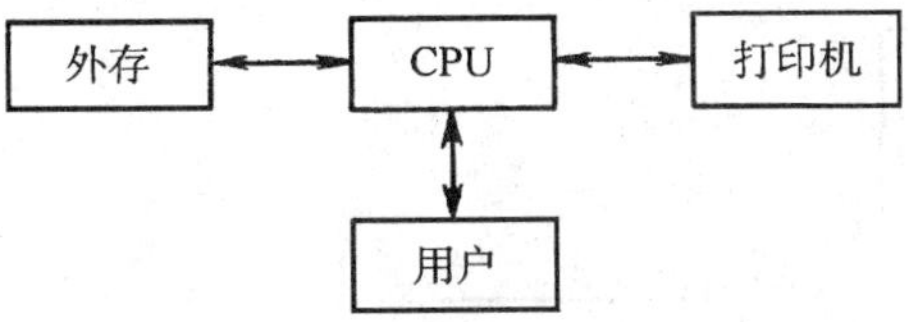

图 2－2　单机工作方式

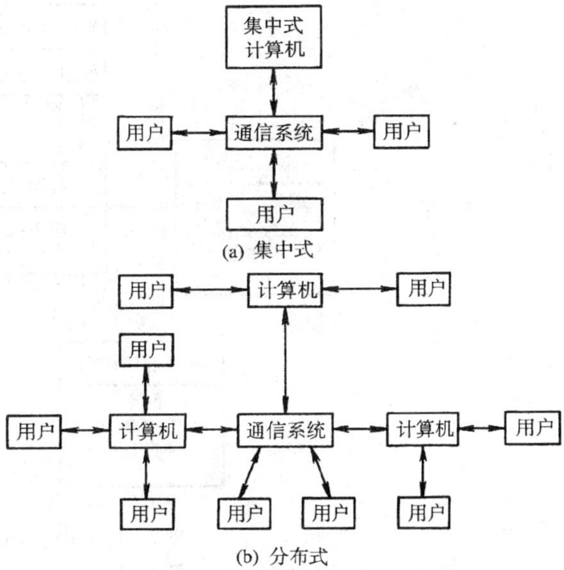

图 2－3　联机工作方式

(1) 集中式

集中式是采用一个集中式计算机与多个用户(工作终端)相联，完成所有的数据处理任务，相邻用户之间的通信都通过集中式计算机进行。这种方式结构简单，但若主机出现故障，系统将完全瘫痪，因而要求主机具有极高的可靠性。如图 2－3(a)所示。

(2) 分布式

分布式系统是利用计算机技术及通讯技术将不同种类的分布于各处的计算机以网络形式联结起来，各计算机间的通信既可通过总线进行，也可按已知路径传输，而不需要控制主机加以集中管理。分布式系统的优点是：

① 系统的软、硬件资源分布在各个结点上，所以分布式系统中某计算机出现故障，不会影响其他计算机的工作，系统的可靠性相对较高。

② 网络上的硬件如绘图仪、激光打印机等设备和软件可以共享。

由于计算机集成制造技术的发展，推动了分布式 CAD/CAM 系统的研究与应用，使之成为目前计算机领域的重要组成部分。如图 2－3(b)所示。

2.3　CAD/CAM 系统的硬件

CAD/CAM 系统的硬件由计算机及外围设备组成，主要包括：主机、外存储器、输入设备、输出设备、网络通讯设备及生产设备等。具体如图 2－4 所示。

1. 主机

主机是计算机的核心，由中央处理器(CPU)、内存储器和主板组成，用来控制整个计算机系统的运行。主机的类型及使用性能很大程度上决定了 CAD/CAM 系统的使用性能，目前各种 CAD/CAM 系统所应用的主机主要可分为工作站和微机两种。

(1) 中央处理器

中央处理器(又称 CPU)由控制器和运算器组成，主要功能是处理数据，其中控制器按照从内存储器中取出的指令控制计算机工作，运算器则对数据进行算术运算和逻辑运算，运算结果暂时存储在内存储器中,CPU 性能的高低决定了计算机整体性能的优劣。图 2-5 表示计算机各个逻辑部件之间工作关系的原理图。控制器可以看作是一个工厂的“调度室”,存储器是“仓库”,运算器是“加工车间”,输入输出设备则分别是“采购”和“销售”了。控制信号、地址信号和数据信号是通过总线进行传递的,总线把各个部件紧密有序地联系起来,双向箭头则表示二者之间存在信息的反馈。

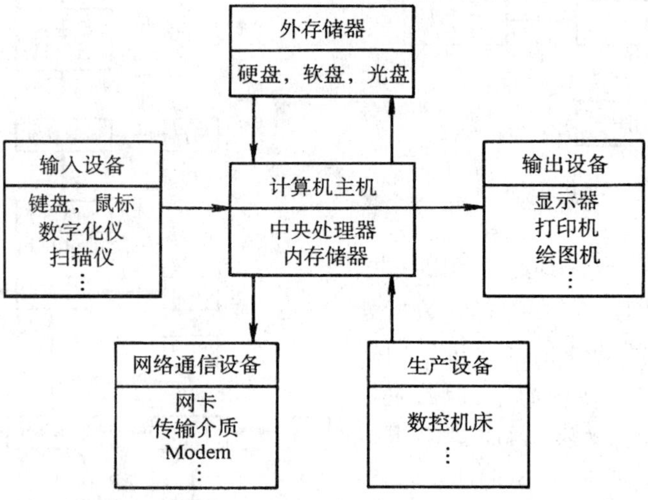

图 2-4　CAD/CAM 系统的硬件组成

衡量 CPU 性能优劣的指标是数据处理速度和字长。所谓字长是计算机一次能同时处理数据的位数,字长有 8 位、16 位(2 个字节)、32 位和 64 位等几种。通常,字长大的计算机处理速度更快。数据处理速度表示每秒处理指令的平均数,即定点运算中加、减、乘、除运算次数的平均值。

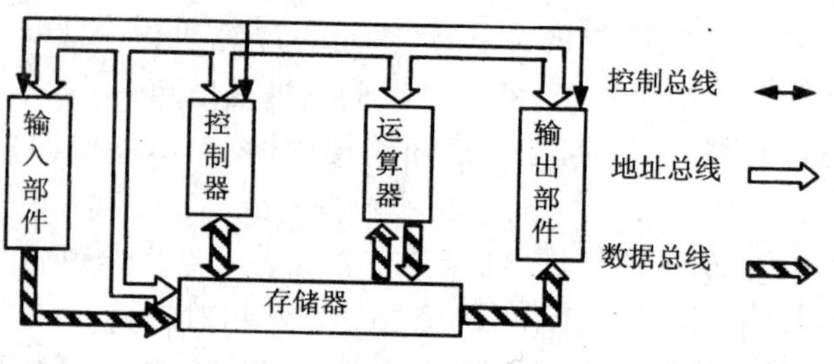

图 2-5　微机逻辑部件工作原理

微机的发展过程实质上就是 CPU 的发展过程。Intel、AMD、Cyrix 是世界上三大 CPU 生产厂商,目前 Intel 的 Pentium 系列 CPU 已成为市场主流。

(2) 内存储器

内存储器又简称为内存,其功能是暂时存储 CPU 工作的程序和数据,按性质的不同,又可分为随机存储器(RAM)和只读存储器(ROM)。

随机存储器就是指市场上所销售的内存条,操作系统、应用程序和应用数据开机后被陆续加载到内存中,供 CPU 和其他硬件存取,目前 PC 机使用的内存都是动态随机存储器(DRAM),它是一种易失性的存储器,一旦断电,其中的信息就立即全部消失。现在 CAD/CAM 系统对内存的要求越来越高,一般都达到了 128M 或 256M,甚至更高。

只读存储器用来制成主板上的 BIOS,主要用来存放最常用而又固定不变的引导程序和基本输入输出程序等。ROM 内的信息是在厂家生产过程中一次性写入的,一旦写入不能再改写,所以称为“只读”存储器。现有的主板改用 EPROM 制作的 BIOS,可用软件改写以方便升级,但易受病毒的攻击。

(3) 主板

主板是一块带有许多功能芯片的印刷电路板,用来把如 CPU、内存、显示卡等电器元件连接在一起,从而起到桥梁纽带作用。主板的性能对计算机速度影响很大,而主板的性能取决于芯片组的性能,芯片组在主板上起的作用如图 2-6 所示。

由此可见,选择主板时应首先考虑它采用的是什么芯片组,芯片组控制着内存 I/O、总线 I/O 及 EIDE 硬盘控制器,负责处理中断请求和 DMA 访问。目前以 Intel 系列芯片组设计的微机主板在市场上占主流地位。PCI 主板一般都带有二级高速缓存(CACHE),用来加速 CPU 的操作,但二级缓存并不是越大越好,过大的缓存会提高计算机的成本,性能却提高不多。

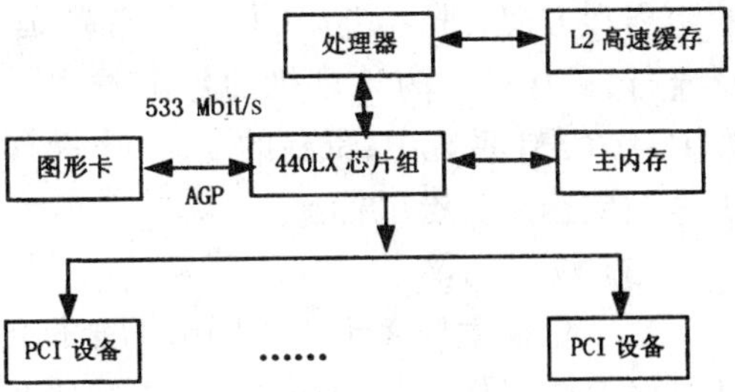

图 2-6 芯片组在主板上的位置

2. 外存储器

主机中的内存储器直接与 CPU 相连,存储速度快,但价格高,且断电后信息即丢失,故计算机系统都配置了外存储器,以长期保存有用信息。常用的外存储器有:硬盘、软盘和光盘。

(1) 硬盘

硬盘是计算机系统中最主要的外存设备,用于存储频繁使用的大量数据。它由驱动器、控制器和盘片组成,目前,在 PC 机系统中所使用的硬盘驱动器几乎都是温彻斯特(Winchester)式,可分为内置式、外置式和活动式等几种,常见的硬盘接口类型有 IDE(Integrated Disc Electronics)、EIDE(Enhanced IDE)、Ultra DMA 和 SCSI(Small Computer Standard Interface)等。衡量硬盘优劣的技术参数是存储容量、读写速度及数据传输速度。目前硬盘的容量越来越大,以满足系统和不断扩大的应用软件的需求,常用的硬盘有 9G、12G、15G、30G、40G 等。

(2) 软盘

软盘与硬盘的存储原理一样,主要用于机外数据的存储,与硬盘相比,容量小,存储速度慢,但价格便宜,便于携带,完整的软磁盘存储系统由软盘、软盘驱动器和软盘控制器适配卡组成。目前,微机均配置有 3.5 英寸软盘驱动器,容量为 1.44MB。美国 Iomega 公司于 1995 年推出了一种新一代超大容量 Zip 软盘系统,其容量高达 100MB,综合性能远远高出现有的 3.5 英寸/1.44MB 软驱,它将逐渐成为主流软盘。

(3) 光盘

光盘的特点与软盘相同,但容量更大,根据性能和用途的不同,光盘存储器可分为只读型光盘(CD-ROM),只写一次型光盘(WORM)和可擦写型光盘三种类型。光盘驱动器的基本原理是光驱马达带动光盘高速旋转,激光读取头在光盘表面横向移动读取存储在光盘数据轨迹中的数据。从接口类型上分为 IDE 和 SCSI 及专用接口等几种,容量一般为 650MB。DVD 是 1996 年底推出的新一代光盘标准,它使得基于计算机的数字视盘驱动器将能从单个盘片上读取 4.7GB 至 17GB 的数据量,但由于价格原因,还未形成主流。

3. 输入设备

输入设备是将各种外部数据转换成计算机内部能识别的电脉冲信号的设备。根据不同类型的数据,常用的输入设备有:键盘、鼠标、数字化仪、扫描仪及其他输入设备等。

(1) 键盘

键盘是最常用的输入设备,它可将字符型数据输入到计算机中,还可进行定位、拾取等工作。键盘由一组按阵列方式装配在一起的按键开关组成，每按下一个键就相当于接通了相应的开关电路，把该键的代码通过接口电路送入计算机。微机的标准键盘有101(或104)个键。

(2) 鼠标

鼠标是一种常用的手动输入的屏幕指示装置，通过它可将运动值转化为数字量，确定运动的距离和方向，进行定位工作。它非常适合于窗口环境下的工作，随着Windows操作系统的广泛流行，鼠标已成为计算机的标准输入设备。鼠标在工作原理上分为机械式和光电式两种。在CAD/CAM系统中，鼠标的左键、中键和右键都被赋予了特殊的用途，作为CAD/CAM系统的工作站应选用3键鼠标。

(3) 数字化仪

数字化仪主要用于输入图形的坐标值，其主要技术指标是分辨率和精度。它在工作时必须与触笔或鼠标器配合使用，如图2-7所示。目前数字化仪逐渐被扫描仪所取代。

(4) 扫描仪

扫描仪用于文字和图像的输入，它采用激光等光学装置将光电信号变为电信号，输入到计算机中。它一般包括扫描头、主板、机械结构和附件四部分，如图2-8所示。扫描仪的性能指标有分辨率、扫描速度、色彩位数等，分辨率表示了扫描仪的扫描精度，色彩数表示了扫描仪对色彩的分辨能力，其色彩位数通常有18位、24位、36位等，位数越大，分辨力越强，相应的扫描图像品质也越高。

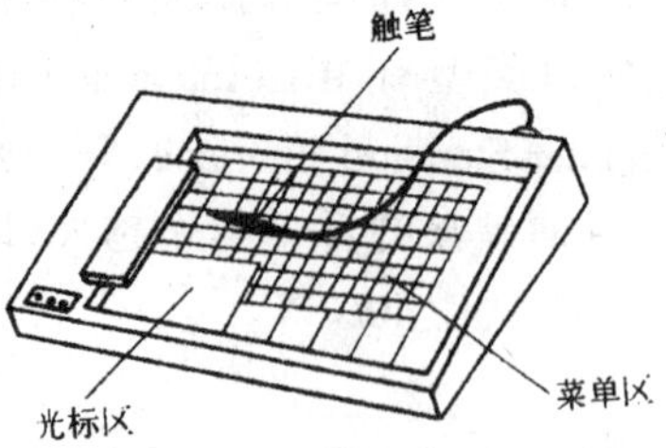

图2-7 数字化仪

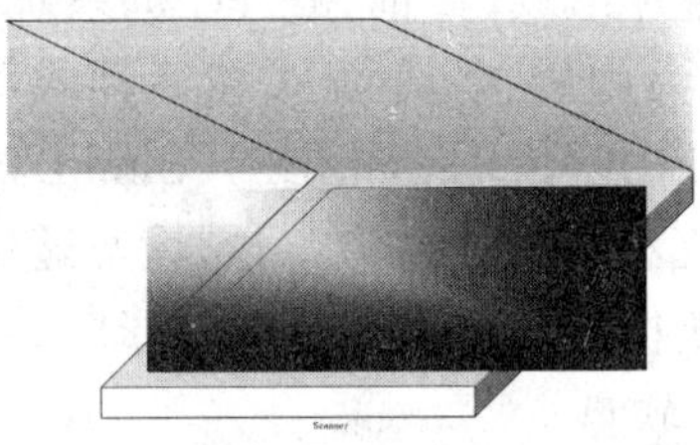

图2-8 扫描仪

目前市场上的扫描仪大致可分为三类：手持式扫描仪、平板式扫描仪和大幅面扫描仪。其中手持式扫描仪主要用于名片制作、桌面排版和字符识别等方面；平板式扫描仪主要用于广告和印刷等行业，主要为A4幅面，其分辨率通常为1200dpi，色彩数为24位；大幅扫描仪是指A1、A0幅面的扫描仪，分辨率通常为300~800dpi，主要用于大幅面工程图纸的输入。

(5) 其他输入设备

其他输入设备有数码相机、光笔、操纵杆等。

4. 输出设备

输出设备是将计算机处理后的数据转换成用户所需的形式的设备。常用的输出设备有：显示器、打印机、绘图仪及其他输出设备。

(1) 显示器

显示器是CAD/CAM系统的基本配置之一，用于文字和图形等信息的显示。显示器主要采用阴极射线管(CRT)技术，图2-9是CRT的结构简图，它主要由电子枪、加速机构、聚焦机构、偏转机构及荧光屏组成。当阴极被加热极加热到一定的温度时，就会发射出电子，电子在高压作用下高速

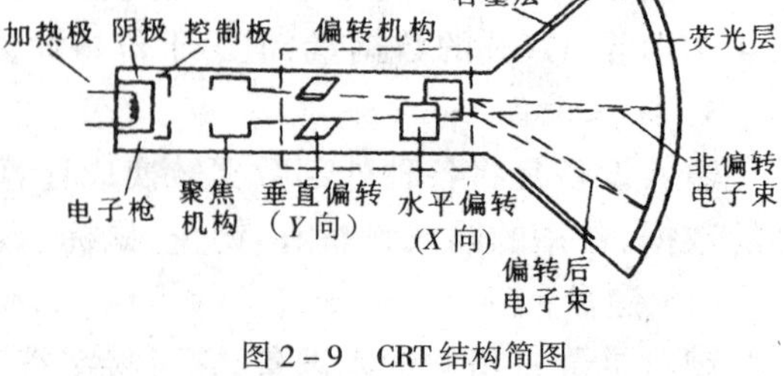

图2-9 CRT结构简图

运动,通过聚焦机构,发散的电子就汇集成一股很细的电子束,电子束撞击到荧光屏上,荧光粉被轰击而发光产生一个小亮点,于是从屏幕上便可以看到一个小亮点。从图2-9可知,加热极用于加热阴极产生电子云;控制极用来决定释放电子的数量;石墨层即加速机构,目的是提高电子运动的速度,使其有足够的能量轰击荧光屏;聚焦机构使电子束能量集中,以便产生精细的光点;偏转机构的作用是控制电子束偏转到屏幕合适的位置;当连续发射电子时,就可得到连续的直线或曲线;荧光屏上有荧光粉,即发光材料,当电子束以足够的能量撞击时即可发光。

目前市场上较为流行的显示器的技术指标如下:

① 对角线尺寸 14英寸,15英寸,17英寸,20英寸,21英寸,29英寸。

② 分辨率 1024×768,1280×1024,1600×1280。

③ 点距 0.31,0.28,0.27,0.26,0.25,0.24。

④ 扫描方式 隔行、逐行。

⑤ 其他 低辐射、节能、直角平面。

⑥ 行频 适应不同显示模式能力。

⑦ 场频和帧频 60、65、70、75、85、100、120 Hz,大于70 Hz则不闪烁。

显示器的对角线尺寸越大,显示区域就越大,看上去就越舒服,但随着尺寸增大,价格也增加很快,目前17英寸的显示器较流行。所谓分辨率是指屏幕上可识别的最大光点数。对相同尺寸的屏幕,光点数越多,显示的图形就越精确。显示器的分辨率通常用屏幕在水平方向上的像素数(光点数)和垂直方向上的扫描线数来表示,如1024×768,显示分辨率通常有标准的模式。需要说明的是,显示器的分辨率只是说明了物理上能够实现的最大像素数和扫描线数,实际显示分辨率还要受到显示卡内存的制约。点距是指显示在显示器上最小光点的大小,过大的光点使得图形显示模糊,CAD/CAM系统的PC机一般点距应小于0.28。扫描方式一般逐行的较好。

根据CRT的工作原理,显示器分为阴极射线管(CRT)显示器、直观存储显象管(DVST)显示器、液晶显示器及等离子板显示器等。目前广泛使用的是光栅扫描式CRT显示器。

(2) 显示卡

显示卡用于控制图形显示的具体实现,它接受计算机CPU有关显示指令的数字信息,通过显示处理单元,转换成显示装置所需要的电压值,再经电子枪将图形和文字显示在阴极射线管的屏幕上。

目前较为流行的显示卡有PCI和AGP两类。其中AGP显示卡在传输总线上有较大改进,它在显示加速卡和系统内存间建立一条高速通道,从而获得更好的三维图形显示性能;而PCI显示卡与硬盘、网卡等设备共享一条通道,其结构如图2-10所示。

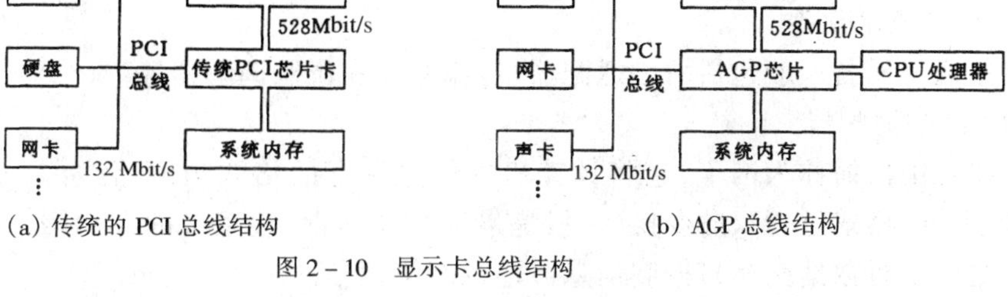

(a) 传统的PCI总线结构　　(b) AGP总线结构

图2-10 显示卡总线结构

显示卡一般都有显示缓存,显示缓存的具体大小是由显示分辨率、每个像素的色彩数(如256色)、每个像素对应三维空间中 Z 方向的深度来确定的。根据不同的要求,显示缓存有8MB、16MB、32MB、64MB等配置。

(3) 打印机

打印机是最常用的输出设备,它以纸为介质,将打印机处理后的结果变为永久性的可保留信息,也称为硬拷贝。按工作方式可分为击打式和非击打式两种。击打式打印机又可分为针式打印机、链式打印机、点阵式打印机、菊花式打印机等,非击打式打印机可分为喷墨式打印机、激光式打印机等。

目前,喷墨式打印机和激光式打印机在CAD/CAM中应用最广。激光打印机的工作原理如图2-11所示,激光打印机是利用电信号去调制激光束,激光束采用半导体激光器,所用电信号是由计算机输出的数据,因此就得到了载有字符或图形信息的激光束。这样的激光束经过光学系统反射和聚焦、校正,最后沿着感光鼓的轴线匀速扫描在感光鼓上,从而形成字符或图形,再立即加热、定影,最后被固定在纸上输出。

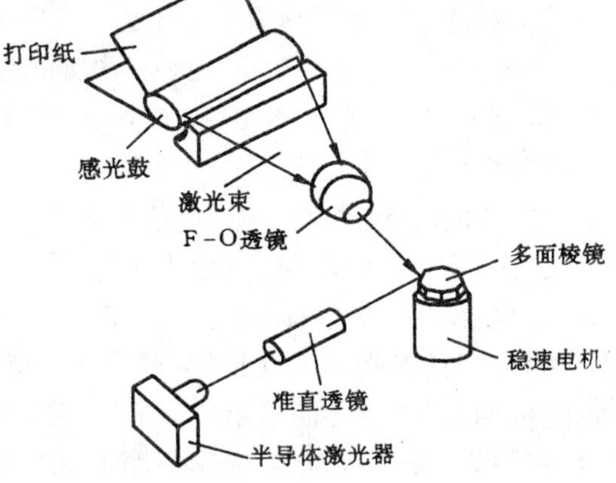

图2-11 激光打印机基本工作原理

(4) 绘图仪

绘图仪主要用于大型图形绘制,有笔式、喷墨和激光式多种,在CAD/CAM系统中最常用的是笔式。笔式绘图仪又可分为滚筒式和平板式,其中滚筒式应用广泛。

滚筒式绘图仪由笔架、卷筒、走纸机构、驱动机构等几部分组成,是用两只步进电机分别带动绘图纸和绘图笔运动从而产生图形轨迹。其主要特点是将横梁沿 X 向的运动由卷筒带动纸的运动来实现,图2-12所示为滚筒式绘图仪的工作原理。

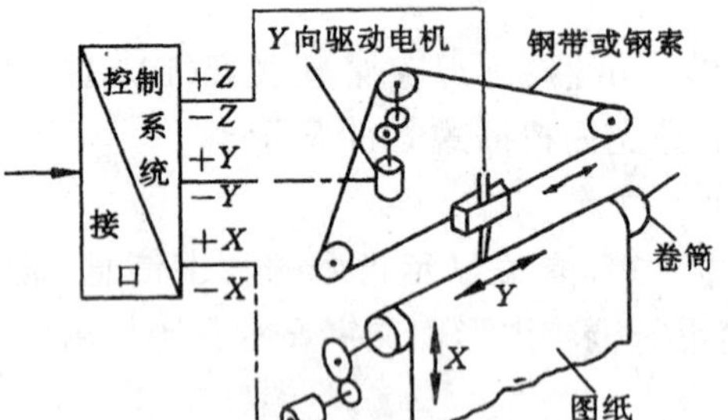

图2-12 滚筒式绘图仪

绘图仪近年来发展迅速,其中喷墨式绘图仪是发展的主要趋势。喷墨式绘图仪实质上就是一台大幅面的喷墨打印机,其工作原理与前面介绍的喷墨打印机的原理完全相同,外形与笔式滚筒绘图仪相差不大,它的机械结构主要包括六部分:喷头和墨盒、清洁单元、小车单元、送纸单元、传感器单元及辅助单元。图2-13是一种喷墨式绘图仪。

(5) 其他输出设备

其他输出设备有影像输出设备和语音输出设备等。

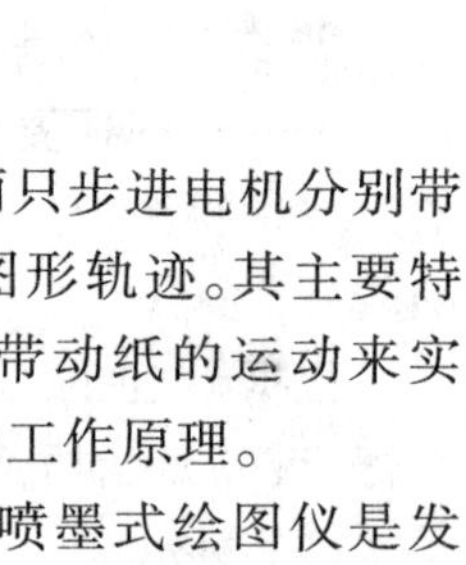

图2-13 喷墨绘图仪

5. 网络通讯设备

网络通信设备一般包括网络适配器、传输介质和调制调解器等。

(1) 网络适配器

网络适配器简称为网卡,它将计算机内信息保存的格式与网络线缆发送或接受的格式进行双向变换(一般是借助共享内存,在系统内存和网卡内存之间进行数据交换),控制信息传递及网络通信。

典型网卡基本上是由接口控制电路、数据缓冲器、数据链路控制器、编码/译码器、内收发器及介质接口装置六部分组成。为实现网络通信,网络中的每个网络节点必须装有网卡。网卡是网络通信的瓶颈之一,其质量和兼容性的好坏直接影响网络的功能。

(2) 传输介质

传输介质是指通信线路,网络传输介质主要有双绞线、同轴电缆和光缆。

(3) 调制调解器

调制调解器适用于将数字信号变成模拟信号或把模拟信号转变为数字信号,是利用电话线拨号上网的接口设备。

从应用上说,利用网卡、传输介质及调制调解器可以组建成小型局域网,但为提高网络性能,还可根据具体情况选用集线器(HUB)、路由器(Router)、网关(Gateway)等互联设备。

除前面介绍的基本配置外,对于一个功能完整的 CAD/CAM 硬件系统,还应配置数控机床等生产设备。

2.4 CAD/CAM 系统的软件

计算机硬件为系统工作提供了物质基础,而整个计算机系统的工作过程和功能都是由软件来控制和实现的,因此,具备了 CAD/CAM 系统所需的硬件后,软件的配置水平决定了 CAD/CAM 系统性能的优劣,它是实现 CAD/CAM 各项功能技术的核心。目前,随着 CAD/CAM 系统功能愈来愈复杂,软件成本所占的比重愈来愈大,软件在 CAD/CAM 系统中占有的地位也越来越重。

在 CAD/CAM 系统中,根据执行任务和编写对象的不同,计算机软件可分为以下三类:

① 系统软件　系统软件是管理和控制计算机各种资源,充分发挥各设备功能、提高效率,为用户提供方便的服务所需要的程序。一般包括操作系统、窗口系统、网络通信软件等。系统软件大都由计算机制造商或软件公司开发,作为商品软件出售。

② 支撑软件　支撑软件是在系统软件的基础上开发的满足 CAD/CAM 用户共同需要的通用软件或工具软件,亦称为软件开发工具,它是 CAD/CAM 软件系统的核心。一般包括绘图软件、几何造型软件、分析及优化软件、数据库管理软件、网络软件等。

③ 应用软件　根据用户具体要求,在系统软件和支撑软件的基础上经过二次开发的,用于解决各种实际问题的软件。CAD/CAM 系统的功能最终反映在解决具体设计问题的应用软件上。

三类软件间的层次关系如图 2-14 所示。

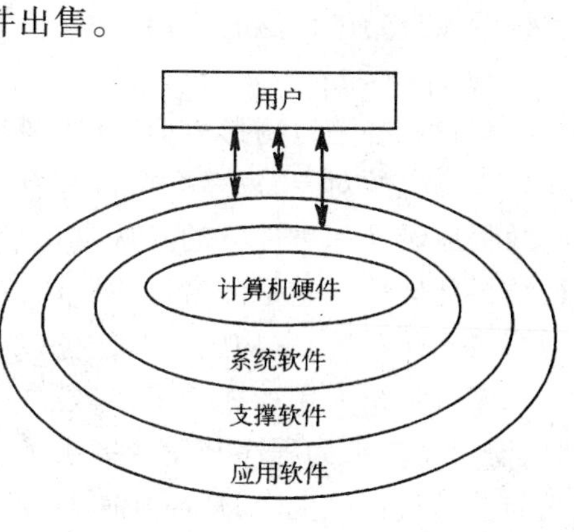

图 2-14　CAD/CAM 系统软件层次结构

2.4.1　系统软件

1. 操作系统

操作系统是对计算机系统硬件及软件资源进行全面控制和管理的程序集合。它对所有计算机资源进行统一监控和调度,其具体功能为:内存管理、文件管理、作业管理、进程调度、设备管理。

操作系统是最底层软件,其他软件都要在操作系统的支持下工作,它是用户程序和计算机硬件间的接口,它的性能对整个系统的影响很大。目前,操作系统的发展趋势是开放式系统,即尽可能遵照流行的或已被行业部门公认的标准来组建系统，以便于扩充和相互兼容。

操作系统按其功能及工作方式的不同可分为单用户、批处理、实时、分时、网络和分布式操作系统六类。一般大中型机都有自己的操作系统。小型机、微型机、工作站的操作系统从选型观点来看，比较典型的有两种：一种是基于微机平台的 MS-DOS 系统以及 OS/2 操作系统，特别是窗口系统 MS-Windows 和 X-Window 的出现，提供了比 MS-DOS 更好的应用环境和功能，使微机的操作系统环境大大改善。下面简单介绍 MS-DOS，UNIX 操作系统和 MS-Windows、X-Window 窗口系统。

(1) MS-DOS 操作系统

MS-DOS 是微型机普遍采用的操作系统，它是美国 Microsoft 公司开发的单用户、单任务的操作系统，是用户与物理机器的接口，其主要功能是进行文件管理和设备管理。MS-DOS 由输入/输出(I/O)管理系统、文件系统和命令处理程序三个层次模块组成，文件系统负责建立、删除、读写和检索各类文件，输入/输出系统负责驱动外部设备，命令处理程序负责内部和外部命令的执行。DOS 操作系统层次性强，使用简单，但功能有限，其内存管理局限于 1MB 以内，特别是基本内存为 640KB 的限制是其致命弱点。IBM 公司开发的 OS/2 操作系统突破了 1MB 的寻址限制，并且支持多任务操作，准备取代 DOS 操作系统，但 OS/2 与 MS-DOS 不兼容，所以 OS/2 操作系统并不流行。窗口系统 MS-Windows 出现后，许多原来由 DOS 系统完成的功能已逐渐转移到由 MS-Windows 系统来完成。

(2) UNIX 操作系统

UNIX 操作系统是由美国 AT&T 公司利用 C 语言开发的一个多用户、多任务分时操作系统，其突出的特点是功能强、规模小、易移植、易扩充，为软件的兼容性、系列化、标准化提供了方便，是工作站广泛采用的操作系统。在 UNIX 环境下，多个用户采用分时方式共享主机资源，当主机内存足够大时，各用户就不会感到其他用户的存在，好像整个计算机只为他一个人服务。目前，UNIX 操作系统是当今世界上最为流行、应用最广的操作系统，尤其在小型机和微型机领域得到了广泛的应用。

2. 窗口系统

窗口系统是以图形界面为应用特征的用户接口系统，在窗口环境下，系统把窗口作为接受和处理信息的对象，每一个窗口都有一个与窗口相关的函数进行描述。其特点是基于面向对象的程序设计和事件驱动。从直观看，窗口是显示器上的矩形区域，是接受用户输入、显示运行结果的区域。它是由窗口、菜单、按钮等图形对象组成的图形用户界面，有人将窗口系统称为第二操作系统，它构成了多任务多窗口的工作环境。

窗口系统为用户提供了一致、友好的操作环境，使窗口应用程序使用方便，易于掌握，同时，窗口系统也为程序开发者提供了功能众多的子程序库，允许开发者使用“与设备无关”的方式与外围设备打交道，从而加速开发过程。目前，常用的窗口系统有：MS-Windows、X-Window。

(1) MS-Windows 系统

MS-Windows 是 Microsoft 公司推出的基于图形的多任务多窗口环境的微机窗口系统，其特点是将窗口系统的基本部分融入操作系统中，窗口系统与操作系统协调工作以实现系统管理，系统依附特定的操作系统和硬件环境，故不支持多用户工作，移植性和网络性较差。MS-Windows 发展到现在，版本较多、影响较大的有：Windows 3.2，Windows 95，Windows 98，Windows NT 4.0 以及 Windows 2000。

(2) X-Window 系统

X-Window 是一个可以在分布式网络环境下工作的多任务多窗口系统，其特点是图形用户接口符合开放式的工业标准、网络透明传输、可扩充功能、硬件无关性，可在网络环境下及各种独立计算机上运行，具有广泛的适应能力。X-Window 适用于工作站。

X-Window 作为开放式的窗口系统为各种界面的开发提供了基础，如 SUN 公司的 Open Look，DEC 公司的 UTX 以及 OSF 公司的 Motif 等。其中 Motif 已得到广泛应用。目前，X 窗口系统与 UNIX 操作系统结合在一起，是工程工作站最流行的软件开发平台和运行环境。

3. 网络通信软件

在硬件组成中，我们知道：通过网络互联设备将计算机连接在一起，就形成了资源共享的计算机群体的硬件配置。再配置一些网络软件，就可以进行网络通信了。网络软件包括：网络操作系统、网络数据库、网络协议、通信协议、通信控制程序等。

(1) 网络操作系统

网络操作系统与计算机操作系统不同。在网络中有多台独立的计算机，而用户要求有统一的操作命令和访问规则，因此，网络操作系统除了一般操作系统所具备的模块外，还需配置一个网络通信模块，它是网络操作系统与网络之间的接口模块。网络操作系统一般选择 Windows NT 或 UNIX。

(2) 网络协议

由于网络通信工作十分复杂，通信双方在通信过程中要进行一些约定，它是一套语义和语法规则，用来规定有关功能部件在通信过程中的操作，这些约定称为协议。它由语义、语法和定时三部分组成，而协议的具体实现称为规程。

网络技术的发展提出了网络标准化的要求，国际标准化组织 ISO 采用了网络分层体系结构，提出了开放系统互连七层协议模型（OSI），图 2-15 为 OSI 参考模型。各层间相对独立，每层建立在前一层的基础上，各层协议的集合就构成了网络协议，TCP/IP 协议就是符合 OSI 模型的一种协议，它是国际因特网采用的协议，Windows NT、Windows 2000 等操作系统都支持 TCP/IP 协议。目前常用的网络协议是：TCP/IP 协议、MAP 协议、TOP 协议等。

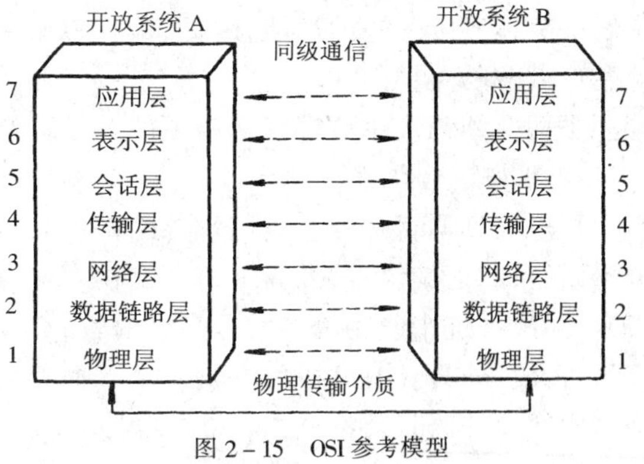

图 2-15 OSI 参考模型

2.4.2 CAD/CAM 系统支撑软件

支撑软件是 CAD/CAM 系统的核心，是进行应用软件开发的工具或环境，故有时又称为工具软件。目前，支撑软件都是商品化的软件，一般由专门的软件开发公司开发。用户在组建 CAD/CAM 系统时，要根据使用要求来选购配套的支撑软件，形成相应的应用软件开发环境。支撑软件根据其功能特点分成以下几种类型：

1. 绘图软件

由于设计绘图占设计工作量的大部分，所以绘图软件是 CAD/CAM 系统最基本也是应用最广的支撑软件。目前，在中国，微机上广泛应用的典型绘图软件是美国 Autodesk 公司开发的 AutoCAD 软件。

2. 几何造型软件

几何造型软件也称三维造型软件，它的基本功能包括产品的几何建模、特征建模、二维和三维剖面图生成等。它可以为 CAD/CAM 系统建立产品完整的几何描述及特征描述，为产品的设计制造提供统一的产品信息模型，支持 CAD/CAM 系统各个环节的工作，是实现 CAD/CAM 集成的基础。常用的几何造型软件有：Pro/E、UG Ⅱ、I-DEAS、SolidWorks、SolidEdge、MDT、Inventor 等。

3. 分析及优化软件

分析软件主要包括有限元分析软件、机械运动分析软件、动力学分析软件等。其中，有限元分析软件是最重要的分析软件，它可以进行静态、动态分析，通常包括前置处理（单元自动划分、显示有限元网格等）、计算分析及后置处理三部分。目前，较常用的有限元分析软件有 ANSYS、SAP、ASKA、NASTRAN 等；机械运动分析软件有 Pro/Mechanica、DADS 等。

优化软件旨在运用数学优化理论和现代数值计算以寻找最优解。在 CAD/CAM 系统应用中，分析软件与优化软件常联合使用，以取得最优效果。

4. 数据库管理软件

CAD/CAM 系统中有大量的数据需要进行存储、检索、编辑和维护，数据库通过数据库管理系统（DBMS）可以建立数据库，并能对其进行有效的管理和维护，因而它是用户与数据库间的接口。数据库管理系统使用三种数据模型，即层次模型、网状模型和关系模型，其中关系模型使用最为普遍。目前流行的关系型数据库管理系统有 Oracle、Ingres、FoxPro、Sybase、Access 等。

2.4.3 应用软件及开发环境

应用软件是针对用户的特定要求为解决实际问题而开发的软件。它是在系统软件和支撑软件的基础上，采用高级语言，进行"二次开发"所建立的软件。应用软件体现了 CAD/CAM 系统解决具体实际问题的功能，因此，应用软件的水平、质量及可靠性往往是决定 CAD/CAM 系统生产效益的关键因素。

下面介绍与应用软件密切相关的开发环境与工具。

1. 程序语言与程序设计

程序设计语言是开发应用软件的基本工具，程序设计语言繁多，但总的可以分为三类：①机器语言；②汇编语言；③高级语言。在 CAD/CAM 系统中，可采用多种程序设计语言。目前，CAD/CAM 系统中应用较多的是高级语言，如 Visual Basic、Visual C ++ 等。从功能角度划分，高级语言又可分为：①程序设计语言；②数据库语言；③仿真语言；④人工智能语言。目前比较常用的程序设计语言及特点如表 2-1 所示。

表 2-1　　程序设计语言特点比较表

语　言	特　　点
C/C ++	是 UNIX 系统下最基本的语言。它通用性好、易于移植、功能强、使用灵活，基于 Windows 平台的很多软件都是采用 C/C ++ 语言。正成为工程应用中的主流设计语言
Fortran	很接近于人们的自然用语和数学公式，是为科学计算工作者而设计的，应用历史最长，是工程技术人员最熟悉的一种语言
Pascal	结构化程度高，数据类型丰富，数据结构灵活，非常适合于个人计算机
Basic	微机基本语言，简单易学，能处理图形、声音等多媒体信息，多用于小型应用开发
Lisp	函数型表处理语言，适合逻辑推理和符号处理，多用于人工智能研究开发
Java	与 C/C ++ 语言很相似的一种新型语言，采用一种称为 Java 虚拟机的虚拟微处理器规范，使其能够在各种类型计算机上运行。目前，Java 语言广泛用于 Web 项目管理与开发，已成为一种国际标准

2. 现代开放体系结构的软件开发规范

随着 Internet 的广泛运用,将应用扩展到局域网、广域网甚至 Internet 上已成为用户的普遍需求,从而对应用软件提出了更高的要求,在这样的开放异构环境下实现信息和软件资源的共享将十分困难,这就使得软件设计更加困难。在这种情况下,面向对象的思想已经难以适应这种分布式软件模型,于是组件化程序设计思想得到了迅速的发展。

为了实现这样的应用软件,软件与软件之间需要遵循一些共同的规范,这些规范包括组件化、可用户化、集成化与互操作性等内容,他们是现代开放体系结构软件平台的几个重要概念,这里:

① 集成化是一个相对概念,它是将多个不同专业领域的单一功能软件系统集成于某个公共软件平台之上,形成一个多功能的、统一的运行环境。公共软件平台在内部数据结构上应能够满足通用性要求,不同专业的软件系统之间可自由地传递和转换数据、协同工作。

② 用户化是指用户可以人工控制软件系统的性能及外在表现,以符合用户的个人品味。

③ 互操作性是一个较为新颖的概念,它认为软件系统不应该是一种封闭的环境,软件系统之间应该能够相互驱动、相互操作,以达到发挥各自优势、协同工作的目的。

④ 所谓组件化一般有两方面内容:一是原有软件系统局部模块的可替换性;二是原有软件系统允许用户进行二次开发,嵌入新的功能模块。MS-Windows 操作系统是典型的组件化的开放体系结构的软件系统。

为此,OMG(Object Management Group,对象管理组织)和 Microsoft 分别提出了 CORBA(common object request broker architecture,公共对象请求代理体系结构)和 COM(Component Object Model,组件对象模型)标准。其目标是:使得基于对象的软件在分布异构环境下具有良好的可重用性、可移植性和互操作性。目前 CORBA 模型主要应用在 UNIX 操作系统平台上,而 COM 则主要应用在 Microsoft Windows 操作系统平台上。

(1) 公共对象请求代理体系结构(CORBA)

CORAB 的结构基础是 OMG 的组件对象模型(COM:component object model)。软件组件可作为对象,以客户身份通过封装的接口提出请求,并获取服务对象所提供的服务,以形成协同工作的系统。为达到互操作性,设计了对象请求代理(ORB:object request broker)作为通信的基础设施。它截获客户的请求,并负责找出实现其请求的服务对象,并负责返回结果,客户不必知道服务对象是位于同一机器还是跨网位于不同机器,也不要求客户与服务对象有同一编程语言、运行于同种平台,由 ORB 提供异构分布环境中不同机器上应用的互操作性。图 2-16 所示为 OMA 模型(Object Management Architecture,对象管理体系结构)。ORB 能识别的协议是 OMG 的接口定义语言 IDL,它可完整地确定构件的接口,即客户所需使用接口的全部信息。CORBA 规范充分利用了现今各种技术发展的最新成果,将面向对象的概念糅合到分布计算中,定义了一组与实现无关的接口方式,引入代理机制分离客户和服务器,使得 CORBA 规范成为开放的、基于客户/服务器模式的、面向对象的分布计算的工业标准。

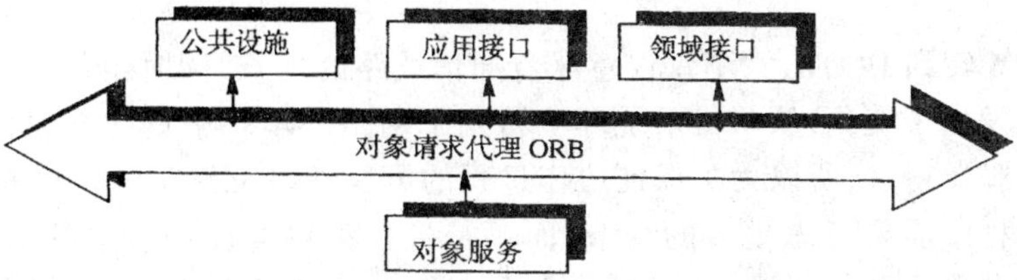

图 2-16　OMA 模型

(2) 组件对象模型(COM/DCOM)

① 组件对象模型(COM)

COM是由微软提出的组件标准,它不仅定义了组件程序之间进行交互的标准,并且也提供了组件程序运行所需的环境。在COM标准中,一个组件程序也被称为一个模块,它可以是一个动态连接库(DLL),被称作进程内组件(in-process component);也可以是一个可执行程序(即EXE程序),被称作进程外组件(out-of-process component)。一个组件程序可以包括一个或多个组件对象,因为COM是以对象为基本单位的模型,所以在程序与程序之间进行通信时,通信的双方应该是组件对象,也叫做COM对象,而组件程序(或称作COM程序)是提供COM对象的代码载体。

COM对象不同于一般面向对象语言(如C++语言)中的对象概念,COM对象是建立在二进制可执行代码级的基础上,而C++等语言中的对象是建立在源代码级基础上的,因此COM对象是语言无关的。这一特性使以不同编程语言开发的组件对象进行交互成为可能。

微软不仅定义了COM规范标准,而且提供了具体的实现,在Microsoft Windows系统平台上,COM技术被应用于系统的各个层次,从底层的COM对象管理到上层的应用程序交互都用到了COM标准。各种层次上的COM技术应用为我们提供了很好的范例,我们几乎总可以在微软的软件产品中找到COM技术的应用,如用Visual Basic编写ActiveX控制就用到了COM的技术原理,微软的对象连接与嵌入技术OLE就建立在COM基础上。

② 分布式组件对象模型(DCOM:Distributed Component Object Model)

微软在组件对象模型(COM)的基础上,扩展成支持局域网、广域网甚至Internet上不同计算机组件对象间互操作的DCOM,以完成与CORAB相近的作用。COM组件有进程内组件与进程外组件两种,它们与客户的通信如图2-17所示,由于进程外组件与客户运行在不同的进程空间,所以客户程序调用组件对象并不是直接进行的,而是用到了操作系统支持的一些跨进程通信方法。对照DCOM组件与客户程序的通信过程,如图2-18所示,当客户与软件组件位于不同机器时,DCOM只是简单地把本地跨进程通信用一个网络协议传输过程来代替,客户代码和组件对象都感觉不到中间发生的过程,只是中间数据传递的路线更长一些。

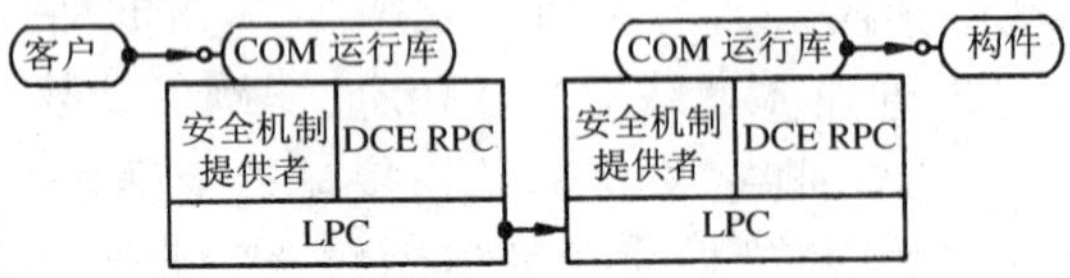

图2-17　客户与进程外组件通信示意图

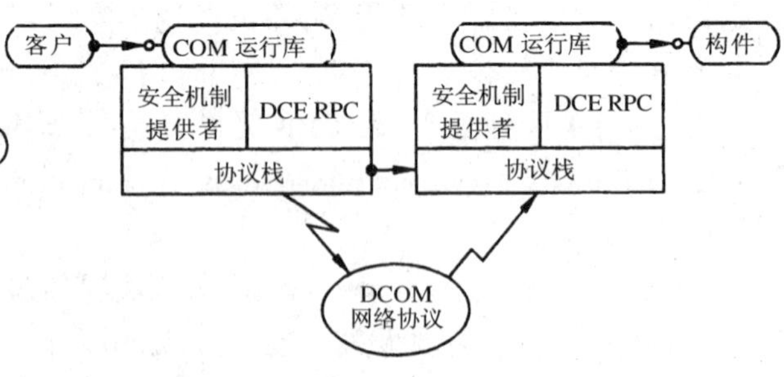

图2-18　客户与DCOM组件的通信示意图

当然,从COM转到DCOM,并不仅仅意味着通信线路的加长,同时组件对象与客户程序协作运行的环境也发生了变化,从单机系统环境转到了网络环境。毕竟网络通信比单机环境下的跨进程通信要脆弱得多,所以为了保证协作过程的可靠性以及程序对异常事件的应变能力,客户程序和组件程序需要考虑更多的细节,而不是仅仅提供与应用有关的基本功能。总之,DCOM是微软技术在分布式环境中的扩展,它在微软产品体系中显然是很合适的。DCOM的支持者也已在UNIX系统中发展DCOM,以达到在异构平台上的互操作性。由于COM已经渗透到 Internet 各种软件中去，包括一些基本的协议软件，所以随着 Internet 的继续发展，COM 必将获得更为广泛的应用。

2.4.4 现代 CAD/CAM 主流支撑软件

1. AutoCAD、MDT 及 Inventor

AutoCAD 是美国 Autodesk 公司为微机开发的一个交互式绘图软件，基本上是一个二维工程绘图软件，具有较强的绘图、编辑、尺寸标注以及方便用户进行二次开发功能(目前主要是利用 ARX 进行二次开发)，也具有部分的三维造型功能，主要用来进行计算机辅助设计和计算机辅助绘图等工作。它是目前世界上应用最广泛的 CAD 软件。

MDT(Mechanical Desktop)是 Autodesk 公司在机械行业推出的基于参数化特征实体造型和曲面造型的微机 CAD/CAM 软件，是以 AutoCAD 为基础构架、由带有零件造型和部件装配功能的 AutoCAD Designer 和曲面造型的 AutoSurf 以及 Autodesk IGES Translator 等模块组成。其中，主要的 CAD 功能核心是 AutoCAD Designer 模块和 AutoSurf 模块。它可以帮助设计者把要设计的机械产品首先实现概念化，然后再对其进行造型设计，最后生成产品文档。MDT 提供了强有力的参数化设计方法。参数化设计方法允许设计者以零件的尺寸、几何形状和相互位置关系来进行产品造型设计。MDT 能识别这方面的关联信息，并对造型的任何修改在整个设计中可以方便、快捷地反映出来。

Inventor 是 Autodesk 公司最新的和最现代的基于 Microsoft Windows 的机械设计系统。除了支持现有通用的传统参数化设计方法外，使用的是基于参数化方法的叫做“自适应装配”的方法。它特有的以装配为中心的设计模型使用户可以智能地设计，比传统的参数化和变量化模型更加优越。

2. Pro/E

Pro/E 是美国 PTC(Parametric Technology Corporation)公司的产品，是一种单一数据库结构、标准的基于特征的建模技术以及独特的全相关技术的机械设计自动化软件。其特点有：

① 先进的特征建模技术　Pro/E 2000i 扩展的特征建模工具包括了自适应过程特征，能把行为建模技术的优点广泛应用到开发活动中。

② 使用的方便性　除了简洁的菜单描述和充分的在线帮助，其下拉式菜单使用户能以直观的方式进行各种操作和预先设定。

③ 相关性　Pro/E 是建立在一个统一的能在系统内部引起变化的数据结构的基础上，因此开发过程中某一处所发生的变化能够很快传遍整个设计制造过程，以确保所有的零件和各个环节保持一致性和协调性。

④ 参数化、面向零件的实体模型设计制作　Pro/E 的零件设计功能是一些和系统内部蕴藏的知识、智能相联结的过程，可以画出非常复杂的几何外形。

⑤ 超大型部件　Pro/E 的核心技术是以部件为中心，所以它能使工程师高效率地设计、归档和管理任意大小的产品部件。

⑥ 以 Internet 为中心　为了促进企业范围内的信息交流，提高桌面系统的访问能力，Pro/E 提供了全面的以 Internet 为中心的工具。

Pro/E 包含 70 多个模块，可供用户选用配置自己的系统，下面简要介绍其中一些主要功能模块。

① Pro/E　这是系统的基本模块，它提供基本的三维造型功能、参数化功能定义、组装、完

整的工程图生成、二三维图形输出等。

② Pro/Assembly　参数化装配管理，能提供用户自定义手段去生成一组组装系列并可自动地更换零件。Pro/Assembly 里有一个 Pro/Program 模块，它提供一个开发工具，使用户能自行编写参数化零件及组装的自动化程序。

③ Pro/Design　二维或三维装配图组装设计。

④ Pro/Detail　从 Pro/E 中生成标准工程图，包括尺寸标注、公差和视图等。

⑤ Pro/Draft　允许用户通过 IGES 及 DXF 等文件接口接受一些其他 CAD 系统产生的工程图。

⑥ Pro/Feature　提供复杂特征造型功能。

⑦ Pro/Mesh　提供了实体模型和薄壁模型的有限元网格自动生成能力，也就是它自动地将实体模型划分成有限元元素，以便有限元分析。

⑧ Pro/Surfacer　复杂曲面的造型。

⑨ Pro/Manufacture　数控自动编程及刀具轨迹仿真。

⑩ Pro/Interface　提供与其他 CAD/CAM 系统间的各种数据交换标准。

3．UGⅡ

UGⅡ(UnigraphicsⅡ)是美国 Mc Donnell 公司开发的一个集 CAD、CAE 和 CAM 于一体的计算机辅助机械设计制造系统。UGⅡ系统的显著特点是其工程背景具有很强的设计制造功能，是混合建模技术的提倡者和首先使用者，也是第一个将 CAPP 和 CAQ 智能 CAD(ICAD)集成到系统中的软件。UGⅡ系统的混合建模技术领先，CAM、CAQ、CAT、CAPP 独到、统一的数据库真正实现了 CAD、CAE、CAM 各模块之间无数据交换的自由切换，便于实施并行工程。UGⅡ系统采用 Fortran、C 和 C++ 语言混合编程，支持所有主导工作站硬件平台，采用 Motif 用户界面。在 CAD、CAE、CAM 三个方面，不但提供了较强的功能模块，还提供了供选择的主导专业应用系统的接口，特别在动态装配过程仿真，无网络有限元分析，尺寸测量接口技术规范等方面功能独特，开发工具功能强大，产品数据管理系统内容丰富。UGⅡ系统的软件结构开放性优良，但软件集成框架功能较弱，数据管理尚待进一步提高，从用户角度而言，菜单文字太小，影响方便使用。

4．I-DEAS

I-DEAS 是美国 SDRC(Structural Dynamics Research Corporation)公司开发的机械产品设计、制造、分析等系列工程软件。I-DEAS 提供了从设计的最先进技术 VGX，到全面仿真和分析能力，直至复杂的 7 轴连动、5 轴加工能力，使 I-DEAS 成为所有机械设计自动化软件中功能最强的软件系统。I-DEAS 为用户展现了一个动态的高度集成的开放环境，帮助产品开发队伍真正以团队方式来协同工作，使团队成员之间更方便地交换信息，在协同环境中快速共享在整个产品研发过程中所做的工作。I-DEAS 与 SDRC 自身的 Metaphase 这一当今最先进的产品数据管理(PDM)软件的无缝集成为企业提供了掌握产品开发全过程的保证。该软件的特点有：①先进的 VGX 变量化技术；②实时协同工程；③功能高度集成；④良好的开放性。

5．SolidWorks

SolidWorks 是由美国 SolidWorks 公司研制开发的基于特征的实体建模技术机械 CAD 系统。它采用自顶向下的设计方法，可以用来进行零件设计、装配设计和工程绘图。设计和绘图是在同一界面下同时进行的，可以减少设计的工作量。SolidWorks 使用的特征分为草图和应用型两类：①草图特征是以 2D 设计为基础的，一般地，这种草图可通过拉伸、旋转、扫描转化为实体。②应用型特征是直接在实体模型上生成，如导角和沟槽。SolidWork 支持 Visual Basic、Visual

C ++ 或任何支持 OLE 的程序语言来作二次开发。

6. SolidEdge

SolidEdge 软件是美国 Unigraphics Solutions 公司的中端 CAD 软件包，SolidEdge 提供了杰出的机械装配设计和制图性能、高效的实体造型能力和无与伦比的易用性，其参数化以及基于特征的实体建模操作依据定义清晰、直观一致的工作步骤，推动了工作效率的提高。SolidEdge 全面应用 STREAM 技术，其强大的造型工具能帮助用户更快地将高质量的产品推入市场。SolidEdge 是适用于 Windows 的机械装配设计系统，由前沿先进实体模型制作技术开发而成。SolidEdge 是第一个将真参数化、特征化实体模型制作引入操作舒服且为大家所熟悉的 Windows 环境的机械设计工具。SolidEdge 建立于世界上最开放的互用性软件技术之上，可以快速方便地与其他的计算机辅导工具相配合。

7. CATIA

CATIA 是法国达索飞机公司工程部开发的产品。CATIA 系统是在 CADAM 系统（原由美国洛克希德公司开发，后并入美国 IBM 公司）基础上扩充开发的。其特点有：

① 机械设计解决方案　从概念设计到详细设计甚至到生成图样生成，机械设计解决方案加速了产品设计的核心活动。

② 外形设计和风格设计解决方案　CATIA 对设计零件提供了广泛的集成化工具，而在设计零件时创新化的形状和复杂的外形又是关键的设计因素。

③ 分析与模拟解决方案　CATIA 为设计师提供了高度自动化、透明的分析解决方案，同时也为专家提供了高技术、灵活的解决方案。

④ 制造解决方案　CATIA 对 NC 铣床编程提供了强大的工具，同时也有处理嵌套、机器人、复合材料设计和树脂快速原型建立等应用程序。

⑤ 设计与系统工程解决方案　CATIA 处理电子和流体系统的设计、更改和分析等问题，同时也包括装配模拟和综合空间管理。

⑥ 网络计算解决方案　CATIA 可以帮助扩展型企业的所有用户同时测览、分析产品的原始数据，便于协同合作。

⑦ 应用体系解决方案　它包括用于接口、工作组实现、可视化、应用开发的工具。

⑧ AECI 厂设计解决方案　作为用于工厂和建筑设计及维护的下一代面向对象系统，AECI 厂设计解决方案用来处理任何项目的所有主要问题。

8. MasterCAM

MasterCAM 是美国 CNC 系统公司开发的一套适用于机械产品设计、制造的，运行在 PC 平台上的 3D CAD/CAM 交互式图形集成系统。它不仅可以完成产品的设计，更能完成各种类型数控机床的自动编程，包括数控铣床（2 ~ 5 轴）、车床（可带 C 轴）、线切割机（4 轴）、激光切割机、加工中心等的编程加工。

产品零件的造型可以由系统本身的 CAD 模块来建立模型，也可以通过三坐标测量仪测得的数据建模。系统提供的 DXF、IGES、CADL、VDA、STL 等标准图形接口可实现与其他 CAD 系统的双向图形传输，也可通过专用 DWG 图形接口直接与 AutoCAD 进行图形传输。系统具有很强的加工能力，可实现多曲面连续加工、毛坯粗加工、刀具干涉检查与消除、实体加工模拟、DNC 连续加工以及开放式的通用后置处理功能。

此外，还有美国 CV（Computervision Corporation）公司推出的 CAD/CAE/CAM 集成化软件系统，法国 MATRA DATAVISION 公司的 CAD/CAE/CAM 系统，美国 Control Data 公司的 ICEM 软件

系统,美国 CADAM 公司的 CADAM 软件等。

国内在 CAD/CAM 系统的研究中也取得了一定的成绩,如广州红地与北航合作研制的金银花 LONICERA 软件,北京北航海尔软件有限公司的 CAXA 软件,武汉开目软件公司的开目 CAD、CAPP、PDM 系统软件等。

2.5 计算机网络

2.5.1 概　　述

计算机网络是计算机技术和通信技术相结合的产物,网络通信是 CAD/CAM 系统的发展方向。

计算机网络是指将地理上分散而功能上又独立的多台计算机,通过网络互联设备和网络软件实现相互连接,形成资源共享的计算机群体。网络的最大作用是实现各个用户对网络上的信息和资源的共享。

网络系统是由网络操作系统和用以组成计算机网络的多台计算机,以及各种通信设备构成的。在计算机网络系统中,每台计算机是独立的,任何一台计算机都不能干预其他计算机的工作,任何两台计算机之间没有主从关系。

计算机网络按其覆盖的地理范围可分为局域网(LAN)和远程网(WAN)两大类。LAN 一般局限于几千米以内,目前,企业 CAD/CAM 网络系统多属于局域网。WAN 由多个局域网连接而成,覆盖范围较大,例如因特网(Internet)就是目前最大的一个广域网。按照对数据的组织方式的不同,可以将计算机网络分为分布式网络系统和集中式网络系统。

在网络中,用户处理、存取和共享信息的方式称为网络工作模式(计算机模式)。早期的计算机网络结构是一台主机连接多台终端的集中式模式,随着计算机技术的发展,又出现了网络分布式模式。

2.5.2 计算机网络的拓扑结构

采用从图论演变而来的拓扑的方法,抛开网络中的具体设备,把工作站、服务器等网络单元抽象为“点”,把网络中的传输介质抽象为“线”,这样从拓扑学的观点看计算机网络系统,就形成了由点和线组成的几何图形,从而抽象出了网络系统的具体结构。这种采用拓扑学方法抽象出的网络结构称为计算机网络的拓扑结构。网络上设备之间的拓扑连接形式有:总线形、星形、环形以及网状等形式。

(1) 总线形拓扑

所有设备(独立的计算机)都连接到总线电缆,总线电缆构成网络总线或中枢,如图 2 – 19(a)所示。总线形拓扑结构的优点是构建简单,采用的线数量最少,是费用最低的配置;其缺点是当网络过载时会降低网络传输速度,另外,总线中一个点的故障可能会导致整个网络活动停止。总线形网络适用于规模较小的网络。

(2) 星型拓扑

所有设备连接到一个点上,此中心点为网络的集线器(HUB)。如图 2 – 19(b)所示。星型拓扑结构的优点是可以很容易地增加或改动计算机节点,并且不会给其他节点计算机带来干扰;此外,单台计算机出现故障时,不会影响整个网络。其缺点是,如果中央集线器出现故障,整个网络就不能工作，另外，线缆的费用与其他拓扑结构相比要高一些。

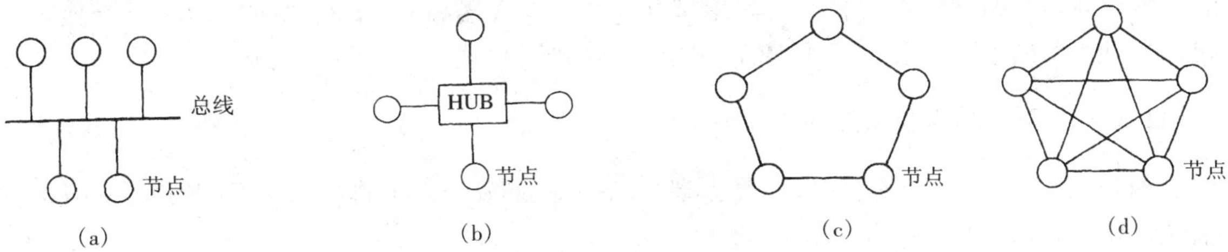

图 2－19　拓扑连接形式

(a) 总线形拓扑；(b) 星形拓扑；(c) 环形拓扑；(d) 网状拓扑。

(3) 环形拓扑

所有设备串行连接，构成一个回路或一个环，信息在环形里朝一个方向流动，如图 2－19(c)所示。其缺点是只要环内一个节点出现故障，都会影响总体网络。

(4) 网状拓扑

网状拓扑结构如图 2－19(d)所示，其显著特点是网络设备之间存在冗余链路。在全连通情况下，网络内任意两个计算机之间都有直接链路。网状拓扑结构的优点是容错性好，通信信道容量能得到有效保证；其缺点是安装及配置麻烦。

(5) 混合型拓扑

实际的网络连接是上述三种模式的混合。图 2－20 所示为先将关系密切的计算机组成星形网络，然后用总线电缆作干线，再将几个星形集线器网络连接在一起的 Intranet。

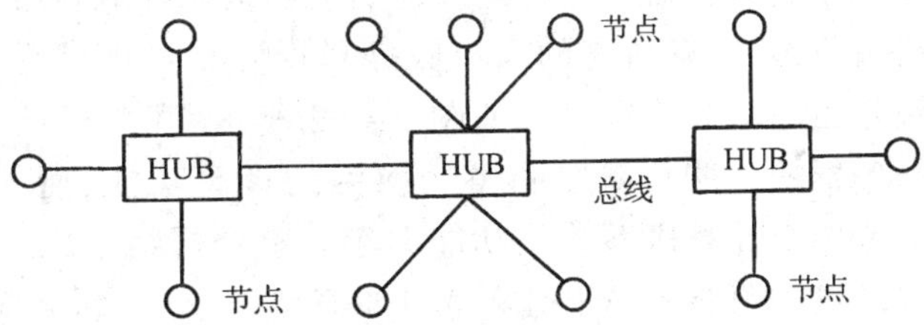

图 2－20　混合拓扑

图 2－21 是某企业的一个实用网络逻辑结构图，表达了销售财务部门、工程设计部门、生

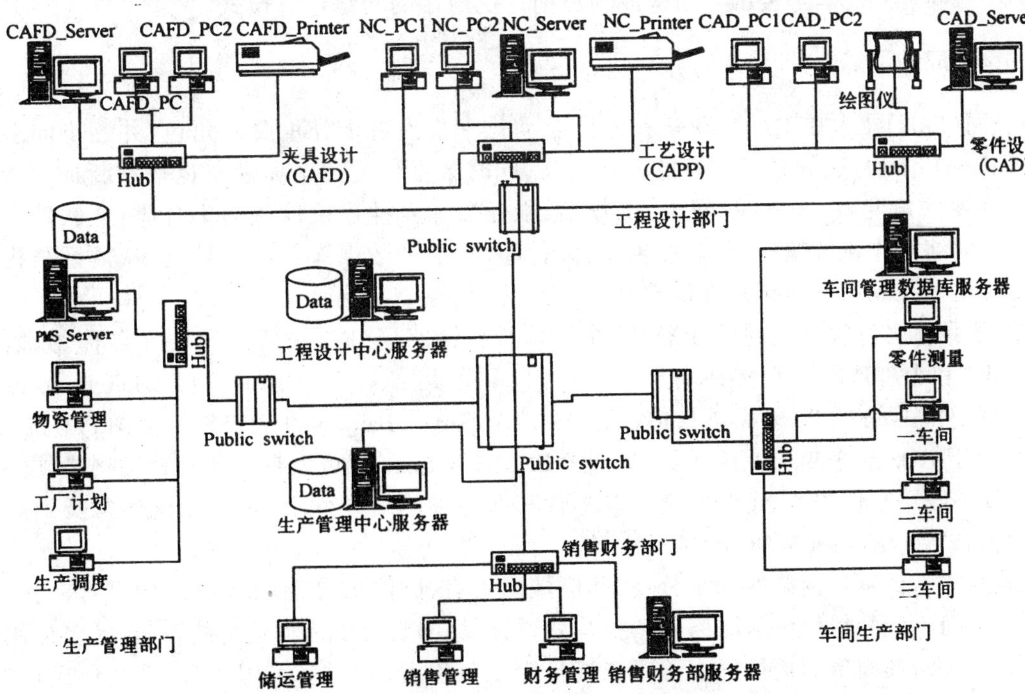

图 2－21　某企业网络逻辑结构图

产管理部门和车间生产部门的各种计算机间的网络连接关系。用一个管理服务器和一个工程服务器作为整个网络的中心服务器。用光纤与各职能大楼相连，子网之间用 Switch（交换式集线器）相连，子网内部的设备间用 HUB（共享式集线器）相连。

2.5.3 客户/服务器工作模式

20 世纪 90 年代兴起的客户机/服务器（C/S，Client/Server）工作模式有效地实现了网络分布式计算功能，成为计算机应用的重点。

客户机/服务器一般由三种基本部分组成，即客户计算机、服务器及用于连接它们的网络，其本质是将一个计算机应用程序的实际工作分配到若干台相互间请求服务的计算机上。客户机和服务器都是计算机，只是处理能力不同，它们协同工作，分担并完成计算机作业所必需的计算工作负荷。多数情况下，客户计算机是普通 PC 机，服务器可能是一台高档的 PC 机，或一台小型机，或者是一台大型机。发出请求的计算机称为“客户”，客户程序称为“前端”；为请求提供服务的计算机称为“服务器”，服务器程序称为后端。在客户机/服务器工作模式中，把应用程序所需要的某种特定系统功能和资源存放在服务器上，用户在客户机上工作，通过网络访问服务器，获得所需的系统服务和资源。客户机/服务器之间的工作关系如图 2－22 所示。客户机/服务器的性能优势来自整个网络的计算功能，而不是单个计算机系统的功能大小。整个网络上的客户机和服务器属于分布式计算环境。

图 2－22　客户机/服务器模式

基于 C/S 模式的网络操作系统有：Novell Netware，UNIX，Windows NT Advanced Server，IBM LAN Server 等。C/S 结构存在的局限是：①它是单一服务器且以局域网为中心的，难以扩展至大型企业广域网或 Internet；②软硬件的组合及集成能力有限。因此基于 Internet 和 Web 技术的浏览器/服务器（Browser/Server）结构成为目前广泛应用的网络计算模式。

2.5.4 局域网简介

局域网（LAN）技术在工厂自动化和办公自动化中扮演着十分重要的角色，并逐步向多种平台（Platform）、多协议、异种机共存的方向发展，同时数据传送速率和带宽也在不断加大。一个 LAN，从硬件角度看，是电缆、网卡、工作站、服务器和其他连接设备的集合体；从软件角度看，LAN 由网络操作系统统一指挥，提供文件、打印、通信和数据库等服务功能；从体系结构来考察，LAN 由一系列层和协议标准所定义。

LAN 的具体名称很多。讨论 LAN 硬件（物理层、链路层）时，一般用其硬件名称，如以太网、ARCNET 和令牌环网。当转到高层讨论时，则利用其 NOS 名，如 NOVELL 的 Netware 俗称 NOVELL 网，Microsoft 的 Windows NT，IBM 的 OS/ZLANServer，Banyan 的 VINES 以及 APPLE 的 AppleTalk。由于 NOS 越来越与硬件无关，如 NOVELL 的 Netware 就可以在多到几百种网络硬件上运行，所以一般用户仅关心 NOS，完全可以不管其在何种网络硬件上运行，因此通常听到的叫法是 NT 网或 NOVELL 网等 NOS 称呼。

局域网作为计算机网络的一个分支，和广域网具有共性，如分层的体系结构，但是它又有一些与广域网不同的特性。从网络的拓扑构形看，广域网受限于远程信道的设施，大多采用不规则的分布式网形模型。局域网由于距离近且为了节省费用，大多采用星形、总线形或环形。这三种形式中，各站点都处于对称的地位，便于各点间的直接通信，也避免了路径选择。

2.5.5 Internet 与 Web 简介

1. Internet

Internet(互连网,又称因特网)泛指由多个计算机网络(LAN)通过路由器、数字数据网(DDN)或无线通信(微波)相互连接而成的、在功能和逻辑上组成的一个大型网络。若把在世界各地已经大量建成的局域网(LAN)和广域网(WAN)看做物理网络,Internet 则是把物理上的网络按照层次关系连接在一起而形成的逻辑网络。

(1) Internet 原理

Internet 对用户而言,是一个巨大资源。用户希望能在 Internet 上得到自己所需的东西,因此用户必须知道在哪儿去寻找信息,怎样使用 Internet。这样就涉及到两方面的内容,即计算机的 Internet 地址和 Internet 所能提供的服务。

由于在 Internet 网上的计算机成千上万,位于不同国家、地区、公司和部门,计算机必须有唯一的地址才能相互识别通信,所以,采用了类似电话号码的分层分级方法,地址的一部分确定计算机所在的网络,一部分为网内地址。这样就形成了称为 IP 地址(Internet Protocol)。IP 地址由 4 个数字部分组成,每部分数不大于 256(如 202.197.32.124),IP 地址中每部分由“.”分开。

由于 IP 地址是数字,一般人难以记忆,因此 Internet 又定义了域名地址(Domain Name System,DNS)。它用字母代替数字,域名地址分几部分,每部分也用“.”分开,称为“域”。每一个 DNS 地址都对应一个 IP 地址。这样,人们可以用有意义的词记忆地址。如 truck.csru.edu.cn,域名地址中最大的域是右边的词,最左边的部分则是特定的一台计算机(服务器),本例中 cn 代表中国,edu 代表教育机构,csru 代表中南大学铁道学院,truck 则是中南大学铁道学院网络中心的一台叫 truck 的计算机。若在一台计算机上有多个用户,那么每个用户必须有一个单独的用户名。用户名用符号“@”与计算机名分隔开。发送 E-mail,用户地址为 user@[202.197.32.124],user 是用户名,由该机器的系统管理人员给出,表明 user 是该系统上的用户。符号@用于将用户名与 IP 地址分开。如某用户的地址就为 user@truck.csru.edu.cn。这样,由于每个用户和计算机都有唯一地址,因此在计算机或用户之间传送文件信息就成了一件简单的事情。

Internet 除了规模庞大外,本质上是照前面所说工作的。Internet 集合了世界各国的计算机网络,所有这些不同国家的计算机网络都采用共同的协议或标准,即 TCP/IP 协议,实现相互间通信。这样全球的资源超越了地理环境的限制,通过浏览 Internet 上的各个站点,能够真正做到“秀才不出门,全知天下事”。

(2) Internet 信息服务方式

① 电子函件(E-mail) 这是 Internet 最早的信息业务,和日常生活的邮寄一样,双方必须都有 Internet 地址。电子函件与普通邮件相比,具有速度快、费用低廉的特点。目前,有许多的电子邮件客户端软件,例如 Eudora、Netscape Messenger、Outlook Express 等。

② 远程登录(Telnet) 远程登录使用支持 Telnet 协议的 Telnet 软件,Telnet 协议是 TCP/IP 通信协议中的终端机协议。Telnet 使你能够从与 Internet 连接的一台主机进入 Internet 上的任何计算机系统,只要你是该系统的注册用户。常用的操作系统(如 Unix 和 Windows 95/98/NT 等)都携带有 Telnet 应用程序。

③ 文件传送(File Transport Protocol,FTP) FTP 是文件传输的最主要工具,它可以用来传输任何格式的数据文件。用 FTP 可以访问 Internet 的各种 FTP 服务器。访问 FTP 服务器有两

种方式:一种访问是注册用户登录到服务器系统;另一种访问是使用“匿名”(anonymous)方式进入服务器。目前,常用的 FTP 客户端软件有 CuteFTP,WS-FTP,LeapFTP 等。

④ 万维网(World-Wide Web,简称 Web)　WWW 是 Internet 应用中的最新成员,但也是使用最为广泛和成功的一个,它采用超文本(hypertext)的或超媒体的信息结构。媒体是指从网络上能得到和传播的数据的形式,包括 ASCII 文本文件、PostScript 文件、音频文件、图形或图像文件以及其他可以储存于计算机文件中的数据。超媒体是组织数据的一种新方法,一个超媒体文档采用非线性链表的方式与其他文档相连。使用 WWW 像使用 Gopher 一样,只不过不按菜单而是按超文本的链指针查找和浏览信息。WWW 的客户端程序一般称为浏览程序或浏览器(Web Browser)。浏览程序有面向字符和面向图形两类,目前使用最多的是图形界面的浏览器,Netscape Navigator 或者 Microsoft Internet Explorer 是典型的代表.

⑤News　Internet 上有许许多多的消息群(newsgroup)。每一个消息群讨论一个特定主题。用户可以在上面互相讨论问题,交流各自的想法。

除了以上内容外,Internet 还提供了诸如 Gopher、Archie、Wais、电子公告牌、电子论坛、名录服务、网上交谈等服务方式。目前,Internet 在中国的五个互联网络单位是中科院(中国科学技术网,CSTNET)、邮电部(中国公用计算机互联网,CHINANET)、教育部(中国教育和科研计算机网,CERNET)、电子部(中国金桥信息网,CHINAGBN)以及国家公用经济信息通信网(GBNET)。

2. Web 技术

Web 是传输文档,包括文件、图形甚至是语音和视频图像给远程访问者的平台。Internet 上最为广泛应用的 WWW 所采用的技术称之为 Web 技术。它包括 HTML (Hyper Text Markup Language)、HTTP(Hyper Text Transfer Protocal)、Web Server 软件、浏览器软件以及 Java 技术等。

(1) Web 系统结构

从用户的观点看,Web 是一个容纳各种类型文档的集合,这些文档分解为一系列的具有上下文关联的文本,并用 HTML 语言(HyperText Markup Language—超文本标记语言)编写,分布在世界各地的许许多多的 Web 服务器上。为了便于浏览和访问,文本进一步划分为一个个页面(通常被称为 Web 页面),而描述一个组织或者个人的第一个页面称之为主页(Homepage)。每个页面中可以包含许多“指针”,链接到因特网中任何一台主机上的另一个相关的页面。从而,使得整个文本空间呈现一种树状的结构。使用这种链接,用户可以访问“无限的”信息空间,在不同的页面之间“跳跃”。通过这种“活动的链接”而形成的文本称为超文本(Hypertext)。Web 文本的另一个特点是文本中允许包含其他的媒体信息,如正文、语音、视频和图像信息等,因此,有时也被称为超媒体文本(Hypermedia)。浏览器和服务器之间的信息交换由特定的超文本传输协议(HTTP)控制。基于 HTTP 协议的万维网实际上是一个支持交互式访问的分布式超媒体系统。

用户访问 WWW 服务,类似于翻阅一本具有主题词的书籍,主题词(或者图片)可以在任何时候被“扩展”,以提供该词的其他信息。当用户从某个 Web 服务器上获得一份文献,并选择了文献中的某个主题词或者图片时,WWW 软件代替用户的操作,自动地去连接与该词对应的文献,并将该文献送到用户的屏幕上。用户可以继续地选择主题词或者图片,以获取更深一步的了解。

(2) 浏览器/服务器(Browser/Server)模式

Web 技术的基础是浏览器/服务器(Browser/Server,B/S)三层结构模式(图 2 – 23),它将应用功能分成表示层、功能层和数据层三部分。第一层由 Client 完成用户的接口功能;第二层由各种应用服务器完成用户所需的服务功能;第三层由数据服务器完成数据存储和管理功能。这三层进行明确分工并在逻辑上使其独立。原来的数据层作为 DBMS 已经独立出来,所以关键是要将表示层和功能层分离成各自独立的程序,并且还要使这两层间的接口简洁明了。三层功能装载到硬件的方法是表示层配置在客户机中,而数据层与功能层配置在两个服务器中。它把传统的 Client/Server 模型中的服务器分解成一个应用服务器(Web Server)和一个或多个数据库服务器。这样,浏览器可以访问多个应用服务器,形成点对多点、多点到多点的结构模式,这种结构使开发人员在前端的浏览器方面减少了很多工作,而是将注意力转移到怎样合理组织信息,提供对客户的服务上来。由此可见,B/S 模式的特点是:①用户端只使用单一的 Browser 软件,维护工作简单;②信息的共享程度高;③扩展性好,可接入 Internet;④系统的可伸缩性强。

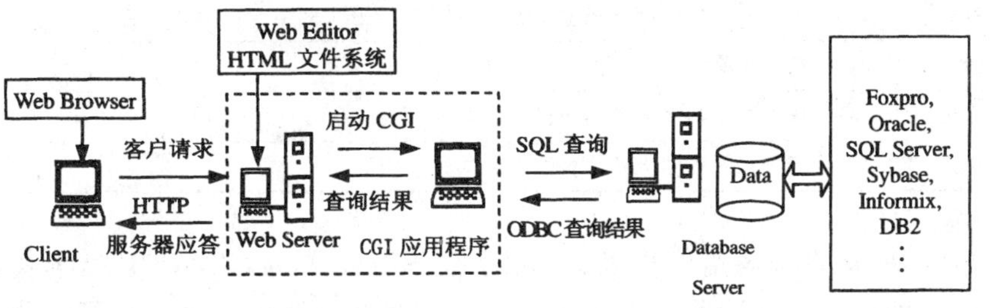

图 2-23　B/S 三层模式

B/S 与 C/S 的主要区别是:Web 服务器不需要保留与客户端浏览器连接的信息,当客户通过 HTTP 协议连接到 Web Server 并提出文档请求,Web Server 将文档提交出来便立即关闭连接。因此,Web Server 负载的限制因素不是用户个数,而是连接请求出现的频率。

(3) 统一资源定位器(URL)

万维网的特点是用户只需使用浏览器就可以访问各种文本信息。然而,在访问之前,用户应当说明文本的名称、位置,以及获取文本的方法。万维网中,采用统一资源定位器(Uniform Resource Locators,URL)的形式来描述这三方面的信息。URL 的一般格式为:protocol://computer_name:port/document_name。其中:protocol 表示访问该文档所采用的协议;computer_name 是文档所在服务器的域名;port 是协议软件对应的 TCP 或者 UDP 端口(缺省值为 TCP 80 端口);document_name 是文档在指定服务器上的存放路径。例如,URL:http://www.csru.edu.cn/csru/welcome.htm 和 ftp://ftp.csru.edu.cn/pub/www/browser。Web 浏览器除支持 HTTP 协议之外,还支持一些通用的应用协议,如 FTP、Telnet 等。表 1 列出了一些通用的 URL 形式。

表 2-2　Web 浏览器支持的协议

协　议	说　　明	举　　例
http	支持超文本(HTML)文档传输	http://www.csru.edu.cn
ftp	文件传输	ftp://ftp.csru.edu.cn
file	浏览本地文件	d: \ my document \ myself.htm
mailto	发送邮件	mailto:cims@csru.edu.cn
telnet	远程登录	telnet://cims.csru.edu.cn

(4) 超文本传输协议(HTTP)

超文本传输协议 HTTP(Hypertext Transfer Protocol)是 Web 服务器与客户浏览器之间的信息

传输协议。类似于其他的因特网应用协议,HTTP 定义了一组简单的"请求/响应"式的会话。浏览器建立与服务器之间的连接,并且发出请求,服务器根据浏览器的请求返回特定的响应,下层的 TCP 协议支持该请求和响应在浏览器和服务器之间的交换,缺省的 TCP 端口为 80。表 2-3 列出了部分浏览器请求。

表 2-3　　HTTP 的请求

请求方式	描　述
GET	请求从服务器读取一个 Web 页面
HEAD	请求读取一个 Web 页面的"标头"
PUT	请求将一个 Web 页面存储到服务器上
POST	请求将信息加到服务器上某个指定的 Web 页面中
DELETE	请求删除服务器上的一个 Web 页面
LINK	请求链接两个服务器上已经存在的页面
UNLINK	请求将服务器上两个页面之间的链接断开

需要指出的是,从安全的角度出发,大部分服务器仅支持 GET 和 HEAD 请求。由于从服务器上读取的页面最终应在浏览器上显示,因此,浏览器的请求中也包含了部分有关本浏览器的信息,例如:指出浏览器的类型、生产厂商、所支持的传输协议的版本、可以翻译的文本类型,以及其他有关用户身份认证的信息等。对于浏览器的每一次请求,服务器将给出响应,响应的内容包括状态信息(指出这次请求是否成功)、响应信息的描述(如提供响应的服务器软件的类型、日期、信息类型、信息长度、信息最新修改时间等)、实际的被请求的信息(例如:全部或部分页面)或出错信息(如果请求不成功)。

(5) 超文本标记语言(HTML)

Web 页面采用超文本标记语言(HTML)编写。HTML 实质上是一种描述如何格式化文本的语言(或者排版语言),说明 Web 页面在屏幕上的显示格式。使用 HTML 编写的 Web 页面通常分为头部和主体两个部分,头部(HEAD)包含了编写页面的说明信息,如页面的类型、使用的字符集、使用的编写工具以及页面的标题等,主体(BODY)则包含了希望表达的信息,可以是正文、图像、指向另一 Web 页面的超链接指针等。

(6) Web 工作原理

Web 是一个客户/服务器系统。在客户端,用户通过使用浏览器(Browser)访问服务器上的 Web 页面,翻译页面的内容并显示在屏幕上。目前常用的浏览器有 Netscape 公司的 Netscape、Communicators 和 Microsoft 公司的 IE(Internet Explorer)等。每个 Web 服务器上存放了一些用 HTML 语言编写的页面,供因特网用户访问。Web 服务器与客户浏览器之间的信息传输协议采用 HTTP。与其他的因特网服务类似,在 Web 服务器端后台运行一个服务进程(HTTPD),该进程始终侦听客户端的连接请求(TCP 端口 80)。例如用户要访问页面的地址为 http://www.csru.edu.cn/csru/welcome.htm 时,客户端和服务器信息交互的过程如下:

① 浏览器决定要访问的页面所在地址 http://www.csru.edu.cn/csru/welcome.htm,该地址提供了三部分信息:使用的协议为 HTTP,要访问的 Web 服务器名为 www.csru.edu.cn,要访问的页面的文件名为/csru/welcome.htm。

② 浏览器向 DNS 请求 www.csru.edu.cn 服务器的 IP 地址。

③ DNS 回答 IP 地址为 202.197.32.124。

④ 浏览器与地址 202.197.32.124 的服务器进行 TCP 连接，端口为 80。

⑤ 连接建立后，浏览器发送 GET /csru/welcome.htm 命令，请求读取该文件。

⑥ www.csru.edu.cn 服务器发送/csru/welcome.htm 文件到客户端。

⑦ 释放 TCP 连接。

⑧ 浏览器解释/csru/welcome.htm 文件内容，并显示该文件表示的页面。

(7) Java 技术

Java 是目前最广泛使用的动态 Web 技术，它是有美国 SUN 公司开发的。Java 包括三个组成部分：程序设计语言、运行环境和扩展类库。Java 语言是一种由 C++ 派生出的、通用的、高级的、面向对象的语言。Java 的运行环境支持动态、多线程，提供对用户屏幕显示和 Internet 的访问控制。Java 提供了从低级到高级的实用类库，程序员可以自由选择使用，决定是自己来控制实现细节还是交给系统类库去完成。Java 语言与其他程序设计语言相比，最大的优势在于它的平台无关性，用 Java 语言编写的程序可在任何平台上运行。Web 文本可以全部用 Java 编写，也可部分地用 Java 实现。程序员可以写一段 Java 源程序，用 Java 编译器编译成字节码形式，生成一个 Java Applet(称为 Java 小程序)，在 Web 文档中用 <applet> 引用，当浏览器请求该 Applet 时，服务器就下载一份该 Applet 字节码的副本，交给浏览器中的 Java 解释器去执行。JavaScript(称为 Java 脚本)是一种描述语言，它的代码可以被嵌入 HTML 文件之中。JavaScript 程序被浏览器调用时，代码被一句一句的解释执行，就像一个可执行程序在客户机上运行一样。JavaScript 和 Java 很类似，但 JavaScript 比 Java 要简单，而且相对容易理解。

2.5.6 Intranet 简介

1. Intranet 的概念与特点

Intranet(内联网)是在一个协同作业组织内部采用 Internet 软硬件技术，以 TCP/IP 协议标准和 Web 模型作为标准平台，构建可供 Web 信息服务应用以及连接数据库等其他服务应用、自成体系的、并可防止外界侵入的企业内部网络。Intranet 的特点是：①采用 TCP/IP 协议，为同构、异构网络互联提供了平滑的技术支持；②采用 HTTP 协议，Web Server 超文本功能把文本、图像、声音和动画等有机地结合起来；③提供一个统一的图形化界面——浏览器作为客户端软件；④与 Internet 互连的网络节点装备有防火墙等安全设施。

2. Intranet 在企业中的作用

(1) 企业各部门信息共享平台。在当今信息化社会中，企业之间、企业与客户之间、企业内部之间的信息交流日益频繁，商业信息的交流与共享变得越来越重要。通过 Web 技术使用 TCP/IP 协议、统一的浏览器、适当的 Web Server 及其与 DBMS 的接口等，可以对企业内部不同部门的不同格式的信息统一组织和管理，进而解决企业中各部门的信息共享问题。

(2) 对外信息安全交流的窗口。通过将 lntranet 连入 Internet，有利于树立企业形象，宣传产品的种类、品质及价格等，加快与供货商的联系，缩短进货出货周期。

(3) 协同作业的环境。Intranet 使用 Web 技术构建起企业级信息集成服务设施，创建了一个企业内部协同作业的环境，对 CAD、CAPP、CAM、CAE、PDM、MIS 等单元技术的集成和实时信息交流创造了条件，有利于并行工程的实施。

(4) 改变企业工作方式。Internet 开放性和易操作性给企业信息化带来了活力，使其变成适用于企业的 Intranet，为企业内部的信息共享、信息流通提供了更加优越的技术支持。Intranet

不但能够解决企业内部不同部门间的信息共享,而且可以方便企业内部的信息交流。

3. Intranet 体系结构

Intranet 的规格大到成百上千计算机组成的跨国企业集团,小到只有十台八台计算机工作单元。技术水平上,高的能动态访问数据库,低的只能静态访问数据库。但基本技术是 Internet 的 TCP/IP 和 Web 技术,即;Intranet = TCP/IP + Web。Intranet 应用包括网络平台、开发平台、用户平台和服务平台,如图 2-24 所示。

网络平台包括网络操作系统、传输协议(例如 TCP/IP)、网络拓扑结构等软硬件。开发平台便于专业人员开发 Intranet 应用的软件平台,例如 Java、VC、Frontpage;用户平台包括用户端操作系统及通用查询工具,例如 Windows 95、IE、Frontpage;服务平台包括企业综合数据库与信息服务器的集成及接口软件,例如 JDBC(Java 数据库连接技术)以及 API(应用程序接回)。

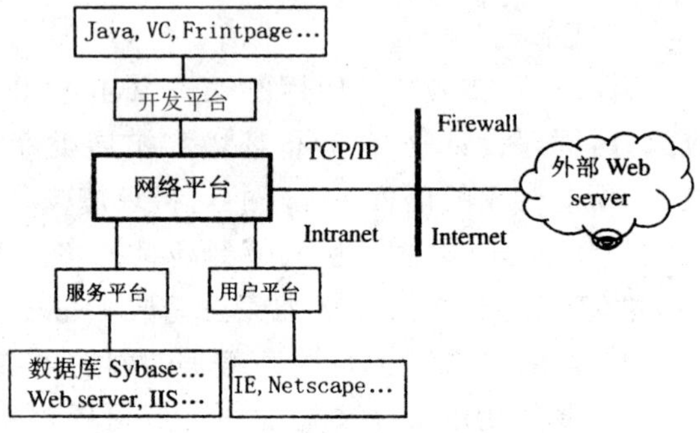

图 2-24 Intranet 基本平台

4. Intranet 设计方法

企业级 Intranet 的构造主要包括系统网络通信平台的建设和信息管理资源服务器的建设。Intranet 的构造与企业原有的网络系统并不冲突,它们可以共同存在于一个网络环境之中,只是对原有网络系统的扩展和延伸。如果企业已有现成的 LAN 或 WAN,则 Intranet 完全可以建立在原有系统之上。由于 Intranet 技术可以归结为一种软件技术,软件方案的规划直接关系到 Intranet 的成败。应十分重视组织 Intranet 上各种信息系统内容,确定具体的应用开发方法及所使用的工具等。建立 Intranet 的具体步骤如下:①选择网络操作系统及传输协议;②建立 Web、FTP、域名和电子邮件服务;③安装代理服务器(Proxy Server);④建立防火墙服务器;⑤实现 Web 与企业数据库的连接;⑥实现客户浏览。

2.6 CAD/CAM 系统的选型原则

2.6.1 CAD/CAM 硬件系统的选型原则

选择 CAD/CAM 硬件系统时,首先要考虑当前所需要的系统功能;其次要考虑系统今后发展的可扩充性,一般应选择符合标准的开放式系统;最后要考虑经济条件,以性能价格比及适用程度为基本出发点。总之,要综合考虑各方面的因素加以决策。具体应考虑以下几个方面:

1. 系统功能

系统功能主要包括:CPU 的数据处理能力;内、外存容量;输入/输出性能;通信联网,特别是与其他机型通信联网的能力。

2. 系统开放性与可移植性

所谓开放性是指:独立于制造厂商、并遵循国际标准的应用环境;为各种应用软件、数据、信息提供交互操作和移植界面;新安装的系统应能与原安装的计算机环境进行交互操作。所谓可移植性是指:应用程序从一个平台移植到另一个平台上的方便程度。

3. 系统升级扩展能力

由于硬件的升级换代较快，所选购的硬件系统，应具有升级的能力，并向下兼容，保护用户的投资不受损失。

4. 系统可靠性与维护支持能力

系统可靠性是指在给定时间内系统运行不出错的概率。可维护性是指排除系统故障以及满足新的要求的难易程度。

5. 第三方软件的支持

第三方软件的支持多少是衡量一个系统成熟与否的重要标志。

6. 供应商的发展趋势与资产可信度

分析供应商的发展变化趋势和财务经营状况，防止购买即将停产换代的产品。

2.6.2 CAD/CAM 软件系统的选择原则

选择 CAD/CAM 软件时一般应考虑以下因素：

1. 软件性能价格比

应根据所使用的 CAD/CAM 系统选择满足功能要求，运行稳定和价格相对合理的软件。具体来说，对于 CAD 软件，应考虑所选软件是否包含 3D 设计、可以生成哪些实体、有无数据库接口、与其他 CAD 软件的接口能力如何等；对于 CAM 软件来说，应考虑 CAM 软件提供的模块是否齐全、设计过程是否符合实际设计过程、是否提供材料库及刀具库、是否有刀具轨迹编辑功能及后处理功能如何等。

2. 与硬件系统匹配

不同的软件要求的硬件配置不一样，在已有的硬件条件下，配置相应档次的软件即可。如软、硬件都需配置，则优先选择软件，再根据软件配置硬件，毕竟软件决定了系统的性能。

3. 二次开发环境

所选择的软件应具有二次开发的能力，以充分发挥软件的作用，提高系统的效能。

4. 开放性

所选择的软件应具有与其他 CAD/CAM 系统的接口以及与数据库的接口。

5. 软件商的综合能力

包括软件商的信誉、经济实力、培训等技术支持能力等。

习题与思考题

2.1 简述 CAD/CAM 系统的体系结构。

2.2 CAD/CAM 系统是如何分类的？

2.3 CAD/CAM 系统中的软件主要分为几类？各起什么作用？

2.4 常用的网络拓扑结构有哪几种？什么是客户机/服务器工作模式？

2.5 简述 CAD/CAM 系统硬软件的选择原则。

2.6 如何配置一个适用于设计开发中小型产品的 CAD 系统？

第 3 章　CAD/CAM 软件技术基础

由于软件是实现 CAD/CAM 各项功能技术的核心,决定了 CAD/CAM 系统所具有的功能。在引入 CAD/CAM 硬软件支撑平台的基础上,针对具体的应用要求和实际问题开发高质量、实用性强的 CAD/CAM 软件,就成为提高 CAD/CAM 应用水平和效益的关键。

3.1　数 据 结 构

CAD/CAM 系统是以设计制造中的数据处理为核心,其中,数据结构、数据库、工程数据的程序化处理是其中最基本的软件技术。CAD/CAM 系统中计算机处理的对象包括字符、表格和图象等各种具有一定结构的数据。因此,就需要事先对这些数据进行组织构造,即首先确定它们的数据结构。

3.1.1　基本概念

1. 数据

数据(data)是信息的载体,是描述客观事物的数字、字符以及所有能输入到计算机中并可被计算机识别和处理的各种符号的集合。

2. 数据元素

数据元素(有时称记录)是数据的基本单位,是数据这个集合中的一个个体。有时,数据元素可由若干数据项(也称字段)组成,数据项是数据的不可分割的最小单元。数据元素是相对独立的个体。

3. 数据类型

数据类型是程序设计语言中确定变量所具有的种类,是一组性质相同的值的集合和定义在这个值集上的一组操作的总称。引入数据类型的目的是实现信息的隐藏,将用户不必了解的细节都封装在类型中。

4. 数据结构

数据结构是具有某种数据类型及特定关系的数据元素的集合。在非数值计算中,根据数据元素之间关系的不同特性,通常有四类基本结构:集合、线性结构、树形结构、图状结构或网状结构。

5. 数据的逻辑结构和存储结构(物理结构)

数据的逻辑结构是指数据元素之间的逻辑关系,它独立于数据的存储介质,通常所说的数据结构指的是数据的逻辑结构。

数据的存储结构(又称物理结构)是指数据的逻辑结构在计算机内部中的表示(又称映像)。它包括数据元素的表示和数据元素间关系的表示,存储结构有两种类型:顺序存储结构和链式存储结构。

数据的逻辑结构和存储结构是密切相关的两个方面，一般地，任何一个算法的设计取决于选定的逻辑结构，而算法的实现依赖于采用的存储结构。

6. 数据结构的层次

从图 3－1 中的层次结构看，数据结构可分为两种类型：线性表（线性结构）和非线性结构。线性表中根据对数据元素存取方法的不同又可分为直接存取、顺序存取和广义索引。对于直接存取，可以直接存取某一指定项而不须先访问其前驱，像数组、记录和文件，例如可以按给定下标直接存取数组中某一数组元素；对于顺序存取，只能从序列中第一个数据元素起，按序逐个访问直到指定的元素，如顺序表、链表、栈和队列；广义索引是通过关键码（key）进行索引。

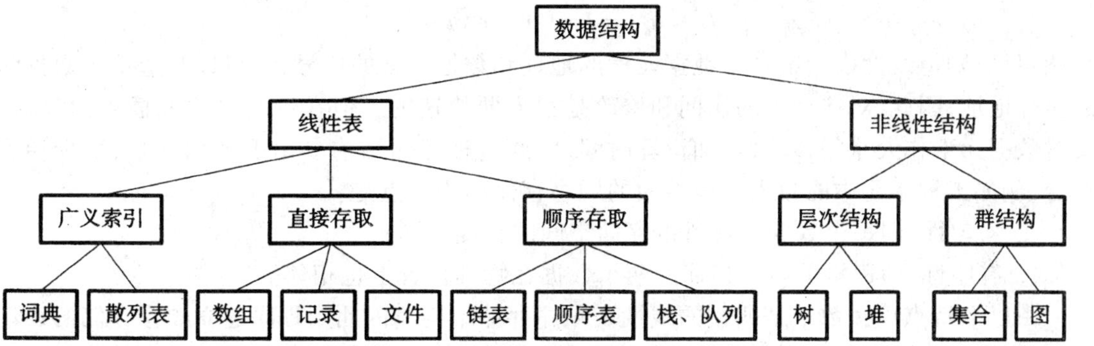

图 3－1　数据结构的层次结构

非线性结构根据关系的不同可分为层次结构与群结构。层次结构是按层次划分的数据元素的集合，指定层次上元素可以有零个或多个处于下一层次的直接后继，如树与堆；群结构中所有元素之间没有任何顺序关系，如集合与图。

下面主要讲述常用的数据结构——线性表与树。

3.1.2　线　性　表

1. 线性表的定义及逻辑结构

线性表是一种最简单、最常用的数据结构，是 $n(n>0)$ 个数据元素的有限序列。其结构特点是：线性表中存在唯一一个第一个和唯一一个最后一个数据元素；除第一个和最后一个外，线性表中每个数据元素仅有一个前驱和一个后继。n 是表的长度，当 $n=0$，称为空表。

线性表在逻辑结构上可表示为：$(a_1, a_2, a_3, \cdots, a_n)$。其中数据元素 a_i 可以是一个数、一个符号或更复杂的数据结构。在复杂的线性表中，一个数据元素可由若干个数据项（Item）组成，此时，数据元素又称为记录（Record），而含有大量记录的线性表称为文件（File）。例如，工厂某个产品的零件汇总表如表 3－1 所示，表中每个零件的有关数据是一个记录，它又由零件图号、零件名称、零件数量、零件材料 4 个数据项组成。整个记录表即为一个文件。

表 3－1　　零件图汇总表

零件图号	零件名称	零件数量	零件材料
1	箱体	1	HT100
2	端盖	1	HT100
3	轴	1	45
⋮	⋮	⋮	⋮

从表 3-1 中可知：同一线性表的数据元素具有相同的特性，即具有相同的数据类型；表中数据元素的个数称为线性表的长度。

线性表的存储结构既可以采用顺序存储结构，也可以采用链式存储结构。

2. 线性表的顺序存储结构

线性表的顺序存储结构指的是用一组地址连续的存储单元依次存储线性表的数据元素。数据元素在存储介质中的存放地址和该元素的逻辑顺序之间存在着一一对应的关系。假定线性表的每个数据元素占用 l 个存储单元，第一个数据元素占用的第一个存储单元的地址为 $Loc(a_1)$，又称顺序表的起始位置和基地址，则第 i 个数据元素的存储位置为：

$$Loc(a_i) = Loc(a_1) + (i-1) * l$$

显然，只要知道线性表的第一个数据元素的地址和数据元素的序号，就可以知道这个数据元素的实际地址，因此，对线性表的访问和修改是很方便快速的。但在进行删除或插入运算时，需要对数据元素作大量的移动，增加运算时间，因此这种存储结构多用于查找频繁、很少增删的场合，例如工程手册中的数表。线性表的顺序存储结构特点是：

① 均匀性，即每个数据元素所占存储空间的长度相同；

② 有序性，即逻辑关系上相邻的两个数据在物理位置上也相邻。

由以上特点可知数组是典型的线性表顺序存储结构。因此用程序建立顺序存储的线性表及对该表的运算，可通过对数组的说明和运算来实现。由于数组应用较多，不再讲述，下面主要讲述具有顺序存储结构特点的顺序表。

顺序表（Sequential List）是一个顺序存储的 $n(n>0)$ 个数据元素的序列，其中，n 是表的长度，当 $n=0$，称为空表。

顺序表的特点是：它只能顺序存取，即为了得到顺序表中所要求的数据元素，必须从表的第一个元素开始，逐个访问（或称遍历），直到找到满足要求的数据元素为止。

顺序表的插入和删除运算如下：

```
struct SPart
{   char strPartNo[17];           //零件图号
    char strPartName[33];          //零件名称
    int  iPartNumber;             //零件数量
    char strPartMaterial[17];         //零件材料
};
const int MaxSize = 10;     //顺序表数据元素最大个数
  int iSize = 0;    //顺序表当前已存数据元素个数
struct SPart * PartList;     //声明顺序表
...
```

(1) 在顺序表中插入一个新的数据元素

将一个新的数据元素插入到线性表的第 i 个位置，需要将第 i 个数据元素之后的所有数据元素向后移动一个数据元素所占有的长度，然后将这个新的数据元素存放在第 i 个位置，如图 3-2 所示。

实现程序如下：

```
int Insert(struct SPart * part, int i)
{   if(i < 1 || i > iSize + 1 || iSize > = MaxSize)     //插入位置不合理
    {  return 0;
```

```
    }
    else
    {   for(int j = iSize;j > = i;j - - )      //依次后移
        {  strcpy(PartList[j].strPartNo,PartList[j - 1].strPartNo);
           strcpy(PartList[j].strPartName,PartList[j - 1].strPartName);
           PartList[j].iPartNumber = PartList[j - 1].iPartNumber;
           strcpy(PartList[j].strPartMaterial,PartList[j - 1].strPartMaterial);
        }

           //插入
           strcpy(PartList[i - 1].strPartNo,part - > strPartNo);
           strcpy(PartList[i - 1].strPartName,part - > strPartName);
           PartList[i - 1].iPartNumber = part - > iPartNumber;
           strcpy(PartList[i - 1].strPartMaterial,part - > strPartMaterial);
           //表长加 1
           iSize + + ;
           return 1;
    }
}
```

(2) 从顺序表中删除一个数据元素

从顺序表中删除一个数据元素后,被删除元素之后的所有数据元素均应向前移动一个数据元素所占有的存储空间的长度,如图 3-3 所示。实现程序如下:

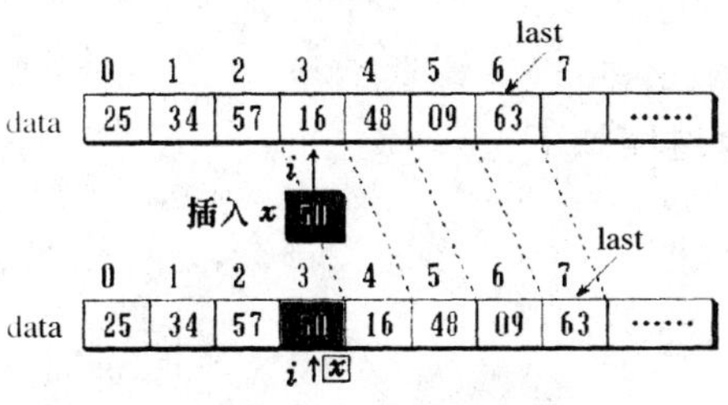

图 3-2　插入新元素

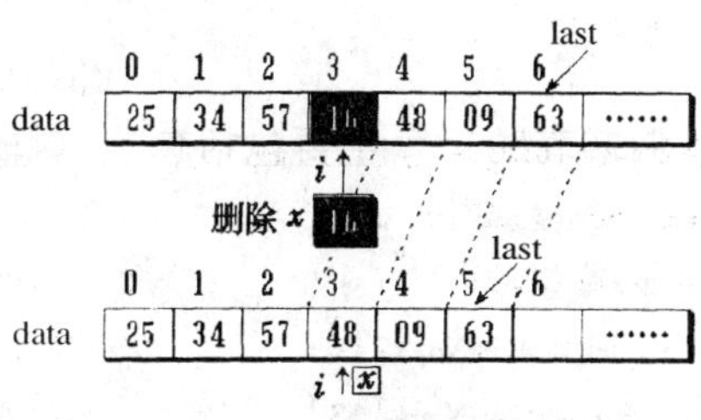

图 3-3　删除表中已有元素

```
int Remove(int i)
{   if(i < 1 || i > iSize)
    {  return 0;
    }
    else
    {  for(int j = i;j < iSize;j + + )     //依次前移
       {  strcpy(PartList[j - 1].strPartNo,PartList[j].strPartNo);
          strcpy(PartList[j - 1].strPartName,PartList[j].strPartName);
          PartList[j - 1].iPartNumber = PartList[j].iPartNumber;
          strcpy(PartList[j - 1].strPartMaterial,PartList[j].strPartMaterial);
       }
       iSize - - ;   //表长减 1
       return 1;
    }
}
```

3. 线性表的链式存储结构

虽然顺序存储结构具有存取速度快的优点，但也有作插入和删除操作时数据元素移动量大的缺陷，为解决这些问题，可以采用链表(Linked List)表示。线性表的链式存储结构的特点是用一组任意的存储单元存储线性表的数据元素(这组存储单元可以是连续的，也可以是不连续的)。为了表示表中数据元素的线性逻辑关系，除了存储元素本身的信息外，还要存储这个元素直接后继或直接前驱的存储位置。这两种信息的存储映像，称为结点(Node)。结点包含两种域，存放数据元素本身的域称为数据域(data)，存放直接后继或直接前驱的域称为指针域(link)。指针域中存储的信息称作指针。n 个结点链结成一个链表，即为线性表的链式存储结构。显然，尽管物理存储结构分散而不按逻辑顺序，但通过指针仍可按照顺序来存取各个记录，实现逻辑结构的线性关系。链表可分为单向链表、双向链表和循环链表。

(1) 单向链表

单向链表(Singly Linked List)是链表结构中最简单的一种，也叫做线性链表。它只有一个指针域，通常指针域内存放该结点的直接后继的地址，如图 3-4 所示。

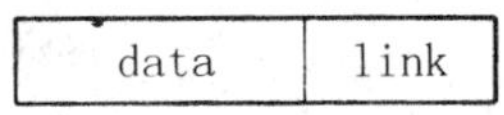

图 3-4　单向链表的结点

整个链表的存取从头指针 first 开始，头指针是一个与链表结点结构相同的结点，它的指针域存放第一个元素的地址，而数据域可以是空的或存放表的长度等信息。由于最后一个数据元素没有直接后继，所以表的最后一个结点的指针域设置为“空”——NULL(= 0，在图中用符号^表示)。如图 3-5 所示。

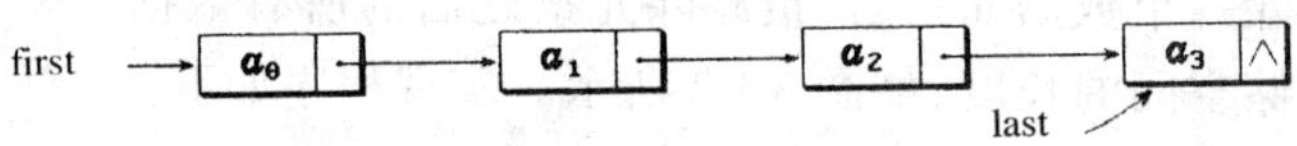

图 3-5　单向链表的结构示意图

单向链表的运算主要包括建表、删除和插入，运算过程如下：

```
struct SPartLink
{   //数据域
    char strPartNo[17];            //零件图号
    char strPartName[33];          //零件名称
    int   iPartNumber;             //零件数量
    char strPartMaterial[17];      //零件材料
    //指针域
    struct SPartLink * next;
}
  * head = NULL;   //头指针
...
```

① 建立单向链表

首先定义结点的数据类型，数据域 data 是用来存放数据元素本身，指针域 next 存放每个结点的直接后继的地址。

```
void BuildLink(void)
{   struct SPartLink * part, * temp;
    int i = 1;
    for(;;)
    {   //分配内存
```

```
        part = (struct SPartLink * )malloc(sizeof(struct SPartLink));
        printf("请输入零件[% d]的图号(直接按回车停止输入):",i);
        gets(part - > strPartNo);
        if(! strcmp(part - > strPartNo,""))break;
        printf("请输入零件[% d]的名称:",i);
        gets(part - > strPartName);
        printf("请输入零件[% d]的个数:",i);
        char strPartNumber[17];
        gets(strPartNumber);
        part - > iPartNumber = atoi(strPartNumber);
        printf("请输入零件[% d]的材料:",i);
        gets(part - > strPartMaterial);
        printf(" \ n");
        part - > next = NULL;
        if(i = = 1)
        {   head = temp = part;
        }
        else
        {   temp - > next = part;
            temp = part;
        }
        i + + ;
    }
}
```

② 在单向链表中插入数据元素

若在第 i 个数据元素位置前插入一个数据元素，首先为这个数据元素申请一个存储空间，得到一个新结点，然后找到第 $i-1$ 个结点，将第 $i-1$ 个结点的指针指向这个新结点的地址，再将这个新结点的指针指向第 i 个结点的地址即可，如图 3-6 所示。

实现程序如下：

```
int Insert(struct SPartLink *  part,int i)
{   if(i > GetLength() + 1)   //插入位置不合理
    {     return 0;
    }
    //分配内存,复制结点内容
    struct SPartLink *  newNode = (struct SPartLink * )malloc(sizeof(struct SPartLink));
    strcpy(newNode - > strPartNo,part - > strPartNo);
    strcpy(newNode - > strPartName,part - > strPartName);
    newNode - > iPartNumber = part - > iPartNumber;
    strcpy(newNode - > strPartMaterial,part - > strPartMaterial);
    newNode - > next = NULL;
    int iCount = 1;//计数
    struct SPartLink *  node = head;
    if(i == 1)   //插入在表头
```

```
    {     newNode - > next = head;
          head = newNode;
    }
    else
    {     //查找第 i - 1 个结点
          while(node ! = NULL && iCount < i - 1)
          {     node = node - > next;
                iCount + + ;
          }
          if(i == GetLength() + 1)   //追加在表尾
          {     newNode - > next = NULL;
                    node - > next = newNode;
          }
          else  //插入在表中间
          {     newNode - > next = node - > next;
                    node - > next = newNode;
          }
    }
    return 1;
}
```

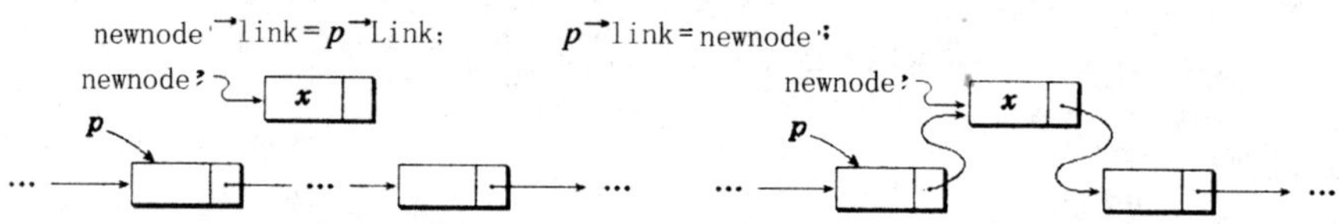

图 3-6　插入元素

③ 删除单向链表中的元素

若删除链式表的第 i 个数据元素,需找到第 $i-1$ 个结点,将第 $i-1$ 个结点的指针域中第 i 个结点的地址改为第 $i+1$ 个结点的地址,然后释放第 i 个结点所占存储空间,如图 3-7 所示。

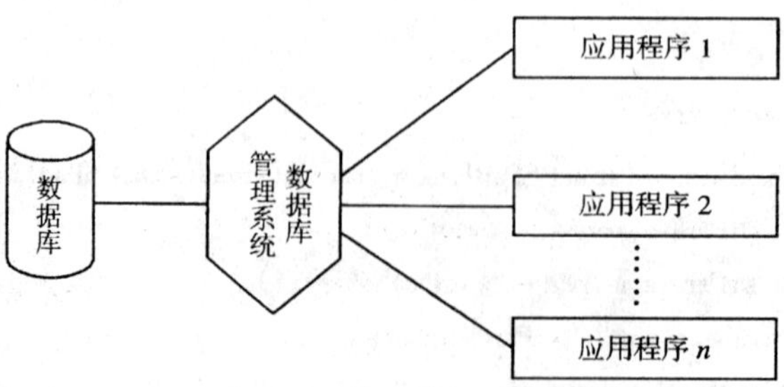

图 3-7　在单向链表中删除元素

实现程序如下:

```
int Remove(int i)
{   struct SPartLink * node = head, * temp;
```

```
    int iCount = 1;
    if(i < 1 || i > GetLength())
    {     return 0;
    }
    else
    {  if(i == 1)  //删除第一个节点
       {  head = head - > next;
          temp = node;      //待删除的节点
       }
       else
       {  //查找第 i - 1 个结点
          while(node ! = NULL && iCount < i - 1)
          {  node = node - > next;
             iCount + + ;
          }
          temp = node - > next;      //待删除的节点
          if(i == GetLength())      //删除表尾结点
          {  node - > next = NULL;
          }
          else  //删除中间结点
          {  //第 i - 1 个结点的指针指向第 i + 1 个结点
             node - > next = temp - > next;
          }
       }
       free(temp);      //释放内存
       return 1;
    }
}
```

(2) 双向链表

单向链表的结点中只有一个指示直接后继的指针域，由此，从某个结点出发只能顺指针往后寻查其他结点。若要寻查结点的直接前驱，则需从表头指针出发。为克服单链表这种单向性的缺点，可利用双向链表(Doubly Linked List)。即在单链表的基础上，每个结点均增加一个指针域，用于存放该结点直接前驱的地址，如图 3 - 8 所示。

lLink （左链指针）	data （数据）	rLink （右链指针）

图 3 - 8　双向链表的结点

双向链表的第一个结点没有直接前驱，这个指针域设置为空，最后一个结点没有直接后继，也设置为空，再增加一个结点，其指针用于存放链表最后一个结点的地址，该结点也称为表尾。

双向链表的建表、删除和插入运算过程如下：

```
struct SPartDblLink
{  //数据域
   char strPartNo[17];               //零件图号
```

```
    char strPartName[33];           //零件名称
    int iPartNumber;                //零件数量
    char strPartMaterial[17];       //零件材料
    //指针域
    struct SPartDblLink * last;         //前驱指针
    struct SPartDblLink * next;         //后继指针
} *
     head = NULL, * rear = NULL;    //头指针,尾指针
...
```

① 建立双向链表

首先定义双向链表结点的数据类型,数据域 data 用来存放数据元素的信息,指针域 rLink 指向结点直接后继的地址,指针域 lLink 指向结点直接前趋的地址,指针 first 为双向链表的表头,如图 3-9 所示。

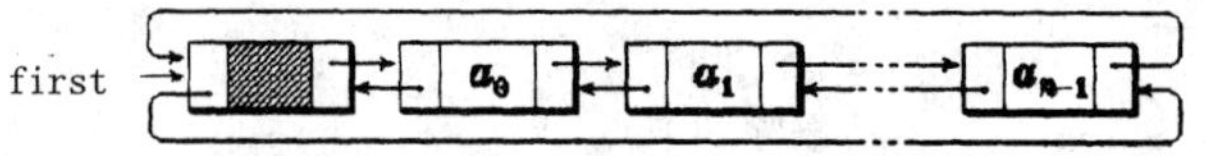

图 3-9　双向链表的结构示意图

实现程序如下:

```
void BuildDblLink(void)
{   struct SPartDblLink * node, * temp;
    int i = 1;
    for(;;)
    {   //分配内存
        node = (struct SPartDblLink * )malloc(sizeof(struct SPartDblLink));
        printf("请输入零件[%d]的图号(直接按回车停止输入):",i);
        gets(node->strPartNo);
        if(! strcmp(node->strPartNo,""))break;
        printf("请输入零件[%d]的名称:",i);
        gets(node->strPartName);
        printf("请输入零件[%d]的个数:",i);
        char strPartNumber[17];
        gets(strPartNumber);
        node->iPartNumber = atoi(strPartNumber);
        printf("请输入零件[%d]的材料:",i);
        gets(node->strPartMaterial);
        printf("\n");
        node->last = NULL;
        node->next = NULL;
        if(i == 1)
        {   head = temp = node;
        }
        else
        {
```

```
            temp - > next = node;
            node - > last = temp;
            temp = node;
        }
        i + + ;
    }
    rear = temp;
}
```

② 双向链表的插入

若在第 i 个数据元素前插入一个新的数据元素，首先为该元素申请存储空间，得到一个新结点，新结点的数据域存放该元素的值。将结点 $i-1$ 的后继指针 rLink 指向新结点，使新结点的后继指针 rLink 指向结点 i，将结点 i 的前驱指针 lLink 指向新结点，使新结点的前驱指针 lLink 指向结点 $i-1$，如图 3-10 所示。

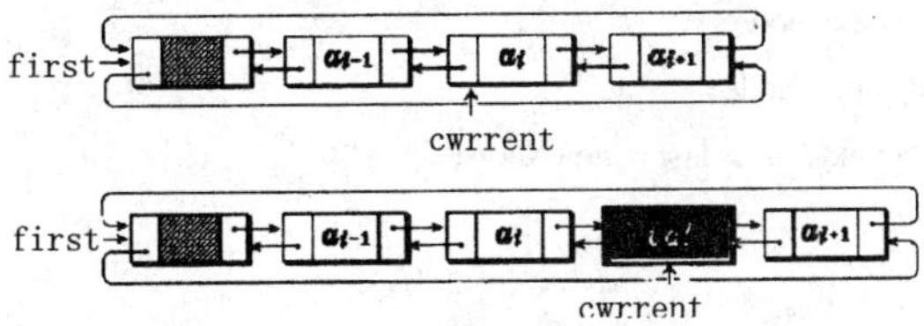

图 3-10 插入元素

实现程序如下：

```
int Insert(struct SPartDblLink * part, int i)
{   if(i > GetLength() + 1)  //插入位置不合理
    {   return 0;
    }
    //分配内存，复制结点内容
    struct SPartDblLink * newNode = (struct SPartDblLink * )malloc(sizeof(struct SPartDblLink));
    strcpy(newNode - > strPartNo, part - > strPartNo);
    strcpy(newNode - > strPartName, part - > strPartName);
    newNode - > iPartNumber = part - > iPartNumber;
    strcpy(newNode - > strPartMaterial, part - > strPartMaterial);
    newNode - > last = NULL;
    newNode - > next = NULL;
    int iCount = 1;//计数
    struct SPartDblLink * node = head;
    if(head == NULL)      //表为空
    {  head = rear = newNode;
    }
    else if(i == 1 && head ! = NULL)  //插入在表头
    {  head - > last = newNode;
       newNode - > next = head;
       head = newNode;
    }
```

```
    else
    {  //查找第 i-1 个结点
        while(node! = NULL && iCount < i-1)
        {   node = node- > next;
            iCount + + ;
        }
        if(i == GetLength() + 1)       //追加在表尾
        {   newNode- > next = NULL;
            newNode- > last = node;
            node- > next = newNode;
            rear = newNode;
        }
        else //插入在表中间
        {   newNode- > next = node- > next;
            newNode- > last = node;
            node- > next = newNode;
            (newNode- > next) - > last = newNode;
        }
    }
    return 1;
}
```

③ 双向链表的删除

若删除第 i 个数据元素,将结点 $i-1$ 的后继指针 rLink 指向结点 $i+1$,将结点 $i+1$ 的前驱指针 lLink 指向结点 $i-1$,然后释放结点 i 所占的存储空间,如图 3-11 所示。

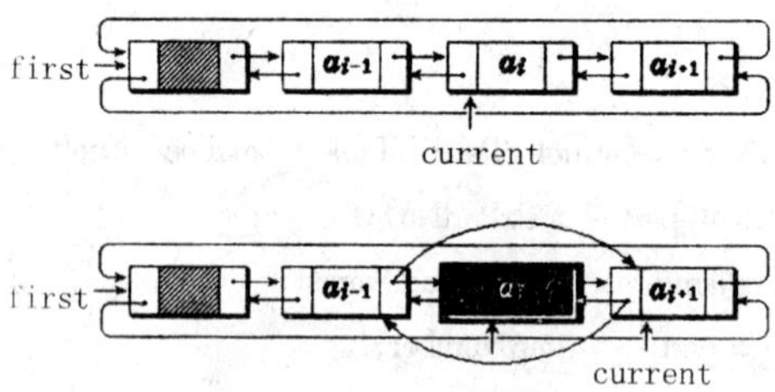

图 3-11 在双向链表中删除数据元素

实现程序如下:

```
int Remove(int i)
{   struct SPartDblLink * node = head, * temp;
    int iCount = 1;
    if(i < 1 || i > GetLength())
    {  return 0;
    }
    else
    {  if(i = = 1)  //删除第一个节点
       {   head = head- > next;
           head- > last = NULL;
```

```
            temp = node;//待删除的节点
        }
        else
        {   //查找第 i - 1 个结点
            while(node ! = NULL && iCount < i - 1)
            {   node = node - > next;
                iCount + + ;
            }
            temp = node - > next;          //待删除的节点
            if(i = = GetLength())          //删除表尾结点
            {       node - > next = NULL;
                    rear = node;
            }
            else //删除中间结点
            {   //第 i - 1 个结点的前驱指针指向第 i + 1 个结点
                node - > next = temp - > next;
                //第 i + 11 个结点的后继指针指向第 i - 1 个结点
                (temp - > next) - > last = node;
            }
        }
        free(temp);   //释放内存
        return 1;
    }
}
```

(3) 循环链表

循环链表是另一种形式的链式存储结构。它的特点是:表中最后一个结点的指针域指向头结点,整个链表形成一个环,如图 3 - 12 所示。

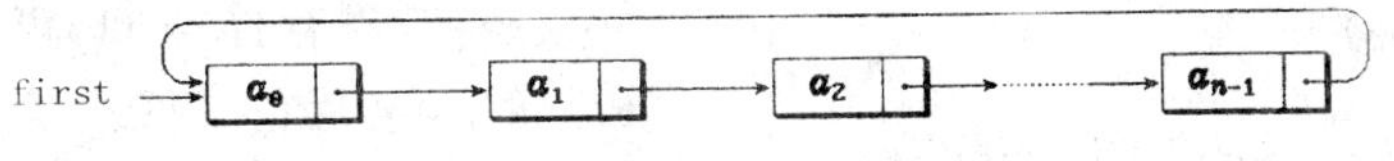

图 3 - 12　循环链表结构示意图

由于循环链表首尾相接,在对表中的结点进行查找运算是比较方便的,可以从表中的任何位置出发,顺着链指针找下去,一定能找到任何一个指定结点,而不必像单向链表那样,非要从表头开始不可。

(4) 小结

链表与顺序表相比较,有以下特点:

① 删除或插入运算,数据元素不需要移动。

② 不需要事先分配存储空间,因此不存在空间浪费。

③ 表的容量根据需要实行动态申请和动态释放,存储空间利用率高。

④ 按逻辑位置进行查找的速度慢。

因此,链表比较适合用于事先难以确定表的容量大小且增删频繁的线性表的存储结构,例如图形系统的实体数据表。

3.1.3 树与二叉树

1. 树

前面所述的线性表是线性结构。树(Tree)是非线性数据结构,是 $n(n \geqslant 0)$ 个结点的有限集,其中有且仅有一个特定的称为根(Root)的结点,其余结点可分为 $m(m \geqslant 0)$ 个互不相交的有限集,$T_1, T_2, \cdots, T_m$,其中每一个集合本身又是一棵树,且称为根的子树(Sub Tree)。显然,树的定义是以递归形式给出的。

树结构表示了数据元素之间的层次关系,这种关系在结构上就像一棵倒置的树,树形结构由此得名。如图 3-13:$A, B, \cdots, M$ 为这棵树的 13 结点;A 点是根结点,K、L、F、G、M、I、J 是树叶;除根结点外,每个结点只有一个直接前驱,除树叶外,每个结点可有不只一个直接后继,结点的直接前驱称为该结点的双亲,直接后继称为该结点的孩子,同一双亲的孩子间称为兄弟,如 B、C、D 间称为兄弟;树中结点的最大层次称为树的深度,如本树的深度是 4;结点的子树数称为度,如 A 点的度是 3。

由于树形结构是非线性结构,所以只能采用多重链表作为树的存储结构,即每一个结点除了有数据域外,还需要有多个指针链域,分别存放指向该结点的各个孩子结点的指针。每个结点中链域的多少决定于该结点的度数。

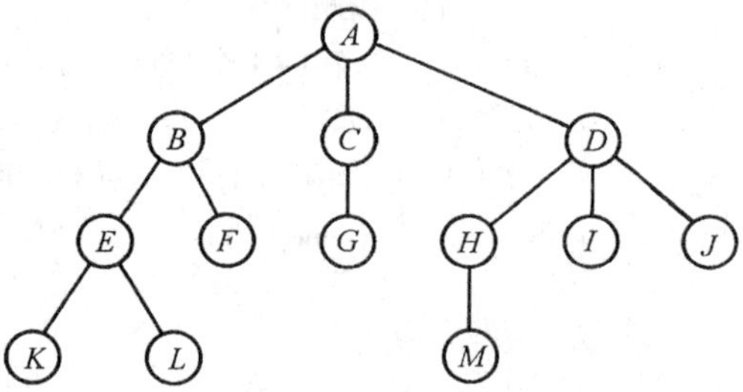

图 3-13 树的逻辑结构

2. 二叉树

二叉树(Binary Tree)是另一种树形结构,其特点是:每个结点至多只能有二棵子树(即二叉树的度不超过 2);二叉树的子树有左右之分,其次序不能颠倒;二叉树可以是空的。二叉树有五种基本形态,如图 3-14 所示。

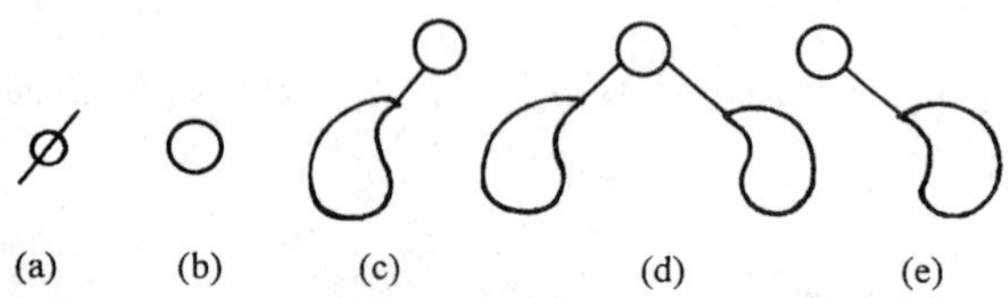

图 3-14 二叉树的五种基本形态

(a) 空二叉树;(b) 仅有根结点的二叉树;

(c) 右子树为空的二叉树;

(d) 左、右子树均为非空的二叉树;

(e) 左子树为空的二叉树。

二叉树可以采用顺序存储结构(即数组方式)和链式存储结构。对于满二叉树或顺序二叉树,可采用顺序存储形式,这种存储结构的特点是:节省存储空间,可随机访问每个结点和它的双亲及左右孩子,但不便于删除或插入运算。对于一般二叉树通常采用多重链表结构,每个结点至少包含三个域:数据域和左右指针域,有时,为便于找到结点的双亲,还可在结点结构中增加一个指向其双亲结点的指针域。利用这两种结点结构所得二叉树的存储结构分别称为二叉链表和三叉链表,如图 3-15 所示。链表的头指针指向二叉树的根结点。这种存储结构会浪费一些存储空间,但便于删除或插入运算。

遍历二叉树是指按一定的规律和次序,访问树中的各个结点,使树中的每个结点都被访问且只被访问一次。

对于线性结构而言,遍历并非难事,但对二叉树这种非线性结构来说,就需要找到一个完整而有规律的遍历方法,以便使二叉树的结点能排列在一个线性队列上,从而便于遍历。由于二叉树由根结点、左子树、右子树三个基本单元组成,基于二叉树的递归定义,可得六种遍历二叉树的递归算法,常用的有以下三种方式。

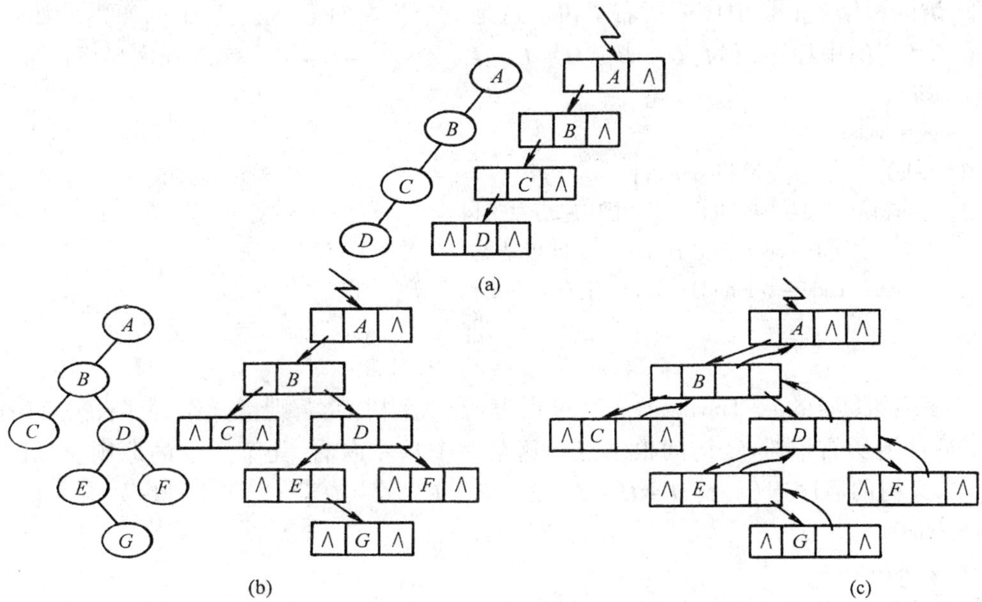

图 3-15　链表存储结构。

(a) 单支树的二叉链表;(b) 二叉链表;(c) 三叉链表。

(1) 前序遍历(Preorder Traversal)　其过程为:若二叉树为空,则空操作,否则,①访问根结点;②前序遍历左子树;③前序遍历右子树。这是一个从上至下、先左后右的原则。如图 3-16(a)所示二叉树的前序遍历为:$A-B-D-E-H-I-C-F-G$。实现先序遍历的程序如下:

```
preorder(node)
struct btree * node;
{
    if(! node)              //递归结束条件
    {
        printf("% d", node - > data);        //访问根结点
        preorder(node - > lchild);           //前序遍历左子树
        preorder(node - > rchild);           //前序遍历右子树
    }
}
```

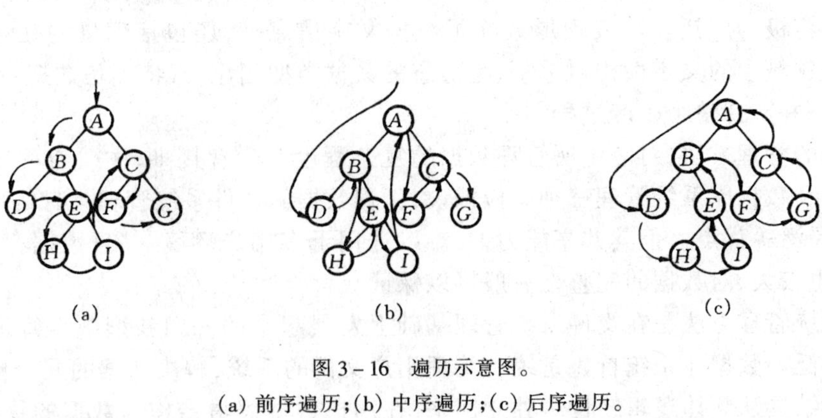

图 3-16　遍历示意图。

(a) 前序遍历;(b) 中序遍历;(c) 后序遍历。

(2) 中序遍历(Inorder Traversal)　其过程为:若二叉树为空,则空操作,否则,① 中序遍历

左子树;② 访问根结点;③ 中序遍历右子树。这是一个从左向上、先上后下的原则。如图 3-16(b)所示二叉树的中序遍历为:$D-B-H-E-I-A-F-C-G$。实现程序如下:

```
inorder(node)
struct btree * node;
{   if(! node)           //递归结束条件
    {     inorder(node->lchild);   //中序遍历左子树
          printf("% d",node->data);   //访问根结点
          inorder(node->rchild);   //中序遍历右子树
    }
}
```

(3) 后序遍历(Postorder Traversal)　其过程为:若二叉树为空,则空操作,否则,①后序遍历左子树;②后序遍历右子树;③访问根结点。这是一个从左向右,先下后上的原则。如图 3-16(c)所示二叉树的后序遍历为:$D-H-I-E-B-F-G-C-A$。实现程序如下:

```
postorder(node)
struct btree * node;
{   if(!node)           //递归结束条件
    {  postorder(node->lchild);     //后序遍历左子树
       postorder(node->rchild);     //后序遍历右子树
       printf("% d",node->data);     //访问根结点
    }
}
```

3.2　工程数据的数据库管理

在开发和使用 CAD/CAM 系统的过程中,会产生大量的数据并要对之进行管理,由于数据库能较好地解决数据的共享与交叉访问,所以数据库技术是 CAD/CAM 集成系统的关键技术之一。

3.2.1　工程数据特点及管理形式

工程数据主要包括产品设计数据、产品模型数据、绘图数据、材料数据、测试数据和各种手册、标准等,内容极为广泛。其表现形式除了数据文字信息外,还包括大量的几何图形信息。与事务型管理领域中的文字性相对单一、呈静态的数据类型相比,其特点是数据量大、种类多、结构复杂、动态并支持整个生产过程。

工程数据的管理方法,对应于所管理数据的复杂程度与生存周期,主要有程序直接管理、文件系统管理及数据库系统管理三种。应该说,工程数据的文件系统管理具有实现方便、使用效率高、简便灵活等优点。但其共享能力差,难以适用于多用户环境,并且数据存储一般较为分散,冗余度也较大,对数据的完整性一般难以保证。

数据库系统管理方法是在文件系统管理基础上发展起来的一门新型数据管理技术,其应用领域十分广泛。数据库系统首先是统一管理用户文件的系统,解决数据的冗余性,进而把用户数据的逻辑结构从整体逻辑结构中独立出来,在用户数据逻辑结构与数据的物理存储结构之间插入一层数据的整体逻辑结构,使数据的物理存储结构的变化不影响用户的数据逻辑结

构和应用程序,从而解决了数据的独立性问题,如图 3-17 所示。数据库系统通过集中管理所有的文件实现用户对数据的共享,保证数据的一致性。而且将一切繁琐的细节都屏蔽起来,使用户可以逻辑地、抽象地使用数据,使数据的存储和维护不受任何用户的影响。因而,数据库系统管理的主要特点是:①数据的共享性好,冗余度小;②数据的独立性强;③数据存储的结构化;④数据具有安全性和完整性。应该说,数据库系统管理方式是工程数据最为理想、最为有效的管理方式。

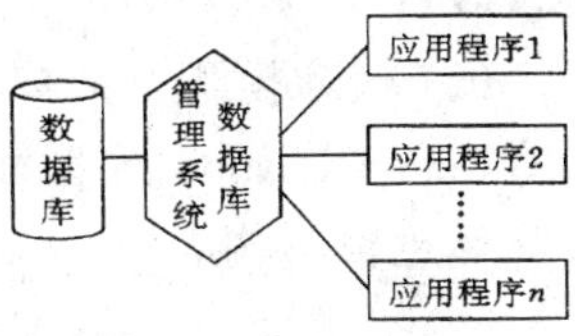

图 3-17　数据库管理系统对数据的操作

3.2.2　数据库系统原理

1. 数据库系统的组成

数据库系统包括数据库和数据库管理系统两部分。数据库是存储、关联数据的集合。数据库管理系统提供对数据的定义、建立、检索、修改等操作,以及对数据的安全性、完整性、保密性的统一控制,它起着应用程序与数据库之间的接口作用。用户通过数据库管理系统对数据库中的数据进行处理,而不必了解数据库的物理结构。

广义地讲,数据库系统应该包括支持数据库及其管理系统的计算机硬件、软件,如图 3-18 所示。数据库管理系统(Data Base Management System, DBMS)是物理数据库本身(即实际存储的数据)和系统用户之间的界面,是数据库系统的核心,对数据库系统的功能和性能有决定性影响。应用程序从数据库中存取数据,是在数据库管理系统控制下,根据应用程序的命令进行的。

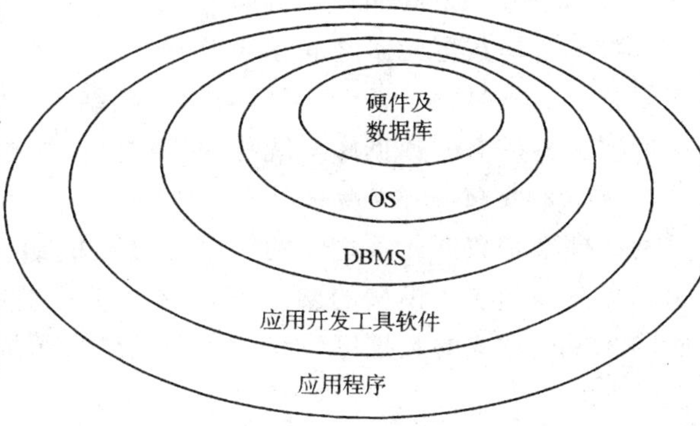

图 3-18　数据库系统组成

2. 数据库系统的体系结构

数据库系统的体系结构一般分成三级模式:外模式、概念模式和内模式。如图 3-19 所示。

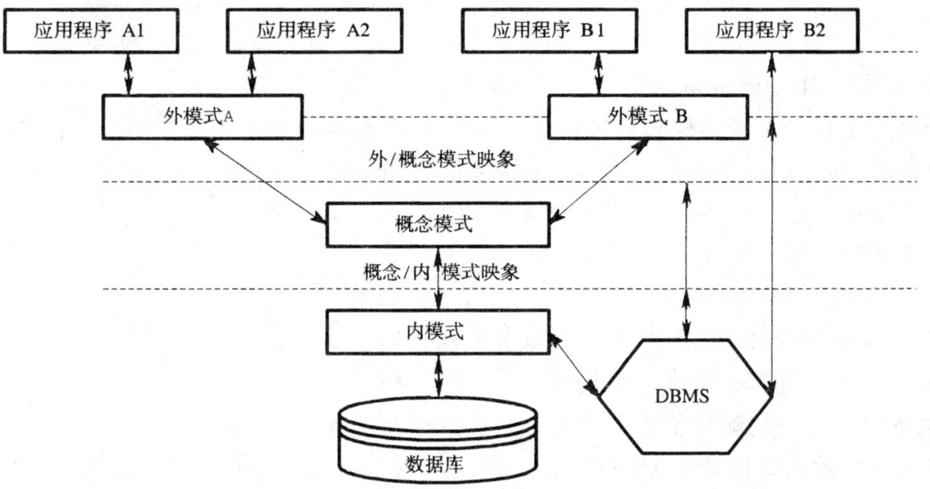

图 3-19　数据库系统三级模式结构

(1) 外模式　又称用户模式或子模式,是对用户的应用程序直接使用到的数据结构的描述,即用户的数据模型,是用户在计算机上存取数据库的窗口。外模式可有多个。

(2) 概念模式　又称模式,是对数据库全体数据的逻辑结构和特征的描述。目前一般用E-R(Entity-Relation)模型和IDEF模型描述数据库概念模型。概念模式只有一个,描述了数据库整体逻辑结构。

(3) 内模式　又称存储模式,是对实际物理设备上的数据存储结构的描述,具有真正的物理存在,它由DBMS定义和操纵。概念模式和外模式是以它为基础逐级抽象出的逻辑关系。

3.2.3 数据库的数据模型

数据模型(Data Model)是指数据库内部数据的组织方式,描述了数据之间的联系、数据的操作以及语义约束规则,是数据结构化的表现。其实质是一组向用户提供的规则,这组规则规定数据结构如何组织以及相应地允许进行何种操作。一个数据模型由三部分组成:数据结构、操作集合和完整性约束规则。数据模型是数据库系统的核心和基础,每一种数据库管理系统都是基于某种数据模型的。数据模型可分为三类:层次模型、网状模型和关系模型

1. 层次模型(Hierarchical Model)

层次模型是数据元素之间是树型的组织结构,体现了一对多的关系。如图3-20所示。层次模型必须满足两个条件:①只有一个根结点;②根以外的其他结点有且仅有一个父结点。按照层次模型建立的数据库系统称为层次模型数据库系统。

2. 网状模型(Network Model)

网状模型是数据元素之间的关系为网络的组织结构,体现了多对多的关系。如图3-21所示。显然取消层次模型的两个条件便形成了网状模型,层次模型是网状模型的特殊形式。按照网状模型建立的数据库系统称为网状模型数据库系统。

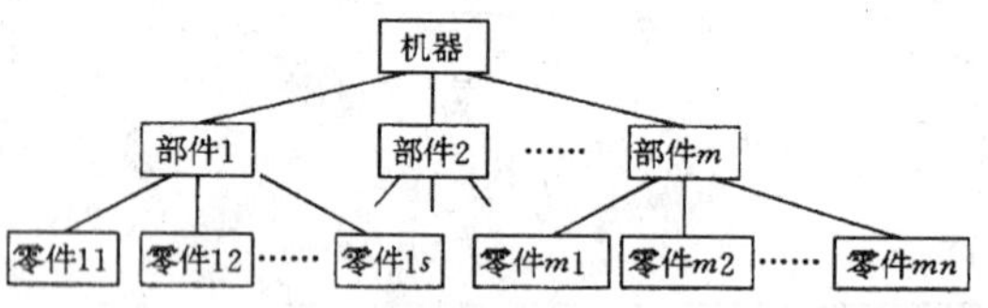

图3-20　层次模型

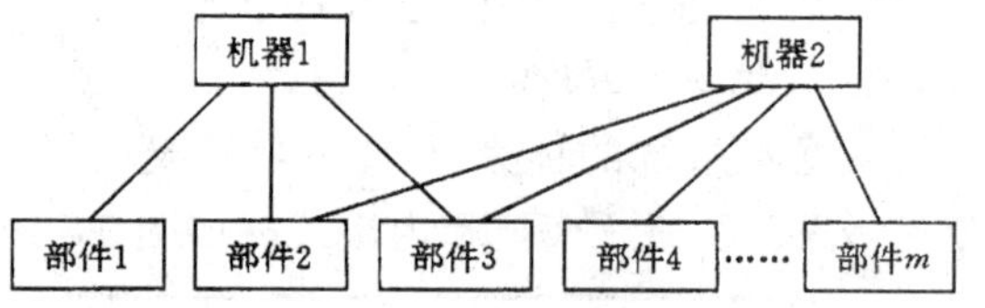

图3-21　网状模型

3. 关系模型(Relational Model)

关系模型是用二维表结构表示数据元素之间的联系的模型。也就是说,它不需要人为地设置各种指针,而是由数据本身自然建立起它们之间的关系。如表3-2所示,它把一些复杂的数据关系变成一个二维表格,具有直观和使用方便等优点。注意,描述一种关系的二维表必须满足以下条件:

① 表中的每一列必须是基本数据项;

② 表中的每一列必须具有相同的数据类型和长度;

③ 表中的每一列有一个唯一的名字;

④ 行的顺序与列的顺序不影响表格中所表示信息的含义。

关系模型的数据结构简单,因此应用广泛,基于关系模型建立的数据库系统称为关系数据库,目前常用的关系数据库系统有:FoxPro、Oracle、FoxBase等。

表 3-2　二维表格

零件名称	图　号	数　量	材　料	备　注
阶梯轴	1	1	45	
螺钉	2	2	HT150	
法兰盘	3	1	45	

以上三种传统数据模型都不是最优的,不能完全适应工程数据的要求。目前正在研究新的数据模型,如语义数据模型和特殊目的数据模型等,以适应工程数据的特点。注意,数据模型和数据模式是两个不同的概念,数据模式是以某一种数据模型为工具,对具体单位的数据结构的描述。

3.2.4　关系型数据库管理系统

1. DBMS 的分类

DBMS 主要分为以下几种类型:

(1) 功能简单的 DBMS 系统

这种 DBMS 系统,包括常见的 FoxBase、FoxPro、dBase、Access 等,这类 DBMS 有网络版和单用户版,它们都因为简单实用、价格低廉而拥有很大的市场。

(2) 分时系统环境下的集中式数据库系统结构

这种系统的特点是:数据是集中的,数据的管理也是集中的,数据库系统的所有功能,从形式的用户接口到 DBMS 核心都集中在 DBMS 所在的计算机上。

(3) 网络环境下的客户/服务器结构

客户/服务器系统实质上是在微机-局域网环境下,合理划分任务,进行分布式处理的一种应用系统结构,是解决微机大量使用而又无力承担所有处理任务这一矛盾的合理方案。如 MS SQL Server、Sybase 等。

(4) 分布式 DBMS

分布式数据库(Distributed Database)是目前数据库领域内热门的研究课题。分布式数据库是在集中式数据库基础上,由于计算机网络的引入而发展的新技术。分布式数据可以定义为一种数据的集合,这些数据逻辑上属于同一系统,但却分布于一个计算机网络的各个节点。这个定义强调了分布式数据库的两个重要方面:

① 分布性　即数据并非存储在同一节点上,根据这一点可以将分布式数据库与单一数据库区分。

② 逻辑相关性　根据这一性质又可以将它与一组局部数据库区分开来。

分布式数据库管理系统(Distrbuted Data Base Management System,简称 DDBMS)现还处于研究阶段。大多数的 DDBMS 都是在集中式的 DBMS 基础上,扩充了支持通讯部分和实现分布式系统之间联系部分而开发的。典型的 DDBMS 系统一般包括四个部分:数据库管理(DBM)、数据通讯(DC)、数据字典(DD)、分布式数据库管理(DDBM)。

Oracle 是世界上很有名的分布式数据库管理系统,它能在各种类型计算机上运行,并有与 FoxBase 连接的接口,两种数据库可以通过接口互相传递交换数据,实现更大规模的数据共享。

(5) 面向对象数据库管理系统

面向对象数据库是数据库技术与面向对象程序设计相结合的产物,是可支持非常规应用领域的新一代数据库系统。面向对象数据库管理系统支持面向对象的数据模型。目前已有一些商品化的面向对象数据库系统，如 GEMSTONE、ITASCA、MATISSE 等。

2. 数据库语言

用户使用数据库，必须对数据库进行各种各样的操作，DBMS 必须为用户提供相应的命令和语言以完成这些操作，这就构成了用户和数据库的接口。这种接口的好坏直接影响用户对数据库的接受程度。目前最常用的数据库语言是 SQL(Structured Query Language)语言。它已成为关系数据库语言的国际标准。

结构化查询语言 SQL 的特点是：① 非过程化语言；② 统一语言；③ 是所有关系数据库的公共语言。SQL 按其功能可分为四大部分：

(1) 数据定义语言(Data Definition Language, DDL)

用于定义、撤销和修改数据模式。SQL 使用 CREATE、ALTER、DROP 命令定义 SQL 对象。例如下面的操作将产生一个零件明细表：

```
CREATE TABLE Part_List
    (Part_id      Interger      NOTNULL
    ,Part_name     char(10)
    ,Material     char(10)
    ,Quantity      Interger)
```

要删除一个表，使用 DROP TABLE Part_List 命令即可。对已存在的表增加或删除列，可使用 ALTER TABLE 语句对表的结构进行修改。例如，打算为 Part_List 表增加一个 Weight 列，语句为：

```
ALTER TABLE Part_List ADD COLUMN Weight Interger
```

(2) 查询语言(Query Language, QL)

QL 用于对表进行查询。SELECT 语句用于对表进行查询。例如下面的语句完成对 Part_list 表中所有记录的查询：

```
SELECT * FROM Part_list
```

(3) 数据操纵语言(Data Manipulation Language, DML)

DML 是一组对表中的数据进行操作的语句，用于增、删、改数据。有以下四条命令：

DELETE　删除

INSERT　插入

SELECT　选择

UPDATE　更新

例如，从 Part_list 中删除编号为 16 的零件的操作为：

```
DELETE FROM Part_list WHERE Part_id = 15
```

如果要删除所有的记录，操作为：

```
DELETE FROM Part_list
```

(4) 数据控制语言(Data Control Languge, DCL)

DCL 用于定义数据库用户访问权限的控制。可以操作的使用权限有五条命令。

① 授权

GRANT 语句用于向用户授权。例如，利用 GRANT 语句向用户"李明(liming)"授予对表 Part_list 进行插入、删除和更新的操作权限：

```
GRANT INSERT, DELETE, UPDATE ON Part_list to liming
```

② 除权

REVOKE 语句用于对用户进行除权操作。例如,利用 REVOKE 语句解除李明对 Part_list 表的插入、删除和更新操作权限:

```
REVOKE INSERT,DELETE,UPDATE ON Part_list FROM liming
```

3. 几种 DBMS 简介

目前,基于 SQL 的关系型数据库软件是市场的主流,但均引入 Client/Server 体系结构,用 Web 技术加以改造,把对 Internet 和多媒体技术的支持放在首位来发展。这方面的产品有 Oracle 公司的 Oracle,Sybase 公司的 Sybase,Microsoft 公司的 MS-SQL Server 等。桌面关系数据库软件仍有较大的市场,同时也在朝中高档化和多元化方向发展,其主要产品有:FoxPro、Access、Delphi 等。

(1) FoxPro

Visual FoxPro 是 Microsoft 推出的桌面关系型数据库管理系统,它继承了微机数据库如 dBase 等的一些特征,并在功能及运行速度上优于其他同类产品,因此受到广大用户的青睐。它具有以下特点:

① 窗口环境。FoxPro 可操作多种窗口,多种类型的系统窗口互相协调工作,可以显示不同类型的数据、控制信息和设置状态、编辑程序、修改数据库等等。窗口可以水平和垂直卷动,可以关闭、取消、镜头进退、缩放等。

② 视图窗口。在一个视图窗口中可显示若干个工作区的数据,每个工作区都有自己的名字,在该窗口中还可建立和取消数据库之间的联系。

③ 浏览和修改窗口。在该窗口中可以编辑、删除及增加记录,并能同时处理父库及子库的数据编辑工作。

④ 程序/文本编辑窗口。在编辑窗口中可对文本内容进行转换、删除、拷贝、粘贴和移动等操作,编辑的文件字节数仅受磁盘空间的影响不受内存限制。

⑤ 跟踪和纠错窗口。该窗口可以监控程序的执行,可以设置断点,还可以单步执行,变化执行速度。

⑥ 用户定义窗口。用户可以定义自己的窗口,该窗口可用于数据输入、输出,也可以进行移动和缩放等操作。

⑦ 非编程用户插口。支持附加程序 FoxGraph、FoxCode、Foxdock、FoxView。

⑧ 报表格式设计程序(FoxReport)。

(2) Oracle

Oracle 是美国 Oracle 公司开发的开放型分布式的关系数据库系统,近年来应用日益广泛。Oracle 7.1 可直接在内核中支持分布式操作、多线程及并行。OLTP(联机事务处理)是一个多线程、多服务器的产品。首先说明 Oracle 中分布式的概念有两个方面的含义:第一是指一个逻辑实体(关系或类)通过分片等方法分散在多个站点上,而不是在各个站点上保留完整数据的副本,保持同步更新,也就是说数据分布并不是通过数据冗余来实现的。第二是对于编程人员来讲,分布是透明的,看到的是一个集中式的数据库;网络也是透明的,在网上每一个节点的处理是一致的。

(3) Sybase

Sybase 是美国 Sybase 公司开发的具有开放和分布特性的关系数据库管理系统,产品包括:数据库管理系统的核心、实现数据库分布的服务器、网络环境下的快速备份服务器、异构数据库库关、网络上可扩充的并行处理能力服务器和数据库管理员服务器。Sybase 属于客户机/服

务器体系结构,提供了在网络环境下的各节点上的数据库的互访。Sybase 数据库管理系统的技术特点是:

① 完全的客户机/服务器体系结构,能适应 OLTP 要求,能为数百用户提供高性能需求;

② 采用单进程多线索技术进行查询,节省系统开销,提高内存的利用率。虚服务器结构与对称多处理器技术结合,充分发挥 CPU 硬件平台的高性能;

③ 数据库管理 DBA 在线调整监控数据库系统的性能;

④ 支持计算机族环境下的快速故障切换;

⑤ 多种安全机制对表、视图、存储过程、命令进行授权;

⑥ 支持 Image 和 text 的数据类型,为工程数据库和多媒体应用提供了良好的基础。

4. 用 DBMS 创建数据库实例

Access 97 是微软的 office 97 的一个组件,是 Windows 下的一个功能强大的桌面数据库管理系统。下面我们利用 Access 97 创建如图 3-22 所示的 complexprocess.mdb 数据库(零件复合工艺数据库)。步骤如下:

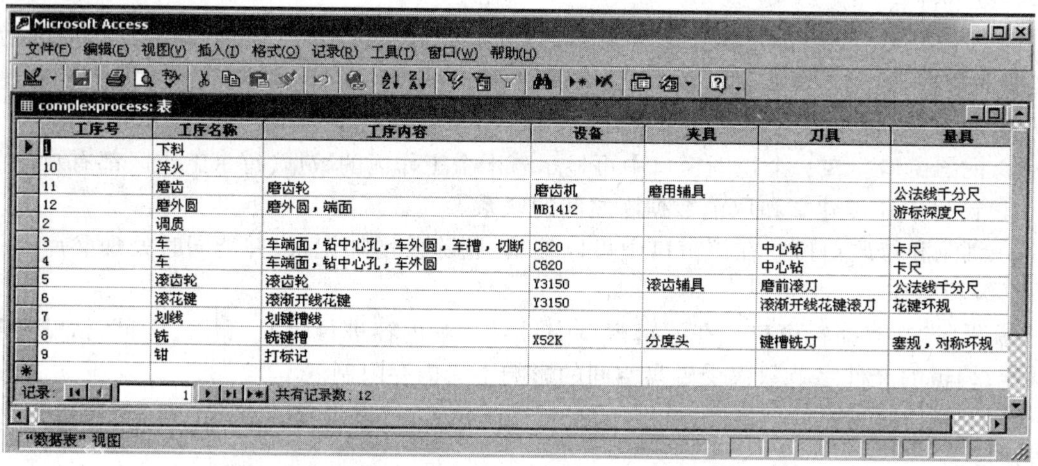

工序号	工序名称	工序内容	设备	夹具	刀具	量具
1	下料					
10	淬火					
11	磨齿	磨齿轮	磨齿机	磨用辅具		公法线千分尺
12	磨外圆	磨外圆,端面	MB1412			游标深度尺
2	调质					
3	车	车端面,钻中心孔,车外圆,车槽,切断	C620		中心钻	卡尺
4	车	车端面,钻中心孔,车外圆	C620		中心钻	卡尺
5	滚齿轮	滚齿轮	Y3150	滚齿辅具	磨前滚刀	公法线千分尺
6	滚花键	滚渐开线花键	Y3150		滚渐开线花键滚刀	花键环规
7	划线	划键槽线				
8	铣	铣键槽	X52K	分度头	键槽铣刀	塞规,对称环规
9	钳	打标记				

图 3-22 数据库表

(1) 启动 Access 97 时,屏幕出现如图 3-23 所示的对话框,选择"Access 数据库向导、数据页和项目",单击"确定"按钮。

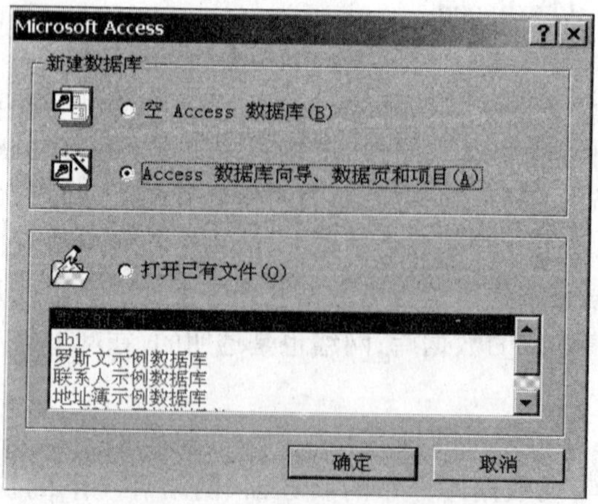

图 3-23 创建数据库对话框

(2) 当屏幕出现如图 3-24 所示的各种类型的数据库标签时,选择“数据库”,按下确定按钮。

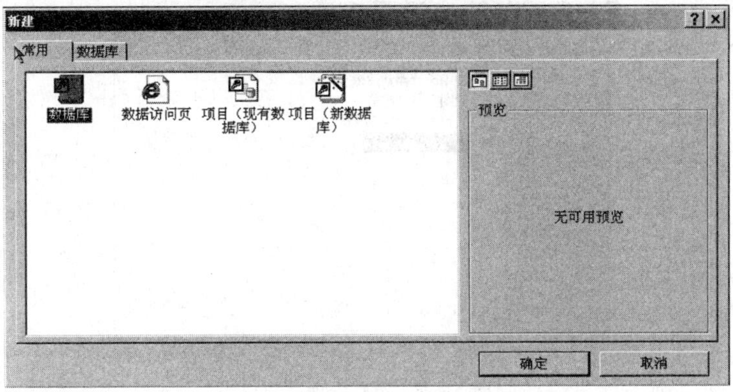

图 3-24　数据库向导类型窗口

(3) 命名为 complexprocess.db,在如图 3-25 所示的窗口中选择“使用设计器创建表”,点击“新建(N)”按钮。

(4) 在图 3-26 中选择“设计视图”,按下“确定”按钮。

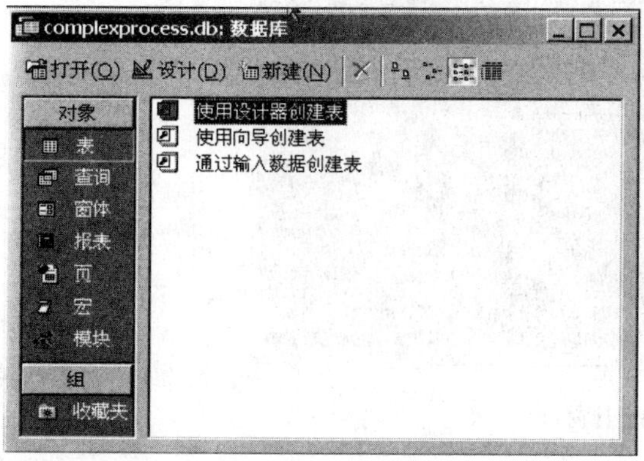

图 3-25　数据库向导窗口

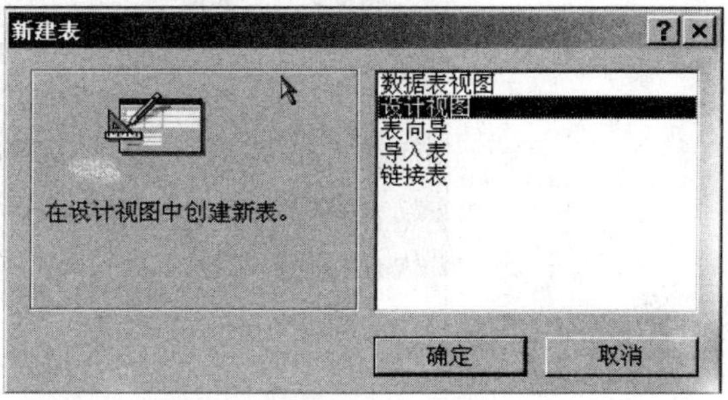

图 3-26　创建新表对话框

(5) 在如图 3-27 所示的表设计窗口中输入各字段名称和数据类型。

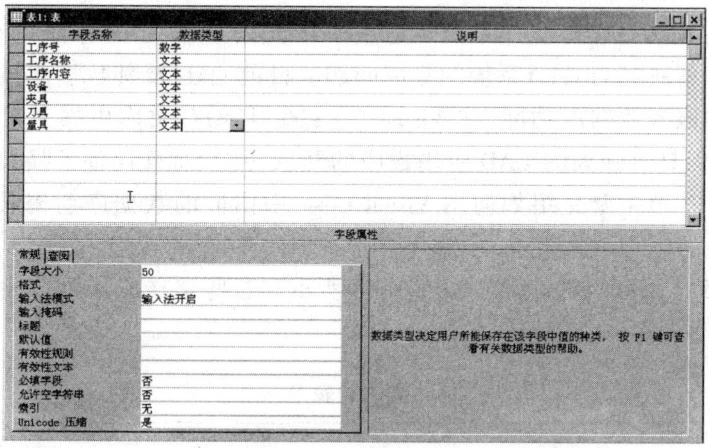

图 3-27　表设计窗口

(6) 在如图 3-28 所示的窗口中选择刚创建的 complexprocess.db 数据库,并按下“打开

(O)”按钮。

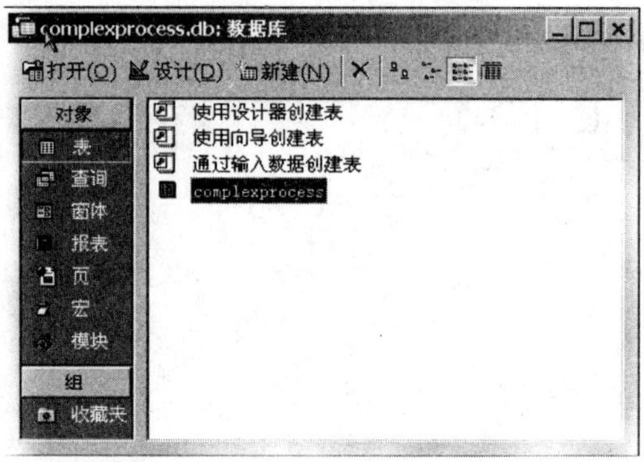

图 3-28　数据库向导窗口

(7) 在如图 3-29 所示的窗口中输入表的内容,即可得到如图 3-22 所示的数据库表。

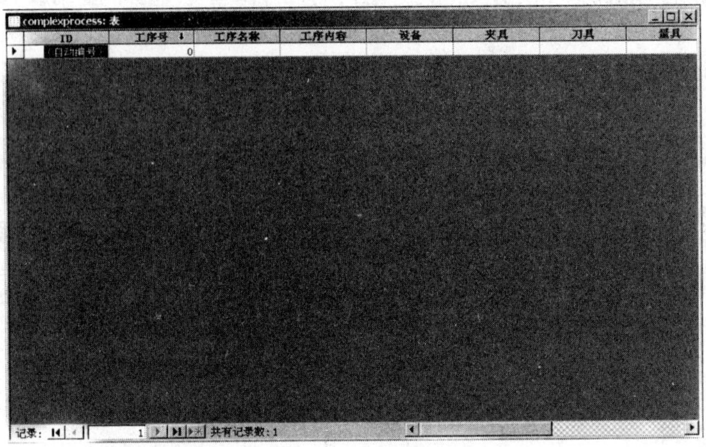

图 3-29　表设计窗口

3.2.5　数据库与高级语言接口

目前,常用的数据库管理系统有 Visual FoxPro、Access、Oracle、Sybase、MS SQL Server 等。用这些系统来开发专用的数据库应用系统是适宜的,但用来开发 CAD 系统就难以胜任,需要通过编写接口程序来解决其与 CAD 系统的集成问题。目前 CAD 及其数据库系统开发的最佳途径是在高级语言中嵌入数据库功能,如 Visual C ++ 在其 MFC 类库中嵌入了 ODBC 类和 DAO 类,从而使语言不但具有强大的 CAD 应用程序的开发功能,而且具备了强大的数据库系统的开发及管理功能。本节主要介绍如何用 Visual C ++ 中内嵌的数据库引擎技术实现与 Access 数据库的交互。

在 MFC 中有 5 个 DAO 数据库类,如表 3-3 所示。这些类在应用程序中专用于与数据库进行数据交换,是数据库与应用程序的接口。

表 3-3　　类　表

类	用　途
CDaoWorkspace	该对象用于管理单用户从登录到退出数据库期间的活动
CDaoDatabase	该类对象用于表示与数据库之间的连接,以操作数据库中的数据

类	用　途
CDaoRecordset	该对象用于表示从数据源中选取三种形式记录集(表类型、动态类型、快照型)
CDaoTableDef	用于表示基表或连接表的存储定义
CDaoQuerydef	查询数据库的接口

下面是一段通过 Visual C ++ 对 DAO 数据库操作的源程序,其中 complexprocess.mdb 是用 Access 97 建立的某零件的复合工艺数据库文件,如图 3 – 22 所示。该程序段对数据库的操作步骤是:

① 打开 complexprocess.mdb 数据库。

② 打开 complexprocess.mdb 数据库中的 complexprocess 表。

③ 打开 complexprocess 表中的记录。

④ 对表中的记录进行读取显示。

⑤ 关闭 complexprocess 表中的记录。

⑥ 关闭 complexprocess.mdb 数据库中的 complexprocess 表。

⑦ 关闭 complexprocess.mdb 数据库。

```
CDaoDatabase * ComplexProcessDb;  //指向 DAO 数据库对象的指针
CDaoTableDef * ComplexProcessTd;  //指向表定义对象的 DAO 接口的指针。
CDaoRecordset * ComplexProcessRs;  //指向记录对象的 DAO 接口的指针。
ComplexProcessDb = new CdaoDatabase();  //构造一个 CDaoDatabase 对象,并分配存储空
                                        间。
ComplexProcessDb - > Open("e: \ \ zx \ \ complexprocess.mdb");  //打开 complexpro-
cess.mdb
        数据库,建立 CDaoDatabase 对象与 complexprocess.mdb 数据库的连接。
ComplexProcessTd = new CDaoTableDef(ComplexProcessDb);  //构造一个 CdaoDatabase 对象。
ComplexProcessTd - > Open("complexprocess");  //打开 complexprocess.mdb 数据库中的
                                               complexprocess 表
ComplexProcessRs = new CDaoRecordset(ComplexProcessDb);  //构造一个 CDaoDatabase 对
                                                          象。
ComplexProcessRs - > Open(ComplexProcessTd,dbOpenTable,dbForwardOnly);  //打开
                                                   complexprocess 表的记录集。
ComplexProcessRs - > MoveFirst();  //使记录集中的首记录成为当前记录。
for(i = 0;! ComplexProcessRs - > IsEOF();i + + )
//在列表控件中显示 complexprocess 表
{  m_ComplexProcess.InsertItem(i," ");
   VarToCStr(&str,&ComplexProcessRs - > GetFieldValue("工序号"));
   m_ComplexProcess.SetItemText(i,0,str);
   VarToCStr(&str,&ComplexProcessRs - > GetFieldValue("工序名称"));
   m_ComplexProcess.SetItemText(i,1,str);
   VarToCStr(&str,&ComplexProcessRs - > GetFieldValue("工序内容"));
```

```
        m_ComplexProcess.SetItemText(i,2,str);
        VarToCStr(&str,&ComplexProcessRs->GetFieldValue("设备"));
        m_ComplexProcess.SetItemText(i,3,str);
        VarToCStr(&str,&ComplexProcessRs->GetFieldValue("夹具"));
        m_ComplexProcess.SetItemText(i,4,str);
        VarToCStr(&str,&ComplexProcessRs->GetFieldValue("刀具"));
        m_ComplexProcess.SetItemText(i,5,str);
        VarToCStr(&str,&ComplexProcessRs->GetFieldValue("量具"));
        m_ComplexProcess.SetItemText(i,6,str);
        ComplexProcessRs->MoveNext();
    }
    ComplexProcessRs->Close();   //关闭记录集
    ComplexProcessTd->Close();   //关闭表
    ComplexProcessDb->Close();   //关闭数据库
    //删除对象并回收内存空间
    delete ComplexProcessRs;
    delete ComplexProcessTd;
    delete ComplexProcessDb;
```

3.3 工程数据的计算机处理

3.3.1 数据表格的计算机处理

在机械设计过程中,设计人员常常需要从工程手册、设计规范等资料中查找有关设计数据。在传统的手工设计中,这些数据资料是通过设计人员查找手册等工具书获得的,在CAD/CAM中,这些数据资料首先要存储在计算机中,然后通过程序调用或计算机检索的方式获取。一般地,计算机对数据资料的处理方法有以下几种:

① 将设计资料转变为程序,即程序化;

② 将设计资料转变为数据文件;

③ 将设计资料转变为数据库。

1. 数据表格的程序化处理

在设计过程中使用的数表形式很多,从函数角度看,有一元函数关系的数表,二元函数关系的数表及多元函数关系的数表。这些数表中有些有精确的计算公式,但为了便于手工计算,把这些公式以数表的形式给出供设计中查用,对于这类数表,可简单地采用对计算公式编制检索数据的应用程序。还有些数表的数据,彼此间不存在函数关系或由实验获得,对这类数表可采用数组的方法,结合插值将其程序化;也可求出其经验公式,然后采用对计算公式编制检索程序的方法处理。

【例】将平键和键槽与轴径的尺寸关系数表(见表3-4)程序化。要求输入轴径数值后,能输出相应的键和键槽剖面尺寸。

表 3-4　　平键公称尺寸及键槽尺寸

轴径 d	键宽 b	键高 h	轴 t	轮毂 t_1
>6~8	2	2	1.2	1.0
>8~10	3	3	1.8	1.4
>10~12	4	4	2.5	1.8
>12~17	5	5	3.0	2.3
>17~22	6	6	3.5	2.8
>22~30	8	7	4.0	3.3
>30~38	10	8	5.0	3.3
>38~44	12	8	5.0	3.3
>44~50	14	9	5.5	3.8
>50~58	16	10	6.0	4.3

从该数表可知：该表只有一个自变量，即轴径，属一元函数关系数表；每组键槽尺寸要适应一定范围尺寸的轴径使用，但彼此之间不存在一定的函数关系，因此，可采用数组和结构体的形式将其程序化。

① 用数组实现数表的程序化

用一维数组和二维数组都可实现数表的程序化，例如键槽尺寸数表可用二维数组：float KeyTable[10][6]={{……},{……},{……},……}表示。

② 用结构体类型实现数表的程序化

例如：

```
struct KeyDemension
        { int d1;
        int d2;
        int b;
        int h;
        float t;
        float t1;};
```

下面我们用四个一维数组 $b[\,]$,$h[\,]$,$t[\,]$、$t1[\,]$分别存储 b、h、t、$t1$，用数组 $d1$ 存储轴径 d 的界限值，这里取上限值。程序框图(图 3-30)和源程序如下：

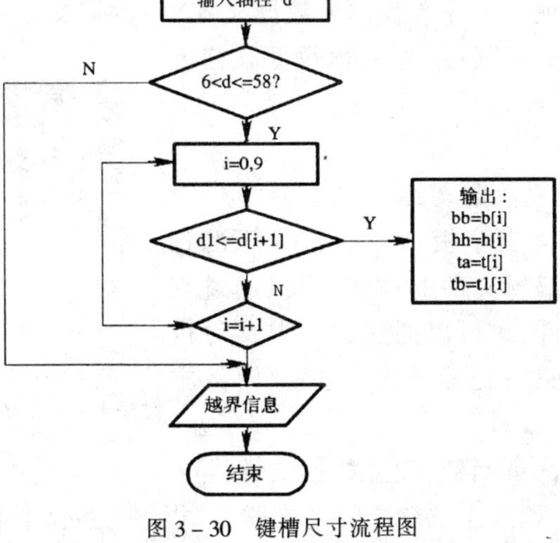

图 3-30　键槽尺寸流程图

```
#include < stdio.d >
main()
{ double bb,hh,ta,tb,d;
  int i;
  double d1[11] = {6.0,8.0,10.0,12.0,17.0,22.0,30.0,38.0,44.0,50.0,58.0};
  double b[10] = {2.0,3.0,4.0,5.0,6.0,8.0,10.0,12.0,14.0,16.0};
  double h[10] = {2.0,3.0,4.0,5.0,6.0,7.0,8.0,9.0,10.0};
  double t[10] = {1.2,1.8,2.5,3.0,3.5,4.0,5.0,5.0,5.5,6.0};
  double t1[10] = {1.0,1.4,1.8,2.3,2.8,3.3,3.3,3.3,3.8,4.3};
  printf("请输入轴径 d: \ n");
  scanf("% lf",&d);
  if(d > d1[0]&&d < = d1[10])
  {  for(i = 0;i < 10;i + + )
     if(d < = d1[i+1])
     {  bb = b[i];
        hh = h[i];
        ta = t[i];
        tb = t1[i];
        printf("轴径 d = % f,键宽 b = % f,键高 h = % f,轴 t = % f,轮毂 t1 = % f",d,bb,hh,ta,tb);
        break;
     }
     return(1);
  }
  else
  {  printf("error:直径 d 超出范围!");
     return( - 1);
  }
}
```

2. 数据表格的文件处理

在 CAD/CAM 系统中,文件常常作为管理数据、交换数据的方法而被广泛采用。一般我们将通过文件方式存储和管理的工程数表称为数据文件,用数据文件表达和存储工程数据表格的特点是数据文件相对独立于程序,为工程数据表格的修改和管理带来了方便。

(1) 文件的建立

① 通过文本编辑器建立数据文件

如 Windows 下的记事本、写字板、Visual C ++ 下的程序编辑器都提供了建立和编辑文件的功能,可以通过它们方便地建立新的数据文件,也可以通过它们对文件进行修改。图3-31为在 Window 记事本下建立键槽基本信息数据文件的情况。

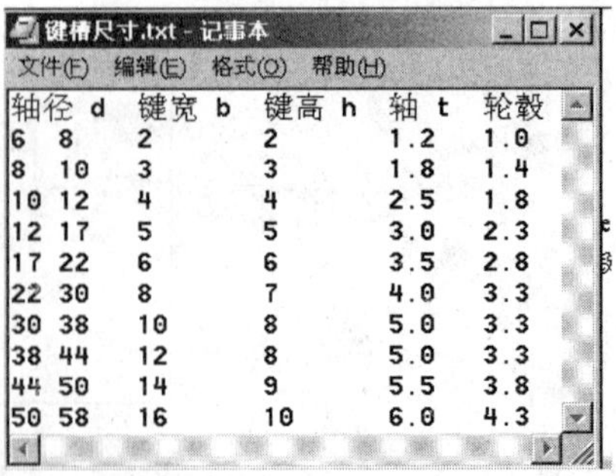

图 3-31 键槽尺寸

② 通过文件的打开(fopen 函数)建立数据文件

所谓“打开”,是在程序和操作系统之间建立联系,程序把要操作的文件的一些信息通知给操作系统:例如文件名、文件操作方式(读还是写)。如果是读文件,则需要先确认此文件是否已存在,并将读写当前位置设定于文件开头。如果是写文件,则检查原来是否有同名文件,若有则将该文件删除,然后新建立一个文件,若无同名的文件,就将读写当前位置设定于文件开头,以便从文件开头写入数据。打开在 C 语言中用 fopen 函数实现,它的调用方式为:fopen(文件名,文件使用方式);调用 fopen 函数后,fopen 函数有一个返回值,它是一个地址值,指向被打开文件的文件信息区(是一个包含文件当前读写位置,文件内存缓冲区地址等信息的结构体变量)的起始地址。所以返回值应赋给一个文件类型指针变量,以便以后能通过该指针变量来访问此文件,如果在执行打开操作时失败,则函数返回值是一个 NULL 指针。例如:

```
if((fp = fopen("file","r")) = = NULL)
{  printf("cannot open this file \ n");
   exit(0);
}
```

在执行 fopen 函数时,如果顺利打开,则将该文件信息区(结构体变量)起始地址赋给指针变量 fp;如果打开失败,则 fp 的值为 NULL。exit 是一个函数,其作用是关闭所有文件,使程序结束,并返回操作系统。一般地,exit(0)表示正常退出,括弧内为非零值表示程序是出错后退出的。

关闭文件用 fclose 函数:fclose(文件指针变量);例如:fclose(fp)。它通知系统,将此指针指向的文件关闭,释放文件信息区(结构体变量)。这样,原来的指针变量不再指向该文件,此后不可能通过此指针来访问该文件。如果不关闭文件而直接使程序停止运行,就会丢失缓冲区中还未写入文件的信息,因此文件用完后必须关闭。

在建立文件的过程中,要用到 fwrite 函数,其调用形式为:fwrite(buffer,size,count,fp);fread(buffer,size,count,fp);其中:buffer 是一个指针(地址),size 为要读写的字节数,count 表示多少个 size,fp 为文件类型指针变量。用 fread 和 fwrite 函数读写,必须采用二进制方式。

下面是用 fopen 函数建立键槽尺寸文件的源程序。

```
/* 写键槽尺寸至文件 keydim */
# include "stdio.h"
void main()
{    struct key
     {     int shiftdia[2];
           int keywidth;
           int keyheigh;
           float shiftT;
           float wheelhub;
     }
     shiftdim[10];
     FILE * fp;
     int i,j;
       //输入数据
     for(i = 0;i < 10;i + + )
     {  for(j = 0;j < 2;j + + )
        {  printf(" \ n Input shiftdia: \ n");
           scanf("% d",&shiftdim[i].shiftdia[j]);
```

```
        }
        printf("keywidth:");
        scanf("'%d",shiftdim[i].keywidth);
        printf("keyheigh:");
        scanf("%d",shiftdim[i].keyheigh);
        printf("shiftT:");
        scanf("%f",shiftdim[i].shiftT);
        printf("wheelhub:");
        scanf("%f",shiftdim[i].wheelhub);
    }
    //将数据写入文件
    fp=fopen("keydim","w");
    for(i=0;i<10;i++)
    {   if(fwrite(&shiftdim[i],sizeof(struct key),1,fp)!=1)
        printf("File write error \ n");
    }
    fclose(fp);
    //检查文件内容
    fp=fopen("keydim","r");
    for(i=0;i<10;i++)
    {   fread(&shiftdim[i],sizeof(struct key),1,fp);
        printf("%d,%d,%d,%d,%s,%s \ n",shiftdim[i].shiftdia[0],shiftdim[i].shiftdia[1],
        shiftdim[i].keywidth,shiftdim[i].keyheigh,shiftdim[i].shiftT,shiftdim[i].wheelhub);
    }
}
```

(2) 文件的读写

对文件的操作必须“先打开,后读写,最后关闭”。

① 格式化的输入和输出

对终端输入和输出用格式化输入输出函数 scanf 和 printf,若输入输出对象由终端改为磁盘文件,就用 fscanf 和 fprintf 函数。其使用方式为:fprintf(文件指针,格式字符串,输出表列),fscanf(文件指针,格式字符串,输出表列)。例如:fprintf(fp,“%d,%f”,i,j);作用是将整型变量 i 和实型变量 j 的值按%d 和%f 的格式输出到 fp 指向的文件上。

② 其他读写方式

其他读写文件的方式主要有:输入输出一个字符的 fputc(ch,fp)和 ch=fgetc(fp)函数,输入输出一个字符串的 fgets(str,n,fp)和 fputs(str,fp)函数,按“记录”读写的 fread(buffer,size,count,fp)和 fwrite(buffer,size,count,fp)函数等,读者可参考有关 C 语言书籍。

(3) 文件内容的查找

前面用 fopen 函数创建了一“keydim”的文件,现在从该文件查找所需的键和键槽剖面尺寸,源程序如下:

```
#include "stdio.h"
void main()
{
```

```
    struct key
    {
        int shiftdia[2];
        int keywidth;
        int keyheigh;
        float shiftT;
        float wheelhub;
    }shiftdim[10];
    FILE *fp;
    int shiftdia,i;
    printf("\n Input shiftdia: \n");
    scanf("%d",&shiftdia);
    fp=fopen("keydim","r");
    for(i=0;i<10;i++)
    {
        fread(&shiftdim[i],sizeof(struct key),1,fp);
        if(shiftdim[i].shiftdia[0]<shiftdim[i].shiftdia[1])
    printf("%d,%d,%d,%d,%f,%f",shiftdim[i].shiftdia[0],shiftdim[i].shiftdia[1],
    shiftdim[i].keywidth,shiftdim[i].keyheigh,shiftdim[i].shiftT,shiftdim[i].wheelhub);
    }
    fclose(fp);
}
```

3. 数据表格的数据库处理

在3.2.5节数据库与高级语言接口中介绍了数据库的调用问题，对于上例，也可以采用Access建立"键槽尺寸"的数据库，然后在C或C++程序中调用并进行显示，源程序不再给出，读者可作为练习。

3.3.2 函数的插值处理

在机械设计中，有时数表中的数据不足以满足设计要求，这就要求设计者根据数表的数据范围和趋势找到合适的数据。设有一用数据表格给出的列表函数 $y=f(x)$，如表3-5所示。

表3-5 列表函数

x	x_1	x_2	…	x_i	…	x_n
y	y_1	y_2	…	y_i	…	y_n

从表中可以看出，x 与 y 间无规则，由于列表函数只能给出结点 $x_1,x_2,\cdots,x_i,\cdots,x_n$ 处的值 $y_1,y_2,\cdots,y_i,\cdots,y_n$，当自变量 x 为结点的中间值时，就要求用插值法求其函数值。

插值法的基本思想是：在插值点附近选取几个合适的结点，过这些结点构造一个函数 $g(x)$，在此小段上用 $g(x)$ 代替原来函数 $f(x)$，当精度满足要求时，插值点的函数值就用 $g(x)$ 的值来代替。因此插值的实质是如何构造一个既简单又具有足够精度的 $g(x)$。常用的插值方法是线性插值和拉格朗日插值。

1. 线性插值

线性插值即两点插值，已知插值点 P 的相邻两点：$y_1=f(x_1)$，$y_2=f(x_2)$，如图3-32所示。

近似认为在此区间，函数呈线性变化，根据几何关系可求得插值点的对应于 x 的函数值 y。

$$y = y_i - \frac{(y_i - y_{i-1})(x_i - x)}{(x_i - x_{i-1})} \qquad (3-1)$$

该式即为线性插值公式。

线性插值法是工程设计中检索数据时常用的一种方法，编程时只要将列表数据和插值公式编制其中，就可在输入一个 x 值后，计算出相应的值 y。

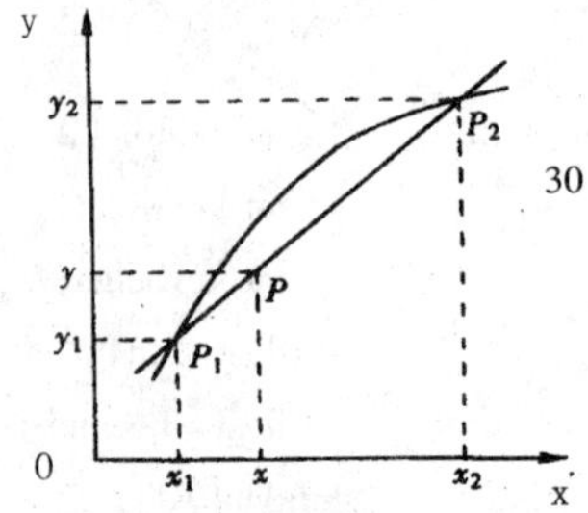

图 3-32 线性插值

【例】如表 3-6 所示，将蜗轮当量齿数 Z_V 与齿形系数 Y_F 的关系数表程序化，要求输入 Z_V 能输出对应的 Y_F 值。

表 3-6 **蜗轮齿形系数**

Z_v	20	24	26	28	30	32	35
Y_F	1.98	1.88	1.85	1.80	1.76	1.71	1.64
Z_v	37	40	45	50	60	80	100
Y_F	1.61	1.55	1.48	1.45	1.40	1.34	1.30

从表中可以看出，Z_V 与 Y_F 间无规则，Z_V 的计算值不一定是表中所列数值。如 $Z_V = 25.32$ 时，Y_F 应为何值，从表中无法直接查出。下面采用线性插值法对表 3-6 编程，程序如下：

```
# include < stdio. h >
# include < math. h >
main( )
{    int j, z1, z2, zk[ ] = {20,24,26,28,30,32,35,37,40,45,50,60,80,100};
     double lm, zv, yf, q, y[ ] = {1. 98,1.88,1.85,1.8,1.76,1.71,1.64,1.61,1.55,1.48,
                                   1.45,1.4,1.34,1.3};
     printf(" \ n \ t Input z2 = ");
     scanf("% i", &z2);
     printf(" \ n \ t Input z1, q = ");
     scanf("% I,% lf", &z1, &q);
     lm = atan(z1/q);
     zv = z2/pow(cos(lm), 3);
     for(j = 1; j < 14; j + + )
     {    if(zv < = zk[j])
          {    yf = y[j] - (y[j] - y[j - 1]) * (zk[j] - zv)/(zk[j] - zk[j - 1]);
               printf(" \ n \ t ZV = % .3lf \ t YF = % .3lf \ n", zv, yf);
               puts(" \ n \ t_ The end. _");
               break;
          }
     }
     return (0);
}
```

2. 拉格朗日插值

将线性插值公式(3-1)整理得

$$f_1(x) = y = \frac{x - x_2}{x_1 - x_2} y_1 + \frac{x - x_1}{x_2 - x_1} y_2 \tag{3-2}$$

此式是由两个线性函数

$$A_1(x) = \frac{x - x_2}{x_1 - x_2} \qquad A_2(x) \frac{x - x_1}{x_2 - x_1} \tag{3-3}$$

的线性组合而得到的,系数分别为 y_1, y_2。

同理可求得二次插值多项式:

$$f_2(x) = y_1 A_1(x) + y_2 A_2(x) + y_3 A_3(x) \tag{3-4}$$

即

$$f(x) = \sum_{i=1}^{3} A_i(x) f(x_i) \tag{3-5}$$

其中:

$$A_i(x) = \frac{(x - x_{i-1})(x - x_{i+1})}{(x_i - x_{i-1})(x_i - x_{i+1})} \quad (i - 1 > 0, i + 1 < 4) \tag{3-6}$$

当结点取 n 时,可得多项式的一般表达式,即拉格朗日插值多项式为:

$$f_n(x) = \sum_{i=1}^{n} A_i(x) f(x_i) \tag{3-7}$$

其中 $A_i(x)$是次数不超过 n 的多项式,可表示为:

$$A_i(x) = \frac{(x - x_1)(x - x_2)\cdots(x - x_{i-1})(x - x_{i+1})(x - x_n)}{(x_i - x_1)(x_i - x_2)\cdots(x_i - x_{i-1})(x_i - x_{i+1})\cdots(x_i - x_n)} \tag{3-8}$$

3.3.3 线图的程序处理

在工程设计中,经常要用到表示各参数间关系的线图。由于线图不能直接存储在计算机中,所以在编制程序时必须将线图程序化。线图的程序化有以下几种方法:

① 找出线图原来的公式,将公式编入程序;

② 将线图离散成数表,然后用前面所述的数据表格的程序处理方法将其程序化。当然,当所取得点不在结点上时,就要进行插值;

③ 用曲线拟合的方法求出线图的经验公式,再将公式编入程序。

下面主要介绍用曲线拟合求经验公式的方法。

1. 用曲线拟合求经验公式

插值法的实质是在几何上用严格通过各个节点的曲线,来近似代替列表函数曲线。但通过试验所得的数据离散性很大,误差比较大,因此,插值法建立的公式必然保留了所有误差,这是插值法的主要缺陷。有鉴于此,采用构造近似曲线,此曲线并不严格通过所有节点,而是尽可能反映所给数据的趋势,这种利用所给数据建立拟合或近似曲线经验公式的过程称为曲线拟合。

(1) 拟合原理

最小二乘法是最常用的曲线拟合方法。最小二乘法拟合的基本思想是:设由线图或实验所得 m 个点的值

$$(x_1, y_1), (x_2, y_2), \cdots, (x_m, y_m)$$

构造拟合公式为:

$$y = f(x) \tag{3-9}$$

则每一结点处的偏差为:

$$e_i = f(x_i) - y_i \quad (i = 1,2,\cdots,m) \tag{3-10}$$

偏差的平方和为：

$$\sum_{i=1}^{m} e_i^2 = \sum_{i=1}^{m} [f(x_i) - y_i]^2 \tag{3-11}$$

要求所构造的拟合公式 $y = f(x)$ 保证偏差的平方和为最小，这就是最小二乘法的曲线拟合。

拟合公式的类型通常可以选取线性方程、初等函数，如对数函数、指数函数、代数多项式等。这一工作由编程人员根据线图来决定，一般先将实验数据画在方格纸上，然后根据曲线形态判断所采用的函数类型。

(2) 线性方程拟合

有 m 个点，$(x_1, y_1), (x_2, y_2), \cdots, (x_m, y_m)$。设线性方程为：

$$y = a + bx \tag{3-12}$$

则所构造的函数的偏差为：

$$e_i = f(x_i) - y_i \tag{3-13}$$

根据最小二乘法原理有：

$$S(a,b) = \sum_{i=1}^{m} e_i^2 = \sum_{i=1}^{m} (f(x_i) - y_i)^2 = \sum_{i=1}^{m} (a + bx_i - y_i)^2 \tag{3-14}$$

只要求出偏差的平方和 $S(a,b)$ 为最小时的 a, b 并代入(3－12)式所得的方程就是所要求的拟合方程。对(3－14)式求导并使之为零，得

$$\begin{cases} a = \dfrac{\sum\limits_{i=1}^{m} y_i - b\sum\limits_{i=1}^{m} x_i}{m} \\[2ex] b = \dfrac{\sum\limits_{i=1}^{m} y_i x_i - \sum\limits_{i=1}^{m} x_i \cdot \sum\limits_{i=1}^{m} y_i / m}{\sum\limits_{i=1}^{m} x_i^2 - (\sum\limits_{i=1}^{m} x_i)^2 / m} \end{cases} \tag{3-15}$$

(3) 多项式拟合

设方程形式为：

$$y = f(x) = a_0 + a_1 x + a_2 x^2 + \cdots + a_n x^n \tag{3-16}$$

已知 m 个点的值：$(x_1, y_1), (x_2, y_2), \cdots, (x_m, y_m)$，$m \gg n$。则偏差为：

$$e_i = f(x_i) - y_i \tag{3-17}$$

其平方和为：

$$S(a_0, a_1, \cdots, a_n) = \sum_{i=1}^{m} e_i^2 = \sum_{i=1}^{m} (f(x_i) - y_i)^2 = \sum_{i=1}^{m} [(a_0 + a_1 x_i + \cdots + a_n x_i^n) - y_i]^2 \tag{3-18}$$

为使 $S(a_0, a_1, \cdots, a_n)$ 最小，对上式求导并使之为零可得

$$\sum_{i=1}^{m} a_0 x_i^j + \sum_{i=1}^{m} a_1 x_i^{j+1} + \cdots + \sum_{i=1}^{m} a_n x_i^{j+n} = \sum_{i=1}^{m} y_i x_i^j \quad (j = 0,1,2,\cdots,n) \tag{3-19}$$

式中 j 表示对 a_j 求偏导。解此线性方程组可求得各系数的值。

【例】 有一组实验数据，如表 3－7 所示，它有 7 个点，现要求用二次多项式拟合。经验方程如下：

$$y = a_0 + a_1 x + a_2 x^2$$

根据上述公式可知此时 $m = 7, n = 2$,把它和表中的数据带入公式(2)并求解可得经验方程为:$y = \frac{1}{84}(56 - 111x - 11x^2)$。用最小二乘法求多项式的流程图如图 3-33 所示。

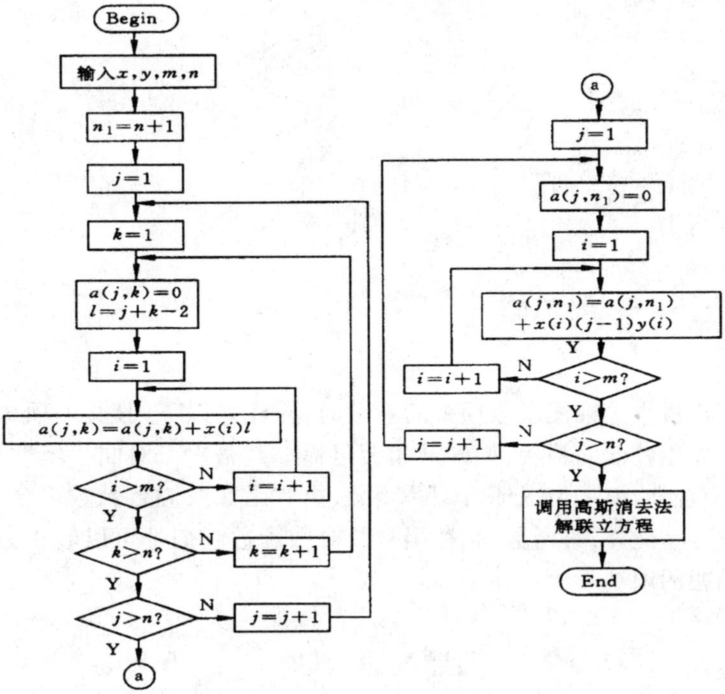

图 3-33　最小二乘法求多项式的流程图

表 3-7　　一组实验数据

点号	1	2	3	4	5	6	7
x_i	-3	-2	-1	0	1	2	3
y_i	4	2	3	0	-1	-2	-5

最小二乘法求多项式的 C 语言源程序如下:

```
int empequ(float * x,float * y,int m,int n,int n1,float a[20][20])
/ * m ——数据总数;n——多项式项数;n1——多项式项数 + 1 * /
{   int i,j,k,l,ii;
    float t;
    for(j = 0;j < n;j + + )
    {   for(k = 0;k < n;k + + )
        {   a[j][k] = 0;
            for(l = 0;l < m;l + + )
            {   t = 1;
                for(ii = 0;ii < (j + k);ii + + )
                  t = t * x[l];
                a[j][k] = a[j][k] + t;
```

```
            }
        }
    }
    for(j=0;j<n;j++)
    {   a[j][n1-1]=0;
        for(l=0;l<m;l++)
        {   t=1;
            for(ii=0;ii<j;ii++)
               t=t*x[l];
            a[j][n1-1]=a[j][n1-1]+y[l]*t;
        }
    }
    if(gauss(&a[0][0],n,n1))
      return(0);
}
```

从本例可知:采用最小二乘法求多项式的系数时,应注意以下问题:多项式的幂次不能太大,在具体应用时可先用较低的幂次,如误差太大再提高其幂次。对同一组数据,除线性方程的拟合和多项式的拟合外,根据情况还可用幂函数、指数函数及对数函数拟合它,此时比较拟合结果,选择最佳方程。此外,幂函数、指数函数及对数函数它们都可以转化为线性方程的形式进行处理,由于篇幅的限制不再讲述。

习题与思考题

3.1 数据结构的基本概念。

3.2 编写删除双向链表第 i 个结点的程序。

3.3 编写在双向链表第 i 个结点前插入一个结点的程序。

3.4 说明文件系统与数据库系统的主要区别。

3.5 说明数据库管理系统的作用和功能。

3.6 何谓数据库系统的数据模型?各种模型有哪些特点?

3.7 将下表所示的蜗轮当量齿数 Z_V 与齿形系数 Y_F 的关系数表程序化,要求分别利用数组、数据文件和数据库三种方法建立查表程序。

Z_V	20	24	26	28	30	32	35
Y_F	1.98	1.88	1.85	1.80	1.76	1.71	1.64

3.8 简述曲线拟合的理论基础。

第4章　计算机图形技术基础

4.1　基本概念

4.1.1　坐　标　系

图形对象的描述、图形的输入以及图形的输出都是在一定的坐标系中进行的。图形系统中使用的坐标系一般是用户非常熟悉的直角坐标系，也称笛卡儿坐标系。直角坐标系具有三个基本要素：坐标原点、相互垂直的坐标轴和坐标轴上的度量单位。根据这三个要素的不同内容，可分为世界坐标系、设备坐标系、规格化设备坐标系等三种常用的参考坐标系。

1．世界坐标系

世界坐标系（World Coordinate System，简称 WC）是最常用的坐标系，也称为用户坐标系，它是用户描述自己的图形时所采用的坐标系。如图4－1所示，它是一个符合右手定则的直角坐标系，其中图(a)是定义二维图形的坐标系，图(b)是定义三维物体的坐标系。世界坐标系（用户坐标系）的内容取决于用户所描述的图形的类型，所采用的单位亦由用户确定。例如，设计一张零件图所取的单位通常是mm；若为描述某一火车的运行图，则所取单位可分别取为 h、km。世界坐标系是用来定义在二维或三维世界中的物体，它的特点是不受图形输入输出有效幅面的限制，其取值范围为整个实数域，即世界坐标系是无限大且连续的，而且其各坐标轴上单位可以不一致。

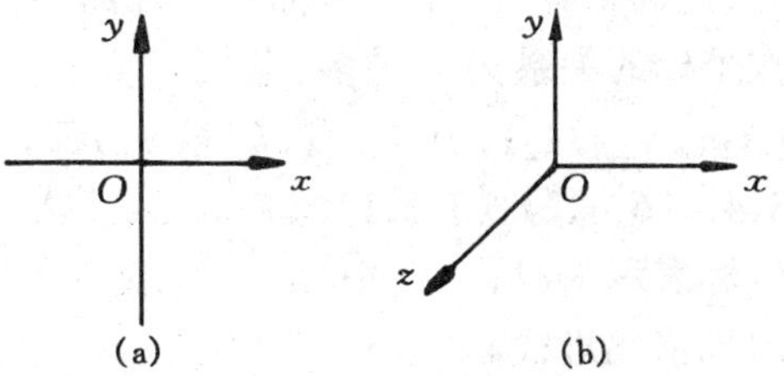

图 4－1　世界坐标系

2．设备坐标系

图形输出设备（如：显示器、绘图仪）自身都有一个坐标系，称之为设备坐标系（Device Coordinate System，简称 DC）或物理坐标系。即设备坐标系是在图形设备上定义的坐标系，是一个二维平面坐标系，它的度量单位是步长（绘图仪）或像素（显示器）。由计算机生成的图形，将其在屏幕上显示或绘图仪上绘制，都是在设备坐标系下进行的。由于受设备大小和技术的限制，显示器等图形输出设备都是有界的，输出的图形多为点阵（光栅）图形，因此，设备坐标系的定义域是整数域且是有界的。例如，对显示器而言，分辨率就是设备坐标的界限范围。需要注意的是，显示器等图形输出设备都有自己相对独立的坐标系，通常使用左手直角坐标系，坐标系的原点在显示器的左上角，如图 4－2 所示。

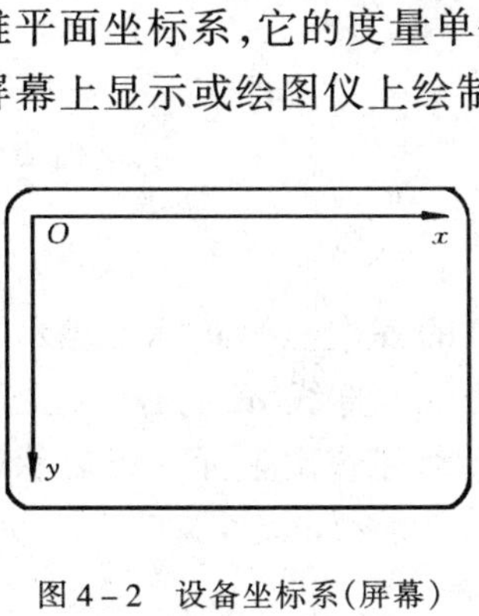

图 4－2　设备坐标系（屏幕）

3．规格化设备坐标系

计算机绘图过程实质上可以看成为用户坐标系下定义的图形（图形数据）经计算机图形系统处理后转换到设备坐标系下输

出，当输出设备不同时，设备坐标系也就不同，且不同设备的坐标范围也不尽相同，例如：分辨率为1024×768的显示器，其设备坐标系的坐标范围为：x 方向0～1023，y 方向为0～767；而分辨率为640×480的显示器，则其设备坐标系的坐标范围为：x 方向0～639，y 方向为0～479。显然这使得应用程序与具体的图形输出设备有关，给图形处理及应用程序的移植带来极大的不便，当程序员希望把图形输出到不同的设备时，就需要修改图形软件，变换坐标系，使之适合于相应的图形输出设备。为便于图形处理，有必要定义一个标准设备，引入与设备无关的规格化设备坐标系（Normalized Device Coordinate System，简称NDC），采用一种无量纲的单位代替设备坐标，当输出图形时，再转换为具体的设备坐标。规格化设备坐标系为取值范围在[0,1]之间（即 $0\leqslant x\leqslant 1, 0\leqslant y\leqslant 1$）的直角坐标系。用户的图形数据经转换成规格化的设备坐标系中的值，使应用程序与图形设备隔离开，增强了应用程序的可移植性。

图形处理时，首先要将在世界坐标系中定义的数据转换到规格化设备坐标系，具体转换的方法是：用户在世界坐标系中定义的图形，由图形软件将欲输出的图形上各点坐标值乘以一系数 K 使图形的各个坐标值变换到[0,1]的规格化坐标值的数值范围内（规格化坐标）。

4.1.2 齐次坐标

所谓"齐次坐标表示法"就是由 $n+1$ 维向量表示一个 n 维向量。n 维空间中点的位置向量用非齐次坐标表示时，具有 n 个坐标分量（$P_1, P_2, \cdots, P_n$），且是唯一的。若用齐次坐标表示时，此向量有 $n+1$ 个坐标分量（$hP_1, hP_2, \cdots, hP_n, h$），且不唯一。普通的或"物理的"坐标与齐次坐标的关系为一对多，若二维点（x, y）的齐次坐标表示为（hx, hy, h），则（h_1x, h_1y, h_1），（h_2x, h_2y, h_2），…，（h_mx, h_my, h_m）都表示二维空间中的同一个点（x, y）的齐次坐标。如(12,8,4)，(6,4,2)，(3,2,1)均表示(3,2)这一点的齐次坐标。类似地，对三维空间中坐标点的齐次坐标表示为（hx, hy, hz, h）。当取 $h=1$ 时，空间的位置向量（$P_1, P_2, \cdots, P_n, 1$）称为齐次坐标的规格化形式。

为什么要用齐次坐标表示点的位置呢，其优越性主要有以下两点：

1．它为几何图形的二维、三维甚至高维空间中的一个点集从一个坐标系变换到另一个坐标系的坐标变换提供了统一的矩阵运算方法，例如，二维齐次坐标变换矩阵的形式是：

$$\boldsymbol{T}_{2D}=\begin{bmatrix} a_{11} & a_{12} & a_{13} \\ a_{21} & a_{22} & a_{23} \\ a_{31} & a_{32} & a_{33} \end{bmatrix} \tag{4-1}$$

而三维齐次坐标变换矩阵的形式是：

$$T_{3D}=\begin{bmatrix} a_{11} & a_{12} & a_{13} & a_{14} \\ a_{21} & a_{22} & a_{23} & a_{24} \\ a_{31} & a_{32} & a_{33} & a_{34} \\ a_{41} & a_{42} & a_{43} & a_{44} \end{bmatrix} \tag{4-2}$$

2．齐次坐标可以表示无穷远的点。例如 $n+1$ 维空间中，$h=0$ 的齐次坐标实际上表示了一个 n 维的无穷远点。对二维的齐次坐标（a, b, h），当 $h\to 0$ 时，表示了直线 $ax+by=0$ 上连续点（x, y）逐渐趋近于无穷远的点，但其斜率不变。在三维情况下，利用齐次坐标可以表示视点在原点时的投影变换，其几何意义会更加清晰。

4.1.3 窗口与视口

通常,用户所要处理的图形,在大小、规模及复杂程度上一般事先是不确定的,而图形输出设备的有效绘图区域总是固定有限的,这样就不可避免地会出现一些矛盾,特别是当图形规模较大且较复杂时,结果使得图形在显示区上显得很拥挤。事实上,多数情况下用户并不需要输出整个图形,而是希望把其中感兴趣的一部分图形显示出来,以便此细节被表达得更清楚。另一方面,用户希望将图形输出设备(屏幕)分成若干子区域,每一子区域用来显示各种不同的图形信息,例如,不同的投影图(三视图)、菜单指令、系统信息等,同时显示在屏幕的各个子区域。所以,当图形显示输出之前,必然会遇到是把全部图形均表示出来,还是仅仅输出其中的部分图形;是把图形输出到整个有效绘图区域上,还是仅仅输出到屏幕的某个子区域内。下面就此问题作一讨论。

1. 用户域和窗口

(1) 用户域

用户域是指程序员用来定义草图的整个自然空间(WD)。人们所要描述的图形均在 WD 中进行定义。用户域是一个实数域,如用 R⊗W 表示该实数域的集合,则用户域 WD = R⊗W。理论上说 WD 是连续无限的。

(2) 窗口(Window)

"窗口"一词对读者并不陌生,在日常生活中经常遇到。例如,人们站在房间里,透过窗户往外看,尽管外面的世界是无限的,然而映入我们眼帘的仅仅是一小部分,其余的均被窗户周围的墙遮住了,这里,窗户就是一个窗口。人们选择不同的窗口可以看到不同的景物。

在工程设计中,有时为了突出图形的某一部分,而把该部分单独画出来,即所谓的局部视图。在计算机图形学中,如何把指定的局部图形从整体中分离出来,这是程序员所要解决的问题,把"窗口"一词引用到计算机图形学中来,通过在整图中开"窗口"的方法解决上述问题。

通常,把用户指定的任一区域(W)叫做"窗口",窗口区 W 小于或等于用户域 WD,任何小于 WD 的窗口区 W 都叫 WD 的一个子域。一般情况下,窗口是在世界坐标系中定义的确定显示内容的一个矩形区域,它用于选取用户所定义的图形中需要观察的那部分,只有在这个窗口内的图形才能在设备坐标系下输出,而窗口外的部分被裁剪掉。如图 4-3 所示。

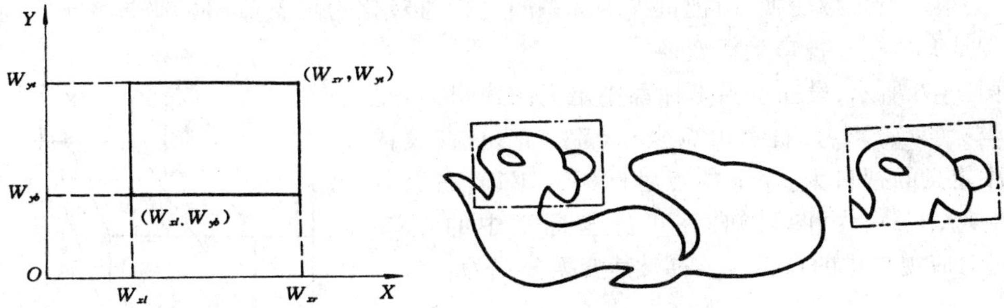

图 4-3 窗口的定义

图 4-3 中,用矩形左下角点的坐标(W_{xl}, W_{yb})和右上角点的坐标(W_{xr}, W_{yt})来确定窗口的大小和位置,通过改变窗口的大小、位置和比例,可以方便地观察局部图形,控制图形的大小。窗口可以嵌套,即在第一层窗口可以再定义第二层窗口,在第 i 层窗口中可以再定义第 $i+1$ 层窗口,依次类推。在某些情况下,根据需要,用户也可以定义圆形窗口或任意多边形窗口。

2. 屏幕域和视口

(1) 屏幕域

屏幕域是在显示器上输出图形的最大区域，是有限的整数域。如某图形显示器的分辨率为 1024×768 像素(pixel)，则屏幕域 DC 可定义为：

$$DC \in [0:1023] \times [0:767]$$

(2) 视口(ViewPort)

任何小于或等于屏幕域的区域都称为视口(V)。视口可以由用户在屏幕域用设备坐标来定义，用户选择的窗口内的图形要在定义的视口内显示，必须由程序转换成设备坐标系下的坐标值，视口决定了窗口中的图形要显示于屏幕上的位置和大小。视口一般定义成矩形区域，由左下角点坐标和右上角点坐标来定义。视口也可以嵌套定义，嵌套的层次由图形处理软件规定。

在一个屏幕域上，可以定义多个视口，分别作不同的应用，例如：在交互式图形系统中，通常把屏幕分成几个视口，有的用作图形显示，有的作为菜单项选择，有的作为提示信息区。如图 4-4 所示。而又可把图形显示部分划分成几个视口，用来同时显示不同的图形信息，图 4-5 表示在屏幕上定义了四个视口，同时输出一个机械零件的三视图和轴测图。

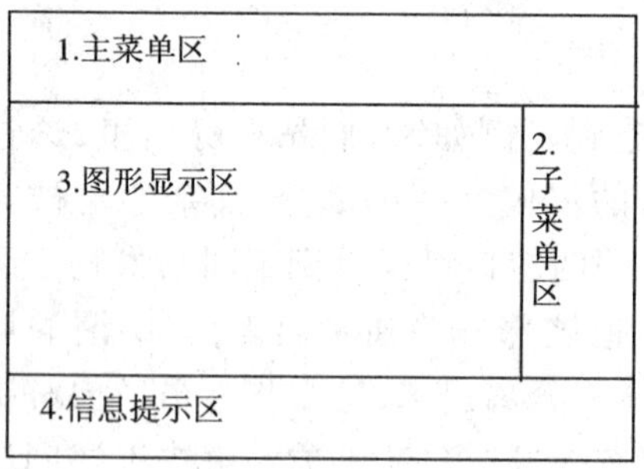

图 4-4 屏幕分区

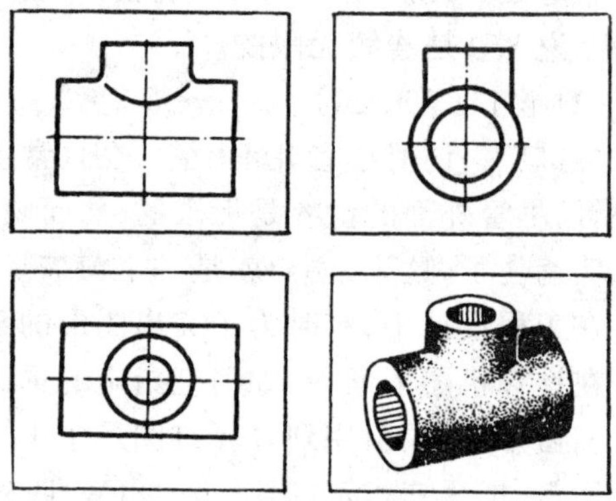

图 4-5 视口的定义

3. 窗口与视口的坐标变换

由于窗口和视口是在不同的坐标系中定义的，因此，在把窗口中的图形信息送到视口去输出之前，必须进行坐标变换，即把世界坐标系的坐标值转化为设备(屏幕)坐标系的坐标值，这个变换即是窗口——视口坐标变换。

如图 4-6 所示，设在世界坐标系中定义的窗口为：左下角点坐标(W_{xl}, W_{yb})，右上角点坐标(W_{xr}, W_{yt})；在设备坐标系中定义的视口为：左下角点坐标(V_{xl}, V_{yb})，右上角点坐标(V_{xr}, V_{yt})。由图可知，在世界坐标系中的点 $W(x_W, y_W)$ 对应视口中的点 $V(x_V, y_V)$，其变换公式为：

$$\begin{cases} \dfrac{x_V - V_{xl}}{V_{xr} - V_{xl}} = \dfrac{x_W - W_{xl}}{W_{xr} - W_{xl}} \\ \dfrac{y_V - V_{yb}}{V_{yt} - V_{yb}} = \dfrac{y_W - W_{yb}}{W_{yt} - W_{yb}} \end{cases} \tag{4-3}$$

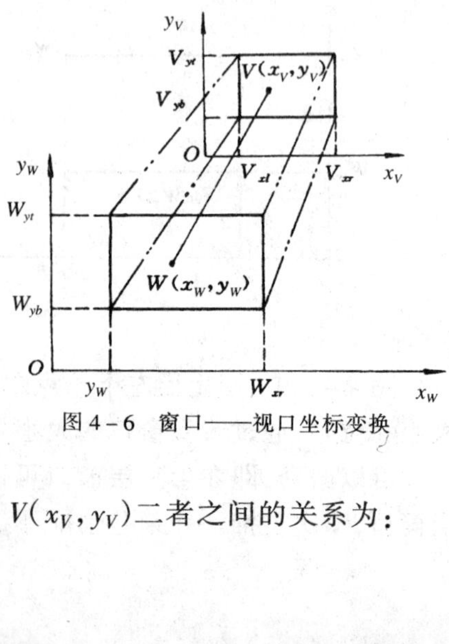

图 4-6 窗口——视口坐标变换

由式(4-3)得窗口一点 $W(x_W, y_W)$ 变换到视口中对应的点 $V(x_V, y_V)$ 二者之间的关系为：

$$
\begin{cases} x_V = \dfrac{V_{xr} - V_{xl}}{W_{xr} - W_{xl}} \cdot (x_W - W_{xl}) + V_{xl} \\ y_V = \dfrac{V_{yt} - V_{yb}}{W_{yt} - W_{yb}} \cdot (y_W - W_{yb}) + V_{yb} \end{cases} \tag{4-4}
$$

令:

$$
a = \frac{V_{xr} - V_{xl}}{W_{xr} - W_{xl}}, \quad b = V_{xl} - \frac{V_{xr} - V_{xl}}{W_{xr} - W_{xl}} \cdot W_{xl}
$$

$$
c = \frac{V_{yt} - V_{yb}}{W_{yt} - W_{yb}}, \quad d = V_{yb} - \frac{V_{yt} - V_{yb}}{W_{yt} - W_{yb}} \cdot W_{yb}
$$

则(4-4)式可写成:

$$
\begin{cases} x_V = a x_W + b \\ y_V = c y_W + d \end{cases} \tag{4-5}
$$

写成矩阵形式:

$$
[x_V \quad y_V \quad 1] = [x_W \quad y_W \quad 1] \cdot \begin{pmatrix} a & 0 & 0 \\ 0 & c & 0 \\ b & d & 1 \end{pmatrix} \tag{4-6}
$$

这样,只要确定了窗口和视口的定义参数,那么窗口内的任何一点 $W(x_W, y_W)$都可以通过此矩阵变换在视口内确定该点的映像 $V(x_V, y_V)$的具体位置,从而完成了从窗口到视口的坐标变换。

当 $a \neq c$,即窗口和视口的高度与宽度之间的比例不相同时,则视口中图形会有伸缩变化,使显示的图形产生失真现象。当 $a = c = 1, b = d = 0$ 时,且窗口与视口的坐标原点也相同,则在视口区产生与窗口区相同的图形。

4.2 二维图形基本元素

在机械 CAD 中,零件的形状和几何结构可能各种各样,但都是由一些基本几何元素按一定的联接关系组合而成。而它们在平面上的视图一般都用点、直线、圆(包括圆弧)和自由曲线来表示,而自由曲线有时又可用直线和圆弧来拟合,所以在二维图形表示中涉及的基本几何元素主要是点、直线和圆弧。

4.2.1 点与直线

1. 点

平面上的一个点 P 由它的一对坐标 $P(x, y)$定义,如图 4-7中的点 $P_1(x_1, y_1)$及 $P_2(x_2, y_2)$。在基本几何元素的描述方法中方向性是一个重要的概念,点 P 的矢量表示是

$$
\boldsymbol{P} \equiv (\boldsymbol{x}, \boldsymbol{y})
$$

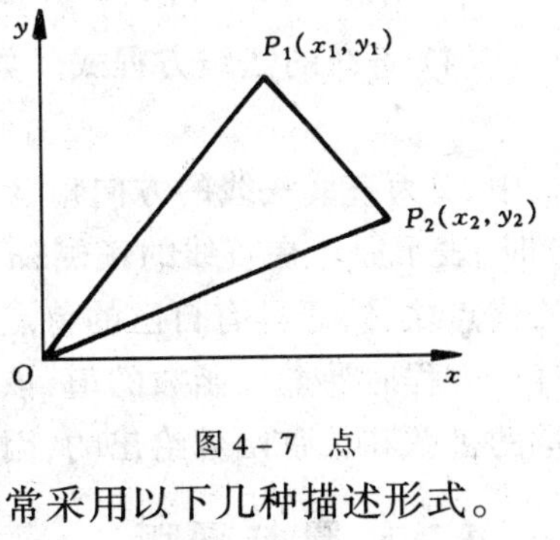

图 4-7 点

2. 直线

在数学上描述一条直线有许多方法,但在计算机图形学中常采用以下几种描述形式。

(1) 直线的两点式方程。设 $P_1(x_1, y_1)$及 $P_2(x_2, y_2)$是直线上的两个点,则直线方程可写成为

$$\frac{x - x_1}{x_2 - x_1} = \frac{y - y_1}{y_2 - y_1} \tag{4-7}$$

在计算机内应用(4-7)式描述直线时，要特别注意 $x_2 - x_1 = 0$ 或 $y_2 - y_1 = 0$ 的两种情况，否则会造成计算机无法处理。直线是无限长的，对于直线上某一特定线段称为直线段，则必须给出其定义域，即 $x_1 \leqslant x \leqslant x_2$。

(2) 直线的参数式方程。已知二维空间中两点 $P_1(x_1, y_1)$ 及 $P_2(x_2, y_2)$，引入参数 λ，则直线方程可表示为：

$$\begin{cases} x = x_1 + (x_2 - x_1)\lambda \\ y = y_1 + (y_2 - y_1)\lambda \end{cases} \tag{4-8}$$

或，写成矢量形式：

$$\boldsymbol{P} = \boldsymbol{P_1} + (\boldsymbol{P_2} - \boldsymbol{P_1})\lambda \tag{4-9}$$

这种参数式表示直线的方法避免了上一种两点式表示方法的缺陷。式中：$\lambda \in (-\infty, +\infty)$ 时，方程表示过 P_1 与 P_2 点的无限长的直线；若 $\lambda \in [0,1]$，则表示两端点为 P_1 和 P_2 的直线段，点 $P(x, y)$ 必定位于两端点之间。参数意义为 $\lambda = \overline{PP_1} / \overline{P_1P_2}$，或 $\lambda = (y - y_1)/(y_2 - y_1)$。这也是两直线段交点有效性的判别依据。

(3) 直线的标准方程。将式(4-8)两端同乘$(x_2 - x_1)$，则得

$$(y_2 - y_1)(x - x_1) - (x_2 - x_1)(y - y_1) = 0$$

设 $A = y_2 - y_1, B = -(x_2 - x_1), C = -Ax_1 - By_1$，则可得到下面的方程：

$$Ax + By + C = 0 \tag{4-10}$$

上式称为直线的标准方程式，此方程式不仅可表示平面上任何一条直线，而且还能指出直线的法向(直线法线)：

$$\begin{cases} n_x = \dfrac{A}{\sqrt{A^2 + B^2}} \\ n_y = \dfrac{B}{\sqrt{A^2 + B^2}} \end{cases} \tag{4-11}$$

标准直线方程式很适合用在计算机中描述直线图形，它以向量 $\boldsymbol{R} = (\boldsymbol{A}, \boldsymbol{B}, \boldsymbol{C})$ 的形式存储。但直线与 $\boldsymbol{R}$ 之间是一对多的关系，同一条直线可由多组 $\boldsymbol{R}$ 表示。如果改变式(4-10)中系数的符号也可得同一条直线的方程，但这样方向也改变了，为了避免歧义性，通常以 P_1、P_2 两点来确定直线方向，总是沿着 P_1 到 P_2 方向观察直线，并规定直线的右侧为正，左侧为负。

(4) 直线的法线方程式。如果对标准方程式(4-10)两端同除以$\sqrt{A^2 + B^2}$，则有

$$\cos\theta \cdot x + \sin\theta \cdot y + d = 0 \tag{4-12}$$

式中，θ 为直线法线的方向角，$(\cos\theta, \sin\theta)$ 为直线法向量，d 为从原点到直线的距离。当 $d > 0$ 时，表示原点在直线的正侧；$d < 0$ 时，表示原点在直线的负侧。法线方程除了具有标准方程的优点之外，还具有自己的特点：① 计算某点 $P(x, y)$ 到直线的距离时，只要把点的坐标代入直线方程时计算出函数的值，该值就是点到直线的距离；② 由于直线方程式的系数是用法向量的正弦和余弦函数给出的，因此，在考虑与直线角度相关的计算中特别方便。

4.2.2 圆与圆弧

(1) 圆的方程式。设圆的圆心为(x_C, y_C)，半径为 R，则圆的方程有以下两种：

代数形式 $$(x-x_C)^2+(y-y_C)^2=R^2 \tag{4-13}$$

参数形式： $$\begin{cases}x=x_C+R\cos\theta\\ y=y_C+R\sin\theta\end{cases}\quad(0\leqslant\theta\leqslant 2\pi) \tag{4-14}$$

如果为圆弧，则参数的取值范围可能有所变化。在计算机内部多取参数式表示法，因为函数是 θ 的单值函数，对应圆上一点的圆心角，计算方便且有明确的几何意义。

(2) 圆及圆弧的作图方法。圆及圆弧的的画法有多种描述形式：

① 指定圆心点(x_C，y_C)和半径 R 表示圆，此时 R 是一个带符号的实数，用来表示画圆的方向，即当 $R>0$，表示逆时针画圆；当 $R<0$，表示顺时针画圆。

② 指定圆心位置和半径以及圆弧的起点角度和终点角度确定一圆弧。

③ 指定圆弧的起点和终点及弦高 h 画圆弧。

④ 指定起点和终点、半径和方向画两段圆弧。

4.3 图形几何变换

在解决工程技术的空间几何问题时，经常需要将图形的几何信息经过几何变换后产生新的图形。图形变换实质上就是图形的坐标变换。对于线框图的变换，通常以点变换为基础，把图形的一系列顶点作几何变换后，连接新的顶点系列即可产生新的图形。图形变换后发生了变化，是因为顶点的位置发生了变化，原图形的拓扑关系并未发生改变。由于图形采用了齐次坐标表示，因此可方便地用变换矩阵实现对图形的变换，并假设二维图形变换前的一点坐标为 $[x\quad y\quad 1]$，变换后为 $[x^*\quad y^*\quad 1]$；三维图形变换前的一点坐标为 $[x\quad y\quad z\quad 1]$，变换后为 $[x^*\quad y^*\quad z^*\quad 1]$。

4.3.1 二维基本变换

1. 二维变换矩阵

二维图形几何变换矩阵可用下式表示：

$$\boldsymbol{T}_{2D}=\left[\begin{array}{cc:c}a & c & p\\ b & d & q\\ \hdashline m & l & s\end{array}\right] \tag{4-15}$$

从变换功能上可把 $\boldsymbol{T}_{2D}$ 分为四个子矩阵，其中 $\begin{bmatrix}a & c\\ b & d\end{bmatrix}$ 是对图形进行缩放、旋转、对称变换；$[m\quad l]$ 是对图形进行平移变换；$\begin{bmatrix}p\\ q\end{bmatrix}$ 对图形作投影变换，p 的作用是在 x 轴的 $1/p$ 产生一个灭点，q 的作用是在 y 轴的 $1/q$ 产生一个灭点；$[s]$ 是对整体图形作缩放变换。如果 T_{2D} 为单位矩阵即定义二维空间中的直角坐标系。在二维平面内的基本变换，如不特别加以说明，则我们说的变换是指图形相对于坐标原点的变换。

2. 比例变换

比例变换的变换矩阵为：

$$\boldsymbol{T}_S=\begin{bmatrix}S_x & 0 & 0\\ 0 & S_y & 0\\ 0 & 0 & 1\end{bmatrix} \tag{4-16}$$

假如 $S_x \neq 0, S_y \neq 0$，则变换的结果为：

$$[x^* \quad y^* \quad 1] = [x \quad y \quad 1]\begin{bmatrix} S_x & 0 & 0 \\ 0 & S_y & 0 \\ 0 & 0 & 1 \end{bmatrix} = [S_x \cdot x \quad S_y \cdot y \quad 1]$$

(1) 当 $S_x = S_y = 1$ 时，为恒等比例变换，即图形不变。

(2) 当 $S_x = S_y > 1$ 时，图形沿两个坐标轴方向等比例放大。

(3) 当 $S_x = S_y < 1$ 时，图形沿两个坐标轴方向等比例缩小。

(4) 当 $S_x \neq S_y$ 时，沿两个坐标轴方向作非均匀的比例变换。如图 4 – 8 所示。

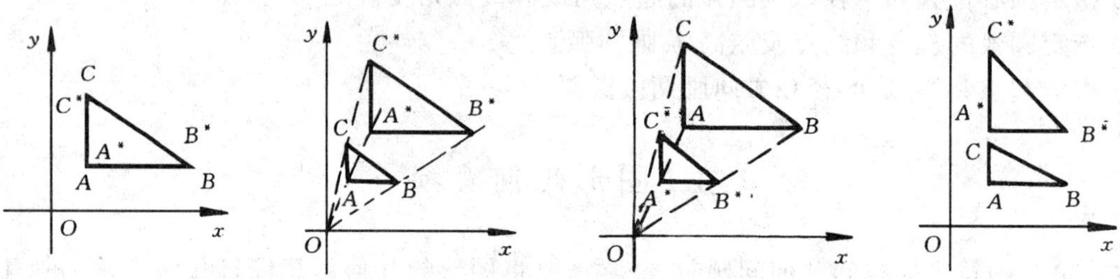

图 4 – 8　比例变换

3. 对称变换

对称变换的效果完全和平面镜成像一致，所以又称为镜像变换(Mirror)。

(1) 对 x 轴的对称变换

对 x 轴的对称变换矩阵为：

$$T_{mx} = \begin{bmatrix} 1 & 0 & 0 \\ 0 & -1 & 0 \\ 0 & 0 & 1 \end{bmatrix} \tag{4-17}$$

$$[x^* \quad y^* \quad 1] = [x \quad y \quad 1]\begin{bmatrix} 1 & 0 & 0 \\ 0 & -1 & 0 \\ 0 & 0 & 1 \end{bmatrix} = [x \quad -y \quad 1]$$

即 $x^* = x, y^* = -y$，故图形对 x 轴对称。

(2) 对 y 轴的对称变换

对 y 轴的对称变换矩阵为：

$$T_{my} = \begin{bmatrix} -1 & 0 & 0 \\ 0 & 1 & 0 \\ 0 & 0 & 1 \end{bmatrix} \tag{4-18}$$

以上两种对称变换的效果如图 4 – 9 所示。

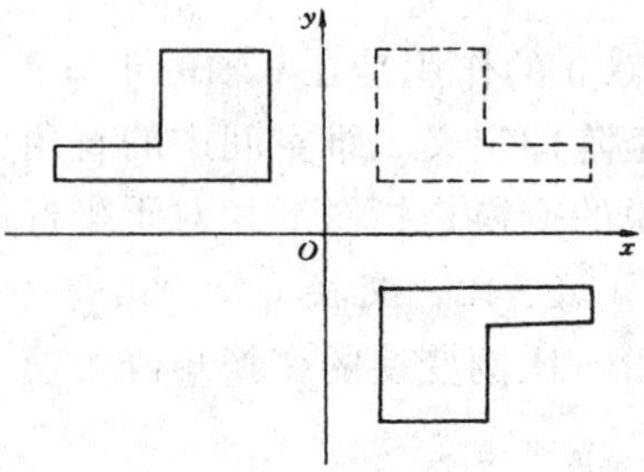

图 4 – 9　图形对两坐标轴的对称变换

(3) 对 45°线的对称变换

对 45°线的对称变换矩阵为：

$$T_{m45} = \begin{bmatrix} 0 & 1 & 0 \\ 1 & 0 & 0 \\ 0 & 0 & 1 \end{bmatrix} \tag{4-19}$$

$$[x^* \quad y^* \quad 1] = [x \quad y \quad 1]\begin{bmatrix} 0 & 1 & 0 \\ 1 & 0 & 0 \\ 0 & 0 & 1 \end{bmatrix} = [y \quad x \quad 1]$$

即 $x^* = y, y^* = x$，图形与 45°线（方程为 $y = x$）对称。

(4) 对 –45°线的对称变换

对 –45°线的对称变换矩阵为：

$$T_{m-45} = \begin{bmatrix} 0 & -1 & 0 \\ -1 & 0 & 0 \\ 0 & 0 & 1 \end{bmatrix} \tag{4-20}$$

(5) 对坐标原点的对称变换

对坐标原点的对称变换矩阵为：

$$T_O = \begin{bmatrix} -1 & 0 & 0 \\ 0 & -1 & 0 \\ 0 & 0 & 1 \end{bmatrix} \tag{4-21}$$

$$[x^* \quad y^* \quad 1] = [x \quad y \quad 1]\begin{bmatrix} -1 & 0 & 0 \\ 0 & -1 & 0 \\ 0 & 0 & 1 \end{bmatrix} = [-x \quad -y \quad 1]$$

(3)、(4)、(5)三种变换的变换效果如图 4–10 所示。

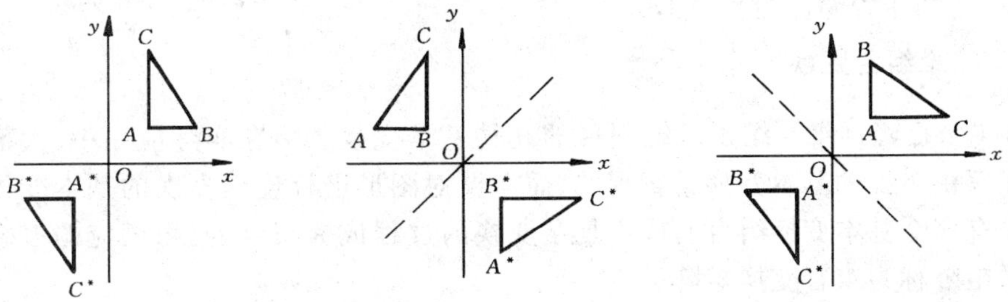

图 4–10　图形的对称变换

4. 旋转变换

在二维平面内，如不特别加以说明，则我们说的旋转变换是指图形绕坐标原点旋转，并且规定逆时针方向旋转时角度取正值，顺时针方向旋转时，角度取负值。设旋转的角度为 θ，则旋转变换矩阵为：

$$T_r = \begin{bmatrix} \cos\theta & \sin\theta & 0 \\ -\sin\theta & \cos\theta & 0 \\ 0 & 0 & 1 \end{bmatrix} \tag{4-22}$$

$$[x^* \quad y^* \quad 1] = [x \quad y \quad 1]\begin{bmatrix} \cos\theta & \sin\theta & 0 \\ -\sin\theta & \cos\theta & 0 \\ 0 & 0 & 1 \end{bmatrix} = [x\cos\theta - y\sin\theta \quad x\sin\theta + y\cos\theta \quad 1]$$

即

$$\begin{cases} x^* = x\cos\theta - y\sin\theta \\ y^* = x\sin\theta + y\cos\theta \end{cases}$$

旋转变换的例图如图 4–11 所示。

5. 平移变换

产生平移变换的变换矩阵为：

$$T_t = \begin{bmatrix} 1 & 0 & 0 \\ 0 & 1 & 0 \\ m & l & 1 \end{bmatrix} \tag{4-23}$$

$$[x^* \quad y^* \quad 1] = [x \quad y \quad 1]\begin{bmatrix} 1 & 0 & 0 \\ 0 & 1 & 0 \\ m & l & 1 \end{bmatrix} = [x+m \quad y+l \quad 1]$$

即新的坐标分别在 x 向和 y 向增加了一个增量 m 和 l，使得 $\begin{cases} x^* = x+m \\ y^* = y+l \end{cases}$，平移变换结果如图4－12所示。

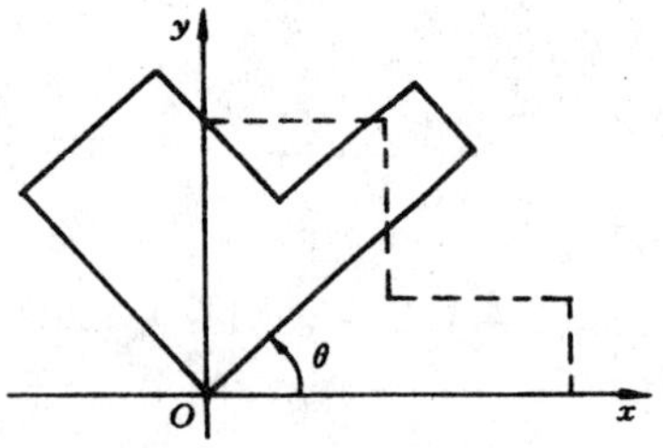

图 4－11　旋转变换

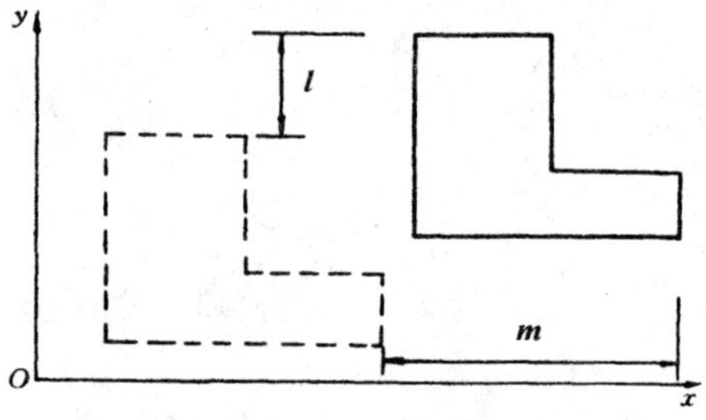

图 4－12　平移变换

4.3.2　二维组合变换

在 4.3.1 节已经详细介绍了二维图形的几种基本变换。但在实际应用中，大部分的图形变换是不能仅由单独的基本变换来实现的，而需要对图形进行连续多次的基本变换才能达到目的。这种有多个基本变换组合而成为复杂变换的过程成为组合变换，相应的多个基本变换矩阵的级联矩阵称为组合变换矩阵。

1. 绕任意点的二维旋转

绕坐标原点以外的任意点 $P(m,l)$ 的旋转 θ 角度的变换过程如图 4－13 所示。实现该变换可以通过以下几个基本变换来完成：

(1) 将指定的任意旋转中心 P 点平移到坐标系原点 O，其变换矩阵为：

$$T_{t1} = \begin{bmatrix} 1 & 0 & 0 \\ 0 & 1 & 0 \\ -m & -l & 1 \end{bmatrix}$$

(2) 将图形绕坐标原点 O 旋转 θ 角度，其变换矩阵为：

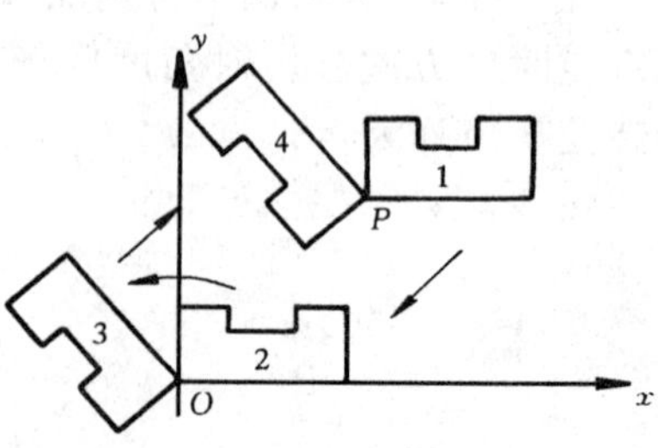

图 4－13　绕任意点的旋转过程

$$T_r = \begin{bmatrix} \cos\theta & \sin\theta & 0 \\ -\sin\theta & \cos\theta & 0 \\ 0 & 0 & 1 \end{bmatrix}$$

(3)将旋转所得的图形再平移，使任意旋转中心 P 点还原到原来的位置，其变换矩阵为：

$$T_{t2}=\begin{bmatrix}1 & 0 & 0\\ 0 & 1 & 0\\ m & l & 1\end{bmatrix}$$

所以,绕任意点 $P(m,l)$的旋转 θ 角度的变换过程为:

$$[x^* \quad y^* \quad 1]=[x \quad y \quad 1]\cdot T_{t1}\cdot T_r\cdot T_{t2}=[x \quad y \quad 1]\cdot T$$

即组合变换矩阵为:

$$T=T_{t1}\cdot T_r\cdot T_{t2}=\begin{bmatrix}\cos\theta & \sin\theta & 0\\ -\sin\theta & \cos\theta & 0\\ m(1-\cos\theta)+l\sin\theta & -m\sin\theta+l(1-\cos\theta) & 1\end{bmatrix} \quad (4-24)$$

2. 对任意直线的对称变换

在 4.3.1 节中介绍了 5 种对称变换,但都是相对于特殊位置直线(坐标轴和 45°线)和坐标原点的对称变换,这些变换是通过一次变换就能实现的基本变换。而以任意直线为对称轴的对称变换是不能通过一次基本变换就能实现的。

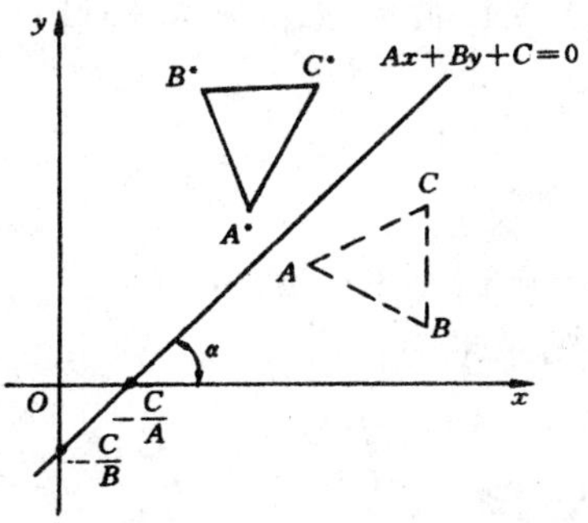

图 4-14　对任意直线的对称变换

设任意直线的方程为 $Ax+By+C=0$,该直线在 x 轴和 y 轴上的截距分别为 $-C/A$ 和 $-C/B$,直线的斜率为 $\tan\alpha=-A/B$。如图 4-14 所示。对任意直线的对称变换可通过下述的变换步骤来实现。

(1) 将直线沿 x 轴方向平移 C/A,使其通过坐标原点,变换矩阵为:

$$T_1=\begin{bmatrix}1 & 0 & 0\\ 0 & 1 & 0\\ C/A & 0 & 1\end{bmatrix}$$

(2) 将直线绕坐标原点顺时针旋转 α 角,使其和 x 轴重合,实现该步的变换矩阵为:

$$T_2=\begin{bmatrix}\cos(-\alpha) & \sin(-\alpha) & 0\\ -\sin(-\alpha) & \cos(-\alpha) & 0\\ 0 & 0 & 1\end{bmatrix}=\begin{bmatrix}\cos\alpha & -\sin\alpha & 0\\ \sin\alpha & \cos\alpha & 0\\ 0 & 0 & 1\end{bmatrix}$$

(3) 由于直线已与 x 轴重合,所以对于该直线的对称变换即为对于 x 轴的对称变换,其变换矩阵为:

$$T_3=\begin{bmatrix}1 & 0 & 0\\ 0 & -1 & 0\\ 0 & 0 & 1\end{bmatrix}$$

(4) 将直线绕原点逆时针旋转 α 角,使其恢复到原来的倾斜位置,变换矩阵为:

$$T_4=\begin{bmatrix}\cos\alpha & \sin\alpha & 0\\ -\sin\alpha & \cos\alpha & 0\\ 0 & 0 & 1\end{bmatrix}$$

(5) 将直线沿 x 轴方向平移 $-C/A$,回到原来的位置,变换矩阵为:

$$T_5=\begin{bmatrix}1 & 0 & 0\\ 0 & 1 & 0\\ -C/A & 0 & 1\end{bmatrix}$$

综合以上5个步骤，对任意直线的对称变换过程为：

$$[x^* \quad y^* \quad 1] = [x \quad y \quad 1] \cdot \boldsymbol{T}_1 \cdot \boldsymbol{T}_2 \cdot \boldsymbol{T}_3 \cdot \boldsymbol{T}_4 \cdot \boldsymbol{T}_5 = [x \quad y \quad 1] \cdot \boldsymbol{T}$$

即对任意直线对称的变换矩阵为：

$$\boldsymbol{T} = \boldsymbol{T}_1 \cdot \boldsymbol{T}_2 \cdot \boldsymbol{T}_3 \cdot \boldsymbol{T}_4 \cdot \boldsymbol{T}_5 = \begin{bmatrix} \cos 2\alpha & \sin 2\alpha & 0 \\ \sin 2\alpha & -\cos 2\alpha & 0 \\ \frac{C}{A}(\cos 2\alpha - 1) & \frac{C}{A}\sin 2\alpha & 1 \end{bmatrix} \tag{4-25}$$

3. 级联顺序对组合变换结果的影响

由于矩阵的乘法运算不适用交换率，即当 $\boldsymbol{A}$、$\boldsymbol{B}$ 为矩阵的时候，$\boldsymbol{A} \cdot \boldsymbol{B} \neq \boldsymbol{B} \cdot \boldsymbol{A}$。所以在矩阵乘法中，由于先后次序的不同，得到的结果是不同的。这就是说，用基本变换的级联来实现图形的组合变换时，矩阵级联的顺序不同，所得最终结果图形也不同。

看一个基本的平移变换和一个基本旋转变换的组合。如果先进行平移变换，然后再进行旋转变换，则最后的结果为：

$$\boldsymbol{T}_1 = \begin{bmatrix} 1 & 0 & 0 \\ 0 & 1 & 0 \\ m & l & 0 \end{bmatrix} \begin{bmatrix} \cos\alpha & \sin\alpha & 0 \\ -\sin\alpha & \cos\alpha & 0 \\ 0 & 0 & 1 \end{bmatrix} \begin{bmatrix} \cos\alpha & \sin\alpha & 0 \\ -\sin\alpha & \cos\alpha & 0 \\ m\cos\alpha - l\sin\alpha & m\sin\alpha + l\cos\alpha & 1 \end{bmatrix}$$

反过来，如果先进行旋转变换，然后再进行平移变换，则最后的结果为：

$$\boldsymbol{T}_2 = \begin{bmatrix} \cos\alpha & \sin\alpha & 0 \\ -\sin\alpha & \cos\alpha & 0 \\ 0 & 0 & 1 \end{bmatrix} \begin{bmatrix} 1 & 0 & 0 \\ 0 & 1 & 0 \\ m & l & 1 \end{bmatrix} = \begin{bmatrix} \cos\alpha & \sin\alpha & 0 \\ -\sin\alpha & \cos\alpha & 0 \\ m & l & 1 \end{bmatrix}$$

从以上两个过程可以看到，两个结果矩阵是明显不同的。因此，在进行组合变换时，要特别注意基本变换的次序不能搞错。

【例】 有一平面图形及其坐标数据，如图4-15所示。采用齐次坐标，编写进行各种二维几何变换的程序。下面是在VC++6.0环境下实现该图形绘制、平移、旋转等变换的程序片断。

点序号	x	y
1	100	0
2	100	70
3	108	90
4	116	70
5	116	0
6	90	0
7	100	30
8	116	30
9	126	0

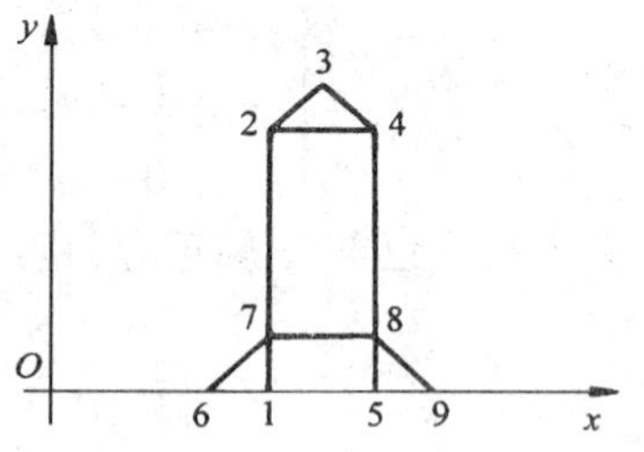

图4-15 实例图

```
/*************************************************
    矩阵相乘
    A为m×n矩阵
    B为n×l矩阵
    C=AB为m×l矩阵
*************************************************/
void MatrixMulti(double * A,double * B,double * C,int m,int n,int l)
{   for(int i=0;i<m;i++)
```

```
        { for (int j = 0;j < l;j + + )
            {   double dResult = 0.0;
                for(int k = 0;k < n;k + + )
                {   dResult + = ( * (A + i * n + k)) * ( * (B + j + k * l));
                    }
                * (C + i * l + j) = dResult;
            }
        }
}
//变量说明
double adPoint[30];                 //变换前的坐标
double adTPoint[30];                //变换后的坐标
double adT[9];                      //变换矩阵

//数据初始化
void InitialData()
{

    //初始化图形坐标
    adPoint[0] = 100;     adPoint[1] = 0;adPoint[2] = 1;
    adPoint[3] = 100;     adPoint[4] = 70;adPoint[5] = 1;
    adPoint[6] = 108;     adPoint[7] = 90;adPoint[8] = 1;
    adPoint[9] = 116;     adPoint[10] = 70;adPoint[11] = 1;
    adPoint[12] = 116;     adPoint[13] = 0;adPoint[14] = 1;
    adPoint[15] = 90;     adPoint[16] = 0;adPoint[17] = 1;
    adPoint[18] = 100;     adPoint[19] = 30;adPoint[20] = 1;
    adPoint[21] = 116;     adPoint[22] = 30;adPoint[23] = 1;
    adPoint[24] = 126;     adPoint[25] = 0;adPoint[26] = 1;
    adPoint[27] = 116;     adPoint[28] = 0;adPoint[29] = 1;

    //初始化变换矩阵
    adT[0] = 1;adT[1] = 0;adT[2] = 0;
    adT[3] = 0;adT[4] = 1;adT[5] = 0;
    adT[6] = 0;adT[7] = 0;adT[8] = 1;
}

//绘制导弹模型
void DrawMissile(CDC * pDC,double adPoint[30])
{
    pDC - > SetMapMode(MM_TEXT);//设置坐标映像方式
    CPen cpNewPen;
    CPen * pcpOldPen = pDC - > SelectObject(&cpNewPen);
    pDC - > SetROP2(R2_COPYPEN);
    pDC - > MoveTo(GetPoint((int)adPoint[0],(int)adPoint[1]));
```

```
    pDC->LineTo(GetPoint((int)adPoint[3],(int)adPoint[4]));
    pDC->LineTo(GetPoint((int)adPoint[6],(int)adPoint[7]));
    pDC->LineTo(GetPoint((int)adPoint[9],(int)adPoint[10]));
    pDC->LineTo(GetPoint((int)adPoint[12],(int)adPoint[13]));
    pDC->LineTo(GetPoint((int)adPoint[24],(int)adPoint[25]));
    pDC->LineTo(GetPoint((int)adPoint[21],(int)adPoint[22]));
    pDC->LineTo(GetPoint((int)adPoint[18],(int)adPoint[19]));
    pDC->LineTo(GetPoint((int)adPoint[15],(int)adPoint[16]));
    pDC->LineTo(GetPoint((int)adPoint[12],(int)adPoint[13]));
    pDC->MoveTo(GetPoint((int)adPoint[3],(int)adPoint[4]));
    pDC->LineTo(GetPoint((int)adPoint[9],(int)adPoint[10]));
    pDC->SelectObject(pcpOldPen);
}
//为将图形显示在视口中央位置进行的坐标变换
POINT GetPoint(int x,int y)
{
   POINT PointRst;
   RECT RectView;//视图区大小
   int nScreenWidth;//绘图区宽度
   int nScreenHeight;//绘图区高度
   GetClientRect(&RectView);
   nScreenWidth = RectView.right-RectView.left;
   nScreenHeight = RectView.bottom-RectView.top;
   PointRst.x = nScreenWidth/2 + x;
   PointRst.y = nScreenHeight/2 - y;
   return PointRst;

}

//绕任意点的旋转变换
void OnTranRotate(int nOX,int nOY,double dRAngle)
//dRAngle  旋转角度
//nOX,nOY     旋转中心坐标
{
   CClientDC CDC(this);
   //变换矩阵
   adT[0] = cos(dRAngle * 3.1415926/180);
   adT[1] = sin(dRAngle * 3.1415926/180);
   adT[2] = 0;
   adT[3] = - sin(dRAngle * 3.1415926/180);
   adT[4] = cos(dRAngle * 3.1415926/180);;
   adT[5] = 0;
   adT[6] = nOX * (1 - adT[0]) + nOY * adT[1];
   adT[7] = - nOX * adT[1] + nOY * (1 - adT[0]);
```

```
        adT[8] = 1;
        //求变换后点的坐标
        MatrixMulti(adPoint,adT,adTPoint,10,3,3);
        //绘制旋转后的图形
    DrawMissile(&CDC,adTPoint);
    }
    //对 x 轴的对称变换
    void OnTranMirrorx()
    {
        CClientDC CDC(this);
        //变换矩阵
        adT[0] = 1;adT[1] = 0;adT[2] = 0;
        adT[3] = 0;adT[4] = -1;adT[5] = 0;
        adT[6] = 0;adT[7] = 0;adT[8] = 1;
        //求变换后点的坐标

        MatrixMulti(adPoint,adT,adTPoint,10,3,3);
        //绘制旋转后的图形
    DrawMissile(&CDC,adTPoint);
    }
```

其他变换的程序,读者自己可以很容易地编写出来。注意:以上并不是一个完整的程序。

4.3.3 三维图形几何变换

在掌握了二维基本变换的基础上,三维变换只是二维基本变换的一个扩充,下面简单地介绍一下。

1. 三维变换矩阵

根据齐次坐标表示法,用一个四维向量 $[x \quad y \quad z \quad l]$ 来表示三维空间的一个点向量 $[x \quad y \quad z]$。因此,三维线性变换的矩阵表达式为:

$$[x^* \quad y^* \quad z^* \quad 1] = [x \quad y \quad z \quad 1] \cdot \boldsymbol{T}$$

式中,$\boldsymbol{T}$ 为三维变换矩阵。在齐次坐标表示法中,二维变换矩阵是一个 3×3 的方阵。同理,三维变换矩阵应是一个 4×4 的方阵。即

$$\boldsymbol{T}_{3D} = \left[\begin{array}{ccc:c} a & b & c & p \\ d & e & f & q \\ h & i & j & r \\ \hdashline m & n & l & s \end{array}\right]$$

根据对图形所能产生的不同变换效果,可以把三维变换矩阵 $\boldsymbol{T}_{3D}$ 分为四块:

(1) $\begin{bmatrix} a & b & c \\ d & e & f \\ h & i & g \end{bmatrix}$ 产生比例、对称和旋转等基本变换;

(2) $[m \quad n \quad l]$ 产生沿 x、y、z 三轴方向上的平移变换;

(3) $\begin{bmatrix} p \\ q \\ r \end{bmatrix}$ 产生透视变换;

(4) [s] 产生等比例缩放变换。

2. 三维比例变换

三维变换矩阵主对角线上的元素 a、e、j、s 的作用是使三维图形产生比例变换。设比例变换的参考点为坐标原点，其变换矩阵为：

$$T_s = \begin{bmatrix} a & 0 & 0 & 0 \\ 0 & e & 0 & 0 \\ 0 & 0 & j & 0 \\ 0 & 0 & 0 & s \end{bmatrix} \tag{4-26}$$

(1) 当 $s=1$ 时，a、e、j 三元素的值分别表示沿 x、y、z 三轴方向上的缩放因子。若 $a=e=j$，三方向的缩放因子相等，图形产生等比例的缩放变换；若 $a \neq e \neq j$，由于三方向上的缩放比例因子不等，结果会发生畸变。和二维变换类似，三维图形也可以产生压缩和拉伸的效果。

(2) 当 $s \neq 1$，而沿 x、y、z 三轴方向上的缩放因子为 1 时，则三维变换过程为：

$$[x^* \quad y^* \quad z^* \quad 1] = [x \quad y \quad z \quad 1] \begin{bmatrix} 1 & 0 & 0 & 0 \\ 0 & 1 & 0 & 0 \\ 0 & 0 & 1 & 0 \\ 0 & 0 & 0 & s \end{bmatrix} = [x \quad y \quad z \quad s]$$

根据齐次化的要求，使向量中的第 4 项元素变化为常数 $1(s/s)$。则上式就变为：

$$[x^* \quad y^* \quad z^* \quad 1] = [x/s \quad y/s \quad z/s \quad 1]$$

若 $s>1$，则三维图形产生三向等比例缩小的变换。

若 $0<s<1$，则产生等比例放大的变换。

因此，s 也被称为全比例变换系数。

3. 三维对称变换

三维图形的对称变换主要讨论三个坐标平面为对称平面的对称变换。

(1) 对 xOy 坐标平面的对称变换，变换矩阵为：

$$T_{xOy} = \begin{bmatrix} 1 & 0 & 0 & 0 \\ 0 & 1 & 0 & 0 \\ 0 & 0 & -1 & 0 \\ 0 & 0 & 0 & 1 \end{bmatrix} \tag{4-27}$$

(2) 对 xOz 坐标平面的对称变换，变换矩阵为：

$$T_{xOz} = \begin{bmatrix} 1 & 0 & 0 & 0 \\ 0 & -1 & 0 & 0 \\ 0 & 0 & 1 & 0 \\ 0 & 0 & 0 & 1 \end{bmatrix} \tag{4-28}$$

(3) 对 yOz 坐标平面的对称变换，变换矩阵为：

$$T_{yOz} = \begin{bmatrix} -1 & 0 & 0 & 0 \\ 0 & 1 & 0 & 0 \\ 0 & 0 & 1 & 0 \\ 0 & 0 & 0 & 1 \end{bmatrix} \tag{4-29}$$

4. 三维平移变换

三维图形的平移变换是在空间沿三坐标轴方向上的移动，其变换矩阵为：

$$T_t = \begin{bmatrix} 1 & 0 & 0 & 0 \\ 0 & 1 & 0 & 0 \\ 0 & 0 & 1 & 0 \\ m & n & l & 1 \end{bmatrix} \tag{4-30}$$

矩阵中，m、n、l 分别表示沿 x、y、z 三坐标轴方向上的平移量。

5. 绕坐标轴的旋转变换

在右手坐标系下相对坐标系原点绕坐标轴旋转 θ 角度，转角 θ 的正负按右手定则确定，如图 4－16 所示。

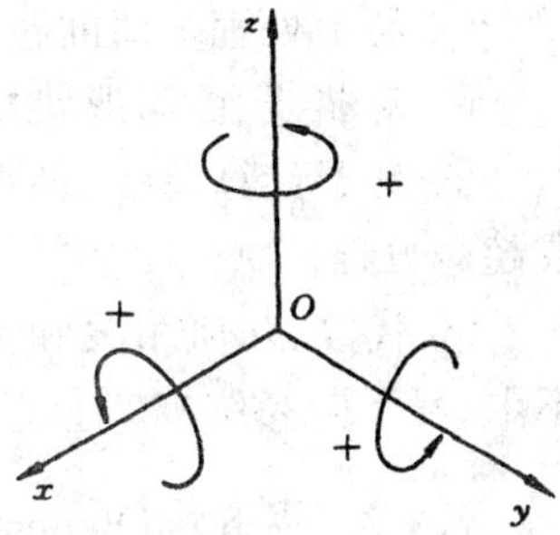

图 4－16　三维旋转变换转角符号

(1) 绕 x 轴旋转 θ 角，变换矩阵为：

$$T_{rx} = \begin{bmatrix} 1 & 0 & 0 & 0 \\ 0 & \cos\theta & \sin\theta & 0 \\ 0 & -\sin\theta & \cos\theta & 0 \\ 0 & 0 & 0 & 1 \end{bmatrix} \tag{4-31}$$

从变换矩阵可以看出，变换后 x 坐标不变，只有 y 坐标和 z 坐标发生变化。空间点绕轴旋转时，动点是在垂直于转轴的平面内运动，所以相应的转轴上的坐标是不会发生变化的。

(2) 绕 y 轴旋转 θ 角，变换矩阵为：

$$T_{ry} = \begin{bmatrix} \cos\theta & 0 & -\sin\theta & 0 \\ 0 & 1 & 0 & 0 \\ \sin\theta & 0 & \cos\theta & 0 \\ 0 & 0 & 0 & 1 \end{bmatrix} \tag{4-32}$$

(3) 绕 z 轴旋转 θ 角，变换矩阵为：

$$T_{rz} = \begin{bmatrix} \cos\theta & \sin\theta & 0 & 0 \\ -\sin\theta & \cos\theta & 0 & 0 \\ 0 & 0 & 1 & 0 \\ 0 & 0 & 0 & 1 \end{bmatrix} \tag{4-33}$$

4.4　参数化曲线与曲面

4.4.1　曲线和曲面的参数表示

曲线和曲面的表示可以分为显示方程和隐式方程，如平面曲线的显示方程为 $y=f(x)$，隐式方程为 $f(x,y)=0$；空间曲面的显示方程为 $z=f(x,y)$，隐式方程为 $f(x,y,z)=0$。显示方程一般难以表示多值或封闭的曲线和曲面，而隐式方程不便于根据已知的自变量计算应变量的值，所以在集合造型中，常常采用参数曲线和参数曲面的形式。

如图 4－17 所示的空间曲线上任意一点的坐标可以表示成参数 u 的函数，即 $x=x(u)$，$y=y(u)$，$z=z(u)$，则该空间曲线也就可以表示成参数 u 的矢函数：

$$\boldsymbol{p}=\boldsymbol{p}(u)=[x(u),y(u),z(u)]$$

空间曲线是一维的，因而只有一个参数。而空间曲面是二维的，因而其参数方程中有两个参数 u 和 v：

$$\boldsymbol{p}=\boldsymbol{p}(u,v)=[x(u,v),y(u,v),z(u,v)]$$

采用参数方程表示具有如下优点：

① 易于满足几何不变性的要求，可对参数方程直接进行变换，节省了计算量；

② 易于规定曲线、曲面的范围；

③ 易于处理多值问题和无穷大斜率问题；

④ 对曲线、曲面形状控制的自由度较多；

⑤ 易于计算曲线、曲面上的点，不用求解非线性方程或超越方程；

⑥ 代数、几何相关和无关的量完全分离，且变量个数不限，易于向高维推广。

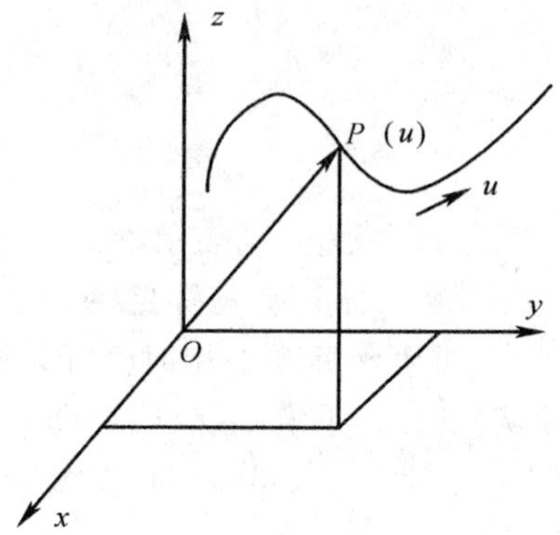

图 4－17 空间曲线的参数化表示

4.4.2 贝齐埃(Bezier)曲线和曲面

1. 贝齐埃曲线

贝齐埃曲线是由法国雷诺汽车公司的工程师 Bezier 于 1962 年提出的一种以逼近为基础的参数曲线，它将函数和集合表示结合起来，使得曲线的拼接方便自如。

贝齐埃曲线由一组称为特征多边形的折线定义，折线的顶点为控制点。设有 $n+1$ 个控制点：$P_0, P_1, \cdots, P_n$，贝齐埃曲线的一般形式可表示为：

$$\boldsymbol{p}(u) = \sum_{i=0}^{n} \boldsymbol{P}_i B_{i,n}(u) \tag{4-34}$$

上式中的 $B_{i,n}(u)$称为伯恩斯坦(Bernstein)基函数，也称为各点位置向量的调和函数：

$$B_{i,n}(u) = \frac{n!}{i!\ (n-i)!} u^i (1-u)^{n-i} \quad (i = 0, 1, \cdots, n)$$

工程上应用较多的三次贝齐埃曲线是由四个控制点构成的控制多边形构造，其参数方程为：

$$\boldsymbol{p}(u) = \sum_{i=0}^{3} \boldsymbol{P}_i B_{i,3}(u) = [\,u^3 \quad u^2 \quad u \quad 1\,] \begin{bmatrix} -1 & 3 & -3 & 1 \\ 3 & -6 & 3 & 0 \\ -3 & 3 & 0 & 0 \\ 1 & 0 & 0 & 0 \end{bmatrix} \begin{bmatrix} \boldsymbol{P}_0 \\ \boldsymbol{P}_1 \\ \boldsymbol{P}_2 \\ \boldsymbol{P}_3 \end{bmatrix} \quad (0 \leqslant u \leqslant 1) \tag{4-35}$$

图 4－18 所示为三次贝齐埃曲线的几种情况。

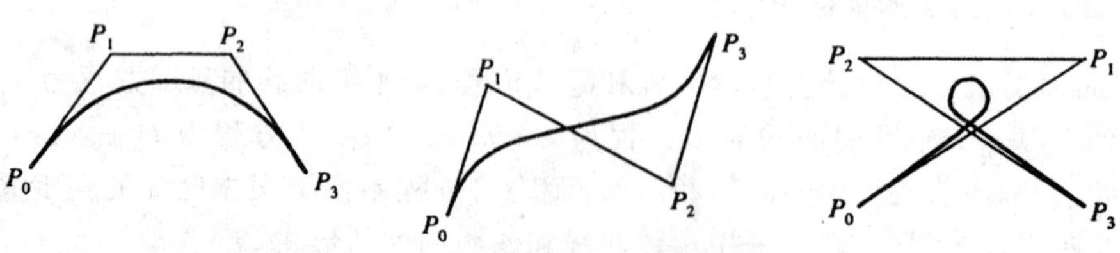

图 4－18 三次贝齐埃曲线

在工程实际中的复杂曲线往往并不是采用一条具有很多控制点的贝齐埃曲线来拟合，而是采用分段三次贝齐埃曲线拼接而成。在拼接时，常常要求曲线在拼接处光滑，也就是要求切矢连续。设有两条三次贝齐埃曲线，其控制点分别为：$\boldsymbol{P}_0$、$\boldsymbol{P}_1$、$\boldsymbol{P}_2$、$\boldsymbol{P}_3$ 和 $\boldsymbol{Q}_0$、$\boldsymbol{Q}_1$、$\boldsymbol{Q}_2$、$\boldsymbol{Q}_3$，则保证拼接处切矢连续的条件是：$\boldsymbol{P}_3$ 和 $\boldsymbol{Q}_0$ 重合且 $\boldsymbol{P}_2$、$\boldsymbol{P}_3(\boldsymbol{Q}_0)$和 $\boldsymbol{Q}_1$ 三点共线，如图 4－19 所示。

贝齐埃曲线的特点如下：

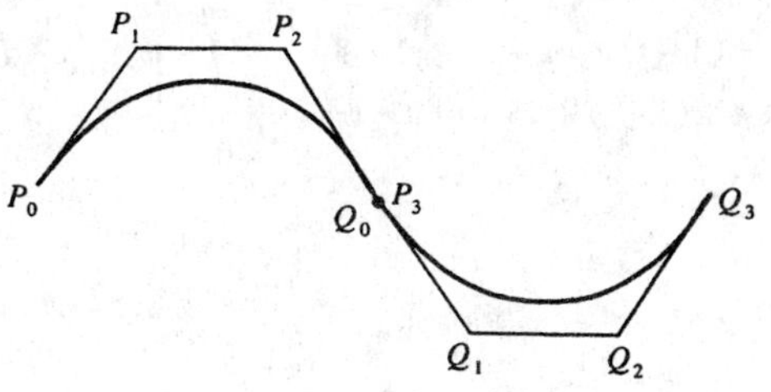

图 4-19　两条三次贝齐埃曲线的拼接

① 曲线过特征多边形的起点、终点；

② 在 $\boldsymbol{P}_0$ 处的切矢为 $\boldsymbol{n}(\boldsymbol{P}_1-\boldsymbol{P}_0)$，在 $\boldsymbol{P}_n$ 处的切矢为 $\boldsymbol{n}(\boldsymbol{P}_n-\boldsymbol{P}_{n-1})$；

③ 调和函数具有对称性。

以下为在 Turbo C 2.0 环境下编写的绘制三次 Bezier 曲线的源程序：

```
/* 3 Bezier.c */

#include <sdtio.h>
#include <graphics.h>
void main()
{

        /* 控制点坐标 */
        double x0 = 50., y0 = 50.;
        double x1 = 150., y1 = 150.;
        double x2 = 300., y2 = 130.;
        double x3 = 350., y3 = 50.;

        int driver = DETECT, mode = 0;

        /* 中间计算变量 */
        int x, y;
        int i, n = 30;
        double dt, t;

        /* 初始化图形显示设备 */
        initgraph(&driver, &mode, "");
        setbkcolor(BLUE);
        setcolor(YELLOW);

        /* 绘制 Bezier 曲线 */
        dt = 1.0/(double)n;
        for(i = 0; i < n; i++)
        {
            t = i * dt;
            x = x0 * (1 - t) * (1 - t) * (1 - t) + x1 * 3 * t * (1 - t) * (1 - t) +
                x2 * 3 * t * t * (1 - t) + x3 * t * t * t;
```

```
        y = y0 * (1 - t) * (1 - t) * (1 - t) + y1 * 3 * t * (1 - t) * (1 - t) +
            y2 * 3 * t * t * (1 - t) + y3 * t * t * t;

        if(i = = 0)
            moveto(x, y);
        else
            lineto(x, y);
    }

    /* 绘制控制多边形 */
    line(x0, y0, x1, y1);
    line(x1, y1, x2, y2);
    line(x2, y2, x3, y3);

    /* 暂停 */
    getch();

    /* 关闭图形显示设备 */
    closegraph();

}
```

2. 贝齐埃曲面

贝齐埃曲线是由特征多边形控制的，贝齐埃曲面是由特征网格顶点控制的，二者在表达方式上相似，利用控制点和基函数来构造：

$$\boldsymbol{p}(u,v) = \sum_{i=0}^{n}\sum_{j=0}^{m}\boldsymbol{P}_{i,j}B_{i,n}(u)B_{j,m}(v) \tag{4-36}$$

在上式中，固定参数 v，则对参数 u 来讲是一条贝齐埃曲线；反之，固定参数 u，则对参数 v 来讲也是一条贝齐埃曲线。可见贝齐埃曲面是由一系列贝齐埃曲线构成的。

在工程实际中，应用最广的是双三次贝齐埃曲面，可以令式(4-36)中 $n = m = 3$ 得到

$$\boldsymbol{p}(u,v) = \sum_{i=0}^{3}\sum_{j=0}^{3}\boldsymbol{P}_{i,j}B_{i,3}(u)B_{j,3}(v) \tag{4-37}$$

双参数三次贝齐埃曲面有 $\boldsymbol{P}_{00}$至 $\boldsymbol{P}_{33}$共 16 个控制点，它们形成了一个特征多面体并由它定义一个双参数三次贝齐埃曲面块，如图 4-20 所示。

特征多面体边界上的 12 个控制点与曲面块的边界曲线相联系，其中四个角点本身就是曲面块边界曲线的端点。中间的四个控制点是特征多面体的内部点，它们确定曲面块的内部形状。曲面的一阶连续性仍然满足。曲面的几何变换可通过对每个控制点的几何变换来实现。

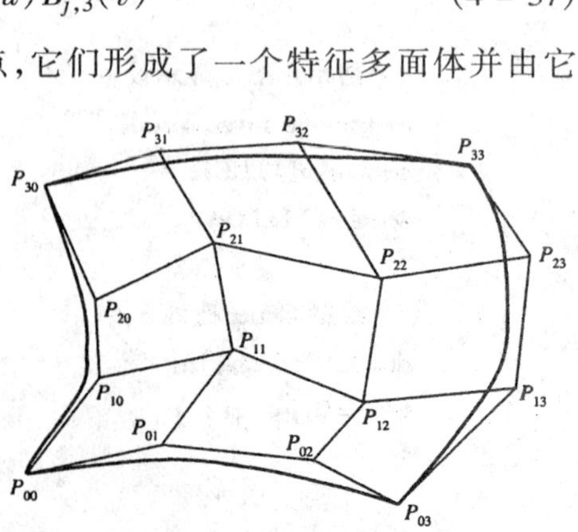

图 4-20 双参数三次贝齐埃曲面块

贝齐埃曲面不具有局部控制的特点，虽然一个控制点的位置改变主要对该控制点附近的曲面有较大的影响，但对其他部分也有影响，这是贝齐埃曲面块的一

个主要缺点。

特征多面体上的 16 个控制点的位置向量构成了贝齐埃曲面块的几何向量矩阵：

$$\boldsymbol{P}=\begin{bmatrix}\boldsymbol{P}_{00} & \boldsymbol{P}_{01} & \boldsymbol{P}_{02} & \boldsymbol{P}_{03}\\ \boldsymbol{P}_{10} & \boldsymbol{P}_{11} & \boldsymbol{P}_{12} & \boldsymbol{P}_{13}\\ \boldsymbol{P}_{20} & \boldsymbol{P}_{21} & \boldsymbol{P}_{22} & \boldsymbol{P}_{23}\\ \boldsymbol{P}_{30} & \boldsymbol{P}_{31} & \boldsymbol{P}_{32} & \boldsymbol{P}_{33}\end{bmatrix}$$

其各分量就是特征多面体上控制点的位置向量，几何意义非常明确、直观，便于对曲面块进行修改和控制。

一个矢积的曲面通常是由许多个曲面块拼接而成的，因此必须考虑两个贝齐埃曲面块的连接问题。如图 4－21 所示的两个双参数三次贝齐埃曲面块实现光滑连接的条件是：

① 共有一条边界曲线，即共同使用定义公共边界曲线的 4 个控制点，如图 4－20 所示的 $\boldsymbol{P}_{03}$、$\boldsymbol{P}_{13}$、$\boldsymbol{P}_{23}$、$\boldsymbol{P}_{33}$和 $\boldsymbol{Q}_{00}$、$\boldsymbol{Q}_{10}$、$\boldsymbol{Q}_{20}$、$\boldsymbol{Q}_{30}$。

② 公共边界两侧 8 个控制点和定义公共边界的 4 个控制点分为 4 组，每组 3 点必须共线，公共边界的 4 个控制点分别把共线线段分成等比例。图 4－21 中，4 个共线的 3 点分组为 $(\boldsymbol{P}_{02},\boldsymbol{P}_{03},\boldsymbol{Q}_{01})$，$(\boldsymbol{P}_{12},\boldsymbol{P}_{13},\boldsymbol{Q}_{11})$，$(\boldsymbol{P}_{22},\boldsymbol{P}_{23},\boldsymbol{Q}_{21})$，$(\boldsymbol{P}_{32},\boldsymbol{P}_{33},\boldsymbol{Q}_{31})$，它们应符合比例关系

$$\frac{\overline{\boldsymbol{P}_{02}\boldsymbol{P}_{03}}}{\overline{\boldsymbol{Q}_{00}\boldsymbol{Q}_{01}}}=\frac{\overline{\boldsymbol{P}_{12}\boldsymbol{P}_{13}}}{\overline{\boldsymbol{Q}_{10}\boldsymbol{Q}_{11}}}=\frac{\overline{\boldsymbol{P}_{22}\boldsymbol{P}_{23}}}{\overline{\boldsymbol{Q}_{20}\boldsymbol{Q}_{21}}}=\frac{\overline{\boldsymbol{P}_{32}\boldsymbol{P}_{33}}}{\overline{\boldsymbol{Q}_{30}\boldsymbol{Q}_{31}}}$$

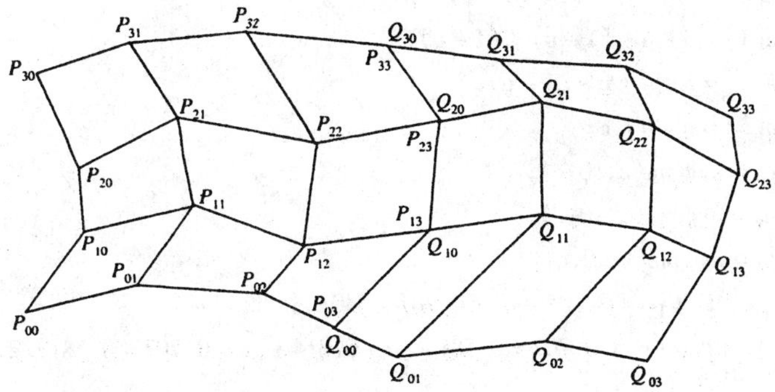

图 4－21　贝齐埃曲面块的连接

以下为在 Turbo C 2.0 环境下编写的绘制三次 Bezier 曲面的源程序：

```
/* This is a C Program to generate a Bezier curved surface */


 # include < stdio.h >
 # include < stdlib.h >
 # include < math.h >
 # include < graphics.h >


 /* 函数声明 */
int mutipul(double a[4],double c[4],int b[4][4]);
void draw(int x[11][11],int y[11][11]);
void input(int x0[4][4],int y0[4][4],int z0[4][4]);
```

```
void main()
{	int x[11][11],y[11][11];
	int x0[4][4],y0[4][4],z0[4][4];
	int px,py,pz,i,j;
	double a[4],c[4];
	double u,v;

	/*读入数据*/
	input(x0,y0,z0);

	/*计算数据*/
	for(j=0;j<=10;j++)
	{	v=0.1*j;
		c[0]=(1-v)*(1-v)*(1-v);
		c[1]=3*v*(1-v)*(1-v);
		c[2]=3*v*v*(1-v);
		c[3]=v*v*v;
		for(i=0;i<=10;i++)
		{	u=0.1*i;
			a[0]=(1-u)*(1-u)*(1-u);
			a[1]=3*u*(1-u)*(1-u);
			a[2]=3*u*u*(1-u);
			a[3]=u*u*u;
			px=mutipul(a,x0,c);
			py=mutipul(a,y0,c);
			pz=mutipul(a,z0,c);
			x[i][j]=py*0.707-px*0.707+340;
			y[i][j]=(py*0.707*0.581-pz*0.814+px*0.707*0.581)/2+15;
		}
	}

/*绘制Bezier曲面*/
draw(x,y);
}

int mutipul(double a[4],double c[4],int b[4][4])
{	int d[4];
	int p,i,j,t;
	for(j=0;j<=3;j++)
	{	d[j]=0;
		for(i=0;i<=3;i++)
		{	t=a[i]*b[i][j];
			d[j]=d[j]+t;
		}
```

```
        }
        p=0;
        for(i=0;i<=3;i++)
        {       t=d[i]*c[i];
                p=p+t;
        }
        return p;
}

void draw(int x[11][11],int y[11][11])
{       int i,j;
        int driver=DETDECT,mode;

        /*初始化图形设备*/
        initgraph(&driver,&mode,"");
        cleardevice();
        setbkcolor(BLUE);
        setcolor(YELLOW);

        for(j=0;j<=10;j++)
        {       for(int i=0;i<=9;i++)
                {       moveto(x[i][j],y[i][j]);
                        lineto(x[i+1][j],y[i+1][j]);
                }
        }

        for(i=0;i<=10;i++)
        {       for(int j=0;j<=9;j++)
                {       moveto(x[i][j],y[i][j]);
                        lineto(x[i][j+1],y[i][j+1]);
                }
        }
}

        void input(int x0[4][4],int y0[4][4],int z0[4][4])
        {
                /*请读者根据具体情况自己编写此函数*/
        }
```

4.4.3 B 样条(B-Spline)曲线和曲面

1. B 样条曲线

贝齐埃曲线有两点不足,一是特征多边形的顶点个数决定了曲线的阶数,并且当 n 值较大时,特征多边形对曲线的控制将会减弱;二是不能作局部修改,即改变某一控制点的位置对整条曲线都有影响。B样条曲线克服了贝齐埃曲线的上述缺点，它用B样条基函数代替伯恩斯坦基函数。参照贝齐埃曲线公式，具有 $n+1$ 个控制点的 k 阶 B 样条曲线的表达式为：

$$\boldsymbol{p}(u) = \sum_{i=0}^{n} \boldsymbol{P}_i N_{i,n}(u) \tag{4-38}$$

式中，$N_{i,k}(u)$称为B样条基函数，它由以下德布尔递推公式定义：

$$\begin{cases} N_{i,1}(u) = \begin{cases} 1 & 若\ u_i \leqslant u \leqslant u_{i+1} \\ 0 & 其他 \end{cases} \\ N_{i,k}(u) = \dfrac{(u-u_i)N_{i,k-1}(u)}{u_{i+k-1}-u_i} + \dfrac{(u_{i+k}-u)N_{i+1,k-1}(u)}{u_{i+k}-u_{i+1}} \quad u_{k-1} \leqslant u \leqslant u_{n+1} \end{cases}$$

$\boldsymbol{U} = [u_0, u_1, \cdots, u_{n+k}]$构成了 k 次B样条函数的节点向量。对于均匀B样条函数，$u_{i+1} - u_i =$ 常数；而对于非均匀B样条函数，$u_{i+1} - u_i \neq$ 常数。

B样条曲线具有以下优点：

① B样条曲线基函数的次数与控制点数无关，即可用任意多的控制点来拟会三次均匀B样条曲线，因为B样条曲线是分段拟合的。

② B样条曲线的基函数是多项式样条，因而是特殊表示的参数样条曲线。

③ B样条曲线具有局部性质。对均匀三次B样条曲线任意段进行修改时，只被相邻的三个顶点控制，与其他的控制点无关。

④ B样条曲线具有造型的灵活性。只要恰当地选用控制点的位置和节点的重复数，可以获得特殊要求的曲线段。

2．B样条曲面

基于B样条曲线的定义，可以推广得到B样条曲面的定义：

$$\boldsymbol{p}(u,v) = \sum_{i=0}^{n} \sum_{j=0}^{m} \boldsymbol{P}_{i,j} N_{i,k}(u) N_{j,l}(v) \tag{4-39}$$

上式定义了一个 $k \times l$ 次B样条曲面，$\boldsymbol{P}_{i,j}$组成的空间网格称为1B样条曲面的特征网格。

常用的均匀双三次B样条曲面由具有16个控制点的网格定义，它可以看作是由一系列均匀三次B样条曲线分别沿着 u、v 两个方向构造而成。B样条曲面所具有的性质与B样条曲线类似。

4.4.4 非均匀有理B样条(NURBS)曲线和曲面

1．NURBS曲线

前面讨论的均匀B样条曲线无法精确地表示除抛物线外的二次曲线，而且对形状的控制仍显得不够自由。非均匀有理B样条(Non Uniform Rational B-Spline，简称NURBS)曲线不仅具有B样条曲线的优越性，而且可以精确地表示二次曲线，是目前最为理想的一种参数曲线表示方法。

NURBS曲线由分段有理B样条多项式基函数定义：

$$\boldsymbol{p}(u) = \sum_{i=0}^{n} \boldsymbol{P}_i R_{i,k}(u) \tag{4-40}$$

式中，$R_{i,k}(u) = \dfrac{W_i N_{i,k}(u)}{\sum_{j=0}^{n} W_j N_{j,k}(u)}$，$R_{i,k}(u)$ 称为 k 次有理基函数，$\boldsymbol{P}_i$ 表示特征多边形的控制点，

W_i 是控制点的权因子。

在 NURBS 曲线表示中，最具特色的是权因子，节点权因子能影响到[u_i, u_{i+k+1}] 区间内的曲线形状，具有局部性。当 $W_i=0$ 时，可以认为该节点的位置对曲线的形状没有影响；当 W_i 增大时，直线上的点将沿直线向控制点 $\boldsymbol{P}_i$ 接近；当 W_i 趋于无穷大时，直线上的点将与 $\boldsymbol{P}_i$ 重合。借助于权因子可以很方便地修改曲线的局部形状，如图 4-22 所示。

2. NURBS 曲面

NURBS 曲面是一种对控制点加权的 B 样条曲面。它不仅可以表示标准的解析曲面，如圆锥曲面、一般二次曲面和旋转曲面等，还可以表示复杂的自由曲面。不仅可以通过改变控制点的位置来改变曲面的形状，而且还可以通过改变控制点的权值来改变曲面的形状。而且，个别控制顶点和权值的调整只影响曲面的局部形状。由于 NURBS 曲面所具有的这些优异的特性，使其在 20 世纪 80 年代初以来得到了日益广泛的应用。

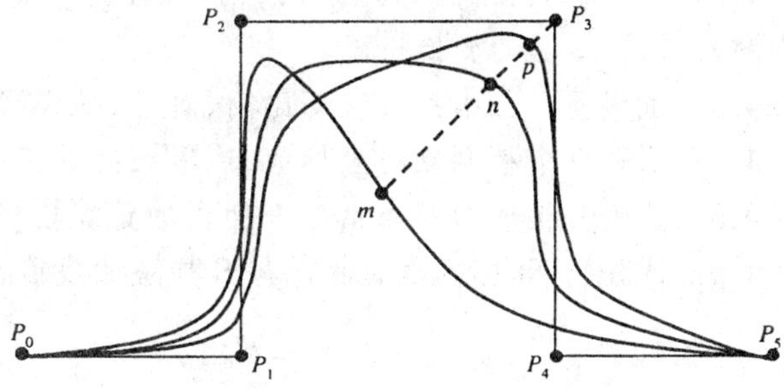

图 4-22　NURBS 曲线中权因子的几何意义

由双参数变量分段有理多项式定义的 NURBS 曲面为：

$$\boldsymbol{p}(u)=\frac{\sum_{i=0}^{n}\sum_{j=0}^{m}W_{i,j}\boldsymbol{P}_{i,j}N_{i,k}(u)N_{j,l}(v)}{\sum_{i=0}^{n}\sum_{j=0}^{m}W_{i,j}N_{i,k}(u)N_{j,l}(v)} \tag{4-41}$$

控制顶点 $\boldsymbol{P}_{i,j}$呈网格阵列，$W_{i,j}$是对应于 $\boldsymbol{P}_{i,j}$权因子，4 个角点处的权因子大于零，其余大于或等于零。控制 $W_{i,j}$的大小，可以调整曲面的局部形状。

3. NURBS 方法的优缺点

NURBS 方法已被 ISO 颁布的工业产品几何定义的 STEP 标准确定为自由型曲线曲面的唯一表示方法，许多著名的 CAD/CAM 系统相继开始支持或采用 NURBS 表示，这是因为 NURBS 方法具有以下突出的优点：

① 既为标准解析形状(如圆锥曲线、二次面、回转面等)又为自由型曲线曲面的精确表示和设计提供了一个公共的数学公式，便于用一个统一的数据库进行存取；

② 可以通过对控制点和权因子的修改来灵活地控制曲线曲面的形状；

③ NURBS 有明显的几何解释，便于设计人员使用；

④ 具有强有力的几何配套处理工具，如插入节点、修改、分割、插值等；

⑤ 具有透视变换和反射变换下的几何不变性；

⑥ 非有理 B 样条、有理及非有理贝齐埃曲线曲面均是 NURBS 的特例。

NURBS 方法也还存在着有待解决的问题：

① 比一般的曲线、曲面定义方法更费存储空间和处理时间；

② 权因子选择不当会造成形状畸变；

③ 对搭接、重叠形状的处理相当麻烦；

④ 反求曲线、曲面上点的参数的这类算法还不太稳定。

习题与思考题

4.1 试推导将二维平面上的任一条直线 $P_1(x_1,y_1)$，$P_2(x_2,y_2)$变换成与 x 轴重合的变换矩阵。

4.2 给定空间任意一点 $P(x,y,z)$及任一平面 $Q:ax+by+cz+d=0$,求 P 对 Q 的对称点 $P^*(x^*,y^*,z^*)$的变换矩阵。

4.3 试编写对三维点实现变比例、对称、平移、绕坐标轴旋转变换的程序。

4.4 已知五个控制点的坐标值,试用三次贝齐埃公式生成相应的自由曲线。

4.5 试编写生成 B 样条曲线与曲面的计算机程序。

4.6 试分析 NURBS 曲线曲面与 B 样条曲线曲面的主要区别。

第 5 章　三维 CAD 造型技术

三维造型技术是 20 世纪 70 年代中期发展起来的一种通过计算机表示、控制、分析和输出几何实体的技术，是 CAD/CAM 技术发展的一个新阶段。

产品的设计与制造都与产品几何造型息息相关，它为结构分析、工艺规程的生成以及加工制造提供基本数据。不同的领域对物体的几何形状定义与描述的要求是不同的。在产品设计中，经常采用投影视图来表达一个零件的形状及尺寸大小，早期的 CAD 系统基本上是显示二维图形，这恰好能够满足单纯输出产品设计结果的需要，CAD 工程图成为描述和传递信息的有效的工具。这种系统处理点、线的信息，虽然能够高速、高效地绘制出高质量的图样，但是，它将从二维图样到三维实体的转换工作留给用户。在系统内部的数据文件中，只记录了图样的二维信息，当阅读图样时，人们必须将其翻译成三维的物体。从产品设计的角度看，通常在设计人员思维中首先建立起来的是产品真实的几何形状或实物模型，依据这个模型进行设计、分析、计算，最后通过投影以图样的形式表达设计的结果。因此，仅有二维信息的 CAD 系统是远远不够的，人们迫切需要能够处理三维实体的 CAD 系统。通常，当人们看到三维的客观世界中的事物，先对其有个认识，将这种认识描述到计算机内部，让计算机理解，这个过程称为造型。

由于对客观事物的描述方法、存储内容、存储结构的不同而有不同的造型方法和不同的产品数据模型。目前主要的造型方法有几何造型和特征造型两种；主要的产品数据模型有三维线框模型、曲面模型、实体模型、特征模型等。

在 CAD/CAM 系统中，三维几何造型是其技术核心。它在国际上始于 20 世纪 60 年代末，当时主要研究用三维线框模型表示三维形体。进入 70 年代后，随着不同领域 CAD/CAM 技术的发展，几何造型又发展到了曲面造型和实体造型。曲面造型主要研究曲线和曲面的表示、曲面的求交以及显示问题；在实体造型中，复杂形体通过简单快速的集合运算和几何变换构造而成。而随着信息技术的发展及计算机应用领域的不断扩大，对 CAD/CAM 系统提出越来越高的要求，尤其是计算机集成制造（CIM）技术的出现，要求将产品的需求分析、设计开发、制造生产、质量检验、售后服务等产品的整个生命周期的各个环节的信息有效集成起来。建立在几何模型基础上的 CAD 系统存储的信息无明显的功能、结构和工程含义，若从这些信息中提取、识别工程信息是相当困难的，为此推动了特征造型技术的发展。

特征是指描述产品信息的集合，也是设计和制造零部件的基本几何体。特征的概念最早出现在 1978 年美国 MIT 的一篇学士论文“CAD 中基于特征的零件表示”中，至 20 世纪 80 年代末有关特征造型技术得到广泛关注，新一代的 CAD/CAM 系统，如 Pro/E、MDT、UG Ⅱ 等都是基于特征的参数化实体造型系统。

5.1　三维几何造型技术

所谓几何造型就是以计算机能够理解的方式，对实体进行确切的定义，赋予一定的数学描述，再以一定的数据结构形式对所定义的几何实体加以描述，从而在计算机内部构造一个实体的模型。通过这种方法定义、描述的几何实体必须是完整的、唯一的，而且能够从计算机内部的模型上提取该实体生成过程中的全部信息，或者能够通过系统的计算和分析而自动生成某些信息。通常，把能够定义、描述、生成几何实体，并能交互编辑的系统称为几何造型系统。显然，它是集理论知识、应用技术和系统环境于一体的。计算机集成制造系统的水平很大程度上取决于三维几何造型系统的功能，因此，几何造型技术是 CAD/CAM 系统中的关键技术。

由于客观事物大多是三维的、连续的，而在计算机内部的数据均为一维的、离散的、有限的，因此，在表达与描述三维实体时，怎样对几何实体进行定义，保证其准确、完整和唯一；怎样选择数据结构描述有关数据，使其存取方便自如等，都是几何造型系统必须解决的问题。几何造型的方法，是将对实体的描述和表达建立在几何信息和拓扑信息处理的基础上。所谓几何信息是指物体在空间的形状、尺寸及位置的描述；拓扑信息是构成物体的各个分量的数目及相互之间的连接关系。计算机内对形状信息的描述方法简称为造型(Modeling)技术，造型技术主要有形状表达和形状操作两部分组成，形状表达的任务是将形状的结构用数据结构模拟出来；形状操作的任务是实现对模型的生成、修改、综合、分析、计算、显示等操作。按照对几何和拓扑信息的描述及存储方法的不同，三维几何造型系统可划分为线框造型、表面造型和实体造型三种主要类型，如图 5-1 所示。

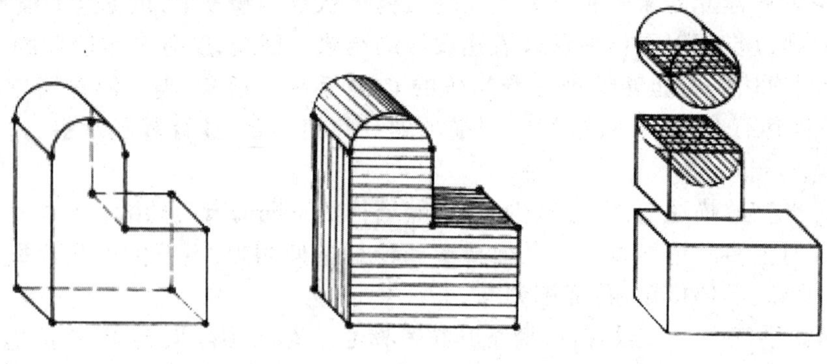

(a)　　(b)　　(c)

图 5-1　三维几何造型系统的分类

(a) 线框造型；(b) 表面造型；(c) 实体造型。

5.1.1　三维几何模型的计算机内部表示

1. 线框模型(Wireframe Modeling)

(1) 线框模型的几何元素及存储结构

线框模型是 CAD/CAM 系统发展中最早用来表示形体的模型，其特点是结构简单，易于理解，又是表面和实体模型的基础。

线框模型在计算机内部是以边表、顶点表来描述和表达物体的。如图 5-2 所示的长方体，若给出 8 个顶点 V_1、V_2、…、V_8 的坐标，则此长方体的形状和位置在几何上就确定了。但在图形显示时，仅有 8 个顶点的坐标，还不能表示清楚此长方体，还必须将其棱边表示出来，即用 E_1、E_2、…、E_{12}等 12 条棱边表示长方体，长方体的顶点关系如图 5-2(b)所示，表 5-1、表 5-2 分别表示了相应的顶点表和边表。表中完整地记录了 8 个顶点的编号、顶点坐标、边的序号、边上各顶点的编号，它们就构成了该长方体线框模型的全部信息。

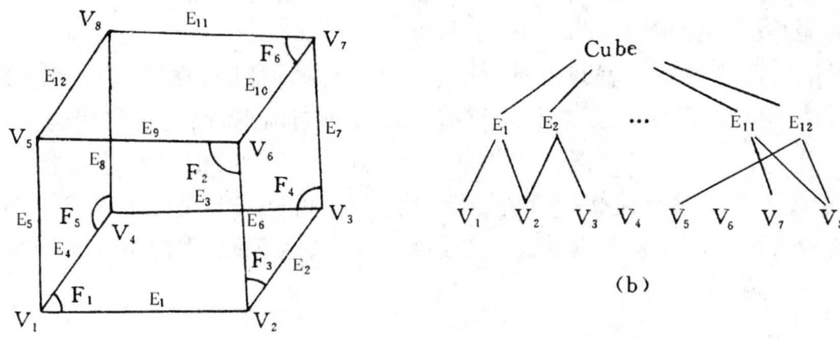

图 5-2　长方体

表 5-1　　**顶 点 表**

顶点号	x	y	z	顶点号	x	y	z
V_1	10	0	0	V_5	10	0	8
V_2	10	10	0	V_6	10	10	8
V_3	0	10	0	V_7	0	10	0
V_4	0	0	0	V_8	0	0	8

表 5-2　　**边　表**

边号	边上端点号		边号	边上端点号		边号	边上端点号	
E_1	V_1	V_2	E_5	V_1	V_5	E_9	V_5	V_6
E_2	V_2	V_3	E_7	V_2	V_6	E_{10}	V_6	V_7
E_3	V_3	V_4	E_8	V_3	V_7	E_{11}	V_7	V_8
E_4	V_4	V_1	E_9	V_4	V_8	E_{12}	V_8	V_5

(2) 线框模型的特点

对多面体而言,用线框模型是很自然的,因图形显示的内容主要是其棱边。但对非平面的多面体,如圆柱体、球体等,用线框模型表示则存在一定的问题,其一是曲面的轮廓线将随视线方向的变化而改变,其二是线框模型给出的不是连续的几何信息(只有顶点和棱边),不能明确地定义给定的点与形体之间的关系,以至于不能用线框模型处理计算机图形学和 CAD/CAM 中的多数问题,如剖切图、消隐图、明暗色彩图、物性分析、干涉检测、加工处理等。如图 5-3 所示,由于造型后生成的形体的所有边都显示在图形中,而线框造型系统不具备自动消隐功能,因此无法判断哪些是可见边,哪些是不可见边。

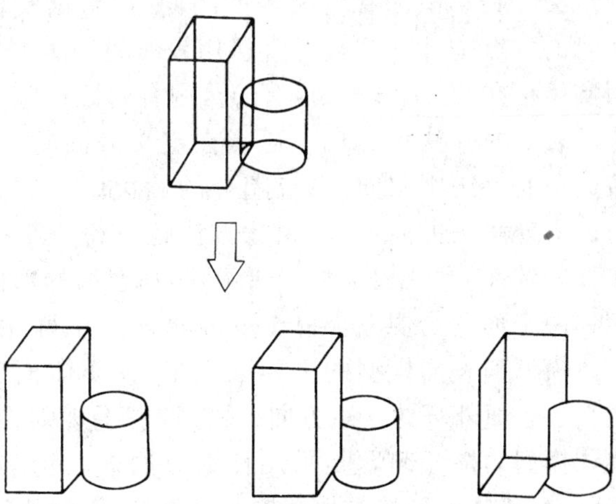

图 5-3　线框模型的多义性

对同一种线框模型，难以准确地确定实体的真实形体，不能完整、准确、唯一地表达几何实体。

2. 表面模型(Surface Modeling)

表面模型是以物体的各个表面为单位来表示其形体特征的，在线框模型的基础上增加了有关面与边的拓扑信息，给出了顶点的几何信息以及边与顶点、面与边之间的拓扑信息。表面模型的数据结构是在线框模型数据结构的基础上增加面的有关信息与连接指针，其中还有表面特征码，各条棱边除了给出连接指针外，还给出方向、可见与不可见信息等。图 5－2 所示长方体的表面模型由 6 个边界表面围成的一个封闭空间来定义的，平面由棱边围成定义，而棱边则由两个端点来定义。

表 5－3　　　　面　表

面号	构成面的边号	面号	构成面的边号
F_1	E_1, E_2, E_3, E_4	F_4	E_3, E_7, E_{11}, E_8
F_2	E_1, E_6, E_9, E_5	F_5	E_4, E_8, E_{12}, E_5
F_3	E_2, E_7, E_{10}, E_6	F_6	$E_9, E_{10}, E_{11}, E_{12}$

表面模型中的几何形体的表面可以由若干块面片组成，这些面片可以是平面、解析曲面(如球面、柱面、锥面等)，还可以是参数曲面(Bezier、B 样条曲面片等)。由于增加了有关面的信息，在提供三维实体信息的完整性、严密性方面，表面模型比线框模型进了一步。利用表面模型，可以对物体作剖面、消隐、着色、表面积计算、曲面求交、NC 刀具轨迹生成、获得 NC 加工所需要的表面信息等，对一些复杂的物体表面(如汽车车身、模具型腔等)描述的曲面，要根据空间自由曲线和自由曲面的理论进行计算。

表面模型虽然比线框模型具有较丰富的形体信息，但它并未指出该物体是实心还是空心，哪里是物体的内部和外部的信息，因此，表面模型仅适用于描述物体的外壳。

3. 实体模型(Solid Modeling)

实体模型主要是明确定义了表面的哪一侧存在实体，在表面模型的基础上可用三种方法来定义。图 5－4(a)在定义表面的同时，给出实体存在侧的一点 P；图 5－4(b)直接用表面的外法矢来指明实体存在的一侧；图 5－4(c)是用有向棱边隐含地表示表面的外法矢方向。通常在定义表面时，有向棱边按右手法则取向，沿着闭合的棱边所得的方向与表面外法矢方向一致，用此方法还可检查形体的拓扑一致性。如图 5－4(d)所示，拓扑合法的形体在相邻两个面的公共边界上，棱边的方向正好相反。实体模型和表面模型的主要区别是：在实体模型中定义了表面外环的棱边方向，一般按右手规则为序。实体模型的核心问题是采用什么方法来表示实体，

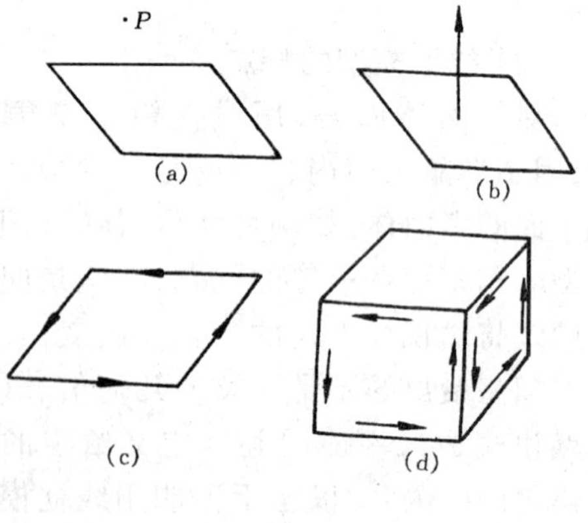

图 5－4　实体表示模型

实际上，实体模型的数据结构非常复杂，不仅要记录全部几何信息，而且还要记录全部点、线、面、体的拓扑信息。由于实体模型与线框模型及表面模型相比有着明显的优点，因此目前各个 CAD 系统均采用实体造型方法。

与线框模型、表面模型不同，三维实体模型在计算机内部储存的信息不是简单的边线或顶

点的信息,而是比较完整地记录了生成物体的各个方面的数据。目前,计算机内部表示三维实体模型的方法很多,并且正向着多重模式发展。常见的有结构实体几何法、边界表示法及混合表示法(即结构实体几何法与边界表示法相结合)。

(1) 结构实体几何法

结构实体几何(Constructive Solid Geometry),简称 CSG。在计算机内部,CSG 使用一组有限的基本实体体素(Solid Primitive),一组几何变换操作和一组布尔运算操作来表达几何实体,即通过布尔操作模型生成二叉树结构进行表示的。基本体素用变量参数表示,当变量被代入值时,基本体素就变成实例(Instance)。CSG 法在计算机内部表示与物体的描述和布尔运算过程密切相关,即存储的主要是物体的生成过程,所以也称为过程模型。

布尔运算操作包括并、交、差等操作,并分别记为∪、∩、-,并、交、差操作的含义,可参见后面的图 5-17。几何变换操作有平移、比例、旋转等操作,它们作用在实例的参数上。

CSG 中实体的结构可以用一棵树来描述,称为 CSG 树。CSG 树的结构为:

〈CSG 树〉 ::= 〈实例〉|
〈CSG 树〉〈布尔运算操作〉〈CSG 树〉|
〈CSG 树〉〈几何变换操作〉

例如,图 5-5 是一个实体的 CSG 树结构。该例所对应一个实例图形如图 5-6 所示。CSG 表示法的树状结构的树叶为基本体素或变换矩阵,结点为运算符。最上面的结点对应着被造型的物体。由于这种数据结构的特点,它不可能存储最终物体的更详细的几何信息,是一种隐式模型。如果需要,必须根据 CSG 结构进行推算。同一个实体,完全可以通过定义不同的基本体素,经过不同的几何运算加以构造,如图 5-7 所示。

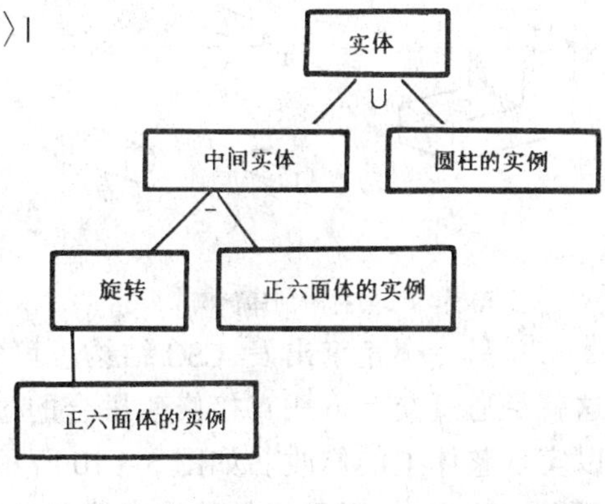

图 5-5 一个实体的 CSG 树

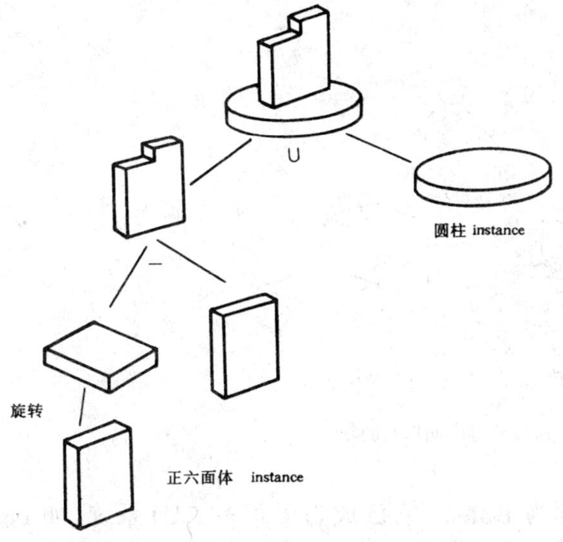

图 5-6 CSG 树对应的一个实例图形

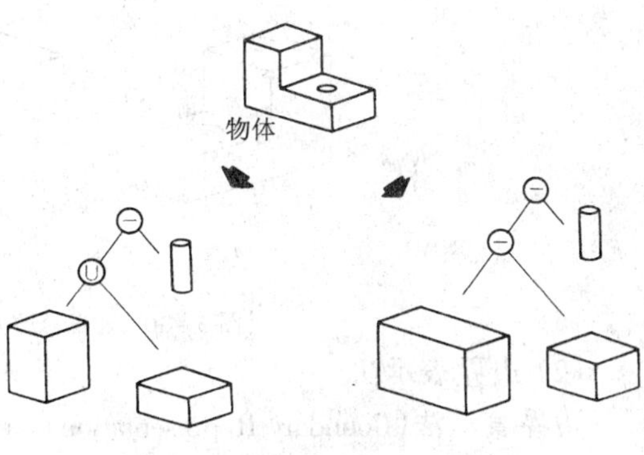

图 5-7 同一物体的两种 CSG 结构

与下面将要讲到的边界表示法(B-Reps)相比,CSG 结构实体几何模型相当简单,对于同一形体,CSG 的数据量只有 B-Reps 的 1/10,正如定义中所表达的,其基本想法是将一个复杂物体视为由若干个简单基本体素的相加、相减、相交所构成。各个基本体素不需再分解,而是直接存储在数据结构中。当然还需要存储变换矩阵，以便确定这些基本体素在三维空间中的位置和方向。这种方法与机械装配方式类似，所以可方便地表示机械零件或机械部件。据统计，大约70%的工业产品零件可由长方体和圆柱体这两种最基本的体素构成。但对于形状比较复杂的物体，特别是曲线形状较多的物体，这种方法的应用有一定的局限性。

为了在这种系统中进行局部修改，例如倒角、倒圆等，可采用加附加体的方法，如图5-8所示。然而在复杂情况下，例如图5-9(a)所示的例子，采用附加体的倒圆方法几乎根本不可能；而图5-9(b)所示的多个边同时进行倒圆的例子，其倒圆面之间的几何关系和拓扑关系也相当复杂。

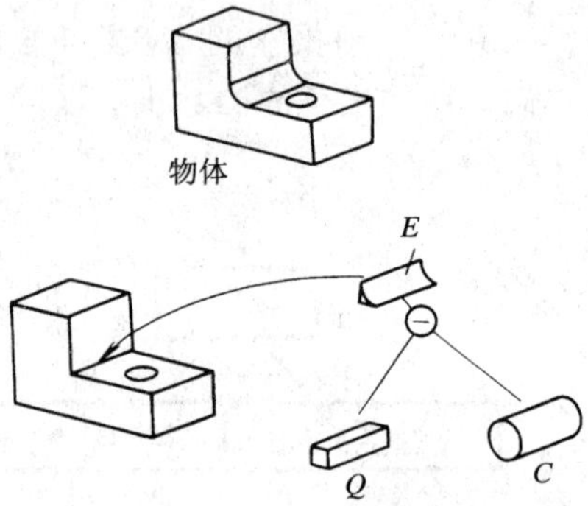

图5-8 通过附加体倒圆

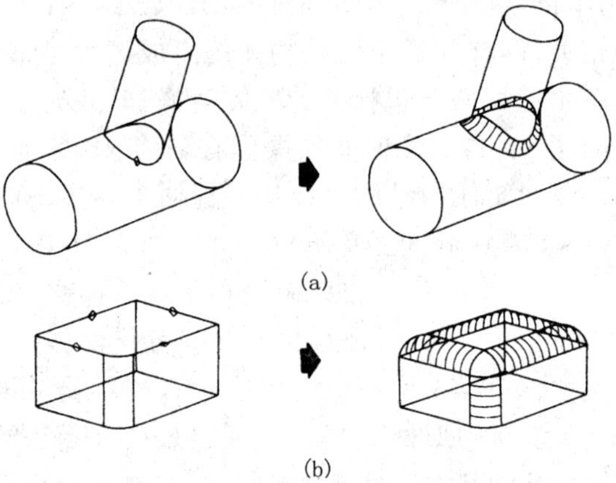

图5-9 难于用附加体倒圆的实例

从另一个角度出发，CSG结构也可完成边界表示模式(B-Reps)中根本不可能实现的修改。这就是通过交互方式直接修改拼合的过程或直接编辑所有在CSG树上的基本体素，因而它可以实现整体上的修改。如图5-10所示的例子，孔的直径不仅可随意扩大和缩小，而且位置也可随意改变，甚至于用其他体素取代，以得到完全不同形状的零件。

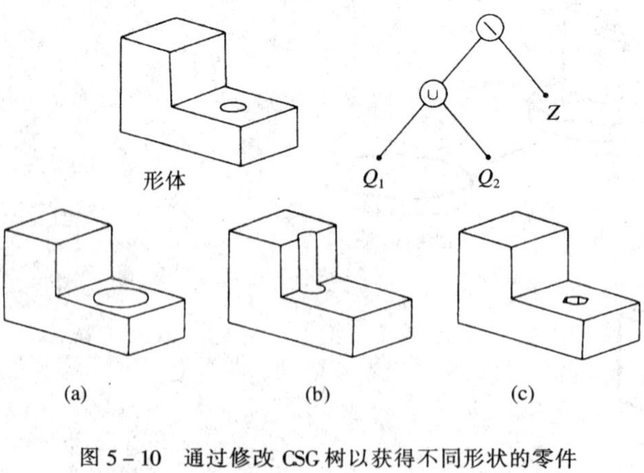

图5-10 通过修改CSG树以获得不同形状的零件

(2) 边界表示法

边界表示法(Boundary Representation)，简称为B-Reps，它已成为了很多CAD系统(如Pro/E，I-DEAS，UGⅡ，MDT等)的基础。边界表示法使用实体的表面来表示实体的形状，不管实体的表面形状是多面体还是自由曲面，边界表示法通常都一律表示为多面体。即用一组三维多边形所围成的形体表示实体。这种表达方法是图形学基元表达的一种推广，因此，边界模型与图形学有非常良好的衔接关系。

组成边界模型的元素是面(face)、边(edge)和顶点(vertex)。面可以包括平面、二次曲面、参数曲面等等。在多面体表达方案中只包括平面。面中可以有孔,但是面上的无孔部分必须是连通的。一个无孔的面只带有一个边界环,一个有孔的面带有一个以上的边界环。每一个面通过边、边通过点、点通过三个坐标值来定义。边是构成面的边界环的直线段,边由两个顶点定义其所在的直线及其起点与终点。以长方体为例,图 5-11 示出边界表示法的构成元素。因此,边界表示法强调的是形体的外表细节,详细记录了构成几何形体的所有几何、拓扑信息。

边界表示法在计算机内部的数据结构组织有多种形式,最常用的为翼边数据结构。翼边数据结构能够全面地表达边、面、顶点之间的各种关系,它是一种链表结构,在此结构中,点、边、面之间的拓扑关系可以通过推理求得。实质上,它可以看成是由表 5-1、表 5-2、表 5-3 所示的表面模型数据结构扩展而成。下面以图 5-12 所示的长方体及其元素编码为例说明表达实体模型的翼边数据结构。

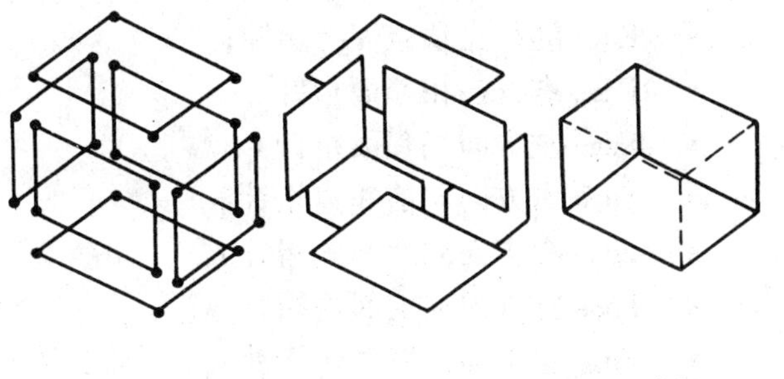

(a)　　(b)　　(c)

图 5-11　边界表示法的元素

(a) 实体;(b) 面;(c) 边和点。

翼边数据结构含有 4 类结点:实体(Solid)、面(Face)、边(Edge)和顶点(Vertex)。一个实体是一张链表,它描述一条边与它的相邻的两个顶点、四条邻边和两个相邻面拓扑关系的数据结构。如图 5-13 所示。

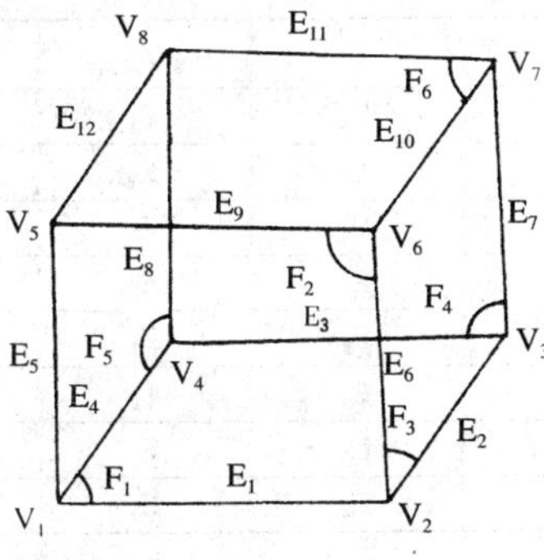

图 5-12　长方体及其元素编码

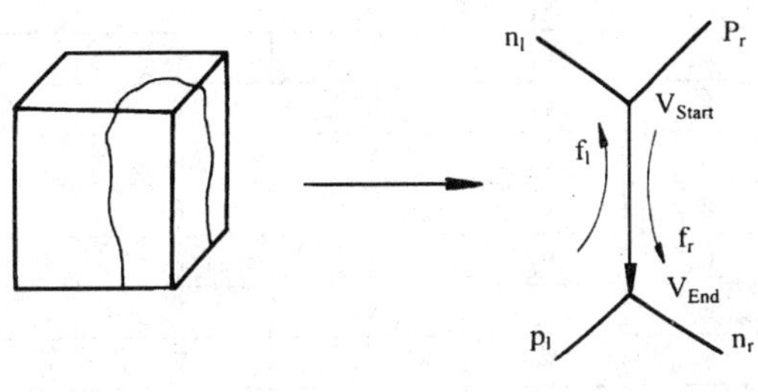

图 5-13　翼边结构

翼边数据结构链表的头结点是 Solid 结点,它含有 4 个域:

- Solid ID;
- 指向 Face 链表指针;
- 指向 Edge 链表指针;
- 指向 Vertex 链表指针。

Face 链表是由 Face 结点构成的线性链表。每个 Face 结点表示一个面,含有 3 个域:

- Face ID;
- 指向 Face 边界之第一边结点指针;
- 指向下一个 Face 结点指针(next)。

Vertex 链表由 Vertex 结点构成。每个 Vertex 结点含有 4 个域:

- Vertex ID;

- 顶点坐标(x,y,z);
- 指向与该 Vertex 相连的第一条边指针;
- 指向下一个 Vertex 结点指针(next)。

Edge 链表由 Edge 结点构成。Edge 结点是整个翼边数据结构的核心,每个 Edge 结点代表一条边,含有 9 个域:

- Edge ID;
- Edge 的起始顶点 V_{Start}指针;
- Edge 的终止顶点 V_{End}指针;
- Edge 右方向相邻面指针 f_r;
- Edge 左方向相邻面指针 f_l;
- Edge 右方向向前邻边指针 p_r;
- Edge 右方向向后邻边指针 n_r;
- Edge 左方向向前邻边指针 p_l;
- Edge 左方向向后邻边指针 n_l。

图 5-13 示出了 Edge 上各域名称示意图,翼边的名称即来自于图 5-13 所示边之形状:两端点之邻边如双翼状。翼边数据结构抓住这个特点:每边相邻两个面,而对每个相邻面,该边都有前邻边合后邻边之分。

对于图 5-12 所示长方体,其翼边数据结构见表 5-4 ~ 表 5-6(略去指针)。

表 5-4　　翼边结构边表信息

Edge	V_{Start}	V_{End}	f_r	f_l	n_r	p_r	n_l	p_l
E_1	V_1	V_2	F_1	F_2	E_2	E_4	E_5	E_6
E_2	V_2	V_3	F_1	F_3	E_3	E_1	E_6	E_7
E_3	V_3	V_4	F_1	F_4	E_4	E_2	E_7	E_8
E_4	V_4	V_1	F_1	F_5	E_1	E_3	E_8	E_5
E_5	V_1	V_5	F_2	F_5	E_9	E_1	E_4	E_{12}
E_6	V_2	V_6	F_3	F_2	E_{10}	E_2	E_1	E_9
E_7	V_3	V_7	F_4	F_3	E_{11}	E_3	E_2	E_{10}
E_8	V_4	V_8	F_5	F_4	E_{12}	E_4	E_3	E_{11}
E_9	V_5	V_6	F_2	F_6	E_6	E_5	E_{12}	E_{10}
E_{10}	V_6	V_7	F_3	F_6	E_7	E_6	E_9	E_{11}
E_{11}	V_7	V_8	F_4	F_6	E_8	E_7	E_{10}	E_{12}
E_{12}	V_8	V_5	F_5	F_6	E_5	E_8	E_{11}	E_9

表 5-5　　翼边结构顶点信息

Vertex	FirstEdge	Coordinates
V_1	E_1	$X_1Y_1Z_1$
V_2	E_2	$X_2Y_2Z_2$
V_3	E_3	$X_3Y_3Z_3$
V_4	E_4	$X_4Y_4Z_4$
V_5	E_9	$X_5Y_5Z_5$
V_6	E_{10}	$X_6Y_6Z_6$
V_7	E_{11}	$X_7Y_7Z_7$
V_8	E_{12}	$X_8Y_8Z_8$

表 5-6　　翼边结构面表信息

Face	FirstEdge
F_1	E_1
F_2	E_9
F_3	E_{10}
F_4	E_7
F_5	E_{12}
F_6	E_{11}

翼边结构以边为核心组织数据，反映出了元素的空间关系。要生成各形体的翼边数据结构，必须给实体表、面表、边表、顶点表赋值，才能维护体、面、边、顶点之间的拓扑关系，保证模型之间的完整性。采用翼边数据结构，使很多操作能方便地进行。

【例】 从翼边数据结构中提取已知面的所有边。若 F_5 为已知面，操作如下：

由面表可知，FirstEdge(F_5)→E_{12}；由边表可知，F_5 为 E_{12}之右面，因此有 nr(E_{12})→E_5；由边表可知，F_5 为 E_5 之左面，因此有 nl(E_5)→E_4；由边表可知，F_5 为 E_4 之左面，因此有 nl(E_4)→E_8；由边表可知，F_5 为 E_8 之右面，因此有 nr(E_8)→E_{12}，此时，与第一边重合，因此 F_5 边为 E_{12}、E_5、E_4、E_8。

查找时，右面用右邻边，左面用左邻边；且要么全部用前邻边，要么全部用后邻边，否则查找会出错。上例全部用前邻边的操作如下：

由面表可知，FirstEdge(F_5)→E_{12}；由边表可知，F_5 为 E_{12}之右面，因此有 pr(E_{12})→E_8；由边表可知，F_5 为 E_8 之右面，因此有 pr(E_8)→E_4；由边表可知，F_5 为 E_4 之左面，因此有 pl(E_4)→E_5；由边表可知，F_5 为 E_5 之左面，因此有 pl(E_5)→E_{12}，此时，与第一边重合，因此 F_5 边为 E_{12}、E_8、E_4、E_5。

(3) 混合表示法

由以上(1)、(2)小节的叙述可知，CSG 模型和 B-Reps 模型各有优缺点。CSG 模型表达直观、紧凑，但显示困难；B-Reps 模型和图形软件容易接口，表达范围广泛，但生成和操作比较繁琐。因此，在实用的造型系统中兼有以上两类模型，扬长避短，使得各方面的功能能够满足使用需要，称为混合模型。

由于 CSG 模型中包含了最多有关实体模型的整体结构信息，而计算机恰恰长于分析，短于综合，CSG 模型含有的信息结构层次高于 B-Reps 模型，因此由 CSG 模型转换为 B-Reps 模型较为容易，而由 B-Reps 模型转换为 CSG 模型则较难。混合模型的实用系统总是采用信息层次高的模型作为上层模型，上层模型构成系统与用户交互语言的基础；信息层次低的模型作为下层模型，下层模型不直接与用户交互，仅由上层模型转化而来，以方便计算机内的管理与操作算法过程。常用的混合模型结构以 CSG 和 B-Reps 模型同为上层模型，系统与用户交互时，语言中兼含有两种模型的方法，B-Reps 起到核心作用，如图5－14所示。

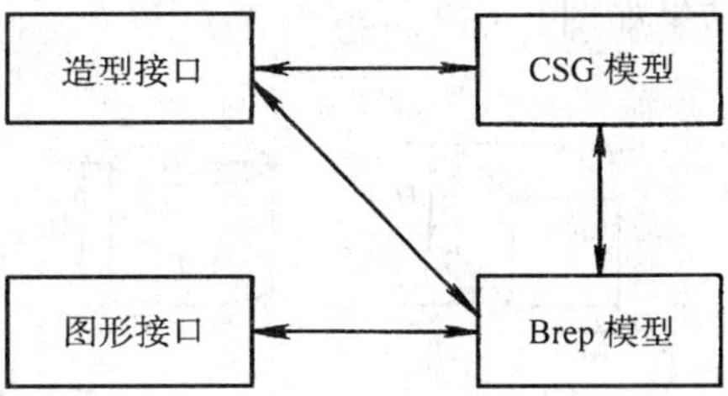

图 5－14　混合模型

5.1.2 实体造型

1. 实体造型系统的结构

一个实体造型系统的结构如图 5－15 所示。

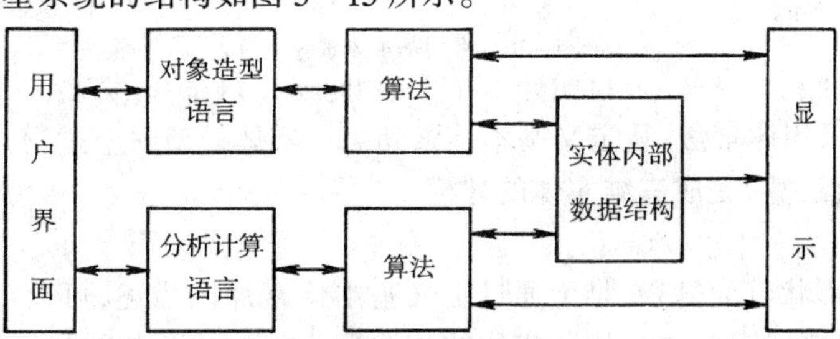

图 5－15　实体造型系统的一般框图

实体在该系统中具有双层表达:内部表达和在用户接口的表达。在内部表达中,实体通常被表达为由顶点、边和面构成的数据结构,既要满足各种操作的要求,又要满足良好的时空效率的要求。在用户接口中,实体按照可理解性和操作的方便性表达,使得设计人员易于掌握与操作。关于实体的操作通常可以分为两类,一类是关于形体的操作,如生成、修改、综合、显示形体等等;另一类是关于形体的分析计算,如计算实体的体积、面积,检测运动的实体间是否互相接触等等。后一类操作的特点是只利用形状的特性,在操作中并不改变形状本身。两类操作各自有算法支持,施加于实体内部数据结构之上。算法往往是组织成模块,分层次实现。显示软件通常要求有三维显示、二维投影显示和真实感显示等功能。一种经济的做法是用标准的图形软件进行显示。为此,造型系统只需将实体表面分解为空间多边形的集合输出到图形软件,各种显示任务便可由图形软件完成。

2. 实体造型方法

按照实体生成方法的不同,常用的实体造型方法有体素法和扫描法。

(1) 体素法

体素法是通过基本体素的集合运算构造几何实体的造型方法。每一基本体素具有完整的几何信息及真实而唯一的三维物体。体素法包含两部分内容:一是基本体素的定义与描述,二是体素之间的集合运算。常用的基本体素有长方体、球、圆柱、圆锥、圆环、锥台等,如图 5-16 所示。描述体素时,除了定义体素的基本尺寸参数外(例如长方体的长、宽、高;圆柱的直径、高等),为了准确地描述基本体素在空间的位置和方向,还需定义基准点,以便正确地进行集合运算。体素间的集合运算有交、并、差三种,以两个三维体素为例,运算结果如图 5-17 所示。

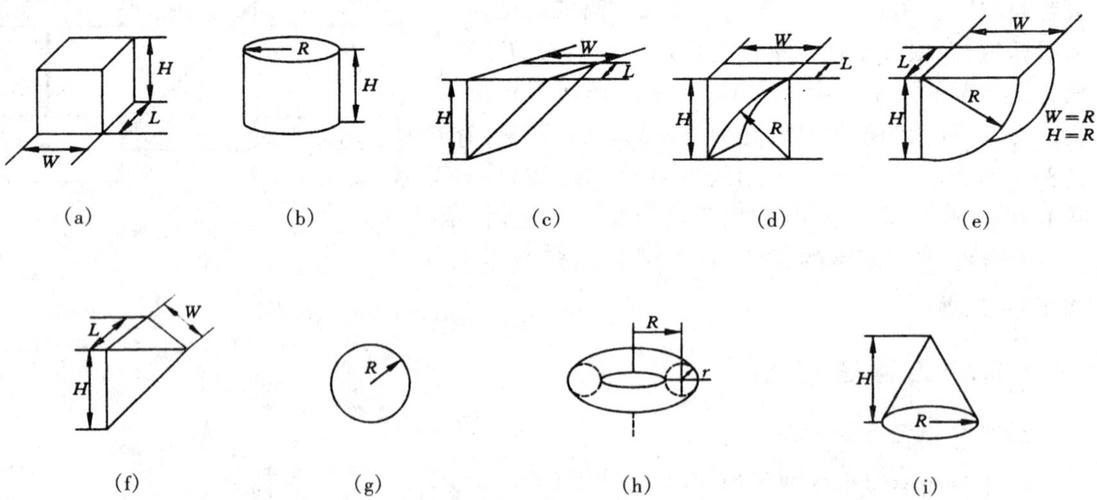

图 5-16 常用基本体素

(a) 六面体;(b) 圆柱体;(c) 楔体;(d) 凹圆体楔体;(e) 凸圆体楔体;(f) 四面体;(g)球;(h) 环;(i) 圆锥。

图 5-18 所示为采用体素法,从定义基本体素到生成实体模型的全过程,通过定义五个基本体素,经过四次集合运算,完成三维实体的建模。

(2) 扫描法

有些物体的表面形状较为复杂,难于通过定义基本体素加以描述,可以定义基体,利用基本的变形操作实现物体的造型,这种构造实体的方法称为扫描法。扫描法又可分为平面轮廓扫描和整体扫描两种。

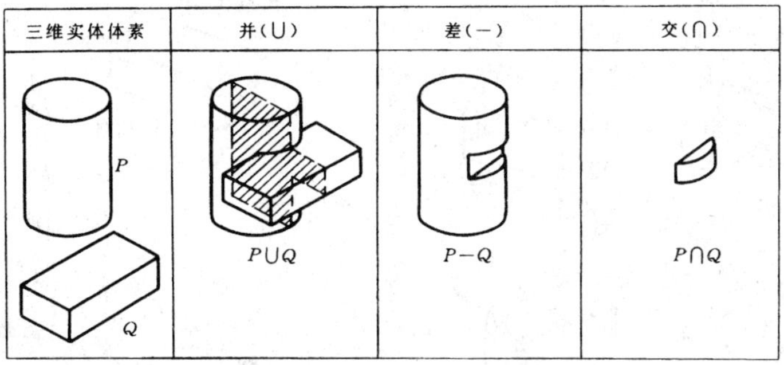

图 5-17　体素集合运算

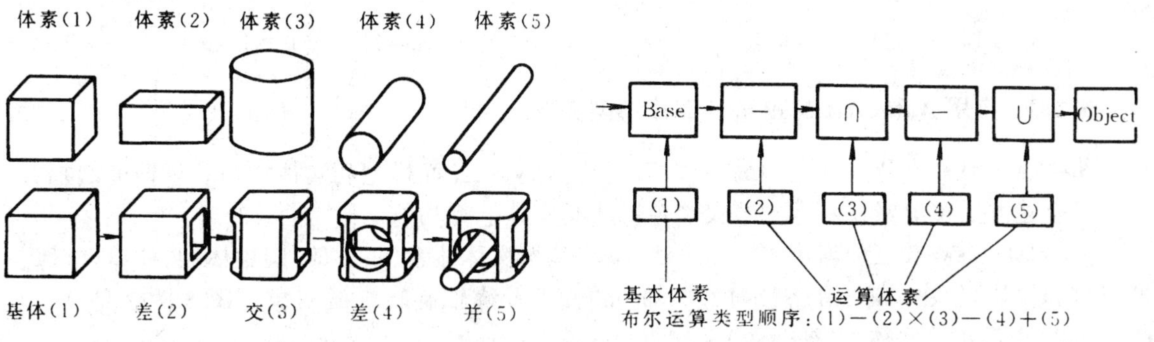

图 5-18　体素法生成实体的过程

平面轮廓扫描是一种与二维系统密切结合的方法。由于任一平面轮廓在空间平移一个距离或绕一固定的轴旋转都会扫描出一个实体,因此,对于具有相同截面的零件实体来说,可预先定义一个封闭的截面轮廓,再定义该轮廓移动的轨迹或旋转的中心线、旋转角度,就可得到所需的实体,如图 5-19 所示。

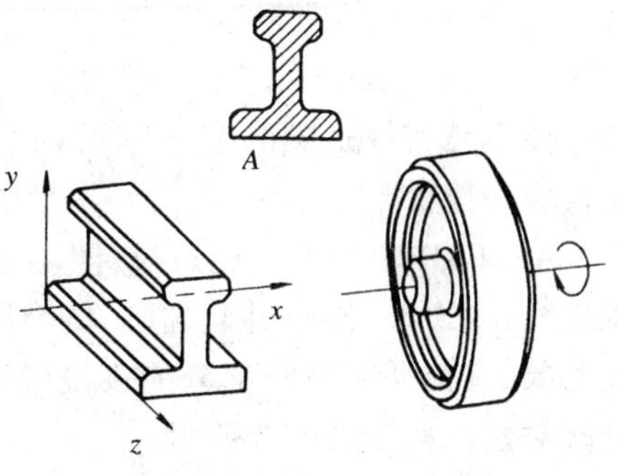

图 5-19　平面轮廓扫描法生成的实体

所谓整体扫描就是首先定义一个三维实体作为扫描基体,让此基体在空间运动,运动可以是沿某方向的移动,也可以是绕某一轴线转动或绕一点的摆动,运动方式不同,生成的实体形状也不同,如图 5-20 所示。整体扫描法对于生产过程的干涉检验、运动分析等有很大的实用价值,尤其在数控加工中对于刀具轨迹的生成与检验方面更具有重要意义。

概括地说,扫描变换需要两个分量,一个是被移动的基体。另一个是移动的路径。通过扫描变换可以生成某些用体素法难于定义和描述的物体模型。图 5-21 所示即为几种用扫描变换构造的物体,其中有些是曲线扫描,有些表面是自由曲面,描述这类形状用扫描法比较容易实现。

由于三维实体建模能唯一、准确、完整地表达物体的形状,因而在设计与制造中广为应用,尤其是在对产品的描述、特性分析、运动分析、干涉检验以及有限元分析、加工过程的模拟仿真等方面,已成为不可缺少的前提条件。

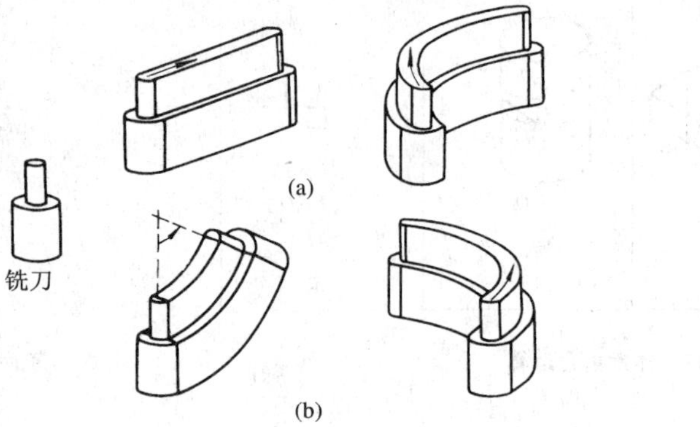

图 5－20　整体扫描法

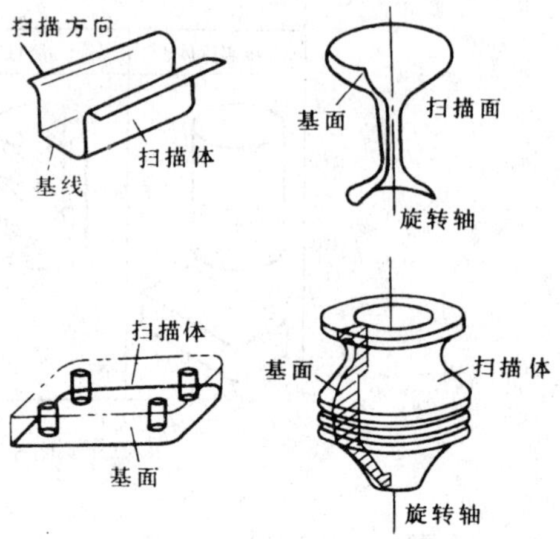

图 5－21　用扫描法生成的实体

5.1.3　应用 AutoCAD 2000 进行实体造型实例

AutoCAD 2000 支持三种类型的三维模型：线框模型、曲面模型和实体模型。每种模型都有自己的创建方法和编辑技术。本节仅简单讲述其实体造型功能。

AutoCAD 2000 有三种创建实体的方法：根据基本实体体素（长方体、圆锥体、圆柱体、球体、圆环体和楔体）创建实体，沿路径拉伸二维对象，或者绕轴旋转二维对象。图 5－22 是 AutoCAD 2000 中提供的实体生成图标。

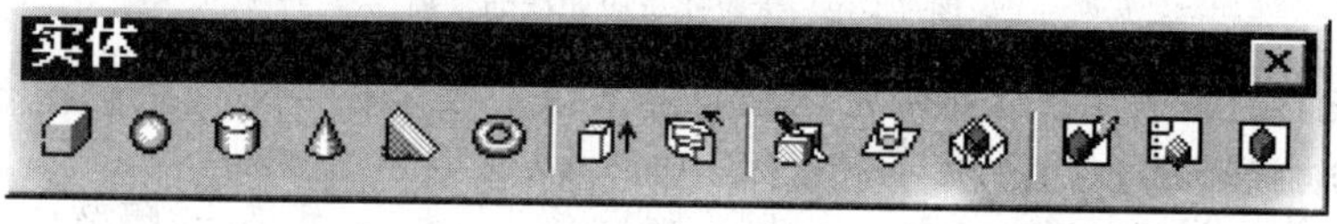

图 5－22　AutoCAD 2000 中提供的实体生成图标

体素是实体造型的基本单元。体素十分简单，概念也清楚，对初学三维实体造型的用户来说较容易接受。

AutoCAD 中也可以通过拉伸（增加厚度）所选二维对象创建实体。可拉伸闭合的对象，如多段线、多边形、矩形、圆、椭圆、闭合的样条曲线、圆环和面域；但不能拉伸三维对象、包含块内的对象、有交叉或横断部分的多段线和非闭合的多段线。可以沿路径或指定的高度值和斜角拉伸对象。如图 5－23 所示。

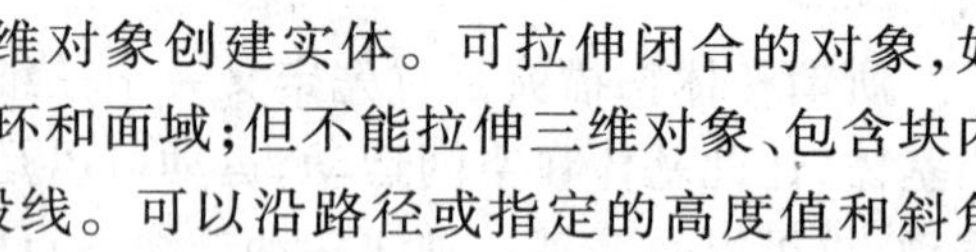

图 5－23　拉伸实体

AutoCAD 还可以将一个闭合对象绕当前 UCS x 轴或 y 轴旋转一定的角度生成实体。也可以绕直线、多段线或两个指定的点旋转对象。如果对象包含圆角或其它用普通剖面很难制作的细部图，则用旋转方法生成实体尤其有用。假如用与多段线相交的直线或圆弧创建剖面，可将它们转换为单个多段线对象，然后再使用旋转方法生成三维实体。如图 5－24 所示。

另外，AutoCAD 2000 还提供了如图 5－25 所示的实体编辑工具栏，提供了诸如并集、差集、交集、抽壳、倒角、倒圆角等实体编辑修改命令。

图 5－26 所示零件即为通过 AutoCAD 的基本三维体素和布尔运算操作所得。

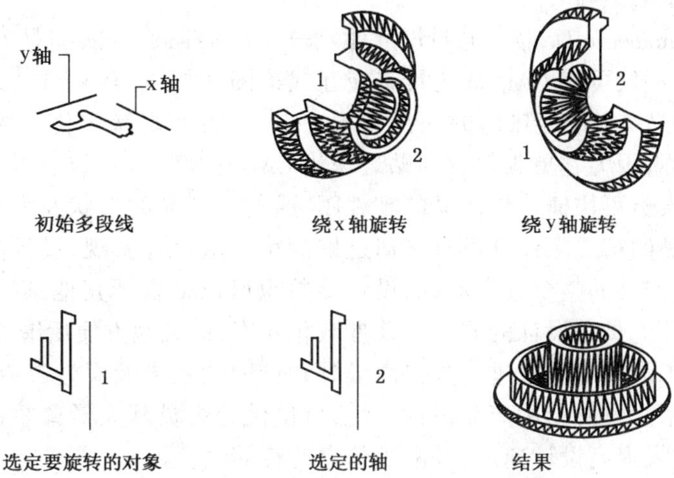

图 5－24　旋转实体

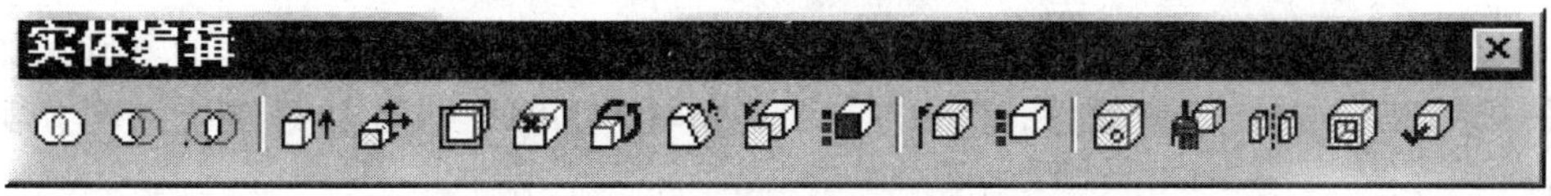

图 5－25　AutoCAD 实体编辑工具栏

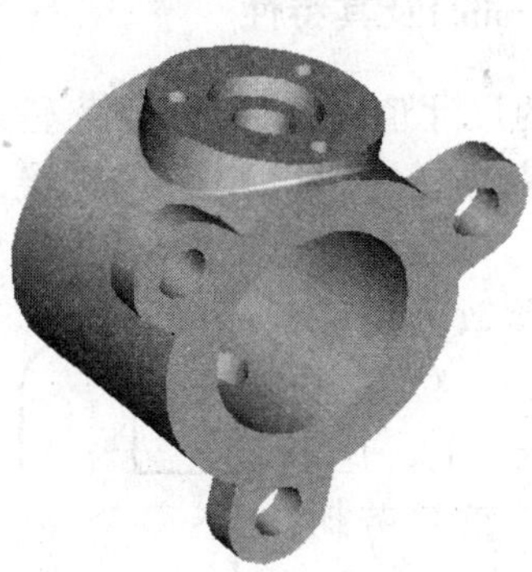

图 5－26　AutoCAD 实体造型举例

5.2　参数化设计技术

参数化设计是一种基于约束的设计方法，用一组参数来定义几何图形(体素)尺寸数值并约定尺寸关系，提供给设计者进行几何造型使用，当几何图形尺寸变动时自动更新图形。参数的求解较简单，参数与设计对象的控制尺寸有显式的对应关系，设计结果的修改受到尺寸驱动(Dimension Driven)。生产中常用于设计对象的结构形状比较定型的产品(实例)，系列化标准件就是属于这一类型。参数设计系统的原理如图 5－27 所示。计算方程组中的方程是根据设计对象的工程原理而建立的求解参数的方程式，例如，根据齿轮组

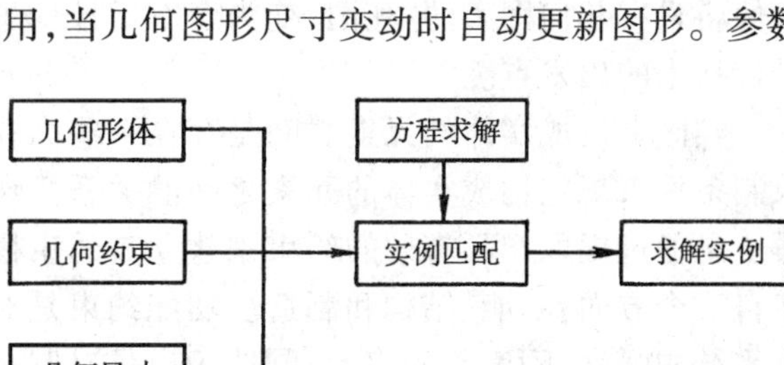

图 5－27　参数设计系统原理框图

的齿数与模数计算中心距等。

参数化设计(Parametric Design,也叫尺寸驱动——Dimension Driven)是 CAD 技术在实际应用中提出的课题,它不仅可使 CAD 系统具有交互式绘图功能,还具有自动绘图的功能。参数化设计目前已成为 CAD 中最为热门的应用技术之一,能否实现参数化已成为评价 CAD 系统优劣的重要技术指标,因为它更为符合和贴近现代 CAD 中概念设计以及并行设计的思想。设计开始时工程设计人员可快捷草拟产品的零件图,通过对产品的形状及大小的约束最后精确成图。同一系列产品的第二次设计可直接通过修改第一次设计实现,设计参数不但可以驱动设计结果,而且影响产品的整个开发周期,设计参数也可以来自于其他系统。除此之外,参数化设计还能够使设计人员在设计的同时实现参数化建库,极大地方便后继设计工作。总之,参数化设计以及建库工具的研究对进一步提高设计和绘图的效率及柔性具有十分重要的意义,利用参数化设计技术开发的专用产品设计系统,可使设计人员从大量繁重而琐碎的绘图工作中解脱出来,可以大大提高设计速度,并减少信息的存储量。

自从以 PTC 公司的 Pro/E 为代表的基于特征造型的参数化设计(Parametric Design)系统问世以来,在此基础上实现机械设计的自动化已经变得切实可行。参数化设计技术是计算机辅助设计技术的一次巨大的飞跃,它也是实现特征造型技术、全相关和系列化设计的基础。目前先进的基于特征的三维 CAD 造型软件,如 MDT、SolidWorks、SolidEdge、UG II 等系统大部分实现了参数化设计。

5.2.1 设计中的约束(Constraint)及其特性

传统的 CAD 技术都用固定的尺寸值定义几何元素,输入的每一个图素都有确定的位置。就产品图形而言,不过是几何图素(点、线、圆、弧等)的拼接,是产品的可视形状,并不包含产品图形内在的拓扑关系和尺寸约束。因此,当需要改变图形中哪怕任一微小的部分,都要擦除重画。图 5-28 所示,要想将图(a)修改为图(b)的形状,就先要将线段 b 移动到另一位置,再将线段 a、c 延长至移动后的线段 b 上。这不仅使设计者投入相当的精力用于重复劳动,而且,这种重复劳动的结果并不能充分反映设计者对产品的本质构思和意图。而新产品的设计不可避免地要多次反复修改,进行零件形状和尺寸的综合协调、优化;对于定型的产品设计,也需要形成系列,以便针对用户的生产特点提供不同吨位、功率、规格的产品型号。如何将只有几何图素的"死图"变为含有设计构思、设计信息的产品几何模型,这是研究参数化设计技术的出发点。

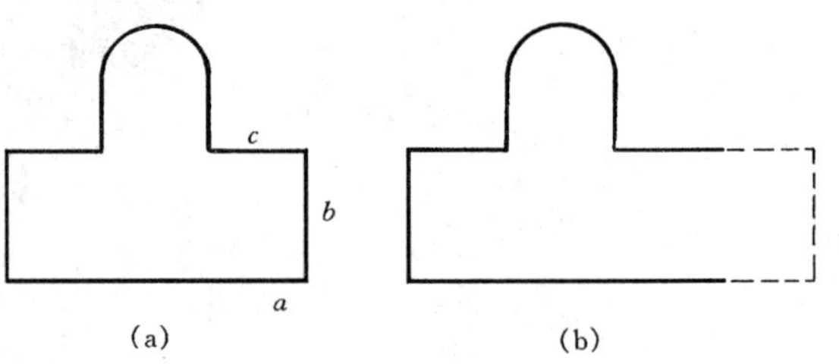

图 5-28 几何图形的修改

实际上构成实体的元素之间是存在一些内在关系的,"约束"的概念就是利用一些法则或限制条件来规定构成实体的元素之间的关系。设计过程可视为约束满足的过程,设计活动本质上是通过提取产品有效的约束来建立其约束模型并进行约束求解。设计活动中的约束主要来自三个方面:功能、结构和制造。功能约束是对产品所能完成的功能的描述;结构约束是对产品结构强度、刚度等的表示;制造约束是对制造资源环境和加工方法的表达。在产品设计过程中必须将这些限制综合成设计目标,并将它们映射成为特定的几何/拓扑结构,从而转化为几何约束。

所谓“几何约束”就是要求几何元素之间必须满足的某种特定的关系。将几何约束作为构成几何/拓扑结构的几何基准要素和表面轮廓要素，可以导出各形状结构的位置和形状参数，从而形成参数化的产品几何模型。几何约束可分为几何拓扑约束和尺寸约束。

1. 几何拓扑约束

几何拓扑约束是指构成图形的各个基本几何元素之间的特殊关系，此关系是一种隐式关系，它包含连接关系以及相互位置关系，如平行、垂直、水平、竖直、相切、共线、同心等是几何拓扑约束的相互位置关系，它描述了图形元素之间在结构上的关系。几何拓扑约束不是参数化设计的变动对象，它们在图形的修改过程中限制图形元素之间的相对位置及相互连接的关系，保证图形元素尺寸改变后图形能大致保持原来的形状以及尺寸链的完整性。几何拓扑约束按性质可分为关系约束和非关系约束。关系约束包括平行约束、垂直约束、共线约束、相切约束、同心约束和对称约束等。非关系约束包括自身铅垂、自身水平等。关系约束在操作实现中有主体与从体的区别，例如元素 A(从体)平行于元素 B(主体)，从体是变化的对象，主体不变，但最终生成的图形数据不反映主从关系。常见的几何拓扑约束如下：

(1) 水平线 (Horizontal Lines)；

(2) 竖直线 (Vertical Lines)；

(3) 平行线 (Parallel Lines)；

(4) 垂直线(Perpendicular Lines)；

(5) 等半径和等直径(Equal Radius and Diameter)；

(6) 90°和 180°圆弧(90°and 180°Arcs)；

(7) 相切(Tangent)；

(8) 对称(Symmetry)；

(9) 共线(Collinearity)；

(10) 等长度线(Equal Segment Lengths)；

(11) 中心在同一水平线上(Centers lying on the same horizontal)；

(12) 中心在同一竖直线上(Centers lying on the same Vertical)；

(13) 点在其他元素上(Point entity lying on other entites)；

(14) 固定(Ground)，图形在 x 或 y 方向上不能移动；

(15) 图形元素的关键点重合。

常见的几何拓扑约束类型如图 5-29 所示。

所有约束都有相应的符号，如图 5-30 所示为三维造型软件 MDT 5.0 表示的已显示几何

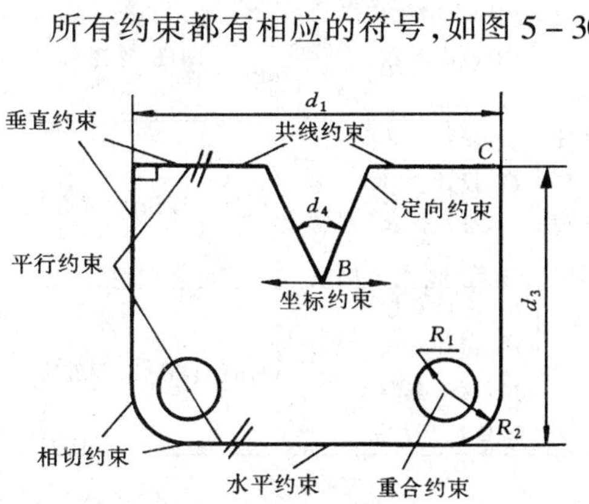

图 5-29 常见的几何约束类型

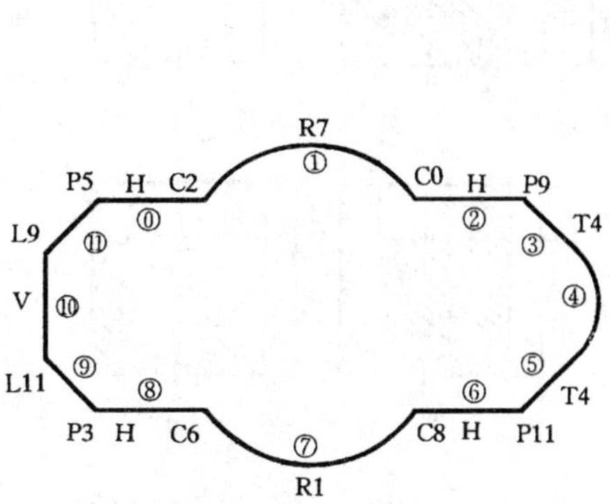

图 5-30 几何拓扑及符号

拓扑约束的二维轮廓图形,图中 H 表示水平线,V 表示竖直线,T 表示相切,P 表示平行线,C 表示共线,L 表示等长度线,R 表示等半径。

几何约束的添加常见有以下方法:

① 动态导航。动态导航(Dynamic Navigator)提供了一种指导性的参数化作图手段,与设计人员达成某种默契,从而提高设计效率。根据当前光标位置,动态导航能猜测用户意图,然后用直观的图标将所猜测的约束显示在相关图形的附近,如图 5-31 所示。草绘轮廓时最好使用应用软件提供的自动导航方法,使用这种方法在轮廓草绘的初期,计算机和操作人员就能达到明确的共识。目前常用的 CAD 系统 Pro/E、SolidWorks 等都具有这种功能。

② 自动识别。有的应用软件没有提供动态导航或提供的动态导航功能不太强,采用的是自动识别技术, AutoDesk 公司的 MDT 软件系统就是采用这种技术。自动识别的依据和动态导航的依据是一样的,只不过这种方法是先让用户草绘图形,草绘完成后由计算机自动判识。如果用户正确使用各种草绘方法,那么计算机可以识别大部分的约束。轮廓草绘不要求用户严格按照规定绘制图形,该草图图形可能是该封闭的不封闭,水平线不水平,铅垂线不铅垂,只要偏差在一定范围内,计算机都可以识别出来。如图 5-32 所示的草图规整。

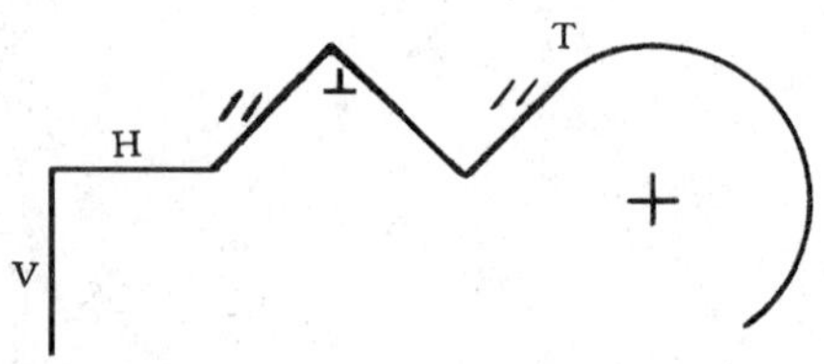

图 5-31　轮廓生成时的动态导航

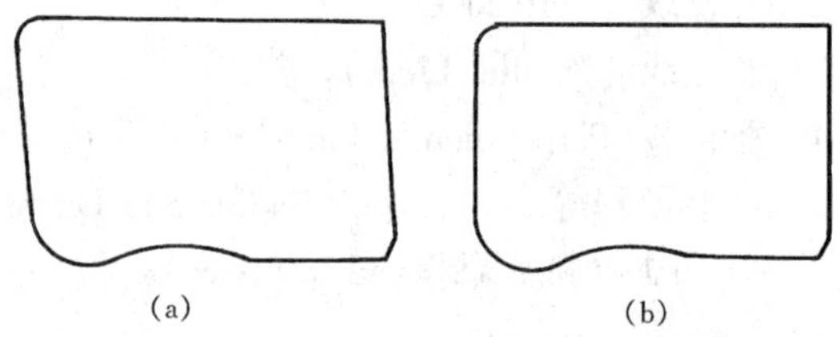

图 5-32　草图的规整

③ 手工添加。如果用户作的草图不太规范,或者用户对系统自动添加的约束不满意,用户可以手工添加约束。

2.尺寸约束

尺寸约束用来确立几何元素之间的相对位置,用来描述图形元素的固有属性,属于变动的对象,参数化图形就是通过尺寸约束驱动(变动)而形成的。尺寸约束也可分为关系尺寸约束

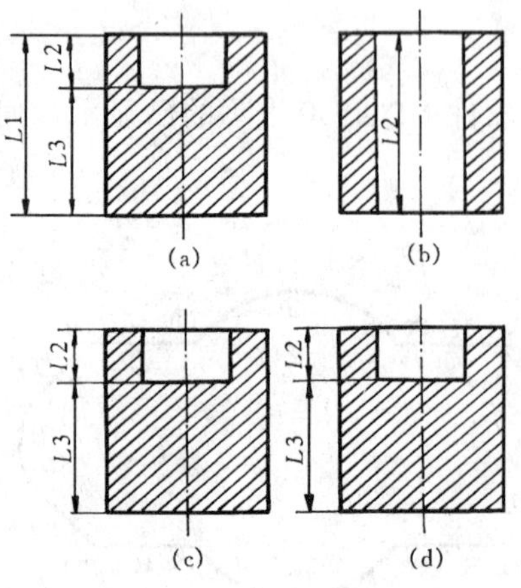

特征约束		设计意图
位置约束	尺寸约束	
1. 孔的顶面与圆柱体顶面重合 2. 孔的中心线与圆柱体的中心线重合,即同轴	$L1$:设计参数 $L2$:被动参数 $L2 = L1$	图(b)通孔
	$L1$:设计参数 $L2$:设计参数 $L3$:被动参数 $L3 = L1 - L2$	图(c):盲孔,确保孔深
	$L1$:设计参数 $L3$:设计参数 $L2$:被动参数 $L2 = L1 - L3$	图(d):盲孔,确保底

图 5-33　约束定义与设计意图

和非关系尺寸约束。关系尺寸约束指两平行线之间的距离、两直线间的夹角、定位尺寸等。非关系尺寸约束指圆直径、圆弧半径、直线长度等。加注尺寸的过程也就是建立尺寸约束的过程。按工程图中尺寸分类，尺寸约束又可分为以下 6 种：① 线性尺寸约束；② 直径尺寸约束；③ 半径尺寸约束；④ 角度尺寸约束；⑤ 螺纹尺寸约束；⑥ 倒角尺寸约束。

尺寸约束与设计意图密切相关，是特征功能的具体体现。图 5－33 的特征定义说明了这一点。图 5－33(a)中为由圆柱体和孔特征构造而成的一个零件，假设两者之间的位置约束为孔的一端面和圆柱体底面重合并且同轴，那么，选择不同的形状约束（设计约束和派生约束的变化）就可反映不同的设计意图（结果），如图 5－33(b)～(d)所示。

5.2.2 尺寸驱动与数据相关

如果给轮廓加上必要的几何约束和尺寸约束，CAD 软件系统就可以根据这些约束控制轮廓的位置、形状和大小。CAD 系统如何根据约束正确地控制轮廓是参数化设计的一个关键技术。

所谓“尺寸驱动”就是指当设计人员改变了轮廓的尺寸约束的数值大小时，轮廓形状将随之自动发生相应变化，如图 5－34 所示。尺寸驱动机制是基于对图形数据的操作，可以对图形的几何数据进行参数化修改；但是，在修改的同时，还要满足图形的拓扑约束条件，需要约束间关联性的驱动手段——约束联动，约束联动是通过约束间的关系实现的驱动方法。对一个图形，可能的约束十分复杂，而且数量很大，而实际由用户控制的，即能够独立变化的参数一般只有几个，称之为主约束（或主参数）；其他约束可由图形结构特征确定或与主约束有确定关系，称它们为次约束。

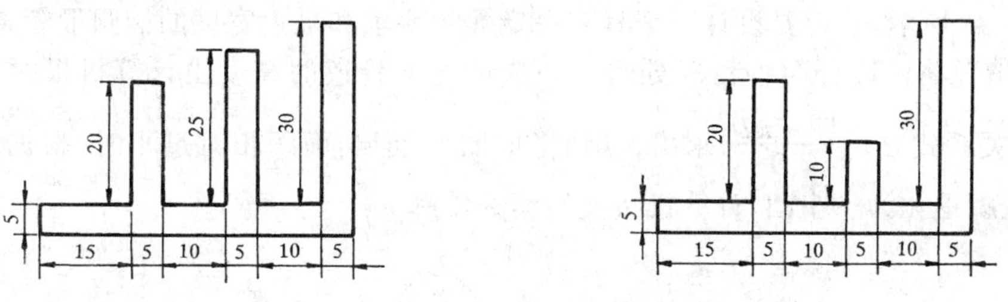

图 5－34 尺寸驱动

通过约束推理确定需要修改某一尺寸参数时，系统自动检索出此尺寸参数对应的数据结构，找出相关参数计算的方程组并计算出参数，驱动几何图形形状的改变。尺寸参数的修改导致其他相关模块中的相关尺寸得以全盘更新。采用这种计算的理由在于：它彻底克服了自由建模的无约束状态，几何形状均以尺寸的形式而牢牢地控制住。如打算修改零件形状时，只需编辑一下尺寸的数值即可实现形状上的改变。尺寸驱动在道理上容易理解，尤其对于那些习惯看图纸、以尺寸来描述零件的设计者是十分对路的。例如，图 5－35(a)为在正方形垫片上开圆形孔，图 5－35(b)为在圆形垫片上开方形孔，这两个零件虽然看上去结构差异很大，但通过圆的直径 D 及正方形边长 L 这两个变量使这两种结构相互转化，即采用一个参数化绘图程序进行设计。另外如图 5－35(c)和 图 5－35(d)所示，通过设置参数改变法兰盘上的孔的数目和孔排列类型，甚至由圆周均匀分布的其他形素替代孔，并且孔或其他形素是否在同一圆周上，是否均匀分布都可以通过参数来设置。

尺寸驱动是一种新的参数化方法，其基本特征是直接对数据库进行操作。因此它具有很

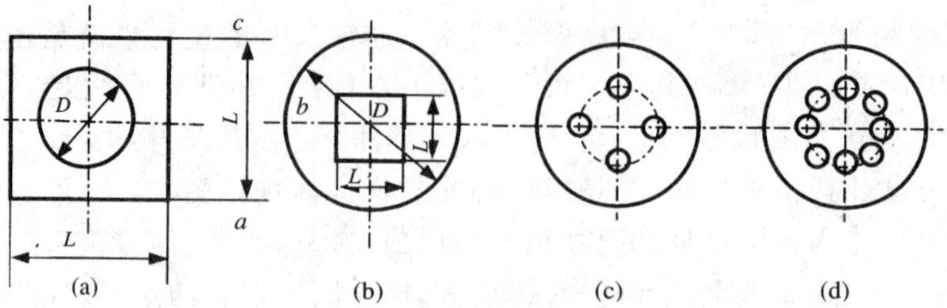

图 5 – 35　尺寸驱动示例

好的交互性，用户可以利用绘图系统全部的交互功能修改图形及其属性，进而控制参数化的过程；与其他参数化方法相比较，尺寸驱动方法具有简单、方便、易开发和使用的特点，能够在现有的绘图系统基础上进行二次开发，而且适用面广，对三维问题也同样适用。

用来反映尺寸或参数之间的数学关系的数学表达式称为关系式，这种数学关系本质上反映了专业知识和设计的意图。关系式像尺寸和拓扑约束一样，可以驱动设计模型，关系发生变化以后，模型也将跟着发生变化。关系式是尺寸和拓扑约束的重要补充，允许用户定义设计变量之间的关系使得设计自动化的程度大大提高，它扩展了尺寸驱动这一技术，给设计对象的修改增加了更大的自由度。例如，利用拓扑约束只能建立两个长度相等的边，而使用关系式则可以使得两个边保持特定的函数关系。

如图 5 – 36 所示，在部件的一个圆周上均匀分布着若干个螺钉孔，通过定义关系式允许把螺钉孔的数目当作设计变量，当螺钉孔的数目改变时，螺钉孔之间的夹角将通过一个预先输入的简单表达式计算得到，计算机会正确处理这种设计上的变化。

如图 5 – 37 所示，假设要设计一个具有一定面积要求和最大宽度的椭圆形管道时，设计人员可以根据情况将设计分两种情况处理。一般情况下管道的高度由计算机根据包含面积 S 和宽度 D 的关系式 $H=\dfrac{4S-\pi D^2}{D}$ 求出，自动生成图形；但当面积相对过小时，根据设计人员的事先设定，轮廓退化为一个圆，计算机将使用新的轮廓。

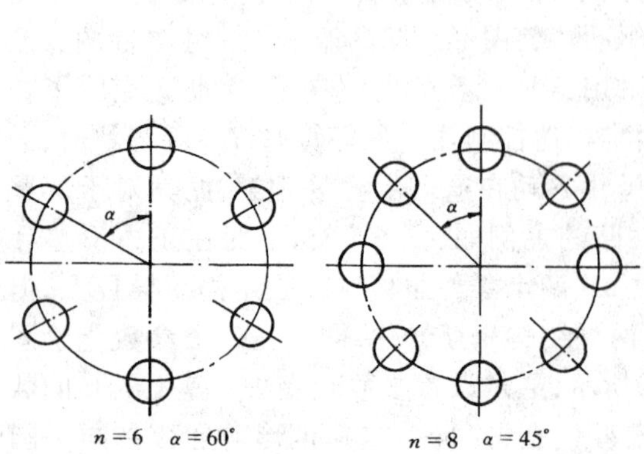

图 5 – 36　设计均匀分布的螺钉孔

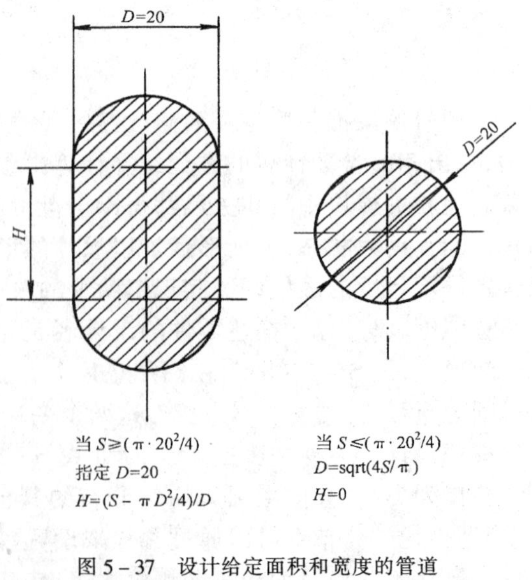

图 5 – 37　设计给定面积和宽度的管道

设计工程师设计一个零件，这个零件上的某个尺寸可能与另外某个或几个尺寸存在某种关系，也就是说这些尺寸存在相关性，一个尺寸的改变会自动引起与之相关的另一个尺寸变化；还有，所有零件在装配中都不是孤立存在的，在参数化设计系统中，一个零件的尺寸可以用其他零件上的尺寸和位置来确定，这样可以保证这些零件装配后自动具有相吻合的尺寸，从而减少人为的疏忽。如图 5－38 所示，齿轮的轴孔直径和键槽宽度可以根据轴上的相应尺寸参数来确定。

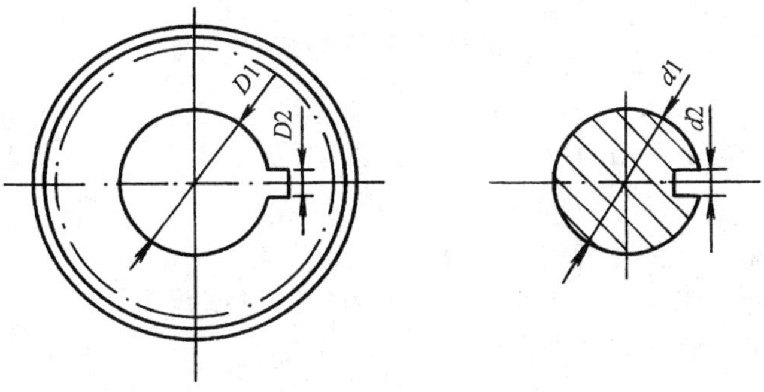

图 5－38　两个零件的尺寸存在相关

通过建立关系，CAD 设计中参数不只代表设计对象的外观相关尺寸，还可以具有实质上的物理意义。例如，可以运用系统参数（如体积、表面积、重心等）或用户自行依设计流程需求所定义的用户定义参数（如密度、厚度等具有设计意义的物理量）加入设计构思中，来表达设计思想。这项参数化设计的功能不但改变了设计的概念，并且将设计的便捷性推进了一大步。

5.3　特征造型技术

5.3.1　特征的概念及分类

1.特征技术的提出

几何造型技术的发展促进了 CAD/CAM 技术的发展，成功地解决了一些工程应用问题，但是，由于几何造型仅从几何的角度定义零件的形状，从而使得几何造型所建立的零件模型存在如下缺陷：

(1) 零件定义不完整。只能定义零件的公称几何形状，而作为零件的其他信息如尺寸公差，表面粗糙度以及设计意图等都不能表达。

(2) 信息定义的层次低。零件以点、线、面等较低层次的几何与拓扑信息描述，只有当这些信息作为图形显示出来时，人们才能理解其含义。

这些缺陷使得几何造型技术难于在工程领域中得到广泛而深入的应用。为此，人们提出了特征造型(Feature Modeling)技术以期解决几何造型技术所存在的问题。

特征造型技术是几何造型技术的自然延伸，它是从工程的角度，对形体的各个组成部分及其特征进行定义，使所描述的形体信息更具工程意义，如利用孔、槽、凸台等来描述形体的形状。图 5－39 所示零件就可认为由 5 个具有工程意义的特征构成。

通过特征造型，可定义零件的形状特征（具有一定工程意义的形状）、精度特征（尺寸公差、表面精度等）、材料特征和其他工艺特征（材料类型、材料性能、表面处理、工艺要求等），从而为有关设计和制造过程的各个环节提供充分的信息。特征技术是 CAD/CAM 技术发展中的一个新里程碑，它是在 CAD/CAM 技术的发展和应用达到一定水平，要求进一步提高生产组织的集成化、自动化程度的历史进程中孕育成长起来的。特征造型技术以及基于特征的零件模型已被公认为是实现 CAD、CAPP、CAM 和 CAE 等系统的集成化最有希望的途径。目前，特征造型技术发展很快,20世纪90年代出现的一些CAD系统已具有一定的形状特征造型功能,其功能也越来越完善。

2. 特征定义

客观事物都是由事物本身的特性体及其相互关系构成的。一般地讲,特征是客观事物特点的征象或标志。目前人们对于CAD/CAM中特征的定义尚没有达到完全统一。在研究特征技术的过程中,国内外学者从不同的侧面、不同的角度,根据需要给特征赋予了不同的含义。下面是一些常见的定义:

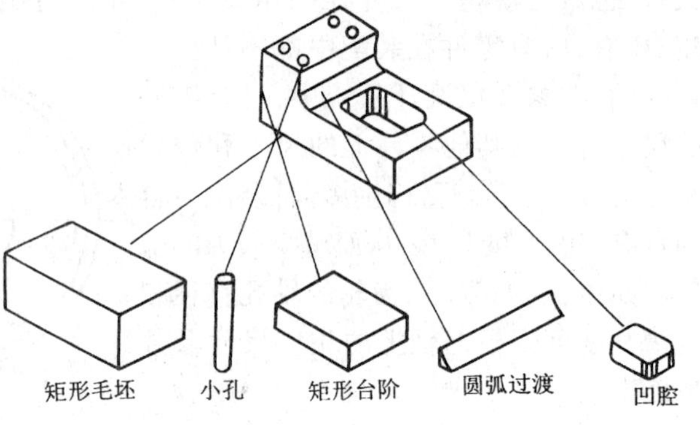

图5-39 一个零件的特征

- 特征是对一个或多个设计或制造活动有意义的几何形状和几何实体。
- 特征是设计人员感兴趣的一个区域或一组表面。
- 特征是一些切削加工操作所除去的体积。
- 任何用于设计、工程分析和制造的推理的客观对象。
- 用于描述零件和装配体的语义组,它将功能、设计和制造信息组合在一起。

也有人将特征定义为:"一组具有确定约束关系的几何实体,它同时包含某种特定的语义信息。"可将特征表达为如下形式:

$$产品特征 = 形状特征 + 工程语义信息$$

其中形状特征为具有一定拓扑关系的一组几何元素构成的形状实体,它对应零件的一个或多个功能,并能被一定的加工方式所形成。工程语义信息包括三类属性信息,即静态信息——描述特征形状、位置属性数据;规则和方法——确定特征功能和行为;特征关系——描述特征间相互约束关系。依据不同应用功能,可以为特征赋予不同的语义信息。

由于特征强调了其工程语义信息,既能表达设计人员设计意图,又具有相应的制造加工信息,所以特征建模技术现已成为CAD/CAM集成的核心技术。

3. 特征分类

由于特征与零件类型及工程应用相关,因此,在不同的应用中特征具有不同的含义和表达形式,从而导致特征数量无法估计。为便于特征技术的研究与应用,需要对特征作相应的分类。对特征进行分类具有以下三个好处:

(1) 便于按类表达特征,使特征的表达规范化和结构化;

(2) 可以建立某些通用的特征术语;

(3) 可应用于零件数据交换的标准化。

但是,要对特征作一通用的分类是非常困难的,一般都是从特定的角度进行分类。从零件的定义角度考虑,一个零件一般包括以下几类特征:

(1) 形状特征　与描述零件几何形状、尺寸相关的信息集合,包括功能形状、加工工艺形状、装配辅助形状等,即具有一定工程语义的几何形状。

(2) 精度特征　描述零件几何形状、尺寸的许可变动量的信息集合,包括尺寸公差、形状公差和位置公差、表面粗糙度等。

(3) 材料特征　与零件材料和热处理有关的信息集合,如零件所用的材料牌号与规格、毛坯状态、热处理方式、表面处理方式、硬度值等。

(4) 技术特征　描述零件的性能和技术要求的信息集合。

(5) 装配特征　零件在装配部件中的装配关系、装配基准面等。

图 5-40 是对棱柱类零件的形状特征所作的一种分类示例。

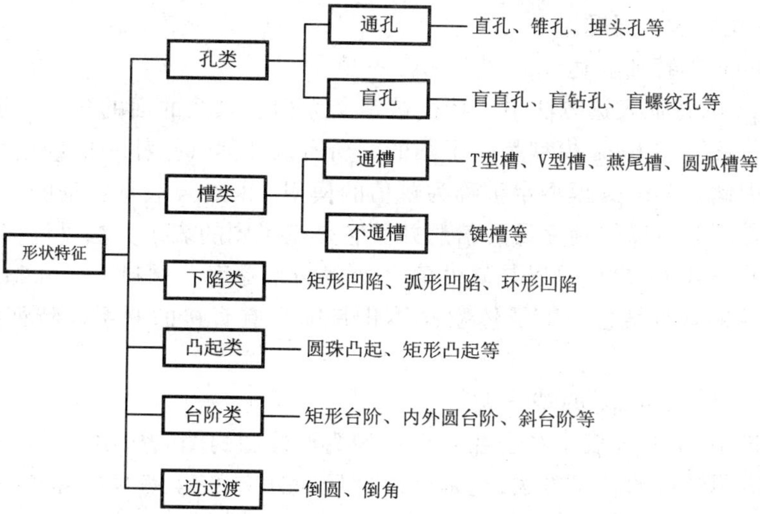

图 5-40　棱柱类零件形状特征分类

5.3.2　特征表达与特征关系

1. 特征表达

在特征定义和表达中,有关特征体素和面的信息都十分重要。特征体素是特征造型中进行布尔运算的单元,而特征组成面及拓扑信息是建立特征之间关系及工程属性的基础。因此在特征表示中,应同时表示特征体素和特征面的信息;一般特征的表示如图 5-41 所示,包括特征体素层、特征面关系层及特征几何元素定义层。

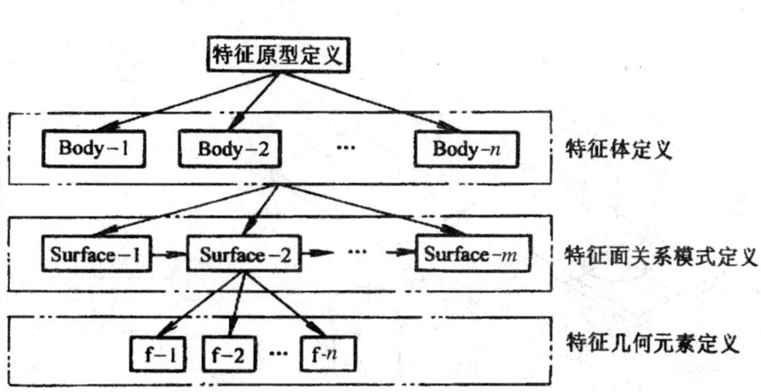

图 5-41　特征表达的三层次结构

特征造型是几何造型的自然延伸,特征的表达也就与几何模型存在密切的关系。目前,特征表达主要是基于 B-Reps 和 CSG 两种几何模型建立的,不同的应用目的,特征的表达方法及其信息结构有所不同。下面介绍三种典型的特征表达方法和一种特征关系表达方法。

(1) 基于 CSG 的特征表达

基于 CSG 的特征表达方法将特征定义为体积元素,体积元素通过布尔操作构造零件。使用 CSG 表达方法简捷、有效,易于编辑和操作体素,并提供 CSG 和特征体素之间有意义的联系,而且二叉树可用于特征模型的构造。对于特征提取,CSG 模型的主要问题是其表示并不具有唯一性,以及缺少对低层的构形元素的显式表达。然而,给 CSG 模型赋值,推导出其相应的边界表示,就可以克服这些问题。

(2) 基于 B-Reps 的特征表达

在基于 B-Reps 的特征表达方法中，特征被定义为相互联系的面的集合（面集)。这些特征也被称为“面特征”。B-Reps 模型是基于图的，所有的几何（拓扑）信息显式地表达在面、边、顶点表中，因此，B-Reps 模型常被称为赋值的模型。B-Reps 表示特征的方法受到许多研究者的喜欢，这是因为可以得到充足的信息并且它是基于图的表示方法（许多特征识别系统是基于图表示的)。B-Reps 模型可以与属性值（如表面粗糙度、材料、尺寸和公差）联系在一起，B-Reps 方法的缺点是它与特征体素和体积特征没有直接的联系，特征操作（如删除特征）难以进行。

(3) 基于混合 CSG/B-Reps 的特征表达

此方法将 CSG 和 B-Reps 表示结合在一个被称为形体图的图结构中。混合 CSG/B-Reps 方法是设计系统中表示特征的较好方法,这是因为它同时兼有 CSG 模型及 B-Reps 模型的优点:CSG 模型易于对高层元素操作,B-Reps 模型易于给低层元素(点、线、面)附加尺寸、公差和其他属性。

2. 特征关系表达

在特征模型中,除基本的形状特征和相应的公差信息外,形状特征间的关系也是一种非常重要的信息,它为后续的 CAPP、CAM、CAE 应用中对信息的理解与处理提供了方便。

特征关系现在还无统一的表达方法,许多研究人员对此开展了研究。这里将特征的关系分为两类,一类为特征定位关系,一类为特征联结关系。

(1) 特征定位关系及其表达

定位关系表达方法的优点是既方便用户的操作,又便于实现零件的参数化处理。当某一特征上的定位点或定位线发生变化时,即可通过定位关系图自动传递到所有相关的特征。如图 5－42 所示。

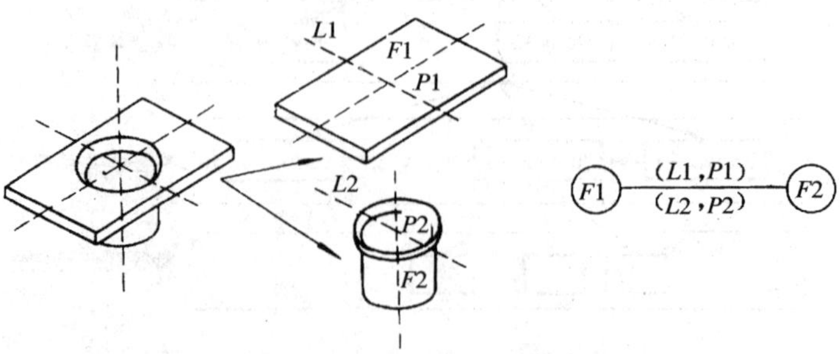

图 5－42　零件的定位关系图

(2) 特征联结关系及其表达

特征间的联结关系反映了零件的总体结构,若不能有效地表达这种关系,计算机就难以理解特征间的逻辑关系，并提取出所需要的信息。因此，特征间的联结关系是零件特征模型的重要内容。零件上的特征一般存在以下三种联结关系：

① 相邻关系（adj） 表示两特征相邻接。

② 父子关系（pc） 表示一特征依赖于另一特征而存在。

③ 范式关系（pat） 表示同一种特征以某种阵列方式排列所构成的关系。

特征间的联结关系可采用图结构来表达，其中图节点表示特征，图边表示特征间联结关系，这种图即称为特征关系图。图 5－43 为图 5－39 所示零件的特征关系图。

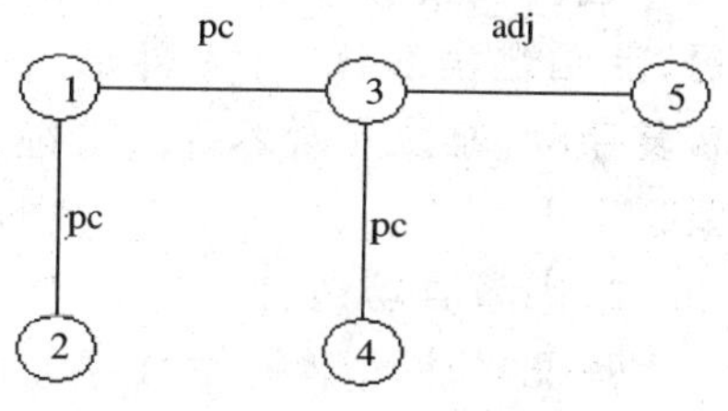

图 5－43 特征关系图

5.3.3 特征模型

特征模型以几何模型为载体，以一定的逻辑组织结构，将特征自身属性、特征间的约束关系、特征与零件的关系以及非几何信息统一集成起来。特征的属性和特征间的几何约束、工程约束关系可用树型层次结构来描述，如图 5－44 所示。特征之间具有继承、传递、邻接和引用关系，图中虚线表示引用关系，实线表示从属关系。对任一特征的操作或改动将会影响到关联特征，其约束关系自动进行传播。

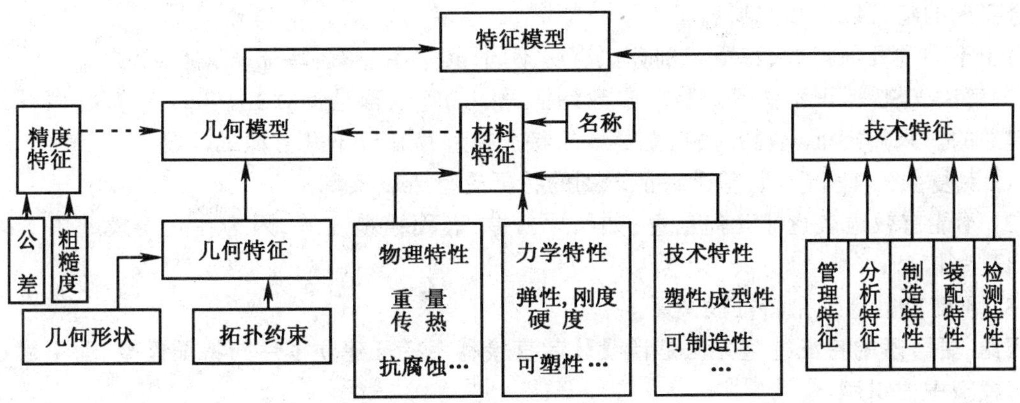

图 5－44 特征模型的树状层次结构

在特征造型系统中，应存储两种模型，一是实体模型（Solid Model），常见的是边界表示法（B-Reps），用于图形的显示、物性的计算和有限元网格剖分等；另一种是特征模型（Feature Model），它记录了特征参数、基准、父特征、子特征等。

5.3.4 特征造型方法

以特征作为造型基本元素描述产品的方法叫做基于特征的造型技术。特征造型技术大致分为三类：交互式特征定义（Interactive Feature Definition）、特征自动识别（Automatic Feature Recognition）和基于特征的设计（Design by Feature）。

1. 交互式特征定义

这种方法如图 5－45(a)所示，是最简单的特征造型方法。它需要设计人员利用现有的 CAD 系统，预先设计好零件的几何模型，并显示在图形终端上；然后由设计者利用特征定义系统，交互地选取某一特征所包含的拓扑实体(面、边等)，设计者还可在这些实体上交互添加上尺寸公差、表面粗糙度等信息。这种方法需要设计者输入大量的信息，自动化程度低，当零件形状非常复杂时，难以实现零件的特征造型。

2. 特征自动识别

特征自动识别工作过程大致如图5－45(b)所示。特征自动识别的基本思想即是通过事先开发的特征识别模块，将几何模型中的数据与预先定义在库中的类特征数据进行匹配，标识出零件特征，建立零件的特征模型，从而实现零件的特征造型。这种方法的大致步骤是这样：首先在库中搜索与模型的拓扑/几何相匹配的类特征；提取已识别的特征；确定特征的参数；完成特征的几何模型；最后组合简单的特征以获取高层特征。

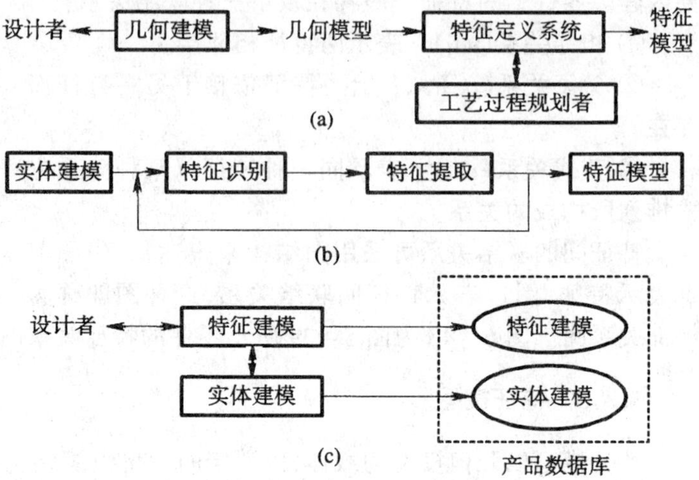

图5－45 特征造型技术图解说明
(a) 交互式特征定义；(b) 特征自动识别；(c) 特征设计。

对于不同的几何模型，特征识别算法有所不同，其中主要有：特征语义匹配法、几何体生长法、体分解法、CSG树识别法等。目前多数特征识别的算法都是针对B—Reps和CSG两种几何模型建立的。采用特征识别方法建立零件的特征模型存在以下几方面的问题：

(1) 对复杂的零件形状，基于特征识别的特征造型难以实现；

(2) 不能有效地表达非几何信息，如尺寸公差、表面粗糙度等，因为在几何模型中不可能标示出这些信息；

(3) 不能有效地识别特征间关系。

因此，更合理的特征造型方法是让设计者直接利用特征建立零件的特征模型，而不是事后从几何模型中去识别。

3. 基于特征的设计

以这种方法进行工程设计，从设计一开始，特征就体现在零件的模型中，如图5－45(c)所示，这种方法由设计者通过调用特征库中的特征，经增加、删除、修改等操作建立零件特征模型。特征参与CAD系统本身的造型过程就是用特征来进行设计。由于设计者直接面向特征进行零件的造型，因此操作方便，并能较好地表达设计意图，这种方法所建立的特征模型具有丰富的工程语义信息，为后续应用提供了方便。

特征造型系统不仅要构造出零件形状而且能加入工艺信息，如公差、技术要求等。为了支持针对具体应用领域的基于特征的设计，特征造型系统应具备一个参数化的特征库，在设计过程中，允许设计者对参数赋值和调用特征，并将特征放在所希望的位置上。因此系统必须提供对特征进行操作的命令，如MOVE(移动)、ROTATE(旋转)、QUERY(查询)、LIST(列表)、RENAME(更名)、EDIT－ATTRI(编辑属性)、DELETE(删除)、COPY(复制)等等，以及通过对特征的调用与操作的规则处理设计约束的机制。

根据产品的不同类型(例如机械零件一般可分为轴类、盘类、曲面立体类、箱体类和支架类等)分析每类零件的特点,在相应的CAD系统中可构建该类零件的特征库。在产品设计人员建立零件特征模型时,如需增加某个特征在当前的零件模型中,则从特征库中调取对应的特征,接着确定特征参数,并按某种定位原则进行特征定位,最后进行特征参数化驱动,生成一个特征实例,如图 5-46 所示。特征模型建立完成后,在计算机内部将以特定的数据结构表达和存储。

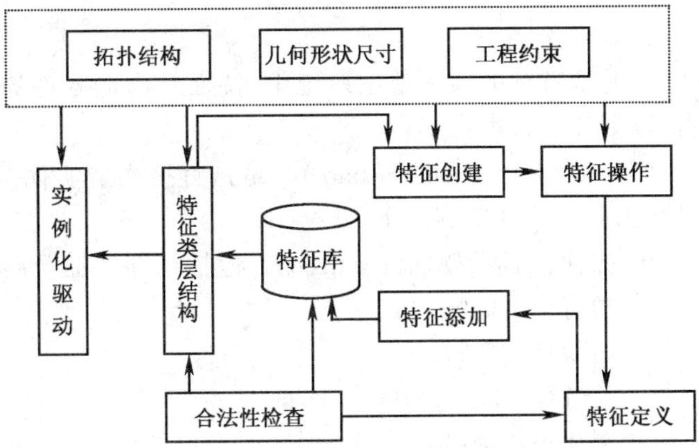

图 5-46 特征模型的建立过程

作为一个通用的特征造型系统,要预先在特征库中定义所有应用中需要的特征是不现实的,因此为用户提供自行定义特征的命令是必要的。这些用户定义特征可先用传统的造型方法产生几何体素,再在其上附加特征属性,接着进行特征定义和合法性检查,依据特征库的组织原则,最后将新定义的特征添加到特征库中。

5.4 应用 Pro/E 进行基于特征的实体造型

5.4.1 基于特征的零件造型过程

在基于特征的造型系统中,零件是由特征组成的,因此零件的造型过程就是不断地生成特征的过程。其基本步骤是首先生成基本特征,然后附加子特征直到完成所需要的形状。

1. 分析零件模型

分析的重点是找出造型对象是由哪些特征组成,其中哪个特征应该作为基本特征,以及各个特征的造型顺序。在考虑基本特征时,一般选择造型对象的主体为基本特征,其他特征在其基础上通过加料或减料完成造型。

2. 生成基本特征

设计人员往往将整个零件中最主要或最大的部分视为基本特征。基本特征是零件的第一个实体特征或曲面特征,即主特征,它是零件的“毛坯”,以后的特征就是在“毛坯”上“加工”,直到生成所需要的零件。用户也可以从特征库中获取用户自定义的特征组作为基本特征。

开始一个新的零件时,用户一般都生成三个默认的正交基准平面作为基准特征,然后生成零件的主特征,接着继续附加辅特征直到完成所需要的形状。

3. 附加子特征

用户生成了基本特征后,就可以附加其他子特征,以搭积木的方式,在基本特征的基础上,通过添加、去除、求交等造型过程最终得到整个零件模型。附加特征的顺序很重要,前面的特征完全不知道后面生成的特征。例如:如果在一个主特征上打了一个通孔,然后在主特征下方附加另一个立方块特征,尽管这个特征在通孔的下方,孔也不会接着穿透立方块特征,因为立方块生成在孔之后。但是,如果改变孔特征和立方块扫描特征的顺序,孔就会穿透立方块。

5.4.2 Pro/E 中的特征

1. 特征分类

在基于特征的实体造型系统中，特征是构造零件的基本单元。例如：Pro/E 中的特征大致包括以下几个大类：

(1) 实体特征(Solid Feature)　是指直接构造实体的特征。Pro/E 中提供的实体特征有 20 多种，主要的特征罗列如下：

① 拉伸(扫描)特征(Protrusion)，包括拉伸特征及旋转、路径、混合扫描特征；

② 槽特征(Slot)；

③ 切除特征(Cut)；

④ 孔特征(Hole)；

⑤ 倒圆角特征(Round)；

⑥ 倒角特征(Chamfer)；

⑦ 筋特征(Ribs)；

⑧ 壳特征(Shell)；

⑨ 扭曲特征(Tweak)。

(2) 曲面特征(Surface Feature)　主要指用于曲面造型的各种曲面。

(3) 基准特征(Datum Feature)　在实体造型中起辅助造型作用的非实体的几何体，是构造实体特征的参考基准。基准特征按其几何特性，主要分为以下几种：

① 基准平面(Planes)；

② 基准轴(Axies)；

③ 基准点(Points)；

④ 基准曲线(Curves)；

⑤ 坐标系(Coordinates System)。

(4) 修饰特征(Cosmetic)　如喷印、螺纹等。

(5) 钣金特征(Sheet Metal)　钣金加工特有的特征。

(6) 用户自定义的特征(UDF)　由用户自定义或者来自特征库。

2. 特征树

在 Pro/E 中，所有的零件都是特征的集合。一个零件就有一个特征树，这个特征树记录了组成零件的所有特征的类型及其相互的关系。其中最早建立的特征叫做基特征(Base)，其它的特征都是子特征。

特征树中有两种基本关系：特征邻接关系和特征父子关系。邻接关系表示两个特征是并列的，它们依附于共同的父特征；父子关系表示两个特征之间存在依附关系，一个特征依附在另一个特征之上。被依附的特征叫做父特征，修改父特征会对子特征有影响。如果删除父特征，则子特征也将被删除。在进行零件造型时，要特别注意特征树的结构关系，分清楚零件的特征结构，以利于后面的修改。图 5-47 是一个典型的特征树。

图 5-47　特征树

在零件造型过程中，用户可以通过特征树窗口进行特征操作。例如，用户可以选择一个特征，改变其显示状态，将特征从零件中隐去(注意，不是删除）。这样在构造复杂的零件时可以简化零件的外形；从而更方便地对当前关心和涉及到的特征进行操作。

5.4.3 特征创建基本方法

1. 拉伸扫描特征（Protrusion）

拉伸扫描特征是生成零件的基本方法，其原理就是数学上点动成线、线动成面、面动成体。空间的有界平面沿着一定的路径运动将生成实体特征。这是所有三维造型系统中最重要的造型方法。拉伸扫描特征既可以作为主特征，又可以在主特征的基础上生成子特征。

(1) 拉伸（Extrude）：通过拉伸截面创建特征，截面沿其法向运动生成实体的造型方法，如图5－48所示。

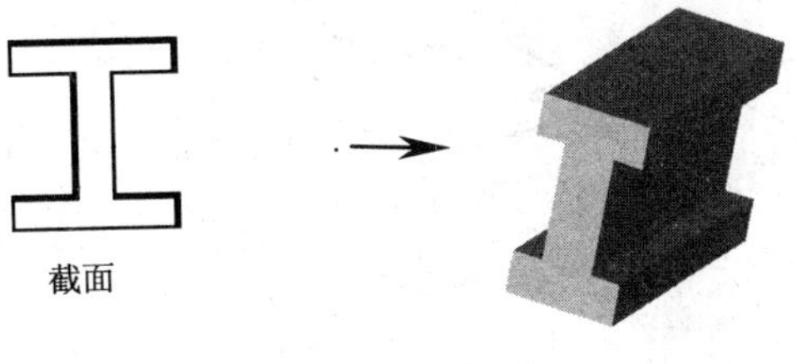

图5－48 拉伸特征

(2) 旋转（Revolve）扫描：一个截面绕着草绘面内的中心线旋转一定角度所形成的特征，如图5－49所示。

(3) 路径扫描（Sweep）：是一种在直线扫描和旋转扫描基础上扩充的造型特征，它是由一个截面沿着一条指定的路径扫描而成，如图5－50所示。

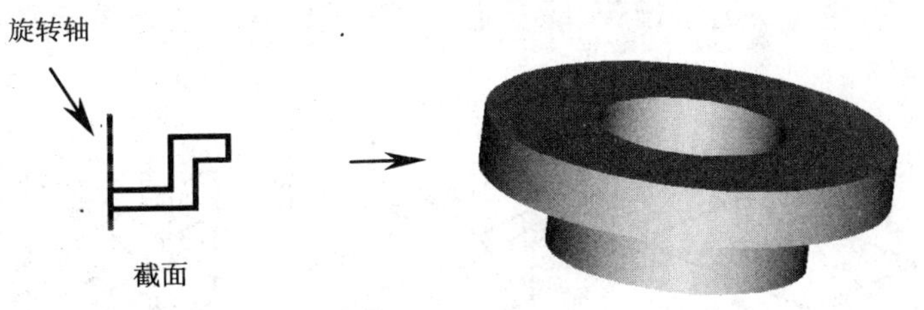

图5－49 旋转扫描特征

(4) 混合扫描（Blend）：是由两个以上具有不同形状或尺寸的界面均匀过渡形成的特征实体，在一些造型系统中也被称为“蒙皮”。混合扫描比较复杂，扫描方法分为三种，即平行（Parallel）、回转（Rotational）和一般（General）。混合扫描的截面是有起点和方向的，相同的截面形状，不同的起点和方向，则扫描结果可能大相径庭，所以在草绘截面时要注意保持它们的起点和方向相互对应。另外，混合扫描在建立截面间的过渡曲面时，有平滑过渡（Smooth）和直接过渡（Straight）两种方式。平滑过渡方式用平滑的样条曲线连接各个截面的对应顶点；直接过渡则使用直线连接各个截面的对应顶点。如图5－51所示为采用平滑过渡方式的平行混合扫描特征。

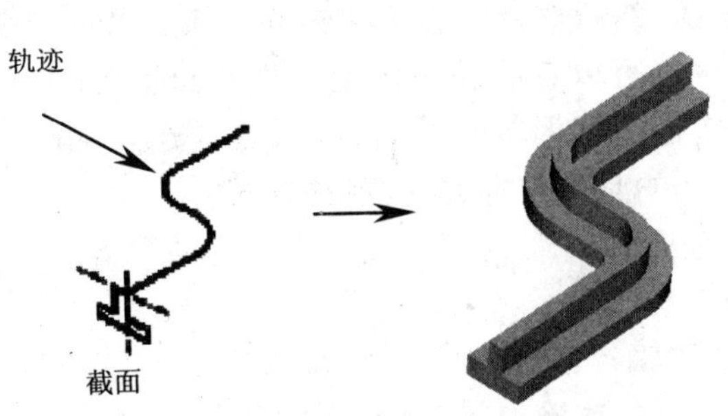

图5－50 路径扫描

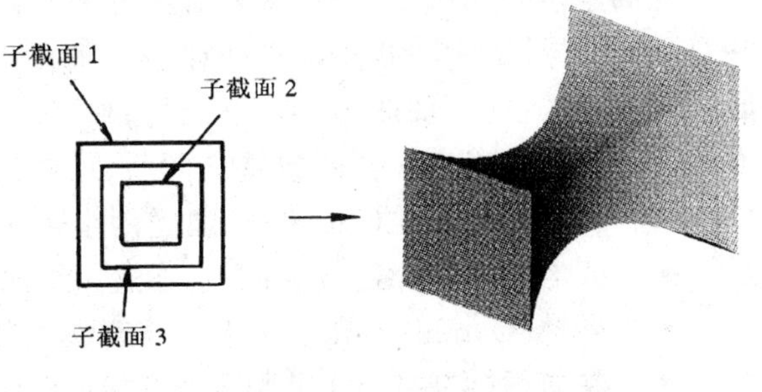

图5－51 平滑过渡方式的平行混合扫描特征

2. 辅特征

前面讲的拉伸扫描特征全部是正特征，几乎各种扫描特征都有与之相对应的负特征，那就是槽特征和切削特征。主特征只能是正特征，但辅特征可以是正特征，也可以是负特征。

(1) 切削(Cut)特征

切削特征与前面的拉伸扫描特征类似，也有拉伸、旋转、路径扫描、混合扫描等特征。切削特征所用的截面可以是开口的，也可以是闭合的，系统会提示用户确定去除哪一边的材料。如图 5－52 所示。

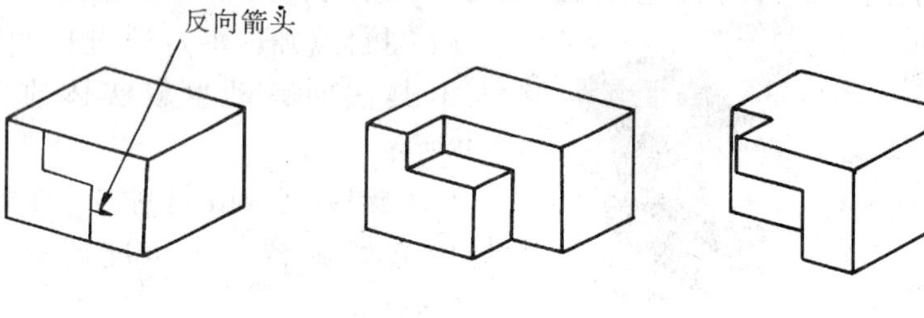

图 5－52 切削特征

(2) 轴肩、退刀槽、凸缘特征

轴肩是通过草绘旋转截面然后将其放置在其他模型上来创建；退刀槽是一种特殊的旋转槽，它绕着旋转零件或特征创建凹槽；凸缘与退刀槽类似，不同之处在于它对旋转实体增加材料。如图 5－53 所示。

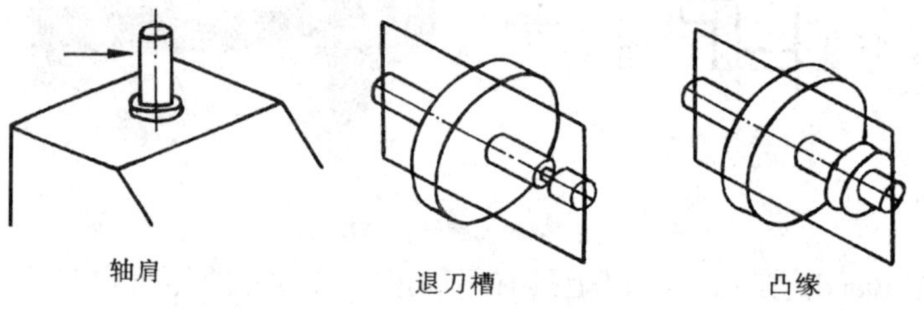

图 5－53 轴肩、退刀槽、凸缘特征

(3) 孔(Hole)

孔特征可以是多种轴向旋转切除的几何图形。孔可以是直边或用户草绘的定制形状或是基于工程标准紧固件。孔的类型可以是标准沉孔和埋头孔，可延伸到多种不同的深度范围，还可带有不同的尖端形状。

孔的定位分为两步进行，首先确定孔所在的平面，然后选择孔的标注参考。孔可以定位在一个平面上，孔的中心线总是和所在平面垂直；用户也可以直接在曲面上建立孔特征，孔的中心线为曲面的法向，切曲面必须是凸的，如果要在实体的凹面放置孔时，可以通过建立基准平面的方式进行。确定了孔的放置平面后，还要确定孔的具体位置，共有四种方式：

- 线性尺寸标注(Linear) 通过两个边来标注孔；
- 极坐标方式标注(Radial) 通过一个轴线来标注孔；
- 同轴(Coaxial) 孔与一个已经存在的轴线同轴；
- 在曲面的基准点上 将孔定位在一个曲面上的基准点上，此时孔的轴线通过这个点且和曲面的法线重合。

图 5－54 所示的孔特征，一为直通孔，一为沉头盲孔。

(4) 倒圆角(Round)

倒圆角可以建立两个面间的圆角，或者取代两个面中间的一个面。创建倒圆角，应考虑以下建议：

- 在设计中尽可能晚些增加倒圆角；
- 可以将所有倒圆角放置到一个层上，然后禁止该层以便加快工作进程；
- 为避免创建从属于倒圆角特征的子项，请**不要**标注由倒圆角创建的边或相切边。

图 5－54　孔特征

用户可以创建两种不同类型的倒圆角：简单和高级。创建何种类型的倒圆角取决于参照几何的复杂程度，以及自定义系统所提供的缺省倒圆角几何的需要。创建简单的完全倒圆角与创建高级的完全倒圆角相似。倒圆角的半径有三种，即恒定(Constant)半径圆角、可变(Variable)半径圆角和完全(Full)圆角。如图 5－55 所示。

图 5－55　三种圆角的效果差别

在零件造型过程中，倒圆角所遇到的情况相当复杂，必须正确地按顺序实施倒圆角的操作。

(5) 壳体(Shell)

壳体特征是从实体上去除一个或多个表面，然后挖空实体的内部，只留下一个指定壁厚(均等或不均等)的壳体。当建立一个壳体时，在此之前所添加到实体上的所有特征都将被掏空。因此，使用壳体特征时要特别注意特征的建立顺序。建立壳体特征有一些限制，如一个零件建立一个壳体特征后再加上其他的特征，这个零件就不能再增加壳体特征。图5－56所示为壳体实例。

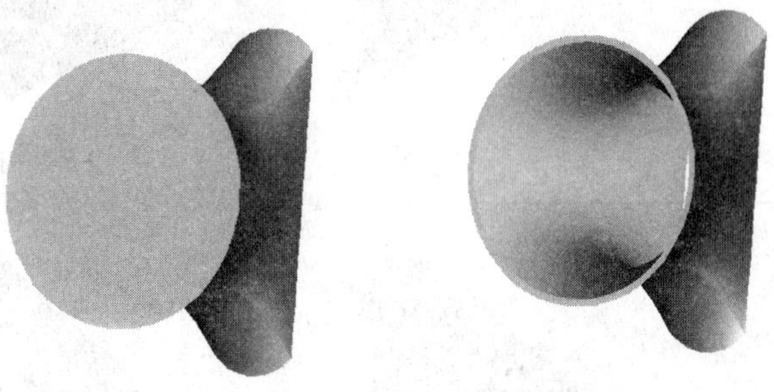

图 5－56　壳体特征

Pro/E 的特征造型功能非常强大，在此不一一例举。其他基于特征造型的软件系统的功能非常类似。

5.4.4　应用 Pro/E 进行基于特征的实体造型实例

自从美国 PTC 公司的 CAD/CAM 系统 Pro/E 为代表的基于特征造型的参数化设计(Parametric Design)系统问世以来，其基于特征造型的参数化设计方法和思路目前已广泛被其他 CAD/CAM 系统(如：UGⅡ、MDT、SOLIDWORKS 等)采用。

Pro/E 是采用参数化设计的、基于特征的实体模型化系统，工程设计人员采用具有智能特性的基于特征的功能去生成模型，如腔、壳、倒角及圆角，可以随意勾画草图，轻易改变模型。这一功能特性给工程设计者提供了在设计上从未有过的简易和灵活。Pro/E具有强大的实体建模功能和直观的用户界面，可以用来进行零件设计、装配设计和工程绘图；零件模型、装配模型以及工程图是完全关联的，任何一方的改变会自动地反映在与之相联系的图形和部件上。图5－57所示为应用Pro/E系统进行基于特征造型的界面。

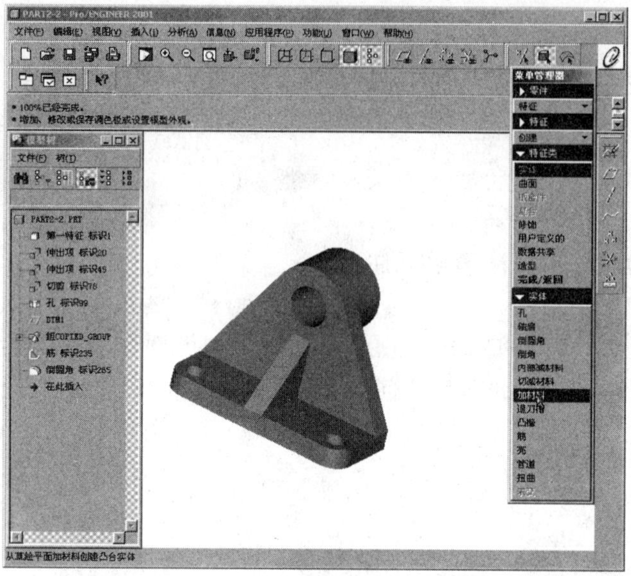

图5－57　Pro/E系统基于特征的实体造型界面

对于图5－57所示的轴承座零件，在Pro/E中造型的主要步骤如下：

① 建立“拉伸”基础特征，见图5－58(a)；

② 建立方形和圆柱形“拉伸”附加特征，见图5－58(b)；

③ 建立“直通孔”特征，见图5－58(c)；

④ 建立“沉头通孔”特征，见图5－58(d)；

⑤ 建立“加强筋”特征，见图5－58(e)；

⑥ 建立“倒圆角”特征，见图5－58(f)。

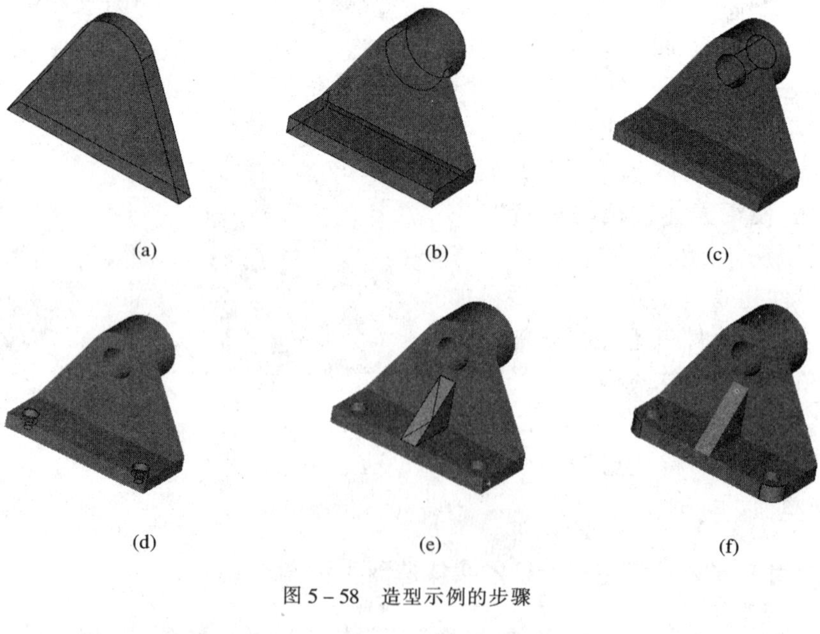

图5－58　造型示例的步骤

5.5　产品装配造型技术

在零件造型完成后，根据设计意图将不同的零件组织在一起，形成与实际产品装配相一致的装配结构以供设计者分析评估,这种方法称为装配造型。

5.5.1 装配造型基本概念

1. 装配模型

产品装配模型是一个支持产品从概念设计到零件设计,并能完整、正确地传递不同装配体设计参数、装配层次和装配信息的产品模型。它是产品设计过程中数据管理的核心,是产品开发和支持设计灵活变动的强有力工具。

建立产品装配模型的目的在于建立完整的产品装配信息表达,一方面使系统对产品设计能进行全面支持;另一方面它可以为新型 CAD 系统中的装配自动化和装配工艺规划提供信息源,并对设计进行分析和评价。产品装配模型具有以下特征:

① 能完整地表达产品装配信息。产品装配模型不仅描述了零部件本身的信息,而且还描述了零部件之间的装配关系及拓扑结构。

② 可以支持并行设计。装配模型不但完整地表达了产品的信息,而且还描述了产品设计参数的继承关系和其变化约束机制,这样保证了设计参数的一致性,从而支持产品的并行设计。

③ 满足快速多变的市场需求。当产品需求发生变化时,通过装配模型可以方便地修改产品的设计以适应新的产品需求。

④具有一定的独立性。产品装配模型本身既独立于现有的 CAD 系统,又支持现有的 CAD 系统。

装配体是多个零件和子装配体的有机组合,它表达了两部分的信息,一部分是实体信息,是装配体中各零、部件实体信息的总和,如点、线、面、材料、颜色等,人们能通过各种感觉来感知它的存在;另一部分信息是装配体内零、部件之间的相互关系信息,人们只能凭知识和理解能力感知它的存在,在产品的功能设计和产品考查阶段人们把大部分的注意力都集中在这部分关系信息上。几乎所有装配体的功能都是通过零部件间的运动来实现的,这种运动就是由装配体内零件之间的关系量的不断改变产生的,所以要得到一个正确的装配体以实现它的功能,就必须建立其内部零件间的正确和完整的关系。

产品装配模型主要描述产品零部件之间的层次关系、装配关系以及不同层次的装配体中的装配设计参数的约束和传递关系。

① 层次关系　产品的零、部件之间的关系是有层次的。一个产品可以分解成若干部件和若干零件,一个部件又可以分解成若干部件和零件。这种层次关系可以直观地表示成如图 5-59所示的装配树。装配树的根节点是产品,叶节点是各个零件,中间节点是各个部件。装配树直观地表达了产品、部件、零件之间的父子从属关系。

② 装配关系　产品中零部件的装配设计往往是通过相互之间的装配关系表现出来,因此,描述产品零部件之间装配关系是建立装配模型的关键,产品零部件之间一般具有如下 4 类基本的装配关系:

- 位置关系　描述产品中两个零部件几何元素之间的相对关系,如重合、对齐等;
- 连接关系　描述产品零部件几何元素之间的直接连接关系,如螺钉连接、键连接等;
- 配合关系　描述产品零部件之间配合关系的类型、代码和精度;
- 运动关系　描述产品零部件之间的相对运动关系和传动关系,如绕轴旋转等。

面向装配的设计(DFA)是并行工程中的重要组成部分之一,包括装配序列规划、公差分析

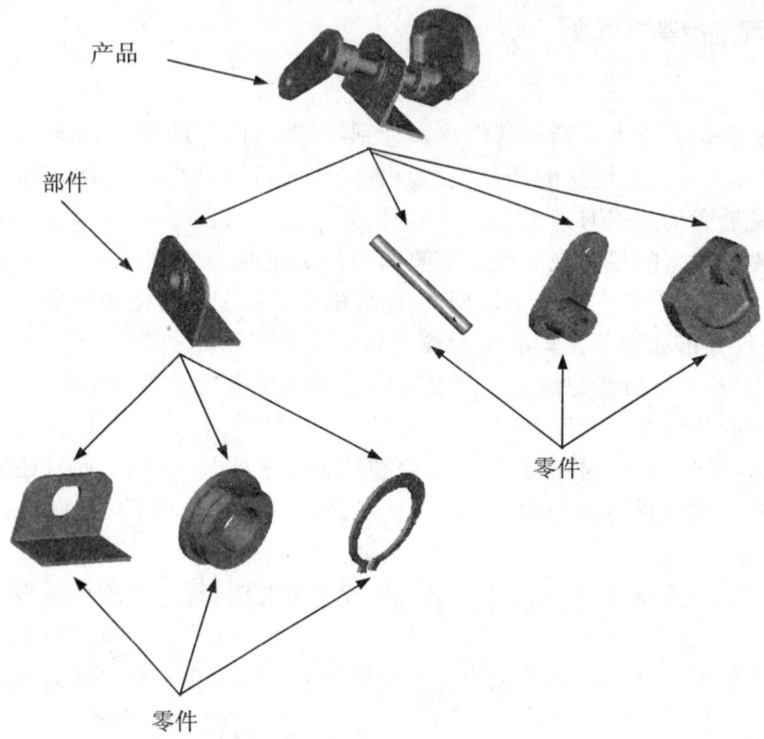

图 5－59　装配树的层次关系

与综合、装配过程仿真与动态干涉检查、机构运动分析与仿真等模块。但以上各个不同环节所需要的装配信息不尽相同，如仿真和干涉检查模块需要的主要是各装配部件之间的相互位置信息，而公差分析与综合和装配序列规划模块则主要关心各装配部件之间的配合、联接等装配信息。因此，完整的装配信息模型应能同时表达以上两类信息。

2. 装配造型的一般步骤

装配造型的一般步骤是：

(1) 生成基本部件或基特征；

(2) 添加部件或特征。

这和基于特征的零件造型过程类似。

5.5.2　装配约束

装配造型根据实际的装配过程建立不同部件或零件之间的相对位置关系。确定两个部件或零件间的相对位置，主要根据部件上的表面、边线、角点、轴线、中心点、对称面以及部件或零件上的基准特征进行定位。常见的几种装配定位约束关系如图 5－60 所示。

5.5.3　装配结果显示

1. 单个部件的显示类型

为了使用户更好地观察装配件的构成，CAD 系统可以给不同的零部件设置不同的显示类型，这些显示类型包括：

① 线框类型；

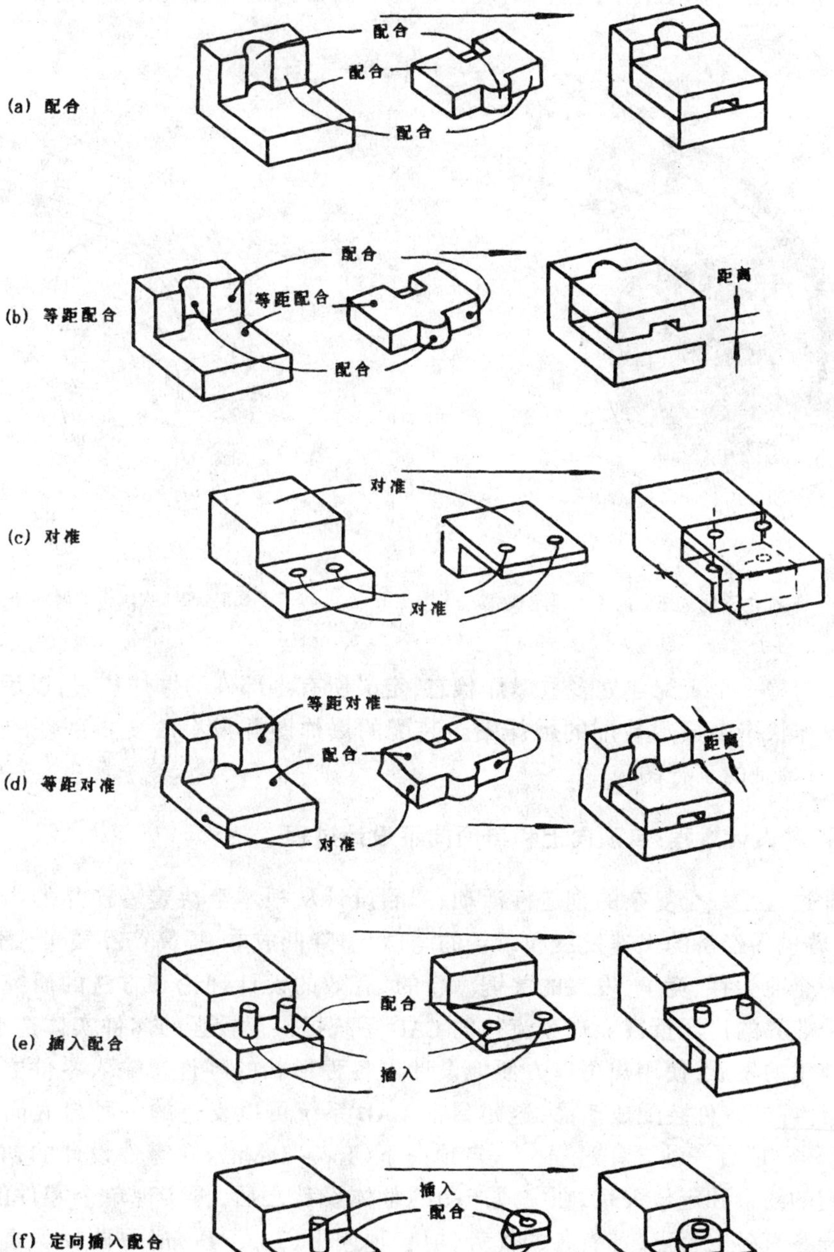

图 5-60 配合关系

② 消隐类型;

③ 虚隐藏线类型;

④ 着色类型;

⑤ 不显示。

图 5-61 所示为吹风机部件的三个零件指定不同的显示类型后的图形。

2. 爆炸图

为了清楚地表达一个装配,可以将零部件沿着指定的路线拉开,形成所谓的爆炸图。爆炸图多用于作产品的说明插图,便于用户组装和维修。图 5－62 为吹风机的爆炸图。

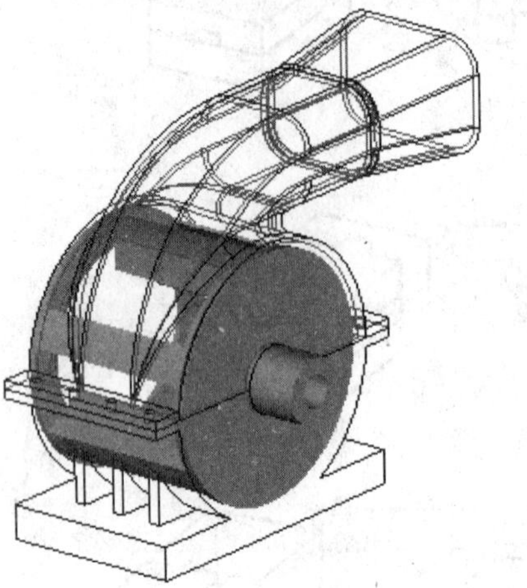

图 5－61　同一装配中不同零部件的不同显示模式

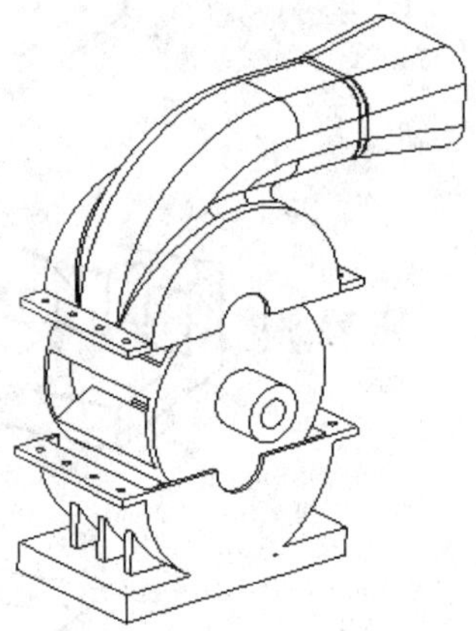

图 5－62　吹风机的爆炸图

用户可以给每一个装配建立多重爆炸状态,定义所有零部件的爆炸位置,以后任何时间都能使用这些爆炸状态来显示装配的爆炸图。装配的爆炸图并没有改变零部件的实际装配位置,它只影响所绘制的工程图。

5.5.4　两种设计过程:自顶向上和自顶向下设计过程

产品设计过程是一个复杂的创造性活动,产品设计从根本上决定着产品的内在质量和生产总成本,随着世界经济的飞速发展和市场的全球化,降低成本、提高产品质量、缩短产品的开发时间已成为企业生存、竞争、发展的关键。新的、有效的设计理论和方法的研究与实施受到了学术界和企业界的广泛重视。现今流行的 CAD 系统提供了较强的零件实体造型功能,特别是特征造型技术的发展,使用户可以方便地设计出各种形状的零件。输入零件之间的几何约束关系,将设计好的零件装配成产品,这是目前 CAD 系统可以支持的一种自底向上(Bottom－Up)的设计过程。还有一种设计过程——自顶向下(Top－Down),在零件设计的初期就考虑零件与零件之间的约束和定位关系,在完成产品的整体设计之后,再实现单个零件的详细设计。两种设计过程各有各的特点,各有各的优势,但自顶向下(Top－Down)更能反映真实的设计过程,节省不必要的重复设计,提高设计效率。

1. Bottom－Up 设计过程

这是传统的 CAD 软件中通常使用的一种设计过程。它的主要思路是先设计好各个零件,然后将这些零件拿到一起进行装配,如果在装配过程中发现某些零件不符合要求,诸如:零件与零件之间产生干涉、某一零件根本无法进行安装等,就要对零件进行重新设计,重新装配,再发现问题,再进行修改……(如图 5－63 所示),从以上情况可以看出,设计过程由于事先没有一个很好的规划,没有一个全局的考虑,设计阶段的重复工作很多,造成了时间和人力资源的很大浪费,工作效率低。这种设计过程是从零件设计到总体装配设计,既不支持产品从概念设计到详细设计,又不能支持零件设计过程中的信息传递,特别是产品零部件之间的装配关系

(如装配形式、层次、配合等)无法在现有的 CAD 系统中得到完整描述。即使有的 CAD 系统具有装配功能,也仅仅是描述了实体模型中几何要素的低级关联信息,其装配则是通过坐标变换将已经设计好的零件拼凑到一起的过程。零部件之间仍然没有必要的内在联系和约束,产品的设计意图、功能要求以及许多装配语意信息都得不到必要的描述。但它的优点则是思路简单,操作快捷、方便,容易被大多数设计人员所理解和接受。

2. Top – down 设计过程

随着计算机技术日新月异的发展,CIMS、并行工程概念的相继产生,以及动态导航技术和参数设计的综合运用,为产品设计从概念设计到零部件详细设计以及产品的并行设计提供了坚实的基础。为了设计出符合人们设计常规的、面向并行工程的新型 CAD 系统,提出了在装配层次上进行产品建模,用产品装配模型改进现有的 CAD 系统。自顶向下"Top – Down"的设计过程,设计是从产品功能要求出发,选用一系列的零件去实现产品的功能;先设计出初步方案及其结构草图,建立约束驱动的产品模型;通过设计计算,确定每个设计参数,然后进行零件的详细设计,通过几何约束求解将零件装配成产品;对设计方案分析之后,返回修改不满意之处,直到得到满足功能要求的产品。这种设计过程能充分利用计算机的优良性能,最大限度地发挥设计人员的设计潜力,最大限度地减少设计实施阶段不必要的重复工作,使企业的人力、物力等资源得到充分的利用,有利于提高设计效率,减少新产品的设计研究时间,使企业在市场竞争中占据有利的位置。Top – down 设计过程的思路如图 5 – 64 所示。

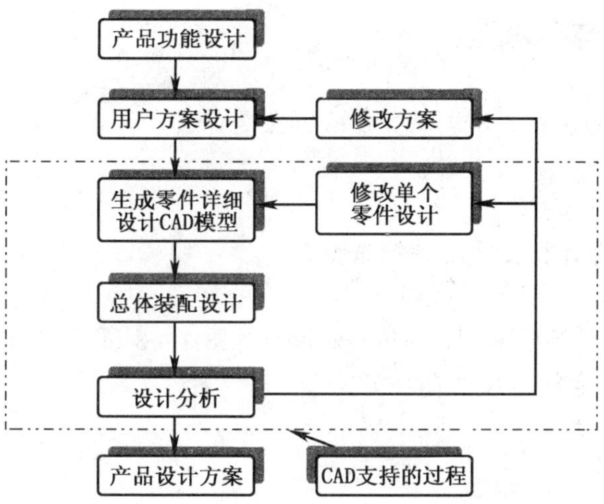

图 5 – 63　Bottom – Up 设计过程

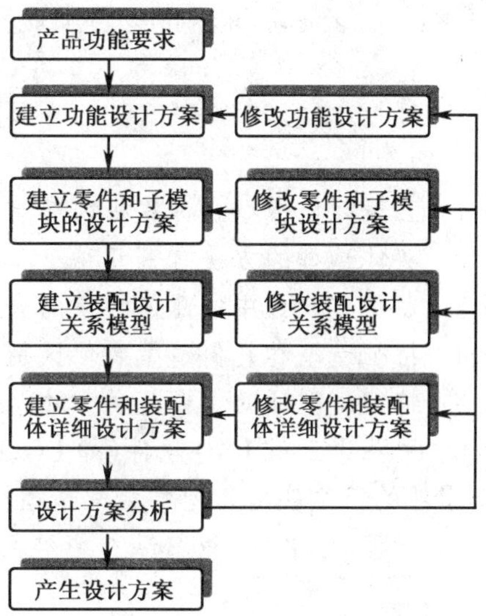

图 5 – 64　Top – Down 设计过程

5.5.5　Pro/E 装配造型实例

本节以图 5 – 65 所示的托架、衬套、扣环三个零件装配成基座部件为例,简单说明在 Pro/E 中如何进行部件及产品的装配。生成一个名为"BASE"的部件后,此时,系统会为部件创建一个初始基准,按以下步骤装配:

① 首先将零件托架装配到基座部件上。此时将零件托架的基准平面与基座部件的基准平面对齐。

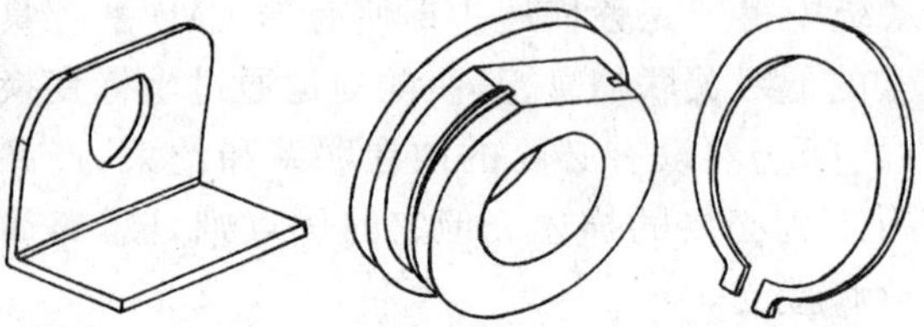

图 5－65　装配部件的零件图

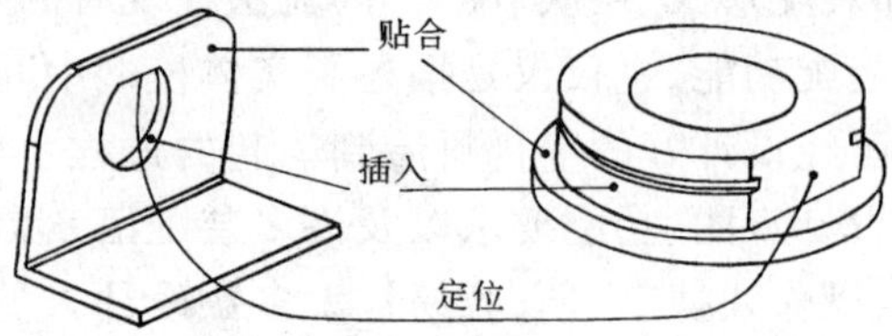

图 5－66　托架与衬套之间的装配约束示意图

② 将零件衬套装配到托架上。两零件之间的约束条件如图 5－66 所示。

③ 将零件扣环装配到衬套上。两零件之间的约束条件如图 5－67 所示。

装配完成后，部件基座的装配图如图 5－68 所示。

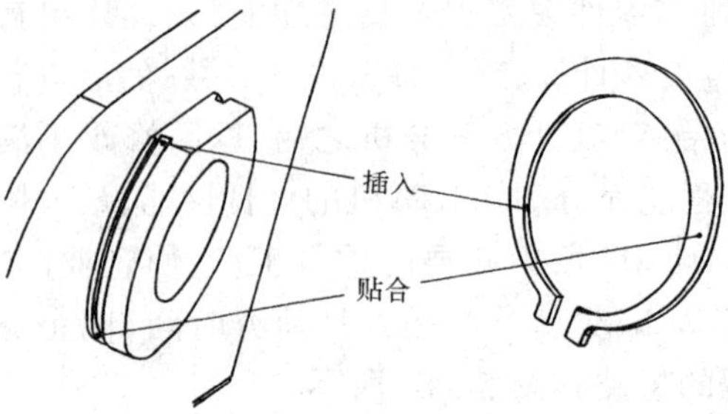

图 5－67　衬套与扣环之间的装配约束示意图

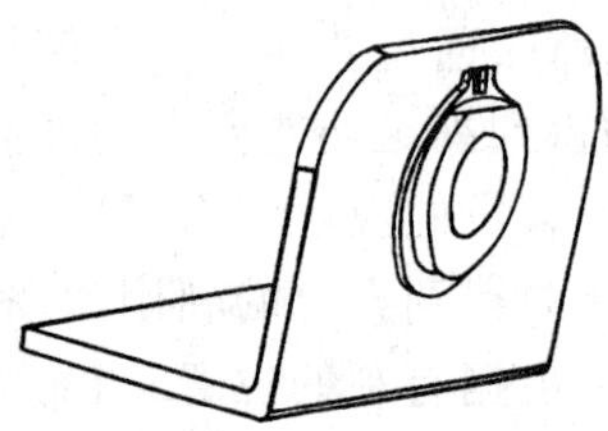

图 5－68　基座装配图

习题与思考题

5.1　三维几何模型在计算机内部有哪几种表示方式？各自的特点是什么？

5.2　实体造型的方法有哪几种？

5.3　参数化设计中的几何约束的含义是什么？

5.4　特征造型和几何造型有何区别？为什么要采用特征造型？

5.5　特征造型通常有哪几种方法？

5.6　用一个三维 CAD 软件（如 UG、Pro/E、SolidWorks、SolidEdge 等）对图 1－8 所示球阀进行各个零件的三维实体造型和装配造型。各零件的尺寸自行定义。

第6章　计算机辅助工程分析

6.1　计算机辅助工程分析的主要内容

在实际工程问题中，大都存在有多个参数和因素间的相互影响和相互作用，依据科学理论，建立反映这些参数和因素间的相互影响和相互作用的关系式并进行求解，称为工程分析。现代设计理论要求采用尽可能符合真实条件的计算模型进行分析计算，其内容包括了静、动态分析计算。这些分析计算工作量非常大，往往无法由手工完成，需在计算机辅助下，通过开发或应用有关分析计算软件和工具进行。在 CAD/CAM 工作中，典型的计算机辅助工程分析工作有：

(1) 对受有载荷作用的产品零部件进行强度分析；计算已知零部件尺寸在受载下的应力和变形或根据已知许用应力和刚度要求计算所需的零件尺寸；如果所受的载荷为动态载荷，还要计算系统的动态响应。

(2) 对作复杂运动的机构等进行运动分析，计算其运动轨迹、速度和加速度。

(3) 对实际工况条件下产品构件的温度场、电磁场、流体场进行分析求解。

(4) 按照给定的条件和准则，进行优化设计，寻求产品的最优设计参数和最优的加工规则等。

(5) 对已形成的产品设计方案和加工方案进行仿真分析，即按照方案的数学描述，通过分析计算，模拟实际系统的运行，预测和观察产品的工作性能和加工生产过程。

目前，计算机辅助工程分析已经是 CAD/CAM 系统中不可缺少的重要组成部分。只有通过计算机辅助工程分析，才能使设计制造工作建立在科学理论基础之上，满足高效、高速、高精度、低成本等现代设计要求。在 CAD/CAM 系统中的计算机辅助工程分析，其工作特点是以产品三维实体模型为基础，并能和 CAD/CAM 其他子系统方便地进行数据交换和连接。因此，从方案制定开始，随着 CAD/CAM 的进程，可以和其他 CAD/CAM 子系统联合协同工作，进行分析决策。目前，一些著名的商品化集成 CAD/CAM 系统，如 Pro/Engineer、I－DEAS、UGⅡ等都已将常用的工程分析功能集成在其系统内部。当然，对于某些特定的工程分析计算问题，可能还是要开发专门的应用软件来完成。

6.2　有限元分析的基本原理

6.2.1　有限元分析的基本思想及分析求解步骤

1．有限元分析的基本思想

在机械工程的设计计算中，传统的材料力学和弹性力学方法只能对一些几何形状和受力状态简单的问题进行较精确的分析计算，而对于大量复杂的机械零部件受力状态的计算，如机座、机架、箱体等,却无能为力或计算精度达不到要求。长期以来机械工程的设计计算不得不采用类比的经验设计方法,而对一些机械结构的强度和刚度计算也只能是粗略地估算或简化计算,这样,往往造成设计出的产品结构尺寸和重量偏大。

"有限元法"是克拉夫(Clough)为了求解弹性力学平面问题于 1960 年首先提出的。随着计算机技术的不断发展和众多研究者几十年的努力,有限元法现在已发展成为一门进行结构分析和连续力学分析的数值分析方法,被广泛用于科学研究和工程设计之中。有限元法是设计计算复杂机械结构和工程结构的极为有效的手段,它可以帮助工程设计人员对复杂结构的受力状态进行十分精确的计算。如果将有限元法和优化设计方法结合起来使用,则可从根本上解决过去设计中的结构尺寸和重量偏大的问题,达到提高产品设计质量的目的。

有限元法的基本思想是:将连续体或结构人为地分割成有限个单元,并认为单元与单元间只通过节点相连接,如图 6-1 所示。根据结构的几何形状特征、载荷特征、边界约束特征等,单元可分为多种类型;而作用于各单元上的外载荷可通过等效方式转化为节点载荷,这样就把连续体受力分析转化为离散模型的力学分析。在此基础上,根据分块近似的思想,先假设一个简单的函数,用节点的未知参数近似地表示单元内参数(如位移)的变化规律,即选择位移函数;再利用力学原理(如变分原理或虚功原理等)建立单元的平衡方程组,并把所有单元的平衡方程组集成表示整个结构的力学特性的代数方程组;最后,引入边界条件求解代数方程组获得数值解。

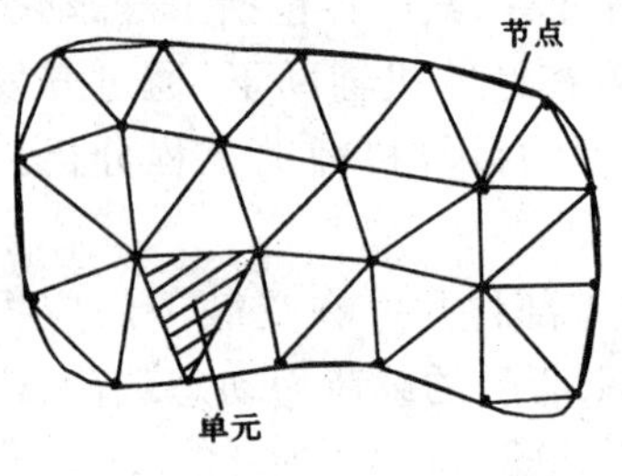

图 6-1　单元与节点

由上述可知,有限元法的实质是通过两次近似将具有无限多个自由度的连续体理想化为只有有限个自由度的单元集合体,使问题简化为适合于数值求解的结构问题。第一次近似为单元分割,复杂的边界被离散为简单的边界,连续的结构被离散为一系列只有节点相连的单元。第二次近似为:真实复杂的位移分布被近似地表示为简单的位移函数描述。

值得注意的是:对于不同的问题,节点参数的选择是不同的,如温度场的有限元分析,节点参数是温度函数;流体流动的有限元分析,节点参数是流函数、势函数;结构分析中,节点参数是节点位移或节点力。当取节点位移作为基本未知量时,其求解方法称为位移法;当取节点力为基本未知量时,其求解方法称为力法;若两者兼有,则称为混合法。其中以位移法最为常用。

2. 有限元分析求解的主要步骤

(1) 连续体离散化

首先,应根据连续体的形状选择最能完满地描述连续体形状的单元。常见的单元有:杆单元、梁单元、三角形单元、矩形单元、四边形单元、曲边四边形单元、面体单元、六面体单元以及曲面六面体单元等等。其次,进行单元划分,单元划分完毕后,将全部单元和结点按一定顺序编号,每个单元所受的荷载均应按静力等效原理移植到结点上并在位移受约束的结点上根据实际情况设置约束条件。

针对分析对象的具体特点和问题求解,需要选用适当的单元类型,现以 I-DEAS 的 Supertab 单元库为例,介绍常用的几种单元类型,如图 6-2 所示。按维数分类,有一维单元(或称梁单元)、二维单元(或称面单元)、三维单元(或称体单元)。

一维单元包括线性、二次和三次的梁单元,图 6-2 中只列出了一种线形单元,代码为 1。

二维单元包括线性、二次和三次的三边形和四边形,共六种类型,代码为 2～7。

三维单元又分为厚壳单元和体单元两小类。厚壳单元包括线性、二次和三次的楔形和方形，共六种类型，代码为 8～13。体单元图包括线性、二次和三次的四面体、楔形体和六面体，共八种类型，代码为 14～21。

(2) 单元分析

所谓单元分析，就是建立各个单元的结点位移和结点力之间的关系式。现以三角形单元为例说明单元分析的过程。如图 6-3 所示，三角形有三个结点 i、j、m。在平面问题中每个结点有两个位移分量 u、v 和两个结点力分量 F_x、F_y。三个结点共六个结点位移分量可用列阵 $\boldsymbol{\delta}^e$ 表示：

$$\boldsymbol{\delta}^e = [u_i \quad v_i \quad u_j \quad v_j \quad u_m \quad v_m]^T \qquad (6-1)$$

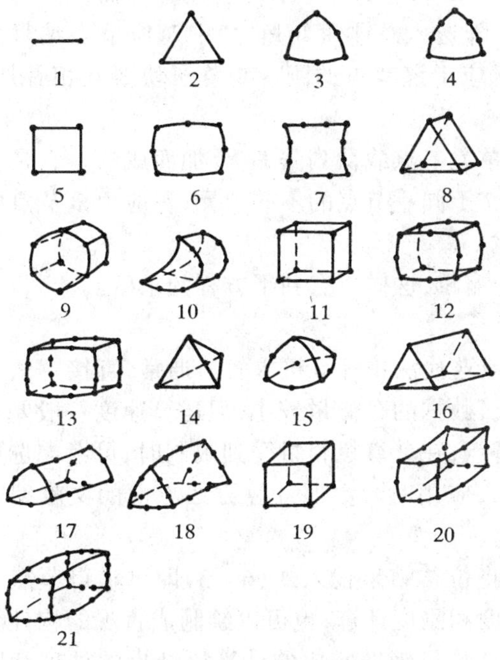

图 6-2　有限元的网格单元类型

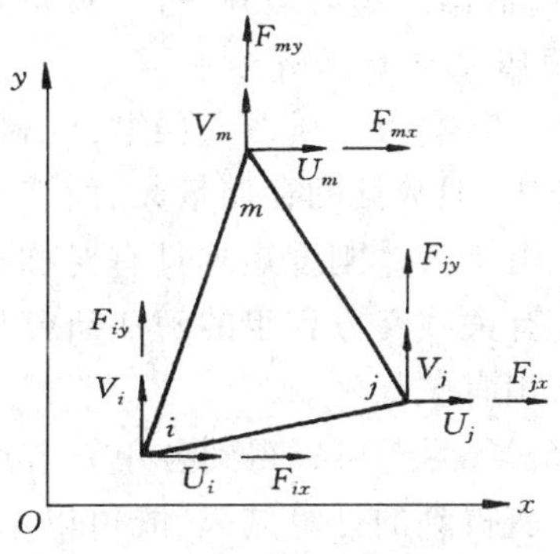

图 6-3　三角形平面单元

同样，可把作用于结点处的六个结点力用列阵 $\boldsymbol{F}^e$ 表示：

$$\boldsymbol{F}^e = [F_{ix} \quad F_{iy} \quad F_{jx} \quad F_{jy} \quad F_{mx} \quad F_{my}] \qquad (6-2)$$

应用弹性力学理论和虚功原理可得出结点位移与结点力之间的关系：

$$\boldsymbol{F}^e = \boldsymbol{K}^e \boldsymbol{\delta}^e \qquad (6-3)$$

式中 $\boldsymbol{K}^e$为单元刚度矩阵，其表达式如下：

$$\boldsymbol{K}^e = \int_v \boldsymbol{B}^T \boldsymbol{D} \boldsymbol{B} \mathrm{d}v \qquad (6-4)$$

其中 B 为单元几何矩阵，它与单元的形函数有关，即与单元内的位置模式有关；D 为单元的弹性矩阵，它与结构材料的弹性模量、泊松比有关。

3. 整体分析

整体分析是对各个单元组成的整体进行分析。它的目的是要建立起一个线性方程组，来揭示结点外载荷与结点位移的关系，从而用来求解结点位移。有了式(6-3)，就用结点的力平衡和结点变形协调条件来建立整个连续体的结点力和结点位移的关系式，即

$$\boldsymbol{K}\boldsymbol{\delta} = \boldsymbol{F} \qquad (6-5)$$

式中　$\boldsymbol{K}$——整体刚度矩阵；

$\boldsymbol{\delta}$——全部结点位移组成的列阵；

$\boldsymbol{F}$——全部结点载荷组成的列阵。

在这个方程中只有 $\boldsymbol{\delta}$ 是未知的，求解该线性方程组就可得到各结点的位移。将结点位移

代入式相应单元的方程中〔式(6－3)〕可求出单元的应力分量。

可按以下步骤建立 $\boldsymbol{\delta}$、$\boldsymbol{K}$ 和 $\boldsymbol{F}$:

① 建立整体节点位移列阵 $\boldsymbol{\delta}$。$\boldsymbol{\delta}$ 的建立比较简单，即直接按节点编号顺序和每个节点的自由度数排列而成。这相当于将各个单元的节点位移 $\boldsymbol{\delta}^e$ 直接叠加，共同节点只取一个表示即可。

② 建立总刚度矩阵 $\boldsymbol{K}$。$\boldsymbol{K}$ 由各个单元刚度矩阵 $\boldsymbol{K}^e(e=1,2,\cdots,n)$ 直接叠加而成。这种叠加是按各单元节点编号顺序，将每个单元刚度矩阵送入总刚度矩阵 $\boldsymbol{K}$ 中对应节点编号的行、列位置，而且交于同一节点编号的不同单元，对应于该节点的刚度矩阵子块要互相叠加。总刚度矩阵中其余元素均为零。

③ 建立整体总节点载荷列阵 $\boldsymbol{F}$。$\boldsymbol{F}$ 也是由各单元节点载荷列阵 $\boldsymbol{F}^e$ 叠加而成的。它是将各单元的 $\boldsymbol{F}^e$ 送到 $\boldsymbol{F}$ 中对应节点编号的行上，而且交于同一节点的不同单元，对应于该节点的节点载荷子块要互相叠加。

然后，根据问题的边界条件，可将式(6－5)进行缩减，这样更有利于方程的求解。

4．有限元方程求解

式(6－5)实为一线性方程组，可利用直接解法或迭代法用计算机求解。通常，直接解法计算速度较快，但数据的存储量大，而迭代法正好相反，数据的存储量较小，但运算速度一般要稍慢一些。由于整体刚度矩阵具有对称和稀疏性等特点，在计算机容量受到限制时，可考虑选用迭代法。有关线性方程组的解法研究是相当成熟的，应用时可参照计算方法方面的文献编写或直接引用有关程序。

求解式(6－5)可以得到各单元节点上的位移，将位移结果代入式(6－3)即可求得节点上的应力。所得到的计算结果，既可以用于构件的强度和刚度计算，也可以绘制成直观的构件变形图和应力分布图，供设计构件时参考。通常将由计算机辅助完成的计算机结果的处理和图形显示等称之为有限元法的后置处理。

用有限元法不仅可以求结构体的位移和应力，还可以对结构体进行稳定性分析和动力分析。例如，根据结构体的整体动力方程(6－6)可求出结构的自激振动频率、振型等动力响应，以及动变形和动应力:

$$\boldsymbol{M}\ddot{\boldsymbol{\delta}}+\boldsymbol{C}\dot{\boldsymbol{\delta}}+\boldsymbol{K}\boldsymbol{\delta}=\boldsymbol{F} \tag{6-6}$$

式中 $\boldsymbol{M}$——整体质量矩阵;

$\boldsymbol{C}$——整体阻尼矩阵;

$\boldsymbol{K}$——整体刚度矩阵;

$\boldsymbol{\delta}$——整体结点位移向量;

$\boldsymbol{F}$——整体结点载荷向量。

另一方面，在处理大型结构分析中(如飞机、桥梁)普遍采用子结构法、p 型或 h 型有限元模型以及边界元法，从而提高了计算速度，降低了计算工作量。

6.2.2 有限元分析求解算例

图 6－4(a)为一受均匀载荷 $q=100$ MPa 两端固结的深梁，其厚度 $h=1\ 000$ mm。下面采用有限元法计算该构件的变形及应力。

考虑到问题的对称性，只研究右半段。将右半段划分为 4 个单元，单元编号及节点编号见图 6－4(b)。将分布载荷 $\boldsymbol{q}$ 等效成三个节点载荷 $\boldsymbol{P}_{y1}$，$\boldsymbol{P}_{y3}$，$\boldsymbol{P}_{y5}$。由于梁的中间截面上的水平位移为零，因此用水平链杆将节点 1 和 2 的水平方向位移约束(即这两个节点的水平位移为零)，而显然梁的右端水平和垂直方向上的位移都不允许，所以节点 5 和 6 在水平和垂直方向上都加了链杆予以约束。这些节点某一分量为定值的条件就称为边界条件或约束条件。

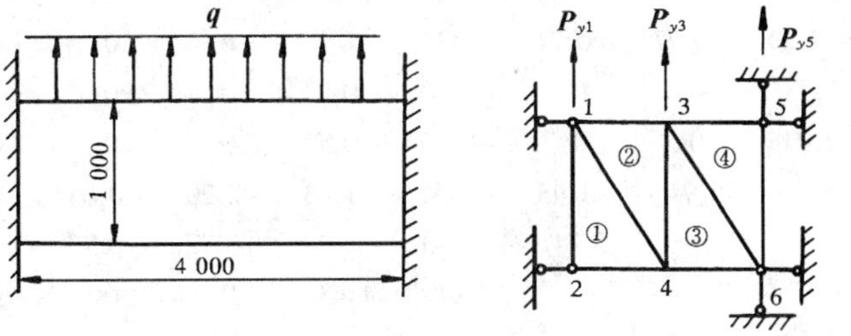

(a)　　　　(b)

图 6－4　深梁及有限元分析示意图

(a) 深梁尺寸及载荷；(b) 深梁单元划分。

(1) 单元刚度矩阵计算

单元刚度的计算过程如表 6－1 所示。

表 6－1　　　　单元刚阵计算

单元图形		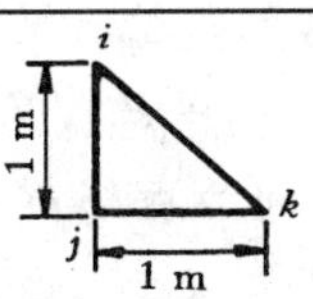		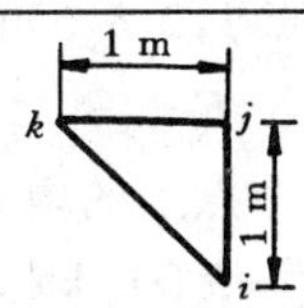	
单元编号		①	③	②	④
单元信息	i	1	3	4	6
	j	2	4	3	5
	k	4	6	1	3
$\boldsymbol{B}$		$\begin{bmatrix} 0 & 0 & -1 & 0 & 1 & 0 \\ 0 & 1 & 0 & -1 & 0 & 0 \\ 1 & 0 & -1 & -1 & 0 & 1 \end{bmatrix}$		$\begin{bmatrix} 0 & 0 & 1 & 0 & -1 & 0 \\ 0 & -1 & 0 & 1 & 0 & 0 \\ -1 & 0 & 1 & 1 & 0 & -1 \end{bmatrix}$	
$\boldsymbol{D}$ $\mu=0.3$ $E=2\times10^5$ MPa		$\begin{bmatrix} 2.20 & 0.66 & 0 \\ 0.66 & 2.20 & 0 \\ 0 & 0 & 0.77 \end{bmatrix}\times10^5$		$\begin{bmatrix} 2.20 & 0.66 & 0 \\ 0.66 & 2.20 & 0 \\ 0 & 0 & 0.77 \end{bmatrix}\times10^5$	
$\boldsymbol{DB}$		$\begin{bmatrix} 0 & 0.66 & -2.20 & -0.66 & 2.20 & 0 \\ 0 & 2.20 & -0.66 & -2.20 & 0.66 & 0 \\ 0.77 & 0 & -0.77 & -0.77 & 0 & 0.77 \end{bmatrix}\times10^5$		$\begin{bmatrix} 0 & -0.66 & 2.20 & 0.66 & -2.20 & 0 \\ 0 & -2.20 & 0.66 & 2.20 & -0.66 & 0 \\ 0.77 & 0 & 0.77 & 0.77 & 0 & -0.77 \end{bmatrix}\times10^5$	
$\boldsymbol{K}=\boldsymbol{B}^{\mathrm{T}}\boldsymbol{DB}\Delta$ $h=0.1$ m $\Delta=0.5$ m²		$\begin{bmatrix} 0.77 & 0 & -0.77 & -0.77 & 0 & 0.77 \\ & 2.20 & -0.66 & -2.20 & 0.66 & 0 \\ & & 2.97 & 1.43 & -2.20 & -0.77 \\ & 对称 & & 2.97 & -0.66 & -0.77 \\ & & & & 2.20 & 0 \\ & & & & & 0.77 \end{bmatrix}\times5\times10^3$		$\begin{bmatrix} 0.77 & 0 & -0.77 & -0.77 & 0 & 0.77 \\ & 2.20 & -0.66 & -2.20 & 0.66 & 0 \\ & & 2.97 & 1.43 & -2.20 & -0.77 \\ & 对称 & & 2.97 & -0.66 & -0.77 \\ & & & & 2.20 & 0 \\ & & & & & 0.77 \end{bmatrix}\times5\times10^3$	

(2) 总刚阵 $\boldsymbol{K}$ 计算

$$\boldsymbol{K}=\boldsymbol{K}_{①}+\boldsymbol{K}_{②}+\boldsymbol{K}_{③}+\boldsymbol{K}_{④}=$$

$$\begin{bmatrix}
2.97 & 0 & -0.77 & 0.77 & -2.20 & -0.66 & 0 & 1.43 & 0 & 0 & 0 & 0 \\
 & 2.97 & -0.66 & -2.20 & -0.77 & -0.77 & 1.43 & 0 & 0 & 0 & 0 & 0 \\
 & & 2.97 & 1.43 & 0 & 0 & -2.20 & -0.77 & 0 & 0 & 0 & 0 \\
 & & & 2.97 & 0 & 0 & -0.66 & -0.77 & 0 & 0 & 0 & 0 \\
 & & & & 5.94 & -1.43 & -1.54 & -1.43 & -2.20 & -0.66 & 0 & 1.43 \\
 & & & & & 5.94 & -1.43 & -4.40 & -0.77 & -0.77 & 1.43 & 0 \\
 & & & & & & 5.94 & 1.43 & 0 & 0 & -2.20 & -0.77 \\
 & & & \text{对称} & & & & 5.94 & 0 & 0 & -0.66 & -0.77 \\
 & & & & & & & & 2.97 & 1.43 & -0.77 & -0.66 \\
 & & & & & & & & & 2.97 & -0.77 & -2.20 \\
 & & & & & & & & & & 2.97 & 0 \\
 & & & & & & & & & & & 2.97
\end{bmatrix}\times 5\times 10^{3}$$

(3) 总节点载荷列阵 $\boldsymbol{F}$ 及总节点位移列阵 $\boldsymbol{\delta}$

$$\boldsymbol{\delta}=[u_1,v_1,u_2,v_2,u_3,v_3,u_4,v_4,u_5,v_5,u_6,v_6]^{\mathrm{T}}$$

其中，$u_1=u_2=u_5=v_5=u_6=v_6=0$，这些已知值成为问题的边界条件(约束条件)。

将支点(节点 1,2,5,6)的约束反力用 $N_{x1},\boldsymbol{N}_{x2},\boldsymbol{N}_{x5},\boldsymbol{N}_{y5},\boldsymbol{N}_{x6},\boldsymbol{N}_{y6}$表示，则总节点载荷列阵

$$\boldsymbol{F}=[N_{x1},P_{y1},N_{x2},0,0,P_{y3},0,0,N_{x5},N_{y5}+P_{y5},N_{x6},N_{y6}]^{\mathrm{T}}$$

0 元素表示节点上的内力互相抵消，而分布载荷 q 向节点移置后可得 $\boldsymbol{P}_{y1}=5\ 000\ \mathrm{kN}$，$\boldsymbol{P}_{y3}=10\ 000\ \mathrm{kN}$，$\boldsymbol{P}_{y5}=5\ 000\ \mathrm{kN}$。

4. 建立有限元方程式：根据边界条件 $u_1=\ u_2=\ u_5=\ v_5=\ u_6=\ v_6=0$，整体有限元方程式如下：

$$5\times 10^{3}\times\begin{bmatrix}
1 & 0 & 0 & 0 & 0 & 0 & 0 & 0 & 0 & 0 & 0 & 0 \\
 & 2.97 & 0 & -2.20 & -0.77 & -0.77 & 1.43 & 0 & 0 & 0 & 0 & 0 \\
 & & 1 & 0 & 0 & 0 & 0 & 0 & 0 & 0 & 0 & 0 \\
 & & & 2.97 & 0 & 0 & -0.66 & -0.77 & 0 & 0 & 0 & 0 \\
 & & & & 5.94 & -1.43 & -1.54 & -1.43 & 0 & 0 & 0 & 0 \\
 & & & & & 5.94 & -1.43 & -4.4 & 0 & 0 & 0 & 0 \\
 & & & \text{对称} & & & 5.94 & 1.43 & 0 & 0 & 0 & 0 \\
 & & & & & & & 5.94 & 0 & 0 & 0 & 0 \\
 & & & & & & & & 1 & 0 & 0 & 0 \\
 & & & & & & & & & 1 & 0 & 0 \\
 & & & & & & & & & & 1 & 0 \\
 & & & & & & & & & & & 1
\end{bmatrix}\begin{Bmatrix} u_1 \\ v_1 \\ u_2 \\ v_2 \\ u_3 \\ v_3 \\ u_4 \\ v_4 \\ u_5 \\ v_5 \\ u_6 \\ v_6 \end{Bmatrix}=\begin{Bmatrix} 0 \\ 5000 \\ 0 \\ 0 \\ 0 \\ 10000 \\ 0 \\ 0 \\ 0 \\ 0 \\ 0 \\ 0 \end{Bmatrix}$$

上式已根据边界条件作了缩减，因为 $u_1=\ u_2=\ u_5=\ v_5=\ u_6=\ v_6=0$ 是已知值，可将 $\boldsymbol{K}$ 中对应的行上元素除对角线元素置为 1 外，其余均置为 0，而同时需将 $\boldsymbol{F}$ 中对应的元素置为 0。这意味着，已知结果的边界上的节点位移分量不必再去计算，因而上述方程被缩减为 $12-6=6$ 阶线性方程组。除此之外，还应注意到，以上过程并不用求出各支反力 $\boldsymbol{N}_{x1}$、$\boldsymbol{N}_{x2}$、…、$\boldsymbol{N}_{y6}$。

(5) 计算结果：采用高斯消元法解上述线性方程组，可得出节点位移，再求应变和应力。计算结果列于表 6－2。

表 6－2　有限元计算结果

节点号	节点位移(mm)		单元号	单元应力(MPa)		
	x 向	y 向		σ_x	σ_y	τ_{xy}
1	0	3.576 4	②	－63.872	64.021	－64.021
2	0	3.160 4	①	78.378	25.924	－35.979
3	0.353 01	2.340 2	④	92.090	30.038	－119.983
4	－0.415 4	2.328 2	③	－77.584	－23.275	－180.017
5	0	0				
6	0	0				

6.3 有限元分析的前置处理和后置处理

6.3.1 有限元分析的前置处理

所谓前置处理是在用有限元法进行结构分析之前，按所使用的单元类型对结构进行剖分、根据要求对节点进行顺序编号、输入单元特性及节点坐标、生成网格图像并在计算机屏幕上显示。为了决定它是否适用或者是否应当修改，显示的图象应带有节点和单元标号以及边界条件等信息；为了便于观察，图像应能分块显示、放大或缩小。对于三维结构的网格图像需要具备能使图像作三维旋转的功能等等。以上内容一般称之为前置处理，为实现这些要求而编制的计算机程序称为前置处理程序。

前置处理程序通常具有如下基本功能：

(1) 生成节点坐标　可手工或交互输入节点坐标；绕任意轴旋转生成或沿任意矢量方向平移生成一系列节点坐标；在一系列节点之间生成有序节点坐标；生成典型面、体的节点坐标；合并坐标值相同的节点，并按顺序重新编号。

(2) 生成网格单元　可手工输入单元描述及其特性；可重复进行平移复制、旋转复制、对称平面复制已有的网格单元体。

(3) 修改和控制网格单元　对已剖分的单元体进行局部网格密度调整，如重心平移、预置节点、平移、插入或删除网格单元；通过定位网格方向及指定节点编号来优化处理时间；合并剖分后的单元体以及单元体拼合。

(4) 引进边界条件　引入边界条件，约束一系列节点的总体位移和转角。

(5) 单元物理几何属性编辑　定义材料特性，对弹性模量、泊松比、惯性矩、质量密度以及厚度等物理几何参数进行修改、插入或删除。

(6) 单元分布载荷编辑　可定义、修改、插入和删除节点的载荷、约束、质量、温度等信息。

前置处理程序提供不同的显示方式让用户检查和控制剖分的网格。图 6－5 所示半圆管剖分为 36 个纵向长条。若以图 6－5(a)显示,则不能看清结构形状及单元划分情况。如果将图像绕不同的轴旋转若干角度,如图 6－5(b)所示,则其单元划分情况就很直观了。图6－6(a)为根据输入的单元和节点数据自动生成和显示的网格图;如果输入数据时若干个节点的坐标值输错,就会产生如图 6－6(b)所示的网格图。可见,前置处理生成的网格图,是检查输入数据正确与否的有效手段。当有限元分析系统以几何建模系统为基础时,有限元网格可以自动生成,人为地计算输入节点坐标值已不需要了,这就从根本上避免了上述错误的发生。

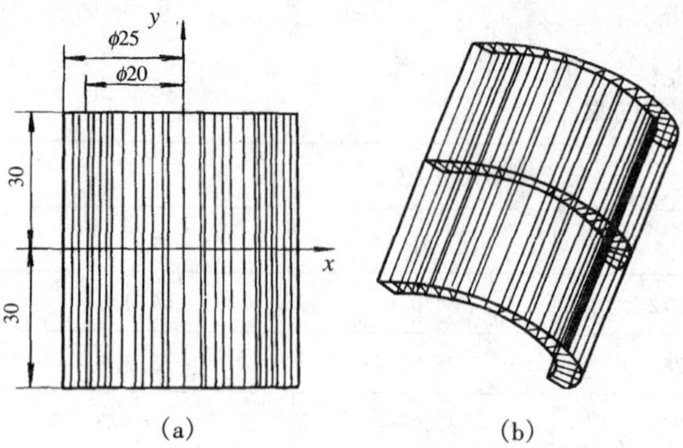

图 6－5　半圆管的有限元网格

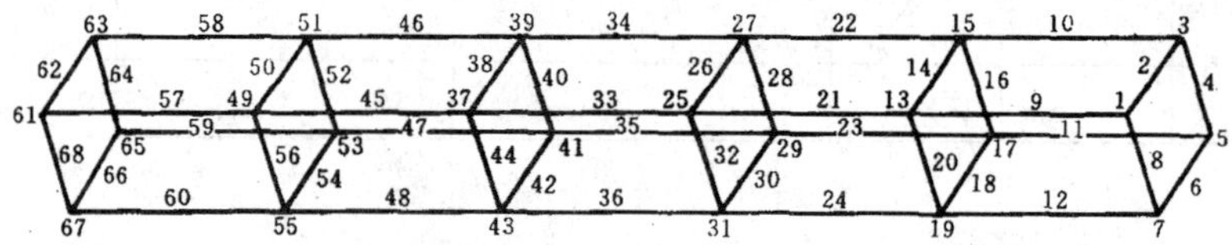

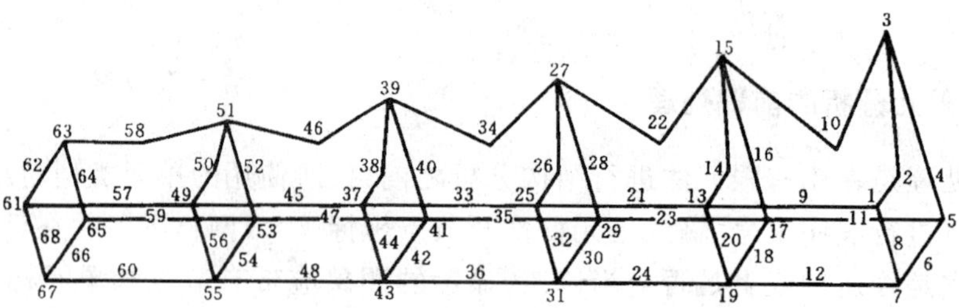

图 6－6　矩形截面梁的有限元网格图

(a) 输入正确数据的有限元网格图;(b) 输入数据有误的有限元网格图。

6.3.2　有限元分析的后置处理

有限元分析结束时,输出的数据量非常大。如静力分析后输出各节点的位移量和应力值,动力分析后输出各阶振型等。若仅从打印出来的数据进行分析,不但繁琐费时,而且不直观,不能迅速得出分析结果。有限元的后置处理,也称为有限元结果的可视化,即对有限元的计算结果(如应力、位移或振型等)按不同要求进行整理、分类、加工,并以图形、图表报告的形式显示或打印输出。如将有限元计算分析结果进行加工处理并形象化为变形图、应力等值线图、应力应变彩色浓淡图、应力应变曲线以及振型图等,以便对变形、应力等进行直观分析和研究。为了实现这些目的而编制的计算机程序,称为后置处理程序。

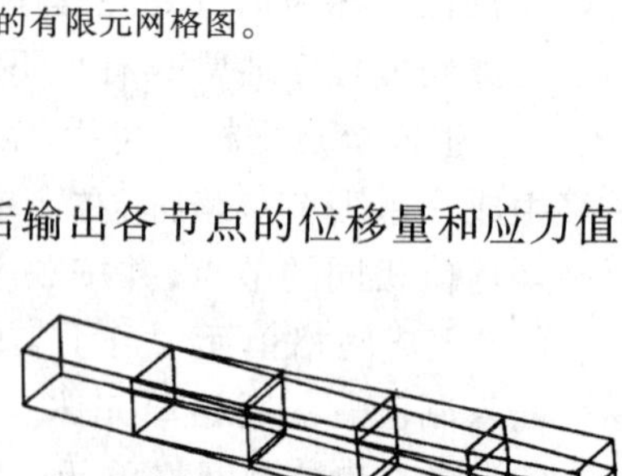

图 6－7　矩形截面悬臂梁的有限元振型图

(a) 一阶振形叠加网格图;

(b) 二阶振形叠加网格图。

图 6－7(a)为后置处理之后显示的矩形截面悬臂梁网格图和一阶振型叠加;图 6－7(b)为网格图与二阶振型叠加。

图 6－8(a)所示轮齿网格图为前置处理后显示的图形，而图 6－8(b)是后置处理程序显示输出的叠加起来的网格图和变形图，图 6－8(c)则是轮齿等应力曲线图。

实践表明，前、后置处理程序的功能是有限元分析软件能否真正发挥作用、得到推广应用的关键问题，同时也是评价 CAE 系统性能的一项指标。

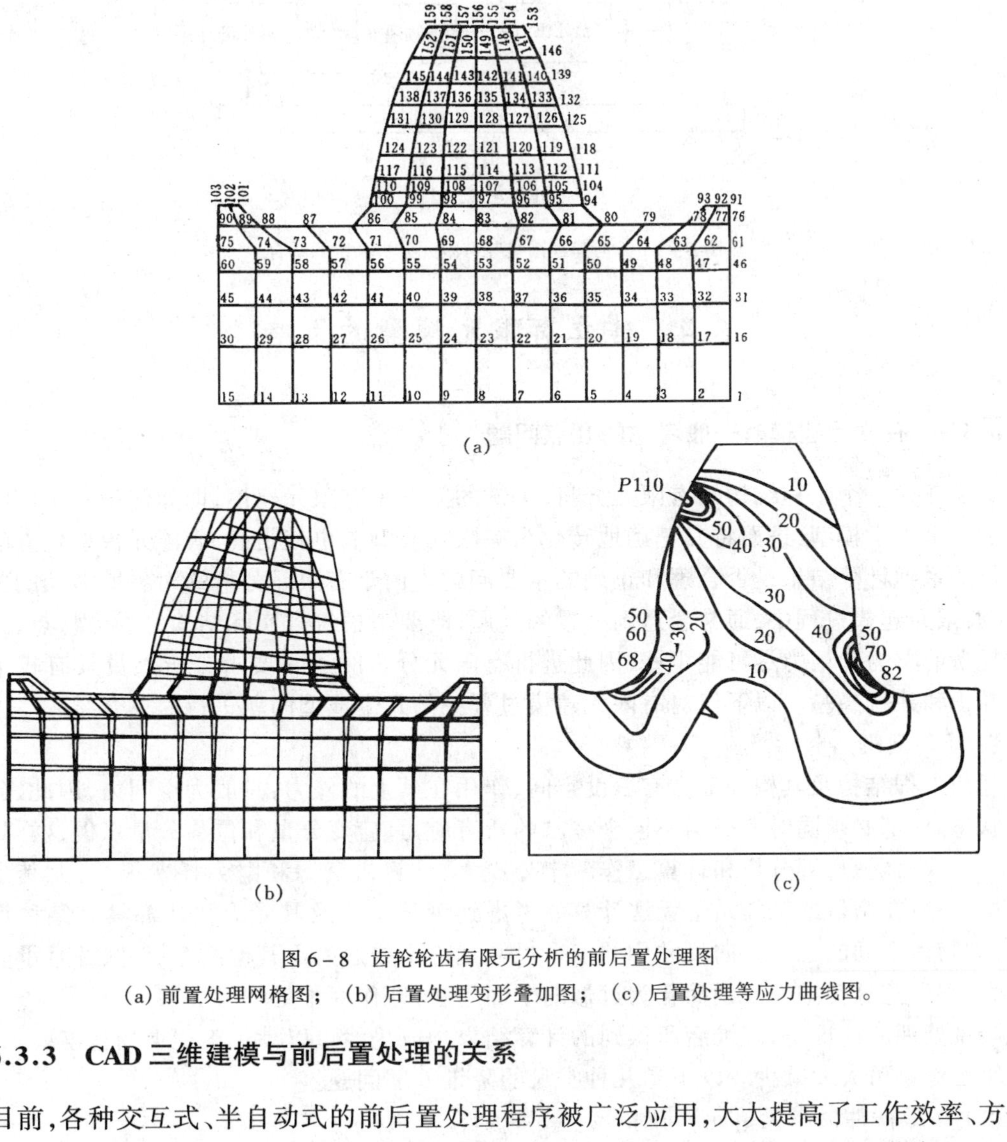

图 6－8　齿轮轮齿有限元分析的前后置处理图

(a) 前置处理网格图；(b) 后置处理变形叠加图；(c) 后置处理等应力曲线图。

6.3.3　CAD 三维建模与前后置处理的关系

目前，各种交互式、半自动式的前后置处理程序被广泛应用，大大提高了工作效率、方便了有限元分析工作。纵观国内外在有限元前后置处理方面的发展，大致可分为两种类型：一种是将几何建模系统与有限元分析系统有机结合(如图 6－9 所示)，即把几何模型的几何参数和拓扑关系等数据进行加工，自动剖分成有限元的网格，然后输入有限元分析需要的其他数据，生成不同有限元分析程序所需的数据网格文件；另一种是单独为某一个有限元分析程序配置前后处理功能程序，并把二者集成为一套完整的有限元分析系统，它同时具有批处理和图形编辑功能。

有限元分析作为 CAD/CAM 系统的一个重要组成部分，需要和其他 CAD/CAM 软件联合工作，有时还要根据并行原理协同联合工作，在软件集成中，存在数据转换和传递接口问题。目前，一些商品化 CAD/CAM 系统，如 Pro/Engineer，UGⅡ，I－DEAS 等，已提供了系统内含的有限元分析软件与其他软件的连接接口。但选用其他有限元分析软件与 CAD/CAM 系统进行集成时，就需解决数据接口问题，使之符合公认的标准（如 IGES、STEP 等）。

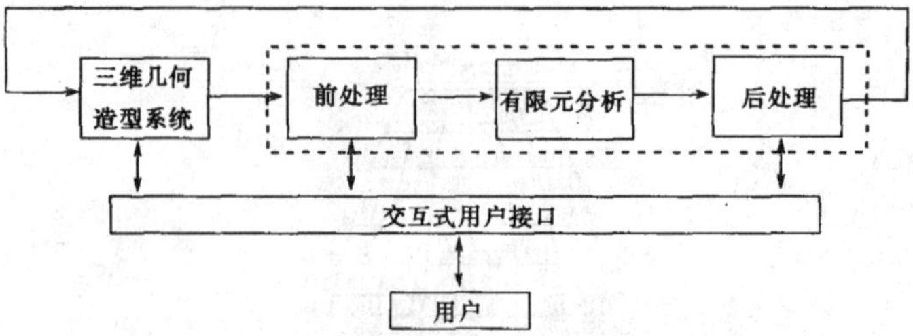

图 6－9　几何建模系统与有限元分析系统的结合

6.4　建立有限元模型的策略

6.4.1　有限元建模时一般考虑的几点问题

对于任何一个工程结构的有限元分析，关键的问题是有限元建模，即如何把一个实际结构抽象为一个力学模型，进而将其正确地转化为有限元模型。也就是说，有限元模型建立的好坏是直接关系到计算结果是否合理和正确的重要问题。由于有限元分析的对象所涉及的内容较多，在有限元建模过程中，通常会遇到大量的问题，既要考虑符合实际结构的受力特点，又要考虑所耗费的财力和精力尽可能少些，因此进行有限元分析时通常要求分析人员具有较丰富的力学知识和工程经验。以下仅对有限元建模过程中的几个典型问题进行简单介绍。

1. 降维问题

任何工程结构及其构件都占有三度空间，作用在其上的外力，一般为空间力，因此，分析其应力状态时，都必须同时考虑沿不同坐标轴的所有应力、应变分量和位移分量。但这样处理问题有一个致命弱点，即分析和计算工作量十分庞大，计算机资源和财力耗费很大，尤其是对复杂结构，一般在微机或工作站上无法计算。考虑到工程结构及其受力往往都具有某种特殊的情况，如物体空间的三个方向尺寸中的一个尺寸远小于或远大于其他两个尺寸，并且承受特殊的外力，则可把这类空间问题简化为近似的平面问题，即作降维处理。

降维处理的前提是，降维后所得到的计算结果一般仍然可以满足工程上的精度要求，而分析计算工作量可大大减少。以下是几种常见的降维处理问题。

(1) 一维杆件(杆、梁单元)问题

在工程结构中，如果构件或零件的一个方向的尺寸远大于其余两个方向的尺寸，则可简化为一维杆件，如塔架的杆件、轴等。

根据受力状态不同，一维杆件又可分为梁单元和杆单元。如果一维杆件上既作用有轴向力又作用有垂直于轴线的剪切力和弯矩，则这种杆件为梁单元；如果仅受轴向力，则为杆单元。如天线塔架的杆件虽受风力作用，但由于风力对杆件弯曲作用很小，可不按梁单元处理，而作为杆单元处理，杆件受到的负荷则简化到杆的两端结点上，在工程结构中，刚架一般用梁单元模拟，桁架一般用杆单元模拟，如计算次应力，也可用梁单元。

对于杆件系统，如果把节点视为铰链后该系统为几何不变系统（静定或超静定），则该系统可简化为桁架；如果把节点视为铰链后该系统是几何可变系统，则必须简化为刚架。

究竟一个方向尺寸 L 与其他两个方向最大尺寸 d 之比达到多少可按一维杆件来考虑，并没有公认的准则，一种可参考的说法是：$L/d>5$ 时，可以认为是梁。

在工程实际中，大型管道管壁的加强肋、天线反射面板的加强肋、机械结构中的连接螺栓、传动轴等均可用梁单元模拟。

构件能否简化为杆单元或梁单元，与结构分析的要求和目的有关。例如，对于机械传动系统中的传动轴，如果是分析整个传动系统（包括箱体、传动轴、齿轮等），则可用梁单元模拟；如果是分析传动轴本身的应力集中，则要作为三维问题处理。再如图 6－10 所示的由薄板组装的工字梁，分析其弯曲变形时，因为上、下翼板主要承受拉力与压力，可将上、下翼板用杆单元来模拟，而腹板可用股单元来模拟，因为腹板主要承受剪切力。

(2) 二维板件问题

如果构件在两个方向的几何尺寸为同一数量级，而另一方向的几何尺寸要小一个数量级，则往往简化为二维板件。通常，这种构件的厚度至少应小于长、宽最小尺寸的 1/5 ~ 1/8，根据受力特点，分别用膜单元、板单元或壳单元来模拟。

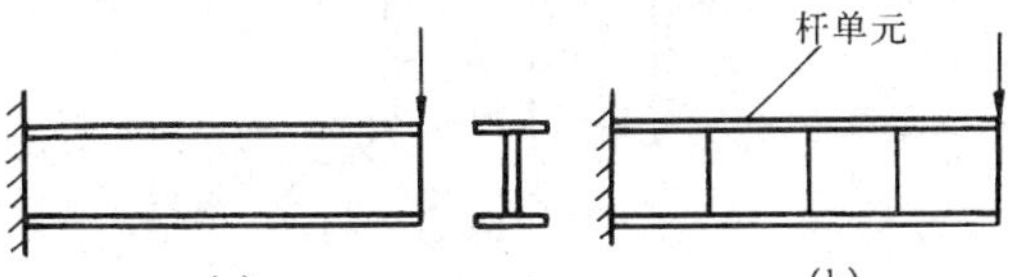

图 6－10　由薄板组成的工字梁

(a) 结构简图；　(b) 有限元模型。

如果板件仅受到面内作用的载荷，处于平面应力状态，可用膜单元来模拟，如上述工字梁的腹板。有时，虽然也会受到与板面垂直的风荷，但弯曲作用较小，仍可按膜单元来处理。如果板件受到垂直于板面的载荷作用，则应按板单元来模拟。如果既有面内作用的载荷，又有垂直于板面作用的载荷，则用壳单元来模拟。

工程中各种箱形梁、箱体、支承件、工作台等的壁板均可简化为二维板件。

工程实践表明，对于工程中各种箱形结构（如汽车起重机的底架、回转臂，各种船体等），如果整体受力状态以弯曲为主，则结构的上下盖板、腹板等往往处于平面应力状态，这时用平面应力膜单元来模拟，不但计算工作量小，而且计算精度也比较满意。对于抗压的箱形结构，因为要考虑整体和局部的稳定性，则必须用壳单元来模拟。对于无法估计受力状态的二维板件，最好用壳单元来模拟。

(3) 轴对称问题

如果结构的形状是回转体，且结构上所受的载荷和约束也对称于回转轴，则其内部的应力、应变及位移也对称于物体的回转轴，这种问题就称为轴对称问题。分析轴对称问题时，采用圆柱坐标 r、z、θ 比较方便。如图 6－11 所示，物体对称于 z 轴，通过 z 轴的任一平面 $rO\theta$ 都是对称面（称子平面），物体变形后，子平面上任一点 p 在该平面上发生的位移与 θ 无关，也就是说物体内任一点的应力、应变和位移只是坐标 r、z 的函数，不随坐标 θ 而变，即轴对称问题实际上可转化为一个二维问题。属于此类问题的机械结构有飞轮、圆形压力容器、螺杆、发动机的气缸套和气门等。

(4) 板壳问题

结构为板壳形状，且作用于板壳上的载荷不是平行于板壳而是引起板壳弯曲和扭转的横向载荷等，如图 6－12 所示，则这类问题通称为板壳问题。由于板壳的几何尺寸通常是两个方向的尺寸远大于一个方向的尺寸（即厚度），因此在进行有限元建模时，实际上是用一个面平分变形前板壳的厚度，该面称为中面，即将具有厚度的板壳几何抽象为一个无厚度的中面（而板壳的实际厚度通过板壳单元的特性参数输入有限元模型）。板壳上的实际载荷和约束都被转化为中面载荷和约束,网格的划分也是对中面进行划分的。

板壳问题较平面问题复杂得多,通常又分为薄板问题、厚板问题及壳问题。薄板问题的节点自由度一般为3个,即1个沿薄板法线方向的线位移(ω)和2个绕非薄板法线方向转动的角位移(θ_x, θ_y);而壳问题的节点自由度一般为5~6个。机械结构中的箱体类零件(如机床床身、横梁等)大多可简化为薄板弯曲问题进行有限元分析。

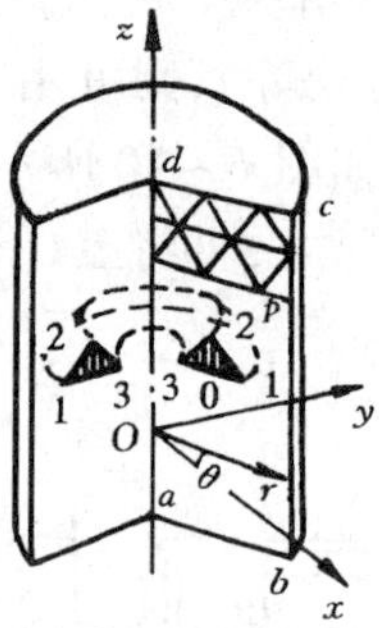

图6-11　轴对称问题

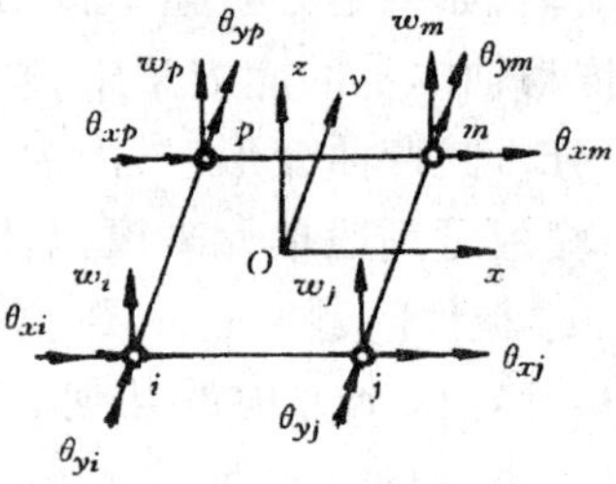

图6-12　板壳问题

2. 单元选择与网格剖分

单元选择与网格剖分是有限元计算中极其重要的问题,它们直接影响有限元分析的准确性和效率。它主要包括如下两方面的内容:

(1) 单元类型的选择

网格的类型取决于构件的结构特点和受力情况,常见的单元类型有杆、梁、板、壳、平面、实体等,所选单元应使计算精度高、收敛速度快、计算量小,具体可参照前述降维问题所讨论的情况。网格的几何尺寸也有一定要求,即各边的长度比例不能太悬殊。例如,三角形单元网格各边长之比应尽可能取为1:1(称最优网格),四边形元素网格中最长边和最短边之比不超过3:1,否则将会影响计算精度,导致不可靠的结果。

(2) 网格密度的确定

有限元分析的精度取决于网格划分的密度。原则上讲,网格划分得越密、每个单元越小,则分析精度越高。但划分过细则使计算量太大,占用过多的计算机容量和机时,经济性差,故实际应用中应综合考虑。为了兼顾精度要求和时间、内存的要求,可在同一结构上采用大小不同的单元。如在应力变化梯度大的区域,网格密一些,尺寸小一些;在应力变化梯度小的区域,网格疏一些,尺寸大一些。如图6-13所示结构,孔洞周围属应力集中区,因此加密网格。利用前置处理程序,可对有限元网格的局部加密。

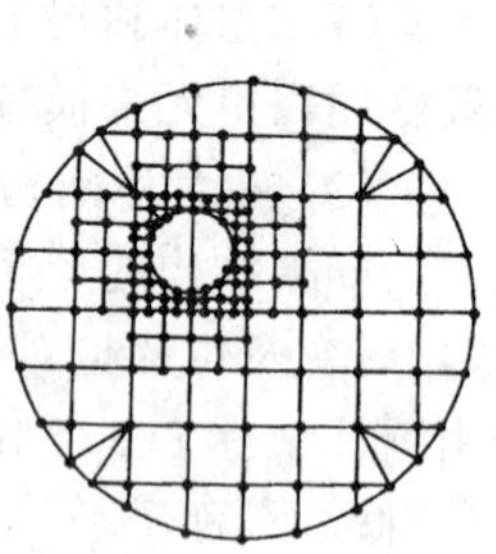

图6-13　网格局部加密

图6-14所示齿轮,由于齿根部位应力集中,所以网格较密,其中图(a)为三角形单元;图(b)中边缘处用三角形单元,中部用矩形单元;图(c)中边缘处用曲边四边形单元,中部用任意四边形单元。

3. 删除细节与简化等效

实际结构往往是复杂的,在建立力学模型时常常将构件或零件上一些细节加以忽略而删去,例如构件的小孔、浅槽、微小的凸台、轴端的倒角、轴的退刀槽、键槽、过渡圆弧等,如图6-15所示。

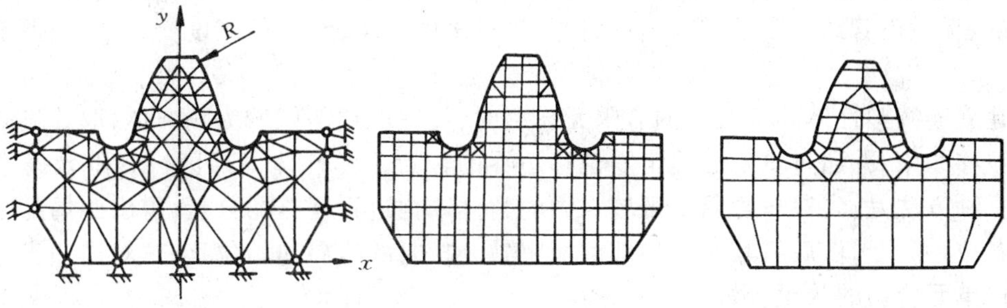

(a)　　　(b)　　　(c)

图 6-14　网格的疏密划分

删除细节的基本思想是“着眼于整体特征而不及其余”，因为这些细节对问题求解的影响很小，因而可以忽略。从几何上看，细节的某些尺寸与分析对象的总体尺寸相比是很小的，而且对问题求解的影响可以忽略；但尺寸细小是一个必要的条件而不是充分条件，例如有一个小孔横向贯穿于轴，这个小孔对轴的刚度也许没有多大影响，但是对于疲劳强度和应力集中却不一定能予以忽略。所以，细节可否删除，要多方面考虑，诸如分析的目标、载荷与约束情况、细节在结构中的位置等等。

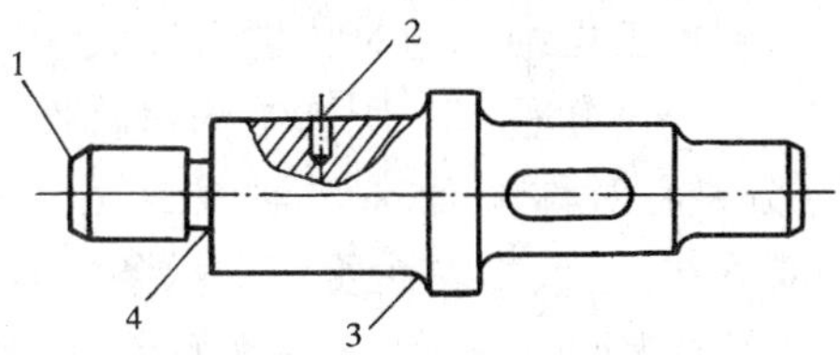

图 6-15　建模时可忽略的细节
1—倒角；2—小孔；3—圆弧过渡；4—退刀槽。

究竟结构中哪些部分可作为细节而删去，什么样的细节在什么情况下对整个求解问题不会有大的影响而可以忽略，目前还没有一个准则，也未见到有归纳性论述的文献。由于细节多种多样，不胜枚举，只能具体问题具体分析。

举例来说，在齿轮副有限元分析中，如果要研究的是沿齿向接触力分布状况、各齿的载荷分配、齿的变形、齿的应力分布(特别是齿根应力)，在建立计算模型时，为了合理地减小计算规模，则不必把所有轮齿都考虑在内，可只保留处于啮合中的那对轮齿，其余轮齿均不考虑。

4. 约束处理

约束处理问题即边界条件的确定问题。如果不给结构以一定数量的已知条件，各节点位移就无法确定，问题的解就不唯一。为了保证计算能顺利进行和所求得的解符合实际结构，必须给模型结构以一定数量的约束。约束分真约束和假约束两类：结构实际受到的约束称为真约束，约束点的位移已被指定，约束力可与任意给定的外力平衡，约束刚度为无穷大；给运动构件加的约束称为假约束，运动构件的约束不给计算模型提供刚度，不能承受任何外载，约束的位移值对应力不起作用。

例如，对于杆单元一般只计算其伸长，但每个节点有 2 个位移，因此对斜杆构件要在垂直于杆轴的两个方向上各加一个位移约束。又如，对于平面膜单元节点，只有在平面内的两个位移，所以对处于同一平面的斜膜单元节点，要在膜的法向上加一个位移约束，而对共处于同一平面的板壳单元，则应在板壳单元节点法向上加一个扭转约束，等等。应该强调的是，假约束的刚度值不要取得过大，只要能起到消除结构运动的作用即可。在工程结构应用中，对上述假约束，有时也可采用从相应单元节点向其他位移确定的节点加虚杆(刚度较小的杆件)的办法来实现。

另一个值得注意的是，所加假约束的数目必须恰当，若约束不够，结构就得不到约束，则不能得到确定的解；若约束多了，意味着结构受到过多的约束，结构的刚度变大了，则得不到真实的解。

在建立连续弹性体局部区域的有限元模型时，往往取局部区域为隔离体，取其隔离边界条件为零位移约束，并通过试凑法确定零位移边界的位置。弹性体局部区域有限元模型边界确定的另一种方法是：先对包含局部区域在内的整体结构进行粗略的分析，得出此局部区域边界节点的各位移分量，然后将其作为局部区域单独分析时的边界初始位移，这对进一步研究此局部区域内单元应力的效果较好。

当分析对象的边界位置是零部件的连接部位时，边界的位置是确定的。在建立有限元模型，确定边界位置上的边界条件时，要考虑连接结构的影响。如分析机床主轴或传动轴时，可以用等刚度的杆单元(或支承连杆)替代轴承和支座的影响。

5. 对称性的利用

利用工程结构的对称性可以大大减小结构有限元模型的规模，节省计算机的计算时间，所以应给予充分重视。所谓结构对称性，是指当结构中的一部分相对于结构的某一平面、轴线或点(分别称对称平面、对称轴线或对称中心)作一次或几次反射转换或旋转转换后，与结构的其余部分在形状、物理性质和支承条件等方面具有完全一致的特性。若结构通过反射转换可获得与结构其余部分完全一致的特性，则称为具有反射对称性的结构(简称对称结构)，如图6-16所示。

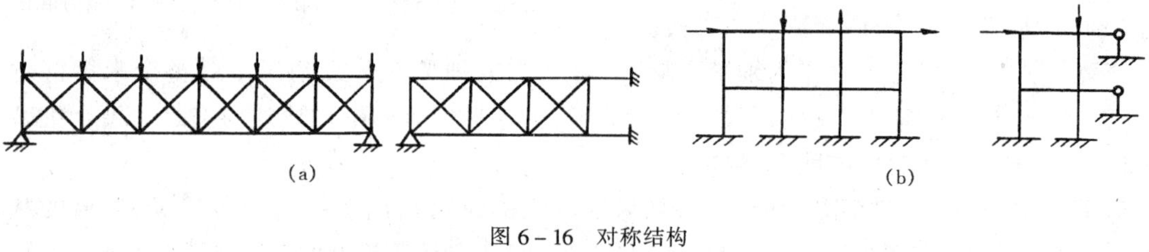

(a)　　(b)

图6-16　对称结构

(1) 对称结构受对称载荷系统　这种系统其对称面上只有对称的位移而没有反对称位移。因此，可只取对称面一侧的半个结构进行计算，其工作量为整个结构计算工作量的1/8。对称面上的约束条件是：对称面上的点变形后仍在对称面上，即给对称面上的点加上与对称面垂直的支撑，以限制其产生反对称的位移。图6-16(a)所示的是一个受左、右对称载荷具有对称结构的平面桁架的对称简化。对称条件可不止一次地被利用，如有多个对称面则可多次利用对称性条件来简化计算。

(2) 对称结构受反对称载荷系统　这种系统其对称面上只有反对称位移而没有对称位移。它同样可利用反对称条件以对称面把结构一分为二，只计算其中一半。对称面上的反对称约束条件是：对称面上的点变形后在对称面上的投影与该点未变形前的位置重合，即应给对称面上的点加上支杆以约束其对称面上的位移。如图6-16(b)所示的是一对称结构的平面刚架承受反对称载荷的情形的简化。

(3) 对称结构受任意载荷系统　这种系统的外载荷既不完全属于对称也不完全属于反对称，通常将外载荷等效地转化成对称载荷和反对称载荷的叠加(给定位移相同)，即把问题分成对称问题和反对称问题来处理，然后按叠加原理求得整个问题的解。图6-17(a)所示为一简单对称平面刚架的分解简化，它可分解为对称问题〔图6-17(b)〕和反对称问题〔图6-17(c)〕的叠加。

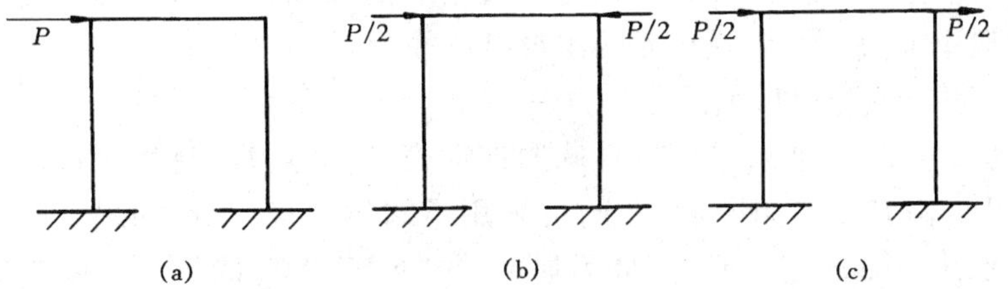

图 6－17　受任意载荷作用的对称结构

(a) 原结构；(b) 对称结构对称载荷；(c) 对称结构反对称载荷。

6.4.2　建立计算模型的几个策略与方法

根据工程实践，在建立结构的计算力学模型时，下列几个策略往往是行之有效的，这是众多工程实践经验的总结。

(1) 按照分析目标来选取计算模型

计算模型的选取，取决于分析目标的需要。同一个工程结构，由于分析目标不同(强度分析、刚度分析、动力分析等)，计算模型可以不一样。例如，图 6－18 所示的 T 形管是管路中常用的三通，在几何、载荷及支承条件给定的情况下，即使是静力分析，也可能有多种计算模型满足分析目标的需要。如果要分析它的刚度，可以用相连的三个梁单元来模拟；如果是求接头处的详细应力分布，可用壳单元(薄壁三通)或三维立体单元(厚壁三通)或壳单元与立体单元的混合来模拟。例如，一般用于输气管道的三通，直径为 214 mm，壁厚为 18 mm，属于厚壁管，采用八节点等参块单元来离散，所得结果比较符合实际情况。

对于动力分析，在求整体结构的固有频率时可以忽略一些细节，同时网格也可以划分得粗一些。

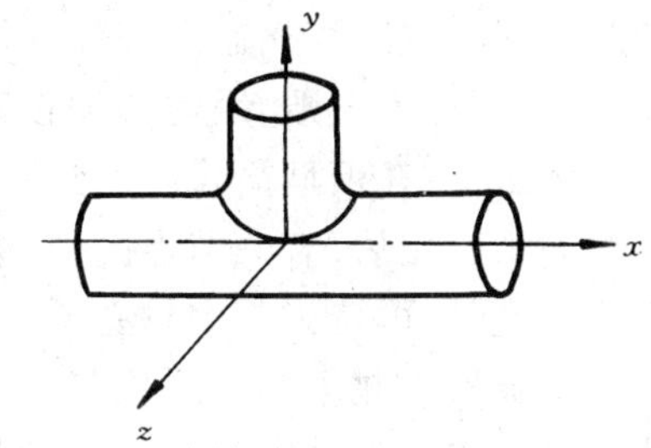

图 6－18　管道中的三通

有时在结构分析中，只着重研究某一方面的特性，可以采取较为简单的模型。例如，在研究船舶结构的纵向振动时，可将船舶结构简化为平面有限元模型，由一系列杆单元和平面应力单元组成。

又如对于机械传动系统中的传动轴，如果是分析整个传动系统(包括齿轮、轴承、箱体、传动轴等)，则可用梁单元来模拟；如果是分析传动轴本身的应力集中，则可能要作为三维问题来处理。

再如柴油机的曲轴在动力系统分析中，主要关心的是曲轴的整体刚度特性，曲轴可作为空间刚架来模拟。为精确起见，可对曲轴的单拐单独进行更细致的有限元分析，求出曲柄的等效刚度，然后用空间刚架模型计算整根曲轴。另外，在设计的不同阶段，可以采用不同的计算模型。

在方案阶段，结构还没有最后确定，没有必要采用精确的计算模型。这时，可采用一种比较粗糙的模型，只要能近似地描述实际结构就行了。这样比较简单，计算起来也比较方便。在这一阶段，通过分析基本上能了解整个结构的受力情况，以便进行多方案比较。例如，火车车厢是梁、板、膜单元的组合结构，在方案阶段可采用杆系结构模型，而蒙皮可折算到四周的梁上去。

在设计开始阶段，计算模型需细致地考虑，使其更符合实际。

在进行施工设计时则应该按图样，建立比较精确的结构模型来计算。上述的车厢要建立由杆单元、空间梁单元、板单元、膜单元的组合结构模型。

(2) 先整体后局部、先粗后细的分析方法

对于非常复杂的结构，如果采用较精确的计算模型，节点数和单元数都十分庞大，会造成计算困难。如果结构有许多相同的部分，可采用子结构法来分析；如果结构并没有相同的部分，可以采用聚焦法(Zooming)，即先整体后局部、先“粗”后“细”的方法。以电视机机壳(图 6-18)的力学特性分析为例，由于机壳的结构与形状十分复杂，取机壳整体进行分析时，若单元划分较细，节点数将十分庞大，因计算机容量有限而难以实现计算；如果单元划分较粗，又不能揭示局部应力的情况。电视机在运输过程中经常遇到翻滚、跌落、冲击而使电视机壳局部开裂与损伤，需要研究易损伤部位的应力分布，以便设法改进。这时可采用先整体后局部的方法，先对整体结构用较粗的网格划分，作一次分析；然后根据整体计算结果，对需要进一步研究的几个部位分别取出结构的相应部分(例如图 6-19 中 1、2、3、4)，将整体计算所求得的位移作为该部分结构的边界条件，用较细的网格划分再进行细算，就可得到这一部分详细的应力分布，从而可以判断结构在各种载荷下有无损坏的可能，提出改进的措施。

先整体后局部的方法常常用来研究应力集中部位的应力分析。

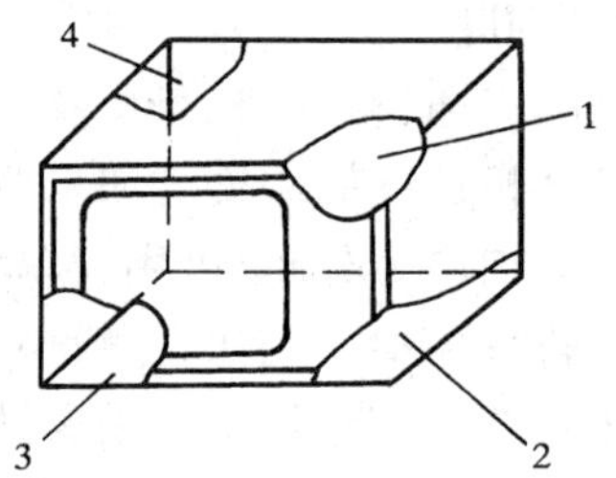

图 6-19　电视机壳的有限元分析

(3) 主从处理

实际结构中常常有某一部分或某一构件的刚度比其周围相邻构件的刚度大很多，或者某一构件在某些自由度方向(例如在某一平面内)的刚性相对于其他方向大很多。这类问题如果不采取措施，仍按常规方法进行，由于刚度相差悬殊，计算求解时很可能要引起联立方程病态而丧失计算精度，在极端情况下甚至会使机器溢出，计算失败，因此必须在计算模型中消除这种病态结构。具体做法是：在模型简化时，将认为刚度很大的构件作为刚体，或者构件在刚度大的方向是刚性的。刚性化后，有关节点的位移将成为相关的，或构件在某些自由度方向的位移可认为是相关的。这时，可认为其中只有一个节点的位移是独立的，选择此节点作为主节点，其他各节点都是服从于此主节点的从节点，各从节点的位移以刚体运动服从于主节点。从节点的位移是相关位移，不进入独立未知数项，这就减少了求解的方程数，另外也避免了联立方程的病态，主、从节点的处理方法在实际结构模型化中十分重要，下面从几个例子中进一步加以说明。

实例 1：在船舶结构中，船舶隔舱由于平面内刚性很大，常常模型化为一广义刚性构件——刚性膜。在隔舱平面内各节点的平面位移是线性相关的，服从主从节点的关系。

实例 2：在高层建筑结构整体分析中，每层楼板平面可采用刚性平面假定，整个楼板就像一个刚性膜，仅有平面内三个节点。任选其中一个节点作为主节点，其余的节点作为从节点，从节点与主节点的关系服从刚体运行的规律。

实例 3：图 6-20 所示的薄板结构上焊有一个接头，接头的刚度很大，因此可视为不变形的刚体。薄板上与接头相接的一些节点，其位移满足刚体位移条件，可写成：

$$\boldsymbol{F\delta} = \boldsymbol{0}$$

式中，δ 为薄板上与接头相连的一些节点的位移列阵。

上述主从节点的处理可利用“刚体单元”来实现。在一般商品化有限元分析软件中都配有

“刚体单元”,应用时按程序规定的格式填入主节点与从节点的节点号以及其他数据即可,但一个单元只能有一个节点连接到某一刚体单元上。

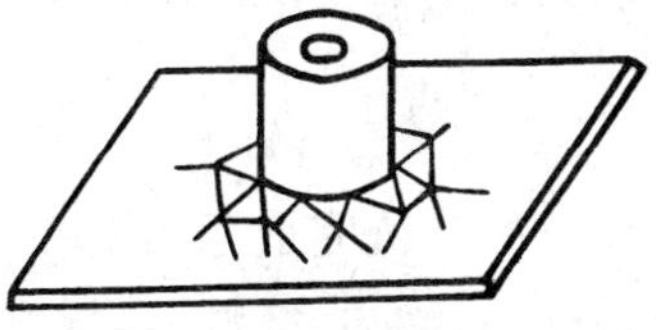

图 6-20 薄板结构的焊接头

(4) 等效结构

在实际结构中常常会遇到一些复杂的细节或结构复杂的构件,但分析的目标又不是这些细节或构件的应力与变形,而是整个结构的特性,这时可利用等效结构来等效它,这种等效结构可以是比较简单的构件或其组合。

例如,某玻璃钢天线结构的计算模型是由正交各向异性板单元组合而成的,但玻璃钢的材料性能参数(弹性模量、泊松比、密度、拉伸强度、环氧胶层平均剪切强度等)由于手册中数据的离散度大大,必须由实验给出。

某一客车车厢的地板是一波纹薄板,在对车厢作整体结构分析研究其整体特性时,若波纹不高,波纹地板的计算模型就可等效为各向异性板。

在对某雷达天线及天线座结构作系统静、动力分析时,其方位轴承是一大型四点接触球轴承(滚动体为钢球),如图 6-21(a)所示。因为研究的是结构整体力学特性而不是方位轴承本身,故建模时可将该轴承等效成 24 根杆单元,如图 6-21(b)所示。

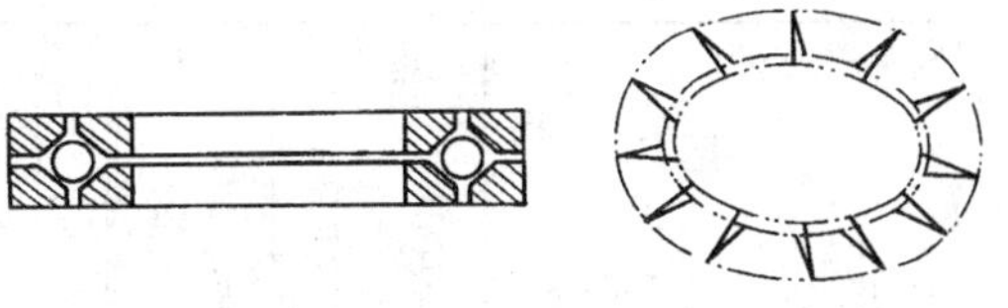

(a) (b)

图 6-21 四点接触球轴承的计算模型

迄今为止,对于许多工程中特殊结构的建模问题仍有人在继续探讨与研究,这也说明问题的复杂性。

6.5 常用的有限元分析软件及分析计算实例

6.5.1 常用有限元分析计算软件简介

有限元技术发展至今,国内外已开发出一批成熟的有限元分析软件。这些软件前后置处理方便、求解功能齐全。软件提供的常用单元齐全,如杆单元、梁单元、膜单元、板壳单元、轴对称单元、实体单元、边界单元等;功能库内分析模块分析众多,这些模块分析能力强,如有静力分析、动力响应分析等;应用范围广泛,可处理连续体分析、流体分析、热传导分析、电磁场分析,以及线形与非线形分析、弹塑性分析等。机械结构的有限元静态分析、固有特性分析、动态分析等一般都可通过它们来完成。但这些软件都有各自的特点,有的程序以动态分析见长,而有的则线性功能强,应用范围也有所区别。

1. ADINA/ADINAT

该系统可以对结构和热传导问题及其他场问题进行有效的有限元分析。它开发的指导思想是用少量而且有效的单元、广泛的材料模型库和通用而有效的数值分析,为结构和热传导系统的分析模拟提供有效的手段。

2. ANSYS

它可用于二维、三维系统的有限元静力、动力、热、线性、非线性分析。通过把热分析的输出与结构的输入直接相连,可进行热应力分析。另外,包含前、后处理部分,并能支持广泛的图形显示。

3. NASTRAN

其功能包括热应力分析、瞬态载荷与随机激振的动态响应分析、实特征值与复特征值的计算以及稳定性分析,还有一定的非线性分析能力。可用于各种计算机系统。

4. COSMOS/M

面向微型计算机的结构有限元分析软件。其目标是以微型计算机的代价完成原需要在中小型和大型计算机上才能完成的有限分析计算。其分析模块包括静力、动力、线性、非线性、振动、疲劳、流场、电磁场、温度场、优化设计等,可广泛适用于航空航天、机械工程、土木建筑等领域。

另外,还有一些著名的商品化有限元分析软件,如 SAP、ASKA、EAL 等。表 6－3 为一些软件的分析范围和功能。由于各商品化软件版本在不断地更新,所以在使用时应根据说明来选择合适的程序。

表 6－3　　有限元软件分析范围

分析范围 / 程序名	静力		动力		塑性分析	断裂力学	热应力与蠕变	厚板厚壳	粘弹性材料	结构优化	热传导	薄板薄壳	结构稳定	流体力学	电磁场	疲劳
	线性分析	非线性分析	线性分析	非线性分析												
ADINA/ADINAT	×	×	×	×	×	×	×	×			×	×	×	×	×	×
ANSYS	×	×	×	×	×	×	×	×	×		×	×	×	×		×
ASKA	×		×	×	×	×	×	×			×	×	×			
COSMOS/M	×	×	×	×	×		×	×	×	×	×	×		×	×	×
EAL	×	×	×	×							×	×	×	×		
NASTRAN	×	×	×	×			×				×	×		×		
SAP	×		×					×				×				

注:× 表示具备该项功能。

6.5.2　用有限元分析软件 ANSYS 进行有限元分析计算实例

1. ANSYS 简介

ANSYS 是一套功能非常强大的有限元分析软件,它能进行结构分析、热分析、电磁分析、流体分析以及多物理场的耦合分析。下面简单介绍一下 ANSYS 的结构分析的功能模块。

结构分析用于确定结构的变形、应变、应力及反作用力等。ANSYS 的结构分析主要包括以下几个功能模块:

① 静力分析　用于静态载荷,可以考虑结构的线性及非线性行为,例如:大变形、大应变、应力刚化、接触、塑性、超弹及蠕变等。

② 模态分析　计算线性结构的自振频率及振型。

③ 谱分析　是模态分析的扩展,用于计算由于随机振动引起的结构应力和应变。

④ 谐响应分析　确定线性结构对随时间按正弦曲线变化的载荷的响应。

⑤ 瞬态动力学分析　确定结构对随时间任意变化的载荷的响应,可以考虑与静力分析相同的结构非线性行为。

⑥ 特征屈曲分析　用于计算线性屈曲载荷并确定屈曲模态形状(结合瞬态动力学分析可

以实现非线性屈曲分析)。

⑦ 专项分析　断裂分析、复合材料分析、疲劳分析。

此外,ANSYS除了提供标准的隐式动力学分析以外,还提供了显式动力学分析模块ANSYS/LS－DYNA。主要用于模拟非常大的变形,惯性力占支配地位,并考虑所有的非线性的行为。它采用显式方程求解冲击、碰撞、快速成形等问题,是目前求解这类问题最有效的方法。

2. 用ANSYS进行有限元分析的步骤

用ANSYS进行有限元分析主要有三个步骤:

(1) 创建有限元模型(前处理) 包括创建或读入几何模型、定义材料属性和划分单元三个过程。

(2) 施加载荷进行求解(分析求解) 包括施加载荷及载荷选项和求解两个过程。

(3) 查看结果(后处理) 包括查看分析结果和检验结果 (分析是否正确) 两个过程。

利用ANSYS分析的三个主要步骤可在它的主菜单中得到明确体现,如图6－22所示。

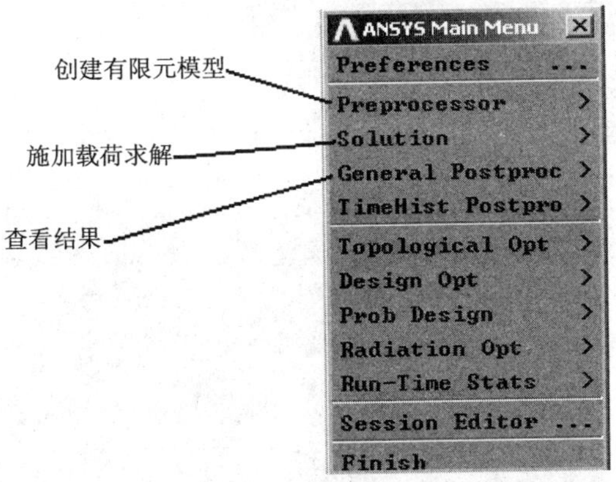

图6－22　ANSYS主菜单

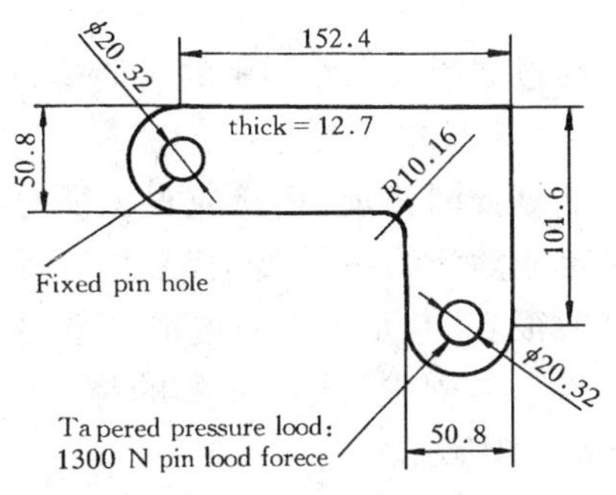

图6－23　角支撑结构及其受载荷情况

3. 用ANSYS进行有限元分析计算实例

下面以一个简单的单一载荷步、结构静态问题例子说明ANSYS进行分析的过程。角支撑零件的尺寸及其受力描述如图6－23所示,零件材料为A36钢,材料的杨氏模量为30E6,泊松比为0.27,且为各向同性弹性材料。用ANSYS进行有限元分析的基本过程如下:

(1) 建立几何模型

ANSYS软件本身提供了一些简单的几何模型建立命令,如果所要分析的对象的几何模型比较复杂,则可采用其他专门的具有特征造型功能的CAD软件系统(如Pro/E、UG Ⅱ等)进行几何建模,然后再将其通过ANSYS的接口输入到ANSYS中,如图6－24所示的几何模型,就是通过ANSYS接口,直接将在Pro/E中建立的零件几何模型读入到ANSYS中的。

图6－24　几何模型

(2) 设置分析类型

因为ANSYS可以进行各个领域的分析,因此,用户应选择适合该问题的分析类型。点取主菜单上的“Preference”菜单项,选取“Structural”分析类型。如图6－25所示。

(3) 定义材料特性

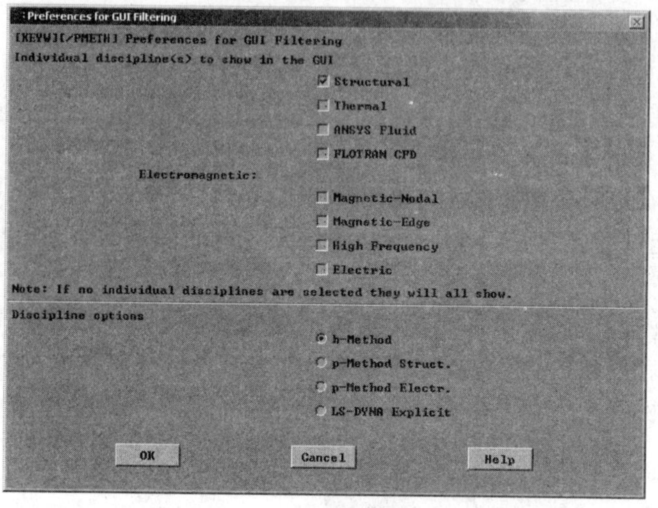

图 6－25　分析类型选择

通过如图 6－26 所示的对话框，将分析对象的材料性能参数提供给 ANSYS 系统。

(4) 定义单元类型

在划分网格前，用户应根据所分析的对象决定应划分的单元类型，ANSYS 提供的单元类型很多，单元类型的选取一般会影响分析结果。本例中，选择一般的体单元即可，如图6－27所示。

(5) 划分网格

ANSYS 提供了自动划分网格的工具(MeshTool)，非常方便。几何模型划分网格后，如图 6－28 所示。

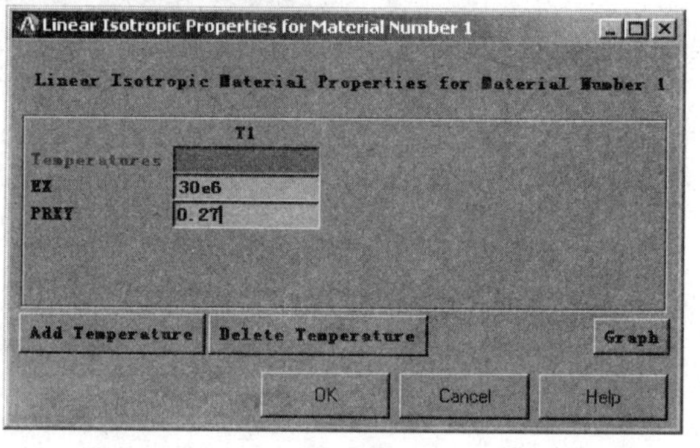

图 6－26　材料性能参数输入

(6) 施加约束和载荷

根据给定的条件，给固定销孔施加一个位移为零的约束条件；在另外一个孔上施加一个载荷。

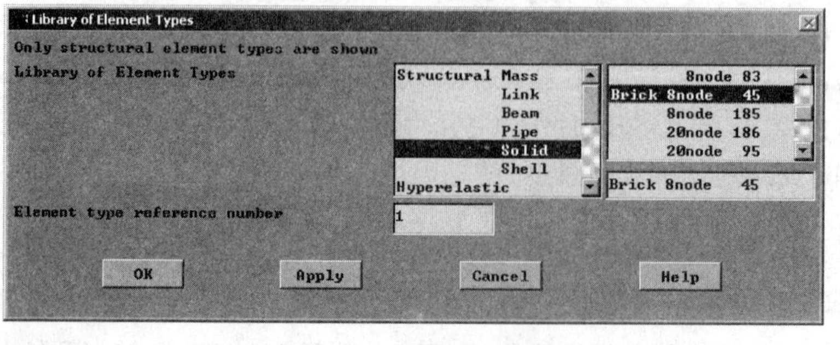

图 6－27　单元类型选择

(7) 分析计算

以上过程均为前处理阶段，完成前处理后，就可以将其提交给 ANSYS 的解算器进行求解了。点取如图 6－29 所示“Solution”菜单中的“Current LS”菜单选项，就可以进行有限元计算了。计算完成后，ANSYS 会给出相应的提示。

（8）查看计算结果

计算完成后，可以利用 ANSYS 提供的多种方式查看计算结果，其中最常用的就是以云图的形式显示计算结果。图 6－30(a)为云图形式的应力分布图，图 6－30(b)云图形式的位移图。

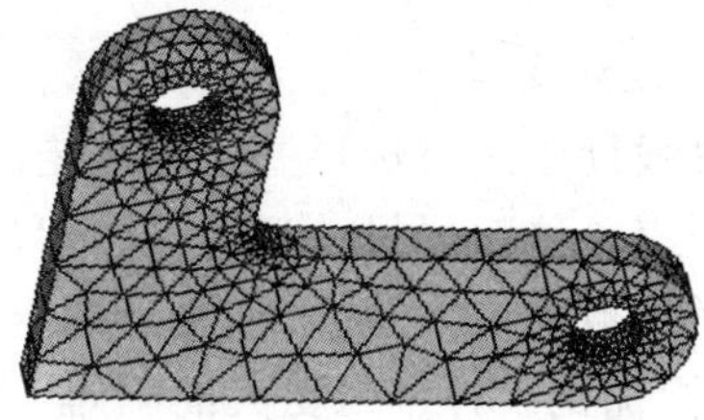

图 6－28　网格划分

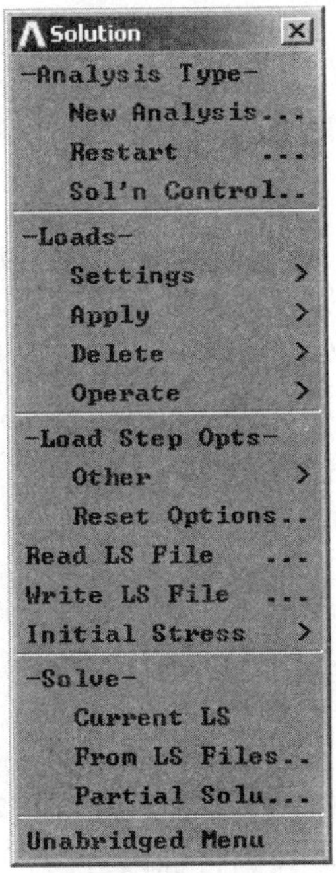

图 6－29　Solution 菜单

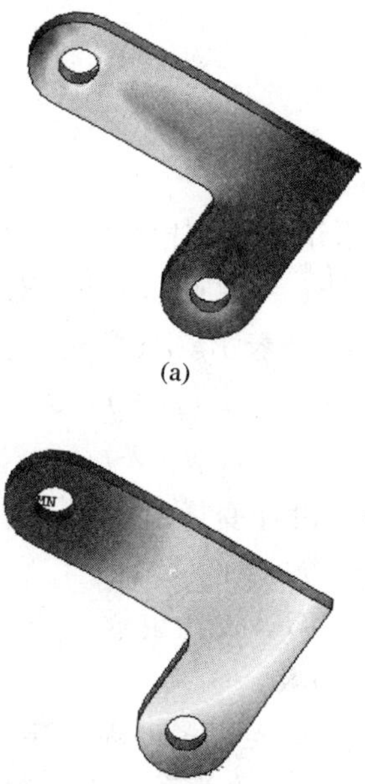

(a)

(b)

图 6－30　有限元分析结果

6.6　优 化 设 计

优化设计是在计算机广泛应用的基础上发展起来的一项设计技术，以求在给定技术条件下获得最优设计方案，保证产品具有优良性能。优化设计的目标是寻求最优设计，手段是计算机和应用软件，理论依据是数学规划法。目前，优化设计方法已广泛地应用于各个工程领域，诸如：对飞行器和宇航结构进行优化设计，在满足性能的要求下使其重量最轻；在土木工程中进行结构优化设计，在保证质量的前提下使其成本最低；对连杆、凸轮、齿轮、机床等机械零部件进行优化设计，在实现功能的基础上使其结构最佳；对机械加工工艺过程进行优化设计，在限定的设备条件下使生产率最高，等等。无数实践证明，通过采用优化设计方法，可大大提高产品或工程的设计质量，节约人力、物力，取得显著的经济效益。

概括起来，优化设计包括两部分内容：

（1）针对具体工程问题建立数学模型，包括选取设计变量、列出目标函数、给出约束条件等。

（2）采用最优化方法，求解数学模型，获取优化设计结果。

6.6.1 优化设计的数学模型

1. 设计变量

在设计中进行选择并最终确定的各项独立参数称为设计变量。在机械设计中，常见的设计变量有总体布局尺寸、零件外形尺寸及材料的力学、物理特性等。设计变量的个数称为优化设计的维数。维数越高，则设计的自由度越大，越容易得到比较理想的结果，但同时使问题复杂化，给优化设计带来更大的困难。因此在一般情况下，应尽量减少设计变量数目。

设有 n 个设计变量，则称为 n 维设计问题，构成了一个数组，用矩阵表示为：

$$\boldsymbol{X}=\begin{bmatrix}\boldsymbol{X}_1\\ \boldsymbol{X}_2\\ \vdots\\ \boldsymbol{X}_n\end{bmatrix}=[\boldsymbol{X}_1 \quad \boldsymbol{X}_2 \quad \cdots \quad \boldsymbol{X}_n]^{\mathrm{T}} \tag{6-7}$$

2. 约束条件

在许多实际问题中，设计变量的取值范围是有限制的，例如必须符合标准化要求或空间大小限制等条件。在优化设计中，对设计变量的限制称为设计约束。约束条件可以用数学上的等式或不等式来表示。其形式为：

$$h_v(\boldsymbol{X})=0 \qquad (v=1,2,\cdots,p) \tag{6-8}$$

$$g_u(\boldsymbol{X})\leqslant 0 \quad 或\ g_u(\boldsymbol{X})\geqslant 0 \qquad (u=1,2\cdots,m) \tag{6-9}$$

式中 $\boldsymbol{X}$——设计变量；

p——等式约束数；

m——不等式约束数。

3. 目标函数

优化设计是要在多种因素下寻求使设计者最满意的一组设计参数。根据特定问题的目标，这些设计变量的关系可通过数学函数来表示，这就是优化设计的目标函数。

在一般情况下，优化设计是求目标函数的最小值。当然也可能遇到求目标函数最大值的情况，此时仍可以把该问题转换成求负的最小值问题，这样就把优化问题一律描述成求目标函数的最小值问题。其一般形式为：

$$\min f(\boldsymbol{X}) \quad = \quad f(\boldsymbol{X}_1,\boldsymbol{X}_2,\cdots,\boldsymbol{X}_n) \tag{6-10}$$

4. 优化设计的数学模型

在经过上述的选取设计变量、列出目标函数、给定约束条件后，便可构造优化设计的数学模型。如下所示：

$$\min f(\boldsymbol{X}) \ = \ f(\boldsymbol{X}_1,\boldsymbol{X}_2,\cdots,\boldsymbol{X}_n) \tag{6-11}$$

$$h_v(\boldsymbol{X})=0 \qquad (v=1,2,\cdots,p) \tag{6-12}$$

$$g_u(\boldsymbol{X})\leqslant 0 \qquad (u=1,2,\ \cdots,\ m) \tag{6-13}$$

建立数学模型是优化设计中非常重要的一步。数学模型的好坏直接影响设计质量。

6.6.2 优化设计实例

1. 设计问题

单级圆柱齿轮减速器基本结构如图 6-31，已知齿数比为 u，输入功率为 P，主动齿轮（小齿轮)转速为 n_1。主动齿轮采用实心结构,从动齿轮采用四孔辐板式结构。求在满足零件的强度和刚度条件下,使减速器重量最轻的各项设计参数,以期减小减速器的整体体积和重量,使其结构紧凑。

已知条件如下:输入功率 $P=58$ kW,输入轴转速 $n_1=1\ 000$ r/min,齿数比 $u=5$,齿轮的许用接触应力 $[\sigma]_H=550$ MPa,许用弯曲应力 $[\sigma]_F=400$ MPa。

2. 优化设计数学模型

(1) 建立设计变量

以齿轮减速器的重量最轻为目标函数,而此减速器的重量可以一对齿轮和两根轴的重量之和近似求出。由于

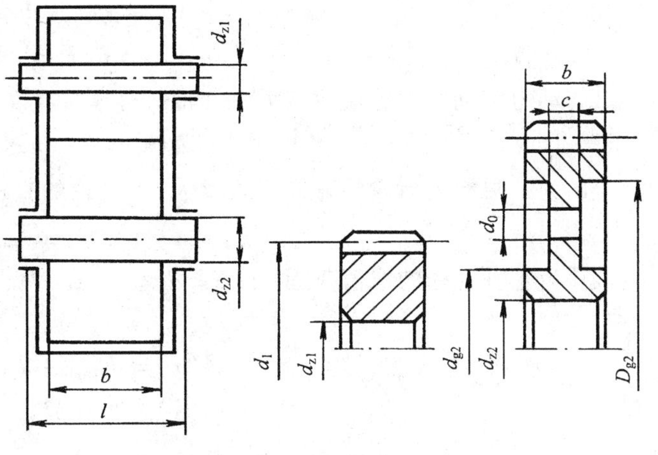

图 6-31 单级圆柱齿轮减速器的结构尺寸

重量 $\boldsymbol{W}=\boldsymbol{V}\cdot\boldsymbol{\rho}$。因钢的密度 $\boldsymbol{\rho}$ 为常数,所以可取减速器的体积为目标函数。根据齿轮几何尺寸及齿轮结构尺寸的计算公式,壳体内的齿轮和轴的体积可近似地表示为:

$$\begin{aligned}\boldsymbol{V}&=0.25\pi b(d_1^2-d_{z1}^2)+0.25\pi b(d_2^2-d_{z2}^2)-0.25(b-c)(D_{g2}^2-d_{g2}^2)-\pi d_0^2c+\\&\quad 0.25\pi l(d_{z1}^2+d_{z2}^2)+7\pi d_{z1}^2+8\pi d_{z2}^2\\&=0.25\pi[m^2z_1^2b-d_{z1}^2b+m^2z_1^2u^2b-\\&\quad d_{z2}^2b-0.8b(mz_1u-10m)^2+2.05bd_{z2}^2-0.05b(mz_1u-10m-1.6d_{z2})^2+\\&\quad d_{z1}^2l+28d_{z1}^2+32d_{z2}^2]\end{aligned}$$

式中各符号的意义由图 6-31 直接给出,其计算公式为:

$$d_1=mz_1,\quad d_2=mz_2$$
$$D_{g2}=umz_1-10m$$
$$d_{g2}=1.6d_{z2}$$
$$d_0=0.25(umz_1-10m-1.6d_{z2})$$
$$c=0.2b$$

由上式可知,当齿数比给定后,体积 V 取决于 b、z_1、m、l、d_{z1}和 d_{z2}六个参数,则设计变量可取为:

$$\boldsymbol{X}=[b\quad z_1\quad m_l\quad l\quad d_{z1}\quad d_{z2}]^{\mathrm{T}}=[x_1\quad x_2\quad x_3\quad x_4\quad x_5\quad x_6]^{\mathrm{T}}$$

(2) 建立目标函数

$$\min f(X)=V(b,\ z_1,\ m,\ l,\ d_{z1},\ d_{z2})$$

体积与六个设计变量的函数表达式已在上面给出。

(3) 建立约束条件

① 齿数 z_1 应大于不发生根切的最小齿数 $z_{\min}$得

$$g_1(x)=z_{\min}-z_1\leqslant 0$$

② 齿宽应满足 $\varphi_{\min}\leqslant\dfrac{b}{d}\leqslant\varphi_{\max}$,$\varphi_{\min}$和 $\varphi_{\max}$为齿宽系数 φ_d 的最小值和最大值,一般取

$\varphi_{\min}=0.9,\varphi_{\max}=1.4$,得

$$g_2(x)=\varphi_{\min}-b/z_1m\leqslant 0$$

$$g_3(x)=b/z_1m-\varphi_{\max}\leqslant 0$$

③ 动力传动的齿轮模数应大于 2 mm,得

$$g_4(x)=2-m\leqslant 0$$

④ 为了限制大齿轮的直径不致过大,小齿轮的直径不能大于 $d_{1\max}$,得

$$g_5(x)=z_1m-d_{1\max}\leqslant 0$$

⑤ 齿轮轴直径的取值范围:$d_{z\min}\leqslant d_z\leqslant d_{z\max}$

$$g_6(x)=d_{z1\min}-d_{z1}\leqslant 0$$

$$g_7(x)=d_{z1}-d_{z1\max}\leqslant 0$$

$$g_8(x)=d_{z2\min}-d_{z2}\leqslant 0$$

$$g_9(x)=d_{z2}-d_{z2\max}\leqslant 0$$

⑥ 轴的支承距离 l 按结构关系,应满足条件:$l\geqslant b+2\Delta_{\min}+0.5d_{z2}$(可取 $\Delta_{\min}=20$),得

$$g_{10}(x)=b+0.5d_{z2}+40-l\leqslant 0$$

⑦ 齿轮的接触应力和弯曲应力应不大于许用值,得

$$g_{11}(x)=\sigma_H-[\sigma]_H\leqslant 0$$

$$g_{12}(x)=\sigma_{F1}-[\sigma]_F\leqslant 0$$

$$g_{13}(x)=\sigma_{F2}-[\sigma]_F\leqslant 0$$

接触应力和弯曲应力的计算公式分别为:

$$\sigma_H=2.5Z_UZ_E\sqrt{\frac{KFt}{bz_1}}$$

$$\sigma_{F1}=\frac{2KTY_{Fa1}Y_{Sa1}}{\varphi_d m^3z_1^2}$$

$$\sigma_{F2}=\frac{2\sigma_{F1}Y_{Fa2}Y_{Sa2}}{Y_{Fa1}Y_{Sa1}}$$

⑧ 齿轮轴的最大挠度 $\delta_{\max}$不大于许用值$[\delta]$,得

$$g_{14}(x)=\delta_{\max}-[\delta]\leqslant 0$$

⑨ 齿轮轴的弯曲应力 σ_w 不大于许用值$[\sigma]_w$,得

$$g_{15}(x)=\sigma_{w1}-[\sigma]_w\leqslant 0$$

$$g_{16}(x)=\sigma_{w2}-[\sigma]_w\leqslant 0$$

(4) 具体问题的数学模型

根据上面设计要求中的已知条件,将已知量代入上述各式,单级圆柱直齿轮减速器优化设计的数学模型可表示为:

$$\min f(x)=0.785398(4.75x_1x_2^2x_3^2+85x_1x_2x_3^2-85x_1x_3^2+0.92x_1x_6^2-x_1x_5^2+0.8x_1x_2x_3x_6-1.6x_1x_3x_6+x_4x_5^2+x_4x_6^2+28x_5^2+32x_6^2)$$

s.t. $\qquad g_1(x)=17-x_2\leqslant 0$

$$g_2(x)=0.9-x_1/(x_2x_3)\leqslant 0$$

$$g_3(x) = x_1/(x_2x_3) - 1.4 \leqslant 0$$
$$g_4(x) = 2 - x_3 \leqslant 0$$
$$g_5(x) = x_2x_3 - 300 \leqslant 0$$
$$g_6(x) = 100 - x_5 \leqslant 0$$
$$g_7(x) = x_5 - 150 \leqslant 0$$
$$g_8(x) = 130 - x_6 \leqslant 0$$
$$g_9(x) = x_6 - 200 \leqslant 0$$
$$g_{10}(x) = x_1 + 0.5x_6 - x_4 + 40 \leqslant 0$$
$$g_{11}(x) = 1486250/(x_2x_3\sqrt{x_1}) - 550 \leqslant 0$$

令 $\sigma_F = 9064860y_{11}y_{12}/(x_1x_2x_3^2)$

$$g_{12}(x) = \sigma_F - 400 \leqslant 0$$
$$g_{13}(x) = \sigma_F y_{21}y_{22}/(y_{11}y_{12}) - 400 \leqslant 0$$

式中 y_{11}、y_{12}——分别为主动齿轮和从动齿轮的齿形系数；

y_{21}、y_{22}——分别为主动齿轮和从动齿轮的应力校正系数。

$$g_{14}(x) = 117.04x_4^4/(x_2x_3x_5^4) - 0.003x_4 \leqslant 0$$
$$g_{15}(x) = \frac{1}{x_5^3}\sqrt{\left(\frac{2.85\times10^6x_4}{x_2x_3}\right)^2 + 2.4\times10^{12}} - 5.5 \leqslant 0$$
$$g_{16}(x) = \frac{1}{x_6^3}\sqrt{\left(\frac{2.85\times10^6x_4}{x_2x_3}\right)^2 + 6\times10^{13}} - 5.5 \leqslant 0$$

3. 优化设计求解

这是一个具有6个设计变量及16个不等式约束的非线性优化问题，采用惩罚函数法（见下节）进行优化求解，参考同类齿轮减速器的设计参数，现取初始点 $\boldsymbol{X}^0 = [230,218,8,420,120,160]^T$，$\boldsymbol{f}(\boldsymbol{X}^0) = 6.32\times10^7$，经过10次迭代计算，得到的$[\boldsymbol{b}\ \boldsymbol{z}_1\quad \boldsymbol{m}_l\quad \boldsymbol{l}\quad \boldsymbol{d}_{z1}\quad d_{z2}]$最优解如下：

$$X^* = [211.99,22.12,8.39,322.37,101.75,130.24]^T$$
$$\boldsymbol{f}(\boldsymbol{X}^*) = 5.96\times10^7$$

对上述优化结果，根据几何参数的标准化要求进行圆整，最后得：$\boldsymbol{X}^* = [212,22,8.5,325,102,130]$。

6.6.3 常用的优化求解方法

1. 解析法和数值迭代法求解思路

求解优化问题可以用解析法和数值迭代法两大类。解析法是利用数学解析方法（如微分、变分等方法）直接求目标函数的极值点；数值迭代方法则是采用某种算法逐步逼近到函数极值点的方法。当目标函数比较复杂或目标函数为非凸性函数时，应用解析法就很困难，必须采用迭代法。

优化设计中常用的优化方法大都采用数值迭代方法，其基本思想是搜索、迭代、逼近，见图6-32。首先从某一初始点 $X^{(0)}$ 出发，按照某种优化方法所规定的原则，确定适当的搜索方向 $d^{(0)}$，计算最佳步长 $\alpha^{(0)}$，并求出目标函数在 $d^{(0)}$ 方向的极值点，即获得一个新的设计点 $X^{(1)}$；然后，再从 $X^{(1)}$ 点出发，重复上述过程，获得第2个改进设计点 $X^{(2)}$。如此迭代下去，可得 $X^{(3)}$、$X^{(4)}\cdots$，最终得到满足设计精度要求的逼近理论最优点的近似最优点 X^*。写成一般形式,其迭代格式为 $X^{(k+1)}=X^{(k)}+\alpha^{(k)}d^{(k)}$。在搜索迭代过程中,由设计点 $X^{(k)}$,按某种优化算法确定搜索方向 $d^{(k)}$ 后,$f(X^{(k+1)})=f(X^{(k)}+\alpha^{(k)}d^{(k)})$中,只有 $\alpha^{(k)}$是变量,这样就成为求函数 $\varphi(\alpha^{(k)})$的极值问题。待求出最佳步长 $\alpha^{(k)}$后,即可得到下一个迭代点 $X^{(k+1)}$。数值迭代方法的核心是建立搜索方向 $d^{(k)}$,二是计算最佳步长 $\alpha^{(k)}$。

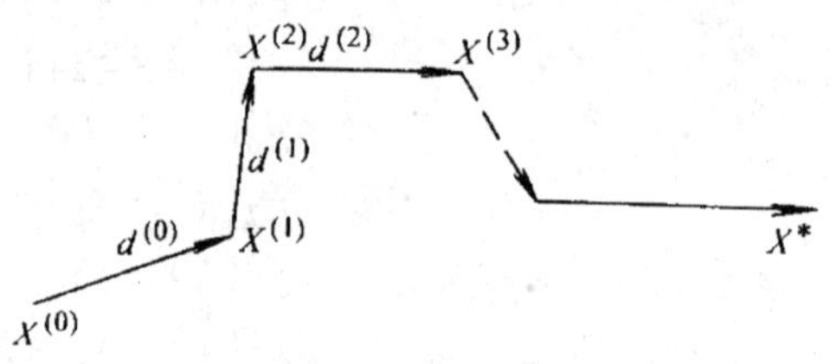

图 6-32 搜索迭代过程

归纳起来,利用数值迭代法求解的一般步骤如下:

(1) 给定设计变量初值 $X^{(0)}$,收敛精度 ε,设定 $k=0$;

(2) 采用某种方法确定方向 $d^{(k)}$和步长 $\alpha^{(k)}$,由 $d^{(k)}$和 $\alpha^{(k)}$所求得的新点 $X^{(k+1)}$应满足:

$$f(X^{(k+1)})\leqslant f(X^{(k)})$$

使目标函数值有所改进。

(3) 计算新的设计点

$$X^{(k+1)}=X^{(k)}+\alpha^{(k)}d^{(k)}$$

(4) 收敛性判断

若
$$\frac{|f(X^{(k+1)})-f(X^{(k)})|}{|f(X^{(k)})|}\leqslant\varepsilon$$

或
$$\frac{|X^{(k+1)}-X^{(k)}|}{X^{(k)}}\leqslant\varepsilon$$

满足,则 $X^{(*)}=X^{(k)}$,结束计算。否则,$j=j+1$,转(2),继续。

第(2)步采用不同的方法确定方向 $d^{(k)}$和步长 $\alpha^{(k)}$,是各种算法区别的关键所在。

2. 常用的数值迭代法求解方法

由上可见,迭代过程是一个逐步搜索寻优的过程。搜索的关键是确定方向和步长。根据确定方向和步长方法的不同,就形成了不同的优化方法。

(1) 一维搜索方法

机械设计的优化问题大都为多维的,由于多维问题可化为一维问题来处理,所以一维搜索方法是优化方法中最基本的方法。所谓搜索,就是一步一步地查寻,直至函数的近似极值点处。其基本原理是区间消去法原则,即把搜索区间$[a,b]$分成 3 段或 2 段,通过判断弃除非极小段,从而使区间逐步缩小,直至达到要求精度为止,取最后区间中的某点作为近似极小点。对于已知极小点搜索区间的实际问题,可直接调用 0.618 法(黄金分割法)、分数法或二次插值法求解。其中,0.618 法步骤简单,不用求导数,适用于低维优化或函数不可求导数或求导数有困难的情况,对连续或非连续函数均能获得较好效果,实际应用范围较广,但效率偏低。二次插值法易于计算极小点,搜索效率较高,适用于高维优化或函数连续可求导数的情况,但程序复杂,有时可靠性比 0.618 法略差。

(2) 坐标轮换法

又称降维法。其基本思想是将一个多维的无约束问题转化为一系列一维优化问题来解决。基本步骤是:从一个初始点出发,选择其中一个变量沿相应的坐标轴方向进行一维搜索,而将其他变量固定。当沿该方向找到极小点之后,再从这个新的点出发,对第二个变量采用相同的办法进行一维搜索。如此轮换,直到满足精度要求为止。若首次迭代即出现目标函数值不下降,则应取相反方向搜索。该方法不用求导数,编程简单,适用于维数小于 10 或目标函数无导数、不易求导数的情况,但搜索效率低,可靠性较差。

(3) 单纯形法

该方法属于无约束多维问题的一种优化解法。其思路是:不直接去搜索方向,而是根据设计变量的维数 n,选择 $n+1$ 个点作为顶点,构成一个多面体,称为单纯形。算出各顶点的目标函数值并作比较,找出其中的最好点和最坏点,并通过某种方法再产生一个较好的新点代替坏点,构成一个新的单纯形。重复上述过程,逐步逼近最优点。

(4) 惩罚函数法

该方法是一种约束优化问题的间接解法。其基本思想是把约束问题通过一定形式变换,转换成无约束优化问题,然后求其最优解。

惩罚函数法对求解非线性约束的最优化问题具有明显的优点,在优化设计中得到广泛应用。

(5) 共轭方向法

其基本思想是不对目标函数作求导数计算,仅利用迭代点的目标函数值构造共轭方向。该法收敛速度快,是直接搜索法中比坐标轮换法使用效果更好的一种算法。适用于维数较高的目标函数,但编程较复杂。

(6)梯度法

又称一阶导数法。其基本思想是以目标函数值下降最快的负梯度方向作为寻优方向求极小值。虽然算法比较古老,但可靠性好,能稳定地使函数值不断下降。适用于目标函数存在一阶偏导数、精度要求不很高的情况。该法的缺点是收敛速度缓慢。

此外,还有牛顿法、变尺度法、网格法、复合形法等。

实际工程设计问题所涉及的因素十分复杂,形式多种多样,如何针对具体问题选择适用而有效的优化方法是很重要的。一般,应考虑以下因素:

① 优化设计问题的规模,即设计变量数目和约束条件数目的多少;

② 目标函数和约束函数的非线性程度、函数的连续性、等式约束或不等式约束以及函数数值计算的复杂程度;

③ 优化方法的收敛速度、计算效率、稳定性、可靠性,以及解的精确性;

④ 是否有现成程序,程序使用的环境要求、通用性、简便性、执行效率、可靠程度等。

目前,国内外已开发多种包括各种优化方法的软件包,用户可根据优化设计数学模型的求解要求选择合适的优化设计软件。

6.7 计算机仿真技术

一种新产品的开发总要经历设计、分析、计算、修改的反复过程。既使这样,也不能完全保证被设计产品达到预期的要求。通常还需制造样机,并进行试验,检测产品性能指标,确定设计方案的优劣。如果发现问题,则要修改设计方案或参数,重新制造样机,重新试验,致使新产品的开发耗资大、周期长。有的产品的性能试验是十分危险的;还有的产品根本无法实施样机试验,如航天飞机、人造地球卫星。因此,迫切需要有一种方法和技术改变上述状况。仿真理论和技术正是由此应运而生的。

6.7.1 仿真的基本概念

仿真(Simulation),顾名思义即模仿真实的系统,意指通过对模拟系统的实验去研究一个存在或设计中的系统。仿真的关键是建立从实际系统抽象出来的仿真模型。

1. 仿真的类型

仿真是在模型上进行反复试验研究的过程。因为模型有物理模型与数学模型,故仿真也有物理仿真与数学仿真。

(1) 物理仿真　物理模型与实际系统之间具有相似的物理属性,所以,物理仿真能观测到难以用数学来描述的系统特性,但要花费较大的代价。一般,物理模型多采用已试制出的样机或与实际近似等效的代用品,如用相同直径、材质的试件做棒料强度试验。

根据仿真模型中物理模型占据的比例又分为半物理仿真和全物理仿真。半物理仿真的模型,有一部分是数学模型,另一部分是已研制出来的产品部件或子系统,从而对产品整体性能和实际部件或子系统进行功能测试。全物理仿真的模型则全部是实物模型。

(2) 数学仿真　数学仿真一般以计算机作为平台实现,故又称计算机仿真。即建立系统(或过程)的可以计算的数学模型(仿真模型),并据此编制成仿真程序放入计算机进行仿真试验,掌握实际系统(或过程)在各种内外因素变化下性能的变化规律。仿真模型的建立反映了系统模型和计算机之间的关系是以数学方程式的相似性为基础的。与物理仿真相比,数学仿真系统的通用性强,可作为各种不同物理本质的实际系统的模型,故其应用范围广,是目前研究的重点。

计算机仿真的特点主要表现在:以计算机为实验环境,依赖实际系统的抽象仿真模型;计算机仿真结果是实验解,而不是纯粹的数学解析或数值分析解;既能模拟实际系统的静态特性,又能直观表现系统的动态特性。

一般来讲,计算机仿真较之半物理、全物理仿真在时间、费用、方便性方面有明显优点。而半物理仿真、全物理仿真具有较高的可信度,但费用昂贵且准备周期长。半物理仿真和全物理仿真由于有实物纳入仿真回路,因而又称为实时仿真。

仿真类型的选取策略是按工程阶段分级选取。在产品的分析设计阶段,采用计算机仿真,边设计、边仿真、边修改,结合有限元分析和优化设计等现代设计方法,使设计在理论上尽量达到最优。进入研制阶段,为提高仿真可信度和实时性,将部分已试制成品(部件等)纳入仿真模型。此时,采用半物理仿真。到了系统研制阶段,说明前两级仿真均证明设计满足要求,这一级只能采用全物理仿真才能最终说明问题,除非这种全物理仿真是不可实现的。上述计算机仿真与物理仿真的关系可表示成图 6-33 的形式。

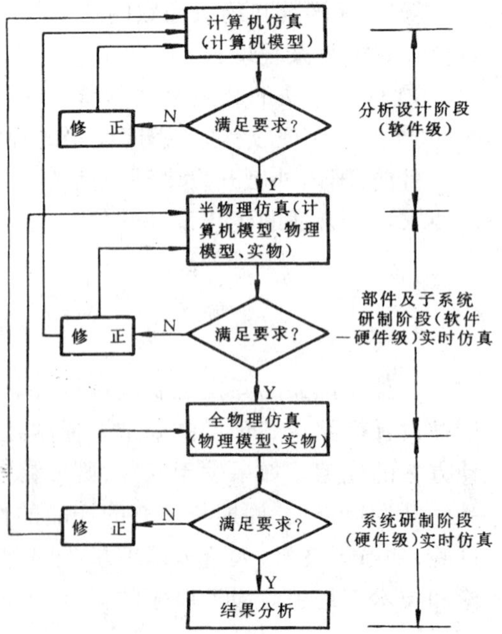

图 6-33　计算机仿真与物理仿真的关系

2. 仿真在 CAD/CAM 系统中的应用

仿真在 CAD/CAM 系统中的应用主要在以下几个方面:

(1) 产品形态仿真　例如产品的结构形状、外观、色彩等形象化属性。

(2) 装配关系仿真　例如仿真零部件之间装配关系与干涉检查。

(3) 设备布置仿真　如仿真车间的设备布局与配置、管道安装，电力、供暖、供气、冷却系统与机械设备布局规划等方面。

(4) 运动学仿真模拟　机构的运动过程，包括自由度约束状况、运动轨迹、速度和加速度变化等。如加工中心机床的运动状态、规律，机器人各部分结构、关节的运动关系。

(5) 动力学仿真分析　计算机械系统在质量特性和力学特性作用下系统的运动和力的动态特性。例如模拟机床工作过程中的振动和稳定性情况，机械产品在受到冲击载荷后的动态性能。

(6) 零件工艺过程仿真　根据工艺路线的安排，模拟零件从毛坯到成品的金属去除过程，检验工艺路线的合理性、可行性、正确性。

(7) 加工过程仿真　例如数控加工自动编程后的刀具运动轨迹模拟，刀具与夹具、机床的碰撞干涉检查，切削过程中刀具磨损、切屑形成，工件被加工表面的产生等。

(8) 生产过程仿真　例如 FMS 仿真，模拟工件在系统中的流动过程，展示从上料、装夹、加工、换位、再加工、……、直到最后下料、成品放入立体仓库的全部过程。其中包括机床运行过程中的负荷情况、工作时间、空等时间；刀具负荷率、使用状况、刀库容量；运输设备的运行状况，找出系统的薄弱环节或瓶颈工位，采取必要措施进行系统调整，再模拟仿真修改调整后的生产过程运行状况。

6.7.2　计算机仿真的一般过程

计算机仿真的基本方法是将实际系统抽象描述为数学模型，再转化成计算机求解的仿真模型，然后编制程序，上机运行，进行仿真实验并显示结果。其一般过程如图 6 – 34 所示。

1. 建立数学模型

系统的数学模型是系统本身固有特性以及在外界作用下动态响应的数学描述形态。它有多种表达形式，如连续系统的微分方程，离散系统的差分方程，复杂系统的传递函数以及机械制造系统中对各种离散事件的系统分析模型等。要注意的是，仿真所需建立的数学模型应与优化设计等其他设计方法中建立的数学模型相协调。某种情况下，二者是统一的，即使不统一，也不应相互矛盾、相互违背。

2. 建立仿真模型

在建立数学模型的基础上，设计一种求解数学模型的算法，即选择仿真方法，建立仿真模型。如果仿真模型与假设条件偏离系统模型，或者仿真方法选择不当，则将降低仿真结果的价值和可信度。一般而言，仿真模型对实际系统描述得越细致，仿真结果就越真实可信，但同时，仿真实验输入的数据量就越大，仿真建模的复杂度和仿真时间都会增加。因此，需要在可信度、真实度与复杂度之间认真加以权衡。

3. 编制仿真程序

根据仿真模型，画出仿真流程图，再使用通用高级语言或专用仿真语言编制计算机程序。在某些场合能采用直接采用的高级语言，如 C、Fortran 等。为了提高仿真效率、加强仿真过程的数据处理能力、简化仿真程序，往往要有针对性地借助某种仿真语言。仿真语言实际上也是高级语言，但与通用语言相比，更宜于用在仿真实验中，具有仿真程序编制简单、仿真效率高、仿真过程数据处理能力强等特点。目前世界上已发表过几百种、各有一定侧重点的仿真语言，但常用的只有几种，如欧洲各国惯用的 SIMULA，美国早期的 GASP、GPSS 和稍后的 SLAM、SIMSCRIPT、CSMP、Q – GERT 等，它们都有专门的资料介绍，在此不作详述。

4. 进行仿真实验

选择并输入仿真所需要的全部数据，在计算机上运行仿真程序，进行仿真实验，以获得实验数据，并动态显示仿真结果。通常是以时间为序，按时间间隔计算出每个状态结果，在屏幕上轮流显示，以便直观形象地观察到实验全过程。仿真实验与建模的关系如图 6-35 所示。

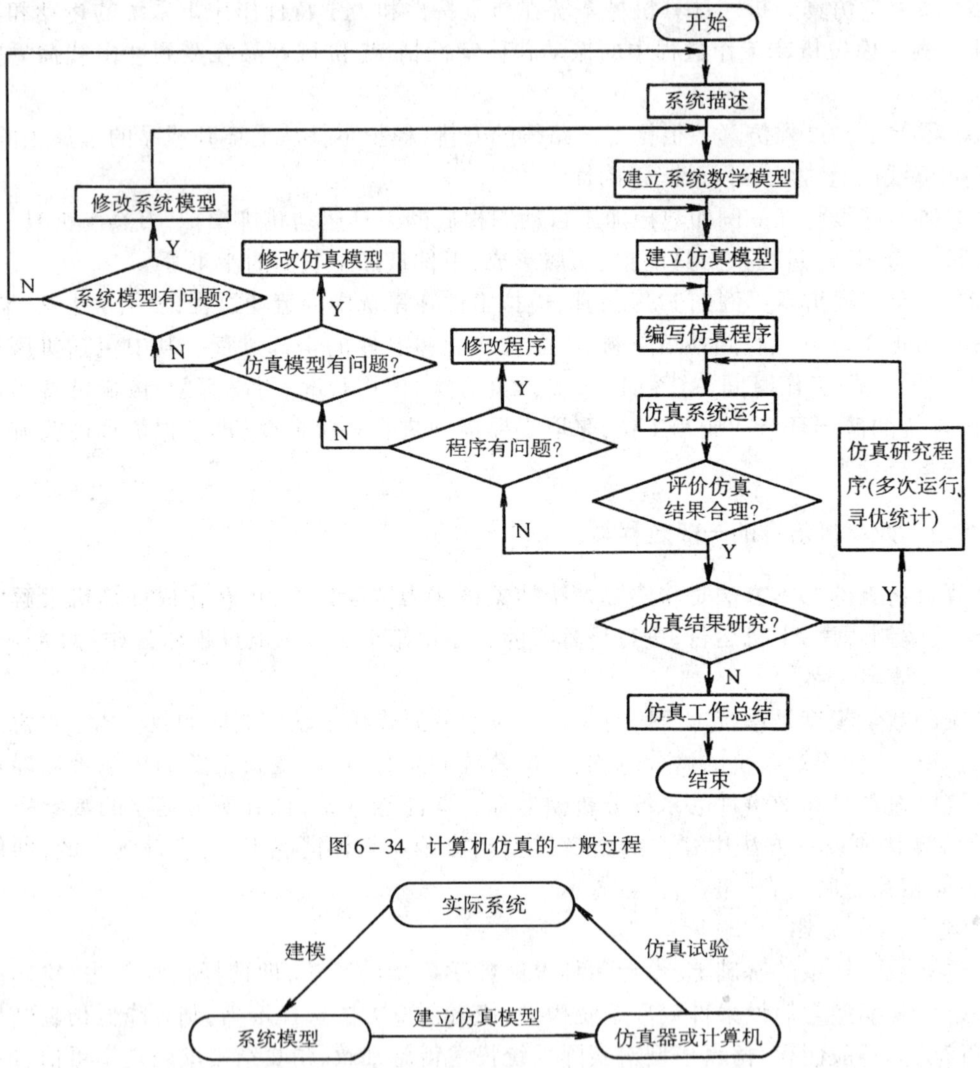

图 6-34　计算机仿真的一般过程

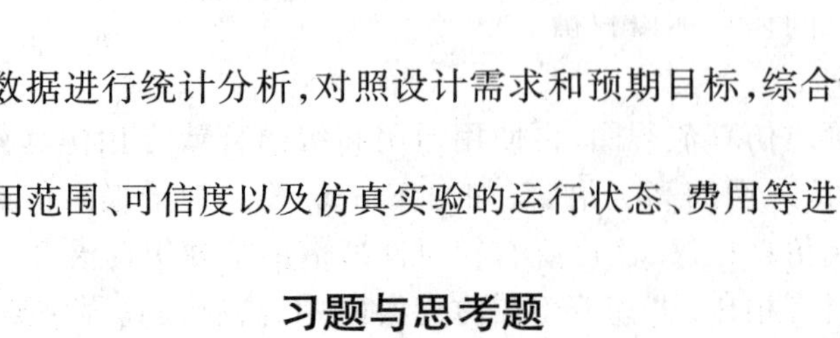

图 6-35　仿真实验与建模的过程

5. 结果统计分析

对仿真实验结果数据进行统计分析，对照设计需求和预期目标，综合评价仿真对象。

6. 仿真工作总结

对仿真模型的适用范围、可信度以及仿真实验的运行状态、费用等进行总结。

习题与思考题

6.1　工程分析包括哪些方面？计算机在工程分析中的作用如何？

6.2　试述有限元分析的基本原理和主要步骤。

6.3　为何要进行有限元分析的前置处理和后置处理？前置处理和后置处理的结果是什么？

6.4　常见的有限元分析软件可完成哪些功能范围的工作？

6.5　何谓优化设计？它的关键工作是什么？

6.6　优化设计的数学模型是由哪几部分组成的,各有什么含义？

6.7　某工厂生产一批金属工具箱,要求工具箱的体积为 0.5 m^3,高度不低于 0.8 m,试写出耗费金属板面积为最小的优化设计数学模型。

6.8　归纳用数值迭代法求解优化问题的一般过程。

6.9　比较各种优化求解的思想和特点。

第7章　AutoCAD 二次开发工具 ObjectARX 的应用

7.1　ObjectARX 简介

ObjectARX 是包含了 ADS、ARX 和 ADSRX 的一种综合的 C/C ++ 开发环境。ObjectARX 的最大特点是引入了面向对象的编程机制，在与 AutoCAD 相配套的 ObjectARX 中提供了大量的类库，同时还提供了兼容原来的 ADS 及 ADSRX 函数的新函数。

7.1.1　ObjectARX 程序设计环境

ObjectARX 应用程序是一个动态链接库(DLL)，它共享 AutoCAD 的地址空间并直接调用 AutoCAD 的函数。开发人员可以向 ObjectARX 程序环境添加新类，并将其输出以供其他程序使用。新创建的 ObjectARX 实体与 AutoCAD 内部实体没有什么区别，也可以在运行时通过向既有的 AutoCAD 类添加函数来扩充 ObjectARX 协议。本节将简单介绍 ObjectARX 的程序设计环境。

ObjectARX 程序设计环境，为开发者使用、定制和扩充 AutoCAD 提供了一个面向对象的 C ++ 应用程序设计接口。ObjectARX 库包含一系列多功能工具，应用程序开发者利用 AutoCAD 的开放式体系结构，直接访问 AutoCAD 的数据库结构和图形系统，定义本地命令。另外，这些库与 Visual LISP 和其他应用程序设计界面相联结，开发者可以选择程序设计工具，以更好地满足其需要。用户使用 ObjectARX 可以完成下列任务：

1. 访问 AutoCAD 数据库

AutoCAD 图是一个储存在数据库中的对象的集合，这些对象不仅表示图形实体，而且表示内部结构，如符号表和词典。ObjectARX 为用户的应用程序提供了访问这些数据库结构的能力，用户也可以为专用应用程序创建新的数据库对象。

2. 与 AutoCAD 编辑器通信

ObjectARX 提供了与 AutoCAD 编辑器通信的类和成员函数。用户可以用 AutoCAD 注册命令。该命令可以当作 AutoCAD 内部命令一样使用。应用程序可以接收和回应发生在 AutoCAD 内的各种事件。

3. 用 Microsoft 基础类库(MFC)创建用户界面

用户可以使用与 AutoCAD 共享的动态链结 MFC 库创建 ObjectARX 应用程序，利用该库可以创建微软标准的 Windows 图形用户界面(GUI)。

4. 支持多文档界面(MDI)

使用 ObjectARX，用户可以创建支持 AutoCAD 多文档界面的应用程序，并且可以保证在 Microsoft Windows 环境下创建的应用程序与其他的应用程序正常通信。

5. 创建自定义类

用户可以用 ObjectARX 类层次结构中的类创建自己的自定义类，也可以使用 ObjectARX 的扩展图形库创建自定义类。

6. 编制复杂应用程序

ObjectARX 支持复杂应用程序的开发，并提供如下特性：

- 通知；
- 事务管理；
- 深层克隆；
- 引用编辑；
- 协议扩充；
- 代理对象支持。

7. 和其他的程序设计环境通信

ObjectARX 应用程序可以与其他的程序设计接口通信，如 Visual LISP、ActiveX 和 COM。通过将 URL 与实体相连接，或者从万维网(WWW)加载和存储图文件，ObjectARX 应用程序还可以和国际互联网通信。

7.1.2 ObjectARX 类库简介

ObjectARX 环境包含下列几组类和函数：

- AcRx 用于绑定应用程序及运行时类的注册和标识的类。
- AcEd 注册本地 AutoCAD 命令和 AutoCAD 事件通知的类。
- AcDb AutoCAD 数据库类。
- AcGi 显示 AutoCAD 实体的图形类。
- AcGe 公用线性代数和几何学对象应用类。

需要注意的是所有 ObjectARX 应用程序必须链接 acad.lib 和 rxapi.lib，而是否需要链接其他的库，则取决于所用的 ObjectARX 类和函数的前缀。在表 7-1 中列出了需链接到 ObjectARX 应用程序的库。以下内容详细地介绍每一个 ObjectARX 类库的功能：

表 7-1 需要链接的 ObjectARX 库

前　缀	需要链接的库
AcRx	acad.lib, rxapi.lib, acrx15.lib
AcEd	acad.lib, rxapi.lib, acedapi.api, acrx15.lib
AcDb	acad.lib, rxapi.lib, acdb15.lib, acrx15.lib
AcGi	acad.lib, rxapi.lib, acgiapi.lib, acrx15.lib
AcGe	acad.lib, rxapi.lib, acge15.lib, acrx15.lib

1. AcRx 类库

AcRx 库提供了一些系统级类，用于 DLL 的初始化和链接及运行时类的注册和标识。该库的基类是 AcRxObject，它提供了如下功能：

- 对象运行时类标识和继承分析；
- 运行时向既有类添加新协议；

- 对象的比较测试；
- 对象复制。

AcRx 库还提供了一套 C ++ 宏，帮助用户创建派生于 AcRxObject 的新 ObjectARX 类。AcRxDictionary 词典类是该库中另一个重要的类(词典是从一个文本字符串到另一个对象的一个映射)。AcRx 库将其对象、类和服务词典放在一个全局对象词典中，全局对象词典是一个 AcRxDictionary 类的实例。应用程序可以向全局对象词典添加对象，以使其他应用程序可以访问这些实体。AcRx 库类层次结构如图 7－1 所示。

2. AcEd 库

AcEd 库提供了定义和注册新的 AutoCAD 命令的类，新命令的操作性能与 AutoCAD 内部命令是完全一样的。用户定义的新命令被当作本地命令是因为它们与 AutoCAD 内部命令具有相同的内部结构(AcEdCommandStack)。AcEd 库还提供编辑器反应器和一套与 AutoCAD 通信的全局函数。该库中一个重要的类是 AcEditorReactor，它监视 AutoCAD 编辑器的状态，并当指定事件发生时(如命令开始、终止以及删除命令等)通知应用程序。AcEd 库类层次如图 7－2 所示。

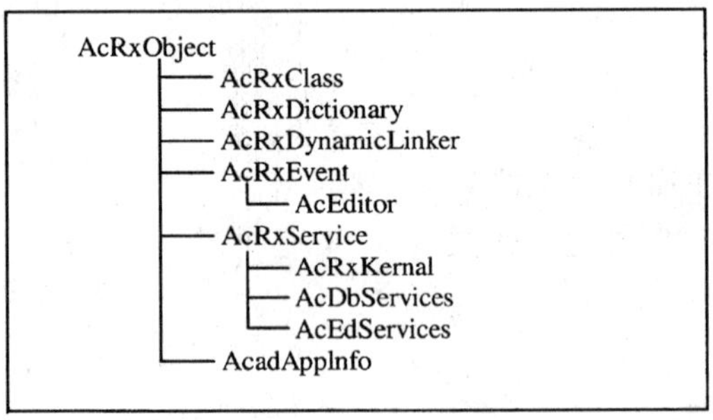

图 7－1　AcRx 库类层次结构

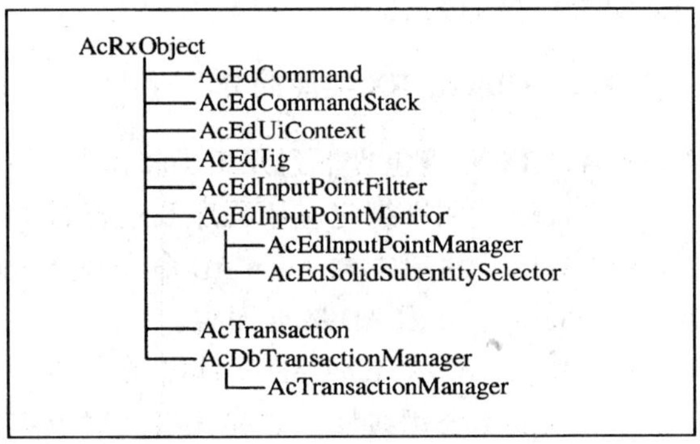

图 7－2　AcEd 库类层次结构

3. AcDb 库

AcDbX 库提供了组成 AutoCAD 数据库的类。AutoCAD 数据库用于存储所有的图形对象和非图形对象；图形对象称为实体，组成 AutoCAD 图；非图形对象(如层、线型和字型)也是图形的一部分。用户可以使用 AcDb 库查询和管理既有的 AutoCAD 实体的实例和对象，并且可以创建新的数据库对象实例。

AutoCAD 数据库主要包含如下元素：

- 九个符号表，每个表都拥有唯一的命名符号表条目对象，这些对象表示各种常用的 AcDbDatabase 对象和数据成员。
- 命名的对象词典(类 AcDbDictionary)，提供 AutoCAD 图的目录表。对于新图来说，该目录表包含四个 AutoCAD 使用的其他词典 ID；然而，用户开发的应用程序可以任意向该词典添加其他的对象。
- 一套固定的环境变量(大约有 200 个环境变量)，其值是由 AutoCAD 设置的。
- AcDb 库类层次结构如图 7－3 所示。

4. AcGi 库

AcGi 类库提供了许多用于绘制 AutoCAD 实体的图形界面类，该类库中的成员函数 world-

Draw()、saveAs()和 viewportDraw()主要作为 AcDbEntity 类的成员函数;在所有用户自定义的实体类中,必须重新定义 worldDraw()函数。AcGi 库中的 AcGiWorldDraw 对象提供了 API 接口,通过该接口用户可以在各个视口中同时对实体进行操作。同样 AcGiViewportDraw 类对象提供了 API 接口,使用户在每一视口中定制不同的视口状态。

AcGi 库类层次结构如图 7－4 所示。

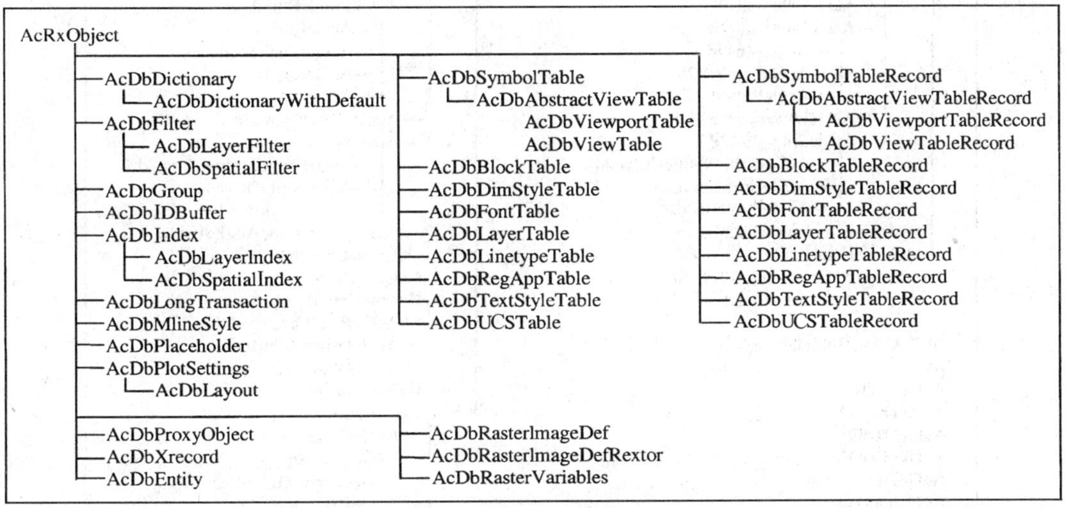

图 7－3　AcDb 库层次结构

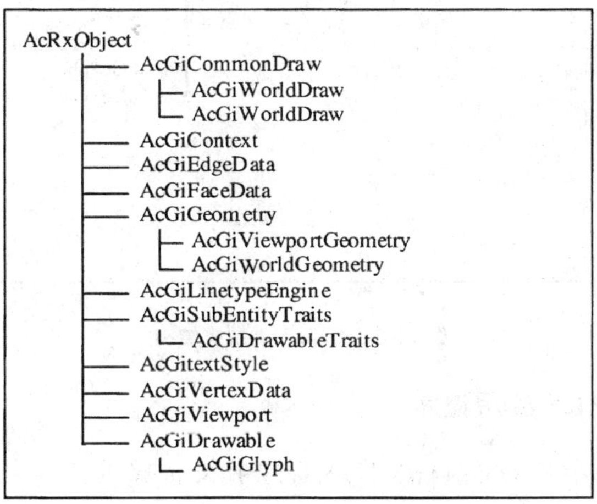

图 7－4　AcGi 库类层次结构

5．AcGe 库

该类库可以被 AcDb 类所引用并提供诸如向量、点及转换矩阵等用于普通二维及三维的几何操作,同时也提供简单的几何对象,如点、曲线及曲面。

AcGe 类库主要包括两个子集:二维操作类及三维操作类。主要的抽象基类为 AcGeEntity2d 及 AcGeEntity3d,另外,其他一些基类(非派生类)包括 AcGePotint2d、AcGeVector2d、AcGeMatrix2d。这些基类可以用来实现许多普通的操作,诸如在点上附加向量、两向量相交及转换矩阵操作。类库中的高级类是由该类库中的基类组成的,在该类库的基类中,数据成员都被定义成公有的,在所有的几何类中,只有该类库拥有公有数据成员。该类库中的子类层次结构如图 7－5 所示。

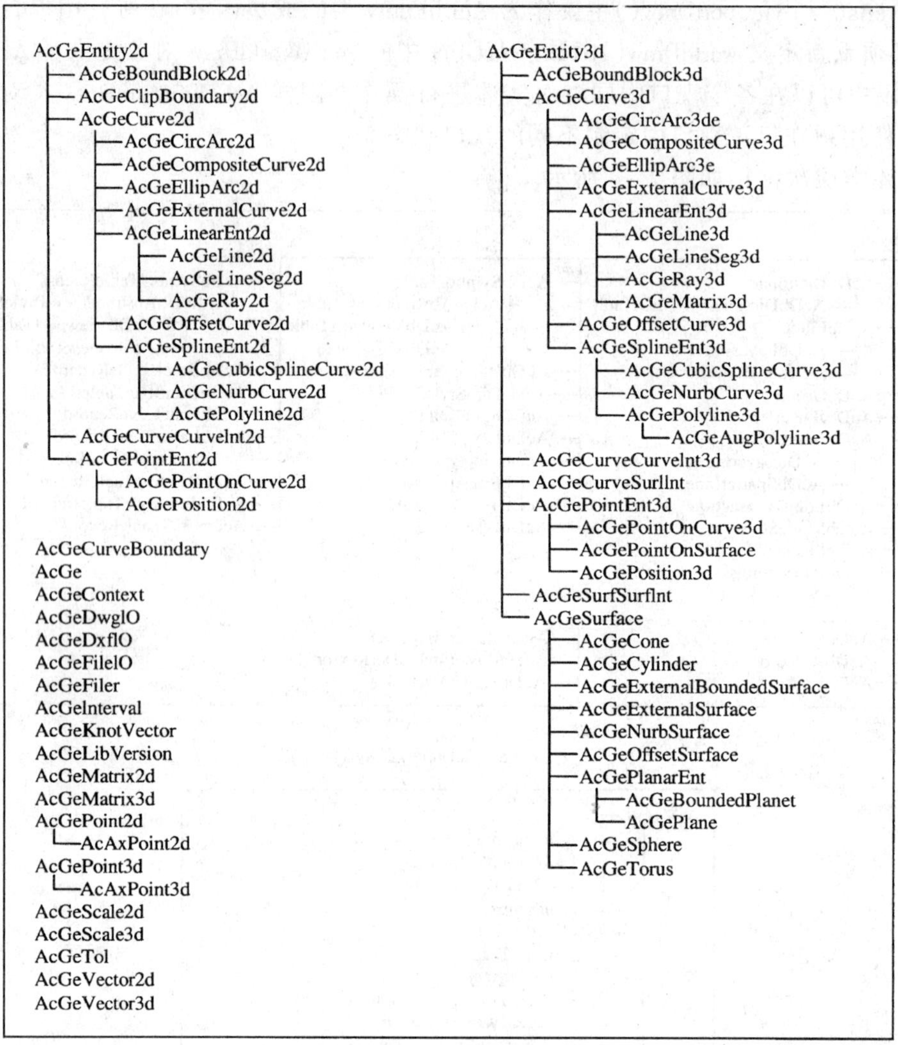

图 7－5 AcGe 库类层次结构

7.1.3 建立 ObjectARX 应用程序

ObjectARX 2000 SDK 中为 ObjectARX 应用程序开发者提供了一 ObjectARX 嵌入工具，利用该工具可以很容易地建立 ObjectARX 应用程序。以下将简单介绍其安装以及基本功能、使用方法。

1. 安装

第一步：运行 ObjectARX 2000 SDK 目录中 utils \ ObjARXWiz 目录下 wizard.exe 自解压文件，然后运行解压后文件中的 WizardSetup.exe 文件，就将 ObjectARX 应用程序向导安装到 Microsoft Visual Studio 中了。需要注意的是在安装此嵌入工具前，必须至少已安装 Visual Studio SP1。

第二步：起动 VC ++ 6.0，在“Tools”菜单下选择“Customize...”子菜单，出现如图 7－6 所示对话框，在对话框中选择“Add-ins and Macro Files”标签，在列表中选中“ObjectARX 2000 Add-In”输入项，关闭对话框，此时将出现一新工具条。

第三步：为了应用嵌入工具的功能，需要将 ObjectARX SDK 包含的目录加到 Visual Studio 的包含文件的搜索路径中去。选择“Tools”菜单中“Options...”项，在“Options...”对话框中选择“Directories”标签（如图 7－7 所示），选择“Show directories for:”组合框中的“Include file”输入项，将 ObjectARX SDK 的“INC”目录的路径添加到目录的路径中；同样将 ObjectARX SDK 的“LIB”目录的路径添加到库文件目录的路径中。这样用户就可以使用 ObjectARX 嵌入工具进行程序开发了。

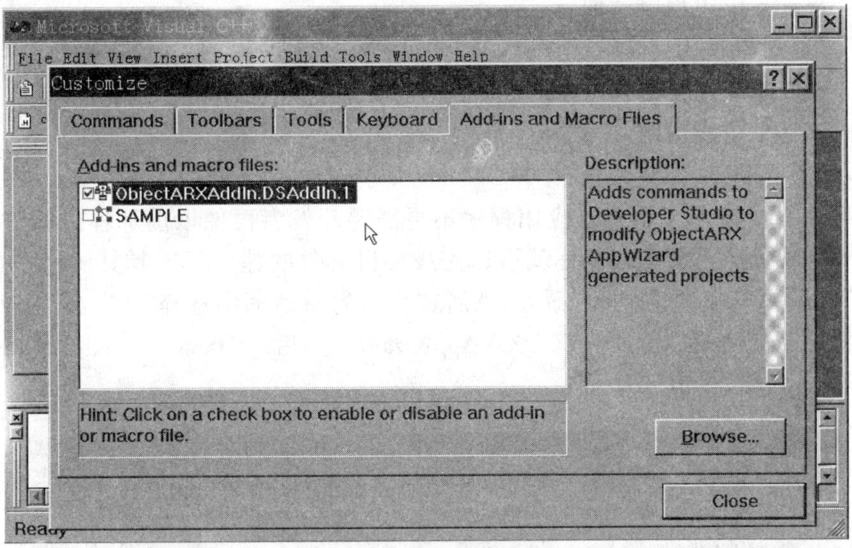

图 7－6　加入宏文件

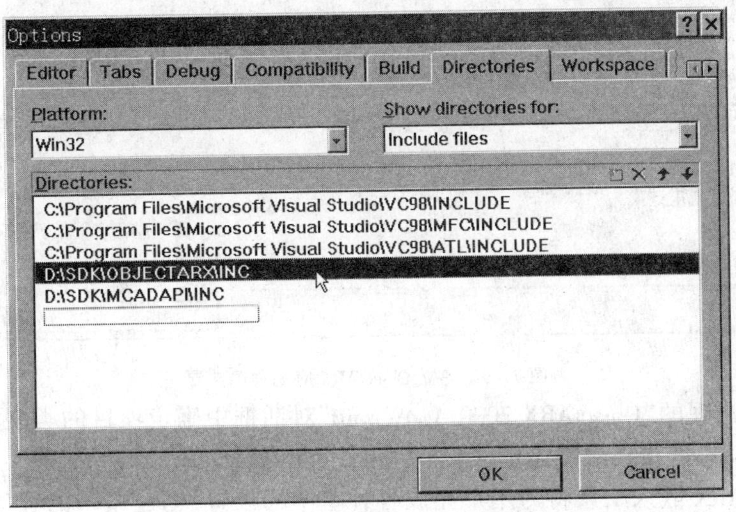

图 7－7　添加包含文件的搜索路径

2. 嵌入工具的功能

当 ObjectARX 嵌入工具被激活后，它在 Visual Studio 创建了一个新工具条，如图 7－8 所示该工具条提供了下列功能：

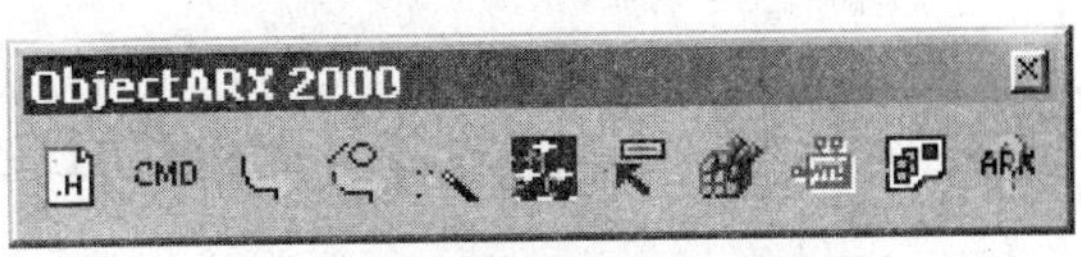

图 7－8　ObjectARX 嵌入工具条

- 选择 ObjectARX 包含文件；

- 定义新的 AutoCAD 命令；
- 选择入口点消息；
- 创建临时 ObjectARX 反应器；
- 创建新的自定义类；
- ObjectARX MFC 支持；
- ObjectARX 入口点 API 支持；
- ObjectARX 应用程序注册；
- 新 ATL 对象；
- ObjectARX 部件使用；
- ObjectARX 在线帮助。

3. 建立应用程序

使用 ObjectARX 嵌入工具建立应用程序不再需要开发者再像以前那样进行许多烦琐的项目设置，开发者只需要点击几次鼠标就可以完成项目文件的建立了。其具体过程为：

（1）从“File”菜单中选择“New”命令，然后在弹出的对话框中选择“Projects”选项卡。

（2）在对话框中选择“ObjectARX 2000 AppWizard”，然后再“Project name：”编辑框中输入你所要建立的项目名称，单击“OK”。

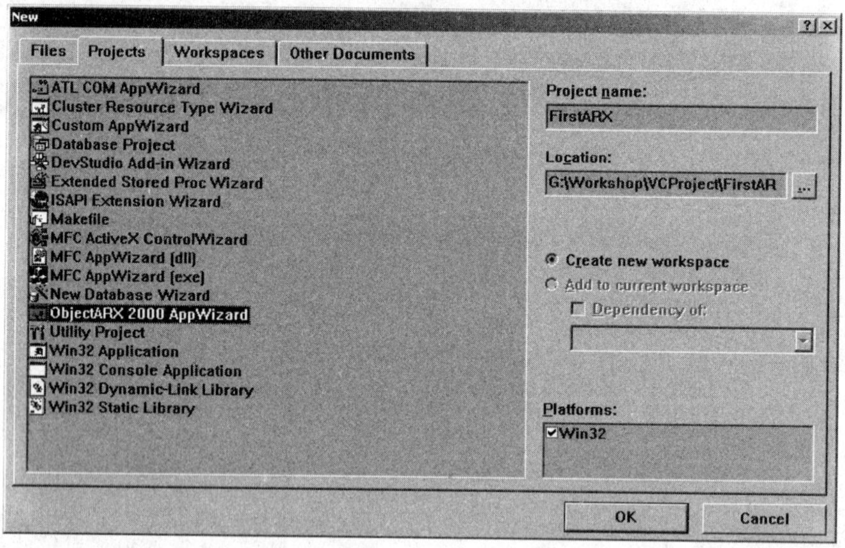

图 7-9　建立 ObjectARX 应用程序向导

（3）在随后出现的“ObjectARX 2000 AppWizard”对话框中确定项目的类型与是否使用 MFC 库，以及是使用动态链接还是静态链接，然后单击“Finish”即可。

此时 ObjectARX 嵌入工具将为用户完成各种基本的设置，创建基本的程序文件，用户只需添加相应的程序代码，编译就可以得到 ARX 应用程序。更详细的使用方法，请读者参阅相关帮助文档。

7.2　AutoCAD 数据库基础

AutoCAD 数据库用来存储组成 AutoCAD 图形的对象和实体。AutoCAD 绘图系统与计算机图形学处理的问题有相似之处,都与图形有关,但有本质不同,它不是重点研究图形显示问题,而是处理工程图纸,协助工程技术人员的设计工作。

所有图纸包括两类基本信息:几何坐标数据和有关说明信息。几何坐标表达了所设计零件的几何形状,为第一类数据;有关说明信息提供所设计零件的尺寸标注、各种符号和图注为第二类数据。这两类数据可以划分成若干图元类型,每个图元类型由几何数据及有关说明来定义。

图元类型有:直线、圆和圆弧、样条曲线、椭圆、尺寸线、剖面线、标准件和文字说明等。

图元信息有:几何数据包括坐标值、样条控制点、圆弧半径、有关剖面线数据等;说明信息包括图元类型、线型、颜色、图元和图元之间的关系、文字说明等。

一张复杂的图纸无非有上述一些信息要处理。这些信息在图纸上并不是杂乱无章的,而是有秩序地布置,彼此有一定关系,体现了设计者的设计思想。所以这些信息在计算机中如何组织、存储,并把它们管理起来,是设计性能良好的绘图系统的关键。一个系统的数据存储结构决定着系统对图形各数据项在内存中的存储方式及其彼此关系的描述,是交互绘图系统的核心,它对整个系统的性能优劣或系统的成败起着决定性的影响,在整个交互绘图系统软件的研制过程中占有非常重要的地位。

7.2.1 AutoCAD 数据库概述

AutoCAD 工程图是一个储存在数据库(.DWG 数据文件)中的对象的集合。基本的数据库对象是实体(Entity)、符号表和词典。实体是在 AutoCAD 工程图内部表示图形的一种特殊数据库对象,线、圆、弧、文本、实心体、区域、复合线和椭圆都是实体,用户可以在屏幕上看见实体并能对其进行操作。

符号表和词典是用于存储数据库对象的容器,这两个容器对象都映射一个符号名(文本串)到一个数据库对象,一个 AutoCAD 数据库包含一套固定的符号表,每一个符号表包含一个特定符号表记录类的实例,用户不能向数据库添加新符号表。层表是符号表之一,它包含层表记录;块表也是一个符号表,包含块表记录。所有 AutoCAD 实体都属于块表记录。

词典为存储对象提供了比符号表更加普通的容器。一个词典可以包含任何类型的数据对象;当 AutoCAD 创建新图时,AutoCAD 数据库创建一个叫作“命名对象词典”的词典。对所有与数据库有关的词典,命名对象词典可以被视作为主“目录表”。用户可以在命名对象词典内创建新词典,并在新词典中添加新数据库对象。图 7-10 中列出了组成 AutoCAD 数据库的主要部件。

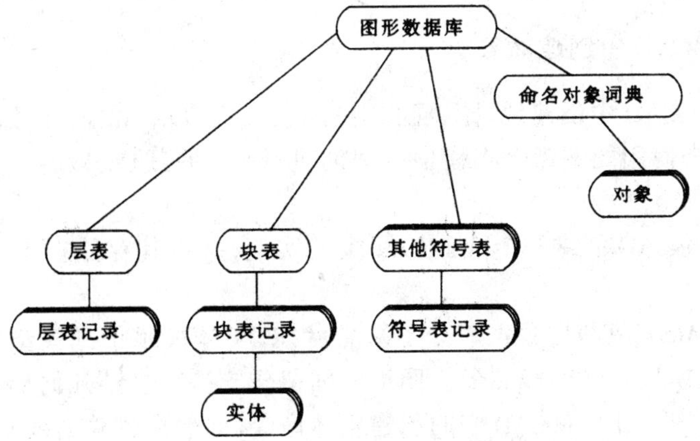

图 7-10　组成 AutoCAD 数据库的主要部件

在一个 AutoCAD 进程中,可以加载多个数据库(.DWG 数据文件)。在一个进程中的每个对象都有一个句柄和对象 ID。在特定的数据库范围内句柄唯一地识别对象,而在一次加载的所有数据库内对象 ID 唯一地识别对象。对象 ID 只在一个编辑会话内存在,但句柄保存在数据库中。与对象 ID 相反,当在一个 AutoCAD 进程中加载多个数据库时,对象句柄不能保证是唯一的。

通过使用对象 ID 可以获得一个指向当前数据库对象的指针,所以可以对对象进行操作。用户可以通过以下方法获得对象 ID:

- 创建一个对象并将其添加到数据库中,然后数据库给对象一个 ID 并将其返回。
- 当创建数据库时,自动创建对象(比如一套固定的符号表和命名对象词典)的对象 ID,可使用数据库协议获得它们的对象 ID。
- 使用类专用协议获得对象、ID。某些类,如符号表和词典,可以定义拥有其他对象的对象,这些类提供获得其所有的对象 ID 的协议。
- 使用遍历器通历一个对象表或对象系列。AutoCAD 提供了许多遍历器可以遍历各种容器对象。
- 查询一个选择集。用户选择了一个对象后,可以要求选择集给出已选定对象的实体名表,并将实体名转换为对象 ID。

7.2.2 基本的数据库对象

在 AutoCAD 中创建的对象被添加到数据库对应的容器对象中,实体被添加到块表的记录中,符号表记录被添加到相应的符号表中,所有其他的对象被添加到命名对象词典中,或添加到其他对象拥有的对象(拥有其他对象的对象最终属于命名对象词典)中,或添加到扩充词典中。下面的"创建对象"中将详细介绍这一过程。可用的数据库必须至少应有下列对象:

- 一套(九个)符号表,包括块表、层表和线型表。块表最初包含三记录,一个记录叫作 *MODEL_SPACE,两个图纸空间记录叫作 *PAPER_SPACE 和 *PAPER_SPACE0。这些块表记录表示模型空间和两个预先确定的图纸空间布局。层表最初包含一个 0 层记录。线型表最初包含 CONTINUOUS 线型。
- 一个命名对象词典,当数据库被创建后,命名对象词典就已经包含四个数据库词典:GROUP(组)词典、MLINE 类型词典、布局词典和绘图式样名词典,在 MLINE 类型词典内,总有 STANDARD 类型。

7.2.3 在 AutoCAD 中创建对象

本节介绍在 AutoCAD 中创建线、圆、层和组的方法,并演示 AutoCAD 如何将这些对象添加到数据库中的。首先使用如下命令在模型空间创建了一条直线(线段):

line　　4,2　　10,7

在数据库中,AutoCAD 创建一个 AcDbLine 类的实例,并将其存储在模型空间块表记录中。如图 7-11 所示。

当第一次运行 AutoCAD 时,数据库处于缺省状态,实体被添加到模型空间中,即 AutoCAD 中的主空间,它用于模型几何体和图形。图纸空间留作支持"文档"几何形式和图形,如图纸边界、标题块和注释文字。在 AutoCAD 中的创建实体命令(如前面创建的线),将实体添加到当前数据库中和模型空间块中。用户可查询实体属于哪一个数据库和哪一个块。

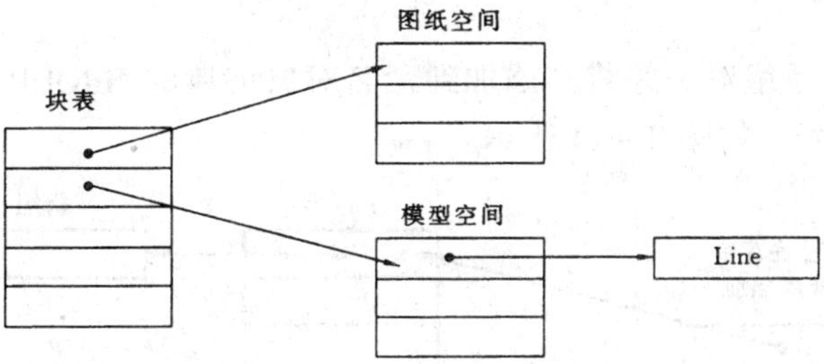

图 7－11　创建 AcDbLine 类的实例

其次,假定使用如下命令创建一个圆:

circle　　9,3　　2

AutoCAD 再次创建一个适当的实体(这里是 AcDbCircle)实例,并将其添加到模型空间块表记录中。如图 7－12 所示。

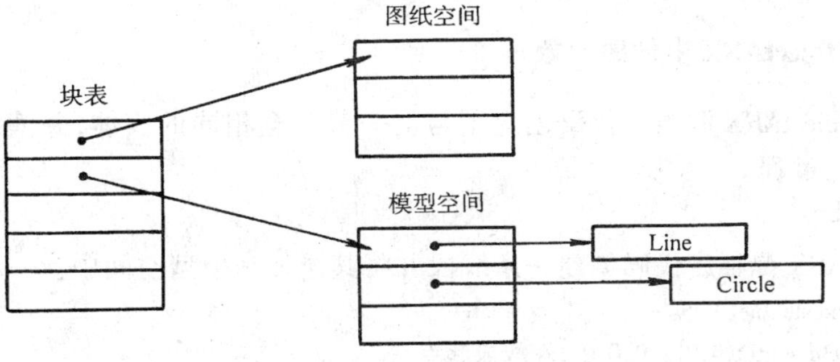

图 7－12　创建 AcDbCircle 类的实例

再次,创建一个层:

layer mylayer

AutoCAD 创建一个管理层的新层表记录,然后将其添加到层表中。如图 7－13 所示。

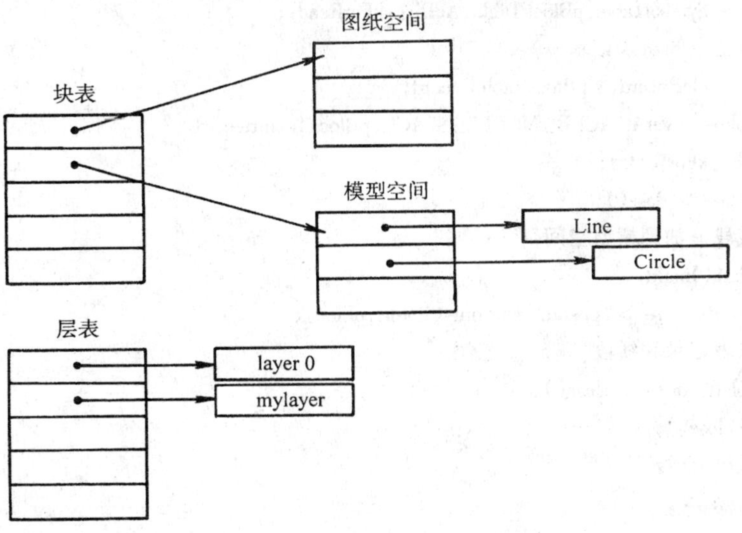

图 7－13　创建新层表记录

最后，将所有实体归为一组：

group 3,2 9,3

AutoCAD 创建一个新组对象并将其添加到命名对象词典的 GROUP 词典中，新组包含组成该组的对象的对象 ID 表。如图 7－14 所示。

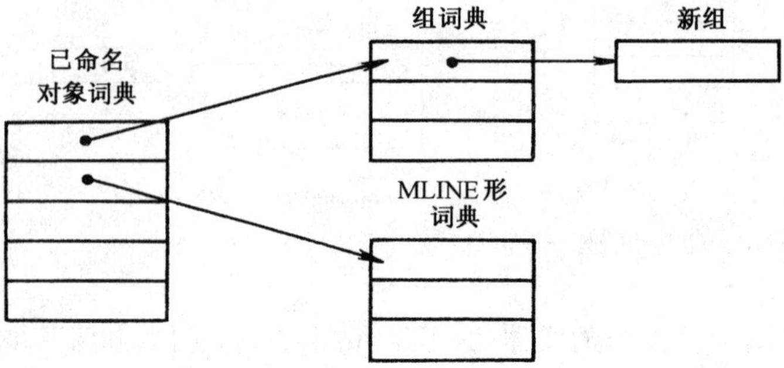

图 7－14　创建一个新组对象

7.2.4　在 ObjectARX 中创建对象

本节中的 ObjectARX 源程序代码创建了与上一节完全相同的实体，并演示了创建一个新层、改变显示色的过程。

1. 创建实体

下列 ObjectARX 源程序代码创建一条线段并将其添加到模型空间中：

```
AcDbObjectId createLine()
{    AcGePoint3d startPt(4.0,2.0,0.0);//线段起点
     AcGePoint3d endPt(10.0,7.0,0.0);//线段终点
     AcDbLine *pLine = new AcDbLine(startPt,endPt);//创建一条新线段
     //取得当前数据库块表
     AcDbBlockTable *pBlockTable;
     acdbHostApplicationServices()->workingDatabase()
         ->getSymbolTable(pBlockTable,AcDb::kForRead);
     //取得模型空间块表记录
     AcDbBlockTableRecord *pBlockTableRecord;
     pBlockTable->getAt(ACDB_MODEL_SPACE,pBlockTableRecord,
         AcDb::kForWrite);
     pBlockTable->close();
     //将新线段追加到模型空间
     AcDbObjectId lineId;
     pBlockTableRecord->appendAcDbEntity(lineId,pLine);
     //关闭块表记录和线段
     pBlockTableRecord->close();
     pLine->close();
     //返回线段 ID 号
     return lineId;
}
```

createLine()函数从当前图形中获得块表，然后以“写”的模式打开模型空间块表记录。关

闭块表后，添加实体到快表记录并关闭快表记录和实体。

下面的 createCircle()函数创建一个圆并将其添加到模型空间块表记录中：

```
AcDbObjectId createCircle()
{   AcGePoint3d center(9.0,3.0,0.0);      //圆心坐标
    AcGeVector3d normal(0.0,0.0,1.0);      //圆半径
    AcDbCircle *pCirc = new AcDbCircle(center,normal,2.0);      //新建圆对象
    //取得当前数据库块表
    AcDbBlockTable *pBlockTable;
    acdbHostApplicationServices()->workingDatabase()
        ->getSymbolTable(pBlockTable,AcDb::kForRead);
    //取得模型空间块表记录
    AcDbBlockTableRecord *pBlockTableRecord;
    pBlockTable->getAt(ACDB_MODEL_SPACE,pBlockTableRecord,
        AcDb::kForWrite);
    pBlockTable->close();
    //将新圆追加到模型空间
    AcDbObjectId circleId;
    pBlockTableRecord->appendAcDbEntity(circleId,pCirc);

    pBlockTableRecord->close();
    pCirc->close();
    //返回圆的 ID 号
    return circleId;
}
```

2. 创建新层

下面的源代码从数据库中获得层符号表，创建一个新的层表记录，并将其命名为 ASDK_MYLAYER，然后将层表记录添加到层表中。

```
void createNewLayer()
{   //取得当前数据库层表
    AcDbLayerTable *pLayerTable;
    acdbHostApplicationServices()->workingDatabase()
        ->getSymbolTable(pLayerTable,AcDb::kForWrite);
    //创建一个新的层表，并设定层名
    AcDbLayerTableRecord *pLayerTableRecord =
        new AcDbLayerTableRecord;
    pLayerTableRecord->setName("ASDK_MYLAYER");

    //如果没有指定层的其他属性，就使用缺省属性
    pLayerTable->add(pLayerTableRecord);
    pLayerTable->close();
    pLayerTableRecord->close();//关闭层表记录
}
```

3. 打开和关闭 ObjectARX 对象

上面的程序都说明了打开和关闭对象的协议，每当我们操作数据库驻留对象时都要遵守该协议。该协议确保当对象被访问是在物理内存中，而当对象未被访问时可以被分页存储到磁盘中。在可以修改对象之前，必须打开它，例如：

```
acdbOpenObject(pObject, objId, AcDb::kForWrite);
```

打开函数有一个模式参数，用来说明要打开对象是用于读、写或是通知操作。当以写模式打开对象时，可以对其进行修改。使用完对象后，必须按如下方式关闭对象，不管以什么模式打开对象，都以同一方式关闭：

```
pObject->close();
```

下面是一个改变实体颜色的例子：

```
Acad::ErrorStatus changeColor(AcDbObjectId entId, Adesk::UInt16 newColor)
{    AcDbEntity *pEntity;
     acdbOpenObject(pEntity, entId,
          AcDb::kForWrite);

     pEntity->setColorIndex(newColor);
     pEntity->close();
     return Acad::eOk;
}
```

7.3 建立良好的人机界面

良好的人机界面可以提高用户的学习与使用速度、降低操作失误率，并可增强对潜在用户的吸引力，因此人机界面设计一直以来都是 CAD 开发的重要组成部分。本节将通过一实例来讲述在 AutoCAD 环境下开发具有良好人机界面的应用程序的过程。

7.3.1 使用 ObjectARX 内置 MFC 类建立用户界面

ObjectARX 提供了一套与 MFC 用户界面(UI)有关的类，使开发者更易于建立与 AutoCAD 系统一致的用户界面。这意味着用户开发的界面可以具有和 AutoCAD 界面一样的外观和行为。在此强烈建议开发者使用这些类，使用它们可以使应用程序和 AutoCAD 界面结合得更紧密。

在 ObjectARX 中，由 Autodesk 提供的与用户界面有关的 MFC 系统分为两个类库，一个称为 AdUi，它是一般库，不是专门针对 AutoCAD 的，而是可以另做它用；另一个称为 AcUi，它是专门用于 AutoCAD 的，提供 AutoCAD 专用的外观和特性。本节将就这两个类库以及其功能与用法做一简介。

1. AdUi 与 AcUi 类库简介

AdUi 是一个 MFC 扩展动态链接库，用于扩展某些与用户界面有关的 MFC 类。这个库是为了使用 AutoCAD 和其他 Autodesk 产品而开发的，它包含了核心功能。与之相伴的 AcUi 库，是在 AdUi 架构基础上建立的，提供 AutoCAD 专用的外观和特性。AdUi 和 AcUi 所提供的类扩展了由 MFC 提供的类，以便于 ObjectARX 开发者能使用与 AutoCAD 系统所使用的相同用户界面功能与操作性。MFC 开发者可无缝地使用这些类，如果要在基于 MFC 的应用程序中使用

AdUi,开发者在 Visual C ++ 源文件中必须包含 adui.h 文件,链接时必须与 adui15.lib 链接。同样如果用户要在基于 MFC 的应用程序中使用 AcUi 类,在 Visual C ++ 源文件中必须包含 acui.h 及 acut.h 文件,链接时必须与 adui15.lib 和 acui15.lib 相链接。AutoCAD 通过调用库的初始化程序 InitAcUiDLL()来初始化 AcUi,该程序还借助 InitAdUiDLL()操纵 AdUi 的初始化,因此应用程序不需要重新初始化 AcUi 或 AdUi。图 7 - 15 表示了 AdUi 和 AcUi 库所支持的类。

```
CDialog
└─CAdUiBaseDialog
    └─CAdUiDialog
        ├─CAdUiTabMainDialog
        │   └─CAcUiTabMainDialog
        ├─CAdUiTabChiklDialog
        │   └─CAcUiTabChildDialog
        ├─CAdUiAlertDialog
        └─CAdUiDialog

CComboBox
└─CAdUiComboBox
    └─CAcUiComboBox
        ├─CAcUiAngleComboBox
        ├─CAcUiMRUComboBox
        │   ├─CAcUiArrowHeadComboBox
        │   ├─CAcUiColorComboBox
        │   ├─CAcUiLineWeightComboxBox
        │   ├─CAcUiPlotStyleNamesComboBox
        │   └─CAcUiPlotStyleTablesComboBox
        ├─CAcUiNumericComboBox
        ├─CAcUiStringComboBox
        └─CAcUiSymbolComboBox

CFileDialog
└─CAclUiFileDialog
    └─CAcUiFileDialog

CHeaderCtrl
└─CAdUiHeaderCtrl

CControlBar
└─CAdUiDockControlBar
    └─CAcUiDockControlBar

CEdit
└─CAdUiEdit
    └─CAcUiEdit
        ├─CAcUiAngleEdit
        ├─CAcUiNumencEdit
        ├─CAcUiStringEdit
        └─CAcUiSymbolEclit

CListBcxx
├─CAcUiLIstBox
│   └─CAcUiListBox
└─CAcUiMRUListBox

CTabCtrl
└─CAdUiTab
    └─CAcUiTab

CAdUiTabExtensionManager

CWnd
└─CAdUiTipWindows
    └─CAdUiTextTip

CAdUiDrawTipTex

CButton
└─CAdUiOwnerDrawButton
    └─CAdUiBitmapButton
        ├─CAcUiPickButton
        │   └─CAcUiSelectButton
        ├─CAdUiBitmapStatic
        │   └─CAdUiDropSite
        └─CAdUiToolButton

CListCtrl
└─CAdUiListCtrl
    └─CAcUiListCtrl
```

图 7 - 15　AdUi 和 AcUi 库支持的类

2. AdUi 和 AcUi 库提供的功能

AdUi 和 AcUi 库提供了实现下列功能的类:

- 对话框尺寸变更;
- 对话框数据记忆(重启时显示上次的数据);
- 标签对话框;
- 可扩展的标签对话框;
- 上下文敏感帮助和 F1 帮助;
- 对话框与 AutoCAD 图形编辑器的交互;
- 容易使用的位图按钮;
- 可定位的位图按钮;
- 工具条样式的位图按钮;
- 容易使用的内属主绘制的按钮;
- 对话框和控件支持标准的工具提示;
- 对话框和控件支持文本提示(显示所隐藏的截断文本);
- 对话框和控件支持描述提示(属主自己描述的文本提示);
- 定制消息,包括数据确认;
- 显示并允许选择多个 AutoCAD 特定条目的组合框;
- 嵌入用于 AutoCAD 的控件条;
- AutoCAD 特定的位图按钮(备有 Pick 和 Select 按钮);

- 特殊的编辑控件,可实现 AutoCAD 特定的数据确认。

要了解对这些类的详细描述,读者可参阅有关 ObjectARX 开发手册。同时,可参考 7.3.2 节的实例。

7.3.2 人机界面设计实例

如图 7－16 所示为需要建立的用户界面,其具体建立过程如下:

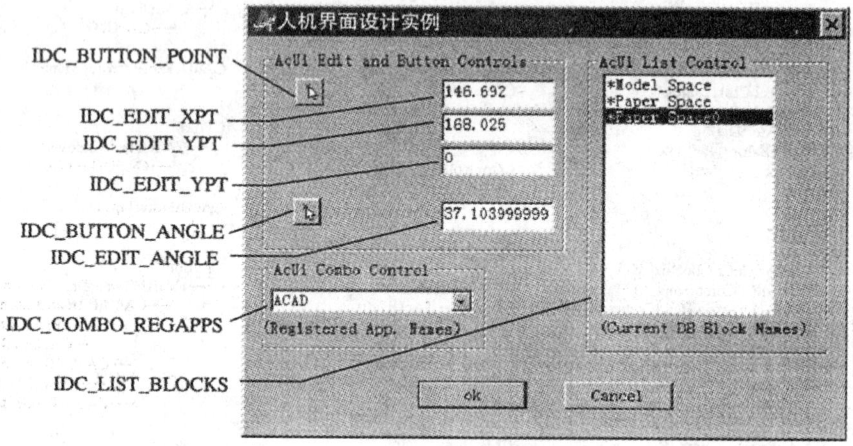

图 7－16 人机界面实例

1. 建立项目文件

要建立 ObjectARX 应用程序,首先需要在 Visual C ++ 集成开发环境中建立项目文件,在此处利用 ObjectARX 嵌入工具来建立应用程序(见 7.1.3 节),这里 ObjectARX 嵌入工具将自动为用户完成相关的初始化工作以及对 acui.h、acud.h 头文件的包含和 adui15.lib、acui15.lib 的链接。应当注意的是,在图 7－17 所示对话框中,应作如图所示的设置。

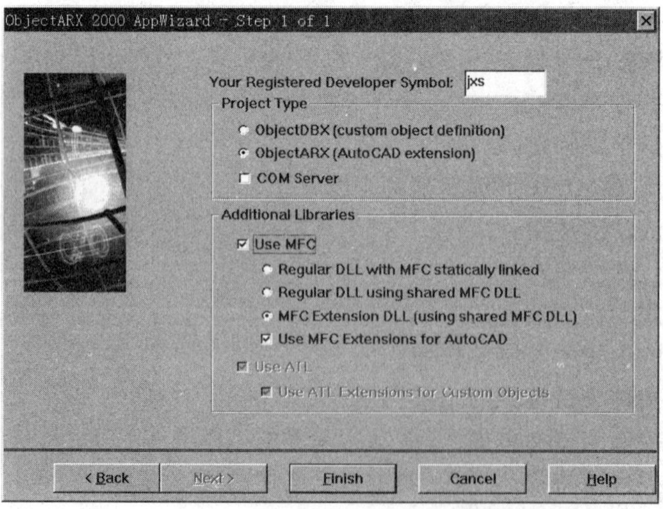

图 7－17 建立 ObjectARX 应用程序向导

2. 建立用户界面

在 Visual C ++ 中,利用可视化资源编辑器创建图 7－16 所示用户界面,此界面比较简单在此不详细讲述。但是需要注意,大型的程序开发,用户必须严格按照第一节所述的规则来进行用户界面的设计。

3. 创建类与控件

(1) 用 ClassWizard 创建对话框类。如果从对话框创建屏幕启动了 ClassWizard,则会提示创建新类。单击"OK"来创建新类并给对话框类命名。本例中用 AsdkAcUiDialogSample 作为名字。

(2) 切换到 Member Variable 标签页,分别为 IDC_BUTTON_ANGLE 和 IDC_BUTTON_POINT 资源加上称为 m_ctrlAngleButton 和 m_ctrlPickButton 的 Cbutton 类控件;分别为 IDC_EDIT_ANGLE、IDC_EDIT_XPT、IDC_EDIT_YPT 和 IDC_EDIT_ZPT 资源加上称为 m_ctrlAngleEdit、m_ctrlXPtEdit、m_ctrlYPtEdit、m_ctlZPtEdit 和 m_ctrlZPtEdit 的 CEdit 类控件;为 IDC_LIST_BLOCKS 资源加上称为 m_ctrlBlockList 的 ClistBox 类控件;为 IDC_COMBO_REGAPPS 资源加上称为 m_ctrlRegAppComboBox 的 CcomboBox 类控件。此时成员变量对话框如图 7-18 所示。

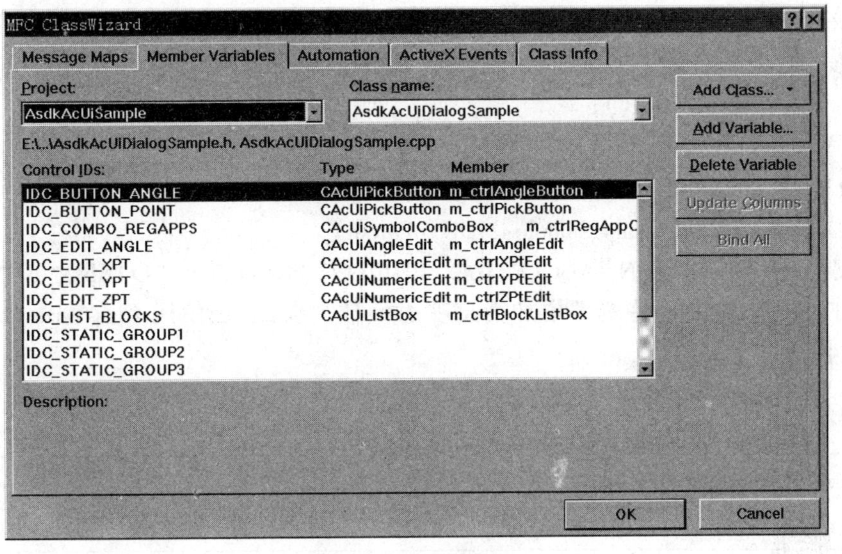

图 7-18 成员变量对话框

(3) 打开 AsdkAcUiDialogSample.h 头文件,将新对话框类改为从 CacUiDialog 类中派生。如下所示:

```
class AsdkAcUiDialogSample:public CAcUiDialog
```

(4) 打开 AsdkAcUiDialogSample.h 文件,更改控件类型以使用 AcUi 控件。

```
CAcUiSymbolComboBox m_ctrlRegAppComboBox;
CAcUiListBox m_ctrlBlockListBox;
CAcUiPickButton m_ctrlPickButton;
CAcUiPickButton m_ctrlAngleButton;
CAcUiAngleEdit m_ctrlAngleEdit;
CAcUiNumericEdit m_ctrlXPtEdit;
CAcUiNumericEdit m_ctrlYPtEdit;
CAcUiNumericEdit m_ctrlZPtEdit;
```

(5) 加入一对成员变量来记录点和角度的值,以及实现一些有用的功能,这些均应加入到类的 public 区中：

```
void DisplayPoint();
bool ValidatePoint();
void DisplayAngle();
bool ValidateAngle();
void DisplayBlocks();
void DisplayRegApps();
CString m_strAngle;
CString m_strXPt;
CString m_strYPt;
CString m_strZPt;
```

4．创建对话框控制函数

（1）重新启动“ClassWizard”，然后选择“Message Maps”标签

（2）选亮 AsdkAcUiDialogSample 对象的 ID，增加 WM_INITDIALOG 消息函数，然后打开 AsdkAcUiDialogSample.cpp 源文件，更改对话框父类为 CacUiDialog：

```
CAcUiDialog::OnInitDialog();
```

（3）改写构造函数如下：

```
AsdkAcUiDialogSample::AsdkAcUiDialogSample(CWnd* pParent /*=NULL*/)
:CAcUiDialog(AsdkAcUiDialogSample::IDD,pParent)
```

（4）分别为 IDC_BUTTON_ANGLE、IDC_BUTTON_POINT、IDC_COMBO_REGAPPS、IDC_EDIT_ANGLE 和 IDC_OK 这些资源增加消息映射函数。在此，仍使用 ClassWizard，完成后的映射关系如表 7－2：

表 7－2 消息映射关系

Handler Function	Resource ID	Message
OnButtonAngle	ID_BUTTON_ANGLE	BN_CLICKED
OnButtonPoint	ID_BUTTON_POINT	BN_CLICKED
OnOK	IDOK	BN_CLICKED
OnKillfocusComboRegapps	ID_COMBO_REGAPPS	CBN_KILLFOCUS
OnKillfocusEditAngle	ID_EDIT_ANGLE	EN_KILLFOCUS
OnKillfocusEditXpt	IDC_EDIT_XPOINT	EN_KILLFOCUS
OnKillfocusEditYpt	IDC_EDIT_YPOINT	EN_KILLFOCUS
OnKillfocusEditZpt	IDC_EDIT_ZPOINT	EN_KILLFOCUS

5．为对话框控制函数增加代码

有了对话框控制函数，就可以给其增加代码来处理该对话框。这一部分用一个完整的过程来讲述每个控制都干些什么。

（1）给数据转换、显示和数据合法性检查加一些实用函数。注意：在这里用到了 CacUiNumeric 和 CacUiAngleEdit 控件。

```
//在编辑框中显示点的坐标
```

```
void AsdkAcUiDialogSample::DisplayPoint()
{   m_ctrlXPtEdit.SetWindowText(m_strXPt);
    m_ctrlXPtEdit.Convert();
    m_ctrlYPtEdit.SetWindowText(m_strYPt);
    m_ctrlYPtEdit.Convert();
    m_ctrlZPtEdit.SetWindowText(m_strZPt);
    m_ctrlZPtEdit.Convert();
}
// 检验点的坐标值是否在有效范围(有效范围在初始化时设定)
bool AsdkAcUiDialogSample::ValidatePoint()
{   if(!m_ctrlXPtEdit.Validate())
            return false;
    if(!m_ctrlYPtEdit.Validate())
            return false;
    if(!m_ctrlZPtEdit.Validate())
            return false;
    return true;
}
//在编辑框中显示角度值
void AsdkAcUiDialogSample::DisplayAngle()
{   m_ctrlAngleEdit.SetWindowText(m_strAngle);
    m_ctrlAngleEdit.Convert();
}
// 检验角度值是否在有效范围(有效范围在初始化时设定)
bool AsdkAcUiDialogSample::ValidateAngle()
{   if(!m_ctrlAngleEdit.Validate())
            return false;
            return true;
}
```

(2) 增加遍历符号表的函数,并将它们的名字显示在两个不同列表框里:

```
// 在列表框中显示块的名称
void AsdkAcUiDialogSample::DisplayBlocks()
{   AcDbBlockTable *pBlockTable;
    acdbHostApplicationServices()->workingDatabase()
         ->getSymbolTable(pBlockTable,AcDb::kForRead);
    // 在块表中遍历,并在列表框中显示块名.
    const char *pName;
    AcDbBlockTableIterator *pBTItr;
    if(pBlockTable->newIterator(pBTItr)==Acad::eOk)
    {  while(!pBTItr->done())
       {  AcDbBlockTableRecord *pRecord;
          if(pBTItr->getRecord(pRecord,AcDb::kForRead)==Acad::eOk)
          {  pRecord->getName(pName);
             m_ctrlBlockListBox.InsertString(-1,pName);
```

```
                pRecord - > close();
            }
            pBTItr - > step();
        }
    }
    pBlockTable - > close();
}
//显示应用程序注册表中的应用程序名称
void AsdkAcUiDialogSample::DisplayRegApps()
{   AcDbRegAppTable * pRegAppTable;
    acdbHostApplicationServices() - > workingDatabase()
         - > getSymbolTable(pRegAppTable, AcDb::kForRead);
    //在应用程序注册表中遍历,并在列表框中显示应用程序名称.
    const char * pName;
    AcDbRegAppTableIterator * pItr;
    if(pRegAppTable - > newIterator(pItr) = = Acad::eOk)
    {   while(! pItr - > done())
        {   AcDbRegAppTableRecord * pRecord;
            if(pItr - > getRecord(pRecord, AcDb::kForRead) = = Acad::eOk)
            {   pRecord - > getName(pName);
                m_ctrlRegAppComboBox.InsertString( - 1, pName);
                pRecord - > close();
            }
            pItr - > step();
        }
    }
    pRegAppTable - > close();
}
```

(3) 下一步是实现用 AutoCAD 编辑框拾取点和角度的按钮操作函数。请注意是如何使用 BeginEditorCommand()、CompleteEditorCommand()和 CancelEditorCommand()这些函数,来实现对话框的隐藏并调用 acedGetPoint 和 acedGetAngle,最后又是如何根据用户的选择来取消或重新显示对话框的。

```
// 与"拾取一个点"按钮相关联的消息处理函数
void AsdkAcUiDialogSample::OnButtonPoint()
{
    // 隐藏对话框,并将控制交给 AutoCAD 图形编辑器
    BeginEditorCommand();
    ads_point pt;
    // 获取一个点
    if(acedGetPoint(NULL, " \ nPick a point:", pt) = = RTNORM)
    {  // 如果得到一个点,则继续
       CompleteEditorCommand();
       m_strXPt.Format("% g", pt[X]);
```

```
        m_strYPt.Format("%g",pt[Y]);
        m_strZPt.Format("%g",pt[Z]);
        DisplayPoint();
    } else{// 如果没有得到一个点,如按下 ESC 键,则中断应用程序的执行.
        CancelEditorCommand();
    }
}
// 与"选择一个角度"按钮相关联的消息处理函数
void AsdkAcUiDialogSample::OnButtonAngle()
{
    // 隐藏对话框,并将控制交给 AutoCAD 图形编辑器
    BeginEditorCommand();
    // 为了通过拾取方式得到一个角度,建立缺省的角度度量基点
    // 这里将基点设为用户通过"拾取一个点"按钮所得到的点
    ads_point pt;
    acdbDisToF(m_strXPt, -1,&pt[X]);
    acdbDisToF(m_strYPt, -1,&pt[Y]);
    acdbDisToF(m_strZPt, -1,&pt[Z]);
    double angle;
    // 让用户给出一个相对于基点的点
    if(acedGetAngle(pt,"\nPick an angle:",&angle) == RTNORM)
    {   // 如果得到一个角度,则回到对话框
        CompleteEditorCommand();
        // 将已获得的弧度值转换为度
        m_strAngle.Format("%g",angle * (180.0/PI));
        DisplayAngle();
    }
    else
    {   // 如果没有得到一个角度,如按下 ESC 键,则中断应用程序的执行
        CancelEditorCommand();
    }
}
```

(4) 实现编辑框操作函数,在这里仅仅实现数据根据单位设置进行转换这个基本功能:

```
// 与角度编辑框相关联的消息处理函数
void AsdkAcUiDialogSample::OnKillfocusEditAngle()
{   // 获取并更新用户通过键盘所输入的角度值
    m_ctrlAngleEdit.Convert();
    m_ctrlAngleEdit.GetWindowText(m_strAngle);
}
// 与点 X 坐标编辑框相关联的消息处理函数
void AsdkAcUiDialogSample::OnKillfocusEditXpt()
{   // 获取并更新用户通过键盘所输入的 X 坐标值
    m_ctrlXPtEdit.Convert();
    m_ctrlXPtEdit.GetWindowText(m_strXPt);
```

```
}
// 与点 Y 坐标编辑框相关联的消息处理函数
void AsdkAcUiDialogSample::OnKillfocusEditYpt()
{   // 获取并更新用户通过键盘所输入的 Y 坐标值
    m_ctrlYPtEdit.Convert();
    m_ctrlYPtEdit.GetWindowText(m_strYPt);
}
// 与点 Z 坐标编辑框相关联的消息处理函数
void AsdkAcUiDialogSample::OnKillfocusEditZpt()
{   // 获取并更新用户通过键盘所输入的 Z 坐标值
    m_ctrlZPtEdit.Convert();
    m_ctrlZPtEdit.GetWindowText(m_strZPt);
}
```

(5) 实现组合框的操作函数,它允许用户键入字符串值,然后将其注册为应用程序名字:

```
// 与左下角组合框相关联的消息处理函数
void AsdkAcUiDialogSample::OnKillfocusComboRegapps()
{   CString strFromEdit;
    m_ctrlRegAppComboBox.GetWindowText(strFromEdit);
    if(m_ctrlRegAppComboBox.FindString(-1,strFromEdit) == CB_ERR)
    {  if(acdbRegApp(strFromEdit) == RTNORM)
            m_ctrlRegAppComboBox.AddString(strFromEdit);
    }
}
```

(6) 实现数据的合法性检查,这是在 OnOk()函数中实现的。此处调用了 CacUiDialog 类的成员函数 SetDialogData()函数来将数据存储到注册表。

```
void AsdkAcUiDialogSample::OnOK()
{   if(! ValidatePoint())
    {   AfxMessageBox("所选择的点的坐标超出有效范围.");
        m_ctrlXPtEdit.SetFocus();
        return;
    }
    if(! ValidateAngle())
    {   AfxMessageBox("所选择的角度值超出有效范围.");
        m_ctrlAngleEdit.SetFocus();
        return;
    }
    CAcUiDialog::OnOK();
    // 将数据写入注册表
    SetDialogData("ANGLE",m_strAngle);
    SetDialogData("POINTX",m_strXPt);
    SetDialogData("POINTY",m_strYPt);
    SetDialogData("POINTZ",m_strZPt);
}
```

(7) 在 OnInitDialog()函数中实现所有初始化工作。

```
BOOL AsdkAcUiDialogSample::OnInitDialog()
{    // 为注册查寻及存储设置对话框名称
    SetDialogName("AsdkAcUiSample:AsdkAcUiDialog");
    CAcUiDialog::OnInitDialog();
    //对话框相关尺寸
    DLGCTLINFO dlgSizeInfo[] =
    {    {IDC_STATIC_GROUP1,ELASTICX,20},
        {IDC_STATIC_GROUP1,ELASTICY,100},
        {IDC_EDIT_XPT,ELASTICX,20},
        {IDC_EDIT_YPT,ELASTICX,20},
        {IDC_EDIT_ZPT,ELASTICX,20},
        {IDC_EDIT_ANGLE,ELASTICX,20},
        {IDC_STATIC_GROUP2,MOVEX,20},
        {IDC_STATIC_GROUP2,ELASTICY,100},
        {IDC_STATIC_GROUP2,ELASTICX,80},
        {IDC_LIST_BLOCKS,MOVEX,20},
        {IDC_LIST_BLOCKS,ELASTICY,100},
        {IDC_STATIC_TEXT2,MOVEX,20},
        {IDC_STATIC_TEXT2,MOVEY,100},
        {IDC_LIST_BLOCKS,ELASTICX,80},
        {IDC_STATIC_TEXT2,ELASTICX,80},
        {IDC_STATIC_GROUP3,MOVEY,100},
        {IDC_STATIC_GROUP3,ELASTICX,20},
        {IDC_COMBO_REGAPPS,MOVEY,100},
        {IDC_COMBO_REGAPPS,ELASTICX,20},
        {IDC_STATIC_TEXT3,MOVEY,100},
        {IDC_STATIC_TEXT3,ELASTICX,20},
        {IDOK,MOVEX,100},
        {IDCANCEL,MOVEX,100},
    };
    const DWORD numberofentries = sizeof dlgSizeInfo / sizeof DLGCTLINFO;
    SetControlProperty(dlgSizeInfo,numberofentries);
    // 设置点的 X,Y 和 Z 坐标的有效范围是 -50 到 +50
    m_ctrlXPtEdit.SetRange(-50.0,50.0);
    m_ctrlYPtEdit.SetRange(-50.0,50.0);
    m_ctrlZPtEdit.SetRange(-50.0,50.0);
    // 设置角度值的有效范围为 0 到 90°
    m_ctrlAngleEdit.SetRange(0.0,90.0 /*(PI/2.0)*/);
    // 为对话框重新指定标题
    SetWindowText("人机界面设计实例");
    // 装载缺省位图,用以代替原来的按钮图标
    m_ctrlPickButton.AutoLoad();
    m_ctrlAngleButton.AutoLoad();
```

```
    // 获取并显示上一曾使用过的数据
    if(! GetDialogData("ANGLE",m_strAngle))
        m_strAngle = "0.0";
    if(! GetDialogData("POINTX",m_strXPt))
        m_strXPt = "0.0";
    if(! GetDialogData("POINTY",m_strYPt))
        m_strYPt = "0.0";
    if(! GetDialogData("POINTZ",m_strZPt))
        m_strZPt = "0.0";
    DisplayPoint();
    DisplayAngle();
    DisplayBlocks();
    DisplayRegApps();
    return TRUE;
}
```

7.4　机械零件图的参数化绘制

实现参数化绘图是 CAD 软件开发过程中的核心任务之一。对于结构定型的产品设计,设计者需要针对用户的需求提供不同规格的产品设计以便形成系列,因此希望有一种比交互式绘图更方便、高效、更适合结构相似图形绘制的方法。本节介绍的参数化零件设计方法较好地解决了这一问题,在实际工程设计中得到了广泛的应用。

7.4.1　参数化编程概述

图形的描述可以分成三部分:图形的拓扑关系、图形的几何参数(如点的坐标)以及这些几何参数与图形结构参数(如图形的长、宽等)之间的联系。如图 7－19 所示图形的几何参数是四个点的坐标(x_1、y_1)、(x_2,y_2),(x_3,y_3)和(x_4,y_4),结构参数是两个尺寸 a 和 b。这些参数之间的关系为 $x_1 = x_4$;$y_1 = y_2$;$x_2 = x_3$;$y_3 = y_4$;$x_2 = x_1 + a$;$y_3 = y_1 + b$。参数化编程的实质,就是将图形信息记录在程序中。它用一组变量记录图形的几何参数,用一些类似上述关系式的赋值语句表达这些几何参数与结构参数之间的关系,然后再调用一系列绘图语句来描述图形的拓扑关系。本节将介绍参数化绘图的表现形式以及参数化编程的方法。

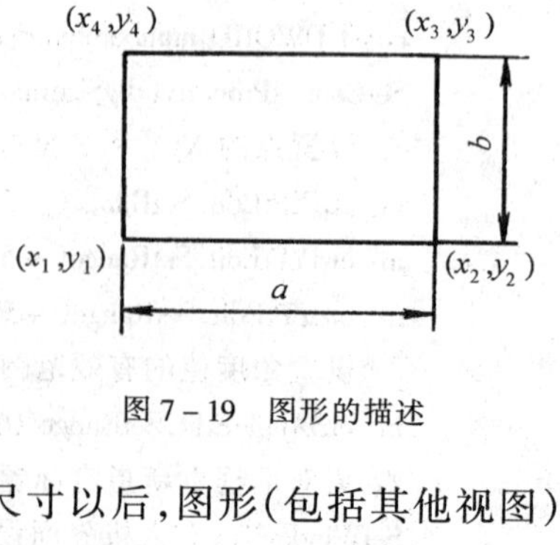

图 7－19　图形的描述

1. 参数化绘图的表现形式

在对"参数化绘图"的理解上,有两种不同表现形式:

其一,参数化绘图意指绘图软件本身具有参数化功能。如典型的 CAD 支撑软件 Pro/E 和 MDT(Mechanical Desktop)等。用户可以方便地重定义模型和更新显示结果,任何交互式的尺寸改动都会立即导致整个模型的变化。也就是说修改一个尺寸以后,图形(包括其他视图)中的相关尺寸会自动更新;

其二,参数化绘图意指由应用程序(如 ObjectARX 程序)生成的图形具有参数化的功能。具体可理解为图形的所有尺寸是参数化的,可以动态修改,但这一过程是借助应用程序来实现的。即应用程序负责与用户交互，当用户想修改图形的某一尺寸时，应用程序负责更新这一尺寸及相关尺寸。

上述两种参数化绘图手段，各有优势。绘图软件本身具有的参数化功能可方便地对已生成的图形作交互式修改，不需要编程，工作量小，且可由草图生成正式图。而由应用程序实现的参数化功能，原则上可处理任意复杂关系的图形。但二者各自的弱点也是明显的。绘图软件本身具有的参数化功能，只是相对而言的，当两个尺寸间存在着复杂的物理关系时，很难用几何关系式表达清楚，该方法对结构不规则的复杂零件显得力不从心。而由应用程序实现的参数化绘图功能，对图形局部的交互修改能力较差，要想修改图形，一般须重新运行用户程序，且编程量大。

在使用时，一般是将二者结合起来，即将绘图软件本身具有的参数化功能作为应用程序参数化功能的一种补充。在开发大型专业 CAD 应用项目时，必须通过编制应用程序把设计、计算、绘图有机地结合起来。本节后面要讨论的“参数化绘图”，指由应用程序实现的参数化功能。

2. 参数化编程方法

图形参数化程序编写，通常都要经过以下几个步骤：

① 分析图形的拓扑关系及其变化规律，提炼出图形结构参数。

② 建立图形结构参数与几何参数之间的关系，构建图形的参数化模型。

③ 编制、调试程序。

通常，图形参数化程序的控制参数有四类：

① 位置参数　确定图形位于零件图上的定位基点坐标。

② 方位参数　确定图形的方位，例如图形中的角度尺寸标注。

③ 结构参数　确定图形的结构形状。一般来说，结构愈复杂，则结构参数也愈多。

④ 控制参数　控制图形的结构或视图的方向。

7.4.2 参数化零件图绘制实例

本节通过图 7－20 所示半连轴器的参数化设计，介绍在 ObjectARX 应用程序中进行参数化编程的方法。

1. 尺寸参数确定与界面设计

设计如图 7－20 所示的半连轴器所需的基本参数及意义如图 7－21 所示。图中界面利用资源编辑器设计，采用模式对话框。界面的左部为半连轴器的二维示意图，右上部为图中的基本参数对应的输入参数栏。采用图形界面使输入参数的含义一目了然，方便操作。界面右下部为半连轴器的体积、表面积等数据的计算结果。

图 7－20　半连轴器三维实体图

2. 主要变量和函数设计

由于用对话框控制程序的运行，通过输入参数编辑框输入设计参数，为此对话框中的变量与函数设计是至关重要的。在程序运行时选择“绘图”按钮隐藏对话框，在图形屏幕上生成半连轴器的主视图、俯视图和等轴测图。图形生成结束后显示对话框，同时在界面右下部为显示半连轴器体积、表面积等数据的查询结果。选择“关闭”按钮结束操作。

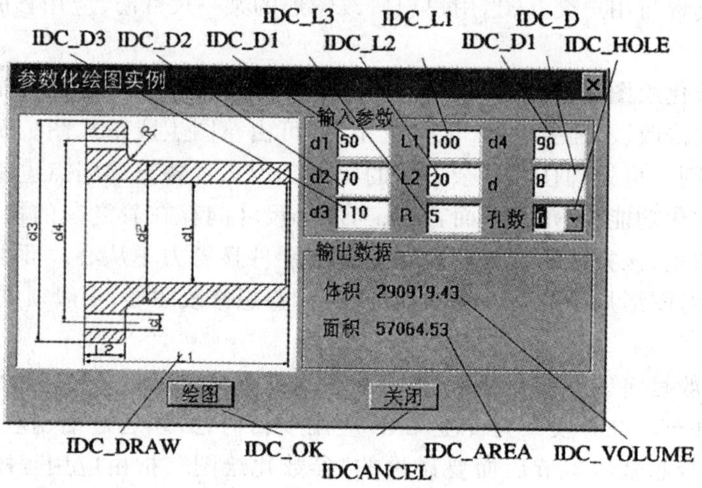

图 7-21 人机界面

(1) 输入参数处理和变量说明

为了简化数据的输入,在程序中设计了一组缺省值。数据的初始化在对话框实现文件的对话框初始化 CParaDraw::OnInitDialog()中实现。对话框中控件对应的资源 ID 以及数据成员和成员对象如图 7-21 和表 7-3 所示。此外,键槽宽度 b 和轮毂上的键槽深度 t1 在程序中确定。

(2) 主要消息处理函数

在对话框实现文件中,消息处理函数有:

- 编辑框输入处理函数;
- 选择绘图按钮的信息处理函数;
- 选择关闭按钮的信息处理函数。

表 7-3

控件 ID 号	控件类型	对象成员	说　　明
IDC_HOLE	组合框	m_strHole m_ctlHole	法兰孔数选择组合框
IDC_D1	编辑框	m_strD1	半连轴器内径 d1
IDC_D2	编辑框	m_strD2	轮毂外径 d2
IDC_D3	编辑框	m_strD3	法兰外径 d3
IDC_D4	编辑框	m_strD4	法兰孔中心距 d4
IDC_D	编辑框	m_strD	法兰孔径 d
IDC_L1	编辑框	m_strL1	长度 L1
IDC_L2	编辑框	m_strL2	长度 L2
IDC_R	编辑框	m_strR	过渡圆角 R
IDC_VOLUME	静态文本框	m_strVolume	体积显示
IDC_AREA	静态文本框	m_strArea	表面积显示

(3) 自定义函数

本程序中自定义函数主要有两个,一个是三维参数实体生成函数,另一个函数用于将实体加入 AutoCAD 数据库。在此仅对第一个函数进行分析,另一个函数读者可参考后面的源程序。应用程序运行时,单击“绘图”按钮后,程序执行 CParaDraw::OnClickedOk()消息处理函数,该函数进行绘图,其过程为:

- 获取对话框数据,设置和计算绘图数据;
- 调用 CAcUiDialog 的成员函数 BeginEditorCommand(),设置进入绘图状态;
- 生成如图 7-22 所示法兰截面的二维图;
- 用旋转方法生成半连轴器三维图;
- 用差运算生成半连轴器法兰上的圆孔;
- 用差运算生成半连轴器的键槽;
- 查询实体特性并在对话框中显示;
- 调用 CAcUiDialog 的成员函数 CompleteEditorCommand(),结束绘图。

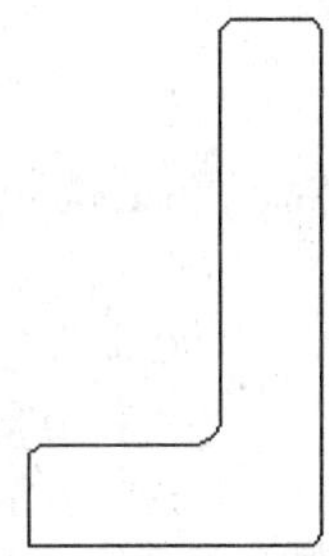

图 7-22 法兰截面

3. 程序主要源文件

以下为对话框实现文件 paradraw.cpp:

```
#include "stdafx.h"
#include "resource.h"
#include "ParaDraw.h"
#ifndef ARX
#define ARX
#include "stdarx.h"
#endif
#include "math.h"
#ifdef DEBUG
#define new DEBUG_NEW
#undef THIS_FILE
static char THIS_FILE[] = __FILE__;
#endif
#define PI 3.14159265358979323846 26
/////////////////////////////////////////////////////////////////////////////
// CParaDraw dialog

CParaDraw::CParaDraw(CWnd* pParent /*=NULL*/)
	:CAcUiDialog(CParaDraw::IDD, pParent)
{
	//{{AFX_DATA_INIT(CParaDraw)
	m_strR = _T("");
	m_strL2 = _T("");
	m_strL1 = _T("");
	m_strD4 = _T("");
```

```
        m_strD3 = _T("");
        m_strD2 = _T("");
        m_strD1 = _T("");
        m_strD = _T("");
        m_strHole = _T("");
        //}}AFX_DATA_INIT
}

void CParaDraw::DoDataExchange(CDataExchange* pDX)
{
        CDialog::DoDataExchange(pDX);
        //{{AFX_DATA_MAP(CParaDraw)
        DDX_Control(pDX,IDC_HOLE,m_ctlHole);
        DDX_Text(pDX,IDC_R,m_strR);
        DDX_Text(pDX,IDC_L2,m_strL2);
        DDX_Text(pDX,IDC_L1,m_strL1);
        DDX_Text(pDX,IDC_D4,m_strD4);
        DDX_Text(pDX,IDC_D3,m_strD3);
        DDX_Text(pDX,IDC_D2,m_strD2);
        DDX_Text(pDX,IDC_D1,m_strD1);
        DDX_Text(pDX,IDC_D,m_strD);
        DDX_CBString(pDX,IDC_HOLE,m_strHole);
        //}}AFX_DATA_MAP
}

BEGIN_MESSAGE_MAP(CParaDraw,CDialog)
        //{{AFX_MSG_MAP(CParaDraw)
        ON_BN_CLICKED(IDC_OK,OnClickedOk)
        //}}AFX_MSG_MAP
END_MESSAGE_MAP()

/////////////////////////////////////////////////////////////////////////////
// CParaDraw message handlers

BOOL CParaDraw::OnInitDialog()
{
        CAcUiDialog::OnInitDialog();

        // TODO:Add extra initialization here
        CString n[] = {"4","6","8","12","16"};
        //设置缺省尺寸
        m_strR = "5";
        m_strL2 = "20";
        m_strL1 = "100";
```

```
	m_strD4 = "90";
	m_strD3 = "110";
	m_strD2 = "70";
	m_strD1 = "50";
	m_strD = "8";
	for(int i = 0;i < 5;i + + )
		m_ctlHole.AddString(n[i]);
	UpdateData(FALSE);           //更新对话框数据显示
	m_ctlHole.SetCurSel(0);      //选择组合框中的第一项为显示的缺省值
	m_strHole = n[0];
	return TRUE;   // return TRUE unless you set the focus to a control
	               // EXCEPTION:OCX Property Pages should return FALSE

}
void CParaDraw::OnOK()
{
	// TODO:Add extra validation here
}

void CParaDraw::OnClickedOk()
{
	// TODO:Add your control notification handler code here
	CDialog::OnOK();
	UpdateData(TRUE);
	//原始数据
	double d1,d2,d3,d4,d,l1,l2,fillet_r,n;
	d1 = atof(m_strD1);
	d2 = atof(m_strD2);
	d3 = atof(m_strD3);
	d4 = atof(m_strD4);
	d = atof(m_strD);
	l1 = atof(m_strL1);
	l2 = atof(m_strL2);
	fillet_r = atof(m_strR);
	n = atof(m_strHole);
	double af = 2 * PI/n;
	double chamfer_d = 2;
	//1.生成法兰截面的二维图
	//定义顶点坐标
	AcGePoint2dArray pt2d;          //定义二维坐标点数组
	pt2d.setLogicalLength(10);  //定义数组长度
	pt2d[0].set( - 0.5 * d1,0);
	pt2d[1].set( - 0.5 * d1,l1 - chamfer_d);
	pt2d[2].set( - 0.5 * d1 - chamfer_d,l1);
```

```
pt2d[3].set(-0.5 * d2 + chamfer_d,l1);
pt2d[4].set(-0.5 * d2,l1 - chamfer_d);
pt2d[5].set(-0.5 * d2,l2 + fillet_r);
pt2d[6].set(-0.5 * d2 - fillet_r,l2);
pt2d[7].set(-0.5 * d3 + chamfer_d,l2);
pt2d[8].set(-0.5 * d3,l2 - chamfer_d);
pt2d[9].set(-0.5 * d3,0);
AcGeVector3d normal(0.0,0.0,1.0);
BeginEditorCommand();
AcDbPolyline * poly = new AcDbPolyline;
for(int i = 0;i < 10;i++)            //设置多段线顶点坐标与凸度值
    poly->addVertexAt(i,pt2d[i],(i==5)? -0.4:0,0,0);
poly->setClosed(Adesk::kTrue);  //设置多段线为闭合状态
poly->setNormal(normal);            //设置多段线法向矢量
/*2. 用旋转方法生成半连轴器三维图*/
AcDbVoidPtrArray lines,regions;
//获得指向封闭边界的无值型指针
lines.append((void *)poly);
//从封闭边界生成面域对象
AcDbRegion::createFromCurves(lines,regions);
//获得指向面域的指针
AcDbRegion * pRegion = AcDbRegion::cast((AcRxObject *)regions[0]);
AcDb3dSolid * p3dObj = new AcDb3dSolid;
//以 Y 轴为旋转轴
AcGePoint3d axisPoint(0.0,0.0,0.0);//旋转轴上一点
AcGeVector3d axisDir(0.0,1.0,0.0);
//用旋转方法生成三维实体
if(Acad::eOk == p3dObj->revolve(pRegion,axisPoint,axisDir,2.0 * PI))
    AddEntityToDbs(p3dObj);
/*3. 用差运算生成半连轴器法兰上的圆孔*/
AcGeMatrix3d mat;              //定义三维几何变换矩阵
AcGeVector3d x(1,0,0),y(0,0,1),z(0,1,0);
//定义坐标系系统原点
AcGePoint3d moveBy;
moveBy.y = 0.5 * l2;                                  //y 坐标
for(i = 0;i < n;i++){
    moveBy.x = 0.5 * d4 * cos(af * i);          //x 坐标
    moveBy.z = 0.5 * d4 * sin(af * i);         //z 坐标
    AcDb3dSolid * p3dObj1 = new AcDb3dSolid;
    //生成圆柱体
    p3dObj1->createFrustum(l2,0.5 * d,0.5 * d,0.5 * d);
    mat.setCoordSystem(moveBy,x,y,z);//设置三维几何变换矩阵
    p3dObj1->transformBy(mat);//将生成的圆柱体移到半连轴器法兰上钻孔位置
    AddEntityToDbs(p3dObj1);    //将三维实体添加到 AutoCAD 数据库
```

```
        //将圆柱体从半连轴器法兰上减去形成孔
        p3dObj - > booleanOper(AcDb::kBoolSubtract,p3dObj1);
        p3dObj1 - > close();
}
/*4.用差运算生成半连轴器的键槽*/
//轴的公称直径范围的下限和上限值
int dimD[] = {30,38,44,50,58,65,75,85,95,110};
//键槽宽度和深度数组
int dimb[] = {10,12,14,16,18,20,22,25,28};
double dimt[] = {2.4,2.4,2.9,3.4,3.4,3.9,4.4,4.4,5.4};
i = 1;
double t1;
int loop = 1,b;
while(i< = 11)     //根据轴段的直径检索键槽宽度和深度值
{
        if(d1 > dimD[i - 1]&&d1 < = dimD[i])
{
                b = dimb[i - 1];
                t1 = dimt[i - 1];
                break;
        }
        i = i+ +;
}
//生成立方体
AcDb3dSolid *p3dObj1 = new AcDb3dSolid;
p3dObj1 - > createBox(b,l1,2*t1);
moveBy.set(0.0,0.5*l1, - 0.5*d1);
mat.setCoordSystem(moveBy,x,y,z);//设置三维变换矩阵
p3dObj1 - > transformBy(mat);
AddEntityToDbs(p3dObj1);                //将立方体添加到 AutoCAD 数据库
//将立方体从半连轴器中减去形成键槽
p3dObj - > booleanOper(AcDb::kBoolSubtract,p3dObj1);
p3dObj1 - > close();
//查询实体特性
double volume,momInertia[3],prodInertia[3],prinMoments[3],radiiGyration[3];
AcGePoint3d centroid;
AcGeVector3d prinAxes[3];
AcDbExtents extents;
p3dObj - > getMassProp(volume,centroid,momInertia,prodInertia,
        prinMoments,prinAxes,radiiGyration,extents);
//查询面积
double area;
p3dObj - > getArea(area);
CompleteEditorCommand();
```

```
    //在对话框中显示结果
    CString str;
    str.Format("%6.2f",volume);
    GetDlgItem(IDC_VOLUME)->SetWindowText(str);
    str.Format("%6.2f",area);
    GetDlgItem(IDC_VOLUME)->SetWindowText(str);
    p3dObj->close();
    delete poly;
    delete pRegion;
}
AcDbObjectId CParaDraw::AddEntityToDbs(AcDbEntity *pEntity)
{
    AcDbBlockTable *pBlockTable;
acdbHostApplicationServices()->workingDatabase()->getBlockTable(pBlockTable,AcDb::kForRead);
    AcDbBlockTableRecord *pBlockTableRec;
    pBlockTable->getAt(ACDB_MODEL_SPACE,pBlockTableRec,AcDb::kForWrite);
    AcDbObjectId entityId;
    pBlockTableRec->appendAcDbEntity(entityId,pEntity);
    pBlockTable->close();
    pBlockTableRec->close();
    pEntity->close();
    return entityId;
}
```

7.5 平面图形信息获取编程实例

在进行冲裁件优化排样系统开发时,第一步需要完成的任务就是冲裁件外轮廓信息的获取。本节将讲述如何在 AutoCAD 2000 中编程实现冲裁件外轮廓信息的获取(本例假设冲裁件外轮廓中不包含样条曲线)。

从排样角度来看,需要获得的信息即为零件图的拓扑形状与其图形构成情况。从 AutoCAD 2000 图形数据库的角度来看就是指零件轮廓包含哪些图形实体对象。要达到这一目的程序需完成零件图的选择以及构成零件图的实体对象信息。实现以上功能主要由两步构成:

1. 获得构成零件图的实体对象

在排样程序中建立了一排样类,而零件图轮廓的选择功能由该类的成员函数完成。该成员函数首先提示用户交互式完成零件图形轮廓的选择,然后判断构成该轮廓的图形对象类别,并将其加入到 m_ArrayId 数组中(其中的 m_ArrayId 为一 AcDbObjectIdArray 对象,关于此对象的详细说明读者可参考 ObjectARX 的在线帮助)。具体的函数代码如下所示:

```
bool COptimumLayout::GetContourID()
{
    //用交互方式选择实体,构造由选中实体组成的选择集 sset
    ads_name sset;
    acedPrompt("\n请选择一个零件的封闭外环:");
```

```
if(acedSSGet(NULL,NULL,NULL,NULL,sset)! = RTNORM)
{
        acedAlert("没有选择任何实体!");
        return false;
}
long nLength;  //选择集中实体的个数
ads_name ename;              //实体名
AcDbObjectId entId;//实体号
AcDbObject * pObj;  //定义指向实体的指针
int nIdCounter = 0;      //有效对象计数器
//遍历选择集
acedSSLength(sset,&nLength);  //实体个数
for(int i = 0;i < nLength;i + + )
{
        ads_ssname(sset,i,ename);//得到实体名
        acdbGetObjectId(entId,ename);  //得到实体的 ID 号
        acdbOpenObject(pObj,entId,AcDb::kForRead);  //得到实体的指针
        ///////////////////////////////////
        //    判断实体类型
        ///////////////////////////////////
        if(pObj - > isKindOf(AcDbLine::desc())  ||      //直线对象
                pObj - > isKindOf(AcDbArc::desc())      ||   //圆弧对象
                pObj - > isKindOf(AcDbPolyline::desc()) || //多段线对象
                pObj - > isKindOf(AcDb2dPolyline::desc()))//二维多段线对象
        {
                //将所选对象的 ID 号依次存入数组 ArrayId 中
                m_ArrayId.append(entId);
                nIdCounter + + ;
                pObj - > close();  //关闭对象
        }
        else if(pObj - > isKindOf(AcDbCircle::desc()))//圆对象
        {
                pObj - > close();  //关闭对象
                acedAlert("请你先用 \ "BREAK \ "命令将整圆打断成圆弧段!");
                acedSSFree(sset);  //释放选择集
                return false;
        }
        else if(pObj - > isKindOf(AcDbBlockReference::desc()))//块引用对象
        {
                pObj - > close();  //关闭对象
                acedAlert("你选择了一个图块引用,请先用 \ "Explode \ "命令炸开");
                acedSSFree(sset);  //释放选择集
                return false;
        }
```

```
        else if(pObj->isKindOf(AcDbPoint::desc()))//点对象
        {
            pObj->close();          //关闭对象
            continue;        //忽略点实体
        }
        else
        {
            pObj->close();       //关闭对象
            acedAlert("零件封闭轮廓只能由直线、圆弧、二维多段线构成,重新选择!");
            acedSSFree(sset);      //释放选择集
            return false;
        }
    }
    // end for()
    acedSSFree(sset);            //释放选择集
    return true;                 //正确返回
}
```

2. 实体信息的获取

在得到了构成零件外轮廓的图形实体后,下一步就需要得到有关这些实体的数据信息,如圆弧的圆心、半径,直线的起点、终点等,程序中也有一成员函数来完成。该函数的输入参数为前面所得到的图形实体的对象 ID 数组,然后程序遍历数组中每一对象,判断对象类型,并取出相关数据,具体实现如下:

```
bool COptimumLayout::GetContourInfo(AcDbObjectIdArray &IdArray)
{
    AcDbObject * pObj;  //定义指向实体的指针
    AcDbLine * pLine;           //定义指向直线对象的指针
  AcDbArc         * pArc;            //定义指向圆弧对象的指针
    AcDbPolyline * pPolyline;          //定义指向多段线对象的指针
  AcDb2dPolyline * p2dPolyline;           //定义指向二维多段线对象的指针
    for(int i=0;i<IdArray.length();i++)
  {
        acdbOpenObject(pObj,IdArray[i],AcDb::kForRead);      //得到实体的指针
        if(pObj->isKindOf(AcDbLine::desc()))//直线对象
        {
            pLine=AcDbLine::cast(pObj);
            this->GetAcDbLineInfo(pLine);
        }
        else if(pObj->isKindOf(AcDbArc::desc()))//圆弧对象
      {
        pArc=AcDbArc::cast(pObj);
        this->GetAcDbArcInfo(pArc);
  }
    else if(pObj->isKindOf(AcDbPolyline::desc()))//多段线对象        {
```

```
        pPolyline = AcDbPolyline::cast(pObj);
    //炸开多段线
        AcDbVoidPtrArray entitySet;
        if(pPolyline->explode(entitySet) == Acad::eOk)
        {
            int nEntNum = entitySet.length();   //圆弧和直线段数
        for(int i = 0;i < nEntNum;i++)
            {
                AcDbLine *pLine;            //定义指向直线对象的指针
                AcDbArc *pArc;            //定义指向圆弧对象的指针
                AcDbEntity *pEnt = (AcDbEntity *)entitySet[i];
                if(pEnt->isKindOf(AcDbLine::desc()))
            {
                    pLine = AcDbLine::cast(pEnt);
                    GetAcDbLineInfo(pLine);
                }
                else if(pEnt->isKindOf(AcDbArc::desc()))
                {
                    pArc = AcDbArc::cast(pEnt);
                GetAcDbArcInfo(pArc);
                }
            }//end for
        }
    }
else if(pObj->isKindOf(AcDb2dPolyline::desc()))//二维多段线对象
    {
        p2dPolyline = AcDb2dPolyline::cast(pObj);
        //炸开多段线
    AcDbVoidPtrArray entitySet;
        if(p2dPolyline->explode(entitySet) == Acad::eOk)
        {
            int nEntNum = entitySet.length();   //圆弧和直线段数
            for(int i = 0;i < nEntNum;i++)
            {
                AcDbLine *pLine;            //定义指向直线对象的指针
                AcDbArc *pArc;                //定义指向圆弧对象的指针
                AcDbEntity *pEnt = (AcDbEntity *)entitySet[i];
                if(pEnt->isKindOf(AcDbLine::desc()))
                {
                    pLine = AcDbLine::cast(pEnt);
                this->GetAcDbLineInfo(pLine);
                }
                else if(pEnt->isKindOf(AcDbArc::desc()))
                {
```

```
                pArc = AcDbArc::cast(pEnt);
                this->GetAcDbArcInfo(pArc);
            }
        }
    }
}
        pObj->close();      //关闭对象
    }
    // end for()
    return TRUE;
}
```

读者也许已注意到,在获取图形实体的数据时,用到了 GetAcDbLineInfo(pLine), GetAcDbArcInfo(pArc)两个函数,以下即是 GetAcDbArcInfo()函数的实现代码:

```
void COptimumLayout::GetAcDbArcInfo(AcDbArc * pArc)
{   AcGePoint3d ptStartPoint, ptEndPoint;           //起点和终点坐标
    AcGePoint3d ptCenter = pArc->center();           //弧圆心坐标
    double dStartAngle = pArc->startAngle();         //起始角度
    double dEndAngle = pArc->endAngle();             //终止角度
    double dRadius = pArc->radius();                 //圆弧半径
    //计算起点坐标
    ptStartPoint[X] = ptCenter[X] + dRadius * cos(dStartAngle);
    ptStartPoint[Y] = ptCenter[Y] + dRadius * sin(dStartAngle);
    ptStartPoint[Z] = 0.0;
    //计算终点坐标
    ptEndPoint[X] = ptCenter[X] + dRadius * cos(dEndAngle);
    ptEndPoint[Y] = ptCenter[Y] + dRadius * sin(dEndAngle);
    ptEndPoint[Z] = 0.0;
}
```

以上只是给出了优化排样程序的部分代码,要实现优化排样还有许多工作要做,读者可参考相关书籍。

习题与思考题

7.1 AutoCAD 2000 的开发工具有哪些?各自的特点是什么?

7.2 ObjectARX 开发工具包含有哪些内容?利用它可完成哪些任务?

7.3 参考 7.2、7.3、7.4 节编制一螺栓的三维参数化绘制程序,要求用户通过在对话框中交互选取标准螺栓的规格,即可得到对应的三维零件,其中的零件规格由一数据库文件来描述。

7.4 补充完成 7.5.3 节的冲裁件外轮廓信息获取程序,最终得到所有的图形参数,要求添加轮廓是否封闭的判断以及多重轮廓和一些必要的容错处理功能。

第 8 章　计算机辅助工艺过程设计系统

8.1　CAPP 的基本概念及意义

1. 工艺过程设计的任务

工艺过程设计的主要任务是为被加工零件选择合理的加工方法和加工顺序，以便能按设计要求生产出合格的成品零件。工艺过程设计的主要内容有：

(1) 选择加工方法及采用的机床、刀具、夹具和其他工装设备等；

(2) 安排合理的加工顺序；

(3) 选择基准，确定加工余量和毛坯，计算工序尺寸和公差；

(4) 选择合理的切削用量；

(5) 计算时间定额和加工成本；

(6) 编制包含上述所有资料的工艺文件。

其中工艺过程设计的核心内容是选择加工方法和合理安排加工顺序。

工艺过程设计把产品的设计信息转化为制造信息，被认为是产品设计和制造之间的桥梁。

2. 传统工艺过程设计的缺陷

长期以来，传统的工艺过程设计都是采用手工方式进行的，这就不可避免地存在下列一些缺陷：

(1) 对工艺设计人员要求高

工艺文件的合理性、可操作性及编制时间的长短主要取决于工艺人员的经验和熟练程度，这就不可避免地会导致工艺文件的质量和设计周期难以保证。因此，要求工艺人员具有丰富的生产经验。

(2) 工作量大，效率低下

工艺过程设计需要生成大量的工艺文件，它们多以表格、卡片的形式存在。手工进行工艺过程设计一般要经过以下步骤：按零件设计工艺过程，填写工艺卡片，绘制工序草图，校对，审核，誊写，描图，晒图，装订成册。另外，还要进行大量的数据汇总工作，如工装数据汇总、设备数据汇总等。所有这些工作的工作量很大，需要花费很长时间。

(3) 难以保证数据的准确性

工艺过程设计需要处理大量的图形信息、数据信息，并产生大量的工艺文件和工艺数据。由于数据繁多且很分散，因此，人工处理繁琐、易出错。

(4) 信息不能共享

随着企业计算机应用的深入，各部门所产生的数据可以通过计算机进行数据交流与共享，如果工艺部门仍采用手工方式，对其他部门的数据就只能通过手工查询，工作效率低且易出错；同时所产生的工艺数据也无法方便地与其他部门进行交流与共享。

3. CAPP的基本概念及意义

(1) CAPP的基本概念

计算机的发展及其在机械制造业中的广泛应用,为工艺过程设计提供了理想的工具。工艺过程设计主要是在分析和处理大量信息的基础上进行选择(加工方法、机床、刀具、加工顺序等)、计算(加工余量、工序尺寸、公差、切削参数、时间定额等)、绘图(工序图)以及编制工艺文件等,而计算机能有效地管理大量的数据,进行快速、准确的计算,进行各种形式的比较和选择,能自动绘图和编制表格文件等,这些功能恰恰能适应工艺过程设计的需要,于是出现了计算机辅助工艺过程设计(Computer Aided Process Planning),简称CAPP这样一种新技术。这里的PP是指Process Planning,即工艺过程设计,其一般概念是在一个制造体系中,确定采用的一系列加工方法、安排加工顺序、进行机床和工夹量具的选择、进行切削条件的计算、决定刀具路线以至数控加工指令的生成等,最后将一个毛坯转变成零件,使之从原始状态加工成零件图所规定的最终形状并达到规定的技术要求。从狭义的观点来看,CAPP是利用计算机技术来辅助完成工艺过程的设计并输出工艺规程,但为了满足CAD/CAPP/CAM集成系统及CIMS发展的需要,对CAPP认识应进一步扩展,“PP”已不单纯理解为“Process Planning”,而含有“Production Planning”的含义,这就产生了CAPP的广义概念:CAPP的一头向生产规划最佳化及作业计划最佳化发展,作为MRPⅡ的一个重要组成部分;CAPP向另一头扩展能够生成NC指令。本章所讨论的重点仍在传统的CAPP认识范围内。

(2) 实施CAPP的意义

实施CAPP的意义主要表现在以下几个方面:

① CAPP的应用将缩短设计周期,对修改和变更设计能快速作出响应,必将大大地提高工艺部门的工作效率、工作质量,提高产品的市场竞争能力、信息的处理能力和企业各部门间信息的交流能力;

② 工艺人员的经验能够得到充分的积累和继承,从而可以使工艺设计人员摆脱大量、繁琐的重复劳动,将主要精力转向新产品、新工艺、新装备和新技术的研究与开发;

③ 可以使没有丰富经验的工艺师设计出高质量的工艺规程,以缓解当前机械制造业工艺设计任务繁重,但缺少有经验工艺设计人员的矛盾;

④ 能最大限度地利用现有资源,降低生产成本,减小编制工艺文件的工作量和产生错误的可能性并为建立计算机制造系统打下基础。

8.2 CAPP系统的结构组成、功能及基本类型

8.2.1 CAPP系统的结构组成

CAPP的开发与应用往往作为一个相对完整的软件系统来进行,其具体结构往往与其开发环境、产品对象、规模大小有关。图8-1给出了一个比较完整的CAPP系统的结构组成,它大约包括六个模块和若干个库。

(1) 输入模块　零件的信息可以来自人工输入或来自现有CAD转换信息接口,或直接来自集成环境下统一的产品数据模型。

(2) 生成工艺规程模块　包括生成工艺规程的表头表尾、毛坯选择、加工方法选择、工序安排、机床及刀夹量具的选择、作业或工步安排、切削参数计算或选择、工序图生成及尺寸链计

算、刀具加工轨迹生成、NC 指令生成、时间与成本计算等子模块。

(3) 输出模块　可以输出工艺过程卡、工艺规程、时间定额、刀具轨迹模拟显示、NC 加工指令、工序图以及其他工艺文件。

(4) 修改模块　进行现有工艺规程的修改。

(5) 存取模块　对已有工艺规程再现与存放新工艺规程。

(6) 控制模块　对整个系统控制与管理。

(7) 各类库存信息　工程数据库(包括材料、加工方法、机床、刀具、装夹方法、切削条件等)、数据词典库、工序子图库、工艺知识库、工艺规则库、工艺文件库、NC 代码库等。

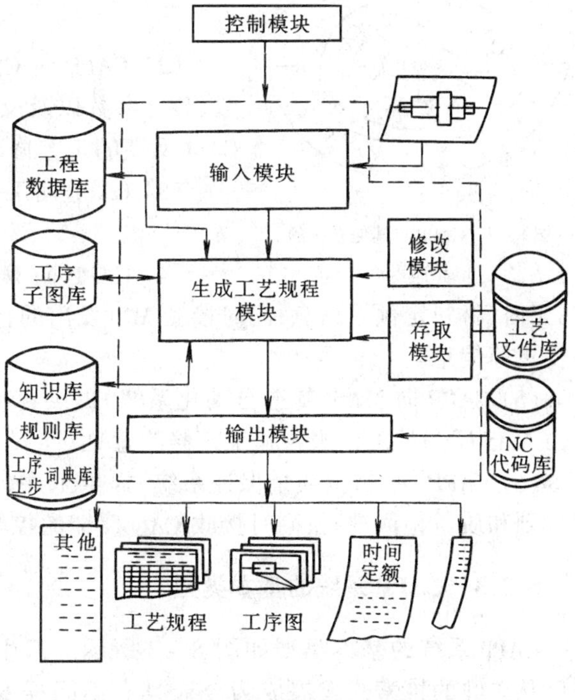

图 8-1　CAPP 系统基本结构框图

上述的 CAPP 系统结构是一个比较完整的 CAPP 系统,实际上,并不一定所有的 CAPP 系统都必须包括上述全部内容。例如我国许多企业的 CAPP 系统中工艺规程只决定可行的加工过程,涉及产量、成本和可用的机床、刀具等资源,至于工步安排、切削用量、装夹方式、刀具类型等一般均未加规定。实际系统组成可以根据实际生产的需要而调整。但它们的共同点应使 CAPP 的结构满足层次化、模块化的要求,具有开放性,便于不断扩充和维护。

8.2.2　CAPP 的功能

1. CAPP 的功能

一个比较完备的 CAPP 系统应当具备如下的功能:

(1) 能生成或接收输入的零件图上的几何及拓扑信息、工艺信息、测量信息等;

(2) 能以不同方式(取决于 CAPP 系统的类型)产生零件的工艺过程,包括工艺流程及工序卡;

(3) 能产生机床文件、刀具文件及工艺装备清单等其他文件;

(4) 能计算工序尺寸及绘制工序图;

(5) 可进行工艺过程的优化及多工序、单工序切削用量的优化计算;

(6) 能生成工序中的工步细节,从而产生 NC 加工指令;

(7)能模拟加工过程,显示刀具运动轨迹;

(8)进行工时估算并计算资源需求。

2. CAPP 与其他系统的关系

在 CAD/CAPP/CAM 集成系统中,CAPP 是连接 CAD 与 CAM 的桥梁和纽带。集成化的 CAPP 系统能直接接收 CAD 的零件信息,进行工艺规划,生成有关工艺文件,并以工艺过程设计结果和零件信息为依据,经过适当的后置处理,生成 NC 程序,从而实现 CAD/CAPP/CAM 的集成。CAPP 系统与其他系统的信息流关系如图 8－2 所示：

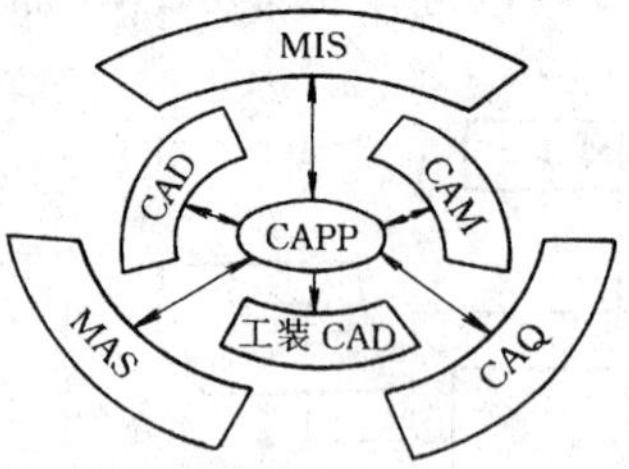

图 8－2　CAPP 与其他系统的信息流关系

(1) CAPP 接收来自 CAD 的产品几何拓扑、材料信息以及精度、粗糙度等工艺信息；向 CAD 反馈产品的结构工艺性评价信息。

(2) CAPP 向 CAM 提供零件加工所需的设备、工装、切削参数、装夹参数以及反映零件切削过程的刀具轨迹文件；同时接收 CAM 反馈的工艺修改意见。

(3) CAPP 向工装 CAD 提供工艺过程文件和工装设计任务书。

(4) CAPP 向 MIS(管理信息系统)提供工艺路线、设备、工装、工时、材料定额等信息；同时接受 MIS 发出的技术准备计划、原材料库存、刀具量具状况、设备变更等信息。

(5) CAPP 向 MAS(制造自动化系统)提供各种工艺过程文件和夹具、刀具等信息；同时接受由 MAS 反馈的工作报告和工艺修改意见。

(6) CAPP 向 CAQ(质量保证系统)提供工序、设备、工装、检测等工艺数据，以生成质量控制计划和质量检测规程；同时接收 CAQ 反馈的控制数据，用以修改工艺过程。

8.2.3　CAPP 系统的基本类型

CAPP 系统的基本类型如图 8－3 所示。派生式系统已从单纯的检索式发展成为今天具有不同程度的修改、编辑和自动筛选功能的系统。创成式系统的研究与开发始于 20 世纪 70 年代中期，而且很快得到普遍重视，但实践的结果并不理想。综合式系统集派生与创成的优点于一体，被认为是一种很有前途的方法。

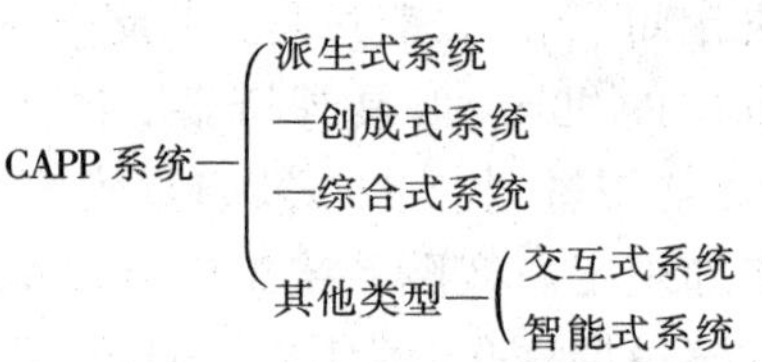

图 8－3　CAPP 系统基本类型

8.3　零件信息的描述及输入

8.3.1　零件信息描述的内容及要求

1. 零件信息描述的内容

零件信息输入是进行 CAPP 的第一步，零件信息描述是 CAPP 的关键，其技术难度大、工作量大，是影响整个工艺过程设计效率的重要因素。如何描述和输入零件信息，让计算机"熟悉"零件图，是 CAPP 面临的首要问题。

零件信息描述的内容主要包括两个方面：零件几何信息和零件工艺信息。零件几何信息指零件的几何形状和尺寸，如表面形状、表面间的相互位置、尺寸及其公差；零件工艺信息指毛坯特征、零件材料、加工精度、表面粗糙度、热处理、表面处理、配合和啮合关系等技术要求，这些信息都是制定工艺过程时必需的，又称之为非几何信息。此外，由于工艺过程设计与生产规模、生产条件有密切关系，零件信息描述中，尚应有每一产品中该零件的件数、生产批量、节拍等生产管理信息。

2.零件信息描述的要求

零件信息描述的准确性、科学性和完整性将直接影响所设计的工艺过程的质量、可靠性和效率。因此对零件信息描述提出以下要求：

(1) 信息描述要准确、完整，所谓完整是指要能够满足在进行 CAPP 时之所用，不是指要描述全部信息。

(2) 信息描述要易于被计算机接受和处理，界面友好，使用方便，效率高。

(3) 信息描述要易于被工程技术人员理解和掌握，便于被操作人员运用。

(4) 由于是计算机辅助工艺过程设计，因此，信息描述系统(模块或软件)应考虑计算机辅助设计、计算机辅助制造、计算机辅助检测等多方面的要求，以便能够实现信息共享。在计算机集成制造系统和并行工程中，要遵守统一的数据交换标准(STEP)、产品数据管理(PDM)等规定，使数据格式和数据管理统一起来，以便于信息集成和信息的并行处理。

8.3.2 零件信息描述方法

目前国内外 CAPP 系统中采用的零件信息描述方法主要有下列几种：

1.分类编码法(GT 法)

零件的分类编码就是用字符(数字、字母或符号)来描述零件的几何形状、尺寸和工艺特征，也就是零件特征的字符化，以易于计算机识别。对零件进行编码时，可以根据具体情况选用通用的分类编码系统，如西德的 Opitz、我国的 JCBM 和 JLBM、日本的 KK 系统等，也可以选用适合于本部门产品特点的专用分类编码系统。图 8－4 是 Opitz 分类编码系统的基本结构，其中前 5 位数(1,2,3,4,5)称为形状代码，用于描述零件基本设计特征；后 4 位数(6,7,8,9)构成增补代码，用来描述对制造有用的特征(尺寸、原材料、毛坯形状和精度)。下面举例说明如何根据图 8－5 所示零件的几何形状，用 Opitz 分类编码系统对零件进行分类编码，图 8－6 为编码结果。

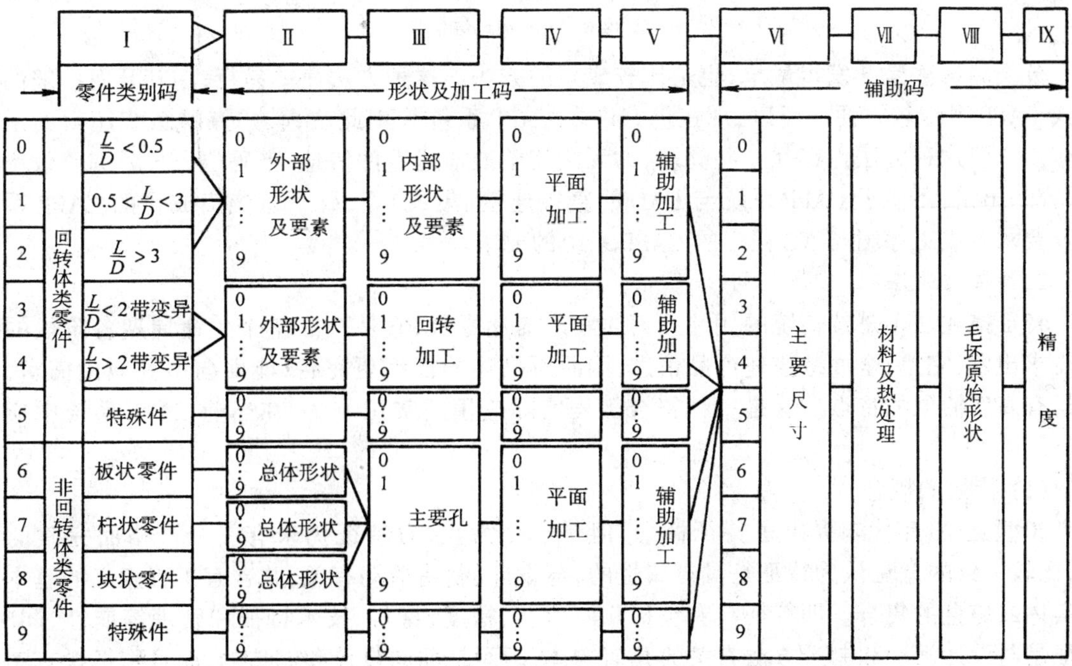

图 8－4 Opitz 的基本结构

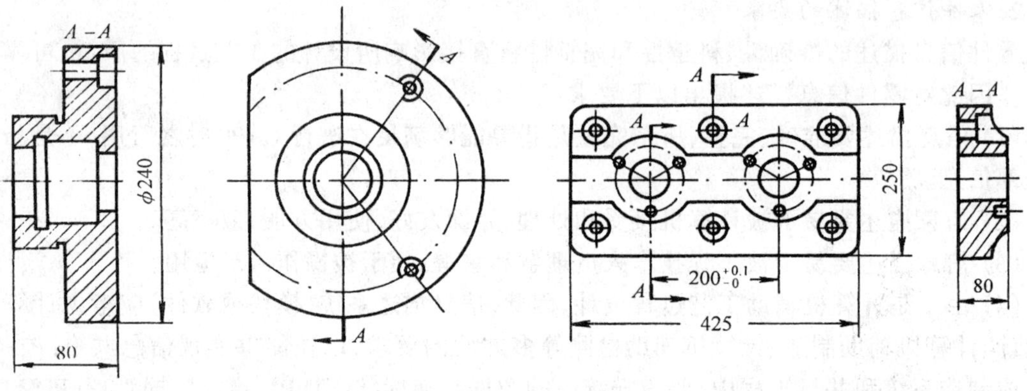

(a) (b)

图 8－5　编码示例零件

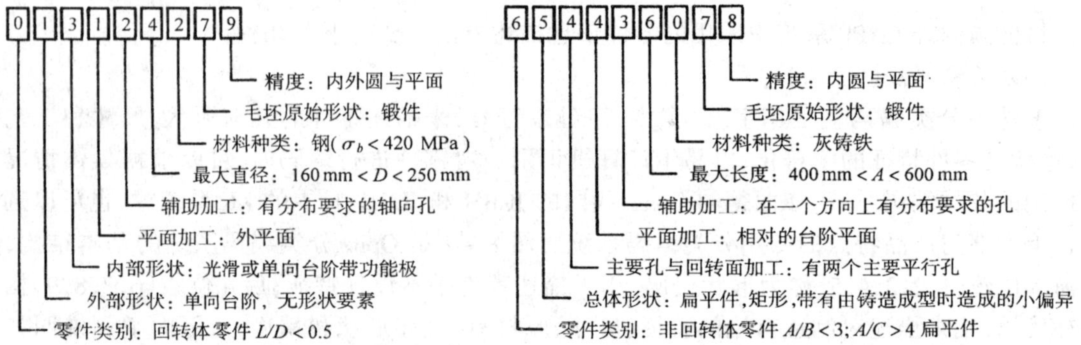

(a) 回转体类零件　　　(b) 非回转体类零件

图 8－6　Opitz 编码结果

分类编码法是开发得最早，也是比较成熟的方法。这种方法简单易行，用其开发一般的派生式 CAPP 系统较方便。所以，现在仍有许多 CAPP 系统采用此法，其中有的系统还得到了实际应用。但这种方法也存在一些弊端，如无法完整地描述零件信息，当码位太长时编码效率很低，容易出错，不便于 CAPP 系统与 CAD 的直接连接(集成)等，故不适应集成化的 CAPP 系统以及要求生成工序图与 NC 程序的 CAPP 系统的要求。

2.特征描述法

特征描述法不是按传统的用纯几何体素来描述零件，它从产品整个生命周期各阶段的不同需求出发，完整、全面地描述产品信息，因而所描述的模型更完备，能面向多种应用需求，同时具有高度抽象的特点。这是一种符合工程实际应用的实用方法，在当前 CAPP 系统中应用最广。

(1) 特征的概念

20 世纪 70 年代末提出了特征概念，但是至今为止，对特征仍未有一个严格而完整的定义，比较一致的意见认为特征是具有属性的，与设计、制造活动有关，并含有工程意义的基本几何实体或信息的集合。即特征具有包括几何形状、精度、材料、技术特征和管理等属性，同时，特征是与设计活动和制造方法有关的几何实体，因而是面向设计和制造的，而且特征含有工程意义的信息，即特征反映了设计者和制造者的意图。

(2) 特征的抽象和分类

不同的应用领域和不同的工厂,特征的抽象和分类方法有所不同。通过分析机械产品大量的零件图纸信息和加工工艺信息,可将构成零件的特征分为五大类:

① 管理特征　与零件管理有关的信息集合,包括标题栏信息(如零件名、图号、设计者、设计日期等)、零件材料、未注粗糙度等信息。

② 技术特征　描述零件的性能和技术要求的信息集合。

③ 材料热处理特征　与零件材料和热处理有关的信息集合,如材料性能、热处理方式、硬度值等。

④ 精度特征　描述零件几何形状、尺寸的许可变动量的信息集合,包括公差(尺寸公差和形位公差)和表面粗糙度。

⑤ 形状特征　与描述零件几何形状、尺寸相关的信息集合,包括功能形状、加工工艺形状、装配辅助形状。

除上述五类特征外,针对箱体类零件提出方位面特征,即零件各表面的方位信息的集合,如方位标识、方位面外法线与各坐标平面的夹角等。另外,工艺特征模型中提出尺寸链特征,即反映轴向尺寸链信息的集合。还有装配特征,即零部件装配有关的信息集合,如零部件的配合关系、装配关系等。

形状特征是描述零件或产品的最主要的特征,图 8-7 所示为形状特征的详细分类。它根据形状特征在构造零件中所起的作用不同,可分为主形状特征(简称主特征)和辅助形状特征(简称辅特征)两类。

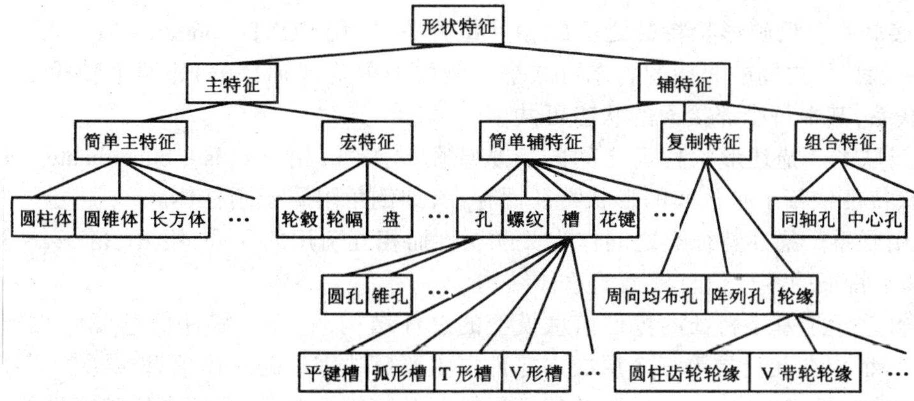

图 8-7　零件形状特征分类

① 主特征　主特征用来构造零件的基本几何形体。根据其特征形状的复杂程度又分为简单主特征和宏特征两类。

简单主特征,主要指圆柱体、圆锥体、成形体、长方体、圆球等简单的基本几何形体。

宏特征,指具有相对固定的结构形状和加工方法的形状特征,其几何形状比较复杂,而又不便于进一步细分为其他形状特征的组合。如盘类零件、轮类零件的轮幅和轮毂等,基本上都是由主特征及附加在其上的辅特征(如孔、槽等)构成一个宏特征。利用宏特征的定义,可以简化建模过程,避免各个表面特征的分别描述,并且能反映出零件的整体结构、设计功能和制造工艺。

② 辅特征　辅特征是依附于主特征之上的几何形状特征,是对主特征的局部修饰,反映

了零件几何形状的细微结构。辅特征依附于主特征，也可依附于另一辅特征。根据辅待征的特点，将其进一步分为简单辅特征、组合特征和复制特征。

简单辅特征，指倒角、退刀槽、螺纹、花键、V 形槽、T 形槽等单一特征。它们可以附加在主特征上，也可以附加在辅特征上，从而形成不同的几何形体。例如，若将螺纹特征附加在主特征外圆柱体上，则可形成外圆柱螺纹；若将其附加在内圆柱面上，则形成内圆柱螺纹。同理，花键也相应可形成外花键和内花键。因此，无须逐一描述内螺纹、外螺纹、内花键和外花键等形状特征，避免了由特征的重复定义而造成特征库数据的冗余现象。

组合特征，指由一些简单辅特征组合而成的特征，如中心孔、同轴孔等。

复制特征，指由一些同类型辅特征按一定的规律在空间的不同位置上复制而成的形状特征，如周向均布孔、矩形阵列孔、油沟密封槽、轮缘(如齿圈、V 带轮槽等)。

(3) 特征的联系

为了方便描述特征之间的联系，提出了特征类、特征实例的概念。特征类是关于特征类型的描述，是所有相同信息性质或属性的特征概括。特征实例是对特征属性赋值后的一个特定特征，是特征类的一个成员。特征类之间、特征实例之间、特征类与特征实例之间有如下的联系：

① 继承联系　继承联系构成特征之间的层次联系，位于层次上级的叫超类特征，位于层次下级的叫亚类特征。亚类特征可继承超类特征的属性和方法，这种继承联系称为 AKO(A Kind Of)联系，如特征与形状特征之间的联系。另一种继承联系是特征类与该类特征实例之间的联系，这种联系称为 INS(Instance)联系。如某一具体的圆柱体是圆柱体特征类的一个实例，它们之间反映了 INS 联系。

② 邻接联系　反映形状特征之间的相互位置关系，用 CONT(Connect - To)表示。构成邻接联系的形状特征之间的邻接的状态可共享。例如一根阶梯轴，每相邻两个轴段之间的关系就是邻接联系，其中每个邻接面的状态可共享。

③ 从属联系　描述形状特征之间的依从或附属关系，用 IST(Is - Subordinate - To)表示。从属的形状特征依赖于被从属的形状特征而存在，如倒角附属于圆柱体。

④ 引用联系　描述特征类之间作为关联属性而相互引用的联系，用 R(Reference)表示。

(4) 基于特征的零件信息模型的总体结构

图 8 - 8 表示了基于特征的零件信息模型的总体结构，它表示零件信息模型的分层结构，即零件层、特征层和几何层等三个层次。零件层主要反映零件的总体信息，是关于零件子模型的索引指针或地址；特征层是一系列的特征子模型及其相互关系；几何层反映零件的点、线、面的几何/拓扑信息。分析这个模型结构可以知道，零件的几何/拓扑信息是整个模型的基础，同时也是零件图绘制、有限元分析等应用系统关心的对象。而特征层则是零件模型的核心，特征层中各种特征子模型之间的相互联系反映了特征间的语义关系，使特征成为构造零件的基本单元具有高层次的工程含义，该模型可以方便地提供高层次的产品信息，从而支持面向制造的应用系统(如 CAPP、NC 编程、加工过程仿真等)对产品数据的需求。

(5) 基于特征的零件信息模型的数据结构

现以回转体零件为例，说明基于特征的零件信息模型的数据结构。

① 管理特征模型的数据结构　管理特征主要是描述零件的总体信息和标题栏信息，如零件名、零件类型、GT 码、零件的轮廓尺寸(最大直径、最大长度)、重量、件数、材料名、设计者、设计日期等等，其数据结构如图 8 - 9 所示。图中符号含义见图 8 - 10。

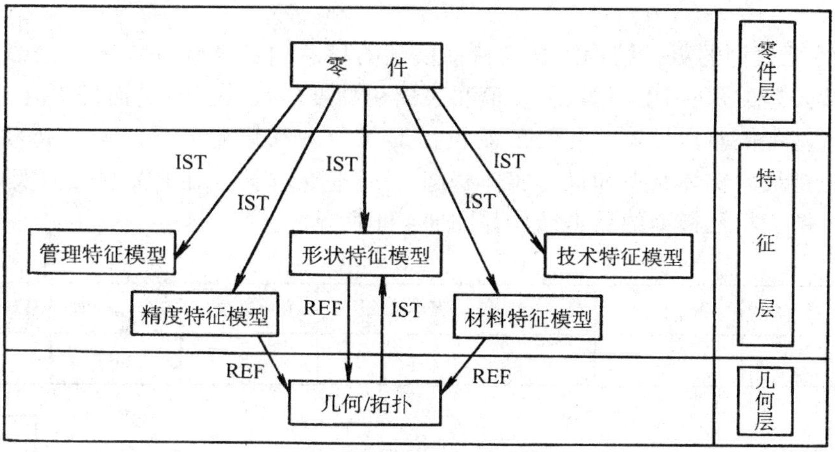

图 8－8 基于特征的零件信息模型的总体结构

零件类型	零件名	图 号	GT 码	件 数	材料名	设计者	设计日期	其他
E	S	S	S	I	S	S	S	

图 8－9 管理特征模型的数据结构

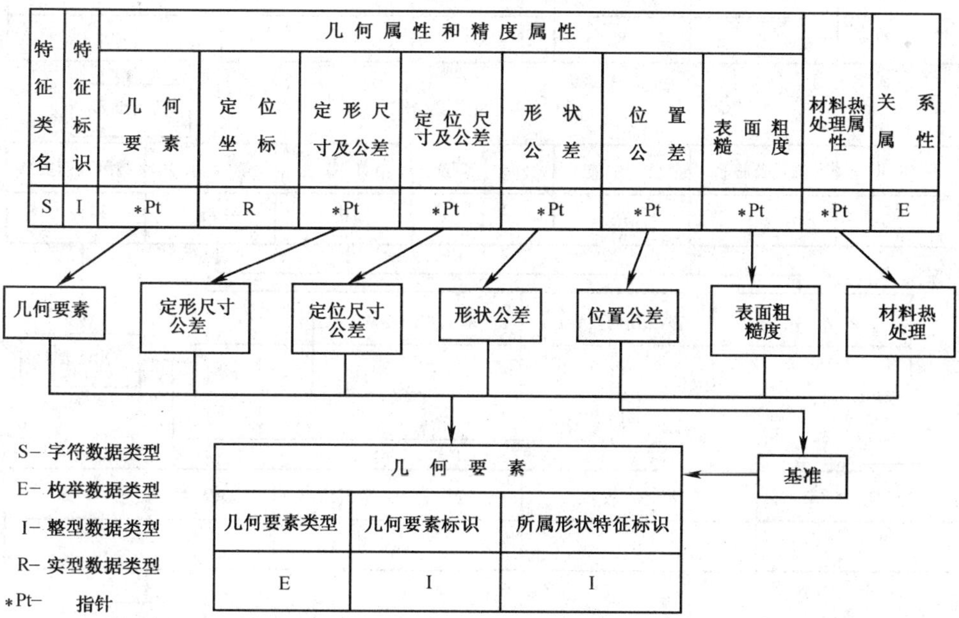

图 8－10 形状特征模型的数据结构

② 形状特征模型的数据结构 形状特征模型包括：几何属性、精度属性、材料热处理属性和关系属性等。几何属性用来描述形状特征的公称几何体，包括形状特征本身的几何尺寸即定形尺寸以及形状特征的定位坐标和定位基准。精度属性是指几何形体的尺寸公差、形状公差、位置公差和表面粗糙度。材料热处理属性是指形状特征上具有某些特殊的热处理要求，如某一表面的局部热处理要求。关系属性是指形状特征之间的联系，是邻接联系或是从属联系，形状特征与精度特征、材料热处理特征之间的相互引用联系。形状特征模型的数据结构如图

8-10所示。

③ 精度特征模型的数据结构　精度特征模型的信息内容大致分为下列三部分:i)精度规范信息。包括公差类别、精度等级、公差值和表面粗糙度。尺寸公差包括公差值、上偏差、下偏差、公差等级、基本偏差代号等。几何公差包括形状公差和位置公差。ii)实体状态信息。实体状态信息是指最大实体状态和最小实体状态。iii)基准信息。对于关联几何实体,则必须具有基准信息。精度特征模型的数据结构如图8-11所示。

尺寸类型	尺寸值	公差等级	基本偏差代号	上偏差	下偏差	被测几何要素
E	R	I	E	R	R	*Pt

几何要素

(a)

尺寸类型	尺寸值	公差等级	上偏差	下偏差	起始几何要素1	终止几何要素2
E	R	I	R	R	*Pt	*Pt

几何要素

(b)

特征标识	形状公差名	公差值	公差等级	实体状态	被测几何要素
I	E	R	I	E	*Pt

几何要素

(c)

特征标识	位置公差名	公差值	公差等级	第1基准	第2基准	被测几何要素
I	E	R	I	*Pt	*Pt	*Pt

基准代号	基准几何要素1	基准几何要素2	…
S	*Pt	*Pt	*Pt

几何要素

(d)

材料获取方式	评定参数名	评定参数值	被测几何要素
E	E	R	*Pt

几何要素

(e)

图8-11　精度特征模型的数据结构

(a) 定形尺寸与公差的数据结构;(b) 定位尺寸与公差的数据结构;

(c) 形状公差的数据结构;(d) 位置公差的数据结构;(e) 表面粗糙度的数据结构。

④ 材料热处理特征模型的数据结构　包括材料信息和热处理信息。材料信息包括材料名称、牌号和机械性能参数;热处理信息包括热处理方式、硬度单位和硬度值的上、下限等。材

料热处理特征模型的数据结构如图 8－12 所示。

材料名	机械性能参数	性能上限值	性能下限值
S	E	R	R

热处理方式	热处理工艺名	硬度单位	最高硬度值	最低硬度值	被测几何要素
E	E	E	I	I	* pt

几何要素类

图 8－12　材料热处理特征模型的数据结构

⑤ 技术特征模型的数据结构　技术特征模型的信息包括零件的技术要求和特性表等。这些信息没有固定的格式和内容,因而很难用统一的模型来描述。

根据上述零件信息模型的总体结构和各特征模型的数据结构,可以建立基于特征的零件信息模型。现以图 8－13 所示轴为例,说明零件信息模型的数据结构。图 8－14 说明“形状特征 3”的数据结构。

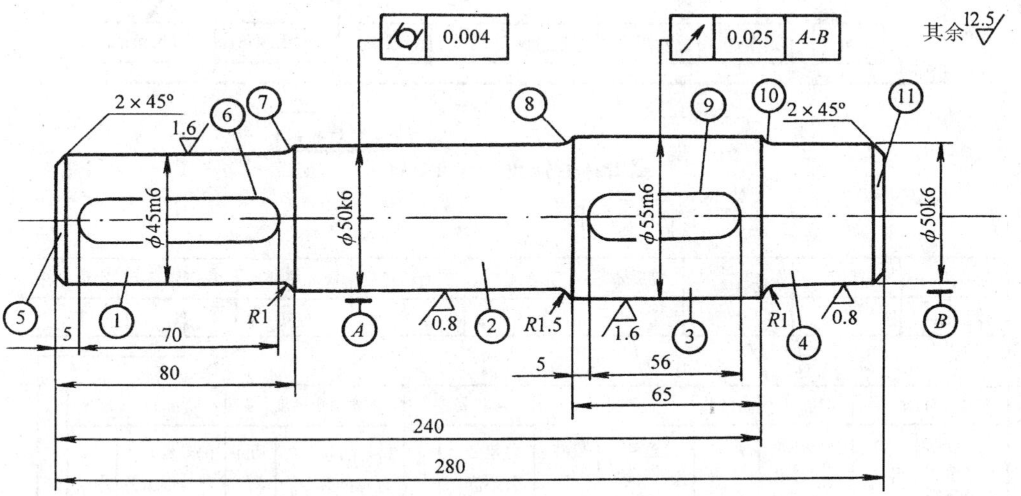

技术要求：调质处理，硬度 220～250HBS

图 8－13　轴的零件图

近年来，许多 CAPP 系统都采用了特征描述法进行零件信息的描述，但大多采用有针对性的、固定的信息描述格式，即仅对所考虑范围内的特征信息进行描述，从而使得构建的特征信息库为封闭式的，当要输入的信息超出特征信息库中描述范围之外时便无法输入。而特征信息库不可能描述所有特征，这样便严重束缚了 CAPP 系统的应用范围；同时由于工艺过程设计的目的是为零件选择适当的工艺，这个设计过程从本质上来说就是把待加工的零件信息与企业加工设备的制造能力进行匹配的过程。而计算机只有在“熟悉”零件信息与关于企业设备制造能力的信息的基础上才能对二者进行匹配。因此中南大学在开发“基于零件—设备特征匹配的 CAPP 系统”时，将零件信息与关于企业设备制造能力的信息的描述与输入作为该系统的首要关键技术予以解决。系统采用了“通用特征信息 + 自定义特征信息”的信息描述模型对零件信息和设备信息进行了描述（如图 8－15 所示）。其中通用特征信息便于分类，通用性强，应用范围较广，因此用固定的数据结构对它进行描述，用户只需根据提示输入具体数值；自定义特征信息不便于分类且应用范围非常有限，一般都为各企业专用，因此

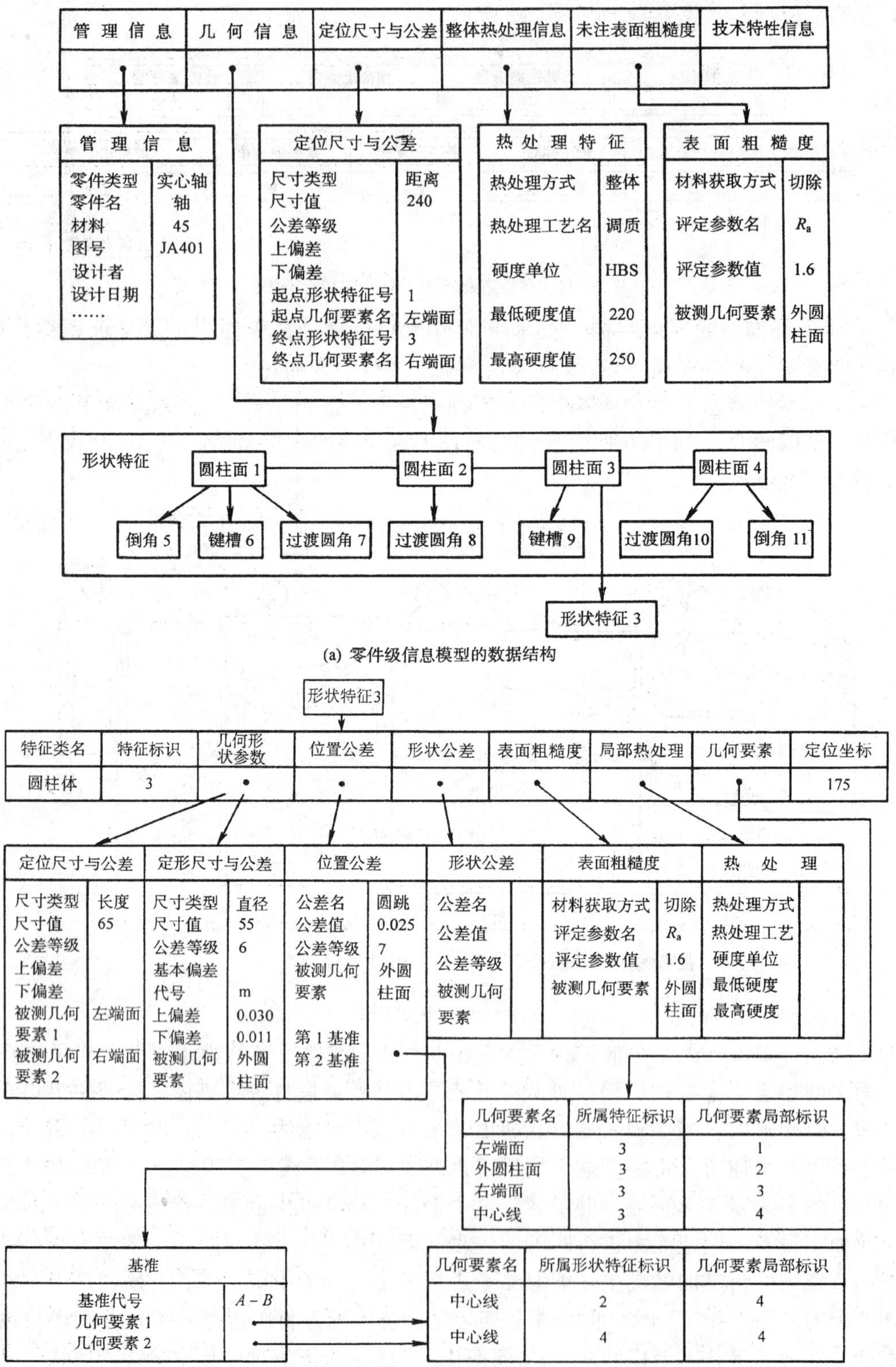

(a) 零件级信息模型的数据结构

(b) 形状特征 3 的数据结构

图 8－14 基于特征的零件信息模型的数据结构实例

其数据结构采用参数形式，由用户根据习惯自行定义，用户在系统中既要输入数据名称又要输入具体数值。该描述模型能表达各种不同的零件信息和设备信息，使 CAPP 系统构建的特征信息库具有灵活性、开放性和通用性的特点，因而为实现系统面向各种零件和企业加工设备打下了良好的基础。

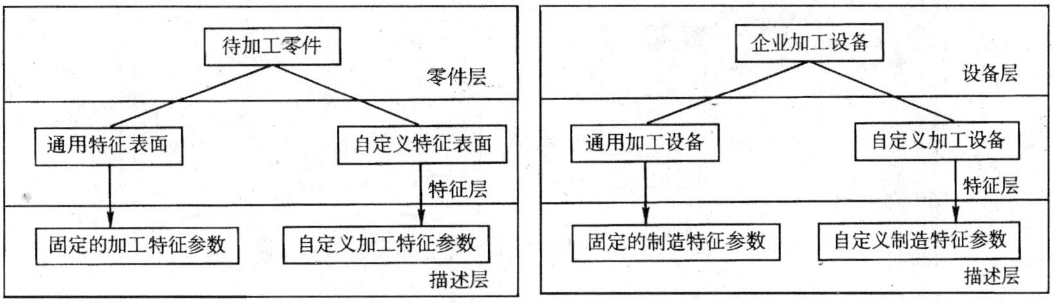

(a) 零件信息描述模型　　(b) 设备信息描述模型

图 8－15　信息描述模型

3. *基于产品数据交换规范(STEP 等)的产品建模法*

该方法是从根本上实现 CAD/CAPP/CAM 集成的最理想的方法,其基本思路是:为产品建立一个完整的、语义一致的产品信息模型,以满足产品生命期各阶段(产品需求分析、工程设计、产品设计、加工、装配、测试、销售和售后服务)对产品信息的不同需求和保证对产品信息理解的一致性,使得各应用领域(如 CAD、CAPP、CAM、CNC、MIS 等)可以直接从该模型抽取所需信息。这个模型是用通用的数据结构规范来实现的。显然，只要各 CAD 系统对产品或零件的描述符合这个数据规范，其输出的信息既包含了点、线、面以及它们之间的拓扑关系等底层的信息，又包含了几何形状特征以及加工和管理等方面信息，那么 CAD 系统的输出结果就能被其下游工程，如 CAPP、CAM 等系统接收。近年来经过国际范围内的努力，出现了流行较广的美国的 PDES 以及 ISO 的 STEP 产品定义数据交换标准，另外还有法国的 SET、美国的 IGES、德国的 VDAFS、英国的 MEDVSA 和日本的 TIPS 等。目前 STEP 还在不断发展和完善之中。

8.3.3　零件信息输入方法

零件信息描述方法确定以后,就要据此编制 CAPP 系统的输入模块程序。概括而言,CAPP 系统零件信息的输入方法主要有以下两种:

1. *人机交互式输入法*

人机交互式输入法是在计算机屏幕提示下,通过键盘或鼠标,以人机对话形式将信息输入。图 8－16 为用此方法输入外圆柱面信息的示例。

人机交互式输入法过程繁琐、费时、易出错,有时甚至还不如手工编制工艺文件来得快,所以在生产实际中有些工艺人员不大愿意使用这种方法。

2. *从 CAD 系统直接输入法*

20 世纪 80 年代后期,计算机集成制造系统(CIMS)的蓬勃发展,要求克服常规的零件信息输入方法中繁琐、效率低的缺点,因而提出将 CAPP 与 CAD 系统直接相连的方法,使得 CAPP 所需的各种信息直接来源于 CAD 系统,避免繁琐的手工输入,因此,在 CIMS 环境下,CAPP 系

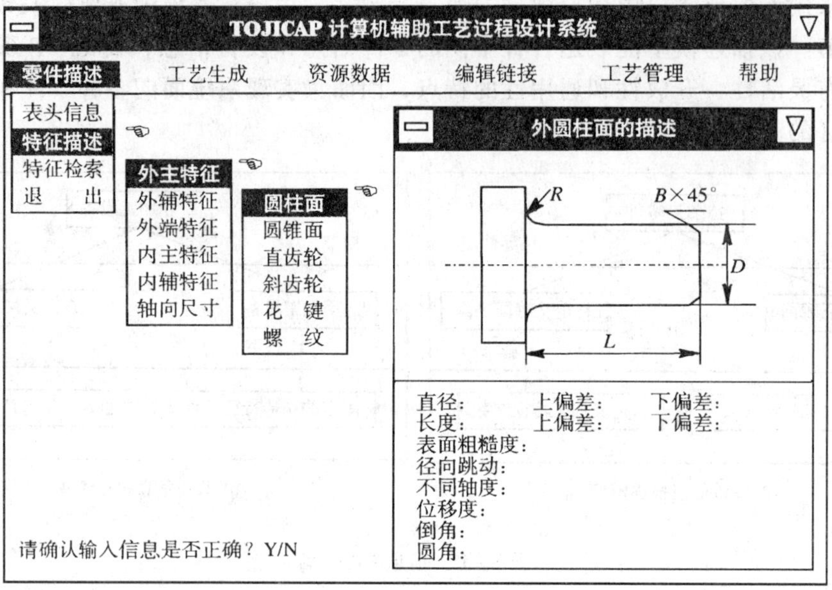

图 8-16 外圆柱面的信息输入

统中零件信息输入最为理想的途径就是直接来自 CAD 系统内部的数据信息。这种输入方法采用特征描述法和基于产品数据交换规范的产品建模法来进行零件信息的描述。。

从 CAD 系统直接输入避开了零件信息的二次输入问题，是使 CAD、CAM 链接，实现一体化的理想方法。它有利于保证数据的一致性，减少中间转换可能出现的差错；有利于建立统一的数据库，提高数据利用率；有利于提高系统的运行效率。但是要实现这种链接，仍然存在信息的转换问题。

8.4 派生式 CAPP 系统

8.4.1 派生式 CAPP 系统的工作原理及特点

1.派生式 CAPP 系统的工作原理

零件具有相似性，相似的零件具有相似的工艺过程。派生式 CAPP 系统就是利用成组技术的这一原理将零件按几何形状及工艺相似性分类、归族，每一族有一个典型样件，并为此样件设计出相应的典型工艺文件，存入工艺文件库中。一个新零件的工艺过程是通过计算机检索系统中已有的相应零件族的典型工艺并加以自动修改、编辑和自动筛选而成的，由此得到“派生”这个名词。这种方法又称为修订式、变异式或样件法。图 8-17 是一个典型的派生式 CAPP 系统的原理框图，该类系统的工作过程一般为：

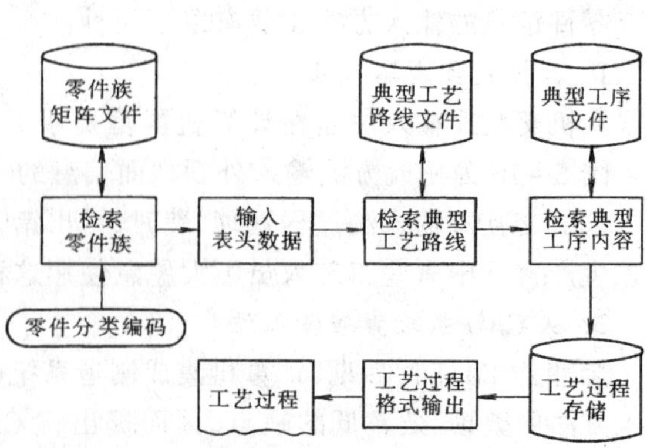

图 8-17 派生式 CAPP 系统的原理框图

(1) 用编码及零件信息输入模块,完成对所设计零件的描述与输入;

(2) 根据检索模块查出该零件所属的零件组;

(3) 对标准工艺进行删改,形成该零件的工艺过程;

(4) 对设计结果存储和输出。

2.派生式 CAPP 系统的特点

(1) 以成组技术为理论基础,利用其相似性原理和零件分类编码系统,因此有系统理论指导,比较成熟。

(2) 有较好的实用价值,问世较早,应用范围比较广泛。

(3) 多适应于结构比较简单的零件,在回转体类零件中应用更为广泛。由于派生式工艺过程设计的零件多采用编码描述,对于复杂的或不规则的零件则不易胜任。

(4) 对于相似性差的零件,难以形成零件组,不适于用派生式方法,因此多用于相似性较强的零件。

8.4.2 派生式 CAPP 系统的研制步骤

1. 零件编码

利用国家部委或企业制定的零件分类编码系统(即 GT 码)对已有的零件进行编码。

零件的分类编码方法有手工编码和计算机辅助编码两种。手工编码是编码人员根据分类系统的编码法则,对照零件图用手工方式逐一编出各码位的代码。其特点是效率低,劳动强度大,容易出错,而且不同的编码人员编出的代码往往不一致。现在大部分都采用计算机辅助编码。它是由人机对话方式进行的,即由计算机软件提出各种问题,编码人员逐个回答,把零件信息逐次输入计算机,计算机软件进行逻辑判断后,便自动编出零件的代码,在终端显示器上显示或打印输出。其特点是效率高,出错率低,减轻了编码人员的劳动强度,能够避免手工编码由于编码人员对编码系统的理解错误或判断错误而造成的编码错误。现在研制的计算机辅助编码系统都采用中文人机对话系统,使用十分方便。

2. 零件分组

零件分组就是寻求零件的相似性,将相似的零件归并为零件组。这里所说的零件相似性一般包含两方面内容,即零件形状的相似性和零件工艺的相似性。

分组方法一般常用的有视检法、编码系统分类法和生产流程分析法三种。由于视检法直接依靠人工目测零件的相似性,一般只适应于零件品种较少、生产批量较大的企业,这里就不再讨论。

采用编码系统分类法时,首先要制定或选择一个适用的零件分类编码系统对零件编码,然后采用以下三种方法对零件分类:

(1) 特征码位分组法

特征码位分组法就是将对某种目的要求影响最大的码位作为划分零件组的依据,而不考虑那些影响不大的码位。例如,制造部门从加工要求的相似性出发,往往把影响最大的零件类别、外形、尺寸和材料等码位作为特征码位。如果采用 Opitz 分类编码系统,即将第一、二、六、七码位作为特征码位(图 8-18 中打阴影线的四个码位),零件只要在这些码位上的特征项相同,不论其他码位上的特征项怎样,都认为属于同一零件组。

(2) 码域矩阵法

码域矩阵法是将每个码位上的若干个特征项确定下来,作为每一码位上特征项的允许变

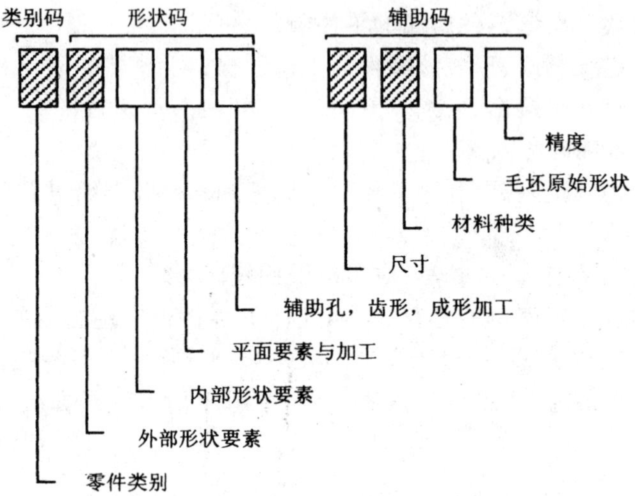

图 8－18　特征码位

动范围(见图 8－19 中为 1 的范围),凡零件的代码在这个允许范围内的,就属于这个零件组。当然,这个码域也必须根据零件的分类目的和具体环境条件来确定。

在实际使用时,通常将上述两种方法结合,即采用特征码位域矩阵,既按要求确定相应的特征码位,又确定这些码位上特征项允许变动的范围。

码位 / 特征项	一	二	三	四	五	六	七	八	九
0	1	1			1	1		1	
1	1	1		1		1	1	1	1
2		1	1	1		1	1		
3		1	1	1		1	1		
4			1			1			
5									
6									
7									
8									
9									

图 8－19　码域矩阵

(3) 生产流程分析法

生产流程分析法是以生产过程或工艺过程为主要依据的分类方法,通过相似的物料流找出相似的零件集合与生产设施或加工设备集合间的对应关系,既能确定零件组,也同时得到加工该组零件的生产流程和设备组。其目的是将需要一组相同或相似加工工序的零件归并成组。采用生产流程分析法,首先要构造一个大的矩阵,如图 8－20 所示。其中每一列代表一个零件,用 j 表示,每一行代表一个加工工序,用 i 表示,矩阵可用 $\{M_{ij}\}$ 表示。某一零件需要某一加工工序,就在相应的位置上写 1,即 $M_{ij}=1$,否则为零,即 $M_{ij}=0$,可省略;然后可以用排序聚类分析算法划分零件组。现以图 8－20 所示的矩阵为例,介绍这种划分零件组的方法。为了简化这个例子,在计算中省去了图中的最后两个检验工序。

第一步,对每一列计算它们的总权:

$$W_j = \sum_{n=1}^{i} 2^i M_{ij} \tag{8-1}$$

这里的权是指在按位计数法中，为了确定一个数的实际数值，对每一位必须乘上一个因子，然后把它们相加起来。这个因子称为权。

例如，对二进制 0111，可写成

$$2^0 \times 1 + 2^1 \times 1 + 2^2 \times 1 + 2^3 \times 0 = 1 + 2 + 4 + 0$$

第二步，把它们按升序次序排列。

第三步，对每一行计算它们的总权：

$$W_j = \sum_{n=1}^{i} 2^i M_{ij} \tag{8-2}$$

第四步，把它们按升序次序排列。

	A112	A115	A120	A123	A131	A212	A230	A432	A451	A510	
SAW01	/		/	/	/			/	/		A112
LATHE01				/							A115
LATHE02	/		/		/			/	/		A120
DRL01		/								/	A123
MILL02		/									A131
MILL05						/	/			/	A212
GRIND05	/										A230
GRIND06										/	A432
INSP03		/				/	/				A451
INSP06	/		/	/	/			/	/	/	A510

图 8-20　生产流程分析法矩阵

再重复进行上述步骤，直到自然处于升序状态，就可以确定相似零件组。图 8-21 表示了排序聚类分析算法的整个过程。在得到最后的矩阵之后，就可以确定零件 A123、A120、A131、A432、A451、A112 形成一个零件组，它们要求 SAW01、LATHE01、LATHE02 和 GRIND05 等加工工序；而零件 A115、A212、A230、A510 形成另外一个零件组，它们要求 DRL01、MILL02、MILL05 和 GRIND06 等加工工序。然后可以根据每一个零件组中各零件代码建成零件组矩阵。

用这种方法形成的零件组及其标准工艺文件，在为每个零件编制工艺过程时，只需要对标准工艺文件作少量的修改。但这种方法仅对少数零件和少量工序时计算比较方便，若零件数量多，工件加工流程长，其使用就会受到限制。随着计算机技术的发展，这些困难正逐步得到解决，现在使用这种方法来分组的已逐渐多起来，研究它的人也很多。

3. 设计零件组的复合零件

一个零件组通常包含若干个零件，把这些零件的所有形面特征“复合”在一起的零件称为复合零件，又称主样件。其设计步骤是：先将产品的所有零件图纸大概分为若干零件组，在每个零件组中挑选一张形面特征最多、工艺过程最复杂的零件图纸作为参考零件。再分析其余零件图纸，找出参考零件中没有的形面特征，逐个加到参考零件上，最后形成该零件组的复合

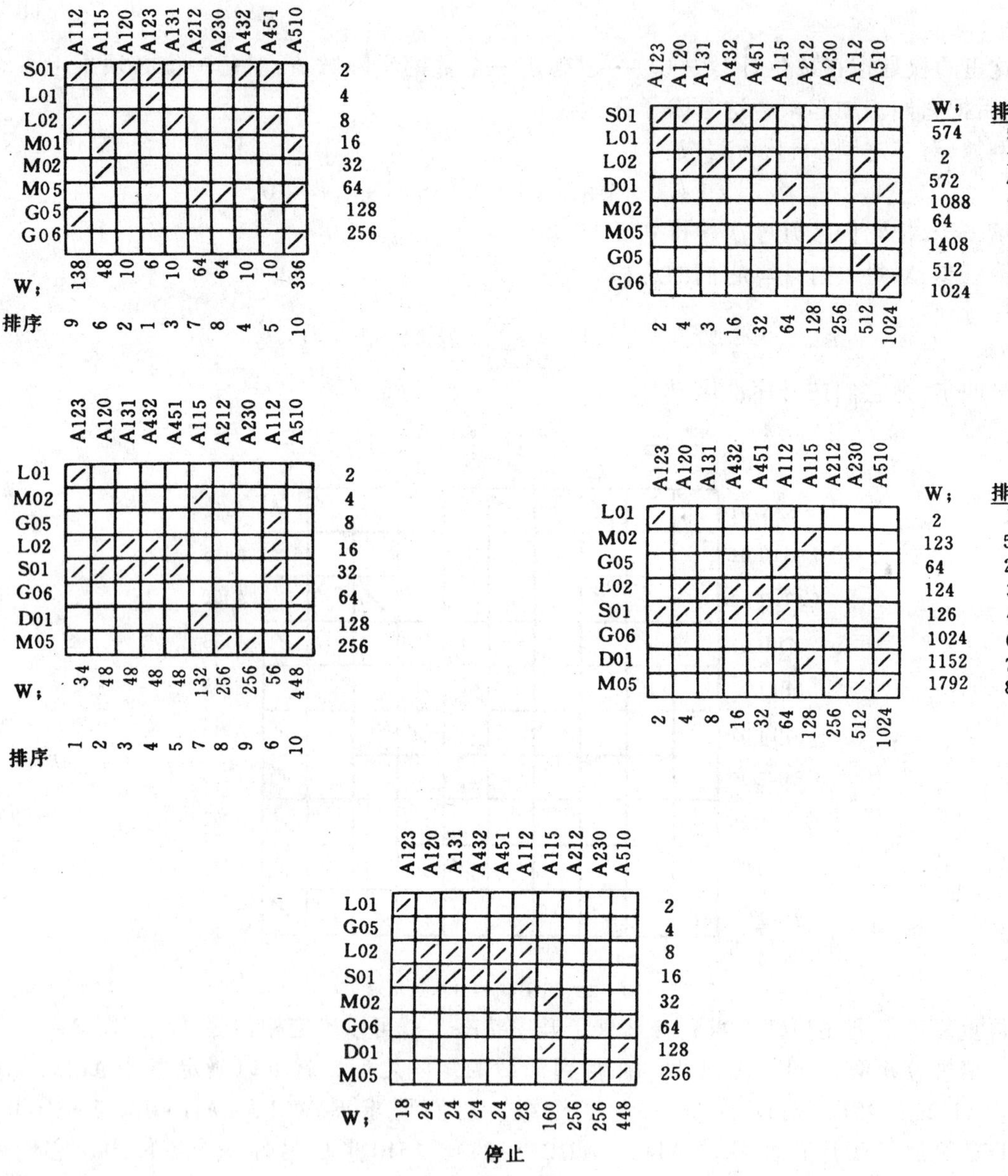

图 8－21　排序聚类分析算法过程

零件。复合零件是一个零件组中相对复杂的、有代表性的、并且是复合而成的零件，它可以是实际存在的，也可以是假想的，是一个工厂中比较成熟和相对稳定的零件结构。因此，复合零件的设计和形面特征的标准化不仅是开发 CAPP 系统的一种手段，同时也是生产合理化的前提。图 8－22 所示为复合零件的例子。

4．设计标准工艺过程

标准工艺过程应能满足该零件组所有零件的加工要求，并能反映工厂实际工艺水平，尽可能是合理可行的。设计时对零件组内各零件的工艺要进行仔细分析、概括和总结，每一个形状要素都要考虑在内。另外要征求有经验的工艺人员、专家和工人的意见，集中大家的智慧和经验。

有些单位在设计标准工艺过程时采用复合工艺路线法，即在全面分析零件组中零件的全部工艺路线后，选择其中一个工序最多、加工过程安排合理的零件工艺路线作为基本路线，然后把其他零件特有的、尚未包括在基本路线内的工序，按合理顺序加到基本路线中去，构成代表零件组的复合工艺路线。图8-23所示为标准工艺过程的例子。

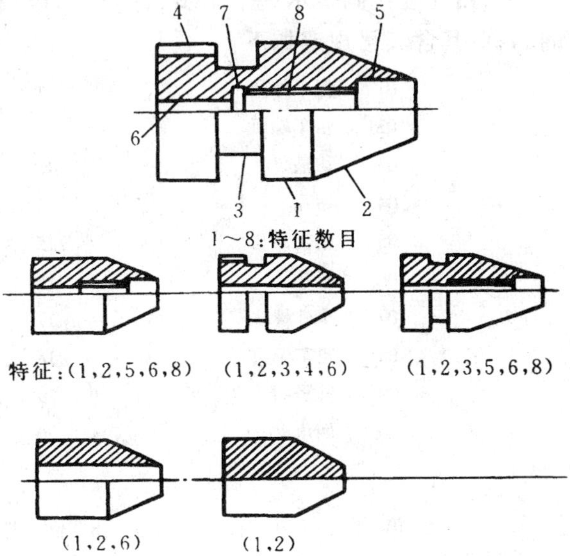

图8-22 复合零件

5. 确定标准工艺过程的表达与筛选方法

(1) 基于工步代码的标准工艺过程的表达方法

标准工艺过程可以用工序代码和工步代码来表示，以便于在计算机内部的存储与管理。这里介绍一种基于工步代码的标准工艺过程的表达方法。工艺过程是由各种加工工序组成的，一个工序又是由若干工步组成的。为便于对标准工艺过程及工艺过程的表达、存储，以及便于对标准工艺过程的调用与筛选，可用代码来表达工步内容，所形成的文件叫工步代码文件。工步代码随所采用的零件编码

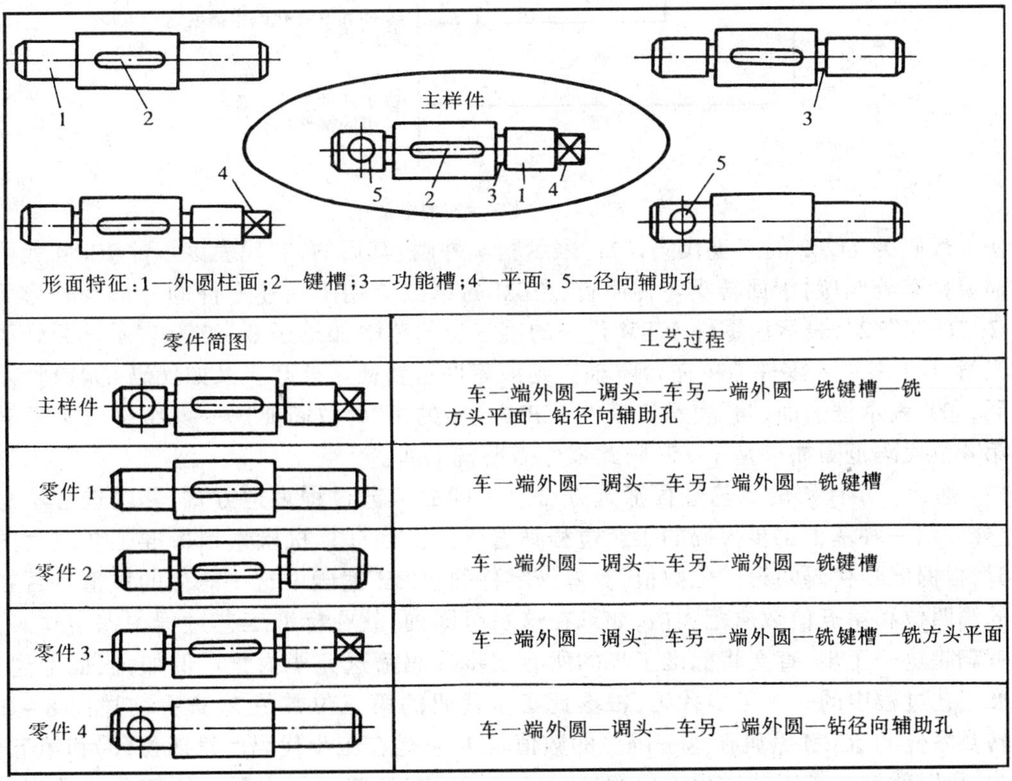

图8-23 一组轴类零件的复合零件和标准工艺过程

系统不同而异，当采用 JCBM 编码系统时，工步代码的建立过程如下：

采用五位代码表示一个工步，各码位的含义如图 8－24 所示。其中前两位代码表示工步的名称，其含义可规定如下：

01	粗车外圆	11	精车外圆	21	滚齿
02	粗车端面	12	精车端面	22	插齿
03	切槽	13	精车锥面	23	拉花键
04	钻孔	14	精镗内孔	24	拉键槽
05	钻辅助孔	15	加工内螺纹	25	磨齿
06	镗孔	16	磨外圆	26	钳工倒角
07	车外螺纹	17	磨端面	27	钳工去毛刺
08	粗车锥面	18	磨锥面	28	检验
09	铣平面	19	磨平面	29	渗碳淬火
10	倒角	20	磨内孔	30	磁力探伤
				……	

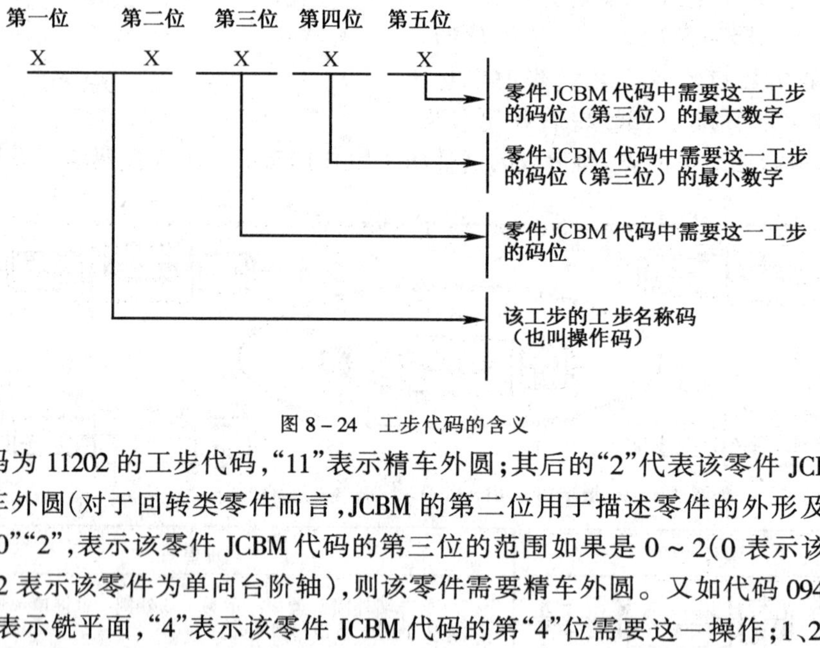

图 8－24　工步代码的含义

例如代码为 11202 的工步代码，“11”表示精车外圆；其后的“2”代表该零件 JCBM 代码的第二位需要精车外圆(对于回转类零件而言，JCBM 的第二位用于描述零件的外形及外形要素)；最后 2 位的“0”“2”，表示该零件 JCBM 代码的第三位的范围如果是 0～2(0 表示该回转类零件外形光滑，1、2 表示该零件为单向台阶轴)，则该零件需要精车外圆。又如代码 09412 所示的工步代码，“09”表示铣平面，“4”表示该零件 JCBM 代码的第“4”位需要这一操作；1、2 表示若该零件的第 4 位代码范围如果是 1～2，则此零件需要铣平面。

(2) 基于工步代码的工艺过程筛选方法　不同的工艺过程表达方式，其筛选方法是不同的，此处介绍一种基于工步代码的工艺过程筛选方法。当计算机检索到标准工艺过程的某一工步时，根据工步代码的第三位数值，查看该零件的 JCBM 编码中这一码位的数值是否在工步代码的第四位和第五位数值范围内，如果在这一范围内，就在标准工艺过程中保留这一工步，否则就删除这一工步，直至将标准工步的所有工步代码筛选完毕为止。例如：假如上述 11202 是标准工艺过程中的一个工步代码，根据此工步代码的第三位数值 2，查看前述图 8－5 所示的回转类零件的 JCBM 编码在这一码位的数值是 1，它是在工步代码的第四位(0)和第五位(2)范围内，所以就在标准工艺过程中保留这一工步。标准工艺过程中剩下的部分就是当前零件的初步的工艺过程，接下来就是对所得到的工艺过程进行必要的修正与编辑等，最后才能形成符合要求的工艺文件。

6.建立工艺数据库

CAPP所要处理的数据,种类和数量都非常大,而且其中许多数据是和其他系统共享的。由于产品零件的品种繁多,零件形状又十分复杂,涉及的加工要素很多,采用的加工方法也各种各样,而所有的加工方法都必须要有切削数据(进给量、切削速度、切削深度),为此必须建立大量的切削数据文件。为了生成工艺过程,还必须要建立各种工艺数据文件,如机床文件、刀具文件、夹具文件、加工余量文件、公差文件、标准工艺文件、工步代码文件、工时定额参数文件、成本计算参数文件等。另外在生成工艺过程过程中,临时生成的中间数据文件、工序图文件以及最终生成的工艺过程都必须要进行储存,需要时还将随时调用。

7.软件设计

首先将CAPP系统划分成若干模块,然后对各模块进行程序设计,最后用一个主程序和界面把各模块程序组合起来,就构成CAPP的总程序。

综上所述,CAPP系统的建立是一个劳动量很大的工作过程,特别是要建立庞大的工艺数据库,要花费很多的人力和时间。开始时,可以建立各种数据文件,以后再逐步积累完善。

8.4.3 派生式CAPP系统实例

TOJICAP系统用于生成回转体零件的工艺规程。工艺规程内容详细完整,有棒料规格或锻坯尺寸,机械加工的工序及设备,各工序中的工步、刀具、切削参数、加工尺寸、工步时间(机动时间加辅助时间)以及工序时间、定额和工序加工费用等,并可绘制出锻件图和车削工序图,是一个功能较完整的实用系统。该系统在微机上运行,使用Basic语言编程。

TOJICAP系统的流程框图见图8-25。人机交互输入或修改时均采用菜单方式。

从流程图中看出,先要为系统建立各种文件数据库,包括零件族特征矩阵、典型工艺过程和各种工艺数据文件等均存入数据库中。该系统可以即时输入零件图信息以生成工艺规程,也可事先输入一批零件图的信息,存入零件信息库中供随时调用。下面分析该系统用派生法原理生成工艺规程的过程。

在图8-24中,进入生成工艺规程主流程后,只要按菜单提示输入图号及批量,系统就会依据图号自动从零件信息库中调出该零件的各参数数据。批量在计算工序时间定额时有用,如果不输入批量,系统自动取标准批量代替。

接下去CAPP系统运行生成成组代码模块,自动生成该零件的成组代码,再检索零件特征矩阵文件。如果成组代码落在某一个零件族的特征矩阵内,说明这个零件属于该零件族,就可调出该零件族的典型工艺过程,按派生式方法去生成零件的工艺规程。

根据典型工艺过程,先生成毛坯尺寸。典型工艺过程的毛坯为棒料时,生成棒料直径和下料长度尺寸;毛坯为锻件时,生成锻坯尺寸,为绘制锻坯图作准备。再按典型工艺过程规定的工序工步逐个搜索零件信息。例如,若典型工艺过程中有铣削工序,在铣削工序中又有铣平面、铣平键槽等工步,如果零件信息中没有平键槽,这个工步会自动删除;如果零件信息中没有任何需铣削的形面,即所有铣削工步删除,同时也删除了铣削工序。当某个工步搜索到相应的零件形面时,调用对应的切削参数计算模块,代入该形面的特征参数值,计算出切削参数和工时定额,从各种文件中选择刀夹量具。这时原先所在工序选定的机床型号和准终时间等就保存起来。这样一直进行到典型工艺过程最后一个工序的最后一个工步,于是一份完整的工艺规程就生成了,如图8-26所示。

生成工艺规程后,程序转入人机交互修改工艺模块。工艺人员可对尚不满意的工序或工

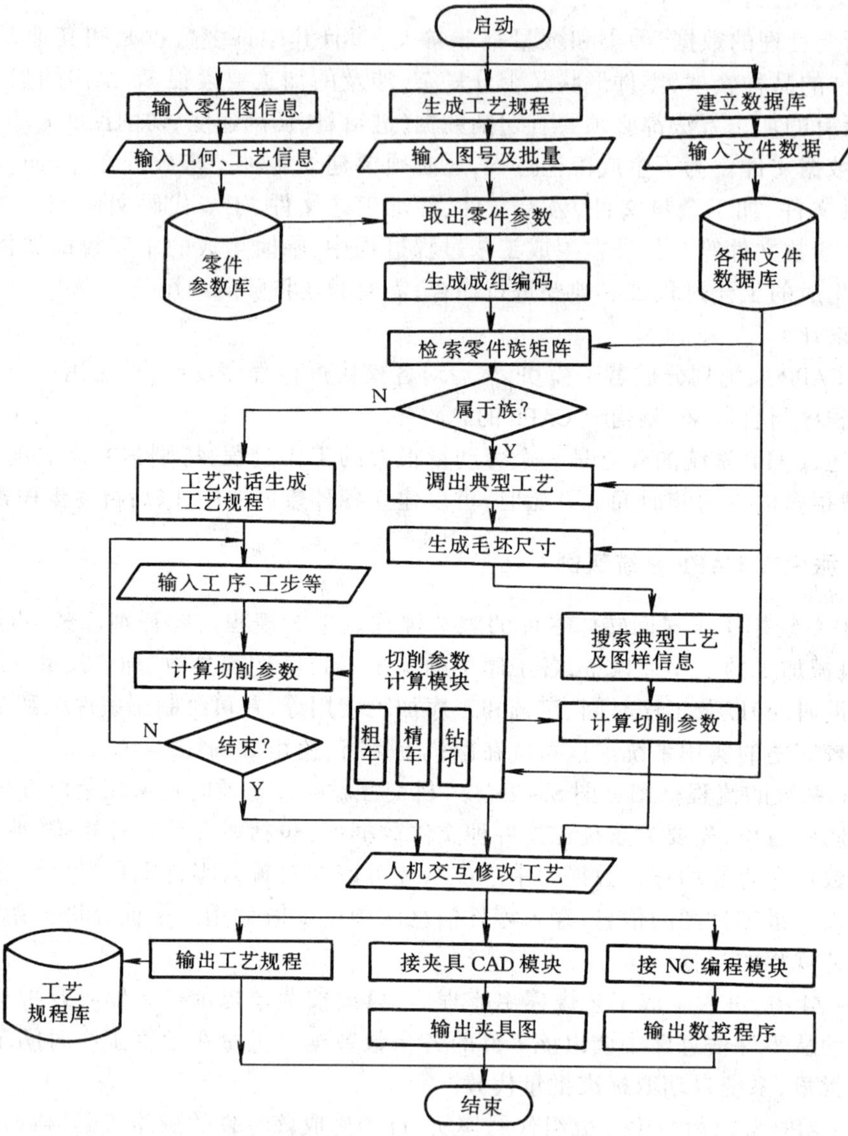

图 8-25 TOJICAP 系统的流程框图

步作变动,这时也可调用计算模块重新计算变动后的情况。当不再修改时,可以在打印机上把零件工艺规程打印出来或存入工艺规程库中,图 8-26 所示是一个齿轮零件的工艺规程部分实例,该零件共有粗车、精车、热处理、滚齿、剃齿、推孔、珩齿、入库等 11 道工序。

该系统可转接夹具 CAD 模块以生成夹具数据,经绘图仪绘制加工用的夹具。还可转接 NC 编程模块,产生针对本厂数控机床用的数控程序。

在实际使用过程中,总有少量零件的成组编码不落在任何一个零件族特征矩阵中,即意味着这些零件不能用派生式原理生成工艺规程。此时,可以转向系统的人机交互工艺生成模块,由人工选择或键入每道工序和工步的名称,进行零件工艺规程的人工编辑。系统在屏幕上提供工序、工步、机床、刀具等的各种菜单和提示,还能调用计算模块协助计算,仍比完全人工编制工艺过程快得多。因此,人机交互工艺生成模块是派生式 CAPP 系统的必要补充部分。

机床齿轮厂			名称：齿轮	图号：20202		批量：20		日期：94.12	
			材料：40Cr	处理：调质		质量：1.8kg		编制：王国权	
工序	工步	名称	机床或工夹具	切次	进给	转速	工时(min)	费用(元)	条形码
01		模锻成形						11.20	
02		粗车	C630M车床				23.5		
03		正火处理							
04		精车	C6140车床				35.5		
	040	装夹							
	041	精车端面	端面车刀	2	0.1	480	6.5		
	042	精车外圆	外圆车刀	2	0.2	480	3.0		
	043	调头装夹							
	044	精车内孔	内孔车刀	2	0.2	480	3.5		
	045	精车端面	端面车刀	2	0.2	600	5.5		
	046	精车外圆	外圆车刀	2	0.2	600	2.5		
	047	精车内孔	内孔车刀	2	0.2	600	7.5		
	048	测量检验							
05		滚齿	Y3150滚齿机				35.3		
	051	剃前滚齿	2.25M剃前滚刀	2	0.8	135	32.5		
06		齿端倒角	Y9380倒角机				6.5		
	061	齿端倒角	倒角刀具	1		1250	5.5		
07		修毛刺					2.5		
	071	机修毛刺					1.0		
	072	手工刮毛					1.5		
08		剃齿	Y4323剃齿机				6.5		
	081	剃齿	2.25M剃齿刀				4.5		
	082	测量	公法线长度 W=44.827						
	083	检验	$F_r<0.036$，$F_w<0.009$，$F_b<0.009$，$F_{pt}<0.01$						
09		齿部淬火	高频淬火机	G52				0.72	
10		推孔	推孔机				4.5		
	101	推孔	花键推刀				3.0		
	102	测量	塞规						
	103	检验	按图纸检验齿圈径向跳动，A面端面跳动						
11		珩齿	Y4632珩齿机				3.0	0.48	
	111	珩齿	M2.25珩磨机				2.0		
	112	测量	公法线长度 W=44.817						
	113	检验	按图纸检验						
12		入库	清洗、上油				2.0	0.20	
		加工成本						26.92	

图 8-26　齿轮零件的工艺过程举例

8.5　创成式 CAPP 系统

8.5.1　创成式 CAPP 系统的工作原理及特点

1. 创成式 CAPP 系统的工作原理

创成式与派生式的最根本差别在于系统事先不存有零件组的标准工艺。其基本思路是：一个零件是由若干待加工的形面特征组成的。每个形面特征及其相关属性(形状、尺寸和精度)在很大程度上决定了它的加工工艺方法。零件的加工工艺过程是根据输入的零件信息，通过一定的规则、逻辑推理、公式和算法等，作出工艺决策，自动地“创成”一个新的优化的工艺过程。图 8-27 表示了一种创成式工艺过程设计系统的体系结构，整个系统在总控制模块的控制下协调工作。共有四个子系统，零件信息交互式输入系统完成零件的信息描述与输入；零件工艺自动生成系统生成零件的加工工艺路线和工序内容；工艺文件生成和输出系统能输出零件的加工工艺路线和工序内容卡片等可读文档;CAD 处理系统是针对 CAD/CAPP 集成而设计的,其中信息转换模块是使 CAD 的信息能被 CAPP 的信息描述系统所接受,曲面立体图绘制模块是用于绘制工序图的。

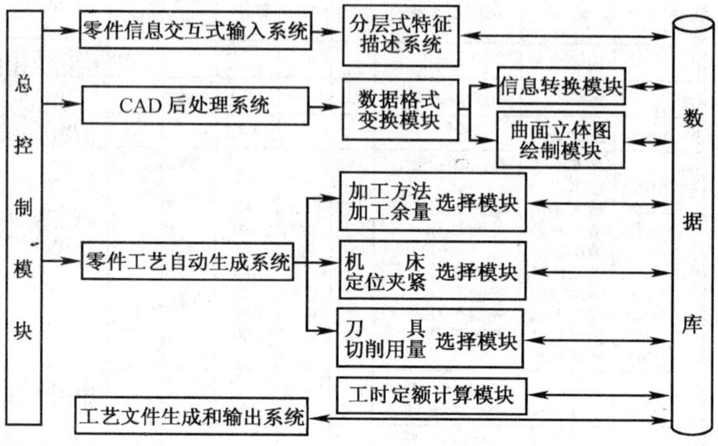

图 8-27 创成式工艺过程设计系统的体系结构

2. 创成式 CAPP 系统的特点

创成式的自动化和智能程度高于派生式,具有较多的自动决策功能,克服了派生式不能适应全新零件的缺点。这种系统具有如下特点:

(1) 通过数学模型决策、逻辑推理决策和智能思维决策等方式和制造资源库自动生成零件的工艺,运行时一般不需要人的技术性干预,是一种比较理想的方法。

(2) 具有较高的柔性,适应范围广。

(3) 便于计算机辅助设计和计算机辅助制造的集成。

(4) 由于工艺过程设计的复杂性、智能性和实用性,目前尚难建造自动化程度高、功能完全的创成式系统,大多数的创成式系统只能说基本上是创成式的。

可见,创成式在原理上比较理想,就是让计算机模仿工艺人员的逻辑思维能力,自动进行各种决策,选择零件的加工方法,安排工艺路线,选择机床、刀具、夹具、计算切削参数和加工时间、加工成本,以及对工艺过程进行优化。人的任务仅在于监督计算机的工作,并在计算机决策过程中作一些简单问题的处理,对中间结果进行判断和评估等。虽然,在理论上这种系统是一个完整的系统,但它要求系统必须具备相当复杂的逻辑判断能力,即获取和识别工艺过程设计逻辑的能力;必须能将待设计的零件用计算机易于识别的形式做清楚和精确的描述;必须能把获得的工艺逻辑和零件描述数据综合放入统一的数据库中;还需具备关于工厂中所有加工方法的专业知识和经验,具备有关的可能工序,可替代的加工方法以及相互矛盾或排斥的加工方法等方面的信息。因此,创成式 CAPP 系统的理论探索和应用实践都在发展。有人认为,建立真正的创成式 CAPP 系统,不仅投资多、时间长,并且设计任何零件的工艺过程都要从零开始,难度太大。从这个角度看,综合式 CAPP 系统可能更为实用,因而有更广泛的发展前途。

8.5.2 创成式 CAPP 系统中的工艺决策逻辑

1. 工艺决策的内容

工艺过程设计是一项复杂的、多层次、多任务的决策过程,且工艺决策涉及的面较广,影响工艺决策的因素也比较多，实际应用中的不确定性也较大。国内的研究机构习惯把工艺决策分为加工方法决策和加工顺序决策，而国外把刀具轨迹、加工过程计算机模拟等也作为CAPP决策的一部分。通常，在工艺决策中包括选择性决策逻辑（如毛坯类型及其尺寸的选择，加工方法的选择，机床及工、夹、量具选择，切削用量的选择等）、规划型决策逻辑（如工艺路线安排、工序中加工步骤的确定等）以及加工方法决策（如加工能力、加工限度、预加工要求等）等。

2. 建立工艺决策逻辑的依据

建立工艺决策逻辑一般应根据工艺过程设计的基本原理、工厂生产实践经验的总结以及对具体生产条件的分析研究，并集中有关专家、工艺人员的智慧及工艺过程设计中常用的并行之有效的原则，如各表面加工方法的选择，粗、细、精、超精加工阶段的划分，装夹方法的选择，机床、刀具类型规格的选择，切削用量的选择，工艺方案的选择等，结合各种零件的结构特征，建立起相应的工艺过程设计逻辑。还要广泛收集各种加工方法的加工能力范围和所能达到的经济精度以及各种特征表面的典型工艺方法等数据，作为文件贮存在计算机内。如表8-1是孔加工方法的加工能力数据，表8-2是各种孔加工的典型工艺方法。

表8-1　　孔加工方法的加工能力数据示例

	麻花钻	扁　钻	镗	中心钻孔	镗　孔
刀具最小直径(mm)	1.5	19	9.8	3	3
刀具最大直径(mm)	50	100	254	19	76
最大深度（深度/孔径，即 L/d）	12.0	4.0	9.0	1.0	1.5
负公差(mm)	$0.007D_0^{0.5}$	$0.004D_0^{0.5}$ +0.064	0.0076	0.0254	$0.004D_0^{0.5}$ +0.064
正公差(mm)	$0.007D_0^{0.5}$ +0.076	$0.005D_0^{0.5}$ +0.076	0.076	0.127	$0.005D_0^{0.5}$ +0.076
直线度(mm)	$0.0005\ (L/d)^8$ +0.051	$0.0003\ (L/d)^8$ +0.051	0.0076	0.051	$0.002\ (L/d)^8$ 0.025
圆度(mm)	0.1	0.1	0.0076	0.076	0.1
平行度(mm)	$0.0010\ (L/d)^8$ 0.076	$0.0006\ (L/d)^8$ 0.076	0.013	0.051	$0.0002\ (L/d)^8$ +0.038
位置度(mm)	±0.2	±0.2	±0.0025	±0.05	±0.15
表面粗糙度(mm)	2.56	2.56	0.20	1.52	1.6

表8-2　　孔加工方法选择

序号	加工方法	经济精度	表面粗糙度 R_a(mm)	适用范围
1	粗镗	IT12	>10～20	孔径小于15～20 mm的未淬火钢，铸铁的实心毛坯
2	钻　铰	IT10	>1.25～1.5	
3	钻　粗铰　精铰	IT7～IT8	>0.63～2.5	
4	钻　扩	IT12	>5～20	同上，孔径大于15～20 mm
5	钻　扩　铰	IT8～IT9	>1.25～5	
6	钻　扩　粗铰　精铰	IT7	>0.63～2.5	
7	钻　扩　机铰　手铰	IT6～IT7	>0.08～0.63	

续上表

序号	加工方法	经济精度	表面粗糙度 R_a(mm)	适用范围
8	钻 (扩) 拉	IT7 ~ IT8	>0.08 ~ 2.5	大批、大量生产
9	粗镗(或扩孔)	~ IT12	>5 ~ 20	除淬火钢以外的各种材料,毛坯有铸出孔或锻出孔
10	粗镗(或粗扩) 细镗(或精扩)	IT8 ~ IT10	>2.5 ~ 10	
11	粗镗(扩) 细镗(精扩) 精镗(铰)	IT8 ~ IT9	1.25 ~ 5	
12	粗镗(扩) 细镗(精扩) 精镗 浮动镗刀块精镗	IT7 ~ IT8	0.32 ~ 1.25	
13	粗镗(扩) 细镗 磨孔	IT7 ~ IT8	>0.16 ~ 1.25	主要用于淬火钢,也可用于不淬火钢,不宜用于有色金属
14	粗镗(扩) 细镗 粗磨 精磨	IT7	>0.08 ~ 0.63	
15	粗镗 细镗 精镗 金刚石镗	IT7	0.08 ~ 0.63	要求较高的有色金属
16	钻 (扩) 粗铰 精铰 珩磨	~ IT7	>0.02 ~ 0.32	精度要求很高的孔
	钻 (扩) 拉 珩磨			
	粗镗 细镗 精镗 珩磨			
17	以研磨代替 16 中的珩磨	~ IT7	≯0.01 ~ 0.16	

3. 工艺决策逻辑的主要形式

(1) 决策表

决策表(decision table)是表达各种事件和属性间复杂关系的格式化方法,被广泛地用作软件设计的辅助工具,以及系统分析或数据处理的辅助工具。工艺过程设计决策逻辑中采用决策表来存放零件加工属性条件与操作动作(加工操作)之间的关系,决策时,即通过匹配查表的方式来选择决策规则。决策表的明显优点是清晰、紧凑,可方便地作逻辑一致性和完备性检查,并且易读、易懂、修改方便。

决策表分为表头和表元素两部分。表头部分又分成加工条件和加工动作两部分。表元素中对应于加工条件的是加工条件是否满足,满足为 T,否则为 F;对于加工动作的表元素为加工和不加工两类。这样决策表中的每一列表是一条决策规则。决策表既可直接用程序代码实现,也可作为数据库存储起来供决策程序查找实现决策过程。表 8 – 3 所示为孔加工方法选择决策表。

(2) 决策树

决策树(decision tree)是系统工程中决策支持系统常用的方法,也是传统的系统分析和设计的有效实用方法。树是一种连通而无回路的图,不仅可作为数据结构描述树状关系信息,也可以用来表达决策逻辑。它用作表达决策逻辑具有简单、直观且便于用逻辑流程图和程序代码实现等优点。作为数据结构可用来存储决策知识信息。

决策树由各种结点和分支(边)构成(见图 8 – 28)。常用结点是用来表示一次测试或一个动作,拟采取的动作一般放在终结点上。分支则用来连接两个结点,即连接两次测试或动作,表达某种条件是否满足。测试条件成立则沿分支前进一步,从而实现了逻辑与关系;测试条件不满足时,转向本结点的下一分支,无下一分支时本结点决策失败,回到前一结点,再选择下一分支,从而实现逻辑或;如此不断前进或回溯。最终得到的一条从根结点到终结点的路径,表示一条决策规则。图 8－29 是和表 8－3 所示的孔加工方法选择决策表相对应的孔加工方法选择决策树。

表 8－3　孔加工方法选择决策表

内表面	T	T	T	T	T	T	T
孔	T	T	T	T	T	T	T
8 级以下	T	F	F	F	F	F	F
7～8 级	F	T	T	F	F	F	F
7 级以上	F	F	F	T	T	T	T
硬化处理	F	F	F	F	F	T	T
高位置要求	F	F	T	F	T	F	T
钻	①	①	①	①	①	①	①
扩		②		②	②	②	②
镗			②		③		②
铰				③			
磨						③	③

注：表中 F(False)——条件项的 F 为“假”；T(True)——条件项 T 为“真”。

同决策表相比，决策树具有下列优点：

① 决策树比决策表更容易建立和维护，而且比较直观。可以把决策表转换成决策树。例如表 8－3 的决策表可以转换成图 8－29 所示的决策树。

② 便于扩展和修改，适合于工艺过程设计。

③ 便于编程，其结构与软件设计的流程图很相似。图 8－30 即为选择工艺路线的决策树及其程序流程图。

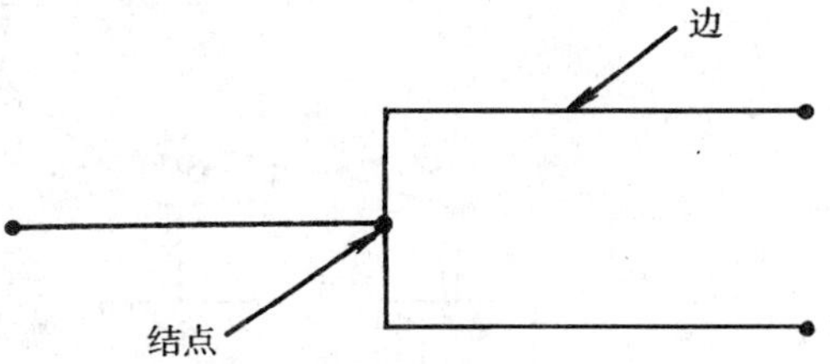

图 8－28　决策树

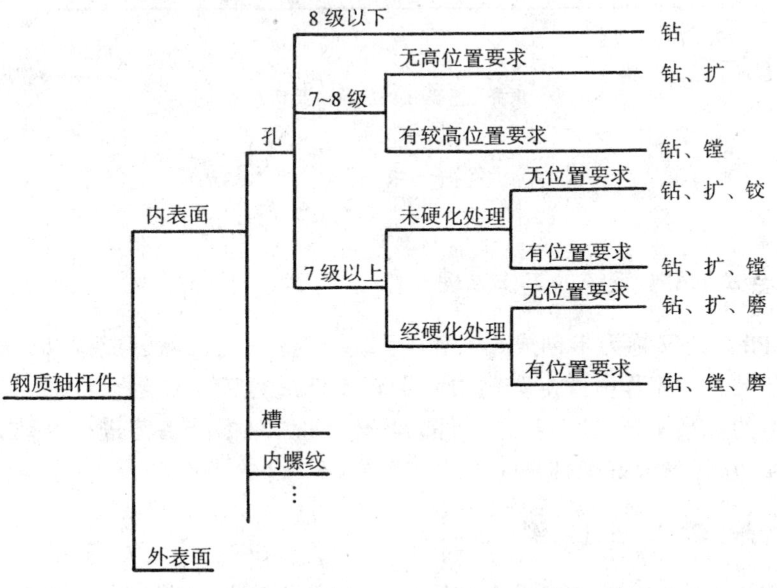

图 8－29　孔加工方法选择决策树

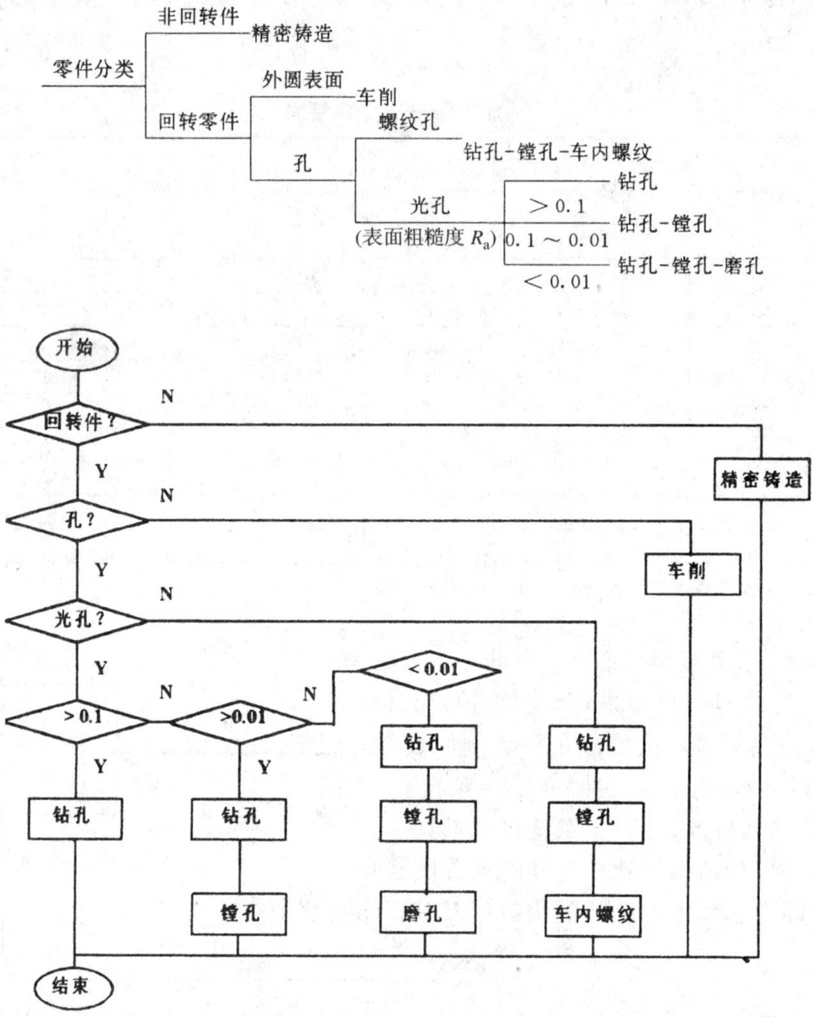

图 8-30　选择工艺路线的决策树及其程序流程图。

8.6　综合式 CAPP 系统

8.6.1　综合式 CAPP 系统的工作原理

综合式 CAPP 系统又称为半创成式 CAPP 系统，它将派生式与创成式结合起来，即采取派生与自动决策相结合的工作方式。如需对一个新零件进行工艺过程设计时，先通过计算机检索它所属零件组的标准工艺，然后根据零件的具体情况，对标准工艺进行修改，工序设计则采用自动决策产生，这样就较好地体现了派生与创成相结合的优点。

8.6.2　综合式 CAPP 系统实例

ZHCAPP 系统是以成组技术为基础，以单件、中小批量生产企业为应用对象，采用派生与创成式自动决策相结合的工作方式，适用于回转体零件的综合式 CAPP 系统。它所用的编码系统为 JLBM－1。在设计工艺过程时，每个零件的工艺路线都是通过检索它所属零件族的标准工艺，再根据零件的具体情况，对标准工艺进行删改选择而得到；每一工序的内容则是根据零件的输入参数经过创成得到。

1. 系统构成

ZHCAPP系统的构成见图8-31，系统的工作过程见图8-32。

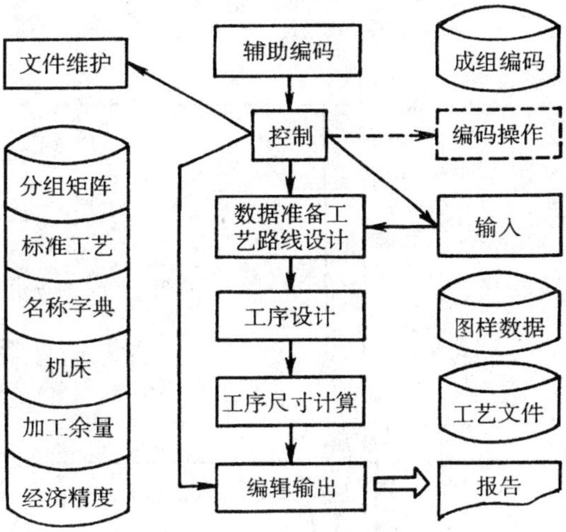

图8-31 ZHCAPP系统构成

2. 工艺过程设计前的准备

在用ZHCAPP进行工艺过程设计之前，需进行下列准备工作：

(1) 零件设计信息的输入　除零件的成组编码外，工艺过程设计还需要输入详细的设计信息，包括形面特性要素、几何尺寸、加工精度、技术要求等。

(2) 数据准备　根据表面粗糙度、精度等级和几何尺寸，对需加工的型面进行分类、排序，按磨削表面、车削表面和非车削加工型面构造表示型面位置、加工顺序的数据结构，常用指针或二叉树结构实现。

(3) 计算机辅助编码与自动编码　在工艺过程设计前，必须确定零件的成组编码。为此，配置了一个自动编码子系统，在零件信息输入后，可以自动生成零件的成组编码。

3. 工艺过程设计

在向ZHCAPP系统输入有关零件信息后，由该系统按照图8-32中的流程进行工艺过程设计，其中主要步骤如下：

(1) 工艺路线的确定　一个零件工艺路线的最初形式就是它所属零件族的标准工艺路线，这可以通过零件的成组编码确定零件所属族别，再以该零件族的序号为关键字检索得到。

(2) 机床选择　系统根据加工方法和标准工艺选择机床类型，根据零件的尺寸参数选择机床型号。例如，根据零件的长度和最大直径选取车床，根据零件上待加工孔的最大直径选取钻床等。

(3) 工序设计　工序设计包括确定工步操作内容和刀具、夹具、量具等。一个标准工序模块由许多工步组成，每一工步用三项数据描述，分别是工步名称代号、使用刀具类型代号和量具类型代号。工序设计时，首先要提取当前工序的加工表面要素，然后对它们按一定的工艺决策逻辑进行整理排序，最后调出标准工序模块进行工序设计，产生详细的工序内容。

4. 工艺过程设计结果的编辑和输出

该系统的编辑输出模块具有下列五种功能：

(1) 显示零件的工艺过程；

(2) 对工艺过程进行编辑；

(3) 存储编辑好的工艺过程；

(4) 提取某零件的工艺过程；

(5) 打印工艺过程。

图8-33是一轴承套零件，对该零件采用该系统编制的工艺过程如表8-4所示。

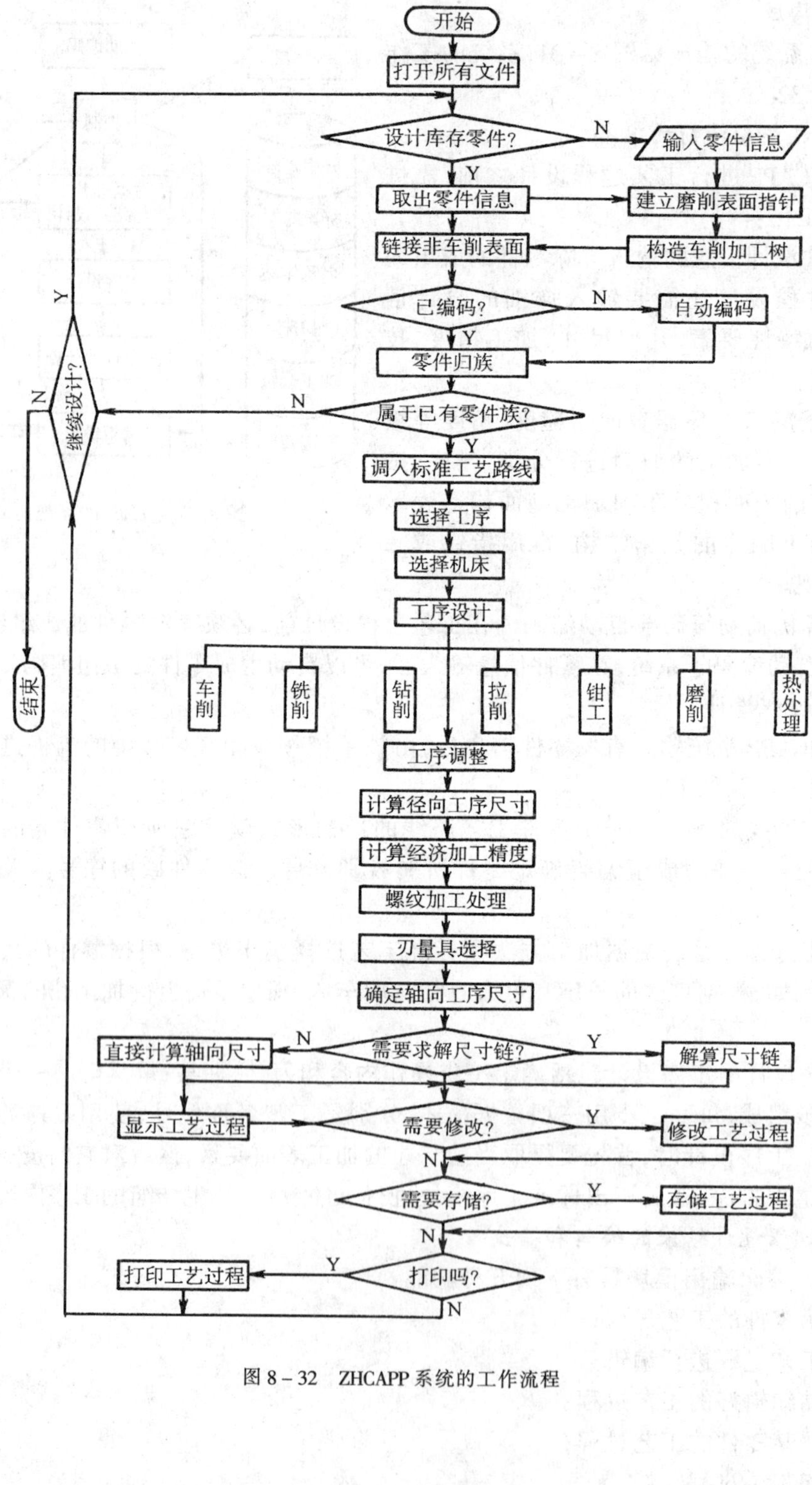

图 8 - 32　ZHCAPP 系统的工作流程

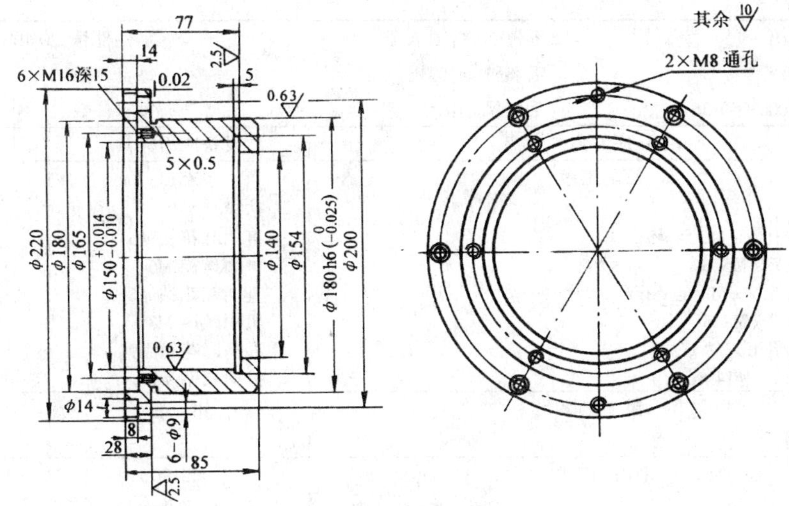

图 8-33　轴承套零件

表 8-4　　**回转零件工艺规程**

产品型号:M8612B　　零件名称:轴承套　　零件件号:20 102

材料牌号:HT150　　毛坯种类:铸件　　每台件数:1

成组编码:131020003050736　　毛坯尺寸:　　每料件数:1

序号	工 序 内 容	设备或刃夹具	量 具
10	粗车工序	C630	
	1.装夹	三爪自定心卡盘	
	2.车端面至光		
	3.车外圆 φ220 至 φ221.4(0,-0.29)		
	4.车内孔 φ140 至 φ138.7(0.252,0)		
	5.车内孔 φ150(0.014,-0.01)至 φ147.9(0.252,0)		
	6.车台肩面保持尺寸 77 至 76.4(0.186,0)	三爪自定心卡盘	
	7.车内孔 φ180 至 φ178.7(0.252,0)		
	8.车台肩面保持尺寸 14 成		
	9.调头装夹		
	10.车端面保持尺寸 85 至 87(0,-0.217)		
	11.车外圆 φ180(0,-0.027)至 φ182(0,-0.29)		
	12.车台肩面保持尺寸 28 至 30.5(0,-0.156)		
20	半精车工序	C630	
	1.装夹	三爪自定心卡盘	
	2.车端面保持尺寸 85 至 86(0,-0.087)		
	3.车外圆 φ220 成		不全形塞规
	4.倒角		φ180
	5.车内孔 φ180 成		
	6.车台肩面保持尺寸 14 成		不全形塞规
	7.车内孔 φ150(0.014,-0.01)至 φ149.2(0.161,0)		φ149.2
	8.车台肩面保持尺寸 77 至 76.4(0.119,0)		
	9.车内孔 φ140 成		不全形塞规
	10.倒角		φ140
	11.车退刀槽		
	12.调头装夹		
	13.车端面保持尺寸 85 成		
	14.车外圆 φ180(0,-0.027)至 φ180.6(0,-0.116)		
	15.车台肩面保持尺寸 28 至 28.5(0,-0.052)		
	16.倒角		
	17.车退刀槽		

续上表

产品型号:M8612B	零件名称:轴承套	零件件号:20 102
材料牌号:HT150	毛坯种类:铸件	每台件数:1
成组编码:131020003050736	毛坯尺寸:	每料件数:1

序号	工 序 内 容	设备或刃夹具	量 具
30	钻削工序	Z515	
	1.装夹	钻模	
	2.钻轴向孔 6×M6 至 $\phi 5$	直柄麻花钻 $\phi 5$	
	3.攻螺纹 6×M6 成	机用丝锥 M6	
	4.钻轴向孔 2×M8 至 $\phi 6.7$	直柄麻花钻 $\phi 6.7$	
	5.攻螺纹 2×M8 成	机用丝锥 M8	
	6.钻轴向孔 6×$\phi 9$ 成	直柄麻花钻 $\phi 9$	
	7.锪沉孔 6×$\phi 14$ 成	锥柄锪钻 $\phi 14$	
40	钳工工序	钳工台	
	1.去毛刺		
50	磨内孔工序	M2120	
	1.装夹	三爪自定心卡盘	
	2.磨内孔 $\phi 150(0.014, -0.01)$成		不全形塞规
	3.磨台肩面保持尺寸 77 成		$\phi 150$
60	磨外圆工序	M1331	
	1.装夹	锥形心轴	
	2.磨外圆 $\phi 180(0, -0.027)$成		
	3.磨台肩面保持尺寸 28 成		
70	检验		

8.7 其他类型的 CAPP 系统

8.7.1 交互式 CAPP 系统

交互式 CAPP 系统采用以人机交互为主的工作方式,操作人员在系统的提示引导下,回答工艺过程设计中的问题,对工艺过程进行决策。该系统主要由零件工艺过程设计模块和一系列工艺过程设计数据库组成,用户在系统指引下,按照工艺过程设计流程,基于工艺过程设计资源库和工艺过程设计习惯、经验等,交互完成工艺过程设计。因此这种系统工艺过程设计的质量对人的依赖性很大。

目前,一些开发部门在创成式 CAPP 和 CAPP 专家系统还不能满足实用化要求的情况下,重点转向开发完全人机交互填写方式的 CAPP 系统。这类系统的特点是提供各种窗口和 Windows 的增删、修改功能,用户直接采用填写(或修改已生成的工艺文件)方式进行工艺过程设计。该类系统不强调产品设计标准化和工艺技术基础工作,在一定程度上可以满足一些基础工作较薄弱的企业对 CAPP 技术的初期需要。

8.7.2 智能式 CAPP 系统

智能式 CAPP 系统也称 CAPP 专家系统,与创成式一样,智能式也是以自动方式生成工艺规程,但它与一般 CAPP 系统的工作原理不同,结构上也有很大差别。如图 8-34 所示,一般的 CAPP 系统在结构上主要由两部分组成,即零件信息输入模块和工艺过程生成模块。其中工艺过程生成模块是 CAPP 系统的核心,它包含有工艺过程设计知识和决策方法,而且这些知识都使用计算机能识别的程序语言编制在系统程序中。当输入零件的描述信息后,系统经过一系列的判断,然后调用相应的子程序或程序段,生成工艺过程。当使用环境有变化时,就必须修改系统程序。这对于用户来说是比较困难的,所以这种系统的适应性较差。而智能式系统由零件信息输入模块、知识库和推理机三部分组成,其中知识库和推理机是互相独立的。智能式不再像一般的 CAPP 系统那样,在程序运行中直接生成工艺过程,而是根据输入的零件信息频繁地去访问知识库,并通过推理机中的控制策略,从知识库中搜索能够处理零件当前状态的规则,然后执行这条规则,并把每一次执行规则得到的结论部分按照先后顺序记录下来,直到零件加工达到一个终结状态,这个记录就是零件加工所要求的工艺过程。

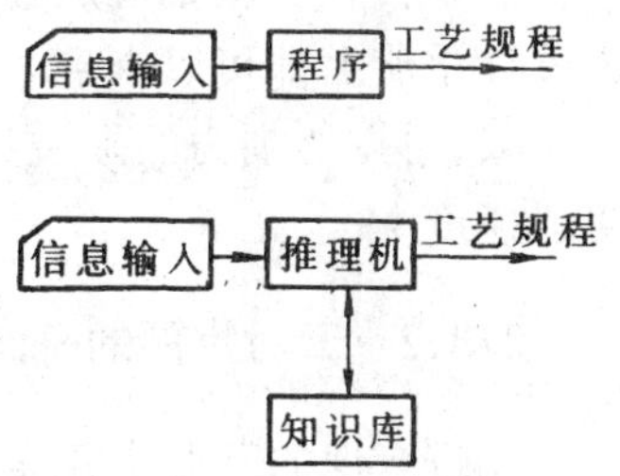

图 8-34　一般 CAPP 系统与 CAPP 专家系统的结构

智能式以知识结构为核心,按数据、知识、控制三级结构来组织系统,其知识库和推理机相互分离,这就增加了系统的灵活性。它具有三个突出的优点,是其他 CAPP 系统难于实现的。

(1) 柔性:当生产环境改变时,如更新设备、采用新技术,或要移植到其他工厂去,专家系统只要输入新的知识就能适应,不需要改写程序。

(2) 透明性:系统与用户之间有着友好的交互界面。系统能随时向用户提供运行的过程和理由,并向用户作出各种解释,所以系统的工作是“透明”的。这就便于工艺员作出干预和选择,以制定出优化的工艺过程。

(3) 可扩展性:专家系统可以不断补充和更新知识,从而能随着科技的发展和生产条件的改进而提高工艺过程设计的水平。

近年来,国内外出现了不少的智能式 CAPP 系统,然而真正实用的却不多,大量的系统只停留在演示、试验阶段,而不能用于生产实际。这主要是由于这种系统还有很多问题有待于人们解决或提出更有效的方法,如工艺知识的获取和表示、工艺知识的模糊处理、工艺推理过程中自行解决冲突问题的最佳途径、自学习功能的实现、推理机与知识库的独立性等问题。随着人们对智能式系统认识和实践的不断深入,相信这些问题将逐步得到解决。

8.8 CAPP 系统的其他功能及实现

8.8.1 切削用量的确定

切削用量一般指切削速度(v)、每转进给量(f)和切削深度(t)。它与零件的材料、几何形状、机床的性能以及刀具的材料和几何形状有关。其中进给量受机床性能、刀具几何形状和零件表面粗糙度要求所限制。切削深度一般取一次走刀完成,即切削深度等于工序间的加工余量,但在粗加工加工余量较大或者精加工精度要求较高时,可分为几次走刀。切削速度与机床的功率、主轴转数、刀具寿命、工件和刀具的材料有关。目前,在 CAPP 系统中确定切削用量的方法有查表法和实验公式法。

查表法要求首先将手册上的各种适合于不同机床、刀具、工件材料、切削深度等条件的推荐进给量和切削速度等数据存入工艺数据库,并设计好查询逻辑;然后由 CAPP 系统根据工艺过程设计结果自动在切削用量数据库中搜索需要的切削用量数据。这些手册上推荐的数据一般是“好”的,但不一定就是最好的和最合适的。

实验公式法就是通过建立经验的数学模型来确定切削用量的方法,有关的数学模型在工艺设计手册上都可以查到。一种推荐的算法是:先按表面质量要求确定切削深度 t 及进给量 f 的界限;再按切削力的限制计算进给量 f 的值,并尽可能取最大值;然后再根据刀具寿命计算切削速度 v。

8.8.2 工时定额的确定

先进合理的工时定额是企业组织生产和经济核算的重要依据。没有正确的工时数据就没有现代化的管理,计算机所处理的数据也将都是“垃圾”,不可能产生任何实质性效果。目前CAPP 系统制定工时定额的方法一般有两种,即查表法和数学模型法。

查表法要求事先将各种典型的、具体的生产组织技术条件下的工时定额数据输入到数据库中,CAPP 系统以工艺过程设计结果为依据,按预先设计的逻辑访问数据库,并进行必要的统计计算,以确定各工步或工序所需的工时。这种方法需要存储的数据量非常庞大,数据的录入和维护工作量很大,而且当现有的数据需要改变和添加时,十分费事费力。其次,工时定额计算的原始数据表格一般都是非线性的,如果要用现有的关系型数据库来存储和管理这些数据,就必须将这些表格线性化,即将复杂的非线性表分解成简单的二维表,这也是一个工作量极大的工作,而且还会带来数据的冗余。另外,查表法一般都是在已有的商品数据库上二次开发而成,与 CAPP 系统的开发环境不尽相同,所以还要建立 CAPP 系统与数据库之间的专用接口,以解决 CAPP 系统与数据库之间的数据交换问题。为了克服上述弊端,使计算机工时计算实用化,此处介绍一种用数学模型来计算工时的方法。

公式计算法不依赖于大量的原始数据,而是用经验公式来直接计算工时定额,所以要建立工时定额标准的数学模型。这类模型是在生产组织技术条件典型化的基础上建立起来的。工时模型的建立主要分以下三步进行:①确定典型的、具体的生产组织技术条件,如机床型号、加工方法、零件材料、加工批量、零件技术要求等方面的数据,这是建立工时模型的前提依据;②按照上述已选定的典型条件搜集有关工时定额的资料,分析时间消耗与主要影响因素(如零件各几何要素的尺寸、精度、材料、设备、重量、批量等)之间的函数关系,并建立与这种典型生产组织技术条件相适应的基本数学模型。值得注意的是,各种不同的加工方法和加工对象其工时计算的基本数学模型是不同的。例如同样是钻孔,在车床上加工与在钻床上加工所用的数学模型是不一样的。②根据生产实际中出现的各种技术组织条件以及一些基本规律之外的影响因素,分别制定出机床系数、材料系数、批量系数等,用来对上述的基本数学模型进行修正,从而得到能适应各种生产条件的实用型数学模型。

8.8.3 工序图的自动生成和绘制

工序图是以图形和某些特定的符号说明工序的内容和要达到的加工要求。工序图没有统一的格式和符号,往往因工厂的具体情况和习惯而异,但一般应包括以下基本信息:该道工序的零件形状、加工表面、工序尺寸及公差、定位夹紧方法和其他加工符号等。

工序图的绘制是 CAPP 系统的一个重要组成部分,也是正确实施 CAPP 设计结果的手段之一。由计算机自动生成工序图与普通用人机交互法绘制工序图是完全不同的概念,这是因为,工序图自动绘制系统除了应具有一般绘图系统所具有的功能(用于工序图的编辑、修改)以外,还具有如下特点：

- 绘制工序图所需的信息要由 CAPP 系统自动生成，这本身就是十分困难的工作；
- 零件形状与加工要求等信息随着工序的不同而不同，所以工序图的自动绘制是一个动态过程；
- 工序图的自动绘制是一个完全由参数驱动的绘图过程，参数化绘图目前还只能应用于一些比较简单的零件上；
- 零件种类千差万别，很难用一种固定的方法绘制所有类型零件的工序图；
- 一些局部视图(如局部剖、局部向视图等)目前还无法自动生成，必须用人机交互法进行。

所以，在 CAPP 系统中，工序图的自动绘制仍是一项具有相当难度的关键课题。

一般而言，工序图的自动生成和绘制规则可概括为以下两点：

(1) 按工序图决策规则获取工序图数据

以某种数学模式调用工序图规则生成工序图数据。这种处理方式用规则来生成工序图数据，程序处理的是规则，对不同的零件而言只是规则的不同，这就实现了数据与程序的分离。另外，工艺内容也是用决策规则创成的，用规则来创成工序图数据就使工艺内容生成方式与工序图数据生成方式保持一致，既方便程序设计又能保证生成的工艺内容与工序图一致。

(2) 工序图生成规则和图形处理分离

利用计算机自动生成和绘制工序图，一般需要解决两个问题。首先必须用某种数学模型或信息集合描述所画的工序图；其次，转换成计算机能够接受的绘图信息。前者为图形的数学处理，后者为图形处理。

CAPP 中对工序图系统提供的原始信息是零件的输入信息，这种信息是该零件的全部特征信息的集合。要完成工序图绘制应分为两步进行：第一步，将零件的特征信息按某种规则进行处理，转换成工序图信息；第二步，根据工序图信息生成工序图。

由以上分析可以看出，工序图系统中如果工序图生成规则与图形处理分离，使系统在结构上分为两部分，一是专用部分，其余是通用部分，如图 8－35 所示，系统将具有以下优点：

- 系统结构清晰、层次分明。
- 可扩充性强。如增加某种工序图，只需编写一段该工序图的转换规则程序即可，不用增加图形处理程序。
- 图形处理程序通用，避免程序编制重复。

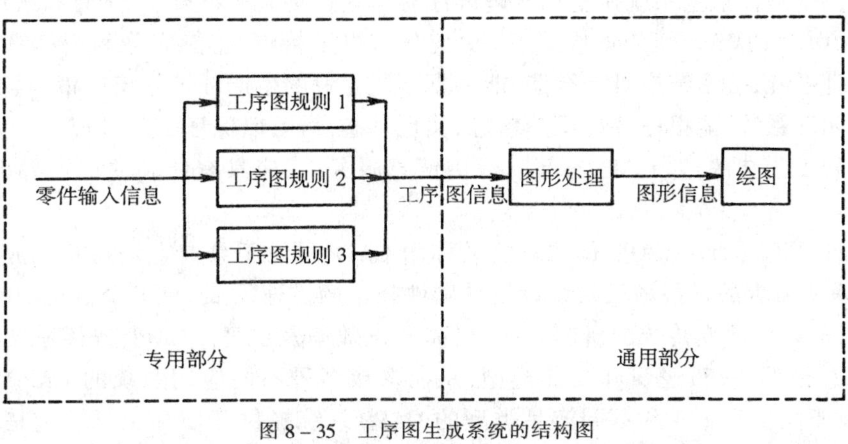

图 8－35　工序图生成系统的结构图

8.9 CAPP的发展趋势

CAPP的研究始于20世纪60年代后期,在制造自动化领域内,它的发展是最迟的。到目前为止,对于CAPP的理论研究和实际应用已取得了长足的进步。在CAPP发展初期,主要类型是派生式,到20世纪70年代中期,创成式的研究与开发受到普遍重视,随着人工智能技术的发展,从80年代开始智能式CAPP系统的探索成为研究热点。近几年来,有人将人工神经网络技术、模糊推理及基于实例的推理等用于CAPP之中,也有人提出了CAPP系统建造工具的思路,并进行了卓有成效的实践,还有人将传统派生式、传统创成式与人工智能结合在一起,综合它们的优点,构造了所谓的混合式CAPP系统。目前国内外已有许多上述各类系统的实例,一般是针对某类零件的专用系统,有少数已正式在企业使用。中南大学开发的“基于零件-设备特征匹配的CAPP系统”就是一个面向企业的实用CAPP系统。该系统集零件信息与企业设备信息的描述于一体,针对企业具体的设备条件,面向多品种零件制定出最优工艺方案。经试用表明,该系统编制的工艺卡合乎工艺要求,系统运行迅速,操作简单方便。当前研究开发CAPP系统的热点问题有:

- 产品信息模型的生成与获取;
- CAPP体系结构研究及CAPP工具系统的开发;
- 面向并行工程的CAPP系统;
- 基于分布式人工智能技术的分布式CAPP专家系统;
- 人工神经网络技术与专家系统在CAPP中的综合应用;
- 面向企业的实用化的CAPP系统;
- CAPP与自动生产调度系统的集成;
- 基于web技术的CAPP系统。

纵观目前国内外CAPP的研究和开发状况,CAPP的主要发展趋势为:

(1) 集成化CAPP　集成化是CAPP发展的必然,就目前的研究来说,集成可分为四种:①信息的集成,即CAD/CAPP的集成;①功能的集成,即CAPP/PPS(Process Planning Scheduling)的集成;③信息和功能的综合集成,即CAD、CAPP、CAM、PPS同时考虑的并行CAPP;④多领域规划的集成,即分布式CAPP。分布式CAPP是20世纪90年代后才提出来的,是当前CAPP研究的趋势之一。它是一些相对分散的工艺规划子系统的集合,其中每个子规划系统都具有有限的功能或应用范围。这些系统用全局管理程序有机地连接起来,形成一个分布式的计算机“系统的系统”。面向CIMS环境的集成式CAPP应具有以下特点:①能充分利用计算机潜力的交互式在线处理系统;②系统应具有智能,能根据不同企业的生产环境作出决策,具有适应能力;③应是一个闭环系统,能根据各种反馈信息,实现动态设计,以保证工艺过程设计的合理性;④能提供完备的工艺文件,为CIMS各部门提供信息服务;⑤应具有便利的用户界面,为操作人员提供指导。

(2) CAPP框架系统　CAPP框架系统又称为CAPP开发工具。它是随着企业对快速开发实用CAPP系统需求的日益增长及计算机软硬件技术的迅速发展,自上个世纪90年代初逐渐兴起的,其目的在于改变传统的研制方法,提高开发效率及质量。CAPP框架系统是指可以由用户定义信息模型、决策逻辑和功能模型,从而形成多种不同应用系统的CAPP系统。利用它,能为开发不同生产企业和不同产品类型的CAPP系统提供环境和工具。它是高度抽象的

CAPP 系统,其实现方法有外壳式、模块组合式和专用语言式。CAPP 框架系统着重体现在对零件信息的描述、工艺知识的搜集和描述以及机床、刀具等制造环境的描述和具体应用上。鉴于目前工艺知识的模糊性及人类思维的跳跃性,CAPP 框架系统必须提供良好的人机界面,以便于工艺人员对计算机生成的工艺文档进行编辑修改。一个成功的 CAPP 框架系统至少应具有:①先进的系统结构体系;②功能强大、使用方便的信息获取、表达与管理平台;③灵活可靠的工艺决策推理控制策略。CAPP 框架系统的技术和系统目前尚处在理论研究和开发实验阶段,鲜有满足用户实际需要的商用软件发行。现在有许多文献论述了 CAPP 框架系统的实现,如:采用信息元法可以建立高度抽象、高度通用的系统框架,并能实例化为各种专用的实用系统;研究面向并行工程的框架系统等等。

(3) 面向并行工程的 CAPP　1988 年美国国家防御分析研究所完整地提出了并行工程(Concurrent Engineering, CE)的概念,即并行工程是集成地、并行地设计产品及其相关过程(包括工艺过程设计、加工、装配等及其支持过程)的系统方法。并行工程的一个焦点是在信息和功能的层次上实现产品详细设计和制造过程设计的集成。如:并行 CAPP 除了要从 CAD 获取设计信息生成工艺文件外,还要反过来指导、制约 CAD 的设计。实现计算机辅助并行设计的关键是面向并行工程的 CAPP。为达到这一目的,零件信息模型必须是一个动态的数据结构。设计者可以在设计中的任何阶段将设计结果移交工艺评价模块,并根据评价结果修改模型或继续设计。此模型还便于多知识源的协同处理,一般采用“黑板结构”。所谓“黑板”,是指系统各模块间的公共区域,借助它可显示和交换动态的功能活动及数据,同时各功能模块仍保持相对独立。黑板结构即一组负责相应功能的知识源系统在“管理者”的协调控制下,对领域黑板上的当前零件信息模型进行操作。有文献提出了 CAD/CAPP 并行集成的思想,认为零件设计与工艺过程设计是一个宏观上并行、微观上串行的过程。工艺过程设计是一个极为复杂的智能过程,是特征技术、逻辑决策、组合最优化等多种过程的复合体,用单一的数学模型不可能实现其所有功能。所以,CAPP 今后的研究方向应该是基于知识的工艺体系与组合优化过程的有机结合。已有文献论及 CAPP 面向并行工程的集成化、工程化、智能化时的关键技术,并建立了基于遗传算法(GA:Genetic Algorithms)和模拟退火算法(SA:Simulated Annealing Algorithms)的混合工步算法模型。

习题与思考题

8.1　简述 CAPP 技术在 CAD/CAM 集成系统中的作用。

8.2　CAPP 系统中常用的零件信息描述与输入方法有哪几种?各有何特点?

8.3　派生式和创成式 CAPP 系统的工作原理有何不同?

8.4　简述综合式 CAPP 系统中工序设计模块的开发思路。

8.5　CAPP 专家系统与一般 CAPP 系统有何不同?

8.6　简述 CAPP 的发展趋势。

8.7　综合练习。

(1) 任务:设计适合一个零件组的派生式 CAPP 系统。

(2) 具体要求:

① 零件组的复合零件图和标准工艺见本章图 8-14,允许对复合工艺进行合理的修改。

② 设零件为小尺寸零件(本练习不计算工序尺寸,所以尺寸略),材料为中碳钢,精度为普

通精度，表面粗糙度 $R_a = 3.2 \sim 6.3\ \mu m$。表中所示的标准工艺能使零件满足以上要求。

③ 自行设计零件代码，按零件代码检索标准工艺。是否要显示复合零件图自定。

④ 要求 CAPP 系统自动对标准工艺进行删减，并生成符合具体零件的工艺。根据标准工艺以及要生成的四个子样件的表面形状特征，设计如何按零件组的特殊表面形状特征进行复合工艺删减的逻辑；然后用菜单提示用户选择具体零件的特殊形状特征；系统获得信息后，就可以删减标准工艺中有关的工序内容，生成具体零件工艺。

⑤ 输出工艺格式自定，但必须能清楚地表达工艺过程。

第 9 章　计算机辅助生产管理系统

生产管理是对企业日常生产活动的计划、组织和控制，是与产品制造密切相关的各项管理工作的总称。传统的企业生产管理工作是由一套手工作业管理系统完成的。随着生产管理的任务日趋困难和艰巨，人们开始认识到，为了有效地组织生产活动，除了强调计算机辅助设计和制造之外，还要十分重视计算机辅助生产管理，即(Computer Aided Production Management, CAPM)，而且随着现代企业的发展，一些现代企业管理系统和技术也相继出现并在生产中发挥了显著的作用，这些技术主要包括生产管理系统(Production Management System, PMS)、物料需求计划 MRP(Material Requirements Planning, MRP)、制造资源计划(Manufacturing Resource Planning, MRPⅡ)、企业资源计划(Enterprise Resource Planning, ERP)和供应链管理(Supply Chain Management, SCM)、及时制生产 (Just In Time, JIT)、最优生产技术(Optimal Production Technology, OPT)等方面内容。本章主要介绍计算机辅助生产管理、现代生产管理系统和技术的内容。

9.1　概　　述

1. 工业生产的内容

工业企业的生产管理有广义和狭义两种解释。狭义的生产管理仅指生产作业部分的管理工作，如生产作业计划、生产能力平衡、生产调度等工作，它所涉及的信息范围是狭义的生产信息系统；广义的生产管理是指从原材料、设备、劳力、动力输入，经过设计、制造、检验、人事、销售、会计等转换至产品出厂的全面生产管理，它所涉及的信息范围是广义的生产信息系统，本章所讨论的主要是广义的生产信息系统。这种全面的生产管理是对与企业和产品制造密切相关的各项活动的管理，这些活动包括企业主要产品生产的技术准备、制造、检验以及为保证正常生产所必须的各项辅助活动和生产服务，如图 9-1 所示。

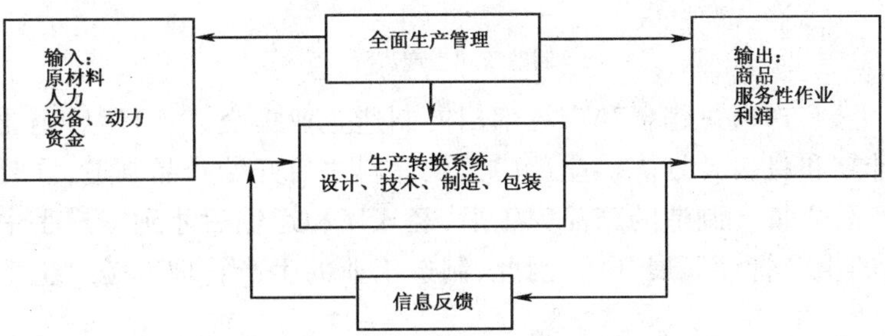

图 9-1　全面生产管理

工业企业的经营目标是通过生产管理来实现的，因此工业生产是工业企业的基本活动，全面生产管理是工业企业管理的核心部分，它是一个投入—产出系统，生产要素为生产投入物，而产品为生产产出物，投入与产出之间的比例即为生产率。高效而低成本生产产品是生产管理的目的。当我国工业企业由生产型转化为经营型时，市场竞争激烈，用户需求多样化，因此必须提高生产率，加强现代化管理。

生产管理的任务是根据企业的长期目标和综合计划、各职能部门计划以及生产能力和经营预测，健全必要、合适的生产和管理的有关组织体系，进行生产作业程序、在制品流转、生产过程跟踪和调度的生产控制，进行保证产品质量的质量控制，对料、工、费的成本进行核算和控制，以及原材料、半成品和成品合理储备的存储控制，做好企业的生产技术活动同企业的外部动态平衡工作，处理好生产管理与外部环境之间的矛盾，以便使生产管理系统能恰当地适应环境。

全面生产管理的具体内容包括：企业生产过程的组织和劳动组织；生产计划和生产作业计划的编制和执行；新产品开发的生产技术准备工作的组织；质量管理、设备管理和物资供应管理。因此，在这种生产管理中的信息流不仅涉及生产信息子系统，还涉及管理信息系统中若干个子系统，如销售、物资供应、劳资、质量、会计、统计和设备等。

2. 制造工业生产流程

制造工业为了要达到具有好的产品、高的质量、准确的数量、精确的成本、准确的时间以及合适的客户等目标，将客户、销售、设计、计划、制造、供应和质量各因素糅合在一起，组成了制造工业的物流和信息流，如图 9－2 所示。

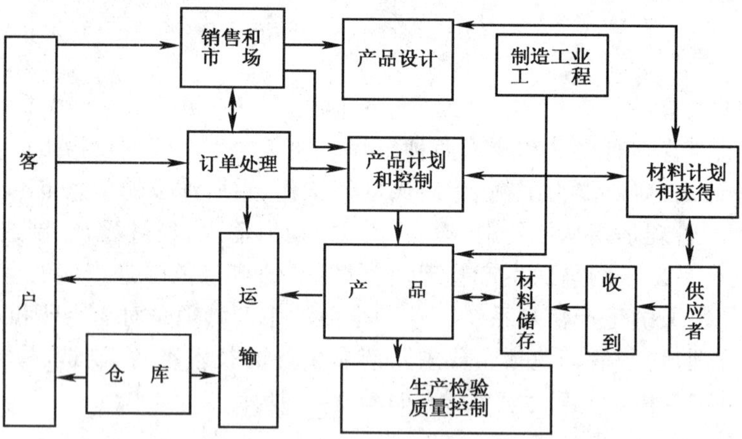

图 9－2　制造工业生产流程

在整个制造过程中，客户通过销售和市场部门向制造企业提交订单，然后企业开始产品设计，并制定产品生产计划和材料计划。供应部门提供材料之后开始产品制造，同时开展全面质量管理活动，以保证产品质量。制造的产品完工后，经入库和运输后才到客户手中。以上各个环节都是围绕着产品的生产管理而展开的，因此，制造工业的生产管理就是对生产活动进行的组织管理。

为了使生产能力、生产批量、库存储备、生产进度和生产控制五个方面密切配合，工作进度均匀，负荷充分，并且能按质、按量、按品种地完成生产任务，生产管理必须实行高度计划化，以便保证正常的物料供应和生产协作，做好生产任务与生产能力的平衡，包括各车间之间任务的平衡，生产主要产品机器间的平衡，主要设备能力与辅助设备能力间的平衡，任务与物料供应间的平衡,并要防止由于不平衡而造成的产量减少、质量下降、设备利用不合理、人力使用不均匀。对于不同的生产类型,能力平衡工作的难度也有所不同。

(1) 重复生产由于品种单一,产量大,要根据实际情况均匀地确定年、季、月的平均产量,进行产、供、销的平衡。对于大量生产来说,一般不考虑品种变化,而只核算月和日的投产量和出产数。这些工作可以利用计算机来完成。

(2) 批量生产由于品种有变化,产量亦有多少,因此既要安排产量计划,又要安排品种变化计划,并根据产品稳定性、新老产品、精密与一般产品进行搭配生产。因此,计划具有一定的柔性。产品生产在各车间之间的联系表现在数量和品种上,既要规定车间生产产品品种、投产量和出产数,又要规定车间各产品投入期和出产期,所以制定这种分配计划方案是比较复杂而繁重的工作,如果借助计算机来进行计划分配工作,则是比较有利的。

(3) 单件生产由于品种多而杂,产量少,需要根据不同用户的要求和订货合同的交货期来安排产品的生产计划,因此它的计划柔性较大,计划和预测是混合的。必须要加强订货管理,合理地搭配交货,编制短期的产品生产计划,妥善处理任务,确定车间投产期和出产期,注意做好在制品的管理。单件生产计划的安排工作则更为复杂而困难。因此,借助计算机来完成生产计划的编制和多方案的优选决策将是很需要的。

在重复生产、批量生产和单件生产三种生产类型中,随着市场需求的多样化,单件生产将占75%,在这种情况之下,随着生产批量的减少、品种的增多,计划的安排越来越困难,设备调整的次数越来越多;原材料及在制品的库存数量增多;流动资金的占用较多;生产周期较长。因此制造工业的柔性功能必须增强,应能自动地以随机顺序和变化的加工节拍生产加工一族零部件,即以零部件来组织生产。在三种生产类型中,单件生产的柔性要求最高,成批生产的柔性要求次之,而大量生产的柔性要求最低,如图9-3所示。

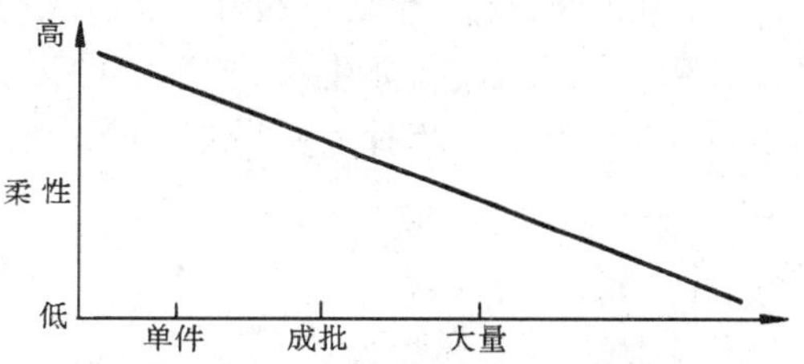

图 9-3 柔性与生产类型

总之,当前的制造业是处于多品种、小批量模式的柔性制造的时代,根据制造工业的这一特色,需要寻求一种较优的生产管理方法,这就促使了计算机辅助生产管理系统、MRP Ⅱ(制造资源计划)、ERP(企业资源计划)和供应链管理的产生。

9.2 计算机辅助生产管理系统的构成

计算机辅助生产管理的基本工作是对企业的产品基本信息和生产活动信息的及时采集、存储、更新,并进行科学的管理,及时处理和反馈。上述信息应该集中管理和控制,保证整个企业管理的用户充分共享,并以最小的数据冗余度来保证数据的一致性。

因此,CAPM 系统应由计算机硬件系统、生产管理数据库和利用它完成各种管理功能的应用程序软件包组成(如图 9-4)。

生产管理数据库是 CAPM 系统的核心,是各个应用部门数据传递、交换的中心,是连接 CAPM 中各应用程序的桥梁。它包括了大量的信息,诸如:产品设计信息、工艺设计信息、加工设备信息、材料和零部件信息、库存管理信息、工时定额信息、人事信息、成本管理信息、产品订货信息等等。

应用程序包的主要功能子系统如下：

(1)需求预测为了防止缺货或滞销积压，利用以往的需求量的时间序列，预测今后的需求量。

(2) 订货选择根据生产能力等各方面的限制，对各个用户提出的订货，以用户的重要性和订货的有利性作为条件进行选择。

(3) 生产计划以生产设备能力、原材料可用量以及库存量三个方面的限制为约束条件，决定生产哪些产品，各生产多少。

(4) 库存管理以减少库存费用和保证生产实施、销售好为条件，预测缺料情况，确定库存量，并对原材料、半成品、产品库进行管理。

(5) 作业计划按照生产计划，展开计划项目，安排生产进度及生产准备进度，编制作业计划，落实生产条件，并把生产任务分配到车间和班组。

(6) 生产控制对计划执行中产生的各种生产活动信息，如生产进度、产品质量、生产费用等及时进行采集、分析和反馈，从而对生产进度、质量和成本进行控制。

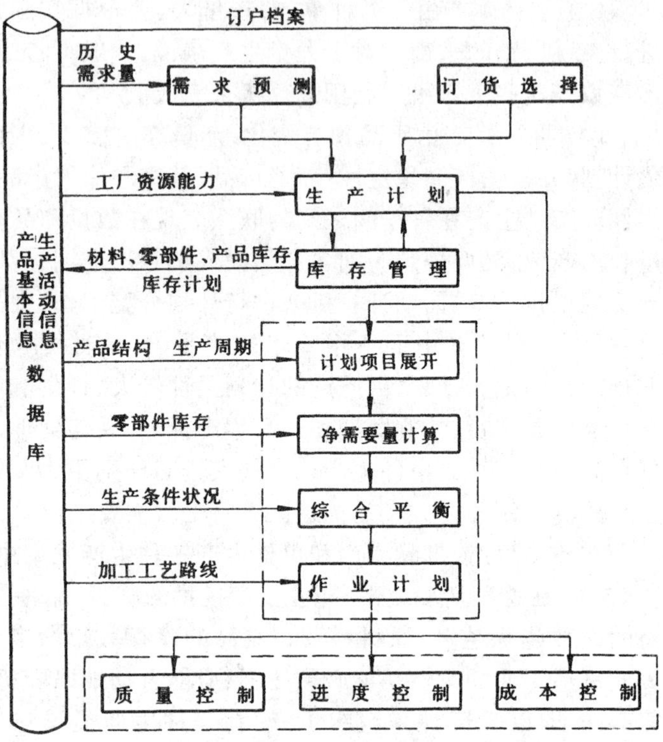

图 9－4　CAPM 系统的构成

9.3　物料需求计划

1. 物料需求计划的产生及原理

早在20世纪50年代末，国外的企业就已经开始应用计算机辅助生产管理。早期的计算机辅助生产管理主要侧重物料库存计划管理，且多采用订货点法。订货点法主要根据历史的生产和库存记录来推测未来生产需求。显然，此法难以适应物料需求随时间变化的情况，因为它没有按照各种物料真正需要的时间来确定订货与生产日期，往往造成库存积压。比较好的生产管理系统应当做到：围绕所要生产的产品，应当在正确的时间、正确的地点、按照规定的数量得到真正需要的物料。物料需求计划 MRP 正是为了解决此问题而提出的。

20世纪60年代中期，美国 IBM 公司率先提出了物料需求计划 MRP 的生产管理模式，并在70年代得到不断完善。MRP 基本原理是，将企业产品中的各种物料分为独立物料和相关物料，并按时间段确定不同时期的物料需求，从而解决库存物料订货与组织生产问题。MRP 按照基于产品结构的物料需求组织生产，根据产品完工日期和产品结构规定生产计划；即根据产品结构的层次从属关系，以产品零件为计划对象，以完工日期为计划基准倒排计划，按各种零件与部件的生产周期反推出它们的生产与投入时间和数量，按提前期长短区别各个物料下达订单的优先级，从而保证在生产需要时刻所有物料都能配套齐备，不到需要的时刻不要过早积压，达到减少库存量和占用资金的目的。

MRP 以物料为中心的组织生产模式体现了为顾客服务、按需定产的宗旨，计划统一且可行，比较经济和集约化；而过去以设备为中心的组织生产模式是以产定销的思想体现，计划统一性与协调性不好，盲目性较大，比较粗放。

2. MRP 系统的基本内容

按照 MRP 的基本原理，企业从产品销售到原材料采购，从自制零件的加工到外协零件的供应，从工具和工艺的准备到设备的维修，从人员的安排到资金的筹措与运用等，都要围绕 MRP 的基本思想进行，从而形成一整套新的生产管理方法体系。因此，也称 MRP 是一种新的生产方式。

在 MRP 系统中，主生产计划(Master Production Schedule, MPS)、物料清单文件(Bill of Material, BOM)和库存信息被称为三项基本要素，如图 9-5 所示。

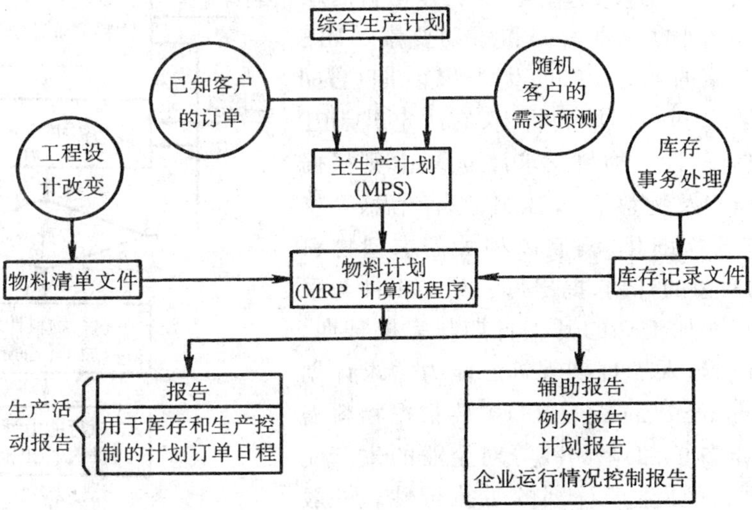

图 9-5　标准物料需求计划程序的输入及输出概图

物料清单文件通常被称为产品结构文件或产品结构树，因为它指明了一件产品的组装过程。它包含确认每一物料的信息，以及组成该物料的各部件的数量。图 9-6 展示了一产品 *A* 的例子。产品 *A* 由 2 单位 *B* 和 3 单位 *C* 组成；零件 *B* 由 1 单位 *D* 和 4 单位 *E* 组成；零件 *C* 由 2 单位 *F*、5 单位 *G* 和 4 单位 *H* 组成。

过去，物料清单文件通常以缩排格式列出各部分。这样能清楚地表明它所包含的物料以及它们是如何组装起来的，因为每一个缩进都表明该物料的组成。图 9-7 以缩排格式显示了图 9-6 中的物料结构，二者之间的联系很容易比较出来。然而，从计算机的角度看，以缩排格

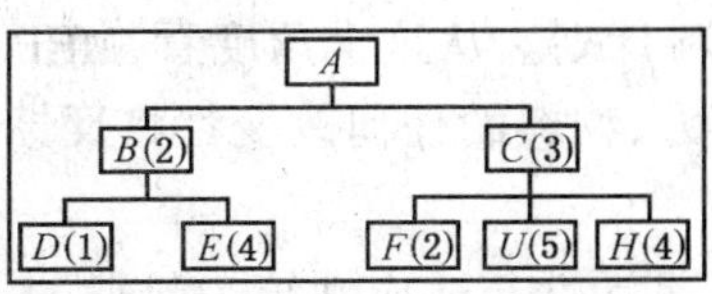

图 9-6　产品 *A* 的物料清单(产品结构树)

缩排式零件例表	单层式零件列表
A	A
$B_{(2)}$	$B_{(2)}$
$D_{(1)}$	$C_{(3)}$
$E_{(4)}$	B
$C_{(3)}$	$D_{(1)}$
$F_{(2)}$	$E_{(4)}$
$G_{(5)}$	C
$H_{(4)}$	$F_{(2)}$
	$G_{(5)}$
	$H_{(4)}$

图 9-7　缩排式和单层式零件列表

式存放物料信息是很低效的。更有效的过程是将这些零件的数据存放在一个单层结构中。图9-7显示了产品 A 的缩排格式的零件表和单层零件表。

整个 MRP 系统就是在 MPS 的驱动下,基于 BOM 表与库存信息等基本数据实现生产计划与控制的。MRP 作为企业生产计划与控制系统主要包括:主生产计划、物料需求计划、能力需求计划、执行物料计划和执行能力计划等部分。图 9-8 给出了典型的 MRP 逻辑流程。

MRP 系统分为生产计划与计划执行控制两大部分。MRP 系统首先根据订货合同、市场预测及其他生产需求确定总的产品出产计划,并制定一个现实可行的主生产计划 MPS。主生产计划 MPS 是对产品或独立需求型半成品的生产计划的编制,是展开物料需求计划与能力需求计划的主要依据和驱动要素。MPS 要考虑市场对产品的需求、总的生产提前期(Lead Time)和库存情况,要进行粗能力平衡,它决定着 MRP 系统的现实性与有效性。物料需求计划 MRP 则根据 MPS 计划、产品结构及物料清单 BOM、库存信息等将生产计划进行展开与细化,编制以相关需求型物料(基本零部件)为对象的计划,提出每一项加工件与采购件的建议计划,如加工件的开工日期与完成日期、采购件的订货日期与入库日期等等。能力需求计划(Capacity Requirements Planning,CRP)主要根据物料需求计划 MRP、工作中心、工艺路线等对企业的生产能力进行详细计划,保证生产计划的可执行性。一般地,MRP 与 CRP 要进行反复调整,使计划可行;当 MRP/CRP 反复运算调整仍无法解决矛盾时,要修改主生产计划 MPS。只有经过 MRP/CRP 运行落实后,才能将生产计划下达给执行层。

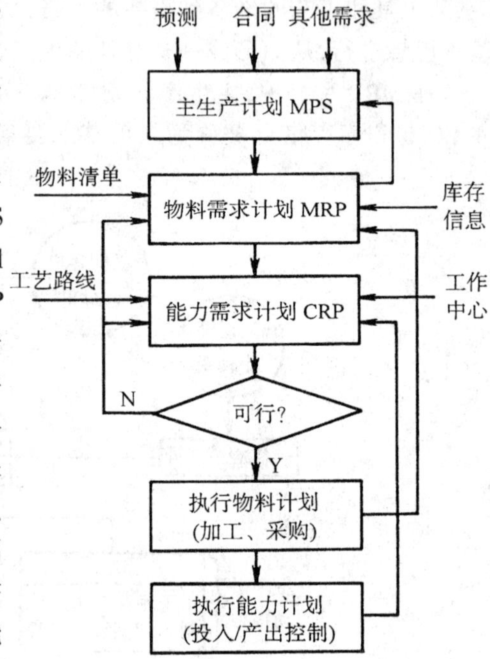

图 9-8　MRP 逻辑流程

MRP 系统的计划执行控制部分主要包括执行物料计划和执行能力计划。其中,执行物料计划又分为加工与采购两部分。执行 MRP 计划主要采用调度单或派工单来控制加工的优先级,采用请购单或采购单控制采购的优先级。加工控制一般由车间作业控制功能完成;采购控制一般由采购供应部门完成。执行能力计划时用投入和产出的工时量控制能力和物流。执行控制层可以把生产计划的执行信息及时反馈给计划层,从而形成了完整的闭环 MRP 的生产计划与控制系统。

图 9-9 描述了一个闭环 MRP 系统。闭环意味着问题和产生的数据将反馈到系统并验证系统,必要时作一定的修改。从图中可以看出,MRP 系统的输入是主生产计划。MRP 程序对所有的零件、组件和为满足计划所需的其他资源进行需求展开之后,能力需求计划模块检查 MRP 的输出,判断是否有足够的能力。如果没有,对 MRP 模块的反馈信息将指出计划需要修改。而后通过 MRP 系统,订单下达给生产系统,执行能力和物料计划。从这个角度看,MRP 是一个控制、数据收集、完成订单和评价结果的系统。对生产、能力、物料的任何改变都将反馈回系统。

闭环 MRP 系统实现了规范化管理,并把生产计划的稳定性、灵活性与适应性统一起来,大大提高了企业生产的整体效率与物料合理利用率,也提高了企业对于外部市场环境的适应能力。

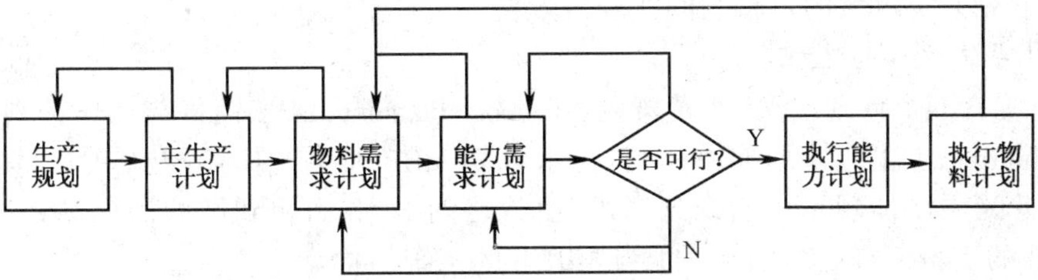

图 9－9 闭环 MRP 系统的反馈流程

9.4 制造资源计划

制造资源计划 MRPⅡ是指企业对其生产系统和经营活动建立一种计划模型，并通过利用该模型把企业的制造资源和经营任务的需求进行平衡，从而保证企业目标的实现。

1. 制造资源计划 MRPⅡ的原理与特点

企业的生产计划要与其经营目标和规划紧密联系，企业的经济效益也最终要用资金形式表示。在 20 世纪 70 年代末和 80 年代初，美国的物料需求计划 MRP 经过进一步发展和扩充逐步形成了制造资源计划(Manufacturing Resource Planning)的生产管理方式。由于制造资源计划与物料需求计划的英文词首都是 MRP，为区别起见，人们用 MRPⅡ来表示制造资源计划。在 MRPⅡ中，一切制造资源，包括人工、物料、设备、能源、市场、资金、技术、空间、时间等，都被考虑进来。MRPⅡ是一种以 MRP 为核心的企业生产管理计划系统，它代表了一种新的生产管理模式和组织生产的方式。MRPⅡ的基本思想是：基于企业经营目标制定生产计划，围绕物料转化组织制造资源，实现按需要按时进行生产。从一定意义上讲，MRPⅡ系统实现了物流、信息流与资金流在企业管理方面的集成，并能够有效地对企业各种有限制造资源进行周密计划，合理利用，提高企业的竞争力。

MRPⅡ管理模式的主要特点为：

(1) 计划的一致性与可行性　MRPⅡ是一种计划主导型的管理模式，计划层次由宏观到微观，逐步细化，始终保持与企业经营目标的一致性，每个部分都有明确的管理目标；它通过计划的统一制定与闭环执行控制保持生产计划的有效性与可行性。

(2) 管理系统性　MRPⅡ是一种系统工程，把企业所有与经营生产直接相关的部门连成一个整体，按照科学的处理逻辑组成一个闭环系统，管理人员可以用它对企业进行系统管理。

(3) 数据共享性　MRPⅡ是一种管理信息系统，实现了企业的数据共享与信息集成，提高了企业信息的“透明度”与准确性，支持企业按照规范化的处理程序进行管理与决策。

(4) 模拟预见性与动态应变性　MRPⅡ是经营生产管理规律的反映，可以预见计划期内可能发生的问题，并能根据企业内外部环境变化迅速做出响应，动态调整生产计划，保持较短的生产周期。

(5) 物流与资金流的统一性　MRPⅡ包括了成本会计与财务功能，可以把生产中实物形态的物料流直接转换为价值形态的资金流，保证生产与财务数据的一致，提高企业的整体效益。

由于 MRPⅡ系统能为企业生产经营提供一个完整而详尽的计划，可使企业内各部门的活动协调一致，形成一个整体，它能提高企业的整体效率和效益。MRPⅡ系统在国内外 20 多年应用中,给企业带来了巨大的直接与间接经济效益。

2. MRPⅡ系统结构与流程

MRPⅡ系统有五个计划层次:经营规划(Business Planning,BP)、销售与运作计划(Sales and Operations Planning)、主生产计划 MPS、物料需求计划 MRP 和生产作业控制 PAC(车间作业控制)。MRPⅡ计划层次体现了由宏观到微观、由战略到战术、由粗到细的深化过程。图 9-10 给出了 MRPⅡ的逻辑流程图。图 9-11 为 MRPⅡ的系统结构。

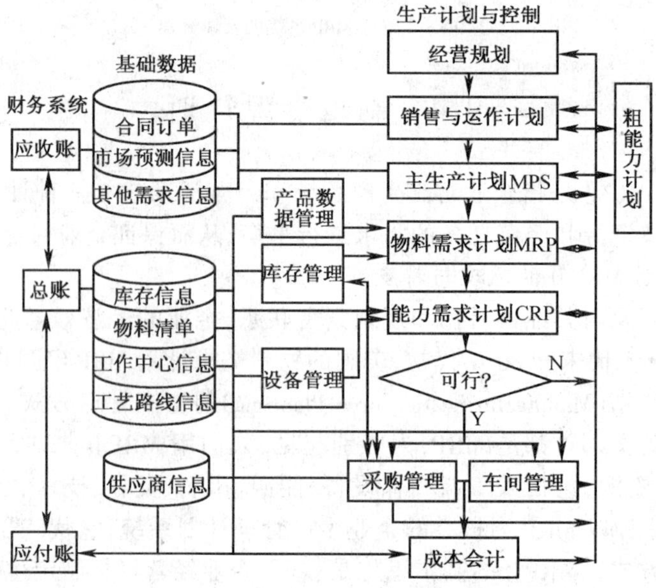

图 9-10 MRPⅡ逻辑流程图

经营规划是企业的战略层规划,包括企业的最高层领导确定的企业经营目标与策略。销售与运作计划(生产规划或生产计划大纲)是企业的中长期计划,主要考虑经营规划、期末预计库存目标或期末未完成订单目标、市场预测、资源能力限制等;此时,要对产品大类或产品组编制生产计划大纲。主生产计划 MPS 将生产计划大纲转换成特定的产品或产品部件的计划,它可以被用来编制物料需求计划和能力需求计划,起到从宏观计划向微观计划过渡的作用。生产计划大纲与主生产计划回答了"生产什么"的问题。MRPⅡ比较适合有计划的商品经济环境,能把计划经济与市场调节有机地结合起来。图 9-12 描绘了市场销售计划与生产计划间的关系。

MRPⅡ系统的生产计划和执行过程与 MRP 系统有些相近,物料需求 MRP 计划是 MRPⅡ系统微观计划阶段的开始,主要回答"何时制造和采购什么"的问题。MRP 为了减少在制品库存,根据 MPS 计划和物料清单 BOM 等将生产计划按照零件组织生产方式进行展开与细化,并经过能力需求计划 CRP 对企业生产能力的细平衡与详细计划,形成可执行的生产计划。生产计划执行控制包括执行物料计划和执行能力计划,并主要体现在车间作业管理方面。

MRPⅡ系统要体现物流与资金流的统一,为保证 MRPⅡ生产计划与控制的顺利进行,物料管理是十分必要的。物料管理集中了支持物流全过程的所有管理功能,包括从采购到生产物料、在制品计划与控制,到产成品的入库、发货与分销;其重点是库存管理与采购管理。库存管理影响着整个生产计划与控制的活动;准确的库存信息是正确进行 MRP 计划的前提与基础。

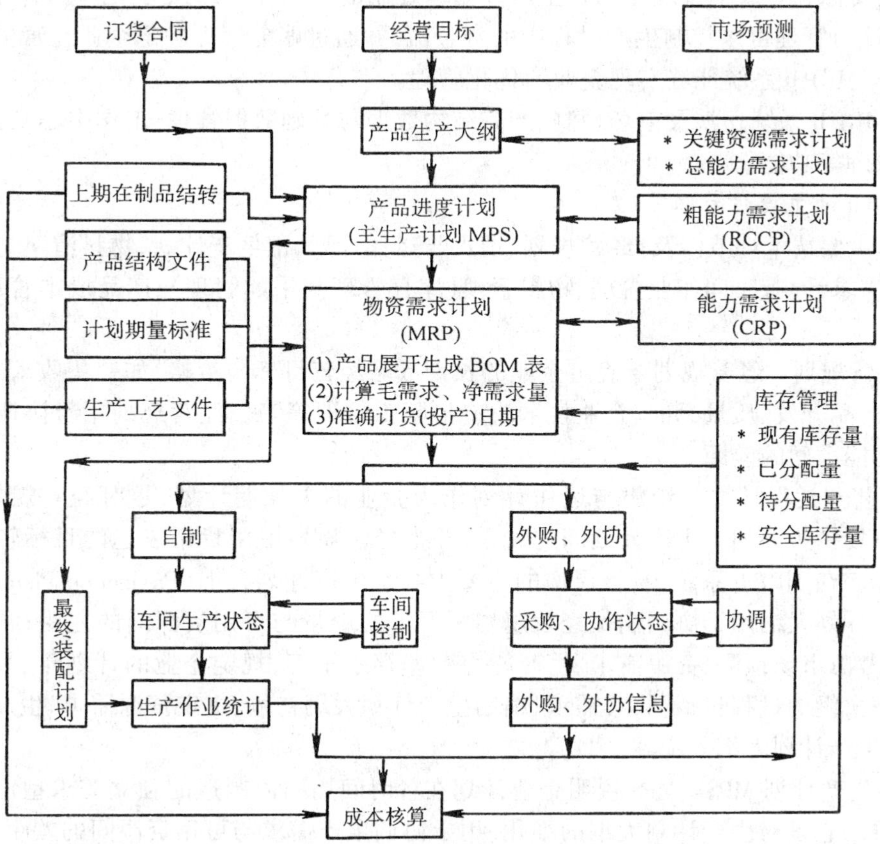

图 9－11　制造资源计划 MRPⅡ系统结构

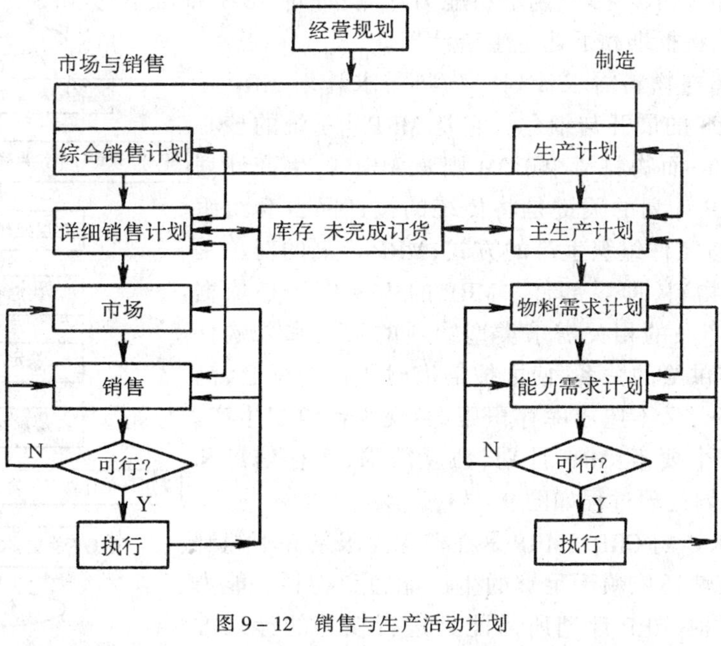

图 9－12　销售与生产活动计划

采购管理既是与车间管理并列的计划执行层,也是物料管理的重要内容。原材料和零配件的合理采购与供应是生产计划顺利执行的保证。另一方面,财务与成本管理是由 MRP 发展为

MRPⅡ的重要标志。成本管理可以在生产计划与控制的各个环节加强对产品成本的计划与控制;财务会计与管理可以控制生产过程中的资金流,并通过账务管理确定企业经营生产的经济效益。这样,MRPⅡ系统能够实现企业的优化管理。

此外,MRPⅡ系统还涉及市场预测、产品结构数据与基础数据管理、工作中心及设备管理、工艺路线管理等功能。

3. MRPⅡ的主要技术环节

MRPⅡ主要技术环节涉及:经营规划、销售与运作计划、主生产计划、物料清单与物料需求计划、能力需求计划、车间作业管理、物料管理(库存管理与采购管理)、产品成本管理、财务管理等。

(1) 经营规划　经营规划要确定企业的长期战略经营目标与策略,如销售收入与利润、市场占有率、产品开发、质量标准、企业技术改造与职工培训等等。经营规划用于协调市场需求与企业制造能力间的差距。

(2) 销售与运作计划　销售与运作计划作为企业的中长期计划,是对经营规划的细化。它描绘了市场销售计划与生产计划间的关系,并把经营规划中用货币表达的目标转化为产品的产量目标。在MRPⅡ系统中,该层次的主要内容是生产计划大纲(Production Planning,PP)的确定。生产计划大纲用于协调满足经营规划所要求的产量与可用资源间的差距;它依据经营规划,还要考虑市场预测、资源需求、生产能力和库存水平等,规定企业的计划年、月产量。确定生产计划大纲的过程包括:收集需求、编制生产计划大纲初稿、决定资源需求、生产计划大纲定稿、批准生产计划大纲等步骤。

(3) 主生产计划MPS　MPS说明企业计划在各时间周期内制造的独立需求型产品的数量及最终项目。它是对生产计划大纲的细化,用于协调生产需求与可用资源间的差距,起着从宏观计划向微观计划过渡的作用。MPS是由主生产计划员负责编制和控制的。制定MPS计划过程包括:编制MPS初步计划;制定粗能力计划;评价MPS、批准下达MPS计划等步骤。在制定MPS之后,企业将批准和下达主生产计划。

(4) 物料清单与物料需求计划　物料需求计划MRP是对主生产计划MPS的展开与细化。它是MRPⅡ系统的核心和系统成败的关键;而物料清单BOM则是MRP将生产计划展开的基础。MRP计划的关键是将传统的按产品台套组织生产的方式变为按零件组织生产的方式;MRP计划的对象是相关需求类型的物料,即零部件。MRP的主要作用是依据MPS计划编排好产品的相关需求类型物料的加工和采购计划,协调好需求与供给的关系,使之按需准时生产与配套,满足装配或交货要求,又不造成库存积压,实现优化组织生产。运行MRP需要四个要素:MPS计划、独立需求、库存信息和BOM表。MRP计划处理过程如图9-13所示。

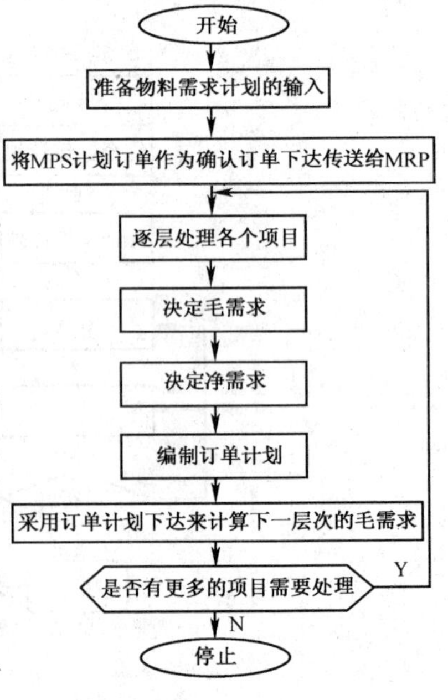

图9-13　物料需求计划MRP的处理过程

(5) 能力需求计划CRP　MRP是在资源无限条件下编制的,其计划的可行性还依赖于足够的生产能力和物料。能力需求CRP计划是对MRP计划所需能力进行核算的计划方法。CRP计划的对象是工作中心的能力。它把MRP的物料需求量转化为负荷小时,把物料需求转化为能力需求。CRP

计划编制过程为：收集 CRP 的输入数据，编制 CRP 计划的负荷图，分析 CRP 计划，控制能力。

(6) 车间作业管理(Production Activity Control,PAC)　车间作业管理又称生产活动控制 PAC 或车间作业控制(Shop Floor Control,SFC)。PAC 是 MRPⅡ系统的计划执行层，也是生产短期计划管理的核心部分。PAC 根据车间的资源情况将 MRP 的零部件生产计划以订单形式下达给车间，并根据零部件的工艺路线等信息制定车间生产的日计划，组织日常生产。PAC 的主要工作内容包括：下达生产订单、车间作业计划与监控、车间数据采集。车间作业管理是完成 MRPⅡ系统生产闭环控制的重要环节。

(7) 库存管理与采购管理　物料管理是 MRPⅡ系统的重要方面，它是生产计划顺利执行的保证。物料管理的重点是库存管理与采购管理。库存管理是正确进行 MRP 计划的基础，也是供需之间的缓冲。

(8) 产品成本管理　产品成本是综合反映企业生产经营活动的一项重要经济指标。MRPⅡ引入成本管理从而实现了物流与资金流的统一；其成本控制强调事前计划、执行控制、事后分析相结合，全面进行成本计划与控制；其内容主要包括：成本的预测、计划、控制、核算、分析与考核。

(9) 财务管理　生产制造的主要目的实质上是创造产品的增值，即产生经济效益。这一过程需要通过资金流加以反映。财务管理及会计的内容就是反映、监控和控制生产过程中的资金流，并确定企业的经济效益。

4. MRPⅡ的实施

任何一个 MRPⅡ要在企业获得成功，取得效益，最重要的是要落实到 MRPⅡ的实施和应用上。软件供应商在系统的实施过程中要派有经验的专业人员进行现场指导和培训，为企业培养系统的二次开发力量。企业也要制定一套切实可行的实施方案，指导数据准备、编码、操作和实际运行。在具体的实施过程中应该注意以下问题：

(1) 在系统实施之前，要对企业现有组织机构、人员安排、生产工艺过程、管理方法和技术方面的不足进行系统分析，并提出改进方案，即企业流程再造工程。

(2) 为系统运行创造良好的运行环境。创造一个开放式的系统环境以适应不同的应用集成，减少培训费用。同时应用软件也应具有很强的移植性，用户可以自由选择适合的产品并推广使用。

(3) 在系统实施过程中，企业领导要积极参与。领导的决策直接影响到系统实施的投入，并且系统实施需要各部门的统一规划，领导要起协调、指挥的作用；另外企业领导要对系统项目进行科学严谨的进度计划管理。

(4) 企业一线管理人员要认识到自己是系统的真正主人，发挥主动性、创造性以积极配合，参与系统的实施。

9.6　及时制生产

1. 及时制生产的概念

制造企业计划和管理的不善主要表现为库存和在制品的过多。针对这一问题日本丰田汽车公司在 20 世纪 70 年代初提出了及时制生产(Just In Time,JIT)的哲理和管理方法，并且在实际应用中取得了显著的效益，受到了世界工业界的高度重视。

及时制生产的要点是在“及时”，其基本含义为：“在必要的时候，按必要的数量，生产必要的产品(零部件或成品)”,即满足“三及时”的要求。其理想目标是杜绝生产窝工、生产过量、多余操作、不必要搬运、库存及不良次品的返修等方面的浪费,以达到降低生产成本,实现零故障、零缺陷、零库存的目的。

及时制生产特别适用于少品种重复生产和标准产品大批量生产的企业,如汽车制造业这样批量生产的加工和装配式制造企业。

2. 及时制生产的基本思想

传统的生产管理方式一般是上一道工序向下一道工序供应零部件,采取增加在制品的储备量以应付生产中的失调或事故所导致的需求变化。但及时制生产认为,这种传统方法掩盖了生产中的矛盾,久而久之,那些不能用或不再用的在制品积存量会越来越大,导致在制品的过剩和积压,占用资金过多,不利于降低成本,影响产品的市场竞争能力,最终影响企业的经营效果。

及时制生产的目标是尽量减少库存或实现零库存生产。因此,及时制生产的基本思想为:

(1) 由后工序向前工序领取零部件

传统的生产管理方式或 MRPⅡ都是先按产品的交货日期制订主生产计划,再安排各道工序的作业计划,由前道工序向后道工序提供零部件。为了保证最终产品装配所需的零部件和交货日期,考虑到生产过程中可能存在或发生的意外事件,必须适当地增加投料和在制品的数量,如果市场需求发生变化,就会形成零部件和在制品的过剩和积压,生产缺乏弹性的适应能力。

从 JIT 的角度出发,从形式上看,生产过程是零件——部件——产品的过程,产品的装配应该是生产的终点。但是,在组织生产时应该是产品——部件——零件过程,产品的装配应该是生产的起点。

以装配为起点,在需要时向前道工序领取必要数量的零部件;前道工序向后道工序提供零部件后,储备量减少,必然转向更上一道工序提取必要的零件或在制品,以补充其必要的储备量。如此层层向上递推,把生产过程中的各道工序或各加工环节连接起来,形成一个及时制生产加工系统。

(2) 化大批量为小批量,尽可能地减少在制品储备或按件传送

实行及时制生产的各个车间与各个工序一般都避免成批生产或成批搬运,尽可能地做到必要时只生产一件,只传送一件,只储备一件。任何工序不准生产额外的数量,宁可中断生产,决不积压在制品。

(3) 均衡化生产

为使生产适应市场的变化,消除过剩的在制品和过多的生产管理人员,应实现“均衡化生产”。所谓均衡化生产是指尽可能地减少产品投入数量的不均衡性,每日平均地生产各种产品。均衡化分为两个阶段:第一阶段是利用月生产计划制订出各类产品每日平均产量;第二阶段以装配线上各类产品的顺序计划为出发点,发出生产指令,保证各类零部件的平均消耗,以适应每日需求的变化。

MRPⅡ被认为是一种“前推式”生产,即由前道工序向后道工序提供零部件的生产模式。而及时制生产是“后拉式”生产模式,只要使最终装配线生产平稳均衡地进行,就能保证其余各道工序的生产能够合理地进行,所以要尽可能地消除最后装配线生产不均衡的现象。均衡化生产的理想目标是把按件生产过程尽可能地均衡成连续的生产过程。

(4) 全部生产由最后的装配工序调整和平衡

及时制生产是以最后的装配工序作为组织生产的起点,因而装配工序实际上起着调节和

平衡全部生产的作用。

日本丰田汽车工业公司实行 JIT 生产的具体做法如下：

① 每月由公司根据市场和用户订货，按型号和规格制定本月生产各种汽车的数量，经审查批准后，下达生产任务。

② 工厂的装配车间将月生产车辆的任务除以本月的有效工作日，得出日平均产量后。按日安排生产。

③ 装配车间开始生产后，按后工序向前工序提取零部件的规定，把生产组织起来。

④ 宁可中断生产，也不积压储备。

由于 JIT 的实行，生产过程中可能出现零部件短缺等毛病，而且也确实不断地出过毛病。但是，权衡利弊，即使因此而中断生产，造成损失，也较之积压储备、掩盖生产中的矛盾、麻痹生产管理人员与领导人员的思想等所带来的危害要小得多。

3. JIT 生产管理模式的目标、方法与手段

JIT 生产管理模式的最终目标是：获取企业的最大利润。JIT 最基本的方法是：降低成本，排除一切浪费。JIT 最主要的手段是：适时适量地生产、弹性配置作业人数及质量保证等三种，如图 9－14 所示。

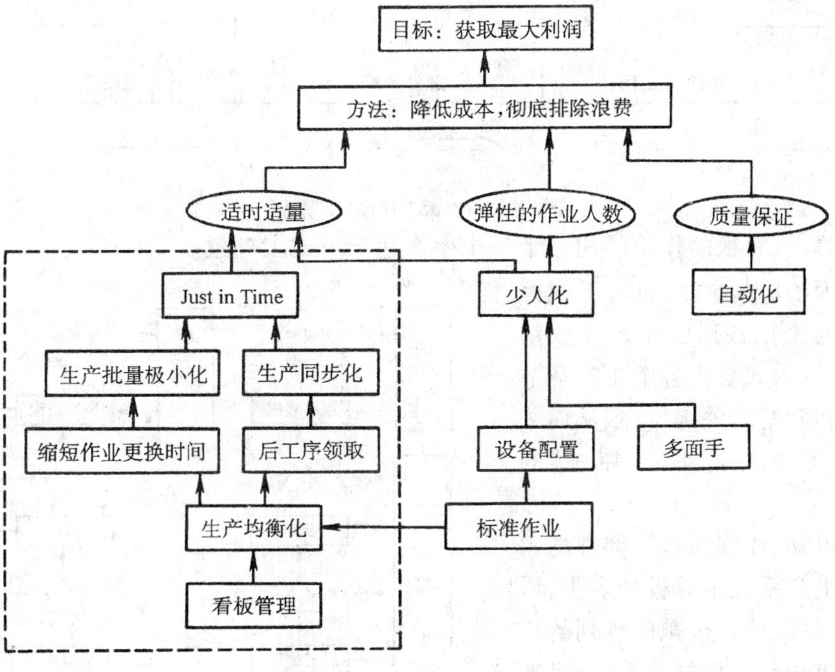

图 9－14　JIT 的目标、方法与手段

4."看板"管理

"看板(Kan Ban)"是 JIT 的重要工具。所谓看板就是一种随着产品从一道工序转移至另一道工序的备忘卡片或工务票，也可以是一只存件箱。它包含有工件号、加工内容、完成数量、质量和时间等内容。看板附着于在制品实物上，在生产中由看板来严格控制零部件的制造和领取，以防止过量生产和降低库存。

看板有两种形式：一种为生产看板，生产工人按照此看板制造零件；另一种为移动看板，后道工序按照这种看板的指示向前道工序领货。

现以一个由三道工序组成的人工看板为例说明看板的工作过程。如图 9－15 所示，每道工

序的设备附近均设有两个存件箱,一个存放前工序已制成的为本工序准备的在制品或零部件,另一个则存放本工序已加工完成以备下道工序随时提取的在制品或零部件。图 9－15 中甲是各个工序待加工的存件箱,附在该箱零部件上有移动看板;乙是各个工序已完成的存件箱,附在该箱零部件上有生产看板。图中实线表示物料传送过程,虚线为看板的传送过程。当产品装配工序(图中第Ⅲ道工序)的工人从Ⅲ甲箱中取用一个零件或部件后,就从箱中取出附在零件或部件上的移动看板,到前道工序(图中第Ⅱ道工序)的乙箱中提取一个相同的零件或部件,以补足Ⅲ甲箱中已使用的一件。与此同时,再从Ⅱ乙箱中取出附在刚提走的零件或部件上的生产看板交与第Ⅱ道工序的生产工人。第Ⅱ道工序的工人在接到这块看板后,就立即生产这个零件或部件,制成后与这块看板一起补入Ⅱ乙箱中。第Ⅱ道工序开始制造时,又必须按同样的程序从Ⅱ甲箱中提取备用零件或在制品。如此倒溯向上,在两种看板的联系与推动下,组成及时制生产制造系统。

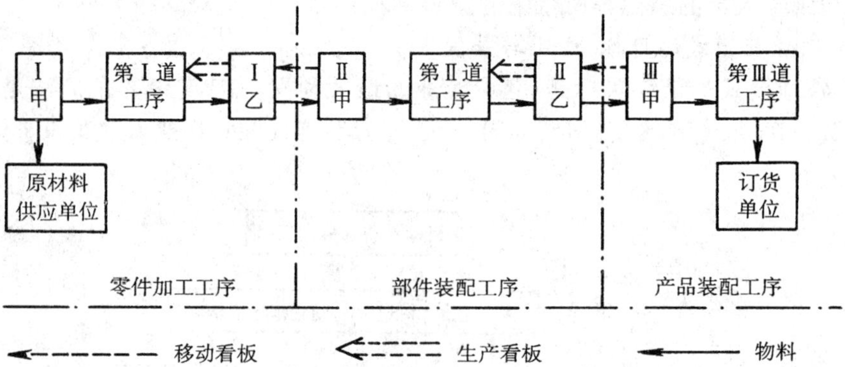

图 9－15　看板工作过程示意图

从上例看出,看板的作用就相当于一个生产通知单或工务票。

看板作为 JIT 的重要工具,不仅因为它能联系与推动各道工序的作业活动,而且还可以由此看出各个生产环节的效率高低和问题的关键所在,从而采取有效措施,解决生产中的“瓶颈”问题。

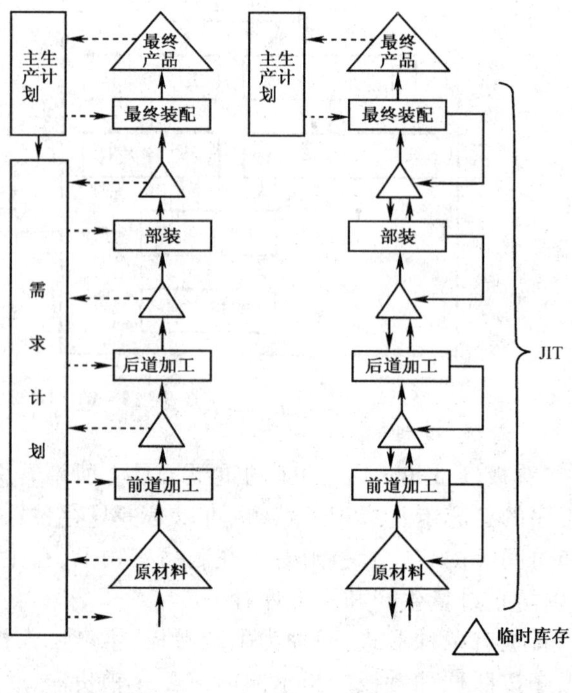

图 9－16　MRP 及 MRP/JIT 的生产控制过程

由前述可知,在制品和零部件的储备量决定于生产系统中看板的多少,看板越少,储备量越低。按顺序排列的机床和工序变成相互依赖的关系,一旦在生产过程中出现故障,整个制造系统(或生产线)将停止工作,直至故障排除。因此,实行 JIT 时,物料的提供必须及时,且不允许有废次品。

不论是前推式的 MRP 系统,还是后拉式的 JIT 系统,都存在各自的优缺点。当前,学者们已在研究将两者结合起来的系统。图 9－16 左半部分表示的是 MRP 的主生产计划。右侧的上端是作为 JIT 系统输入端的主生产计划。此系统仍使用计算机控制功能,JIT 部分按照自己独立的拉式方法从先前的阶段拉动物料。MRP 可以很好地帮助生成主生产计划,但它的作用也仅此而已。

图 9-17 描述的是一个 MRP/JIT 的混合系统,其上半部分是一个传统的 MRP 系统,它带有标准的输入如需求预测、库存状态和物料清单,它能产生一个计划。图的下部所表示的是一个 JIT 方式的系统,它控制着什么时间供应商发货,什么时间生产产品和什么时间分销产品。中间部分——车间作业和"看板"系统——是 MRP 和 JIT 系统的接口,其中包含有能力控制和成组技术计划。

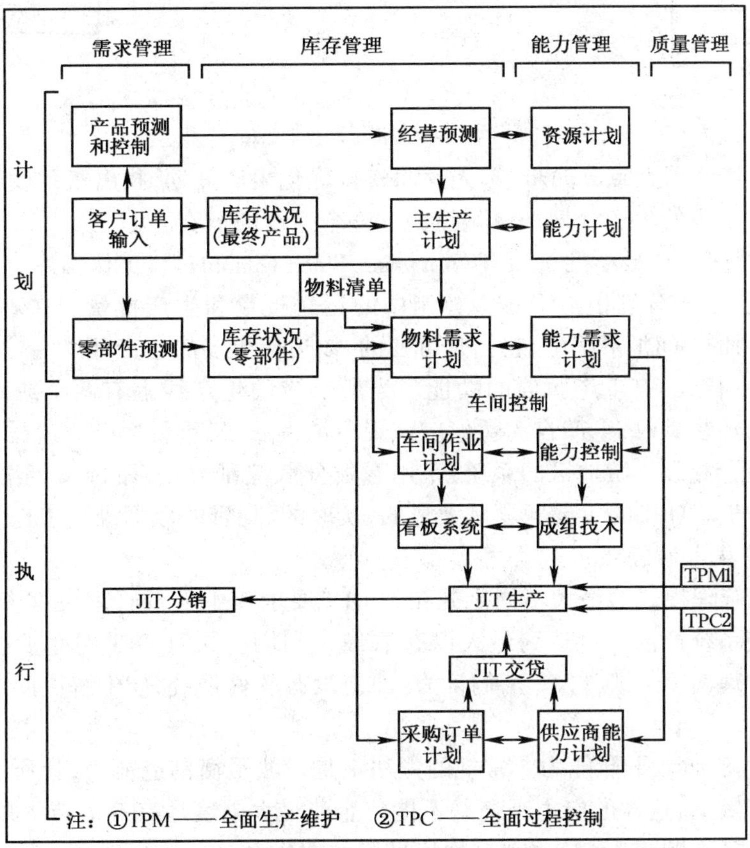

图 9-17 与 JIT 生产和分销结合的 MRP 计划系统

9.6 最优生产技术

1. 概述

最优生产技术(Optimal Production Technology,OPT)是以色列物理学家 Moshe Elizahu Goldratt 在研究晶体原子热运动的过程中找到的一种大变量离散过程优化的方法,并把它用于企业的生产计划和作业控制。1979 年美国 COI 公司(Creative Output Inc.)推出 OPT 算法的商品软件并获得成功。OPT 不同于 MRPⅡ和 JIT 等生产管理模式,它从系统观点出发,纵观全局,力求取得全局满意解。OPT认为企业的生产能力是由瓶颈决定的。这里,瓶颈是指企业中没有闲置的关键设备、人力和物资等。为此,通过有效的技术手段寻找企业瓶颈、解决瓶颈从而达到均衡生产。对于非关键资源,其生产计划及作业安排则服从于关键资源的充分利用。OPT原理如图9-18所示。

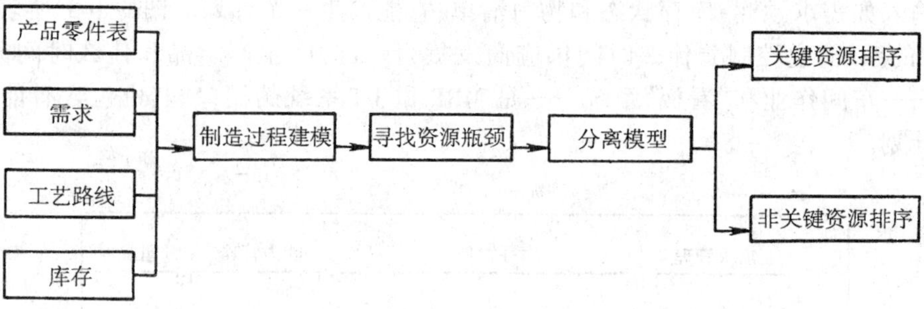

图9-18 最优生产技术原理

OPT安排生产计划大致分两步:首先反向安排优化生产计划,找出瓶颈设施;其次,正向安排瓶颈及其后续工序的生产计划。瓶颈控制了整个生产的节奏。

OPT中把批量分成:最小批量MBQ(Minimum Batch Quantity)和工作站库存极限SSL(Station Stock Limitation)。它们分别相当于看板控制中的运送批量和生产批量。在看板系统中,这些批量是固定的。而在OPT系统中,它们是可变的,以适应更多的生产环境。

OPT同JIT一样,具有生产暂停的功能。当所供应的生产线上有两个或两个以上工作站的缓冲存储器已经装满时,生产自动暂停。该现象消失后,又重新生产。这样可以避免过多的库存量出现。处于瓶颈上游地区的系统,采用看板分散控制方法;瓶颈及下游地区的系统,采用集中控制的方法。OPT的主要问题是大量的、实时的、耗资的数据维护工作。

2. 最优生产技术的哲理

OPT与其他管理模式的最大不同之处在于OPT要求集中力量管理关键资源,通过直接精细控制瓶颈来使系统产品产量达到最大以获取最大利润。同时OPT对企业控制管理提出了以下一套新的哲理(9条原则)。专家们认为:即使没有软件系统,OPT解决问题的思考方式本身就值得研究。

(1) 平衡物流,而非平衡能力。常规的做法都是设法平衡制造能力,让所有的人和机器都均负荷工作。事实上,这样的能力平衡并不能使企业最大限度地有效运转。只有平衡物流,才能使生产顺畅。日本的JIT系统也就是物流平衡的方式之一。

(2) 系统关键资源约束因素决定了非关键资源的利用率。OPT的主要原理之一是:严格区分瓶颈资源和非瓶颈资源。企业中,关键资源总是极少数,因而容易控制。所有其他资源的使用率不是由其本身潜力所确定,而要由瓶颈或关键资源来确定,即不要为操作而操作。

(3) 动用一项资源与利用该项资源不是等同的。动用某项资源生产出来的零部件,如果当前不需要,就会产生库存。库存不是提高了资源的利用率,相反,而是一种浪费,对企业的经营目标只会产生负的作用。

(4) 瓶颈处的损失等于整个系统的损失。瓶颈决定了整个系统的产出量,因而要求保持满负荷工作,这里的损失是无法在别处补救和挽回的。瓶颈损失1 h,相当于整个系统损失1 h。

(5) 非瓶颈处的节约对系统没多大作用。根据定义,非瓶颈资源的时间由三个成分组成:

运行时间、准备时间和闲置时间。这样，非瓶颈资源的节约只会增加闲置时间，而不能影响整个系统的能力。

(6) 瓶颈控制产量和库存量。从前面几条规则可以看出：瓶颈资源控制了其他资源，因而也就控制着整个系统的产量。在系统中，非瓶颈资源的利用率总是小于 100%，还有潜力，因而没必要设置库存量。惟有瓶颈处为保证其满负荷工作而必须设置一定的缓冲库存。

(7) 传送批量并非总是等于加工批量。这条意味着一次的加工批量可能分成几次传送。这样做在减少等待与阻塞、提高生产系统的运转效率等方面都是十分重要的。

(8) 加工批量为变量，而不是固定不变的。传统的 MRPⅡ系统中，加工批量根据操作规划而固定下来，OPT 中加工批量则为计划的函数，是随时间和操作而变化的变量。

(9) 只有在同时检验系统所有的约束条件后，才能制定加工计划进度的优先级。提前期只是排进度的结果。

MRPⅡ中，资源约束(CRP)部分只是在计划安排后，再分步检查其能力约束。而在 OPT 中，要求同时检验所有的约束。只有这样方能找出真正的瓶颈，因为约束可能会是相互影响的。

3. 系统工作原理

虽然 OPT 软件的模块算法仍在保密，但是其逻辑结构已被了解清楚。COI 公司开发的 OPT 软件系统流程如图 9－19 所示。

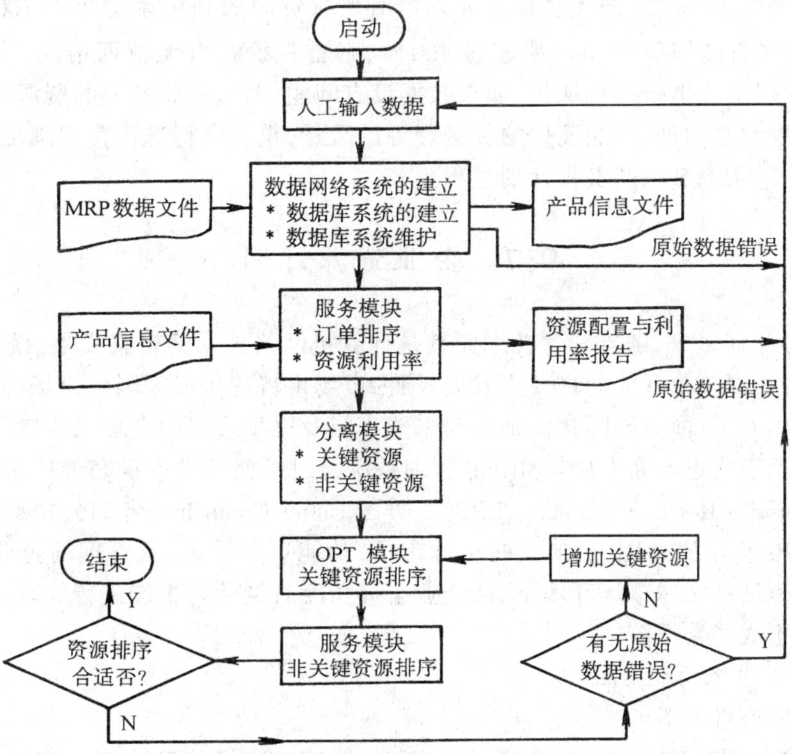

图 9－19　OPT 逻辑结构与工作流程

图 9－19 表示 OPT 系统数据输入到作业排序的全部工作过程。具体过程如下：

(1) 数据网络系统模块

数据网络模块(BUILDNET)的功能是将每一最终产品有关的数据，如产品结构(BOM)数据、工艺过程数据、市场需求数据(销售预测和订单)、库存数据和加工中心数据(决定更换工艺时间与加工时间)等,集成为统一的数据网络系统。该模块还能提供如下的功能:更改网络层次结构,建立新的产品数据网络;更换老产品数据网络、资源数据与消耗性工具的数据等。

(2) 服务模块

服务模块(SERVE)利用 MRP 逻辑,不考虑资源能力限制,为完成订单(生产任务)计算出每一资源的平均利用率(用百分比表示)。这时如果发现原始数据有错误,由 BUILDNET 模块改正后返回 SERVE 模块重新计算。

(3) 分离模块

分离模块的功能是在 SERVE 模块计算的基础上,将资源分成两大部分:关键资源与非关键资源。关键资源指的是平均利用率大于或等于 100% 的资源及其后续的工序。非关键资源指的是平均利用率小于 100% 的资源。

(4) OPT 模块

该模块采用 Goldratt 发明的算法,优化关键资源的利用,给出最优的前向排序。同时计算出提前期、传送批量与加工批量,实现物流的同步与正确的产品组合。

(5) 非关键资源排序模块

该模块根据 OPT 模块给出的生产计划和批量,安排非关键资源的生产计划。本阶段同时考虑关键资源的安全库存和非关键资源的额外应用。

至此系统完成了一次的迭代过程。如果这时所有资源的利用率均小于 100%,则生产计划工作结束;如果有些资源的利用率超过 100%,则首先检查有无数据错误。如果数据有问题,则更改数据后系统重新进行迭代;如果数据没有问题,那么是瓶颈处的资源不够,则将非瓶颈处的资源安置到瓶颈处,增加该处的关键资源的数量,重新进行迭代直到满足为止。这就是人们所指的 OPT/SERVE 生产安排计划过程。

9.7 企业资源计划

20 世纪 90 年代以来,随着信息技术尤其是计算机网络技术的迅猛发展,统一的世界市场正在形成;随着我国改革开放的进一步发展,国内市场也将逐步成为国际市场的一部分。在日益激烈的竞争压力下,面对国际化的销售与采购市场及逐步形成的全球供应链环境,现代企业的生产经营管理模式也不断发展。MRPⅡ管理系统经过扩充与进一步完善从而发展成为企业资源计划(Enterprise Resource Planning, ERP)。美国 Garter Group Inc. 咨询公司最早提出了 ERP 的概念。与 MRPⅡ相比,ERP 更加面向全球市场,功能更为强大,所管理的企业资源更多,覆盖面更宽。它是站在全球市场环境下,从企业全局角度对经营与生产进行的计划方式,是制造企业的综合的集成经营系统。

1. ERP 管理系统的扩充点

ERP 的主要特点如下:

(1) ERP 更加面向市场,面向经营,面向销售,能够对市场快速响应。它将供应链管理功能包含了进来,强调了供应商、制造商与分销商间的新的伙伴关系,并且支持企业后勤管理。

(2) ERP 更强调企业流程与工作流,通过工作流实现企业的人员、财务、制造与分销间的集成,支持企业过程重组。

(3) ERP 更多地强调财务,具有较完善的企业财务管理体系。这使得价值管理概念得以实施,资金流与物流、信息流更加有机地结合。

(4) ERP较多地考虑人的因素作为资源在生产经营规划中的作用,也考虑了人的培训成本等。

(5) 在生产制造计划中,ERP支持MRPⅡ与JIT混合管理模式,也支持多种生产方式(离散制造、连续流程制造等)的管理模式。

(6) ERP采用了最新的计算机技术,如客户/服务器分布式结构、面向对象技术、电子数据交换EDI、多数据库集成、图形用户界面、第四代语言及辅助工具等等。

ERP是信息时代的现代企业向国际化发展的更高层管理模式。它能更好地支持企业CIMS各方面的集成,并将给企业带来更广泛、更长远的经济效益与社会效益。

2. *ERP系统的主要功能*

一般而言,除了MRPⅡ的主要功能外,ERP系统还包括以下主要功能:供应链管理、销售与市场、分销、客户服务、财务管理、制造管理、库存管理、工厂与设备维护、人力资源、报表、制造执行系统MES(Manufacturing Executive System)、工作流服务、企业信息系统等方面。此外,还有的ERP系统包括了金融投资管理、质量管理、运输管理、项目管理、法规与标准、过程控制等补充功能。

目前,尚未有比较公认的ERP系统结构。ERP各主要功能模块所包括子系统的数据流程关系如图9-20所示。

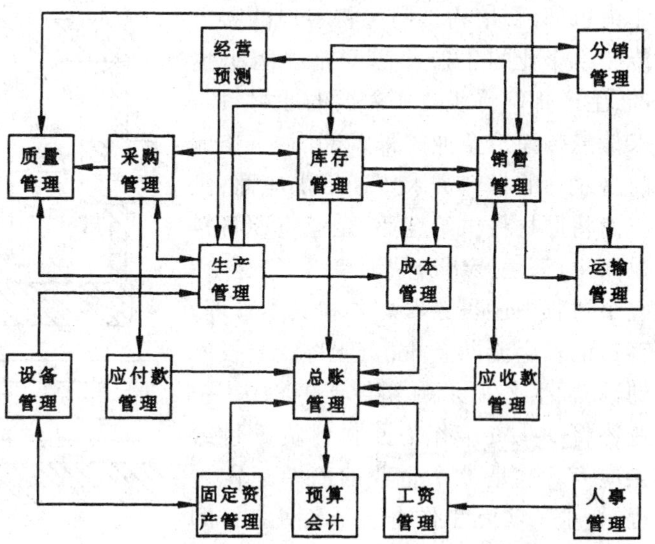

图9-20 ERP系统各子系统的数据流程关系

ERP新增加的典型功能与关键技术:

(1) 供应链管理 供应链是一套网络机制,它保证企业获取原材料,将原材料转化为间接产品和最终产品,并将产品分送至顾客手中。供应链管理是ERP新增功能中最重要的方面,它包括的主要环节有:顾客、制造、分发、运输、库存计划、预估、供应计划等。供应链管理相关功能包括:顾客服务与管理、订单管理、推销/交易与定价、EDI与电子交易、记账与销售分析、销售性能评估、物料与库存管理、采购、供应商管理、预测、内外部后勤管理、分布式资源计划、供应链性能评估等等。在全球化的供应链中要考虑多企业的计划,它追求计划/变化传播、供应计划执行的快速性,采用请求/允诺结构方式运作。基于Internet的虚拟供应链是目前供应链管理的热点。

(2) 财务管理 ERP强调以财务执行过程中资金流的优化来计划与控制企业的经营与生产;因此,它建立了较完善的企业财务管理系统。ERP财务管理主要功能包括:应收账与赊购管理、应付账、总账、成本会计、货币流通转换、支票管理、预算与分析、记账、固定资产管理、财务综合管理等等、ERP的财务管理还考虑了全球化市场与跨国公司的需求,提供了灵活的不同财务体系及货币体系的转换功能。

(3) 多种方式的生产管理 在生产制造的计划与管理方面,为了加强管理软件的适用性,

ERP 支持多种生产方式的管理模式，如连续流程制造、离散制造、重复式生产等等。一般地，ERP 软件提供灵活的可选配置的生产计划与控制功能模块以适应不同应用企业的特定生产方式的管理。目前的 ERP 系统都支持 MRPⅡ/JIT 混合模式，具有较好的生产计划与调度控制的优化能力。

(4) 制造执行系统(MES)　MES 是介于 ERP/MRPⅡ与生产控制之间的生产管理层。MES 主要面向产品的生产；它是工厂层调度、分配、发送、跟踪、监控与控制、实时测量并报告生产信息的生产计划执行系统。MES 的主要功能包括：资源配置及状态报告、操作与详细调度、分配生产单元、文档控制、数据收集/获取、工人管理、质量管理、工艺管理与物料管理、维护管理、工具管理、生产跟踪、制造测量性能分析等。

(5) 分布式对象计算结构　作为 20 世纪 90 年代的管理软件，ERP 采用了许多最新的计算机技术，其中最突出的是客户/服务器分布式结构和面向对象计算技术。一般地，ERP 将生产经营的核心管理功能放在服务器端，而将供应链中与外部交互的应用功能(如销售、订单、采购等)放在客户端；客户/服务器节点间按照基于面向对象模型的工作流方式进行分布式处理。其中，支持分布式计算的"公共对象请求代理体系结构 CORBA"框架是目前流行的 ERP 软件经常采用的核心技术。

3. *ERP 系统的运行原理*

图 9-21 简单反映了 ERP 系统中所要表示的企业动作模型：客户对产品的需求传递给企业销售部门，销售部门又将客户的需求传递给企业的生产部门安排和组织生产，生产部门将生产所需要的原材料需求信息传递给企业的采购部门，采购部门将企业的材料需求传递给供应商，供应商将原材料供给企业，企业将原材料投入生产，生产出产品销售给客户。在整个过程中还贯穿着财务和成本管理，客户的资金流向企业，企业将资金投入到销售、生产和采购等各项事物中，企业还将一些资金作为原材料货款付给供应商。这是一个企业的简单运作过程，企业的实际工作由于受各种各样的内外部环境的影响要比这复杂得多。

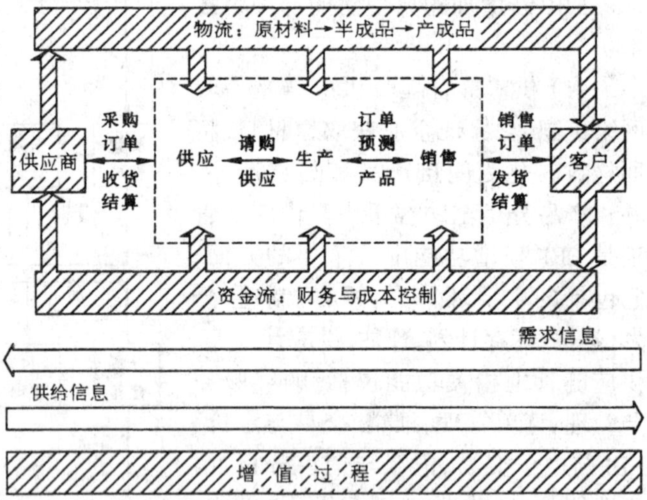

图 9-21　ERP 系统的企业模型

图 9-22 反映了 ERP 系统的运行原理图。图中反映的企业动作过程是：企业的业务工作从总体上看分为三个层次，即计划层(企化管理)、物流层(物流过程)、资金层(资金流管理)。企业的工作过程一般是制定计划，按照计划组织采购、生产、销售等物流活动，企业中物的运动将会带来资金的流动。

4. *面向未来企业的 ERP 技术发展趋势*

ERP 代表了当代最先进的企业经营生产管理模式与技术。随着先进制造技术、信息技术的不断发展，今后 ERP 的发展趋势是：ERP 将与制造执行系统 MES、车间层操作控制系统和 SFC 更紧密地结合，形成实时化的 ERP/MES/SFC 系统；ERP 的供应链管理功能将更强，并进一步面向全球化市场环境；ERP 将更好地支持多种不同的制造方式，包括流程制造方式；ERP 将

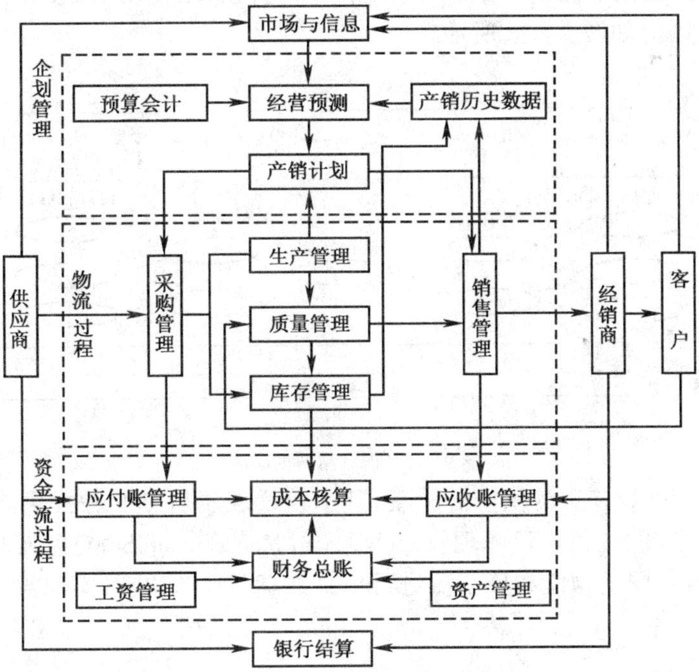

图 9－22　ERP 系统运行原理

包含基于知识的市场预测、订单处理与生产调度、基于约束调度功能，具有更强的企业优化能力；ERP 的工作流管理功能也将进一步增强，并能支持企业经营过程的重组；在技术方面，ERP 将以客户/服务器分布式结构、面向对象方法和 Internet 等为核心技术。ERP 的不断发展与完善最终将导致支持全球化企业合作与敏捷虚拟企业运营的集成化企业管理系统的产生。

9.8　供应链及供应链管理

1. 供应链定义与模型

供应链(Supply Chain)是跨越企业中多个职能部门活动的集合，它包括从订单的发送和获取、原材料的获得、产品的制造，到产品分配发放给用户整个过程。较早提出供应链问题的是美国国防部的 CALS(Computer Aided Logistic Support)计划。供应链目前还没有一个公认的定义，比较常用的提法是“供应链是由物料获取并加工成中间件或成品，再将成品送到用户手中的一些企业和部门构成的网络”。也可更确切地定义为：供应链是描述商品需—产—供过程中各实体和活动及其相互关系动态变化的网络。供应链在组织结构上介于完全垂直集成和各成员完全独立工作之间。从 20 世纪 80 年代初提出概念到现在，供应链已经有了很大的发展，按涵盖的范围可分为四个层次：

(1) 企业内部供应链　局限在单个企业内部，强调企业内部市场、销售、计划、制造和采购等部门之间的协调；

(2) 供应管理　强调企业与其供应商之间的供需关系；

(3) 链式结构双向供应链　由原材料加工、制造、组装、配送、零售商、客户等组成的串行系统；

(4) 网状结构供应链　是以“我”为根节点的双向树状结构所组成的网络系统，实际上已经超出了“链”的范围。如图 9－23 所示。

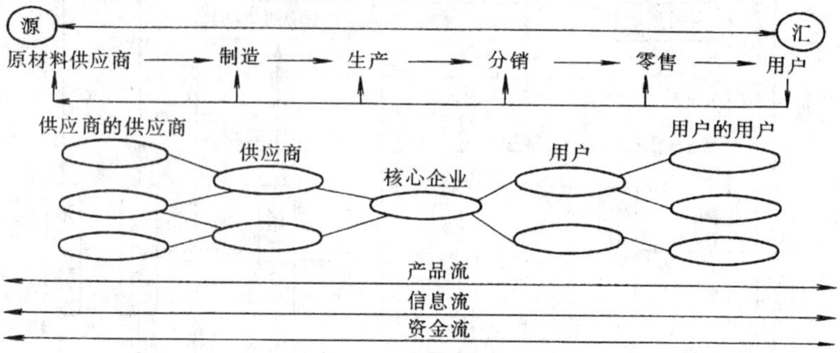

图 9－23　网状结构供应链

图 9－24 表示了一个基本的供应链模型，其中粗线表示后勤服务提供者在其中可能起的中介作用。与 MRPⅡ 相比，供应链管理(Supply Chain Management，SCM)更强调供应链整体的集成和协调，要求各成员围绕物流和资金流进行信息共享和经营协调，实现柔性的和稳定的供需关系。

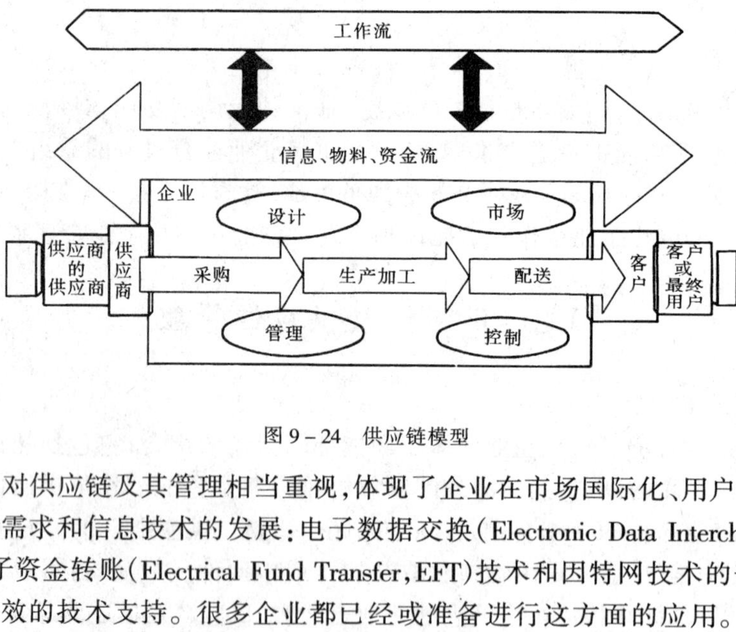

图 9－24　供应链模型

目前国际上对供应链及其管理相当重视，体现了企业在市场国际化、用户需求多样化等背景条件下的实际需求和信息技术的发展：电子数据交换(Electronic Data Interchange，EDI)技术、条形码技术、电子资金转账(Electrical Fund Transfer，EFT)技术和因特网技术的普及应用为供应链管理提供了有效的技术支持。很多企业都已经或准备进行这方面的应用。应用结果表明，实现供应链管理可以帮助用户提高服务质量，降低费用。

2. 供应链管理

供应链管理的范围包括从最初的原材料直到最终产品到达顾客手中的全过程，管理对象是在此过程中所有与物资流动及信息流动有关的活动和相互之间的关系(如图 9－25)。对于一个企业内部来说，后勤管理包括：运入后勤，即负责货物从供应者运达公司的过程；内部后勤，即负责货物在公司内部的转移；运出后勤，即负责货物从公司运送到客户的过程。

供应链系统的功能是，将顾客所需的产品能够在正确的时间，按照正确的数量和正确的质量送到正确的地点，并且使总成本最小。

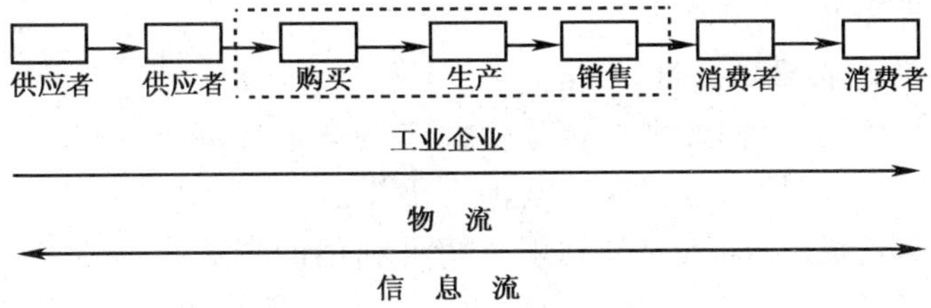

图 9-25 供应链系统的范围

集成化供应链管理(Integrated Supply Chain Management, ISCM),是指购买者、供应商和顾客的联盟以及他们共同努力达到一个更具有竞争力的先进组织的过程。在早期所研究的供应链管理中,通常将视点集中在一个企业内部的供应链管理,而现在的研究则主要集中在跨公司的计划与执行,即供应链的垂直一体化。由于供应链系统所包含的范围很广,所以供应链系统合理运作的关键在于供应链系统的垂直一体化,即供应商、制造者、客户为同一个目标而共同努力,从而提高效率。如图 9-26 所示。其中,过程 1 是指合作设计,即供应商参与到设计过程中,这样可以避免由于设计不合理而造成供应商无法生产,供应商需改变生产线才能满足总装厂的要求,或造成成本提高等不必要的浪费。过程 2 是指用户驱动设计,即根据用户的需要对产品进行设计,这样可以使产品尽可能满足用户的需求,从而增强产品的竞争力。过程 3 是指订单驱动生产,即工厂根据用户的需求量进行生产,而不是盲目生产,避免了库存积压及供不应求的现象。

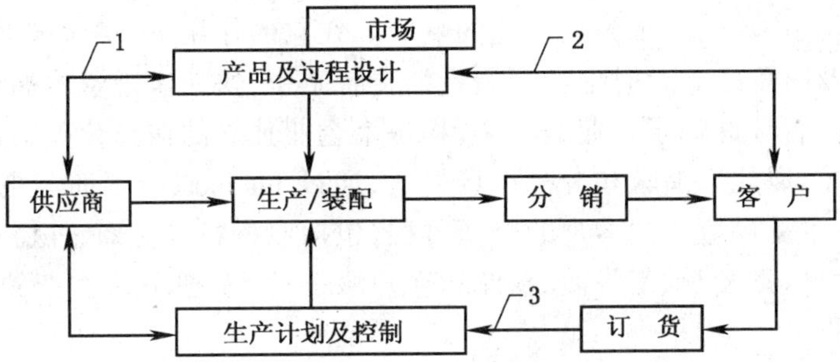

图 9-26 集成化供应链示意图

3. 企业内部供应链

供应链管理是当前国际企业管理的重要内容,也是我国企业管理的发展方向。最初它起源于企业资源规划(ERP),是基于企业内部范围的管理。它将企业内部经营所有的业务单元如订单、采购、库存、计划、生产、质量、运输、市场、销售、服务等以及相应的财务活动、人事管理均纳入一条供应链内进行统筹管理。当时企业重视的是物流和企业内部资源的管理,即如何更快更好地生产出产品并把其推向市场,这是一种“推式”的供应链管理,管理的出发点是从原材料推到产成品、市场,一直推至客户端;随着市场竞争的加剧,生产出的产品必须要转化成利润,企业才能得以生存和发展,为了赢得客户、赢得市场,企业管理进入了以客户及客户满意度为中心的管理,因而企业的供应链运营规则随即由“推式”转变为以客户需求为原动力的”拉式”供应链管理。这种供应链管理将企业各个业务环节的信息化孤岛连接在一起,使得各种业务和信息能够实现集成和共享。

4. 产业供应链或动态联盟供应链

随着全球经济的一体化,人们发现在全球化大市场竞争环境下任何一个企业都不可能在所有业务上成为最杰出者,必须联合行业中其他上下游企业,建立一条经济利益相连、业务关系紧密的行业供应链实现优势互补,充分利用一切可利用的资源来适应社会化大生产的竞争环境,共同增强市场竞争实力。因此,企业内部供应链管理延伸和发展为面向全行业的产业链管理,管理的资源从企业内部扩展到了外部。在这种供应链的管理过程中,首先,在整个行业中建立一个环环相扣的供应链,使多个企业能在一个整体的管理下实现协作经营和协调运作。把这些企业的分散计划纳入整个供应链的计划中,实现资源和信息共享,从而大大增强了该供应链在大市场环境中的整体优势,同时也使每个企业均可实现以最小的个别成本和转换成本来获得成本优势。在21世纪,市场竞争将会演变成为这种供应链之间的竞争。

其次,在市场、加工/组装、制造环节与流通环节之间,建立一个业务相关的动态企业联盟(或虚拟公司)。它是指为完成向市场提供商品或服务等任务而由多个企业相互联合所形成的一种合作组织形式,通过信息技术把这些企业连成一个网络,以更有效地向市场提供商品和服务来完成单个企业不能承担的市场功能。这不仅使每一个企业保持了自己的个体优势,也扩大了其资源利用的范围,使每个企业可以享用联盟中的其他资源。例如配送环节是连接生产制造与流通领域的桥梁,起到重要的纽带作用,以它为核心可使供需连接更为紧密。在市场经济发达国家,为了加速产品流通,往往是以一个配送中心为核心,上与生产加工领域相联,下与批发商、零售商、连锁超市相接,建立一个企业联盟,把它们均纳入自己的供应链来进行管理,起到一个承上启下的作用来最有效地规划和调用整体资源,以此实现其业务跨行业、跨地区甚至是跨国的经营,对大市场的需求做出快速的响应。在它的作用下,供应链上的产品可实现及时生产、及时交付、及时配送并及时地交到最终消费者手中,快速实现资本循环和价值链增值。

这种广义供应链管理拆除了企业的围墙,将各个企业独立的信息化孤岛连接在一起,建立起一种跨企业的协作,以此来追求和分享市场机会,通过Internet、电子商务把过去分离的业务过程集成起来,覆盖了从供应商到客户的全部过程,包括原材料供应商、外协加工和组装、生产制造、销售分销与运输、批发商、零售商、仓储和客户服务等,实现了从生产领域到流通领域一步到位的全业务过程。

5. 全球网络供应链

Internet、交互式Web应用以及电子商务的出现,将彻底改变我们的商业方式,也将改变现有供应链的结构,传统意义的经销商将消失,其功能将被全球网络电子商务所取代。传统多层的供应链将转变为基于Internet的开放式的全球网络供应链。

在网络上的企业都具有两重身分,既是客户又同时是供应商,企业不仅要上网交易,更重要的是,它构成该供应链的一个元素。在这种新的商业环境下,所有的企业都将面临更为严峻的挑战,它们必须在提高客户服务水平的同时努力降低运营成本;必须在提高市场反应速度的同时给客户以更多的选择。同时,Internet和电子商务也将使供应商与客户的关系发生重大的改变,其关系将不再仅仅局限于产品的销售,更多的将是以服务的方式满足客户的需求来替代将产品卖给客户。越来越多的客户不仅以购买产品的方式来实现其需求,而是更看重未来应用的规划与实施、系统的运行维护等,本质上讲他们需要的是某种效用或能力,而不是产品本身,这将极大地改变供应商与客户的关系。企业必须更加细致、深入地了解每一个客户的特殊要求,才能巩固其与客户的关系,这是一种长期的有偿服务,而不是产品时代的一次或多次性的购买。

在全球网络供应链中,企业的形态和边界将产生根本性改变,整个供应链的协同运作将取代传统的电子订单,供应商与客户间信息交流层次的沟通与协调将是一种交互式、透明的协同工作。

一些新型的、有益于供应链运作的代理服务商将替代传统的经销商,并成为新兴业务,如交易代理、信息检索服务等,将会有更多的商业机会等待着人们去发现。这种全球网络供应链将广泛和彻底地影响并改变所有企业的经营运作方式。

习题与思考题

9.1 生产管理的主要目的和内容是什么?

9.2 不同类型的生产方式,其能力平衡有何不同?

9.3 叙述 MRP 的原理及基本内容。

9.4 产品 M 由 2 单位 N 和 3 单位 P 制成。N 由 2 单位 R 及 4 单位 S 制成;R 由 1 单位 S 及 3 单位 T 制成;P 由 2 单位 T 及 4 单位 U 制成。试求:

(1) 画出物料清单(产品结构树)。

(2) 如果需要 100 单位 M,每一种子项各需要多少?

(3) 图示单层物料清单。

9.5 简述 MRPⅡ的特点与流程。

9.6 叙述 JIT 和 OPT 的各自特点。

9.7 简述 ERP 的特点、主要功能和关键技术。

9.8 叙述供应链管理的基本概念及其发展趋势。

第10章　计算机辅助质量控制

20世纪80年代以来,随着计算机技术的飞速发展及其在企业管理和生产中的广泛应用,人们开始将计算机技术引入到质量管理和质量控制中,先后发展了计算机辅助质量控制(Computer Aided Quality,CAQ)系统和集成质量系统(Integrated Quality System,IQS)。本章介绍计算机辅助质量控制和集成质量系统的基本概念、体系结构、主要功能和关键技术。

10.1　基本概念

本节介绍与质量有关的基术概念。

1. 质量

(1) 质量的定义

根据国家标准GB/T 6583—1994及国际标准ISO 8402—1994规定,质量的定义为:反映实体满足明确和隐含需要的能力的特征总和。

对上述定义说明如下:

① 所谓实体是指可以单独描述和研究的事物,如产品、活动或过程、组织、体系或人以及上述各项的任何组合。可见,“实体”几乎覆盖了质量管理和质量保证活动中可能涉及的所有对象。而实际上在大多数场合,特别是对制造企业的质量管理、质量保证而言,实体所表达的内涵只是定义中的某一部分。

② 需要在合同情况下,或在法规规定的情况下,“需要”是明确规定的,而在其它情况下应识别并规定隐含的“需要”。

③ 一般应根据特定的准则将“需要”转化为质量特性,所谓满足需要就是满足反映产品需要的特性的总和。对产品质量而言,一般包括六个方面的特性,即性能、可信性、安全性、适合性、经济性、时间性。

(2) 狭义质量和广义质量

根据质量所包括的范围不同,质量又可分为狭义质量和广义质量。狭义质量是指产品质量。广义质量则是指:质量不仅指最终的产品质量,也包括产品形成和实现过程的质量,即质量不仅包括结果,也包括质量的形成和实现过程;质量不仅要满足顾客的需要,还要满足社会的需要;质量不仅指静态质量,而且指由时间决定的动态质量。

2. 质量管理

质量管理(Quality Management)的定义是,确定质量方针、目标和职责,并在质量体系中通过诸如质量计划、质量控制、质量保证和质量改进等实施的管理职能的所有活动。

(1) 质量管理是企业管理职能的一部分,它的职能是负责确定并实施质量方针、目标和职责。

(2) 质量管理的职责由企业的最高管理者承担,他对质量管理的实施负有不可推卸的职责。同时,企业内各级管理人员和全体员工的积极参与是使质量管理达到预期目标的保障。质量目标的确定和实现依靠企业各职能部门的努力工作和相互配合。

(3) 质量管理工作,包括了质量计划、质量控制、质量保证和质量改进等活动。

(4) 质量管理的发展,经历了质量检验、统计质量控制,发展到今天的全面质量管理。全面质量管理已在世界上许多国家和地区(包括中国)推行,并取得了卓著的成效。

3. 质量保证

质量保证(Quality Assurance)的定义为:为了提供足够的信任表明实体能够满足质量要求,而在质量体系中实施并根据需要进行证实的全部有计划、有系统的活动。

(1) 质量保证是为了使人们确信企业能满足质量要求所必须进行的有计划、有系统的活动,它不是仅仅针对某项具体质量要求的活动。

(2) 质量保证分为内部质量保证和外部质量保证。内部质量保证是为使企业的领导者确信本企业提供的产品满足质量要求所进行的活动,它是企业内部质量管理职能的一部分;外部质量保证是为了使需方确信供方提供的产品满足质量要求所进行的活动。

(3) 质量保证活动中采用计算机。随着信息技术的发展,在质量保证活动中采用计算机将会使质量保证所提供的信任更为充分和可靠。

4. 质量控制

质量控制(Quality Control)的定义是:为达到质量要求所采取的作业技术和活动。

(1) 定义中所说的"质量要求"应转化为质量特性,这些特性应用定量或定性的规范来表示,以便于作为进行质量控制时的依据。

(2) "所采取的作业技术和活动"应贯穿于产品形成的全过程,即包括营销和市场调查、过程策划与开发、产品设计与采购、生产或服务提供、验证、安装和贮存、销售和分发、安装和投入运行、技术支持和服务、用后处置等各个环节或阶段的质量控制。

(3) 质量控制和质量保证在某些方面是互相渗透的,即某些质量活动既满足了质量控制的要求,同时也满足了质量保证的要求。

(4) 在制造企业中所谓质量控制不能仅理解为是对产品进行检测,而是要保证不让不合格品流入顾客手中。

5. 质量体系

质量体系(Quality System)的定义是:为实施质量管理所需的组织结构、程序、过程和资源。

(1) 质量体系是为了实施质量管理而建立和运行的由组织机构、程序、过程和资源组成的有机整体。每一个企业都客观存在着质量体系,企业领导者的职责是站在系统的高度将影响产品或服务质量的因素作为质量体系的组成部分,使其相互配合,相互促进,实现系统的整体优化,建立和健全企业的质量体系,使之更为完善、科学和有效。

(2) 质量体系中的组织结构是质量体系有效运行的保证,它既要有利于领导的统一指挥和分级管理,又要有利于各个部门的分工合作。

(3) 质量体系的资源包括人才资源和专业技能、设计和研制设备、制造设备、检验和试验设备、仪器、仪表和计算机软件等。

6. 过程质量

过程质量指对生产作业过程进行技术准备的质量。它是根据产品设计和规范的要求,并考虑到企业现有的资源配置情况,进行生产控制规划、工序能力分析和现场保证能力的研究,以保证生产作业过程处于受控状态。

7. 生产过程质量控制(Process Quality Control)

生产过程质量控制是指从投料开始到制成成品的整个过程的质量控制。它是企业产品质量控制的重要环节,其职能是根据产品技术要求和制造过程计划,控制影响生产质量的各项因素,保证生产出符合质量要求的产品。

8. 产品验证

产品验证包括外购材料和外购件验证、工序验证和成品验证。即根据给定的质量标准,按照一定的验证方法和程序,对验证的对象进行测量和分析,并将分析和测量结果与给定的质量标准进行对比,对其质量特性做出合格与否的判断。

10.2 计算机辅助质量系统

本节在介绍计算机辅助质量系统对制造企业战略与策略上的作用的基础上讨论 CAQ 系统的总体结构,包括功能结构、层次结构、CAQ 系统的软硬件环境,然后讨论集成质量系统。

10.2.1 自动化的质量系统对企业的战略作用

产品质量对制造企业具有前所未有的重要作用,具体体现在以下几个方面:

① 在物资不充足的时代,企业只要能生产出产品,就能卖得出去,但在产品丰富的今天,企业不能单纯地确保生产量,而是要生产和提供能卖得出去的产品。卖不出去的产品生产得越多,造成的资金积压越多。企业经营的目标必须由数量转变为质量。

② 非价格竞争已经成为国际竞争的主要手段。所谓非价格竞争主要是通过改善商品的质量(包括性能、包装、新的规格款式),准时交货和优良的售后服务等方法扩大商品销路。

③ 随着消费者对产品要求的提高,当有缺陷的产品对用户造成人身、财产危害时,或因产品形成环境污染或公害问题时,消费者会严肃地追究企业的责任。

④ 产品质量不仅要充分满足消费者的要求,还必须考虑噪声、排气及产品回收后的处理对使用环境的影响,还要考虑有害物质的积蓄对未来产生的影响,即“绿色制造”的概念。

自动化的质量系统有效地支持企业实施全面质量管理,全面质量管理要求全体人员和各部门的参与和对全过程的管理。计算机辅助质量系统及集成质量系统在计算机网络的支持下,实现企业内部各部门间以及企业集团间质量信息的自动传递,及时地向各个层次人员提供正确的产品及过程质量信息,以便及时做出响应。

自动化的质量系统是企业实施 CIMS 及其他先进生产模式的基础。面对国际市场的新挑战,为了求得生存和发展,越来越多的企业正在向先进的生产模式转变。

自动化质量系统对企业策略上的作用,体现在以下几方面:

① 能实现对急剧增长的、大量的质量数据的有效管理。

② 能高质量地及时地提供国际合作生产所需各类报告及文件。

③ 为各个层次的决策者提供决策支持,在计算机网络和数据库系统的支持下,自动化的质量系统可以向各个层次的决策者提供快速而正确的各类信息,提供决策支持,以便根据变化了的情况及时做出决策。

④ 提供先进的质量控制手段,缩短故障响应时间,减少故障损失。

10.2.2 计算机辅助质量系统结构

对于不同的制造企业，其质量目标不同，质量体系要素不同，质量活动的内容及其侧重点不尽相同。适合于各类企业的万能的质量体系是不存在的，因而通用的计算机辅助质量系统也是不存在的。通常的做法是根据企业的经营目标和质量目标，以 GB/T 19000—ISO 9000 为指导进行 CAQ 系统的规划，根据 GB/T 19001—ISO 9001 ~ GB/T 19003—ISO 9003 选择质量保证从而确定 CAQ 系统的范围。GB/T 19004—ISO 9004 提供了质量管理和质量体系要素指南，它是确定 CAQ 系统组成单元的依据。可见，GB/T 19000—ISO 9000 系列标准是企业开发和实施 CAQ 系统的基础，如图 10-1 所示。

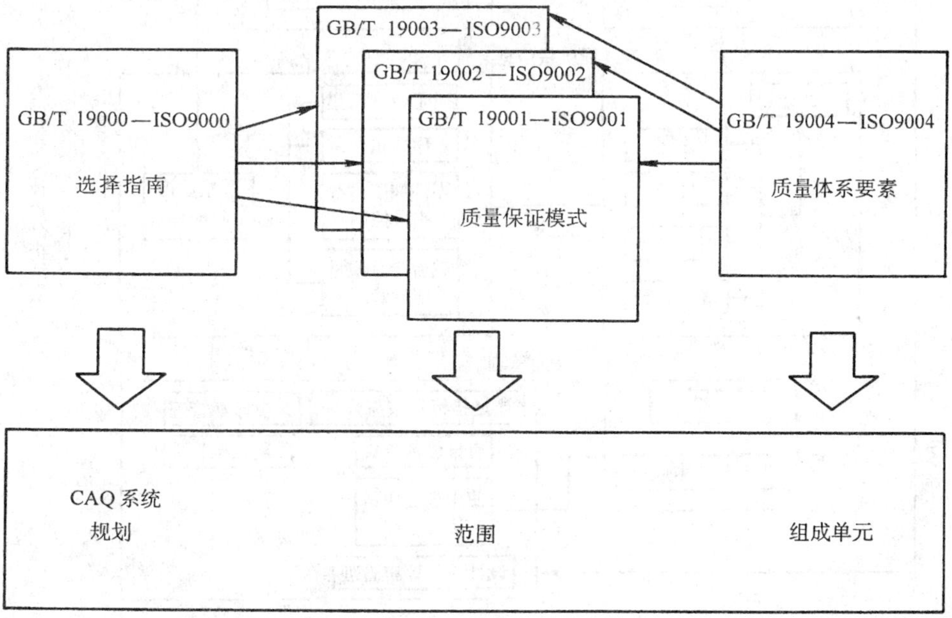

图 10-1 ISO 9000 系列——CAQ 的基础

1. 计算机辅助质量系统功能结构

目前在世界上还没有适应各类企业通用的 CAQ 系统，不同的企业一般均根据本企业的实际需求设计，开发和运行适合本企业的 CAQ 系统。

一般认为计算机辅助质量系统应包括如下的功能：①质量计划；②检测与质量数据采集；③质量评价与控制；④质量综合管理。图 10-2 为计算机辅助质量系统的功能参考模型。

(1) 计算机辅助质量计划子系统

计算机辅助质量计划子系统主要包括两方面的功能：产品质量计划编制和计算机辅助检测计划生成。

① 计算机辅助产品质量计划编制的主要功能是针对某种产品(或过程)，以该产品的历史质量状况、生产技术状态的现状和发展分析结果为基础，确定需要达到的质量目标(包括特性或规范、一致性、产品和可信性等)，分配项目各阶段中职责、权限和资源，制定采取的程序、方法和作业指导书，确定达到质量目标的测量方法，编制质量手册和质量程序手册等。

② 计算机辅助检测计划生成(Computer Aided Inspection Planning，CAIP)根据检测对象的质量要求与规范、产品模型及检测资源制订检测对象(包括产品、零件、部件、外购外协件等)的检

测规程和检测规范，包括检测项目、检测方法、检测设备的确定。如图 10－3 所示，CAIP 由 CAD 系统中提取零件几何信息与检测信息，生成检测规程，控制自动检测装置（如三坐标测量机）进行自动检测。

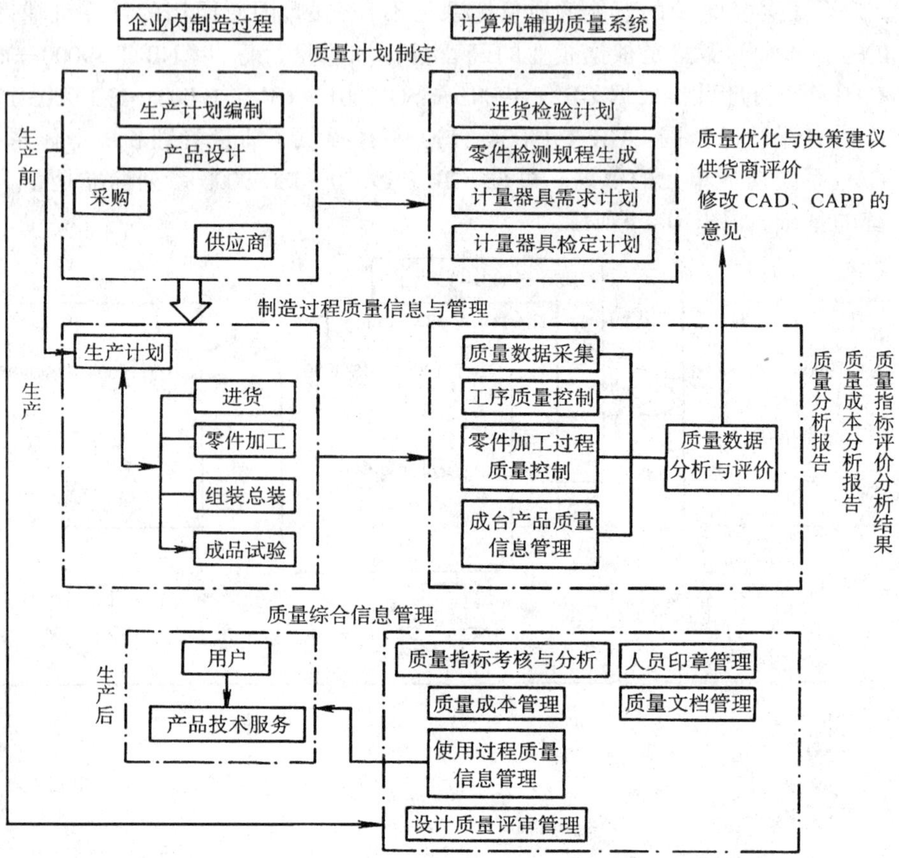

图 10－2 计算机辅助质量系统的功能参考模型

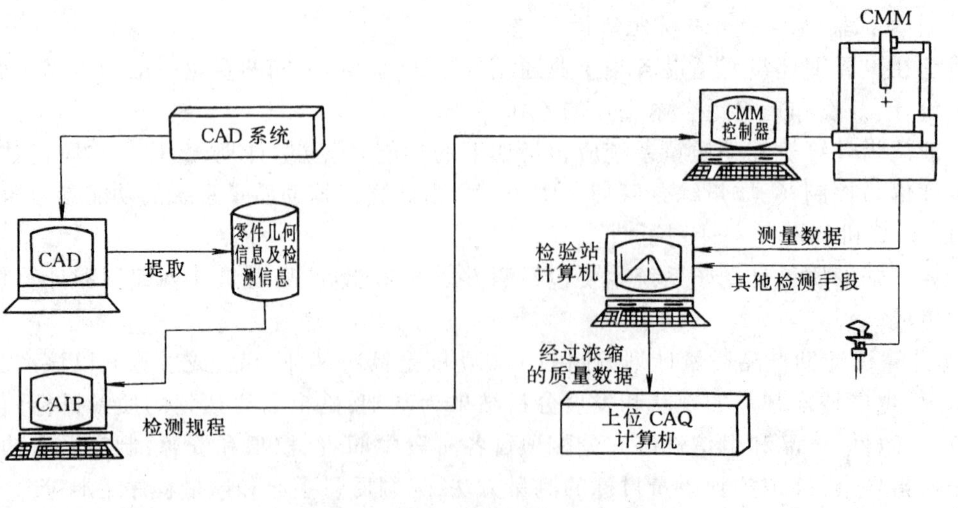

图 10－3 CAD—CAQ 的集成模型示例

按照检测对象不同，计算机辅助检测计划可分为：①计算机辅助进货检测计划；②计算机辅助零件检测计划；③计算机辅助装配过程检测计划；④计算机辅助成品试验计划(Computer Aided Test Planning,CATP)。

(2) 自动检测与质量数据采集

在 CAQ 系统中,自动检测与质量数据采集的功能是在质量计划子系统的指导下,采集制造过程不同阶段与产品质量有关的数据,包括外购原材料及零部件检测数据、零件制造过程检测数据和最终检验数据、制造过程状态数据、装配过程检测数据、成品试验数据及产品使用过程故障数据等。

(3) 质量评价与控制子系统

质量评价与控制主要包括:制造过程质量评价诊断与控制、进货及供货商质量评价与控制。

制造过程质量评价诊断与控制原理如图 10－4 所示,质量评价与控制系统按如下内容进行操作:

① 生产设备在被控状态下进行　将原材料转变为成品(包括零件和产品)的制造过程受到来自人、机器、材料、加工方法等方面的干扰。

② 质量数据采集系统　检测成品的实际质量和制造过程的状态信息。

③ 诊断主要因素　将被控变量与预定的质量规范或质量标准进行比较,在众多影响质量的干扰因素中诊断出主要因素。

④ 实现对制造过程的控制　为了修正对质量标准的偏离,确定新的操作变量或调整加工过程,通过控制器和执行机构实现对制造过程的控制。

可见,制造过程质量评价、诊断与控制系统是一个闭环的反馈控制系统,也可以看作是一个复杂的自适应控制环。

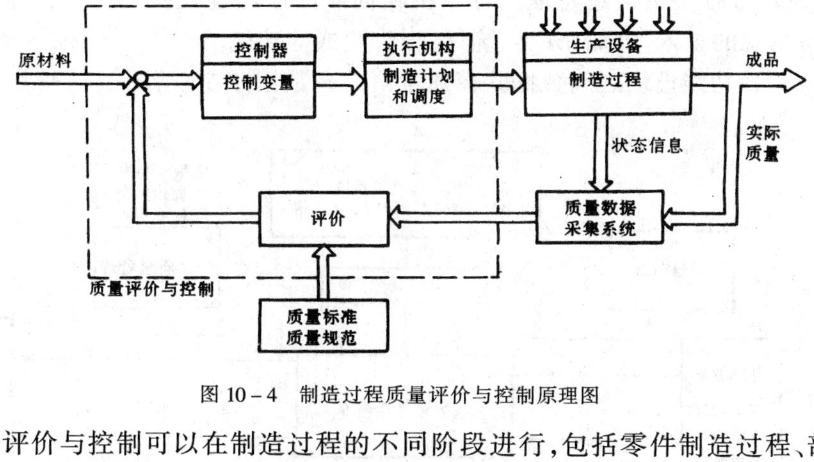

图 10－4　制造过程质量评价与控制原理图

这类质量评价与控制可以在制造过程的不同阶段进行,包括零件制造过程、部件装配站、成品最终试验等。质量的评价和控制可以是在线的,也可以是离线的,如图 10－5 所示。

(4) 质量综合管理子系统

质量综合管理子系统包括如下功能:

① 质量成本　质量成本对本企业的经济效益起着举足轻重的作用,在 CAQ 系统中质量成本模块应满足如下要求:i)质量成本发生点和成本负担者;ii)质量成本计划和质量成本核算;iii)从成本优化角度解决质量问题的可能性;iv)成本分类预算和核算。

② 计量器具质量管理　计量器具包括在产品开发、制造、安装和维修中所使用的量具、仪

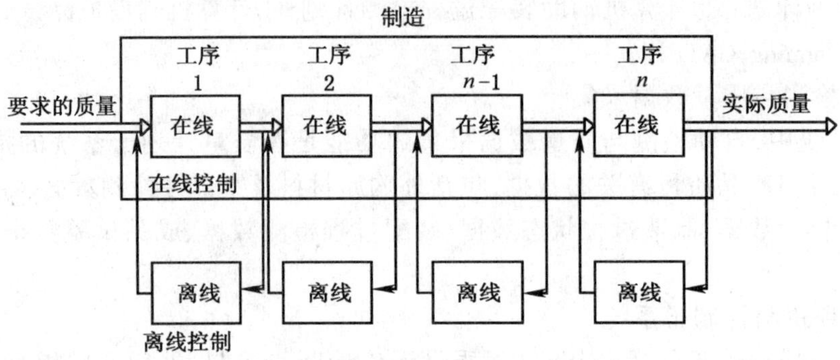

图 10－5　制造过程在线控制和离线控制

器、专门的试验设备及工序检测仪器。对计量器具的质量管理应覆盖计量器具计划、设计、采购、待用、监控及投入使用等的各个阶段，并形成闭环系统。

③ 质量指标综合统计分析及质量决策支持　质量指标综合统计与分析模块完成指标数据的收集、综合和分析、质量指标的分解、下达和各类指标执行状况的考核奖惩处理报告等，指标执行结果的汇总统计包括质量成本分析的结果，作为质量、计划部门确定质量目标、质量方针等的决策支持。

④ 工具、工装和设备质量管理　计算机辅助工具、工装、设备质量管理功能包括工具、工装、设备定检计划制定，定检计划执行情况记录，工具工装设备规格，质量信息存储、维护、更新，出入库质量状况及使用过程质量状况跟踪，以及异常情况处理等。

⑤ 质检人员资格印章管理　计算机辅助质检人员资格印章管理包括质量检验人员基本信息、资格及权限、资格及印章更新等。

⑥ 产品使用过程质量信息管理　计算机辅助产品使用过程质量信息管理提供产品在使用过程中质量信息的录入、存储、分类、统计、报告生成等功能。

CAQ 系统中各功能模块之间数据共享通常由共享数据库实现，图 10－6 表示了 CAQ 系统的一种布局。

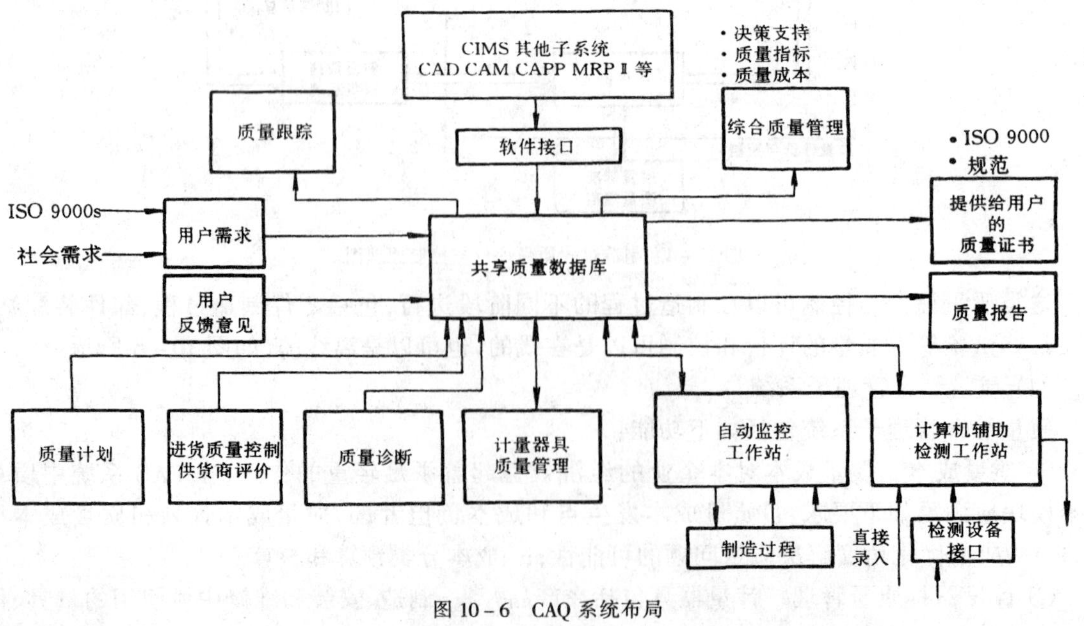

图 10－6　CAQ 系统布局

2. 计算机辅助质量系统的层次结构

分析上述 CAQ 系统的各功能子系统可以发现,它们分布在企业的不同层次,所涉及的范围也有很大差别,如零件加工过程检测在该零件的某一工序加工设备或检测设备进行,所涉及的质量数据仅与该零件的该工序有关,而企业的综合质量指标则是汇总了各车间各部门与质量有关的数据的综合,质量综合指标分析结果将成为企业确定质量目标和质量方针的依据,所涉及的是企业最上层的质量活动。因此为了更全面地描述计算机辅助质量系统,通常用计划决策层、管理控制层和执行层等三个层次描述。

(1) 计划决策层

CAQ 系统的计划决策层为企业质量目标和质量方针的决策提供支持,并将已确定的质量方针进行分解与落实、建立 CAQ 系统与 CIMS 其他子系统,如 CAD 和制造资源计划等之间的联系等。计划决策层的主要任务为:①质量方针、质量计划的制订;②质量指标的分解、质量指标的综合与分析;③检测计划的生成与管理;④质量成本分析、核算与管理;⑤质量数据分布字典管理。

(2) 管理控制层

CAQ 系统的管理控制层使质量部门实施和完成检测计划、建立质量数据采集模型、对由执行层获得的质量数据进行分析,生成质量报告和质量证书。管理控制层的任务包括:①测试设备、人员和程序的调度与控制;②检测程序的生成、修改与存储;③检测结果按零件类或产品类统计分析;④产品质量诊断;⑤质量报告生成。

(3) 执行层

CAQ系统的执行层的任务是在制造过程的不同阶段,采用不同的检测仪器或设备进行检测和数据采集,并对制造过程进行控制,使返修品和废品为最少。因此执行层的主要任务为:① 质量数据采集,预处理和符合性检查;②生产过程质量监测与控制。

CAQ系统不同层次之间的数据传输如图 10-7 所示,即由计划决策层到管理控制层到执行层是质量计划逐层向下分解细化的过程,而由执行层到管理控制层到计划决策层是质量数据归纳、汇总的过程。

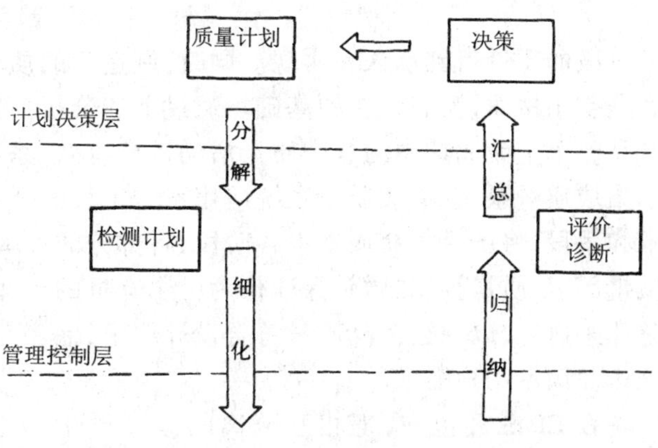

图 10-7　CAQ 系统层次间数据传输

从 CAQ 系统的功能结构和层次结构可以看出,CAQ 系统分布在企业的各个部门和各个层次。因此在 CIMS 环境下,CAQ 系统采用数据库管理系统和计算机网络支持的分布式系统。

10.2.3　集成质量系统

随着计算机集成制造系统与技术的发展,以及新型的生产模式的出现,计算机辅助质量系统正逐步向计算机集成质量系统(IQS)发展。

1. 集成质量系统

传统的质量概念是指产品满足设计者所确定的技术要求。产品加工完成后,通过检验评定成品质量。质量的保证来自于加工检验设备的性能和操作者的技能。传统的质量控制仅对制造过程进行控制,通过检验查出不合格产品,经统计、分析找出产品不合格的原因,对相应的制造过程加以改进与控制,将不合格产品率控制在某一百分比之下。然而,产品的形成过程也就是产品质量的形成过程,影响质量的因素贯穿于产品的整个生命周期,仅对制造过程进行控制是不能保证产品质量的。GB/T 1900—ISO 9004 把产品质量形成的全过程分为若干个阶段,并用一个典型的"质量环"来表示,如图 10—8 所示。"质量环"科学地描述了构成企业质量体系的要素与活动。这些要素与活动可概括成三大阶段,即制造前、制造中和制造后。在制造前,存在诸如用户提出质量要求、产品质量规范、市场及经营信息的采集、制造资源等质量活动;在制造中有工艺、工装设备的制定、检测、控制、试验等质量控制和管理活动;在制造后,存在储运、销售、售后服务、维护修理等质量活动。这些质量活动之间存在着不可分割的千丝万缕的联系。制造前看似一个产品生命周期的初始阶段,实质上,新产品质量的保证,来源于在市场上销售和售出的老产品。只有上代产品的市场和经营在制造前反馈回准确真实的信息,才能使制造前的质量有保证。制造前质量的成败,是制造中质量成败的前提。只有制造前为制造中提供科学、合理的设计和经济可行的准备,才能使制造中有规可循,有据可依。最为显著的是,制造后质量的提高可以使前两个阶段的质量得到承认和实现。同时,制造后的质量无论多么辉煌,没有前面的质量保证,无疑是空中楼阁,没有存在的基础。通过上述分析,可以看出:要保证和提高产品质量,就必须对产品整个生命周期中的各个质量活动进行有效、系统、协调、全面地管理与控制。于是便产生了集成质量系统。集成质量系统应用系统工程的观点和方法,广泛采用各种先进的现代科学技术和手段,将产品生命周期中各阶段、各部分的质量因素、质量控制、质量保证作为一个有机的整体来研究,以保证产品质量符合设计要求,保证产品满足用户需求。

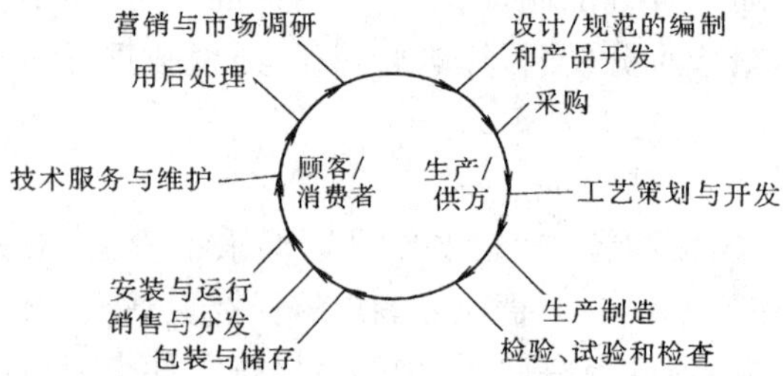

图 10-8 "质量环"

在 CIMS 环境中,把相互分离的单元质量保证技术通过计算机网络有机地结合起来,就形成了 CIMS 环境下的集成质量系统,如图 10-9所示。

2. 集成质量系统的特点

集成质量系统具有如下特点 :

- 适应小批量、多变、高质量的用户需求。
- 工作方式是用户驱动,而不是检验驱动。
- 目标是:保证产品质量符合设计要求,保证产品满足用户的需求。
- 对产品的整个生命周期的全部质量活

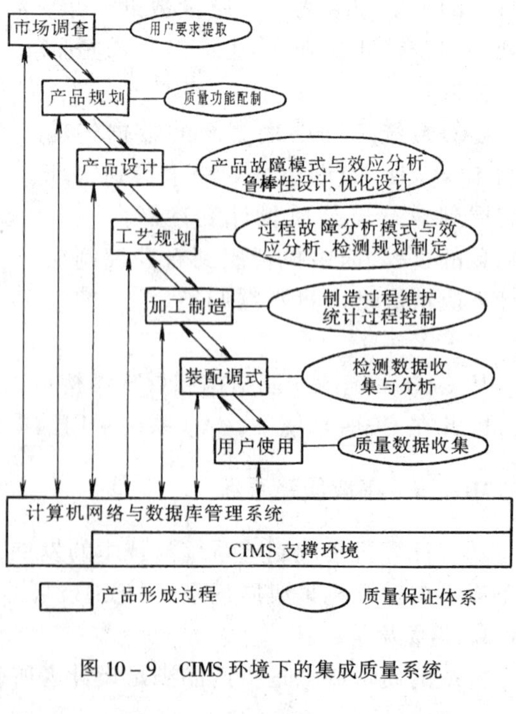

图 10-9 CIMS 环境下的集成质量系统

动进行管理与控制。

- 以计算机网络和数据库管理系统为支撑,实现质量信息的提取、交换、共享和处理的集成化。
- 强调的是在质量问题的“源”处控制质量,而不仅仅是对已产生的质量缺陷进行处理,进行的是过程控制,而不仅仅是产品生产结果的控制,重点是预防。
- 是一种模块化的开放式系统,能够根据企业环境的变化以及对质量要求的不断提高,进行相应的扩充、修改和完善。

10.2.4 计算机辅助质量系统实例

1. 基于客户机/服务器的计算机辅助质量系统简介

基于客户机/服务器的计算机辅助质量集成系统,简称 C/S CAQIS,是一个覆盖机械制造企业从原材料入厂、零件制造以及成品试验等各个环节质量控制、质量管理与质量保证主要功能的综合性软件系统。该系统由我国高技术计划 CIMS 主题支持,由西安交通大学与航空航天部 204 所合作开发,并在机械制造企业运行。

C/S CAQIS 具有如下特点:

- 根据实际需要确定系统功能。
- 开放式体系结构 C/S CAQIS 在实现技术上采用了客户机/服务器结构模式。
- 质量信息集成与应用功能集成。
- 提供数据访问与通信机制。
- 良好的用户界面。

系统利用 Oracle 数据库管理系统所提供的第四代语言软件开发工具 SQL * Plus、SQL * Form、SQL * Menu、SQL * Report, Report Writer 及触发器编程,提高了开发效率和质量,系统具有良好的用户界面。

C/S CAQIS 由应用层、应用服务层和系统服务层三个层次组成。

(1) 应用层。C/S CAQIS 应用层由 12 个应用子系统组成,它们是:

- ISO 9000 计算机辅助质量文档编制软件;
- 计算机辅助检测规划生成子系统;
- 质量数据采集及统计过程控制(Statistical Process Control, SPC)子系统;
- 进货质量信息管理子系统;
- 主关键件制造过程质量跟踪子系统;
- 材料质量信息管理子系统;
- 零件制造过程质量信息管理子系统;
- 成品试验质量信息管理子系统;
- 质量指标综合统计与分析子系统;
- 质量成本管理子系统;
- 设计质量评审子系统;
- 质量文档管理子系统。

(2) 应用服务层,它是 CAQIS 信息集成的关键,它由应用系统工作环境建立和应用执行两部分组成。

(3) 系统服务层,它是为全局系统提供的公共服务,是 CAQIS 信息集成的基础。

C/S CAQIS 中应用层、应用服务层和系统服务层之间的关系如图 10 – 10 所示。

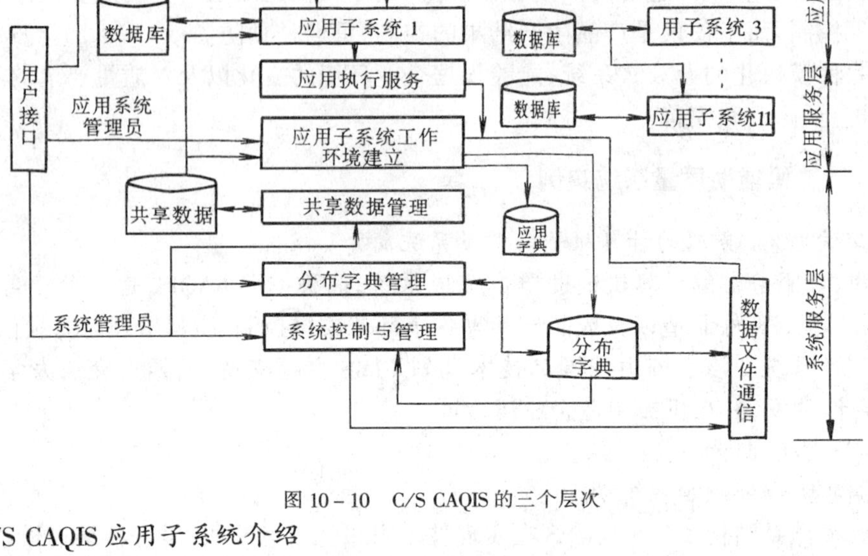

图 10 – 10　C/S CAQIS 的三个层次

2. C/S CAQIS 应用子系统介绍

C/S CAQIS 的应用系统具有下列子系统：

(1) 计算机辅助质量体系文档编制软件(简称 QSD-C)该软件为企业提供了一系列质量手册和质量程序手册样例文件，帮助企业编制符合 GB/T 19000 – ISO 9000：1994 的质量体系文档。该子系统由四个功能模块组成，如图 10 – 11 所示。

① GB/T 19001：1944 标准一览模块　它将 GB/T19001：1944 标准包括在软件中，为用户提供方便的标准查询和参照。

② 标准培训模块　它向用户提供开发质量体系文件所需要的重要质量概念、术语和知识、相关的解释及帮助信息，并对 ISO9000 系列的不同标准进行解释说明，主要包括 ISO9000 的实施、质量概念，ISO9000 系列、质量体系文件结构等 4 个方面 14 个主题。

③ 质量手册开发模块　它提供了一套通用的质量手册以及文件的开发指示。

④ 程序手册开发模块　它提供了一套质量和相应的文档编写指南。

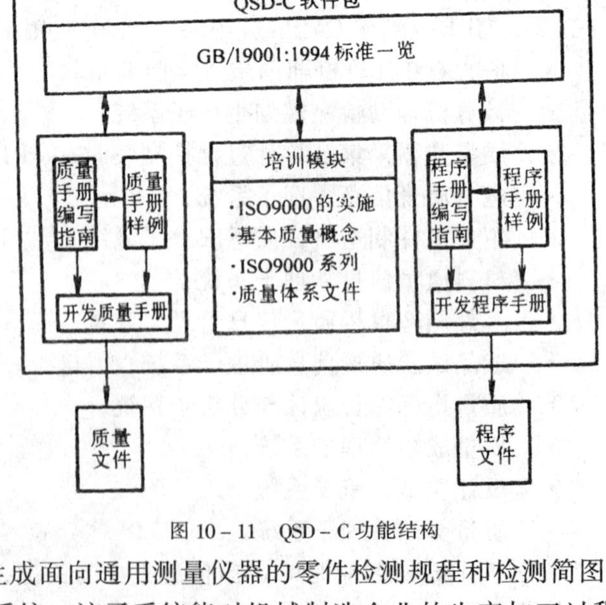

图 10 – 11　QSD – C 功能结构

(2) 面向通用测量仪器的计算机辅助检测规划生成子系统。其主要功能是根据零件的形状特征信息和检测特征信息，生成面向通用测量仪器的零件检测规程和检测简图。

(3) 质量数据采集及统计过程控制子系统。该子系统能对机械制造企业的生产加工过程及零件进行质量数据采集、传递、存储、质量监测和质量统计分析。

(4) 进货质量信息管理子系统。其主要功能是对企业中的外购原材料及零部件(简称进货)进行质量控制。

(5) 主关键件制造过程质量跟踪。主要功能是对主关键零件制造过程(从零件毛坯材质试验、经历各种工艺过程直至完成主关键零件成品试验等全部过程)中的各个环节进行跟踪控制。

(6) 材料质量信息管理。该系统的功能是对企业中主要及关键材质进行控制和管理。

(7) 零件制造过程质量信息管理子系统。其主要功能是对零件制造过程中发生的大量质量信息进行采集、处理和分析。

(8) 质量指标统计分析子系统。其功能包括制订指标计划、组织数据和根据指标计划统计、考核质量指标、维护统计数据。

(9) 成品试验质量信息管理子系统。其主要功能是对产品的装配及试验过程中测试和试验结果、质量问题进行记录、存储和统计,生成产品检验报告和质量问题报告。

(10) 质量成本管理子系统,该系统包括质量成本计划、质量成本核算、质量成本分析和综合报表生成等部分。

(11) 设计评审管理子系统,该系统主要功能包括根据产品类型及研制阶段生成评审模型,选择质量方法对评审要素或准则进行增、删、改,对评审结果进行处理。

(12) 质量文档管理子系统,该系统能管理分布在不同场地的质量文件,为每个文件建立属性、相关性、邮件表和存取表,通过这些特性对文档进行控制和管理。

(13) C/S CAQIS 集成环境,C/S CAQIS 中应用服务层和系统辅助层统称为集成环境,它提供了实现质量信息集成的环境和工具。如图 10-12 所示,在服务器上有分布字典共享数据和系统服务工具。

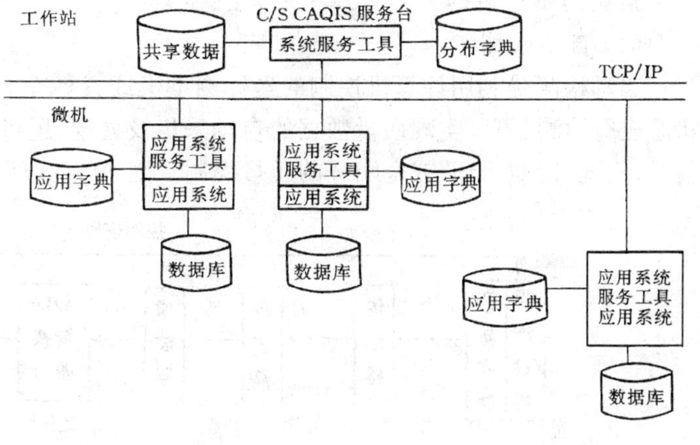

图 10-12　C/S CAQIS 集成环境

此外,C/S CAQIS 集成环境还提供下列功能:①系统控制与管理;②分布字典管理;③共享数据管理。

10.2.5　集成质量系统发展趋势

1. 适应并行工程、敏捷制造等新的生产模式

面向并行工程的集成质量系统必须具有如下性能:

(1) 覆盖产品的整个生命周期,能及时地、完整地、持续地掌握客户对产品的需求;

(2) 以“用户驱动”为基本模式,并行地、集成地处理产品开发、设计、制造阶段的质量问题;

(3) 在统一的模型和分布式环境的支持下,通过对与质量有关的过程和资源的控制,实现企业的质量目标。

CAQ 系统主要涉及产品制造过程的质量管理、质量控制和质量保证。集成质量系统将质量控制、质量保证的功能由产品制造阶段延伸到产品设计开发阶段。产品质量不仅取决于制

造过程,更重要的是决定于产品设计开发阶段,并行工程强调对产品和相关过程进行并行的一体化设计,减少后续阶段的工程改变,提高产品质量。其重要的技术和方法包括质量功能配置(QFD)、鲁棒性设计、故障模式与效应分析(FMEA)等。

2. 集成质量系统的智能化

在集成质量系统中很多环节的实现依赖于人工智能技术,如质量问题决策、质量信息综合处理、加工质量分析诊断、检测规划生成、制造过程监控、设备故障监控与诊断等。目前集成质量系统采用的人工智能技术主要包括两方面:以符号推理为特征的传统人工智能和由神经元组成的人工神经网络。

10.3 质量数据自动采集与检测

在集成质量系统或计算机辅助质量系统中,质量数据的采集或检测的方式决定了质量系统的先进程度,本小节介绍质量数据自动采集与检测方法和主要设备。

10.3.1 数据采集方式与检测方法

1. 质量数据采集方式

常用的质量数据采集方式主要有三种类型:

(1) 自动检测

自动检测是利用计算机控制的坐标测量机或其他全自动测试仪器,对工件或生产线的运行状态进行检测,可以实现质量数据的自动采集及处理,还可将分析结果自动送到生产设备的控制装置,实现“近似闭环”或全闭环的质量控制。图 10-13 所示是计算机自动在线数据采集方式。

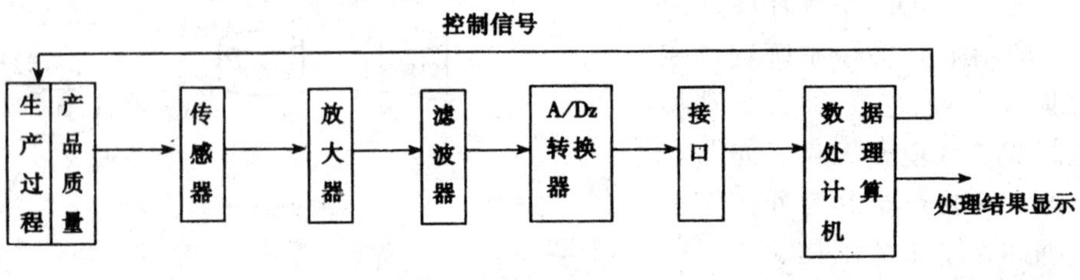

图 10-13　计算机在线数据采集

(2) 半自动检测

所谓半自动检测,是指检测活动是手动的,而信息的传送和数据的处理却是自动的。如通过数据线与数据处理器相联的数显千分尺、数显卡尺、数显高度尺、数显千分表等。检验人员在检测零件时,检测结果不需要手写记录,而是自动地送入数据处理装置存储起来。检验完毕后,可以按各种统计数据处理方式对数据进行处理,并将处理结果显示或打印出来。必要时,数据处理装置还可生成控制信号去控制生产过程,构成所谓的“近似闭环”控制方式。

(3) 手工检测

所谓手工检测,就是利用各种手动测量仪器对工件或产品进行检测,或采用“目测”的方式对生产线运行状态进行检测。检测人员需要“目测”计量仪(千分尺、游标卡尺、千分表等)的读数,再把结果记入专用的表格或利用键盘把数据送入数据处理计算机。这种方式简单、经济,但花费时间长,检测精度不高(由于读数误差),数据录入时也会出错。

生产线运行参数的采集也属于质量数据采集的范畴,其目的是监控生产系统的运行状况,以发现潜在的问题并消除之,如刀具磨损的监控、刀具破损的监控、设备运行状态的监控等。过程参数采集的对象可以是电流、电压、电功率、力参数、位移参数、流量、噪声、振动、运动状态等。

2. 检测方法

产品质量数据和生产过程参数的采集方法一般可分为两类:接触式测量法和非接触式测量法。对于计算机辅助检测而言,无论采用哪种方法,大多数情况下都是通过检测系统将加工过程参数或零件质量参数转换成电压、电流、电阻信号或一串脉冲信号,经信号调制、放大、滤波并转换成数字信号后,再送到计算机进行处理。

(1) 接触式测量法　在接触式测量法中,常用的仪器有:坐标测量机、目视读数或自动记录的千分尺、游标卡尺、粗糙度测量仪和各种量规等。

(2) 非接触式测量法　在实际质量数据检测中,非接触测量也得到广泛采用。非接触测量有如下优点:①通常无需工件精确定位;②检测速度比接触测量快;③消除了接触测量中的测头与工件接触带来的如机械磨损等问题。

非接触式测量法通常分成两大类:光学方法和非光学方法。属于光学方法的非接触式测量有:光栅尺、光学显微放大镜、激光扫描测量仪和光电二极管等。属于非光学检测法的有:电感法、电容法、射线法、超声波法等。

机器视觉也是光学检测法的一种,近年来得到越来越广泛的应用。它主要用来监测生产设备的运行状态、物流状态、计数、物体表面状态检测、几何尺寸检测、物体分类、精密位移检测等。

下面以扫描激光系统为例,说明光学非接触测量方法的应用。扫描激光系统的工作原理如图 10－14 所示。激光器发射出一个连续的薄层光束,转动镜片使光束偏转,通过透镜扫过被测工件。光传感器(光探测器)置于透镜系统的焦点上,接受来自透镜系统的光束。当被测工件移动经过光束时,使光束产生中断。测定光束的中断间隔时间,就可以测定工件的尺寸(还应计入工件的移动速度)。最后将来自光探测器的信号送入信号处理器,经过计算确定尺寸是否合格。如果不合格,则可以给剔除不合格品的机构发出一个剔除信号,以排除生产线上的不合格品。

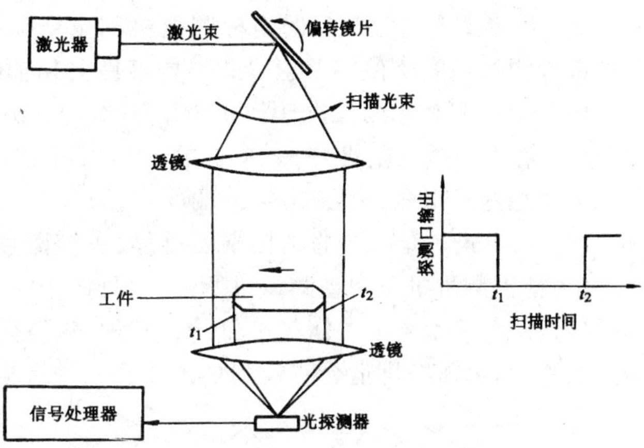

图 10－14　用扫描激光检测工件尺寸的示意图

10.3.2　三坐标测量机

三坐标测量机是能够进行三维测量的一种高效的精密测量仪器。该仪器在 x、y、z 三个互相垂直的方向上都有导向机构、位移测量元件和读数装置,能够方便地测出空间范围内的各测点的坐标位置。它目前广泛应用于机械制造、仪器制造、电子工业、航空和国防工业各个部门,特别适用于箱体类零件、模具、精密铸件、电子线路板、汽车外壳、发动机零件、凸轮以及飞机形体等带有空间曲面工件的测量。

1. 三坐标测量机组成

图 10－15 为一台桥式三坐标测量机的示意图,它主要由以下几部分组成:

(1) 主机　包括底座、工作台、立柱、导轨、驱动系统、测量系统等几个关键部分。

(2) 测头系统　由用来瞄准或触测被测要素的触头和信号传递部分组成。

(3) 控制系统　控制测量操作和步骤。

(4) 计算机及其软件　实施测量控制及其测量数据的处理。

(5) 终端设备　包括显示屏幕、打印机、绘图仪等,用于测量结果的输出。

(6) 圆工作台　用于建立第四坐标,简化测量程序。

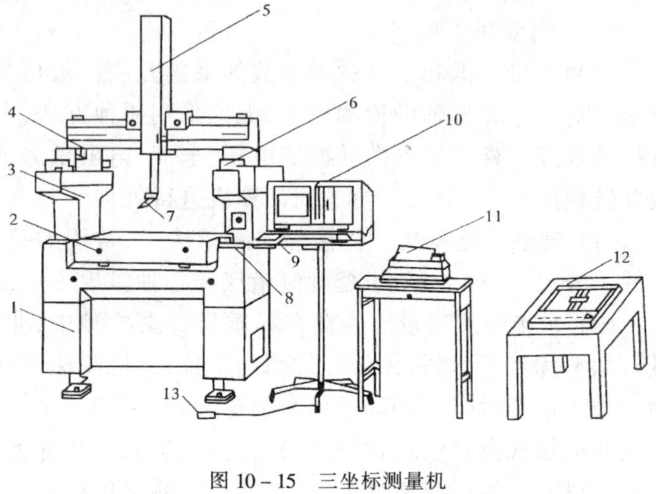

图 10－15　三坐标测量机

1—底座;2—工作台;3—立柱;4、5、6—导轨;7—测头;8—驱动开关;9—键盘;10—计算机;11—打印机;12—绘图仪;13—脚开关。

2. 三坐标测量机的结构类型

三坐标测量机的 x、y、z 三轴互相垂直配置,总体布局依各轴的放置方式不同而异,因此布局形式有多种。图 10－16 列出了三坐标测量机常见的几种结构形式。

(1) 悬臂式　这种类型的坐标测量机测量空间开阔,工件容易安装,操作方便,允许大型工件放入测量空间。但由于悬臂式结构容易引起轴的弯曲,影响导轨的运动精度,因此,悬臂式适应于中小型坐标测量机,图 10－16 中的(a)、(b)为悬臂式坐标测量机的示意图。

(2) 桥式　桥式刚性好,x、y、z 的行程均可增大,y 轴的移动距离有的可达 10 m,大型测量机多采用这种形式,见图 10－16 的(c)、(d)。

(3) 龙门式　龙门式的结构牢固可靠,系统刚度大,y 向导轨做在很重的基座上,结构简单,多为精密测量机及中型测量机所采用,见图 10－16 的(e)、(f)。

(4) 镗床式　镗床式分立式和卧式两种,这种坐标测量机是在坐标镗床或卧式镗床的基础上发展的,因而特别适合对镗削加工的孔系进行测量。在可旋转测杆的端部换装上刀具,还

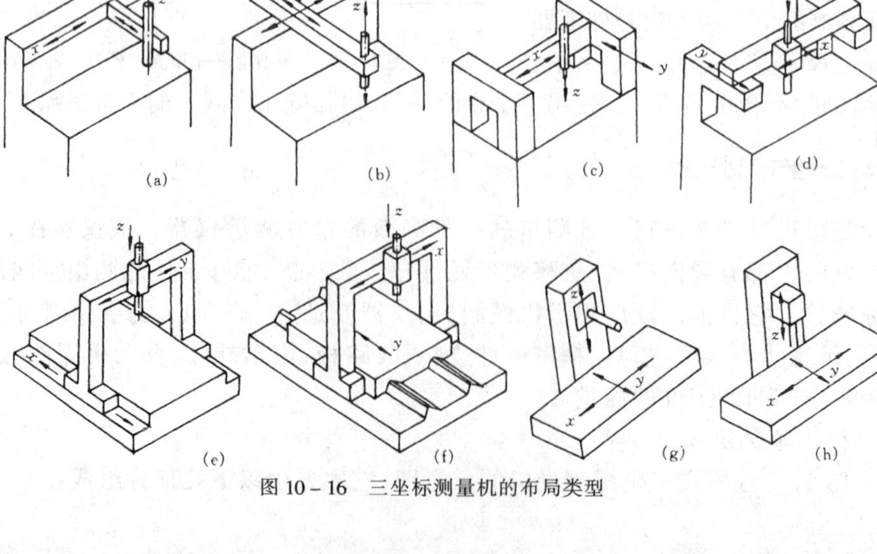

图 10－16　三坐标测量机的布局类型

可进行高精度的镗铣加工。镗床式结构复杂，刚性大，测量精度高，所以其造价也高，见图10－16的（g）、（h）。

3．三坐标测量机的测量原理

坐标测量机的三个运动轴 x、y、z 及分别安装于其上的3把测量尺（如光栅尺），在整个测量空间建立起一个笛卡尔直角坐标系〔如图10－17（a）中的 $O_Mx_My_Mz_M$〕，通常称这个坐标系为机器坐标系。一切测量运动都在这个坐标系中进行。放在测量空间的被测工件上各要素的被测部位由测头进行瞄准，测头的运动位置由3把测量尺记录，并由3个相应的读数头读出具体坐标值，然后将测量信号反馈到计算机进行储存，计算机及其相应软件将对测量数据进行计算、处理和输出。

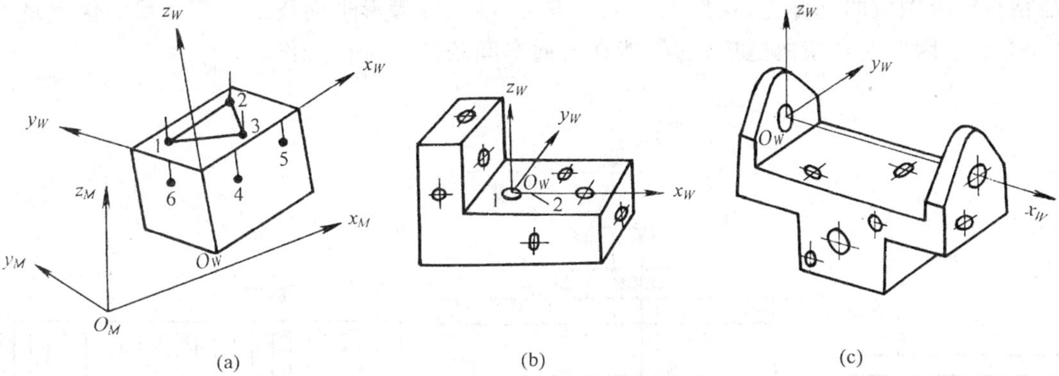

图10－17　机器坐标系与工件坐标系

在工件的实际测量时，大多使用工件坐标系，如图10－17中的 $O_Wx_Wy_Wz_W$。工件坐标系是根据工件的设计要求或测量需要建立起来的。例如在图10－17（a）所示的工件上，测头触测（1、2、3）点，可以确定出表面法线，即 z_W 的方向，再触测两点（4、5）又可确定出 x_W 的方向，最后再触测一点（6），坐标系的原点 O_W 及 y_W 的方向即可同时确定。同样在图10－17（b）上表面触测3点，可以确定 z_W 的方向，再在孔1的内圆上触测3点，即可确定孔1的圆心坐标，并用相应的程序将 O_W 移至孔1的圆心，同理 y 的方向可以由孔2的圆心位置确定。用同样的方法可以建立图10－17（c）中的坐标系 $O_Wx_Wy_Wz_W$。

在未将计算机应用到坐标测量机之前，放在测量机工作台上的工件，要将基准线与坐标测量机的机器坐标系的轴线重合，需要对被测工件进行找正，这项工作要花费很长时间。带有计算机的三坐标测量机，可将工件任意放置而不需调整被测工件在测量仪器上的安装位置，即允许工件坐标系与机器坐标系不重合，因而大大节约了测量辅助时间。

4．三坐标测量机测量系统

测量系统是三坐标测量机的重要组成部分，对测量机影响较大，一般都采用自动发出信号的数字式连续位移系统。尽管目前国内外三坐标测量机上使用的测量系统种类很多，但是它们和在各种机床上与仪器上使用的测量系统却都大致相同，如精密丝杠、光学刻线尺、感应同步器、光栅、磁栅、光学码尺、激光干涉仪等。

（1）光栅测量系统

光栅测量系统由标尺光栅（即主光栅）和指示光栅（读数头）组成（见图10－18），它利用了莫尔条纹原理来检测移动的坐标值。长光栅一般安装在三坐标测量机的导轨上，指示光栅安装在与导轨作相对运动的部位。金属标尺光栅多是在表面镀金的金属基体上采用光刻的方法制成的每毫米50线的不锈钢光栅尺，即在20 μm的长度上有一条明条纹和一条暗条纹。当标尺光栅与指示光栅相对运动为 x(mm)时,光栅尺上的明暗条纹就要移过 $50x$ 条,把光栅尺上移过的条纹数目用光电元件接受后转换成电信号,送入电路,最后以数字的形式把移动的坐标值显示出来。光栅测量系统在三坐标测量机中应用较多,是因为光栅尺体积小,容易制造,安装比较方便,测量精度高,所得到的光电信号容易细分。但光栅尺怕油污和灰尘,需要一个清洁的工作环境。

(2) 感应同步器测量系统

感应同步器式测量系统的检测元件是一对上面具有平面绕组的定尺和动尺,当它们相对运动时,利用磁感应原理进行位移测量。使用时一般将定尺安装在固定不动的部件上,将动尺安装在移动的部件上。如图 10-19 所示。定尺和动尺通常都用钢板做基体,用绝缘黏结剂把铜箔粘在钢板做成的基体上,用照像腐蚀的方法,制成方齿形平面绕组。其重要的优点是不怕灰尘和油污,因此对环境的适应性强,能在普通车间条件下进行工作。

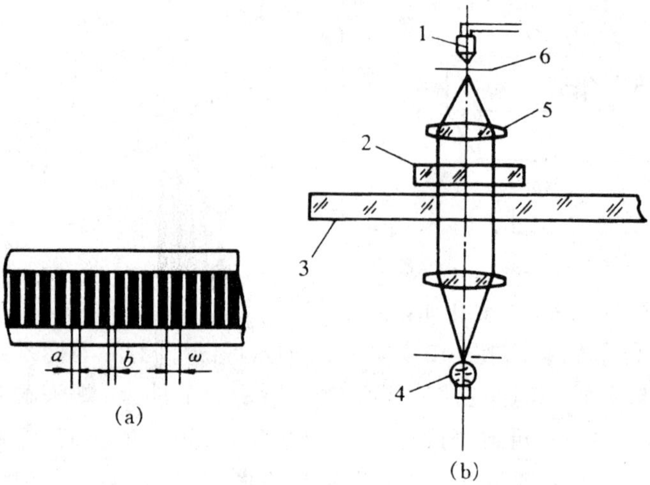

图 10-18 光栅测量系统
(a) 长光栅; (b) 光栅读数头示意图。
1—光电元件;2—指示光栅;3—主光栅;4—光源;5—透镜;6—光阑。

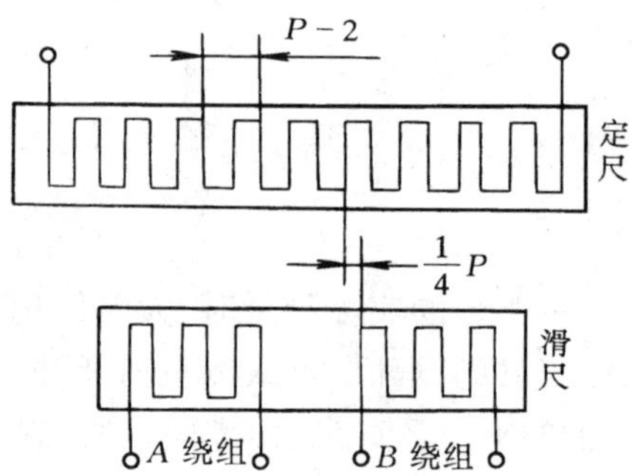

图 10-19 直线式感应同步器绕组排列的示意图

感应同步器测量系统的优点较多,在三坐标测量机中也是应用较多的测量系统。

5. 三坐标测量机的测量头

测量头是坐标测量机的关键部件,对测量机的功能、精度和效率影响很大。测量头用于对被测零件的测量部件进行瞄准,很多复杂的测量问题都归结为测头的瞄准问题。测量头按照测量方法的不同可分为接触式和非接触式两类。按结构又可分为机械式、光学式和电气式。

(1) 机械测头

机械测头如图 10-20 所示。有球形、半球形、锥形、刀刃形、盘形、V 字形、半圆柱形等等。球形测头用途最广,如测量点位、直径、型面、高度、槽宽等。它是一种通用性测头,在使用时,可将测头半径输入到计算机,计算机可以自动修正测头半径的数值,从而得出被测数值的大小。

(2) 多测球测头

图 10-21 为带有 5 个测球的测头(目前已有多达 100 个测球的三维测头),极大地方便了测量操作,从而可以大大提高测量效率。在使用多测头时,必须首先选定一个参考点,这个点可以是某一个测球的中心点,然后确定出其余各测球中心点相对参考点的坐标值以及每个测球的半径。确定的方法是用每个测球分别测量固定于机器坐标下的一个已知直径的标准球,

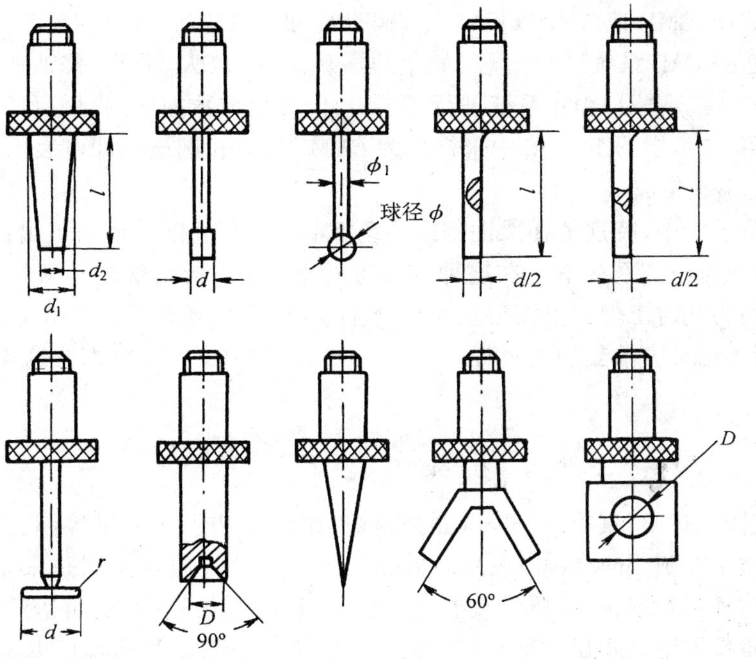

图 10－20 机械测头

计算机将自动计算出每个测球的相对位置，并把它们储存起来。这样，在用多测球测量时，不论利用哪一个测球与被测工件触测，计算机都能通过修正补偿计算出被测点在机器坐标系下的坐标值，并进而通过数据处理软件的计算，给出最终要求的测量结果。

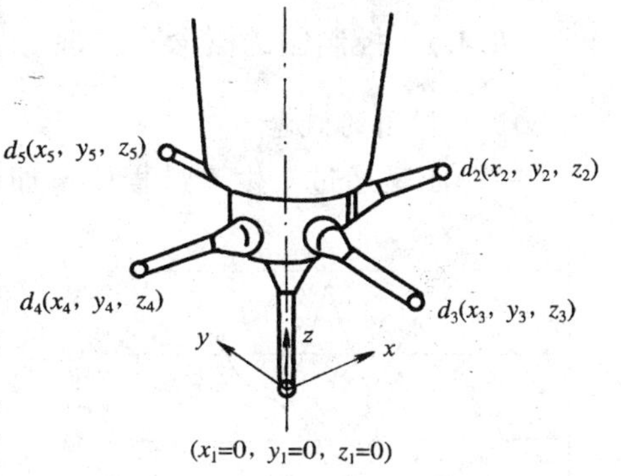

图 10－21 多测球测头示意图

10.3.3 CMM 的应用方式

CMM 的主要优点是操作简便，可以对不同形状的零件进行不同项目的测量，可以有效消除人为因素造成的测量误差，特别适合于对精密和复杂形状零件的测试。它的主要缺点是价格昂贵，对使用环境要求很高。因此，目前 CMM 在制造企业仍属于稀有设备，但随着对制造质量的要求和对自动化的要求越来越高，CMM 将会在制造企业中得到越来越广泛的应用。

CMM 在制造过程的应用方式主要有三种：

(1) 在独立的检测工位使用

此时，CMM 采用离线工作的方式，即从加工工位取下半成品或成品，运到 CMM 检测工作站进行检测，再将检测后的结果送入去调整和控制生产线。在这种工作方式下，CMM 也可以用来判断工件是否合格。

(2) 用于反求工程中

所谓的反求工程(Reverse Engineering)，是指对一台设备或零件进行测绘，从而进行仿制的过程。反求工程在技术引进时特别有用，可以紧跟国际先进技术，但又不用付出很多的研制开发费，是目前发展中国家紧跟世界先进水平的一种主要方式。当然，如果在反求过程中同时进行分析、改进和创新，则可在紧跟的基础上以最经济的方式和最短的时间超越竞争对手。在反求工程应用方式中,CMM 应与 CAD/CAM 系统集成。此时,应用 CMM 对实物进行测量,并将测量所得的数据送到 CAD 系统进行处理,如重建零件形状、放大、缩小、修改等,并生成 CAD 模型。然后将 CAD 模型送入 CMM 系统进行工艺设计,并生成数控代码,最后送入制造系统进行加工制造。若第 14 章中图 14－16 中采样头为 CMM 的测头,则该图即可表示上述过程。

(3) 与制造系统集成

在现代制造系统中,特别是在柔性制造系统 FMS 中,为了自动地加工出高质量的产品,倾向于将 CMM 集成进整个系统中。在这种应用方式下,CMM 所实现的一般是半在线或在线质量控制功能。因为此时工件并不需要从生产线上取下,而只要从加工工位送到检测工位进行检测,并根据检测结果去控制加工过程。本章 10.5 小节中图 10－29 即是这类应用的实例。

10.4 统计质量控制

1924 年,美国人休哈特(W.A.Shewhart)将数理统计方法引入质量控制,发明了控制图,从而开始了统计质量控制(Statistical Quality Control,SQC)。统计质量控制是采用统计学的方法,对质量数据进行分析处理,绘制质量数据图,观察质量的变化趋势,从而达到质量预测和控制的目的。统计质量控制是质量控制的基本方法,是执行全面质量管理的基本手段,也是 CAQ 系统的基础。常用的统计分析方法包括排列图、因果图、散布图、直方图和控制图,本节重点介绍质量控制中常用的控制图方法。

10.4.1 控制图的概念及原理

1. 控制图的概念

控制图是通过对生产过程质量加以测定和记录,从而进行质量控制管理的一种方法。它把质量数据与计算确定的控制界限相比较,判断生产过程是否稳定,是否出现系统性差异,进而采取措施,及时消除这些异常现象,达到控制生产过程,保证产品质量的目的。图 10－22 所示为一控制图,图中有中心线 CL、上控制界限 UCL 和下控制界限 LCL,并有按时间顺序抽取的样本统计量数值的描点序列。控制图具有以下作用:

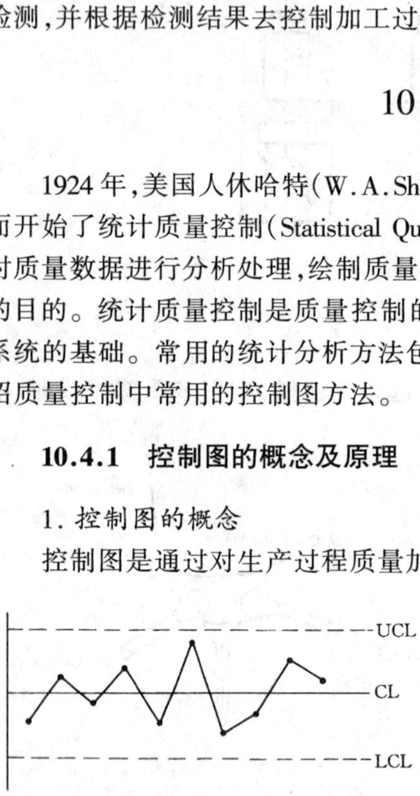

图 10－22 控制图示例

(1) 评定加工过程的状态,发现并及时消除过程中的失控现象,从而起到保证质量、防患于未然的作用;

(2) 可以减少废品和返工,从而提高生产率,降低成本,增加生产能力;

(3) 可以区分质量的偶然波动与异常波动,使操作者减少不必要的过程调整;

(4) 提供重要的过程参数数据以及它们的时间稳定性,这些对于产品设计和过程设计都是十分重要的。

2. 控制图原理

(1) 统计控制状态

任何一个生产过程,不论它是如何精确设计和精心维护,总存在着一定量的固有的或自然的变化。它是由许多偶然因素形成的偶然波动的累积效果。由于这种波动比较小,所以认为这时生产过程处于受控状态,或称为稳态。

此外，在生产过程中有时也发生由异常因素造成的异常波动，如由于设备调整不当、人为差错或原材料的缺陷导致的质量波动。与偶然波动相比，这种异常变化要大得多，而且往往表现一定的趋势和规律，此时，认为生产过程处于失控状态。

受控状态是生产过程追求的目标，此时，对产品的质量是有把握的。控制图即是用来监测生产过程状态的一种有效工具。

(2) 控制图的统计学原理

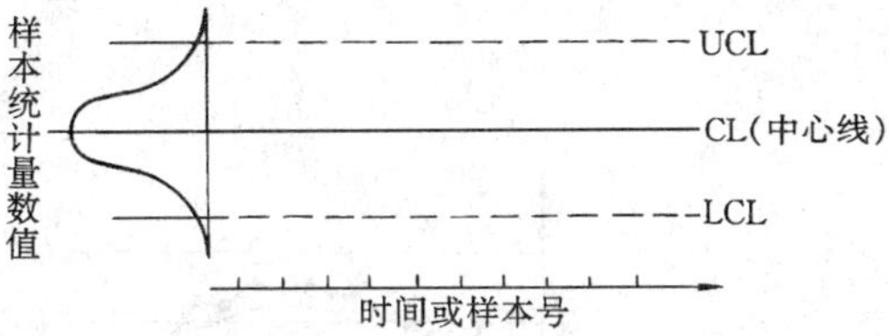

图 10－23　控制图原理

图 10－23 说明了控制图的控制原理。正常情况下测量数据是正态分布的，落在控制界限之内的概率远大于落在控制界限之外的概率。反之，若测量数据在控制界限之外，可能是属于正常情况下的小概率事件发生，也可能是过程异常发生，相对来讲，后者发生的概率要大得多。这正是控制图的统计学原理。

10.4.2　控制图的判断

在作好控制图后，即可将质量数据按各类控制图的要求处理后标到控制图内，最后根据标入控制图内点的分布状态作出质量控制的判断。控制图的一般判断规则有：

(1) 控制图中的测量数据值不超过控制界限。如果测量数据落到了控制界限之外，应判断生产过程发生了异常变化。

(2) 测量数据值在控制图中的排列没有异常。如果测量数据虽未落在控制界限之外，应根据概率统计方法对过程进行定量分析，精确计算出状态的概率值之后再进行过程状态判断。表 10－1 所列为以上、下界限距中心线距离为 3 倍的标准差计算出各种模式控制图的概率值。图 10－24 是测量数据未出现异常但过程已不稳定的几种控制图。

表 10－1　　各种模式控制图的概率值

模式	实例情况	概率水平
有点出界	连续 35 点中出界点数小于等于 1	0.004 1
	连续 100 点中出界点数小于等于 2	0.002 6
集中分层	连续 3 点中在区间($\mu\pm2\sigma,\mu\pm3\sigma$)中的点数大于等于 2	0.005 3
	连续 7 点中在区间($\mu\pm2\sigma,\mu\pm3\sigma$)中的点数大于等于 3	0.002 4
	连续 10 点中在区间($\mu\pm2\sigma,\mu\pm3\sigma$)中的点数大于等于 4	0.000 6
	连续 10 点集中在区间($\mu-\sigma,\mu+\sigma$)中	0.022
	连续 11 点集中在区间($\mu-\sigma,\mu+\sigma$)中	0.015
	连续 12 点集中在区间($\mu-\sigma,\mu+\sigma$)中	0.010 2
链模式	连续出现在中心线一侧的点数大于等于 7	0.015 3
	连续 11 点中出现在中心线一侧的点数大于等于 10	0.011 4
	连续 14 点中出现在中心线一侧的点数大于等于 12	0.012 5
趋势分布	连续上升或下降的点数大于等于 7	0.000 39
	连续上升或下降的点数大于等于 5	0.016 4
	连续上升或下降的点数大于等于 4	0.082 4

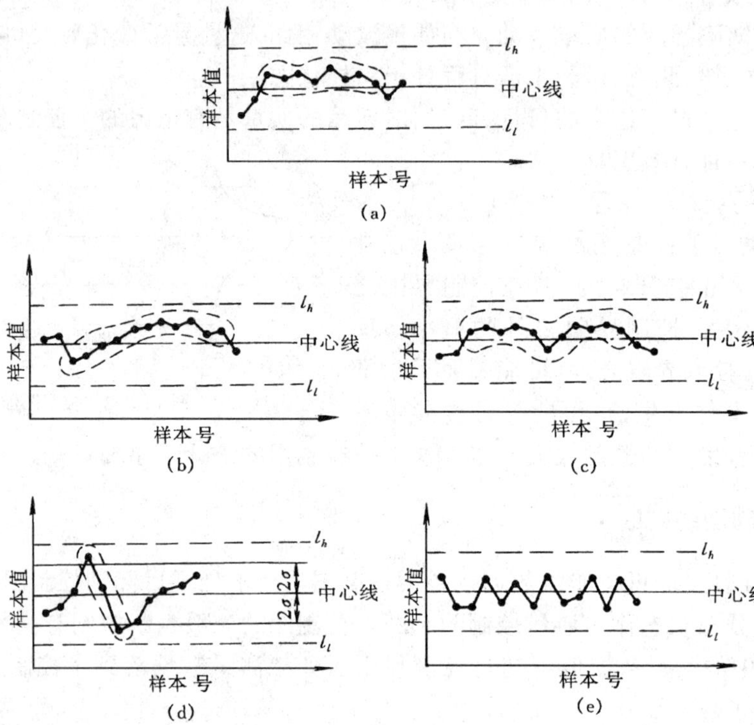

图 10-24　数据未出现异常但过程已不稳定的控制图

应根据不同的控制严格性要求选用概率水平相应的控制图判断模式，如：当控制严格性要求为 1%时，可选用概率水平接近或略低于 1%的模式实例作为判断过程异常的准则。各种模式都应选择确定出一个恰当的实例情况作为判稳准则，所谓“恰当的”是指其概率水平在同类模式中最接近控制严格性要求。概率水平过大不能满足质量控制要求；概率水平过小会造成误判次数增多，从而降低生产效率、提高生产成本。

10.4.3　控制图种类及选用

控制图根据质量数据的类型可分为计量值控制图、计件值控制图和计点值控制图，见表 10-2。这些控制图各有其用途，应根据所控制质量指标的情况和数据性质分别加以选择。

表 10-2　　　　**常用控制图**

数据类型	分布形态	控制图名称	简　记
计量值	正态分布	均值—极差控制图	$\overline{X}$ - R 控制图
		均值—标准差控制图	$\overline{X}$—S 控制图
		中位数—极差控制图	$\tilde{X}$—R 控制图
		单位—移动极差控制图	X—R_S 控制图
计件值	二项分布	不合格品率控制图	P 控制图
		不合格品数控制图	Pn 控制图
计点值	泊松分布	缺陷数控制图	C 控制图
		单位缺陷数控制图	U 控制图

各种控制图用途说明如下：

(1) $\overline{X}$—R 控制图。是最常用、最基本的控制图，它用于控制对象为长度、重量、强度、纯度、时间和生产量等计量值的场合。

(2) $\overline{X}$—S 控制图。此图与 $\overline{X}$—R 图相似，只是用标准差图（S 图）代替极差图（R 图）而已。极差计算简便，故 R 图得到广泛应用，但当样本大小 $n>10$ 或 12 时，应用极差估计总体标准差的效率减低，最好应用 S 图代替 R 图。

(3) $\widetilde{X}$—R 控制图。此图与 $\overline{X}$—R 图也很相似，只是用中位数图（$\widetilde{X}$—R 图）代替均值图（$\overline{X}$—R 图）。由于中位数的计算比均值简单，所以多用于现场需要把测量数据直接记入控制图进行管理的场合。

(4) X—R_S 控制图。多用于下列场合：①采用自动化检查和测量对每一个产品都进行检验的场合；②取样费时、昂贵的场合，如化工等过程；③样品均匀，多抽样也无太大意义的场合。由于它不像前三种控制图那样能取得较多的信息，所以它判断过程变化的灵敏度也要差一些。

(5) P 控制图。用于控制对象为不合格品率或合格品率等计数值质量指标的场合。这里需要注意的是，在根据多种检查项目的总的影响确定不合格品率的场合，当控制图显示异常后要找出异常的原因很困难。因此，使用 P 图时应选择重要的检查项目作为判断不合格品的依据。

(6) Pn 控制图。用于控制对象为不合格品数的场合。设 n 为样本大小，P 为不合格品率，则 Pn 为不合格品个数，所以取 Pn 为不合格品数控制图的简记记号。由于计算不合格品率需要进行除法运算，比较麻烦。所以在样本大小相同的情况下，用此图比较方便。

(7) C 控制图。用于控制一部机器、一个部件、一定的长度、一定的面积或任何一定的单位中所出现的缺陷数目。例如，铸件上的砂眼数，机器设备的故障数等等。

(8) U 控制图。当样品的大小变化时应换算成每单位的缺陷数并用 U 控制图。

10.4.4 计算机辅助 SQC 软件及发展趋势

1. 计算机辅助 SQC 软件简介

计算机辅助 SQC 具有下列优点：

(1) 大量的质量数据收集可以准确、高效、自动化实现。可以利用数据采集器将数据自动采集出来并通过与计算机的接口直接进入分析处理阶段。

(2) 种类繁多的、复杂的数据统计分析方法可以通过计算机强大的运算功能自动快速完成。

(3) 计算机价格的降低使生产现场采用已成为可能。

由 863 计划 CIMS 主题支持开发的工序质量数据采集分析系统（QDCA）是一种集软硬件于一体的计算机辅助工序质量管理系统，它能对机械制造企业的生产加工过程及零件进行质量数据采集、传递、存储、质量监测和质量统计分析。它一方面为在线工序质量控制提供了保证；另一方面，对于加工现场采集的质量数据还可以进一步进行离线质量统计分析，为加工质量的序后控制提供保证。系统功能树如图 10－25 所示。

2. SQC 的发展趋势

目前，SQC 正在向智能化和加工过程质量的实时在线控制的方向发展。

(1) 智能化。在工序质量检验的智能方法和控制图异常模式自动识别等方面，已出现采用统计过程控制（SPC）的机械加工过程质量控制的专家系统，具有 SPC 数据处理功能的便携

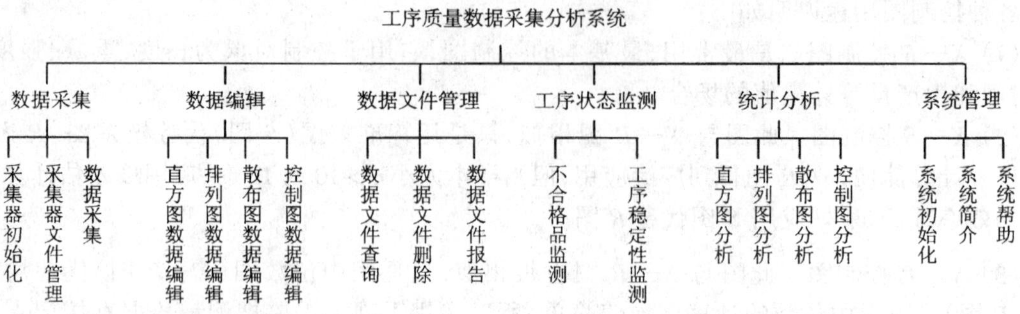

图 10－25　QDCA 系统功能树

式工序质量管理仪，采用神经网络和模糊技术识别在控制限内的异常模式，并对在控状态进行监视。

(2) 实时化，即采用多变量控制图直接进行机床状态检测。目前已研究出多种适用于多品种、小批量制造环境在线质量控制的方法：①累计和控制图(CuSuM：Cumulative SuM)；②指数加权移动平均算法(EWMA：Expotential Weighted Move Average)；③以 P.J.Harrison 等人提出的贝叶斯预测理论为基础的 SPC 方法。

10.5　计算机辅助加工过程监控

计算机辅助加工过程监控的目的在于预防产生废品，减少辅助时间，提高设备的使用效率和生产率。随着自动化检测技术的发展和由计算机控制的检测仪器和设备的出现，使质量控制工序和加工过程集成起来，或与生产设备结合为一整体，有效地实现加工过程的监控。

10.5.1　加工过程监控的特征信号与监控的方法

在现代制造过程中，产品质量的控制方法已不局限于测量被加工零件的尺寸精度和粗糙度等几何量，而是扩大到检测和控制影响产品加工质量的机械设备和加工系统的运行状态。运行状态的变化，必然会反映在运行过程中的某些物理量和几何量的变化。例如，加工过程中的刀具磨损，会引起切削力、切削力矩和振动等特征量的变化。因此，在采用计算机进行制造过程监控时，就是借助于特征信号的采集，对信息进行分析处理后，及时地发出警告信号或直接反馈到加工设备进行误差的修正，以保证产品质量要求和加工系统的运行可靠性。

在加工系统中，常用于产品质量自动检测和控制的特征信号有：

(1) 尺寸和位移　这是最常用的监控特征信号，因为尺寸精度是直接评价加工工件质量的依据，在可能的情况下，应尽量直接检测工件尺寸。

(2) 力和力矩　力和力矩是机械加工过程中最重要的物理量。它们直接反映加工系统中的状态变化，如刀具磨损的状态会在切削力或主轴转矩等特征信号中反映出来。

(3) 振动　这是加工系统中常见的特征信号，它涉及加工机床和有关设备的工况和加工质量的动态特征信号，如刀具的磨损状态、机床运动部件的工作状态等。

(4) 温度　在许多机械加工过程中，随着摩擦和磨损的产生和发展，均会随之而出现温度的变化。因此，温度也常作为检测和控制的信号。

(5) 电流、电压和电磁强度等电信号　这是最便于检测的物理量，特别是在其他物理参数比较难于直接测量(如主轴转矩)的情况下，通常将它们转换成电信号进行间接检测。

(6) 光信号　随着激光技术、红外技术以及视觉技术的发展和应用，光信号也已作为特征量用于加工系统的实时检测和控制，如检测工件的表面粗糙度、形状和尺寸精度等。

(7) 声信号　这也是一种常用的监控物理量，它是由于弹性介质的振动而引起的，因此，它和振动信号一样可以间接地反映加工系统的运行状态。

计算机辅助加工过程监控系统的控制方式与制造过程的自动化程度有关。在自动化程度较低的制造系统中，最简单的方式是将质量检测结果记录在质量登记表上，然后将这个登记表中的内容由终端键入计算机，数据在计算机中运算并存放在中央质量控制文件中。计算机还给操作人员提供一份打印的质量报告，操作人员可依据这份报告手动控制加工过程。

对于完全自动化的质量监控系统，则由计算机对制造过程进行监视和控制。系统中配置采集过程参数的各种传感器，传感器将采集到的实际过程参数送入计算机，根据存储的数学模型确定每个控制循环的适宜的定值点，也就是说，定值点不是固定不变的，以便于对全过程中的一些性能目标进行优化。

10.5.2　计算机辅助加工过程监控

1. 以工件的几何尺寸为判据

用几何尺寸作为判据的监控方法，在大批量生产中用得最广。通常，在自动化机床上用三维测头、在 FMS 中配置坐标测量机或专门的检测工作站进行在线尺寸自动测量等，都是以尺寸为判据，同时用计算机进行数据处理，完成质量控制的预测工作。

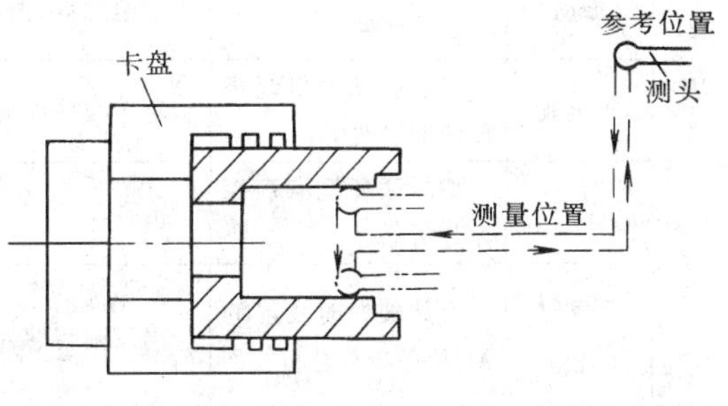

图 10－26　在 CNC 车床上用三维测头直接测量工件尺寸

图 10－26 为在 CNC 车床上用三维测头对工件上的孔的尺寸进行自动测量的示意图。测头在计算机控制下，由参考位置进到测量位置，计算机记录测量结果并进行处理，测头自动复位。图 10－26 中的箭头为测头中心移动的方向。

2. 以刀具状态为判据

在加工中心或柔性制造系统中，加工零件的批量大都比较小，除专用刀具外，各种刀具都用于加工多种工件或同一工件的多个加工表面。因此，用直接测量工件尺寸为质量监控判据来调整机床比较困难，较好的办法是监测刀具状态，以此作为控制加工质量的评定依据。

监测系统由切削过程参数传感检测单元、信号处理单元、接口电路和识别决策单元等组成。在机床上安装相应的传感器（包括相应的前置放大器等），实时获取输入信号，并将它们转换成电压或电流信号；信号处理单元对上述信号进行预处理（包括信号放大、滤波、检波、求均、去除趋势项及其他改善信噪比的处理）和特征提取；识别决策单元根据这些特征，通过识别决策模型和算法，识别出刀具的状态。

对刀具状态监测技术的要求是快速、准确、稳定、可靠。一般可分为直接测量法和间接测量法两类。直接测量法就是直接测量刀具的磨损和破损，一般在非切削时间内进行，所以是一种“离线”技术；间接测量法是在切削时间内测量与刀具磨损、破损有关的物理量变化，是一种“在线”技术。表 10－3 和表 10－4 列出了刀具磨损、破损的主要检测方法。

表 10-3　　刀具破损的主要检测方法

传感参数		传感原理	传感器	主要特征
直接法	光学图像	光反射、折射、傅氏传递函数变换，TV[①]摄像	光敏、激光、光纤、光学传感器，电荷耦合器件（CCD）[②]或摄像管	可提供直观图像，结果较精确，受切削条件影响，不易实现实时监视，正在进行实用化开发
直接法	接触	电阻变化，开关量 磁力线变化	电阻片、印刷电阻电路，开关电路，磁间隙传感器	简便，受切削温度、切削力和切屑变化影响；不能实时监视；尚待解决可靠性问题
间接法	切削力	切削力变化量 切削分力比率	应变片，动态应变仪，力传感器	灵敏，但动态应变仪难装于机床上；简便，有商品供应，识别的主要障碍是阈值的确定
间接法	转矩	主电动机，主轴或进给系统转矩	应变片，电流表等	成本低，易使用，已实用，对大钻头破损（折断）探测有效，灵敏度不高
间接法	功率	主电动机或进给电动机功率消耗	功率传感器	成本低，易使用，灵敏度不高，有商品供应
间接法	振动	切削过程振动及其变化	加速度计，振动传感器	灵敏，有应用前途和工业使用潜力
间接法	超声波	接收主动发射超声波的反射波	超声波换能器与接收器	可实现扭矩限制，但受切削振动变化的影响，处于研究阶段
间接法	噪声	切削区环境噪声探测分析	拾音器	尚处于研究阶段
间接法	声发射（AE）[③]	刀具破损时发射的AE信号特征分析	声发射传感器	灵敏、实时，使用方便，成本适中，是最有希望的刀具破损探测方法，小量供应市场，有较广泛的工业应用潜力

注：① 电视（TV，Television）；

② 电荷耦合器件（CCD，Charge-Coupled Device）；

③ 声发射（AE，Acoustic Emission）。

表 10-4　　刀具破损的主要检测方法

传感器		应用场合	主要特征
直接法	光学图像法	砂轮磨损或离线、或在线非实时监视多种刀具	分辨率 0.1～2 μm，精度 1～5 μm，正在进一步研究实用化，摄像法较贵
直接法	接触	车削，钻削刀具	灵敏度 10 μm，提供直接评价，受切屑与切削温度变化影响，有应用前景
直接法	放射线法	各种切削工艺	灵敏度 10 μm，不受切屑、切削液和切削温度影响，需进一步解决防护问题，有应用前景
间接法	切削力（转矩法）	车、钻、镗削等	灵敏度 20～100 μm，其中比切削力法与功率谱分析法有应用价值
间接法	功率（电流）法	车、铣、钻削等	灵敏度低，响应时间较长，易使用
间接法	切削温度	车削	灵敏度相当低，响应慢，不可用于冷却使用状态，预测无应用前途
间接法	刀具—工件距离探测法	车削等	分辨率 0.5～2 μm，精度 2～5 μm，探测刀具—工件间距离变化；多数方法处于实验研究阶段
间接法	振动分析法	车、铣削等	工作精度主要取决于 DDS 模型阶数，与信号处理有关，经进一步改进有工业应用潜力
间接法	声发射法（AE 法、噪声、声振动分析）	车、铣、钻、拉、镗、螺纹等	已证明，其中声发射（AE）法对车、铣、钻削等刀具磨损灵敏，但尚未建立极度磨损的全部判据，在有限条件下可供工业应用，有应用前景
间接法	表面粗糙度法	车、铣等	受切削条件影响，不易实现实时监视

10.5.3 产品质量和加工过程状态自动控制系统实例

目前，在自动化质量系统中，越来越多地是将监控系统与自动化控制系统结合起来使用，以达到闭环实时控制的目的。

1. 加工尺寸的自动补偿

提高加工精度最有效的办法是采用自动补偿技术。在机械加工中，由于刀具的磨损会直接影响到被加工工件的尺寸精度。特别是对于精度要求较高、长度较长的零件的加工，更要注意刀具的自动补偿问题。对于较短的零件，在一次走刀完成后，测量实得尺寸与目标值的差异，然后进行刀具位置补偿。对于较长的零件或直径较大的端面的加工，可以采取加工过程中的连续测量和连续补偿作业。有些情况下，机床零部件的几何精度无法满足加工精度要求时，可以预先测量出机床的误差，根据误差值制成校正尺，可以利用精度较低的机床加工出较高精度的零件。

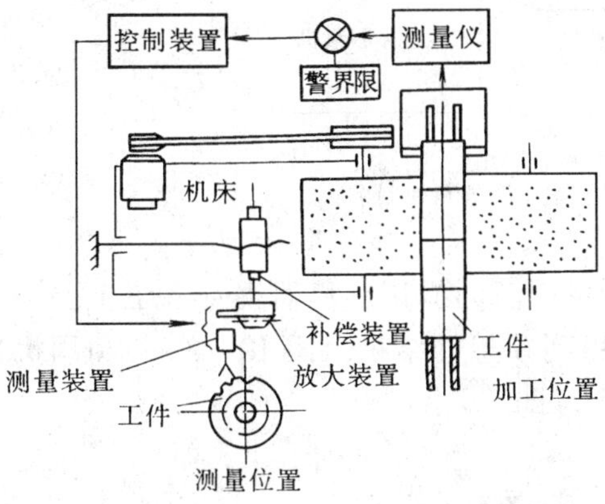

图 10－27 加工尺寸自动补偿系统的工作原理图

工件在机床上加工之后，及时送到测量装置上进行检验，当由于刀具磨损而使工件尺寸变大到一定值时，测量装置发出信号，经放大装置、控制线路操纵机床上的自动补偿装置，使刀具向工件移动，补偿由于磨损造成的刀尖位置的变化。这种方式是利用前面已加工的零件的结果控制后面零件的质量，属于“滞后”控制。如图 10－27 所示。

2. 加工中心在线检测及反馈控制系统

在现代加工中心机床上，往往配置有在线检测及反馈控制系统。这种功能是通过三维测头和数控装置共同完成的。一般情况下，三维测头安放在机床的刀库中，在加工关键尺寸前，由机械手把三维测头从刀库中取出，像刀具一样安装在主轴孔中(对于车削中心，三维测头安装在刀架上)。首先由三维测头对工件的关键尺寸进行检测，通过接口装置将检测结果送到机床数控系统，数控系统对检测结果进行分析，确定与最终尺寸间的差值，并将该差值转换成控制信号去调整刀具相对于工件的位置，以实现高精度零件的加工。图 10－28 是这种系统的示意图。

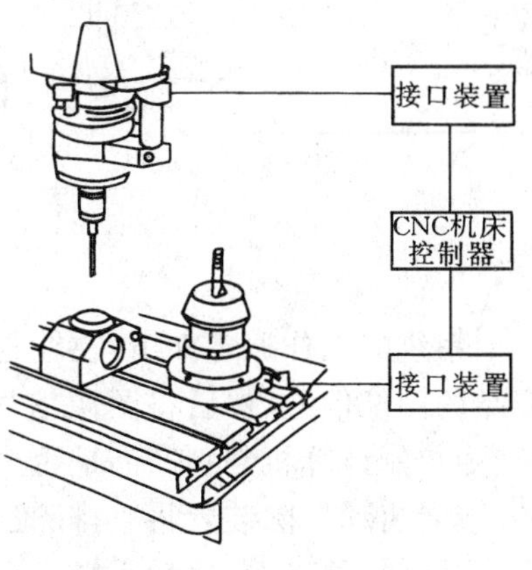

图 10－28 加工中心在线检测及反馈控制系统

3. FMS 加工质量检测及控制

柔性制造系统是一种高度自动化的加工系统。为了提高 FMS 的工作效率，完整的 FMS 中常包话计算机控制的坐标测量机。在零件精加工前或加工完毕后，由物料输送装置把工件运送到测量工位后，由坐标测量机对工件进行自动测量(在主控程序控制下)，然后把测量结果送入分析系统进行分析，并与零件的技术标准进行比较，得出误差数据。系统再对误差原因进行分析，并针对误差原因采取补偿措施，最后实现对加工过程或设备的控制。系统的工作过程如图 10－29 所示。

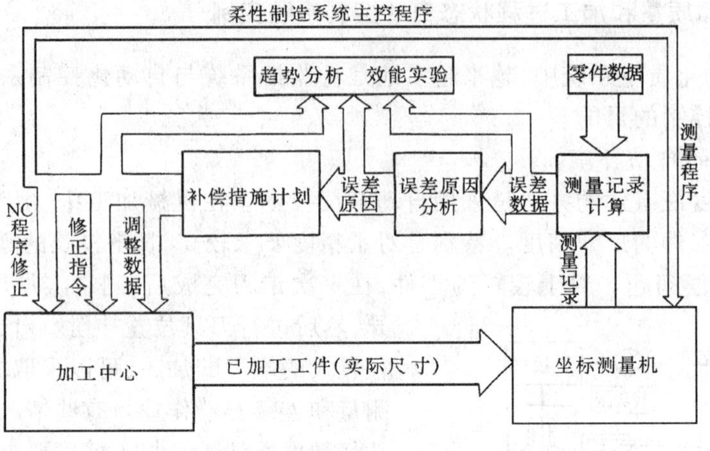

图 10－29　利用坐标测量机实现对 FMS 加工质量控制

4．机器视觉检测系统

机器视觉是光学检测法的一种，近年来得到越来越广泛的应用。机器视觉系统主要是采用工业摄像机获取图像，然后对图像进行分析处理，得到预想的结果。图 10－30 是利用机器视觉识别产品质量状况并自动排除不合格品的系统示意图。

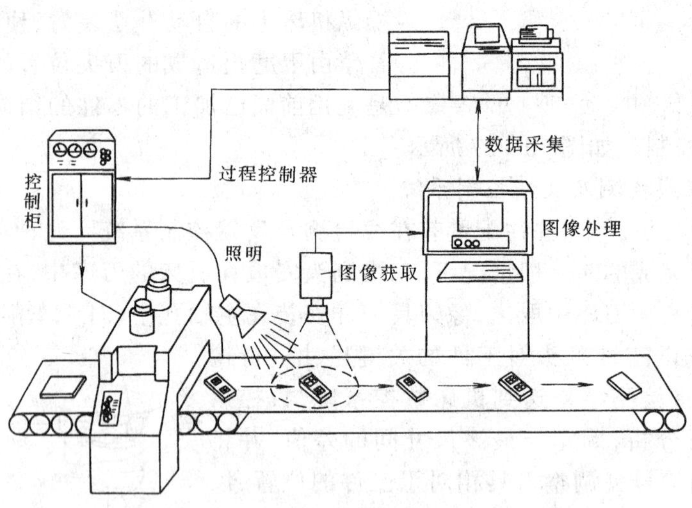

图 10－30　机器视觉检测系统

系统的工作原理如下：在输送带运动过程中，由工业摄像机与照明灯相配合获取输送带上产品的图像信号，然后将图像信号送入图像处理装置进行处理，再将处理结果送入控制计算机，由控制计算机判别产品是否合格，再根据判定结果去控制过程控制设备。如果发现不合格品，或者启动排除装置将它排除出输送线，或者启动打标志装置(如喷漆)在不合格品上作出标记。从工作原理看，这种系统是在线自动检测及反馈控制系统的组合。

10.6　计算机辅助工序质量诊断

在自动化制造系统中，影响加工质量的原因是多因素的，且各因素之间可能互相耦合，因而，如何快速有效地确定导致质量问题产生的原因成为质量控制特别是关键工序质量控制的核心课题。

10.6.1 工序质量诊断

工序质量诊断，指的是对工序质量进行检查，评价各工序能力是否达到要求，掌握工序质量信息，寻找影响工序质量的主要因素，以便采取对策加以改进。

1. 工序质量诊断的需求与目的

为了保证产品质量，对产品制造过程必须进行连续、完备和有效地控制，使其始终处于“受控”状态。但是在不同的产品和工序中，影响质量的各类因素并不是同等地起作用，换句话说，总是有一两个因素起支配性作用，其余因素则居次要地位。所谓工序质量控制主要是控制起支配性作用的关键因素，为此就要进行工序分析，运用专业技术，找出不同工序的关键因素，并且要建立这些因素(工序条件)与工序结果(质量特征值)之间的关系，特别要注意明确其量的关系，然后再对这些因素进行控制，使它们都在受控的范围之内。

工序质量诊断的目的在于，考核各工序或工序中影响工序质量的各种因素是否处于受控状态，所谓“受控”就是要求：

(1) 生产过程必须按规定的标准程序进行；

(2) 随时监控质量动态，一旦发现“失控”，必须立即找出异常原因，尽可能把质量事故消除在发生之前；

(3) 万一发生质量问题，要能够及时发现，及时纠正，不出批量质量事故；

(4) 产品质量具备可追溯性。

2. 工序质量诊断系统与技术

零件通过加工工序后，得到的实际几何参数(尺寸、位置和形状)与理想几何参数的偏离程度即为加工误差，误差是用来衡量加工质量(符合的程度)的质量程度。

零件是在机床—刀具—夹具—工件组成的工艺系统中，按照一定的工艺基准、顺序和切削参数进行加工的，加工误差反映了刀具和工件间的相互位置关系。由于整个工艺系统在加工状态下的行为，会通过各种环节以不同的程度转化为对刀具和工件之间位置的影响，因而加工误差实际上也是整个工艺系统运行状态的表现。

另外，从加工环境的角度来考虑，工件是在一定的加工环境(包括工艺关系和工艺参数)中完成的，加工环境受到外界因素的影响，自身组成关系也会产生波动，如果加工时没有发生异常现象，工况正常，则可以得到符合加工精度要求的工件，误差在允许范围之内；但若加工时发生了异常现象，则工件精度受到影响，误差就可能出现超差。

显然，超差现象的出现，表明了工况中发生了异常，因此，对加工误差超差原因进行分析诊断，就在于确定异常工况的发生点——误差源。质量保证系统就是要明确、有效地寻找误差源，并进行控制使工况恢复到正常。

CIM 环境下的加工质量分析诊断系统是近年来各国科学工作者关注的热点之一，其共同出发点是在信息共享的基础上，采用人工神经网络分析、最小覆盖集理论以及模糊控制等现代分析诊断技术进行诊断，并把诊断结果反馈到 CIMS 的其他子系统，形成一个闭环质量分析、诊断和控制系统，下面用两个例子来说明。

10.6.2 集成的测量和诊断系统简介

1. 日本学者开发的系统

日本学者开发了集成的测量与诊断系统，如图 10－31 所示。该系统实现了计算机辅助检测(CAT)、加工过程诊断和 CAD/CAM 的集成。

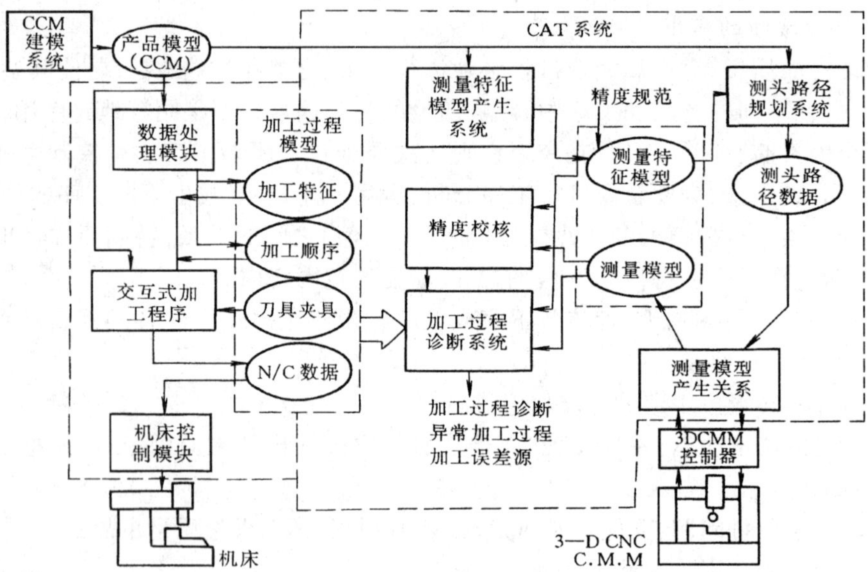

图 10－31 集成的测量与诊断系统

系统由产品模型获取零件信息，形成加工过程模型。加工过程模型包括加工顺序模型、加工环境模型和机床的刀具定位数据和 NC 数据。加工顺序模型主要是指产品进行加工的顺序和每一加工的参考平面，这是一个时序模型；加工环境指的是工件、刀具、机床、夹具坐标系统之间的相互关系。由这些模型就可以确定每一动作中它们之间的相互位置和方向。

计算机辅助检测(CAT)系统由测量特征模型产生系统、测头路线规划系统和测量模型产生系统组成。测量特征模型给出了标准几何形状和精度规范的信息，而测量模型是由 CMM 在零件上实测的几何关系所组成，并且用实体—属性—关系模型来表示这些模型。

加工过程诊断系统当精度校核模块由测量模型中获得的测量结果不满足产品的精度规范时，加工诊断系统就开始分析和识别加工误差。诊断流程图如图 10－32 所示。

系统分三步进行：

第一步由零件加工顺序模型、零件加工特征和测量特征模型组成，首先识别过程正常与否。

第二步由正常加工顺序、异常加工顺序和总体加工环境模型组成，构造每一过程顺序的加工环境模型，采用比较正常和异常加工环境模型的方法识别出误差源。

第三步由测量特征模型和第二步识别的误差源采用估计的加工误差量值来识别误差原因，并进行定量计算。

2. 面向对象的加工质量诊断系统

西安交通大学以加工中心为对象开发了面向对象的加工质量智能诊断系统。该系统能对

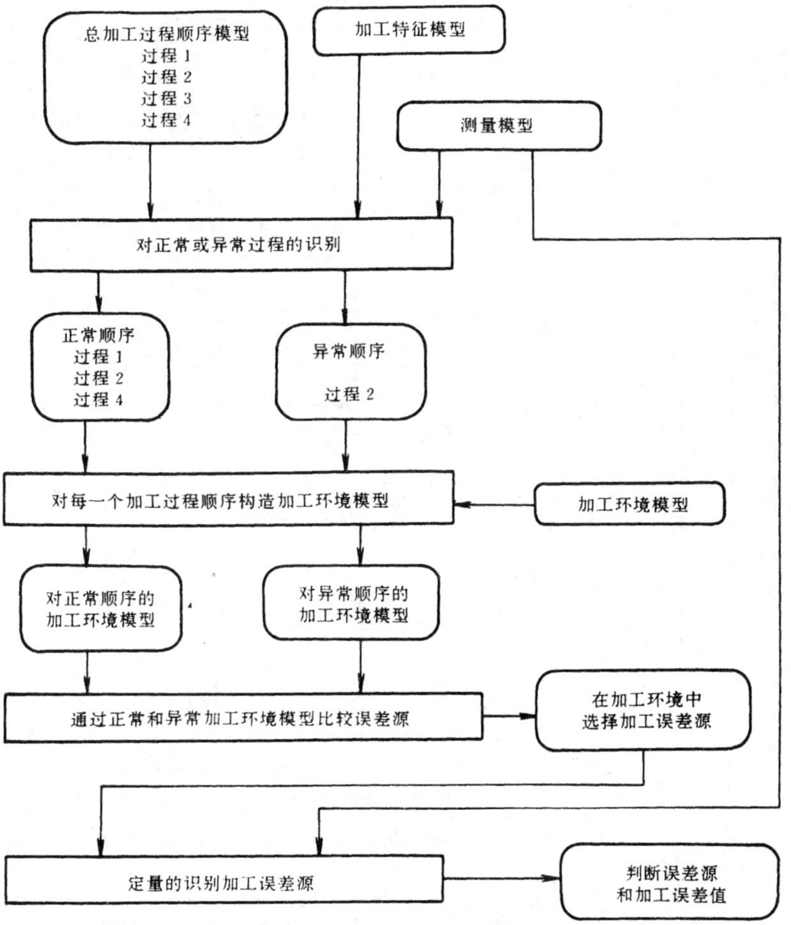

图 10 – 32　集成测量与诊断系统流程图

加工质量进行分析诊断，识别异常加工过程以及可能的加工误差源并提供建议。

图 10 – 33 即为用面向对象方法开发的机械加工质量智能分析诊断系统的总体结构图。系统综合应用了人工神经网络、覆盖集理论和模糊推理等多种方法，采用层次递进诊断模型进行误差源诊断。系统由三个子系统组成。

(1) 信息模型子系统，工件的加工质量在机床—刀具—工件系统中受到大量的加工误差源的影响，为了从众多的误差源中检测出主要误差源，必须从产品、加工过程、加工环境和检测结果中提取信息，为此建立了四个模型：

① 零件信息获取模型　包括整个零件信息、加工特征和精度要求。

② 工艺信息获取模型　包括加工顺序、加工动作、加工参数和加工参考基面。

③ 检测结果获取模型　包括由三台测量机和其他测量装置测量的数据和历史记录。

④ 加工环境信息获取模型　包括机床、刀具和夹具的几何误差和运动误差。

(2) 质量分析和诊断子系统，由三个模块组成：

① 加工质量分析模块　根据需要检测的产品零件号，从有关的数据库中得到相应的检测项目、检测标准以及由测量模型中获得的各项目实测内容，对规定的检测项目进行比较和分析，并根据要求输出零件的质量报告。

② 故障工步识别模块　由上一模块获得的不合格检测项目，按误差特征分类，由描述该

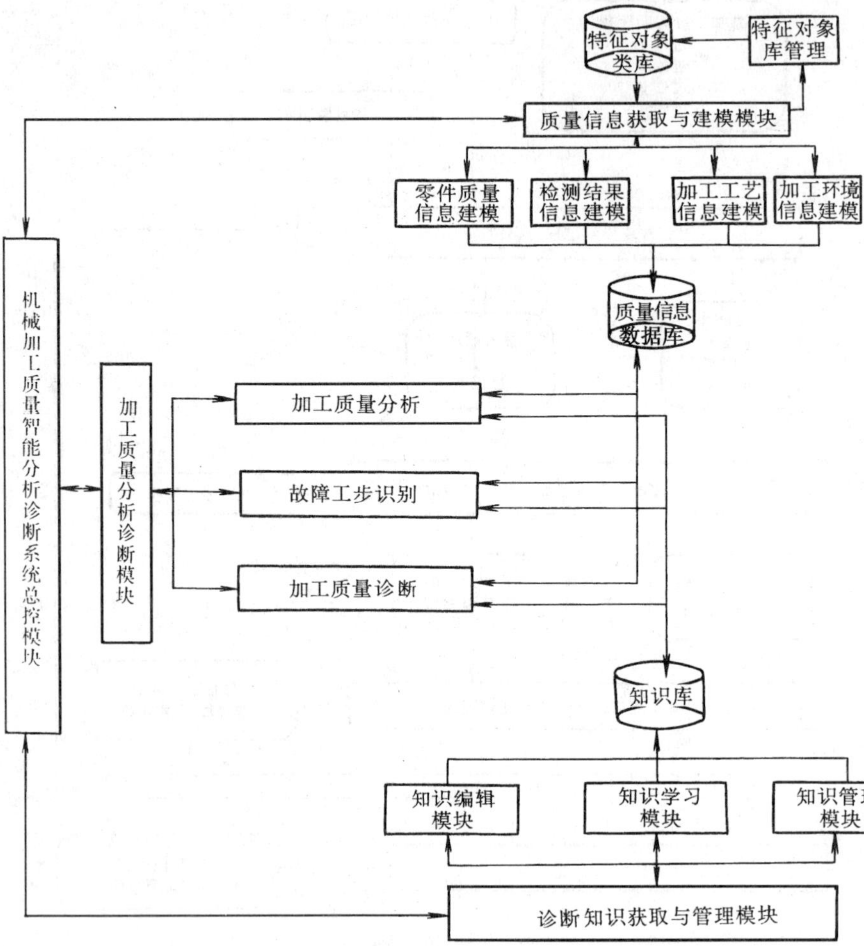

图 10-33　面向对象的加工质量智能诊断系统

工步的过程模型识别相应的加工环境和加工过程参数，为误差源诊断模块提供依据。

③ 误差源诊断模块　根据误差的特征，将误差分为正常误差和异常误差，正常误差指的是由机床—刀具—工件系统在正常情况下引起的误差，如机床的几何误差和运动误差、刀具磨损、刀具受力变形和夹具安装误差等，异常误差是由机床—刀具—工件系统在异常情况下引起的，如刀具和刀柄的移动，工件和夹具由于切屑所造成的安装误差等。采用多层的诊断方法，即首先采用神经网络诊断异常误差源，然后采用基于规则的模型诊断可能的误差源集，最后采用模糊推理对可能误差源进行排序，诊断出主要误差源。

(3) 知识管理子系统，由神经网络学习和模糊推理规则组成。

习题与思考题

10.1　什么是质量？你认为应如何理解质量的概念？

10.2　计算机辅助质量系统具有哪些功能？

10.3　叙述集成质量系统的功能与特点。

10.4　说明坐标测量机的结构组成和特点。

10.5　如何应用控制图进行产品质量控制？

10.6　常用的数据采集方式有哪几类？各有什么特点？

10.7　为什么要进行加工过程质量的自动控制？

10.8　比效两种计算机辅助加工过程监控方法的特点？

10.9　刀具磨损检测方法有哪些？各有何特点？

10.10　刀具破损检测方法有哪些？各有何特点？

10.11　自动化加工系统应如何进行工序质量诊断与控制？

第 11 章　计算机辅助数控程序编制

11.1　数控编程的基本概念

11.1.1　数控技术概述

1．数控机床的构成与工作原理

数控机床通常由四部分组成：控制介质、数控装置、伺服系统和机床，如图 11－1 所示。图中实线部分表示开环系统，如果加上虚线部分的检测装置，并将反馈信息加入数控装置，就形成闭环系统。

控制介质用于存放数控程序，它是将人的操作意图转达给数控机床的中间媒介。常用的控制介质有穿孔纸带、磁带和软盘，它载有加工一个零件所必需的全部信息。

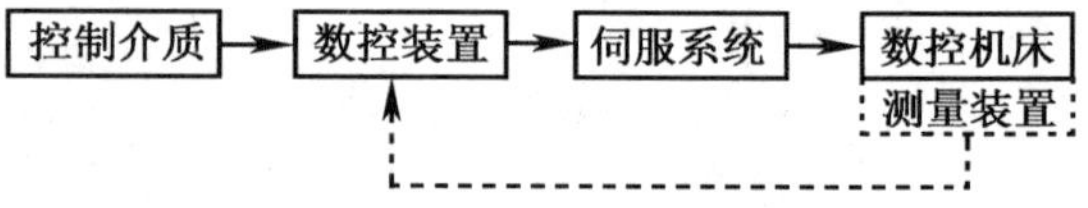

图 11－1　机床控制系统结构图

数控装置接受输入信号后，进行一系列的运算和控制，然后将运算结果用脉冲信号送到相应的伺服驱动机构，以操纵机床的运动。

伺服系统将数控装置发来的脉冲信号转变为机床部件的机械运动。数控机床的工作精度和生产效率等技术指标，主要取决于伺服系统的性能。伺服系统有开环系统、闭环系统和半闭环系统三类。

2．数控编程与加工

数字控制(Number Control)，就是利用存储在控制介质上的 NC 程序通过计算机数字控制系统(又称 CNC 系统)来控制机械的运动和动作。即：将加工过程所需的各种操作(如工作台的运动、主轴变速、松夹工件、进刀与退刀、启动与停止、刀具选择与更换、冷却液开停等)用规范的 NC 程序代码来表示，通过控制介质(如穿孔纸带、磁带、磁盘、通讯电缆等)将 NC 程序送入 CNC 系统后，CNC 系统对输入的信息进行处理与运算，发出各种指令控制机床的伺服系统或其它执行元件，使机床自动加工出所需的工件。

数控加工(NC Machining)，就是根据零件图样及工艺要求等原始条件编制零件数控加工程序(简称数控程序)，输入数控系统，控制数控机床中刀具与工件的相对运动，从而完成零件的加工。

数控编程(NC Programming)，就是生成用数控机床进行零件加工的数控程序的过程。数控程序是由一系列程序段组成，把零件的加工过程、切削用量、位移数据以及各种辅助操作，按机床的操作和运动顺序，用机床规定的指令及程序格式排列而成的一个有序指令集。程序段则由若干个程序字组成。程序字又由地址字和紧跟在其后的数字、符号组成。每个程序字表示一个具体指令，而每个程序段用于描述准备功能、刀具坐标位置、工艺参数和辅助功能等。例如：

N01 G00 X200 Y－39 M03;

该程序段表示一个操作:命令机床以机床设定的快速速度,以直线方式移动到 $x=200$ mm,$y=-39$ mm 处后,主轴正转。其中 N01 是程序段的行号;G00 字表示机床快速定位;X200 和 Y－39 表示沿 x 轴和 y 轴的位移坐标值;M03 表示主轴正转。

11.1.2 数控机床的分类

数控机床的种类较多,按其控制方式可以分为两大类:点位控制和轮廓控制。

点位控制只能控制刀具从一个位置精确地移动到另一个位置,移动过程不作加工,与加工路径无关,但要求避免发生碰撞干涉。

轮廓控制通过不断进行插补运算,控制机床移动部件在整个加工过程中起点、终点以及中间各点的坐标,从而得到所要加工的曲线或曲面。

根据机床所能控制的坐标轴个数,轮廓控制可分为四种情况:

1. 两坐标联动加工

机床的两个坐标轴可以同时进行插补联动,加工出各种平面轮廓曲线。如数控车床和数控线切割机床。

2. 两坐标联动的三坐标加工(简称 2.5 轴加工)

机床的三个坐标轴中任意两轴作插补运动,第三轴作单独的周期进刀。

3. 三坐标联动加工

机床的三个坐标轴可同时进行插补联动,常用于空间曲面的加工,但由于加工过程中不能改变刀具相对于工件的倾斜角度,故能同时加工的曲面形状受到一定的限制。

4. 四、五坐标联动加工

机床除 x、y、z 三个坐标轴作平移之外,还有一个旋转坐标轴同时联动。可以是刀具轴绕某一轴摆动,也可以通过在其台面附装一个旋转工作台实现(通常采用该方法)。如果刀具轴和工作轴同时各绕一个坐标轴作插补联动,则称为五坐标联动加工。这样就可加工出任意形状的曲面。

11.1.3 数控机床的坐标系统

数控机床的坐标系统包含三部分内容:坐标系、坐标原点和运动方向。对数控机床的坐标系统完整且正确的理解,对于数控编程员和数控机床操作者是最基本的要求,否则编制的程序将发生混乱,操作时更会发生事故,轻则损坏工件,重则损坏机床。

1. 坐标系

机床的坐标系采用笛卡尔直角坐标系,其基本坐标轴为 x、y、z 直角坐标,相对于每个坐标轴的旋转运动坐标为 A、B、C,使用右手定律判定方向,如图 11－2 所示。

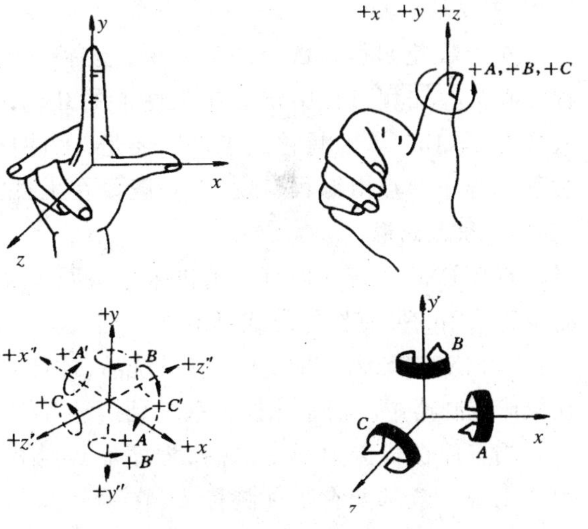

图 11－2 数控机床的坐标系

2. 坐标轴及其运动方向

数控机床的坐标运动指的是刀具相对于

静止的工件坐标系的运动。在实际运用中,运动方向的判断遵循一条总原则:增大工件与刀具之间的距离(即增大工件尺寸)的方向为各坐标轴的正方向。图 11-3 描述了几种数控机床坐标轴及其运动方向。

z 轴定义为平行于机床主轴的坐标轴,如果机床有一系列主轴,则选尽可能垂直于工件装夹面的主要轴为 z 轴,其正方向定义为从工作台到刀具夹持的方向,即刀具远离工作台的运动方向。

x 轴作为水平的、平行于工件装夹平面的坐标轴,它平行于主要的切削方向,且以此方向为正方向。y 轴的运动方向则根据 x 轴和 z 轴按右手法则确定。

旋转坐标轴 A、B 和 C 相应地在 x、y、z 坐标轴正方向上,按右手螺纹前进的方向来确定。

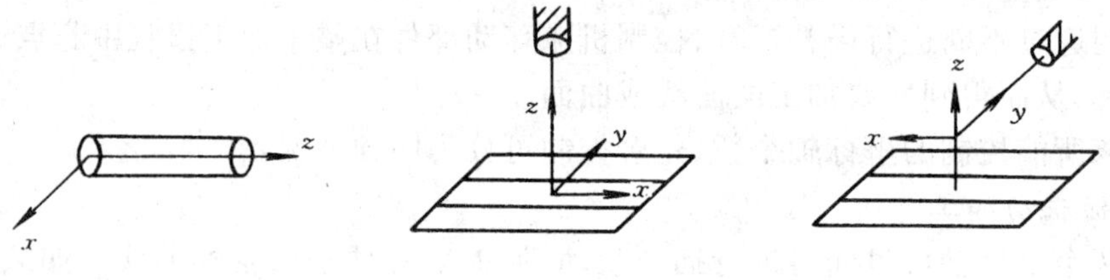

图 11-3 数控机床的坐标轴及其运动方向
(a) 数控车床;(b) 立式数控镗铣床;(c) 卧式镗铣床。

3. 坐标原点

(1) 机床原点

现代数控机床一般都有一个基准位置(Set Location),称为机床原点(Machine Origin 或 Home Position)或机床绝对原点(Machine Absolute Origin),是机床制造商设置在机床上的一个物理位置,其作用是使机床与控制系统同步,建立测量机床运动坐标的起始点。

(2) 机床参考点

与机床原点相对应的还有一个机床参考点(Reference Point),它也是机床上的一个固定点,一般不同于机床原点。一般来说,加工中心的参考点为机床的自动换刀位置。

(3) 程序原点

对于数控编程和数控加工来说,还有一个重要的原点就是程序原点(Program Origin),是编程员在数控编程过程中定义在工件上的几何基准点,有时也称为工件原点(Part Origin),编程人员在不知道是"刀具移近工件",还是"工件移近刀具"的情况下,就可根据图纸确定机床加工过程。程序原点由编程者设定,一般设在工件的设计、工艺基准处,便于尺寸计算。

4. 原点偏移

现代 CNC 系统一般都要求机床具备回零功能,即令机床回到机床原点或机床参考点(不同的机床采用的回零操作方式可能不一样,但一般最后都要求回参考点)之后,通过手动或程序命令(比如 G92X0Y0Z0)初始化控制系统后,才能启动。机床参考点和机床原点之间的偏移值存放在机床控制器中。初始化控制系统是指设置机床运动坐标 x、y、z、A、B 等的显示(计数器)为零。

当工件在机床上固定以后,程序原点与机床参考点的偏移量必须通过测量来确定,现代 CNC 系统一般都配有工件测量头,在手动操作下能准确地测量该偏移量,存入 G54 到 G59 原点偏置寄存器中,供 CNC 系统原点偏移计算用。在没有工件测量头的情况下,程序原点位置的测量要靠碰刀的方式进行。

对于多程序原点偏移，采用 G54 到 G59 原点偏置寄存器存储所有程序原点与机床参考点的偏移量，然后在程序中直接调用 G54～G59 进行原点偏移是很方便的。

对于编程员而言，一般只要知道工件上的程序原点就够了，与机床原点、机床参考点及装夹原点无关，也与所选用的数控机床型号无关(注意与数控机床的类型有关)。但对于机床操作者来说，必须十分清楚所选用的数控机床上述各原点及其之间的偏移关系(必须参考机床用户手册和编程手册)。数控机床的原点偏移，实质上是机床参考点向编程员定义在工件上的程序原点的偏移。

11.1.4 数控程序指令代码

国际标准化组织(ISO)对数控机床的坐标轴和运动方向、数控程序的编码字符和程序段格式、准备功能和辅助功能等制定了若干标准和规范。但由于新型数控系统和数控机床的不断出现，许多先进的数控系统中的很多功能实际上超出了目前国际上通用的标准，此外，即使是同一功能，不同厂商的数控系统采用的指令格式也有一定的差异，使用时必须参考机床用户手册和编程手册。下面主要介绍我国 JB 3208—83 标准中规定的部分地址字、准备功能指令和辅助功能指令。见表 11-1、表 11-2 和表 11-3。

表 11-1　地址字功能

地址字	功　能	意　义
O	程序号	规定某加工工件所对应的程序号
N	顺序号	规定某一程序段在程序中的位置
G	准备功能	建立机床各坐标轴的运行和插补方式，从 G00～G99
F	进给功能	规定走刀的进给速度
S	速度功能	规定所选主轴的转速
T	刀具功能	规定选用的刀具号
M	辅助功能	规定机床除坐标轴运动之外的辅助运动和操作，从 M00～M99
X,Y,Z	位移信息	沿 x、y、z 轴平移的坐标值
I,J,K	位移信息	圆弧圆心相对圆弧起点的坐标值
A,B,C	位移信息	绕 x、y、z 三个轴的转动角度

表 11-2　常用准备功能指令

G 代码	功　能	G 代码	功　能
G00	快速运动	G43	刀具位置补偿(+)
G01	直线插补	G44	刀具位置补偿(-)
G02/G03	顺/逆时针方向圆弧插补	G40	刀具补偿注销
G17	x、y 平面选择	G54～G59	工件坐标系设定
G18	z、y 平面选择	G81～G89	镗孔、钻孔、攻丝
G19	y、z 平面选择	G90	绝对坐标编程
G41	刀具半径左补偿	G91	相对坐标编程
G42	刀具半径右补偿	G92	坐标值预置

表 11-3　常用辅助功能指令

代　码	功　能	代码	功　能
M00	主轴停转、进给停止、冷却液关闭、程序停止	M05	主轴停转，以便执行手动操作，若重新启动，便执行以下程序
M02	主轴停转、进给停止、冷却液关闭、程序结束	M06	换刀指令，用于加工中心刀库换刀前的准备动作
M03/M04	主轴顺/逆时针方向旋转	M30	程序结束并自动倒带

1. 准备功能指令

准备功能指令又叫"G"代码。它是由字母"G"和其后2位数字组成，从G00到G99(见表11－2)。该指令主要是命令数控机床进行何种运动，为控制系统的插补运算做好准备。

(1) G00或G0——快速点定位指令

刀具以点位控制方式从刀具当前所在位置快速移动到指令给出的目标位置。如G0 X20. Y20. Z100. 使刀具快速移动到(20,20,100)的位置。它只是快速定位，无运动轨迹要求，不能用于切削加工。

(2) G01或G1——线性插补

使机床以给定的进给量作两坐标、三坐标联动，沿任意空间直线运动，也可使机床作四坐标、五坐标线性插补运动。如G01 X10. Y20. Z20. F200. 使刀具以200 mm/min的进给率从当前位置沿直线运动到(10,20,20)的位置。

(3) G02/G03或G2/G3——圆弧插补

使机床在各坐标平面内执行圆弧插补运动，切削出圆弧轮廓。G02为顺时针圆弧插补指令，G03为逆时针圆弧插补指令。圆弧的顺、逆方向可按图11－4中给出的方向判断，即沿圆弧所在平面(如yOz平面)的另一坐标的负方向(即$-x$)看去，顺时针方向为G02，逆时针方向为G03。使用圆弧插补指令前必需应用平面选择指令指定圆弧插补的平面。如指令G02 X20. Y20. I10. J0.，其中X、Y为圆弧的终点坐标，I、J为圆心相对于圆弧起点(由上一条指令给出)的坐标，如图11－5所示。

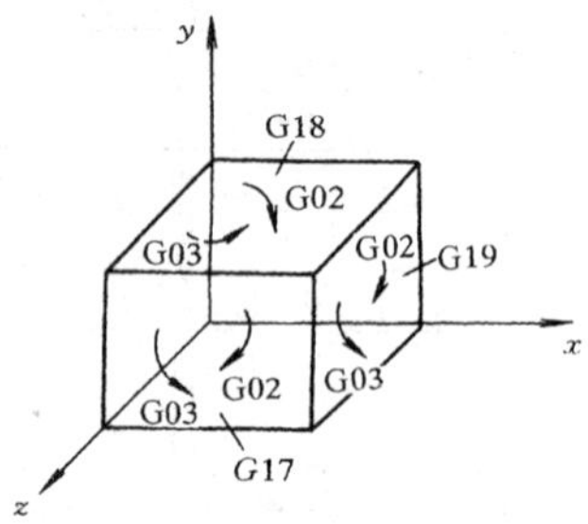

图11－4 顺逆圆弧插补的区分和坐标平面选择

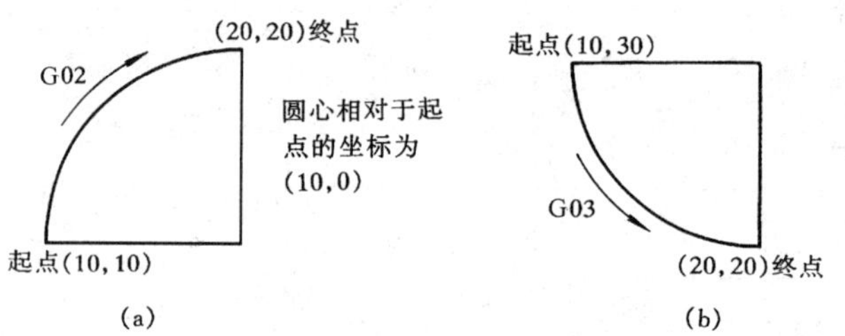

图11－5 圆弧插补指令格式
(a) 顺时针圆弧插补；(b) 逆时针圆弧插补。

(4) G17、G18、G19——坐标平面选择

G17、G18、G19分别指定零件进行xOy、zOx、yOz平面上的加工，如图11－4所示。这些指令在进行圆弧插补、刀具补偿时必须使用。

(5) G40、G41、G42——刀具半径补偿

数控装置大都具有刀具半径和长度补偿功能，为编程提供了方便。当铣削零件轮廓时，不需计算刀具中心运动轨迹，而只需按零件轮廓编程，使用刀具半径补偿指令，并在控制面板上使用刀具拨号盘或键盘人工输入刀具半径，数控装置自动地计算出刀具中心轨迹，并按刀具中心轨迹运动，当刀具磨损后，刀具半径变小，这时只需手工输入改变后的刀具半径，而不必修改零件程序。例如，在用同一把刀具进行粗、精加工时，设精加工余量为Δ，则初加工的补偿量为$(r+\Delta)$，而精加工的补偿量改为r即可。

G41、G42分别为刀具半径左(右)补偿。G40为取消刀具半径补偿。

(6) G43、G44、G49——刀具长度补偿

G43、G44 分别为刀具长度正(负)补偿。G49 为取消刀具长度补偿。

(7) G54～G59——选择程序原点 1～6

这些代码在已存储程序原点偏置量六个工件坐标系中选择一个,以后的各轴坐标位置都是相对于所选择的工件坐标系。如果程序没有用 G92 设定工件坐标系,也没有用 G54～G59 选择程序原点,那么 CNC 系统默认的缺省程序原点为机床参考点。

(8) G90、G91——绝对坐标和增量坐标编程

运动轨迹的坐标点以固定的坐标原点计量,称作绝对坐标。运动轨迹的终点坐标值以其起点计量的坐标称作增量坐标。图 11－6 表示了两种坐标的不同:

(a)图中,A、B 点的坐标皆以坐标原点计量,其坐标值为:$X_A = 30$, $Y_A = 40$, $X_B = 90$, $Y_B = 95$。(b)图中 B 点是以起点 A 为原点建立的 U、V 坐标系来计量的,终点 B 的增量坐标为:$U_B = 60$, $V_B = 55$。

G90 表示程序段的坐标值按绝对坐标编程,G91 表示程序段的坐标值按相对坐标编程,缺省值为 G90。

(9) G92——设定工件坐标系

按照刀具当前位置与工件原点位置的偏差,设置当前刀具位置坐标。该指令的本质是建立工件坐标系。该指令只改变刀具当前位置的用户坐标,不产生任何机床运动。

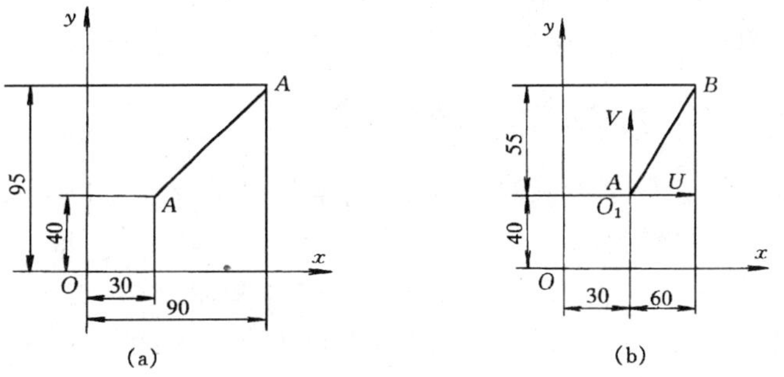

图 11－6 绝对坐标系与增量坐标系

(a) 绝对坐标系;(b) 增量坐标系。

2. 辅助功能指令

辅助功能指令也称"M"指令,由字母 M 和其后的两位组成,从 M00～M99 共 100 种。这类指令主要是用于机床加工操作时的工艺性指令。表 11－3 列出了常用的辅助功能指令。

(1) M00——程序停止

在执行完 M00 指令程序段之后,主轴停转、进给停止、冷却液关闭、程序停止。当重新按下机床控制面板上的循环启动(cycle start)按钮之后,继续执行下一程序段。

(2) M01——计划程序停止

该指令的作用与 M00 相似。所不同的是,必须在操作面板上,预先按下"任选停止"按钮,当执行完 M01 指令程序段后,程序停止;如果不按下"任选停止"开关,则 M01 指令无效。

(3) M02——程序结束

该指令用于程序全部结束,命令主轴停转、进给停止及冷却液关闭。常用于机床复位及纸带倒回到"程序开始"字符。

(4) M30——程序结束并返回

在完成程序段的所有指令后,使主轴停转,进给停止及冷却液关闭,将程序指针返回到第一个程序段并停下来,包括将纸带倒回到"程序开始"字符,或使环形纸带越过接头。

3. 其他常用功能指令

(1) T 功能——刀具功能

Tnn 代码用于选择刀具库中的刀具,但并不执行换刀操作,M06 用于启动换刀操作,Tnn 不

一定要放在 M06 之前,只要放在同一程序段中即可。

(2) S 功能——主轴速度功能

S 代码后的数值为主轴转速,要求为整数,速度范围:从 1 到最大的主轴转速。在零件加工之前一定要先启动主轴运转(M03 或 M04)。

(3) F 功能——进给速度/进给率功能

在只有 x、y、z 三坐标运动的情况下,F 代码后面的数值表示刀具的运动速度,单位为"mm/min"(也有的数控系统用的单位为"r/min"),如果运动坐标有转角坐标 A、B、C 中的任何一个,则 F 代码后的数值表示进给率,即 $F = 1/\Delta t(1/\text{min})$,$\Delta t$ 为走完一个程序段所需要的时间。在程序启动的第一个 G01/G02/G03 功能时,必须同时启动 F 功能,当前 F 值在下一个 F 值修改之前保持有效。

11.2 数控加工程序的编制

数控编程的主要内容包括:分析零件图纸,进行工艺处理,确定工艺过程,数学处理,计算刀具中心轨迹,获得刀位数据,编制零件加工程序,制备控制介质,校核程序及首件试切。

11.2.1 数控程序的工艺性设计

工艺处理涉及的问题很多,编程人员要注意以下几点:

1. 确定方案

根据零件的几何形状特点及技术要求,选择加工设备,此时应考虑数控机床使用的合理性及经济性,并充分发挥数控机床的功能。

2. 工夹具的设计和选择

应特别注意要迅速完成工件的定位和夹紧过程,以减少辅助时间;所用的夹具应便于安装,便于协调工件和机床坐标系的尺寸关系;尽可能采用一次装夹、集中工序的加工方法,以缩短工艺路线、减少加工设备、缩短生产周期和提高加工的位置精度。

3. 选择合理的刀具

数控加工对刀具有较高要求,所选用的刀具应具有高的刚性和高的耐用度,并易于更换刀和调整。要根据工件材料的性能、机床的加工能力、加工工序的类型、切削用量以及其他与加工有关的因素来选择刀具。刀具的耐用度尽可能保证加工一个零件或一个工作班的时间,至少不低于半个工作班。

4. 正确选择对刀点

在数控编程中,编程坐标原点与数控机床原点一般不重合,往往要测出编程坐标原点在机床坐标系中的位置关系,这就需要正确地选择对刀点,保证加工的精确度,对刀点的选择原则如下:

(1) 对刀点在机床上容易找正,方便加工;

(2) 加工过程便于检查;

(3) 引起的加工误差小。

对刀点可以设在加工零件、夹具或机床上,但必须与零件的定位基准有确定的关系。为提高零件的加工精度,对刀点应尽量选在零件的设计基准或工艺基准上。对刀时,应使对刀点与刀位点重合。所谓刀位点是指刀具的定位基准点。对立铣刀来说是刀具轴线与刀具底面的交点；对球头刀来说是球头刀的球心。

另外，在工艺设计中，必须正确确定切削深度和宽度、主轴转速、进给速度等。切削参数具体数值应根据数控机床使用说明书、切削原理中规定的方法并结合加工实际经验加以确定。

5. 正确选择编程原点及编程坐标系

编程原点和编程坐标系的选择原则如下：

(1) 所选择的编程原点及编程坐标系应使程序编制简单；

(2) 编程原点应选在容易找正并在加工过程中便于检查的位置；

(3) 引起的加工误差小。

6. 选择合理的走刀路线

合理地选择走刀路径对于数控是很重要的。走刀路径的选择应考虑以下几个因素：

(1) 尽量缩短走刀路线，减少空走刀行程，提高生产率；

(2) 合理选取起刀点、切入点和切入方式，保证切入过程平稳，没有冲击；

(3) 保证加工零件的精度和表面粗糙度的要求；

(4) 保证加工过程的安全性，避免刀具与非加工面的干涉；

(5) 有利于简化数值计算，减少程序段数目和编制程序工作量。

11.2.2 数控车削编程

普通数控车床能完成端面、内外圆、倒角、锥面、球面及成形面、螺纹等的车削加工，其工艺与刀具选择与普通车削加工没有本质的区别。不同的是：要保证车削加工精度，特别是锥面和成形表面的精度，需要准确测量车刀刀尖刀刃圆弧半径，并采用刀尖半径补偿(TNR)方法进行加工。

1. 坐标的取法及坐标指令

数控车床以径向为 x 轴，纵向为 z 袖。从主轴箱指向尾架方向为 $+z$ 方向，而从尾架指向主轴箱方向为 $-z$ 方向，从主轴轴心线指向操作者方向为 $+x$ 方向，如图 11－7 所示。

2. 数控车削加工的程序原点

一般取工件装夹端面(定位面)的中心位置为程序原点，工件坐标系的坐标方向与车床坐标系一致，当工件装在车床上时，其程序原点与工件坐标系如图 11－7 所示。一般来说，数控车床的参考点在 z 坐标和 x 坐标的极限行程处，与机床原点一致，如图 11－7 所示。对于数控车削加工中心，其参考点为换刀位置。当然，某些情况下，程序原点也可以取在工件轴心线上的其他位置，要根据工件的实际情况进行确定。

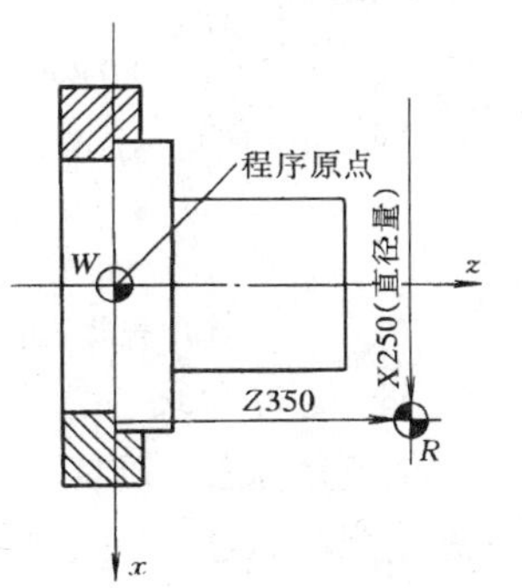

图 11－7　车削加工程序原点的确定

3. X 和 Z 坐标指令

在按绝对坐标编程时使用代码 X 和 Z，按增量坐标编程时使用代码 U 和 W。切削圆弧时，使用 I 和 K 表示圆心相对于圆弧起点的坐标值，I 对应 X 轴，K 对应 Z 轴。在一个零件的程序中或一个程序段中，可以按绝对坐标编程或增量坐标编程，也可用绝对坐标与增量坐标混合编程。

由于车削加工图样上的径向尺寸及测量的径向尺寸使用的是直径值，因此在数控车削加工的程序中输入的 X 及 U 坐标值也是“直径值”，即按绝对坐标编程时，X 为直径值，按增量坐标编程时,U 为径向实际位移值的 2 倍,并附上方向符号(正向省略)。一些数控系统同时提供了半径编程功能,因此,在编写数控程序之前,要确定数控机床是按何种方式编程。

11.2.3 数控铣削编程

1. 工件坐标系的确定及程序原点的设置

工件坐标系采用与机床运动坐标系一致的坐标方向,由于数控铣床或加工中心通常采用 G54 ~ G59 设定坐标系。因此工件坐标系原点(即程序原点)的选择要便于测量或对刀,同时要便于编程计算。

2. 刀具半径确定

刀具半径的确定要考虑以下三点因素:刀具半径应小于加工轮廓凹处的最小曲率半径或圆弧半径;粗加工要尽量采用半径较大的刀具,但必须避免加工中的干涉;要考虑刀具尺寸与零件轮廓尺寸的协调问题。

3. 刀具半径补偿

二维轮廓加工一般采用刀具半径补偿,在刀具半径补偿有效之前,刀具应远离零件轮廓适当的距离,且应与选定的切入点和进刀方式协调,保证刀具半径补偿的有效,避免误切零件。

4. 安全高度

对于铣削加工,起刀点和退刀点必须离开加工零件上表面一个安全高度,保证刀具在停止状态时,不与加工零件和夹具发生碰撞。在安全高度位置时刀具中心(或刀尖)所在的平面也称为安全面,如图 11 - 9 所示。

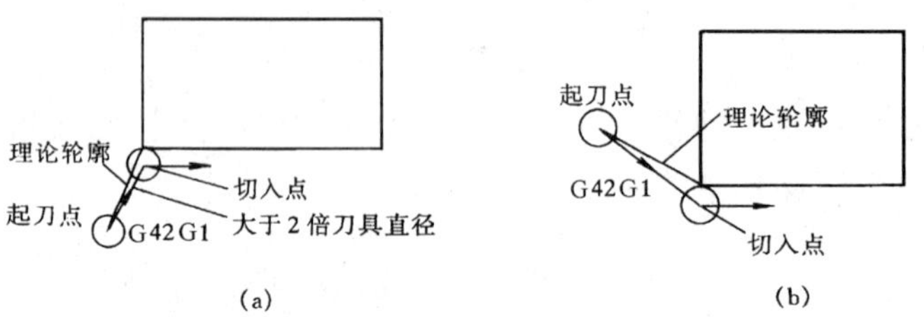

图 11 - 8 建立刀具半径补偿

(a) 合理方式; (b) 不合理方式。

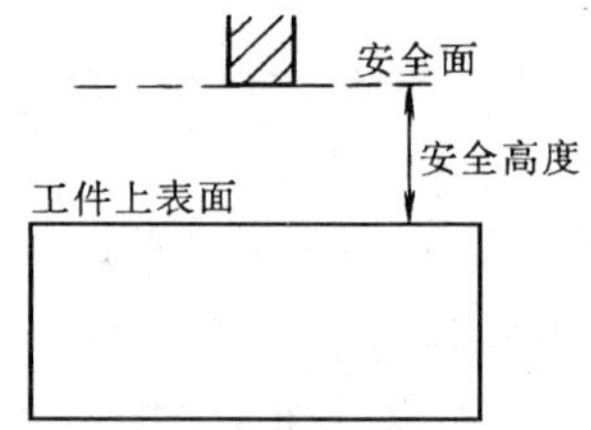

图 11 - 9 安全面高度

5. 进/退刀方式

对于铣削加工,刀具切入工件的方式,不仅影响加工质量,同时直接关系到加工的安全,对于二维轮廓的加工,一般要求从侧向进刀或沿切线方向进刀,尽量避免垂直进刀,如图 11 - 10

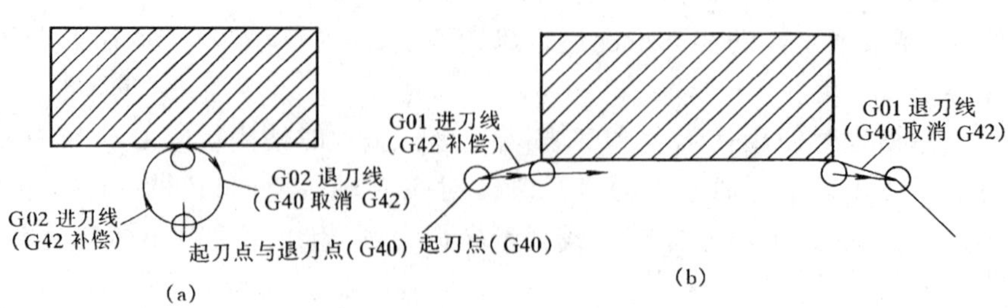

图 11 - 10 进/退刀方式

(a) 切线方向进刀;(b) 侧向方向进刀。

所示，退刀方式也应从侧向或切线退刀。刀具从安全面高度下降到切削高度时，应离开工件毛坯边缘一个距离，不能直接贴着加工零件理论轮廓直接下刀，以免发生危险，下刀过程不要用快速运动指令(G00)，而要用直线插补指令(G01)。如图 11－11 所示。对于三维轮廓的加工，一般由计算机辅助数控编程系统完成(如 MasterCAM)，它的进刀和退刀方式是三维的，图 11－12 对话框显示的是 MasterCAM 进退刀参数设置方式。

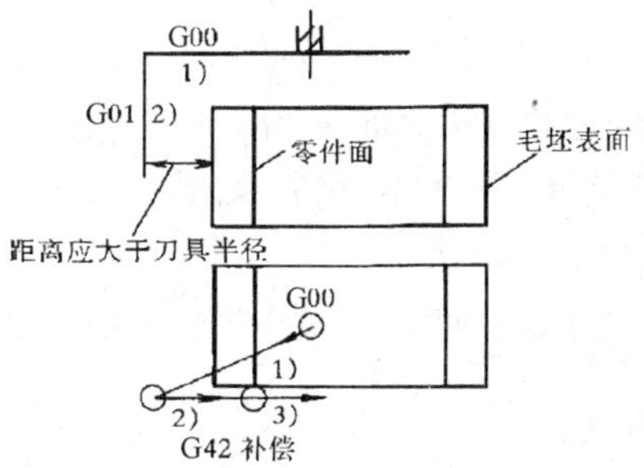

图 11－11　下刀过程

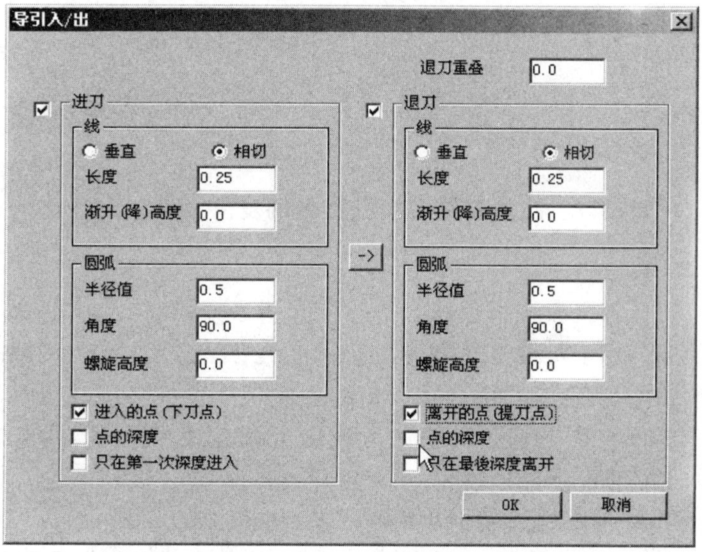

图 11－12　MasterCAM 的进/退刀方式设置

下面以一个二维外形轮廓零件的数控铣削手工编程为例进行说明，零件的轮廓图如图11－13所示，要求精铣其外形轮廓。

分析：

(1) 刀具选择——ϕ10 的立铣刀；

(2) 安全面高度——30 mm；

(3) 进刀/退刀方式——离开工件 20 mm，直线/圆弧引入切向进刀，直线退刀；

(4) 工艺路线——走刀路线见图 11－13。

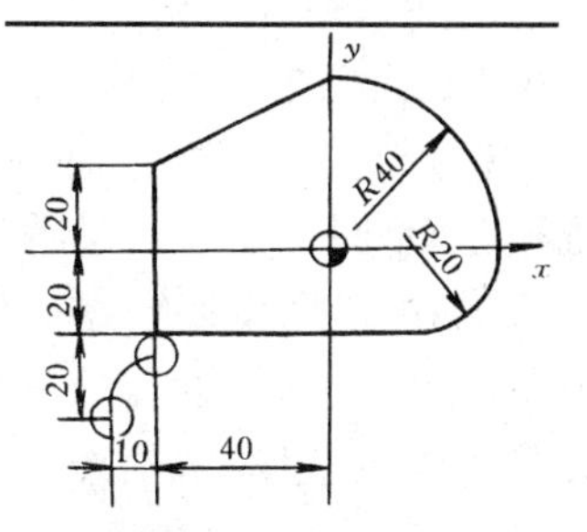

图 11－13　零件图

零件数控加工代码如下：

```
O0006                          /＊第 0006 号程序，铣削外形轮廓零件
N05 G54 G90 G0 X0. Y0.         /＊建立工件坐标系，并快速运动到程序原点上方
N10 Z30.                       /＊快速运动到安全面高度
N20 X-50. Y-40. S500 M3 M08    /＊刀具移到工件外，启动主轴，原点的安全面高度
N30 G1 Z-21. F20               /＊G01 下刀，伸出去 1 mm
N40 G42 D1 Y-30. F100          /＊刀具半径右补偿，运动到 Y-30 的位置
N50 G2 X-40. Y-20. I10. J0.    /＊顺时针圆弧插补
N60 G1 X20.
N70 G3 X40. Y0. I0. J20.       /＊逆时针圆弧插补
N80 X0. Y40. I-40. J0.         /＊逆时针圆弧插补
```

```
N90 G1 X-40.Y20.
N100 Y-20.
N110 Y-30.                    /*直线退刀
N120 G40 Y-40.                /*取消刀具半径补偿,退刀至Y-40
N130 G0 Z10.                  /*抬刀至安全面高度
N140 X0.Y0.                   /*回程序原点
N150 M2                       /*程序结束
```

11.3 计算机数控自动编程

11.3.1 计算机数控编程技术的发展

1. APT语言

计算机数控编程技术是从APT语言开始的。APT(Automatically Programmed Tools)语言是一种专门用于机械零件数控加工的自动编程语言。APT的研究始于1959年,是在美国麻省理工学院电子研究所进行的。20世纪70年代世界各国在APT的基础上,都先后研究开发了带有一定特色的、专业性更强的APT衍生语言,如美国的ADAPT,德国的EXAPT,英国的2CL,日本的FAPT等。

2. 图形交互式自动编程技术

图形交互式自动编程是以CAD生成的零件几何信息为基础,采用人机交互对话方式,在计算机屏幕上指定被加工件的几何特征,定义相关的加工参数,由计算机进行数据处理,并动态显示加工路径。仿真切削功能能模拟加工环境进行切削,并进行切削干涉与碰撞检查,最后输出NC代码数据。图形交互式编程可分为7个阶段。

(1) 建立三维加工环境。三维加工环境是指实施工件—夹具—刀具—机床加工系统的三维模型,是图形交互自动编程的重要基础。三维加工环境包括:建立毛坯设计系统,使毛坯模型与CAD产品模型数据全相关,且能适应修改设计和工序更迭的变化;建立交互式夹具设计系统,能完成夹具设计的三维模型,生成夹具装配图、部/组件图和夹具元件配套明细表;建立刀具三维模型库,包括刀具元件库、装配式刀具库,并能生成刀具组装图、刀具配套明细表及加工仿真用刀具三维模型;建立数控机床的约束模型,对NC-POST后处理器进行二次开发。

(2) 加工方案概念设计阶段。根据零件毛坯与夹具之间几何关系及刀具特征和参数选择最适用的加工方法,拟定刀具的进刀路径、切削路径和退刀路径。预测刀具在运动中可能发生干涉和碰撞的部位,并及时进行加工环境的调整。

(3) 加工路径初步设计阶段。该阶段的任务是选择刀具,选择或建立坐标系和加工参数设置,特别要注意起刀点和退刀点的位置。

(4) 加工路径优化设计阶段。该阶段的主要任务是对与加工路径有关的各项加工参数进行优化。如提高空刀运行速度、缩短空刀行程等,以保证所选加工路径、所需加工时间最短。

(5) 刀具路径坐标检查阶段。在动态显示刀具运动轨迹时,通过浏览APT文件,检查刀具运动轨迹在x、y、z坐标方向上的正确性。

(6) NC后处理及信息输出。根据CNC系统,二次开发专用的后处理器,将已生成的APT文件编译成机床能直接识读的NC代码文件,输出全面工艺过程信息,如工艺路线表、刀具装配清单、刀具安装表、刀具使用明细表、夹具装配明细表、夹具使用明细表、加工参数表、工步参数设置等。

(7) 工序切换环境准备。在工序切换时,需要对加工环境重新进行设置。

3. CAD/CAM 集成化数控编程

到了 20 世纪 80 年代,在 CAD/CAM 一体化概念的基础上,逐步形成了计算机集成制造系统(CIMS)及并行工程(CE)的概念。目前,为了适应 CIMS 及 CE 发展的需要,数控编程系统正向集成化、自动化、智能化和可视化的方向发展。数控编程与 CAD 的集成,可以直接从产品的数字定义提取零件的设计信息,包括零件的几何信息和拓扑信息;与 CAPP 的集成,可以直接提取零件的工艺设计结果信息,从而自动产生零件的数控加工程序。数控编程自动化的基本任务是要把人机交互工作减到最小,人的作用体现在解决工艺问题、工艺过程设计、数控编程的综合中,如知识库、刀具库、切削数据库的建立及专家系统的完善,人机交互将由智能设计中的条件约束和转化来实现。数控编程系统的智能化是 20 世纪 80 年代后期形成的新概念,将人的知识加入集成化的 CAD/CAM/NC 系统中,并将人的判断及决策交给计算机来完成。因此,在每一个环节上都必须采用人工智能方法建立各类知识库和专家系统,把人的决策作用变为各种问题的求解过程。可视化技术是将科学计算过程中及计算结果的数据和结论转换为图像信息(或几何图形),在计算机的图形显示器上显示出来,并进行交互处理。利用可视化技术,将自动编程工程中的各种数据、实时计算结果均用图形或图像完成或表现,最后结果还可以用具有真实感的动态图形来描述。

11.3.2 MasterCAM 数控编程系统

MasterCAM 系统是美国 CNC Software Inc. 公司开发的基于微机平台的 CAD/CAM 集成系统,侧重于数控加工编程,其曲线、曲面设计功能是为数控加工编程服务的,具有 2~5 轴数控铣削加工编程能力、线切割加工编程能力和车削加工编程能力。在模具制造业中的应用非常广泛。其 CAD 模组包含如下功能:2D 图形的构建、3D 线框图形的构建、高阶曲线图形的构建、曲面图形的构建、尺寸标注、图形编辑、动态旋转、图形的阴影处理;CAM 模块包含如下功能:

(1) 铣床 2D 模块,提供 2 轴加工;

(2) 铣床 2.5D 模块,提供 2~2.5 轴加工;

(3) 铣床 3D 模块,提供 2~5 轴加工;

(4) 车床模块,提供 2 轴加工;

(5) 线切割模块,提供 2~4 轴加工;

(6) 冲床模块,提供冲剪及展开功能;

(7) 火焰切割及激光加工模块。

本节将以十字形水管接头(如图 11-14 所示)为例,介绍 MasterCAM 加工零件的整个过程。其操作步骤如下:

图 11-14　零件实体图

1. 几何造型步骤

(1) 在主功能区依次单击“档案”、“开启新档”命令,新建一个文件。

(2) 在子功能区设置 Z 轴深度为 -30。

(3) 在主功能区依次单击“绘图”、“矩形”、“中心点”命令，输入中心点坐标“0,0”，矩形宽度“150”，高度“100”。

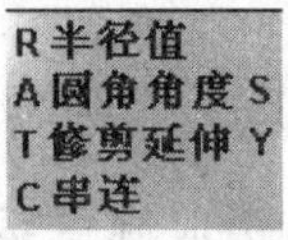

图 11－15　主功能区

（4）返回主功能表，在主功能区依次单击“修整”、“倒圆角”命令。单击“半径值”，输入圆弧半径“20”，设置“圆角角度”和“修剪延伸”为“S”和“Y”。主功能区如图 11－15 所示。

（5）单击“串连”，选择工作区中的矩形后单击“执行”，结果如图 11－16 所示。

（6）返回主功能表，然后在主功能区依次单击“绘图”、“圆弧”，“点半径圆”命令。分别以四个倒圆角的圆心为圆心，绘制四个半径为“10”的圆。结果如图 11－17 所示。

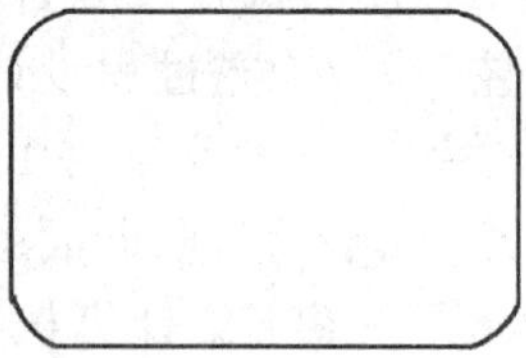
图　11－16

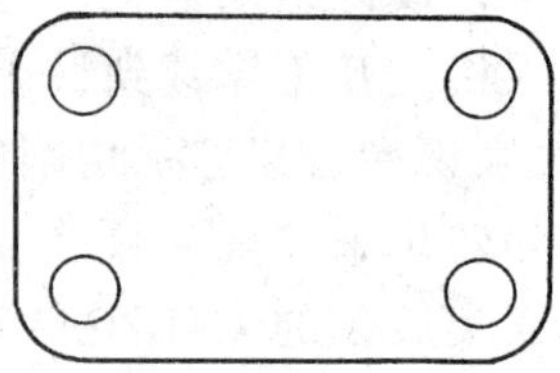
图　11－17

（7）在子功能区中，将视角和构图面均设置为侧视图。

（8）设置 Z 轴深度为 35。

（9）返回主功能表，然后在主功能区依次单击“绘图”、“圆弧”，“极坐标”、“圆心点”命令。输入圆心坐标“0，－30”，半径为 20，起始角为“0”和终止角为“180”。

（10）在子功能区中，设置 Z 轴深度为－35。然后执行第 9 步操作。

（11）在子功能区中，将视角和构图面均设置为前视图。

（12）执行第 8～10 步操作。将视图设置为等角视图，结果如图 11－18 所示。

（13）返回主功能表，在主功能区中依次单击“绘图”、“曲面”、“直纹曲面”、“单体”命令，在工作区中单击 *P*1 和 *P*2 点，如图 11－18 所示。

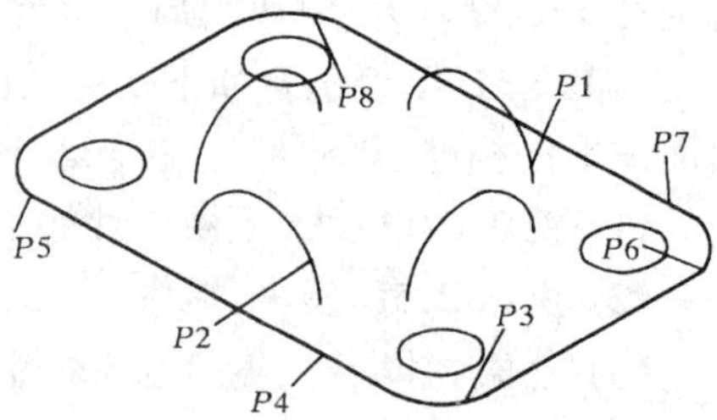

图　11－18

（14）依次单击“执行”、“执行”命令，得到一个直纹曲面，用同样的方法生成另外的一个直纹曲面。结果如图 11－19 所示。

（15）返回主功能表，在主功能区中依次单击“绘图”、“曲面”、“直纹曲面”、“串连”、“部分”，在工作区中点击 *P*3 点，设置“等候”为“Y”，然后依次点击 *P*4、*P*5 点。单击“结束选择”，第一个轮廓选择完毕，同样地在工作区中选择 *P*6、*P*7、*P*8 点，结束第二个轮廓的选择，单击“执行”、“执行”，结果如图 11－19 所示。

（16）返回主功能表，在主功能区中依次单击“绘图”、“曲面”、“倒圆角面”、“曲面/曲面”命令，输入倒圆角半径值 10。设置“修剪延伸”为“N”。

（17）选择两个直纹曲面，单击“执行”命令，结果如图 11－20 所示。

至此，零件的三维曲面已经生成。

2．生成刀具路径

（1）在主功能区中依次单击“刀具路径”、“曲面加工”、“精加工”，“放射状”命令，主功能区将提示选择曲面。依次选择“所有的”、“曲面”、“执行”。弹出如图 11－21 所示的放射状精加工窗口。

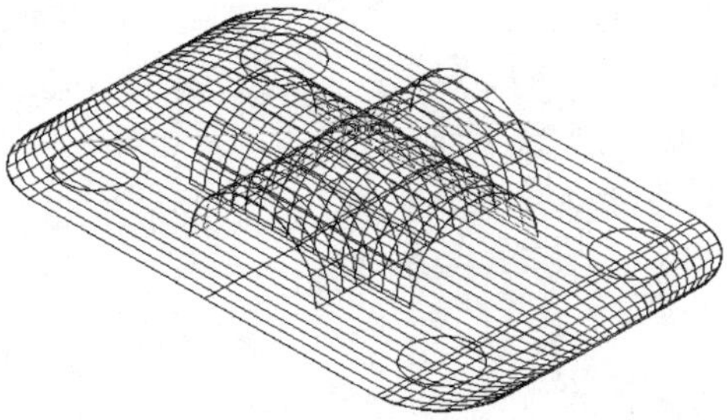

图 11-19

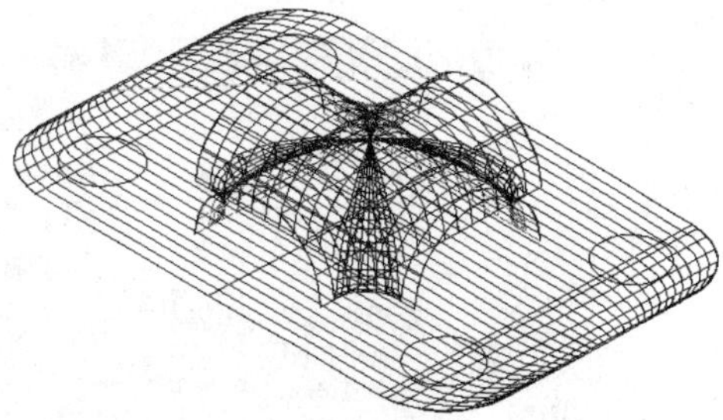

图 11-20

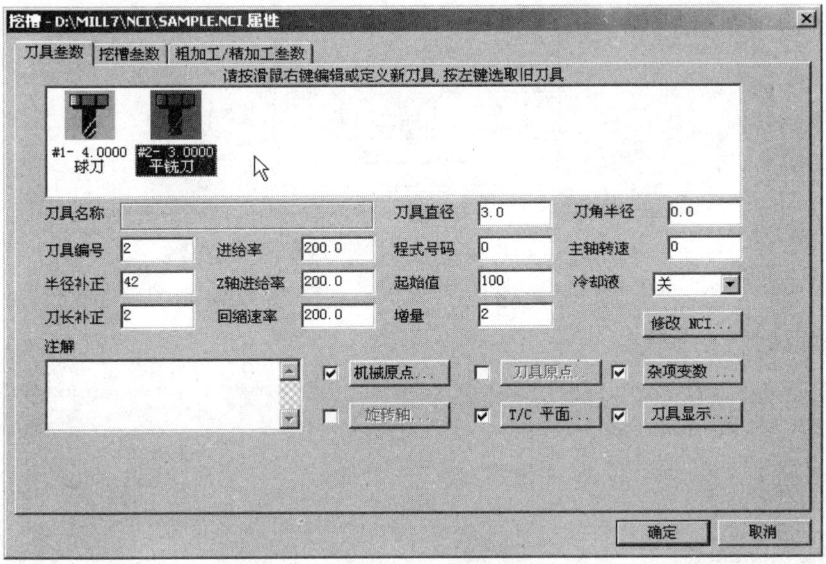

图 11-21　刀具参数设置

（2）在放射状精加工窗口中单击鼠标右键，在弹出的右键快捷菜单中选择“建立新的刀具”命令。弹出如图 11-22 所示窗口，单击“刀具类型”标签并选择球刀。

（3）单击“Tool-Flat End Mill”标签，并按图 11-22 所示设置刀具参数。

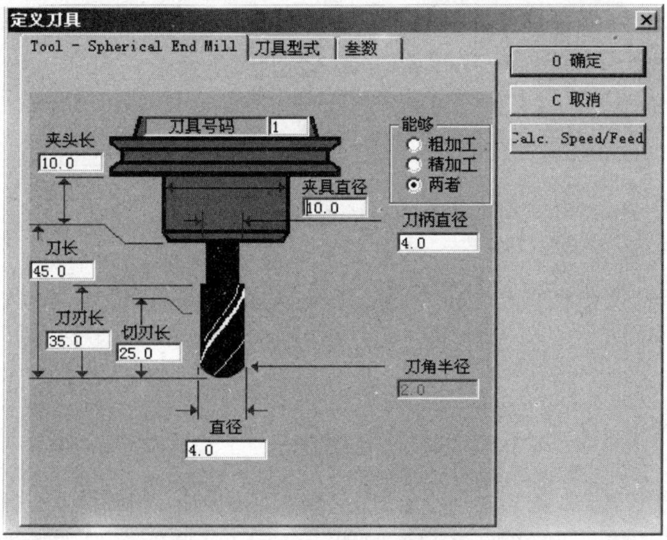

图 11-22　刀具定义对话框(1)

(4) 单击“参数”标签,按图 11 - 23 所示设置各项参数。

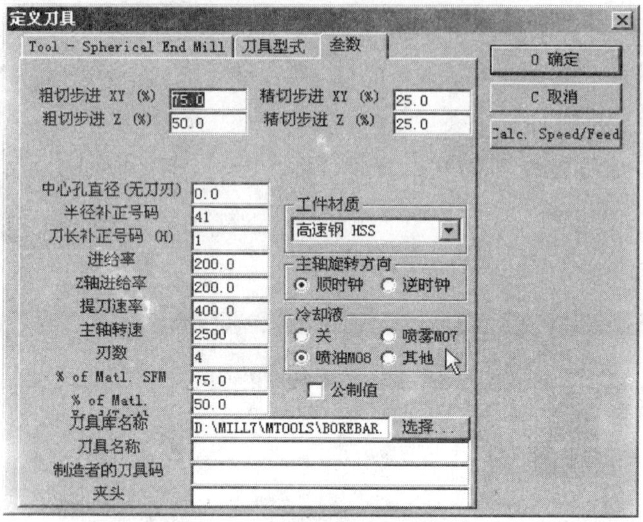

图 11 - 23　刀具定义对话框(2)

(5) 单击“确定”按钮,回到“放射状加工”窗口,在该窗口单击“切削参数”标签,按图 11 - 24 所示设置各项参数。

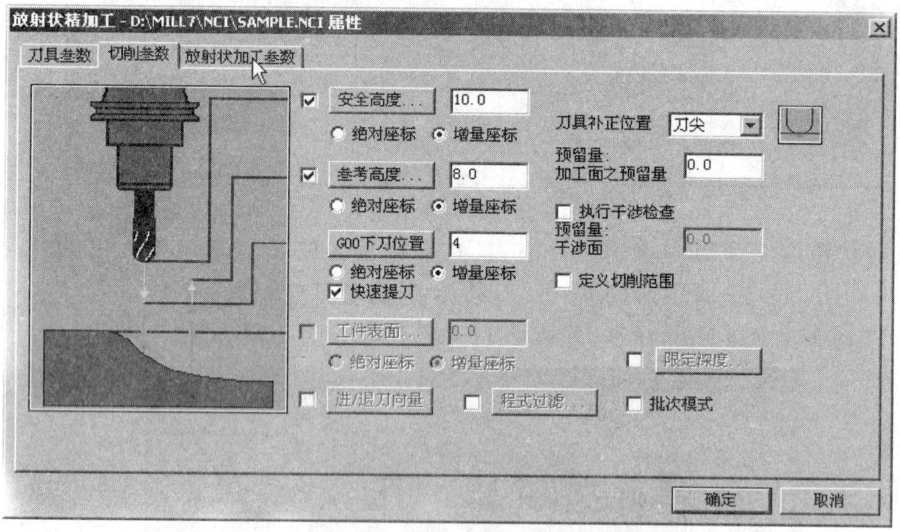

图 11 - 24　切削参数设置

(6) 在“放射状加工”窗口中点击“放射加工参数”标签,按图 11 - 25 所示设置各项参数。

(7) 在图 11 - 25 所示的对话框中单击“间隙设定”按钮,按图 11 - 26 所示设置各项参数。

(8) 在图 11 - 25 所示的对话框中单击“边缘设定”按钮,按图 11 - 27 所示设置各项参数。

(9) 设置好后,点击“确认”按钮退出“放射状精加工”窗口,此时提示选择旋转原点,设置子功能区中的 Z 轴深度为“0”,然后输入原点“0,0”,工作区中将出现曲面加工的刀具路径,如图 11 - 28 所示。

(10) 返回主功能区,单击“刀具路径”、“挖槽加工”命令,在工作区中选择四个小圆进行挖槽加工。单击“执行”命令,弹出如图 11 - 21 所示对话框(此时窗口的标题应为挖槽),新建 $\phi3$

的平铣刀。

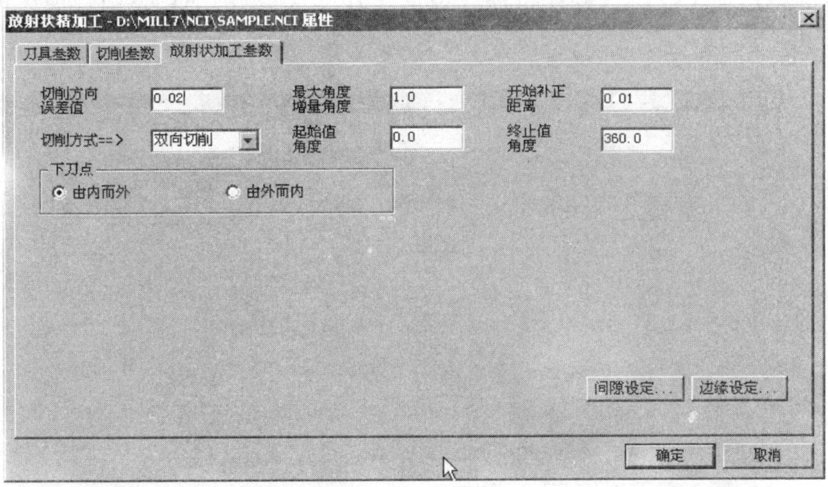

图 11－25　加工参数设置

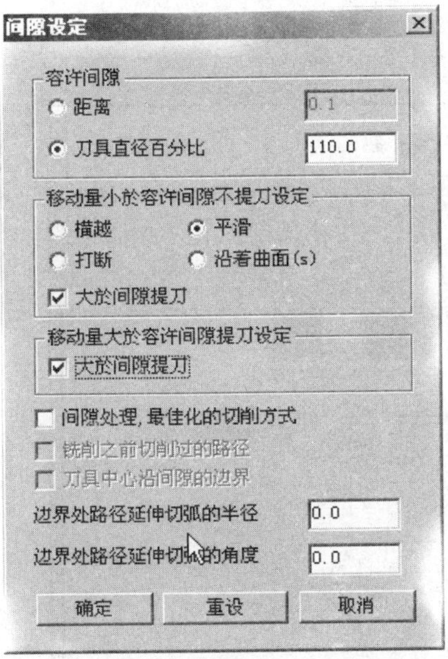

图 11－26　间隙设定

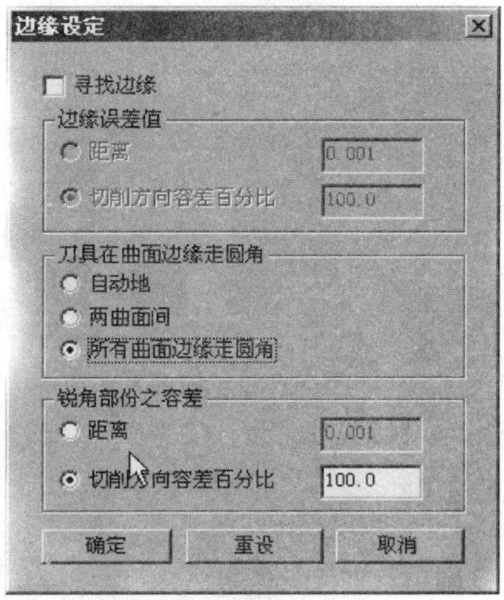

图 11－27　边缘设定

(11) 返回“挖槽”窗口。在该窗口单击“挖槽参数”标签，按图 11－29 所示设置各参数。

(12) 在“挖槽”窗口中单击“粗加工/精加工参数”标签并按图 11－30 所示设置各项参数。设置好后，单击“确定”按钮退出挖槽窗口，此时工作区中的刀具路径如图 11－31 所示。

(13) 在计算过程中，一个表面上会有许多多余的点被计算。因此每计算完一个刀具

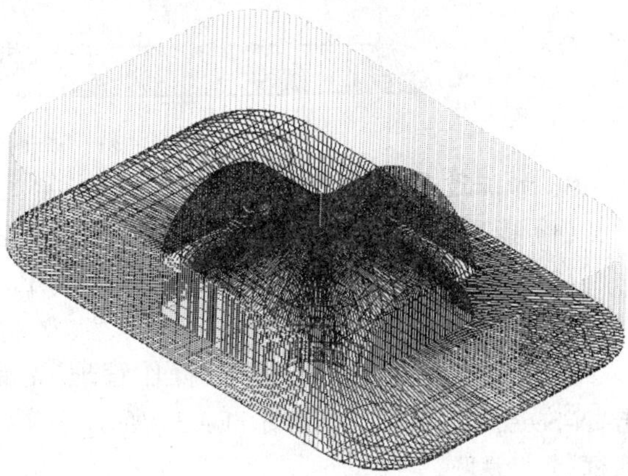

图　11－28

轨迹,都要经过程序过滤,把不必要的刀位点剔除,这样可以有效地缩小数控加工程序,特别是在对复杂型腔进行精加工时进行程序过滤。返回主功能区,单击“NC 公用管理”,再单击“程序过滤”。

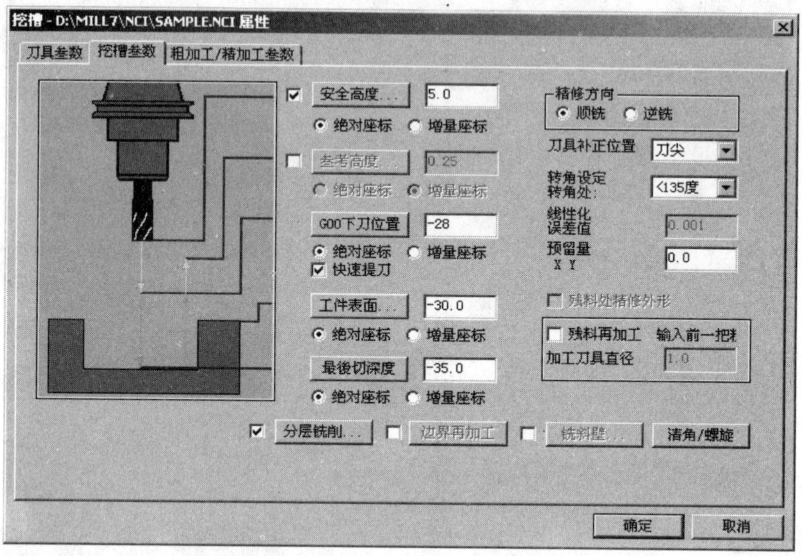

图 11 – 29 “挖槽参数”标签

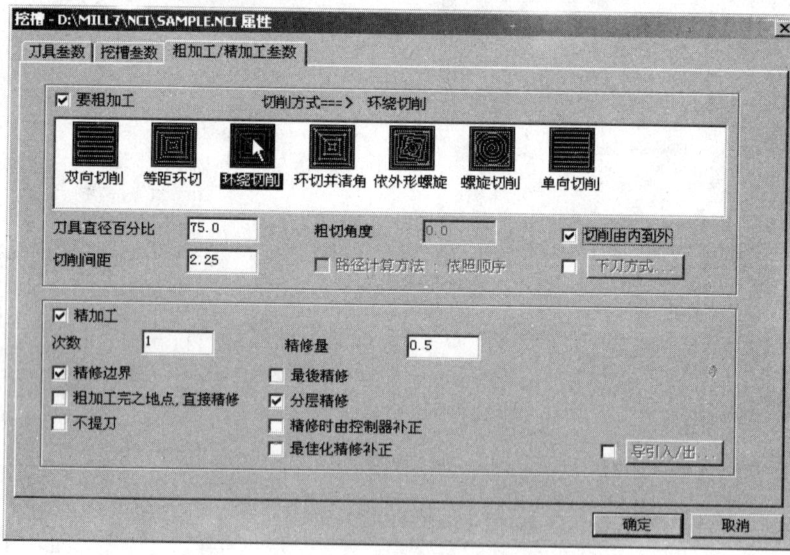

图 11 – 30 “粗加工/精加工参数”标签

3. 加工过程仿真

(1) 返回到“刀具路径”功能区,点击“操作管理”,弹出如图 11 – 32 所示对话框,

(2) 单击鼠标右键,在弹出的快捷菜单中,点击“工作设定”命令,按图 11 – 33 所示设置工件材料和各项工作参数。

(3) 点击“确定”按钮,返回“操作管理”对话框,点击“选择所有”选择所有的刀具路径,单击“N-See 2000”按钮,弹出图 11 – 34 所示“选取模式”对话框,设置好后单击“OK”按钮退出该对话框。

(4) 在主功能区单击“执行”命令,N-See 2000 将在工作区中以三维立体的方式显示生成的刀具路径对工件原材料进行铣削后的形状(如图 11－14 所示)。

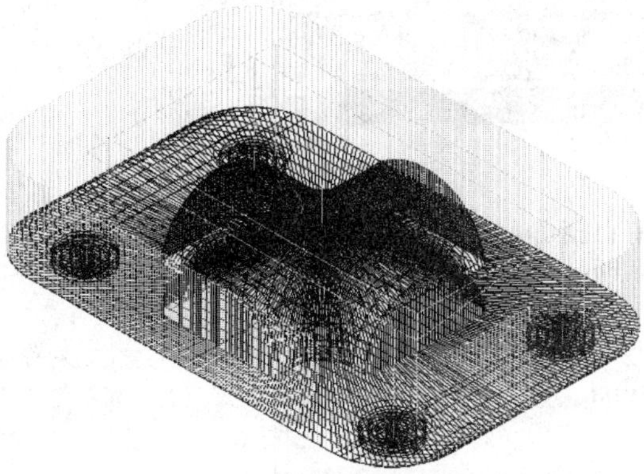

图　11－31

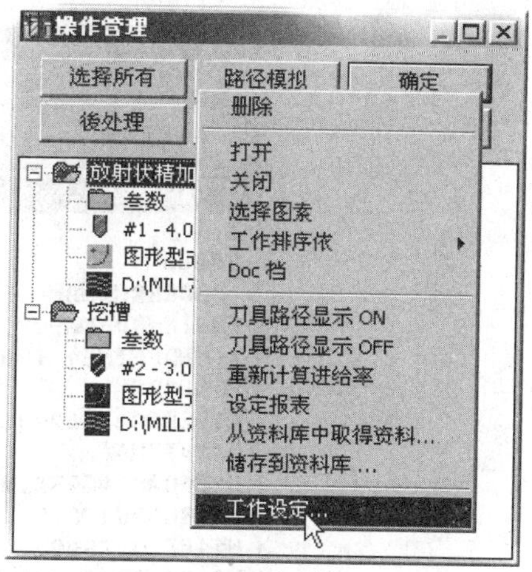

图 11－32　“操作管理”对话框

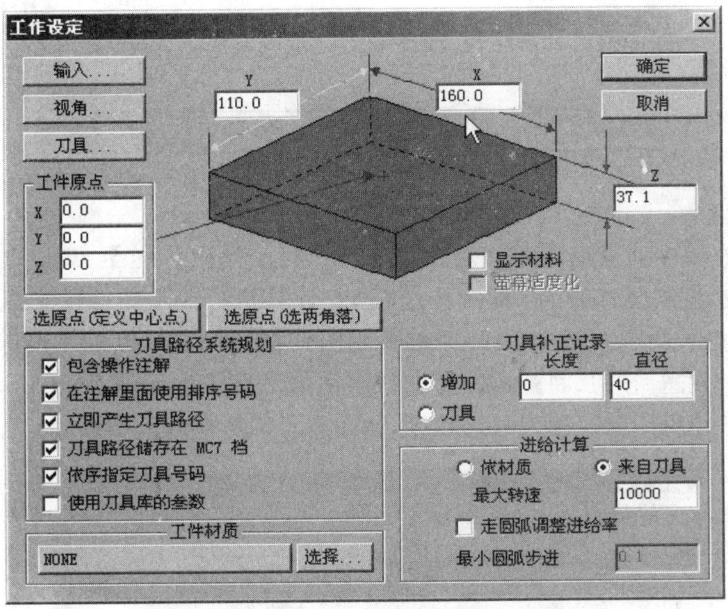

图 11－33　“工作设定”对话框

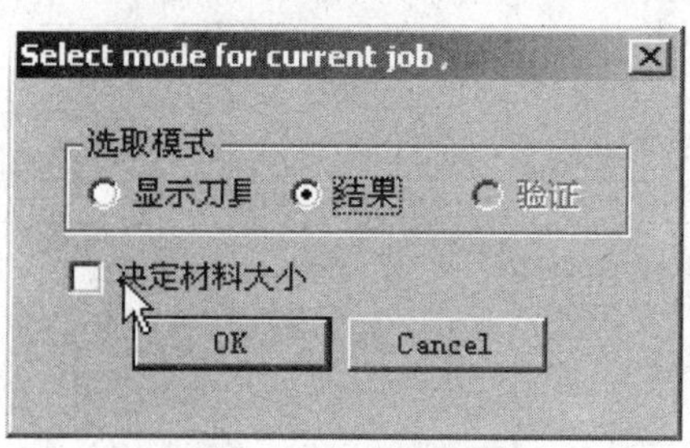

图 11－34　“选取模式”对话框

4．后置处理

(1) 返回到“操作管理”对话框，点击“后处理”按钮，按提示进行操作，输入 NC 文件的文档名，MasterCAM 将生成的 NC 程序代码用自带的编辑器 PFE32. XE 打开，如图 11－35 所示。

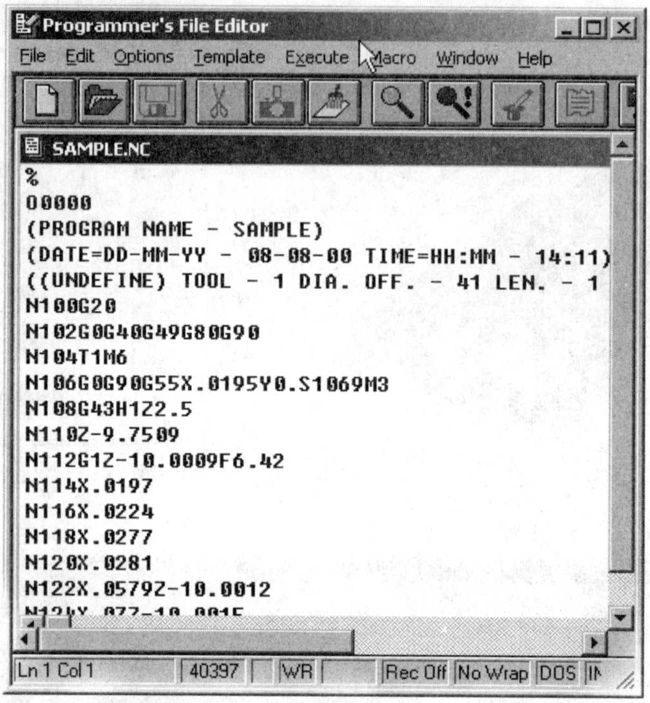

图 11－35　PFE32 编辑器

5．NC 程序通讯

Mastercam NC 程序通讯程序可以将生成的 NC 程序代码传送至 CNC 数控机床的控制系统，也可以从 CNC 控制装置的 NC 程式传送至 PC 计算机。在主功能区中点击“档案”、“下一页”命令，选择“通讯”命令。弹出图 11－36 所示对话框。根据数控机床提供的参数设置好各通讯参数。点击“发送”按钮，将弹出一个文件对话框选择刚生成的 SAMPLE. NC 文件，即可将 NC 代码传送到数控机床以控制刀具的轨迹，从而加工出所设计的零件。

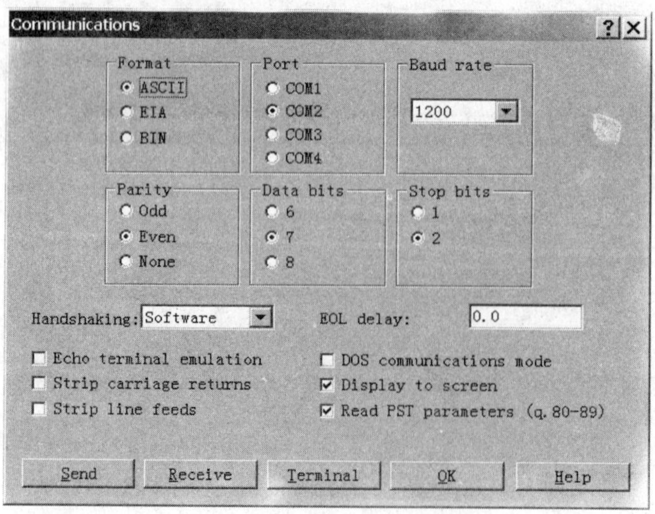

图 11－36　“通讯”对话框

11.4 CAD/CAM 集成化数控编程系统

11.4.1 CAD/CAM 集成化数控编程系统原理

一个集成化的 CAD/CAM 数控编程系统,一般由几何造型、刀具轨迹生成、刀具轨迹编辑、刀具轨迹验证、图形显示、后置处理、几何模型内核、运行控制及用户界面等部分功能组成,如图 11 - 37 所示。

在 CAD/CAM 集成数控编程系统中,几何模型内核是整个系统的核心。在几何造型模块中,最常用的几何模型包括表面模型(Surface Model)、实体模型(Solid Model)和加工特征单元模型(Machined Feature Model)。在集成化的 CAD/CAM 系统中,应用最广泛的几何模型表示方法是边界表示(B-Rep: Boundary Representation)和构造实体几何法(CSG:Constructive Solid Geometry)。在现代 CAD/CAM 系统中,最常用的几何模型内核主要有两种,分别为 Parasolid 和 ACIS。

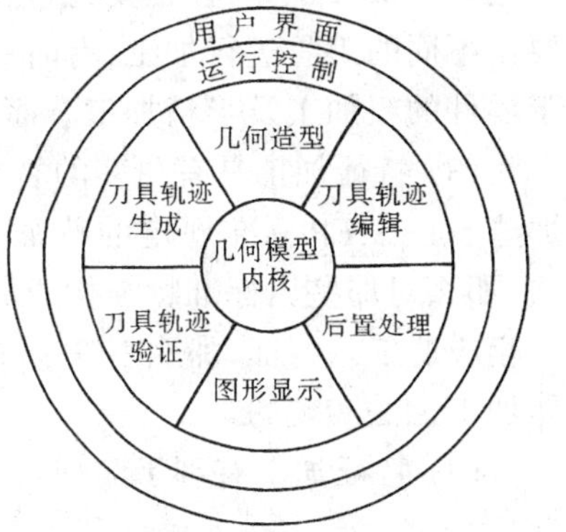

图 11 - 37 CAD/CAM 集成数控编程系统的组成

多轴刀具轨迹生成模块直接采用几何模型中加工(特征)单元的边界表示模式,根据所选用的刀具及加工方式进行刀位计算,生成数控加工刀具轨迹。

刀具轨迹编辑根据加工单元的约束条件对刀具轨迹进行剪裁、编辑和修改。

刀具轨迹验证一方面检验刀具轨迹是否正确,另一方面检验刀具是否与加工单元的约束面发生干涉和碰撞,其次是检验刀具是否啃切加工表面。

图形显示贯穿整个设计与加工编程过程的。

用户界面提供用户一个良好的操作环境。

运行控制模块提供用户界面所有的输入方式与各功能模块之间的接口。

11.4.2 刀具轨迹生成方法

计算机数控编程的核心工作是生成刀具轨迹,然后将其离散成刀位点,经后置处理产生数控加工程序。下面介绍刀具轨迹产生方法和主要的算法。

1. 基于点、线、面和体的 NC 刀轨生成方法

在二维绘图与三维线框阶段,数控加工主要以点、线为驱动对象,如孔加工、轮廓加工、平面区域加工等。在曲面和实体造型发展阶段,出现了基于实体的加工。实体加工的加工对象是一个实体(一般为 CSG 和 B-Rep 混合表示的),它由一些基本体素经集合运算(并、交、差运算)而得。实体加工不仅可用于零件的粗加工和半精加工,大面积切削掉余量,提高加工效率,而且可用于基于特征的数控编程系统的研究与开发,是特征加工的基础。

实体加工一般有实体轮廓加工和实体区域加工两种。实体加工的实现方法为层切法(SLICE),即用一组水平面去切被加工实体,然后对得到的交线产生等距线作为走刀轨迹。

2. 基于特征的 NC 刀轨生成方法

特征加工使数控编程人员不再对那些低层次的几何信息(如:点、线、面、实体)进行操作,

而转变为直接对符合工程技术人员习惯的特征进行数控编程,大大提高了编程效率。

特征加工的基础是实体加工,当然也可认为是更高级的实体加工。但特征加工不同于实体加工,实体加工有它自身的局限性。特征加工与实体加工主要有以下几点不同:

(1) 从概念上讲,特征是组成零件的功能要素,符合工程技术人员的操作习惯,为工程技术人员所熟知;实体是低层的几何对象,是经过一系列布尔运算而得到的一个几何体,不带有任何功能语义信息。

(2) 实体加工往往是对整个零件(实体)的一次性加工,但实际上一个零件不太可能仅用一把刀一次加工完,往往要经过粗加工、半精加工、精加工等一系列工步,零件不同的部位一般要用不同的刀具进行加工;有时一个零件既要用到车削,也要用到铣削。因此实体加工主要用于零件的粗加工及半精加工。而特征加工则从本质上解决了上述问题。

(3) 特征加工具有更多的智能。对于特定的特征可规定某几种固定的加工方法,特别是那些已在STEP标准规定的特征更是如此。如果对所有的标准特征都制定了特定的加工方法,那么对那些由标准特征构成的零件的加工,其方便性就可想而知了。倘若CAPP系统能提供相应的工艺特征,那么NCP系统就可以大大减少交互输入,具有更多的智能。而这些是实体加工无法实现的。

(4) 特征加工有利于实现从CAD、CAPP、NCP及CNC系统的全面集成。

11.4.3 刀具轨迹验证技术

从工程的角度来看,仿真就是通过对系统模型的实验去研究一个已有的或设计中的系统。分析复杂的动态对象,仿真是一种有效的方法,可以减少风险,缩短设计和制造的周期,并节约投资。计算机仿真就是借助计算机,利用系统模型对实际系统进行实验研究的过程。它随着计算机技术的发展而迅速地发展,在仿真中占有越来越重要的地位。

数控加工仿真利用计算机来模拟实际的加工过程,是验证数控加工程序的可靠性和预测切削过程的有力工具,可以减少工件的试切,提高生产效率。

习题与思考题

11.1 数控机床按联动轴数可分为哪几类?

11.2 何谓机床(机械)坐标、工件(编程)坐标?

11.3 如何判别圆弧的逆、顺方向?标出图11-7中的G02和G03的方向。

11.4 CAD/CAM集成化数控编程系统的组成及其核心是什么?

11.5 手工编制一个精车外圆、圆弧面并切断的程序,图形尺寸如图11-38所示,精加工

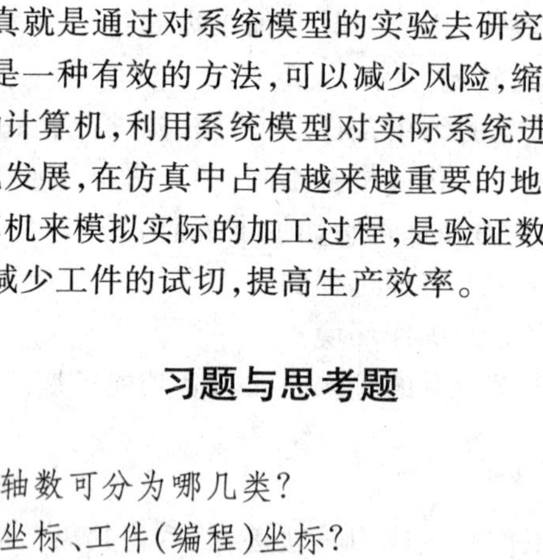

图11-38 习题11.5用图

余量 0.5 mm。

11.6 G92 和 G54 的区别是什么，它们各自应用在何种场合？

11.7 计算机辅助数控编程的方式有哪几种？各有何特点？

11.8 用 MasterCAM 数控编程系统进行数控加工编程分哪几个步骤？

11.9 用 MasterCAM 对图 11－13 所示零件的加工进行数控编程，并比较利用 MasterCAM 自动生成的数控代码与书中数控代码的异同。

第12章　CAD/CAM应用系统开发原理与方法

要使企业通过CAD/CAM技术真正缩短生产周期、降低成本、提高产品设计制造水平，往往并不仅仅是投资和选择具体商品化的CAD/CAM支撑软件系统，因为这些系统只提供CAD/CAM技术的基本应用平台，中低档的只提供工程图绘制、三维几何造型功能，高档的则提供工程分析计算、数控编程等工具，而并没有提供一个具体产品设计制造所需的完整的CAD/CAM系统的功能。设计人员进行产品设计时不仅需要提供图板、绘图工具，而更重要的是提供各种设计手册、制造手册中的各种数据、设计计算方法与公式、以及产品标准、技术要求、外购件、原材料的性能数据、本厂产品的典型结构、经验数据、工装情况等。离开了这些而只有图板与绘图工具是完不成设计任务的。如果开展CAD/CAM应用，只利用CAD/CAM系统进行绘图，大量的资料和设计依据还是人工一本一本地去翻阅、查找，再将查到的数据、图形一点一点地输入计算机，CAD/CAM技术的应用效益将大大降低。目前企业面临多品种生产，有几十、上百名设计人员，如果按照上述的方式进行工作，工程技术人员各自查找资料数据，各自输入计算机进行处理，同样会造成大量的重复劳动，产品设计制造信息也不能得到有效的共享。所以一个比较完整的CAD/CAM系统至少应将以上设计时所需查找的资料、数据、图形库、方法库和知识库通过计算机进行有效地组织和信息共享。为达到上述要求，一般是在高级程序设计语言、数据库管理系统和CAD/CAM支撑系统的基础上进行二次开发，建立满足具体产品设计制造要求的CAD/CAM系统。因此，如何有组织、有计划地进行适应生产实际、实用性强的CAD/CAM应用软件开发，就成为深入发展和应用CAD/CAM技术的关键之一。

CAD/CAM应用软件开发是一项高智力、高难度的工程项目，为了保证所开发软件的质量，应采用科学有效的软件工程方法进行开发。

12.1　软件工程的基本概念和原理

12.1.1　软件工程的基本概念

软件开发在20世纪50～60年代是用手工业方式进行的，软件开发是个体或小组的思维行为，除了程序清单外，一般没有其他文档资料。这种作为“软件作坊”的软件开发方式常常使得软件开发任务延迟，软件质量不可靠，开发完成的软件系统后使用过程中经常发生错误甚至无法维护，即产生了所谓的“软件危机”。

1968年北大西洋公约组织的计算机科学家在德国召开国际会议讨论软件危机问题时，正式提出了“软件工程”这一术语，并指出它是解决软件危机的工程科学。

在软件工程中人们设法引进机械工程、建筑工程中的一些技术来指导软件的研制开发，像处理其他工程那样来处理软件开发研制的全过程，逐渐形成了一门新学科——软件工程。

软件工程的定义是:把经过时间考验而证明正确的管理技术和当前能够得到的最好的技术方法结合起来,采用工程的概念、原理、技术和方法来进行软件的开发与维护。

在软件工程学指导下的软件开发,类似于机械产品的研制,要经过分析、设计、编程、调试和运行五个阶段,每个阶段都有明确的任务,并产生一定的文字资料送交下一阶段。

12.1.2 软件产品的开发过程

1. 软件开发过程模型

软件开发的目标就是在规定的投资和时间限制内,开发出符合用户需求的高质量软件。软件开发过程模型对软件工程的发展和软件产业的进步起到了重要作用。软件开发过程模型主要有两类。

(1) 瀑布模型(全生命周期法)

瀑布型开发方法遵循软件生命期的划分,明确规定每个阶段的任务。瀑布型开发方法的阶段划分和开发过程如图 12-1 所示。这个模型表明,在软件生存期中,对应于下落流线,任何一个软件都要按顺序经历 6 个步骤,如同瀑布流水,逐级下落。同时,为了确保软件产品的质量,每个步骤完成以后都要进行复查,如果发现了问题就应返回到上一级修改。这就构成了图中的向上流线。

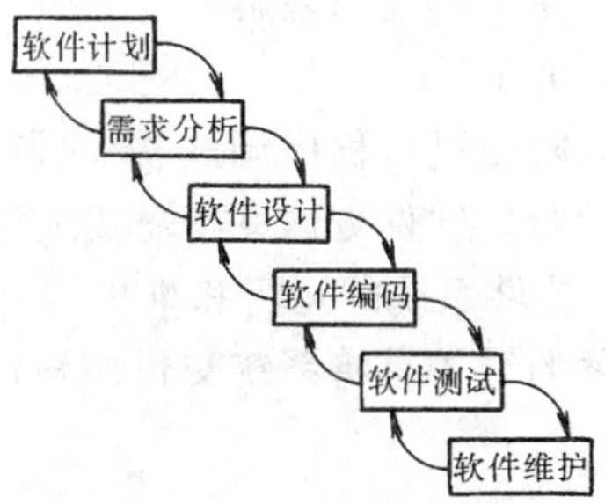

图 12-1 软件开发过程的瀑布模型

瀑布型开发方法适合于在软件需求比较明确、开发技术比较成熟、工程管理比较严格的场合下使用。各种应用软件的开发均可使用此法。

(2) 渐增模型(快速原型法)

与瀑布型方法不同,渐增型开发方法不要求从一开始就有一个完整的软件需求定义。常常是用户自己对软件需求的理解还不甚明确,或者讲不清楚。渐增型开发方法允许从部分需求定义出发,先建立一个不完全的系统,通过测试运行整个系统取得经验和反馈,加深对软件需求的理解,进一步使系统扩充和完善。如此反复进行,直至软件人员和用户对所设计完成的软件系统满意为止,如图 12-2 所示。

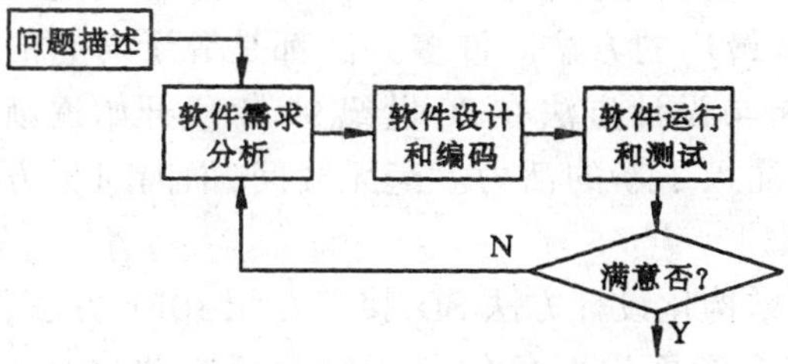

图 12-2 软件开发过程的渐增模型

因为渐增型开发的软件系统是逐渐增长和完善的,所以软件从总体结构上不如瀑布模型开发的软件那样清晰。但是,由于渐增型软件开发的过程自始至终都是在软件人员和用户的共同参与下进行的,所以一旦发现正在开发的软件与用户要求不符,就可以立即进行修改。使用这种方法开发出来的软件系统可以很好地满足用户的需求。

渐增型开发方法适合于那些用户需求暂时不太明确,而是要在开发过程中不断认识、不断获取新的知识去丰富和完善的系统。对于研究性质的实验软件,一般采用此法。

2. 软件开发的主要步骤及任务

(1) 软件系统的需求分析

进行一个软件的设计,首先要明确用户的需求。软件系统的需求分析包括软件功能、可靠性、安全保密、成本消耗、开发进度、资源使用和用户接口等许多方面。在调研基础上编写一个满足用户要求的、切实可行的系统说明书及系统可行性报告,确定系统目标、范围、并进行成本分析和效益分析。

(2) 软件的设计

设计阶段的任务是将由分析阶段获得的系统说明书转化为具体的计算机可实现的系统。本阶段一般分为两步,即总体设计和详细设计。在总体设计过程中要确定系统的模块结构,而详细设计时则要进行每个模块的具体设计。

本阶段完成时应提交的文件有:系统结构图及其说明书,各模块的结构图及其说明书。前者表达了系统由哪些模块组成,模块间调用的关系等;后者表达了每个模块的输入、输出及其功能。

(3) 程序编制

程序编制阶段的任务是用高级语言编写每个模块的程序,要求结构良好,层次分明,逻辑上正确又易于阅读和理解。

(4) 软件测试

在此阶段进行程序调试、模块调试、子系统调试及总体调试。通过调试排除故障,保证系统正常运行。软件测试完毕需提交测试报告。

(5) 软件系统的运行和维护

软件的维护是将系统交付用户使用,通过实际运行环境的检验,对不适应的部分进行修改和扩充。

12.1.3 软件分析与设计方法

软件工程发展的30多年来,人们在实际工作中提出了许多系统化的分析设计方法。从20世纪六七十年代的结构化系统分析与设计方法,到80年代初期的快速原型方法,以及90年代兴起的面向对象方法,虽然各自有不同的特点、不同的应用背景,但都得到了广泛的、成功的应用。

结构化的系统分析与设计方法是软件工程领域的经典方法,为软件工程的产生与兴起发挥了重要的作用,是目前最成熟的,也是应用得最多、最广的方法。许多方法都是源于对它的改进或扩充,如快速原型方法。面向对象的系统分析与设计方法在20世纪90年代开始逐渐走向成熟,表现了蓬勃的生命力,为软件工程的发展注入了新的活力。毫无疑问,面向对象方法将是未来最有发展前途的软件工程技术。

在以后章节中,首先介绍结构化分析方法SA和结构化设计方法SD,接着介绍IDEF方法,然后介绍快速原型方法的基本概念和思想,最后将介绍面向对象的分析和设计方法(OOA、OOD)。

12.2 结构化软件分析及设计方法

12.2.1 结构化软件分析方法

1. 结构化分析方法的基本思想和步骤

结构化分析方法,又称SA方法,它的基本思想是采用“分解”和“抽象”作为基本手段,对系统由顶向下逐层分解，直到能清楚地被理解和表达，从而有效地解决了系统的复杂性问题。如图 12-3 中的复杂系统 X，可按一定规则分解为 1、2、3、4 几个子系统；子系统 1 和 2 仍然很复杂，可将他们在分解成 1.1、1.2、1.3、和 2.1、2.2、2.3、2.4 等，如此分解下去，直到子系统足够简单，能清楚地被理解和表达为止。

由结构化分析得到的无论是当前系统的模型，还是目标系统的模型均采用数据流图的形式表达。使用结构化分析方法分析的结果是一套分层数据流图、一本数据字典、一组加工小说明及其他补充材料组成的系统需求分析说明书。

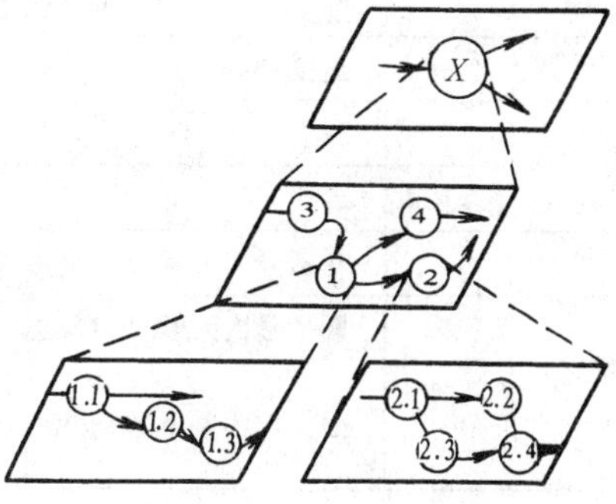

图 12-3　系统的分解

2. 数据流图、数据字典、加工小说明

(1) 数据流图

数据流图简称 DFD，它是描述数据处理过程的有力工具。数据流图从数据传递和加工的角度，以图形的方式刻画数据处理系统的工作情况。在数据流图中有四种基本符号，见图 12-4。

数据流：带有命名的箭头。

加工：内有加工名的圆圈。

文件：标有名字的矩形框，框内左侧有一竖线。

数据源点或数据终点：以方框表示。

图 12-4　数据流图的四种基本符号

数据流是沿箭头指向传送数据的通道，数据流由一组数据项组成。同一数据流图上不能有两个数据流同名。多个数据流可以指向一个加工，也可从某个加工散发出多个数据流。

加工(或称处理)表达了对数据的处理逻辑，即对数据的加工与变换功能，它以数据结构或数据内容为加工对象。加工的名字常可写为一个动宾结构，因而简明扼要地表明了完成的是什么功能。

文件在数据流图中起着暂时保存数据的作用，所以也被称作数据存储，它可以是数据库或任何形式的数据组织。指向文件的数据流可理解为写入文件，从文件引出的数据流理解为自文件读出。

数据流图上的第四种元素是数据源点或终点，它表示图中所出现数据的始发点或终止点，是数据流图的外围环境部分。在实际问题中它可能是人员、计算机外部设备或传感装置。

(2) 数据词典

数据词典(Data Dictionary，DD)是结构化分析方法的另一有力工具。它和数据流图密切配合，能清楚地表达数据处理的要求。数据流图给出了系统的组成及其相互关系，但未说明数据元素的含义。数据词典的任务就是对数据流图中出现的所有数据元素给出明确定义。它使数据流图上的数据流名字、加工名字和文件名字具有确切的解释。所有名字按词条给出定义，全体定义式就构成了数据词典。

通常在数据词典的定义式中，采用的主要符号如表 12-1 所示。

表 12-1　　　　数据词典中的符号及含义

符号	含　义	例子	说　明
=	被定义为		
+	与	$X=a+b$	X 由和 a 和 b 组成
..	连接符	$X=a..b$	X 可取 a 至 b 的任一值
[...,...]	或	$X=[a,b]$	X 由 a 或 b 组成
[...|...]	或	$X=[a\|b]$	X 由 a 或 b 组成
{...}	花括号内元素可重复出现	$X=\{a\}$	X 由零次或多次重复的 a 组成
(...)	圆括号内元素可出现也可不出现	$X=(a)$	a 可在 X 中出现，也可能不出现
"..."	引号内为基本数据元素	$X=$"a"	X 为值 a 的基本数据元素，即 a 无需进一步定义

3. 数据流分析实例

下面是一个描述V型带传动设计系统的数据流分析实例。

① 项目说明　V型带传动设计系统旨在用计算机根据输入的带传动功率、小带轮转速、传动比、电机型号、每天工作时间、中心距的范围等原始数据，设计出带的型号、带长、带的根数、带轮尺寸、中心距、初拉力 F 和作用在轴上的力 Q 等。

② 数据流图　根据需求，可画出如图 12-5 和图 12-6 所示数据流图。图 12-5 是V带传动设计系统的分层数据流图，其中，图(a)为顶层图，图(b)为 0 层图，图(c)、(d)、(e)为 1 层

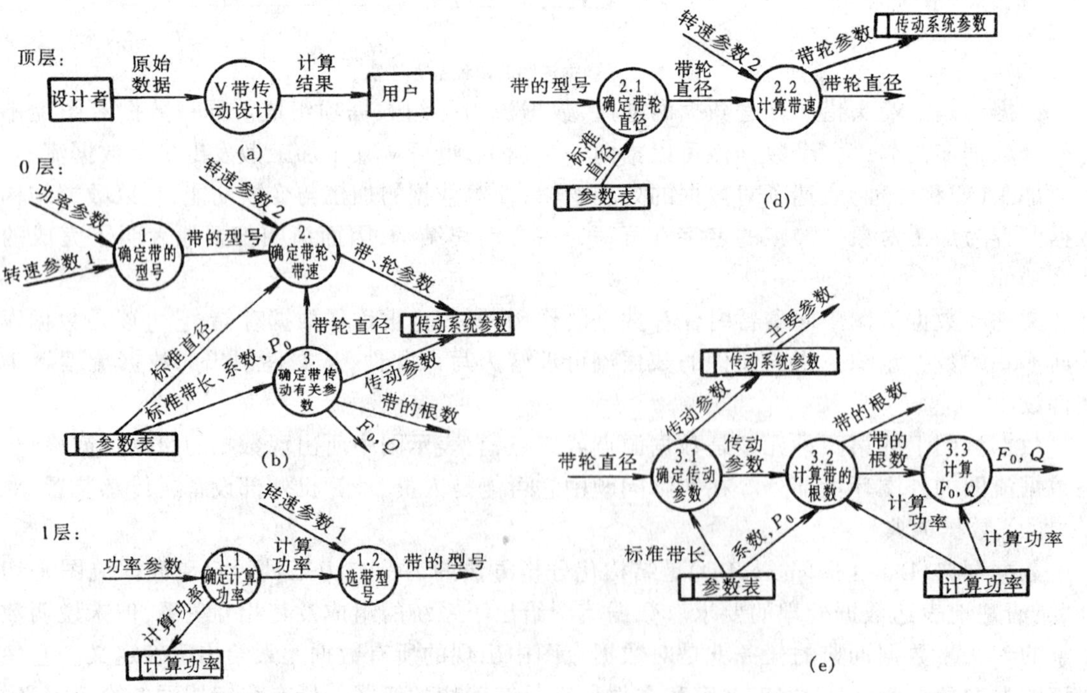

图 12-5　V型带传动设计系统分层数据流图

图。从该图中可看到怎样对系统进行逐层分解并采用数据流图对其进行分析和描述，图 12-6 是该系统的数据流总图。

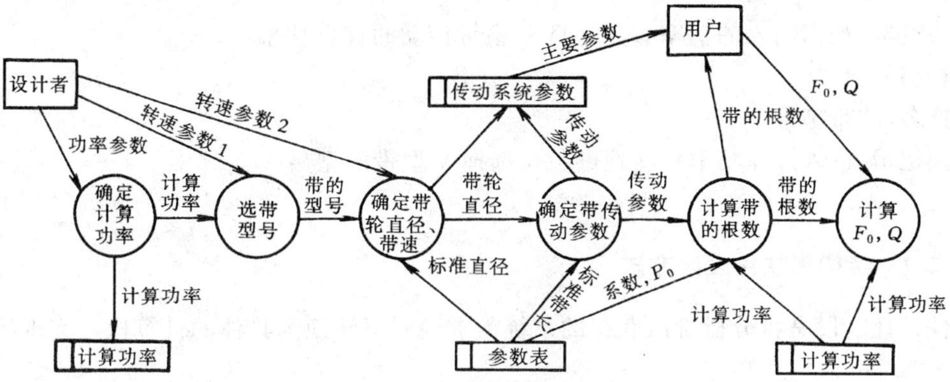

图 12-6　V 型带传动设计系统数据流总图

③ 数据字典　数据字典包括数据流条目、文件条目和小说明三部分。

(1) 数据流条目

原始数据 = 传动功率 + 小带轮转速 + 传动比 + 电机型号 + 每天工作时间

功率参数 = 传动功率 + 电机型号每天工作时间

转速参数 1 = 小带轮转速

转速参数 2 = 小带轮转速 + 传动比

带、轮参数 = 带的型号 + 小带轮直径 + 大带轮直径 + 带速

传动参数 = 中心距 + 带长 + 包角

标准带长、系数、P_0 = 标准带长 + 包角系数 + 带长系数 + 传动比系数 + 单根 V 型带能传递的功率

带轮直径 = 小带轮直径 + 大带轮直径

主要参数 = 带的型号 + 带长 + 带轮直径 + 中心距 + 带速 + 包角

计算结果 = 主要参数 + 带的根数 + 初拉力 + 作用在轴上的力

(2) 文件条目

文件名：计算功率

组成：{计算功率}

文件名：参数表.

组成：{标准直径 + 标准带长 + 单根 V 型带能够传递的功率 + 包角系数 + 带长系数 + 传动比系数}

组织：按“组成”中所列的次序排列

文件名：传动系统参数

组成：{带的型号 + 带长 + 带轮直径 + 中心距 + 带速 + 包角}

组织：按“组成”中所列的次序排列

(3) 小说明

变换编号：1

变换名：确定带的型号

变换逻辑:根据传动功率(计算功率)和小带轮转速选择 V 型带的型号

变换编号:1.1

变换名:确定计算功率

变换逻辑:根据输入的功率参数计算 V 型带传动的计算功率

变换编号:1.2

变换名:选带型号

变换逻辑:读入计算功率和转速参数 1 选择 V 型带的型号

……

12.2.2 结构化软件设计方法

软件设计阶段是将分析阶段获得的系统需求说明书转换为具体的计算机可实现的软件模型。

结构化设计方法,又称 SD 方法,是软件设计中有代表性的设计方法之一,也是使用最广的方法之一。它的基本思路是:建立一个具有良好结构的软件系统,把该软件系统所要完成的任务分成若干个子任务,使每个任务对应一个程序模块。也就是说,程序结构与任务(待解决的问题)结构是对应的。而每个程序模块是相对独立的,可以像积木一样按照一定的方式将软件系统组织起来。一般来说,一个模块应有一个模块名,并具有明确的功能,有内部使用的数据(局部数据),有与其他模块联系的数据,可被上级模块调用。

用 SD 方法设计的软件系统,每个模块均可独立地被理解、编写、测试、排错和修改,从而不仅使复杂的软件设计工作得以简化,减轻了开发费用,而且还有效地防止了错误在各模块间的扩散,提高了系统的质量。

1. SD 方法划分模块的原则

按结构化设计方法划分模块时,应体现以下两个原则:

(1) 各个模块功能单一,相对独立。

(2) 模块间联系小,模块内联系大。

通常模块间的联系反映在联系方式、共用信息类型和共用信息数量等方面。例如模块间共用信息数量越多,则联系越大。

模块内部的联系,一般根据块内成分联系紧密的程度分为六类,按联系紧松依次分为功能性、顺序性、通信性、瞬时性、逻辑性和偶然性。由于功能性模块具有很清楚的界面,故与其他模块间的联系很少。

SD 方法的目标是使模块具有功能性的块间联系。一般只需将程序结构作适当修改,就可使非功能性模块改进为功能性模块。

2. SD 方法的描述方式

(1) 层次图(HIPO 图)

层次图用来描绘软件的层次结构,HIPO 图是美国 IBM 公司发明的“层次图加输入/处理/输出图”的英文缩写,故又称 HIPO 图。层次图中的一个矩形框代表一个模块,方框间的连线表示调用关系。层次图很适于在自顶向下设计软件的过程中使用。图 12-7 是层次图的一个例子,最顶层的方框代表正文加工系统的主控模块,它调用下层模块完成正文加工的全部功能。第二层的每个模块控制完成正文加工的一个主要功能,例如“编辑”模块通过调用它的下属模块可以完成六种编辑功能中的任何一种。

(2) 结构图

Yourdon 提出的结构图是进行软件结构设计的另一个有力工具。结构图和层次图类似,也是描绘软件结构的图形工具,图中一个方框代表一个模块,框内注明模块的名字或主要功能;方框之间的箭头(或直线)表示模块的调用关系。因为按照惯例总是图中位于上方的方框代表的模块调用下方的模块,即使不用箭头也不会产生二义性,为了简单起见,可以只用直线而不用箭头表示模块间的调用关系。

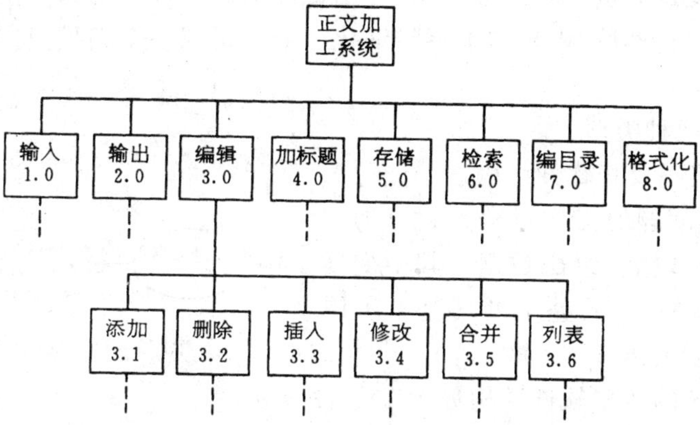

图 12-7　正文加工系统的层次图

在结构图中通常还用带注释的箭头表示模块调用过程中来回传递的信息。如果希望进一步标明传递的信息是数据还是控制信息,则可以利用注释箭头尾部的形状来区分:尾部是空心圆表示传递的是数据,实心圆表示传递的是控制信息。图 12-8 是结构图的一个例子。

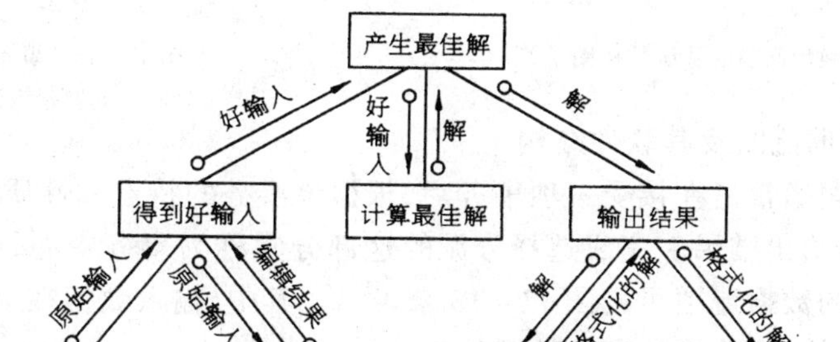

图 12-8　结构图的例子—产生最佳解的一般结构

以上介绍的是结构图的基本符号,也就是最经常使用的符号。此外还有一些附加的符号,可以表示模块的选择调用或循环调用。图 12-9 表示当模块 M 中某个判定为真时调用模块 A,为假时调用模块 B。图 12-10 表示模块 M 循环调用模块 A、B 和 C。

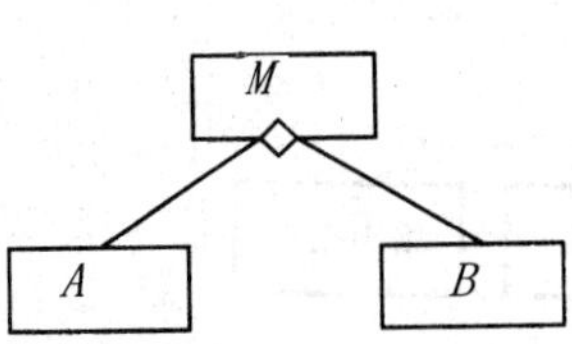

图 12-9　判定为真时调用 A 为假时调用 B

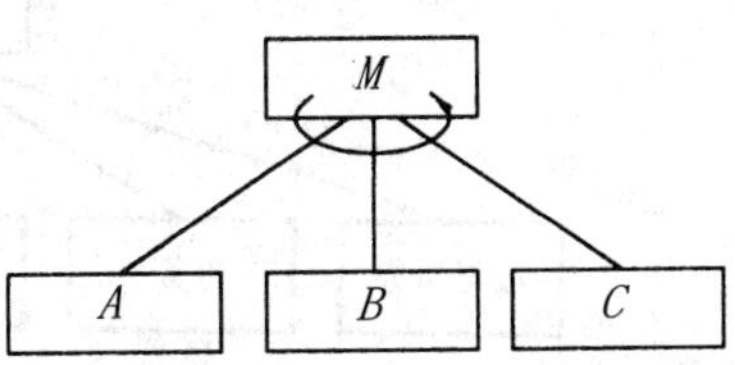

图 12-10　模块 M 循环调用模块 A、B、C

3. 基于SD方法的软件结构设计

(1) SD方法设计的步骤

结构化设计是以分析阶段获得的数据流图及描述说明书作为基础，进行模块结构设计。通常，首先由数据流图导出初始结构图，再根据系统最终目标，对初始结构图进行修改，获得满意的系统模块结构图。

数据流图有两种典型的结构，一种是变换型结构，另一种是事务处理型结构。这两种典型的数据流图可通过"变换分析"和"事务分析"导出标准形式的程序结构图。其步骤都是先设计模块结构顶端的主模块，然后"由顶向下逐步细化"，最后得到一个满足数据流图所表达的用户要求的程序结构。

(2) 数据流图的两种类型

① 变换型数据流图及其软件结构

变换型数据处理问题的工作过程大致分为三步，即取得数据、变换数据和给出数据。其中变换数据是数据处理过程的核心，整个处理基本上围绕它来进行(图 12－11)。

图 12－11　变换型问题示意图

相应地，这类系统的典型软件结构如图 12－12 所示。

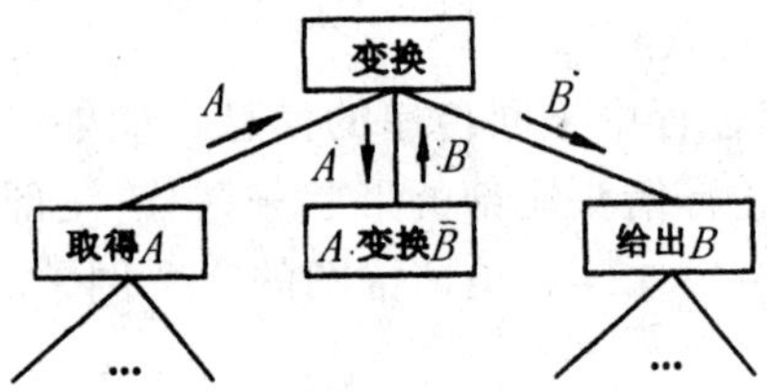

图 12－12　变换型问题的系统结构图

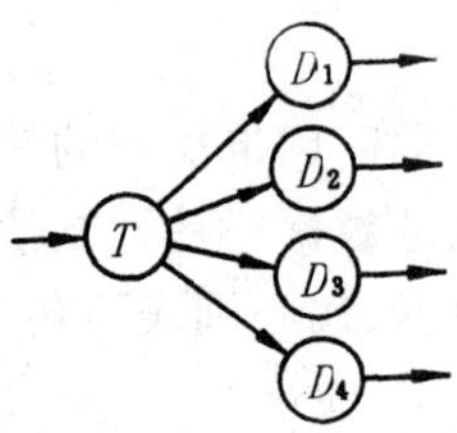

图 12－13　事务处理型问题示意图

② 事务处理数据流图及其软件结构

事务处理型问题通常是在接受一项事务后，根据该事务的特点和性质，选择分派给一个适当的处理单元，然后给出结果。完成选择分派的这部分常称为事务中心，或分派部件，这种事务型数据处理问题的数据流图可用图 12－13 来表示。其中，输入数据在事务中心 T 处作出选择，$D1 \sim D4$ 是并列的、供选择的事务处理加工。

对应于事务处理型问题的程序结构如图 12－14 所示。第二层的最左和最右模块分别负责数据的输入和输出，中间的 n 个模块是并列的，依赖于一定的选择条件，分别完成不同的事务处理。

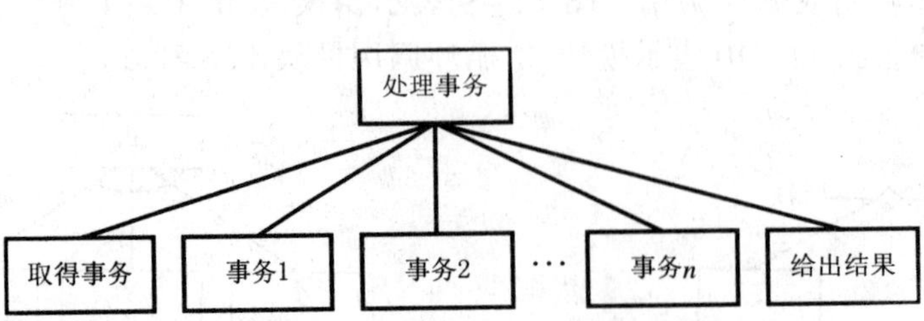

图 12－14　事务型问题的系统结构图

(3) 从数据流图导出初始结构图

利用结构化设计方法，可以从数据流图导出结构图。

① 变换型问题

对变换型问题数据流图的分析，主要是找到其中心变换，这是从数据流图导出结构图的关键。变换型结构数据流图向变换型程序结构转化，需要经过下列步骤：

- 确定系统的逻辑输入、逻辑输出和中心变换。
- 设计顶层和第一层模块。
- 设计中下层模块。

上述过程，可由顶向下递归的进行，直至达到系统的输入端或输出端。

分析图 12－15 这个数据流图我们看到，其中的"计算"是数据处理的核心部分。它左边的"编辑"和"检验"均为给"计算"作准备的预变换。中心变换以右的部分均为给计算值作格式化处理后的变换。找到中心变换，便可确定结构图的顶层模块，接着继续分析数据流图的其他部分，逐步地自顶向下建立结构图的其他模块，如图 12－16 所示。

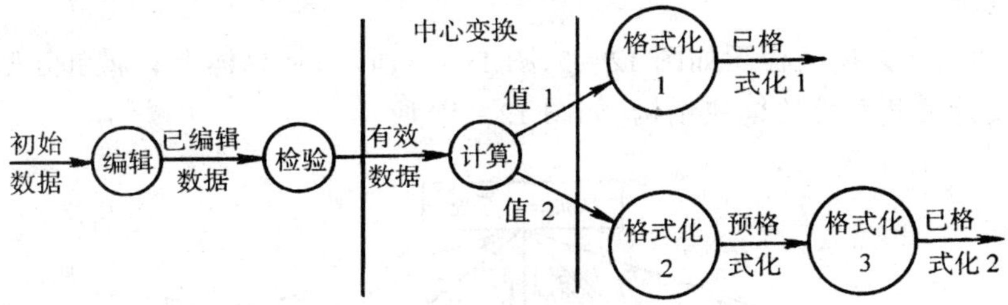

图 12－15　变换型问题的数据流图示例

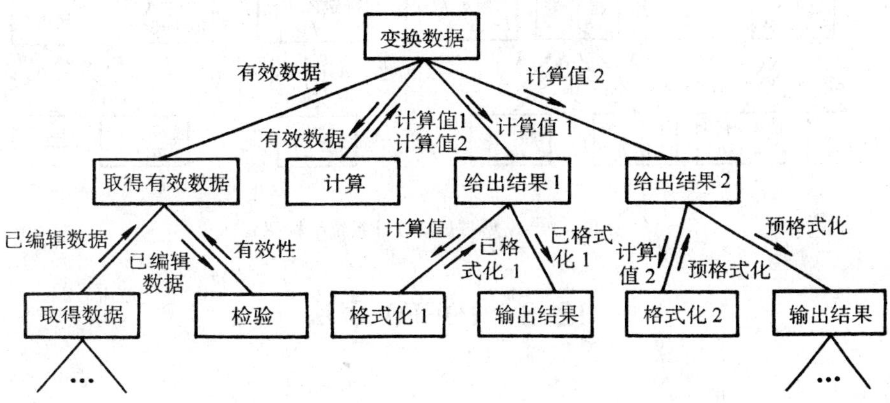

图 12－16　变换型问题数据流图的相应系统结构图

② 事务处理型问题

与变换型问题类似，导出结构图也需从分析数据流图开始，自顶向下地设计结构图。现以图 12－17 的数据流图为例，在图中取得事务 A 后，按某一条件将其分派，完成 L、M 或 N 的处理，最后经 O 输出。

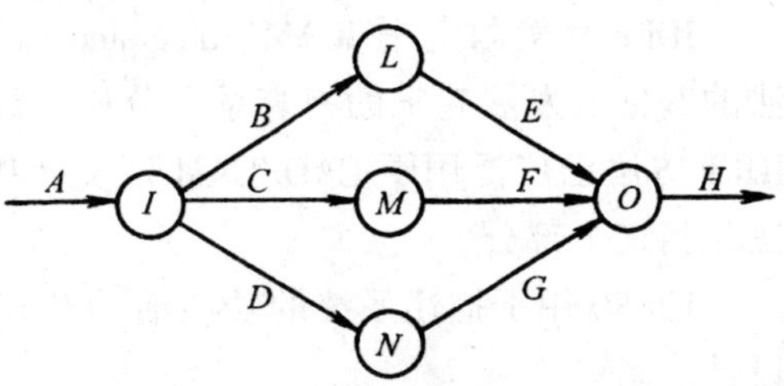

图 12－17　事务处理型问题的数据流图示例

在设计结构图时，首先建立主模块 P 代表整个加工，然后考虑第二层模块。第二层模块只能是三类:取得事务(S)、变换事务(T)及给出结果(S)。该数据流图的三个加工 L、M 和 N 是并列的,它们的工作应由变换事务的模块来完成,因而在主模块的下沿以菱形引出三模块,分别完成 L、M 和 N 的工作,在它们的左右两边则是对应于加工 I 和 O 的"取得 A"模块和"给出 H"模块,如图 12-18 所示。

实际应用系统常常是变换型和事务型的结合。一般是已变换分析为主,事务分析为辅进行设计。即先找出结构特点适当地运用"变换分析"或"事务分析"得出初始结构图的方案。

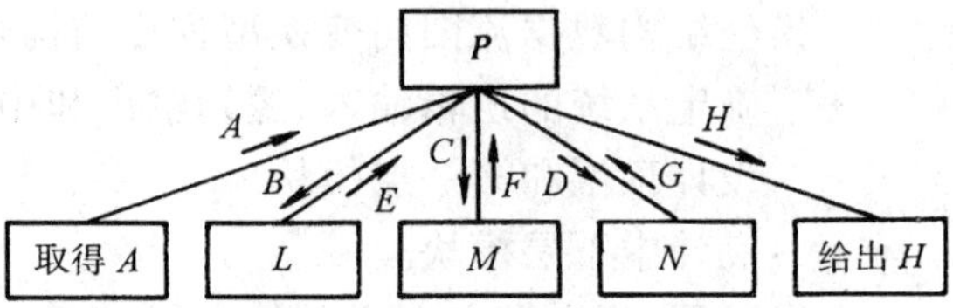

图 12-18 事务处理型问题的相应系统结构图

由于数据流图未能反映所有的用户要求(如控制流、出错处理、过程性信息的种种限制等,这些都放在"小说明"中表达),而程序的模块结构必须满足所有的用户要求,所以按数据流图导出的初始结构图还不是一个完整的方案,还需要根据用户要求及"小说明"进行修改,最后确定一个完整的方案。

(4) 设计实例

V 型带传动设计数据流程图如图 12-5、图 12-6 所示,从总体上看属事务型数据流程图。根据此图,可设计出此系统的模块结构,如图 12-19 所示。

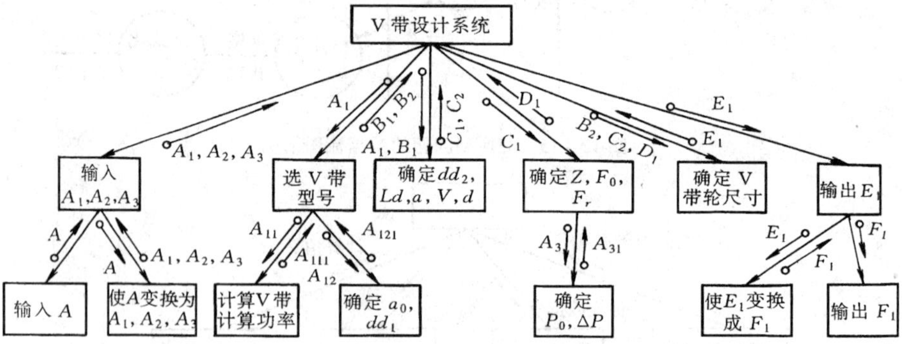

图 12-19 V 型带传动设计系统结构图

12.3 IDEF0 方法

12.3.1 IDEF 方法简介

IDEF 是美国空军 ICAM(Integrated Computer Aided Manufacturing)工程在软件结构化分析方法的基础上发展起来的一套系统分析和设计方法,它是 ICAM DEFinition method 的缩写。目前,IDEF 方法已广泛用于 CAD/CAM 系统、CIMS(计算机集成制造系统)的分析和设计中。IDEF 方法包括三个部分:

IDEF0 用于描述系统的功能活动及其联系,建立系统的功能模型,用于对系统进行分析和设计。

IDEF1 用于描述系统信息及其联系,建立信息模型作为数据库设计的依据。

IDEF2 用于描述系统的动态关系,建立动态模型研究,结合仿真技术研究系统的动态性能。

本节仅对 IDEF0 方法作简要描述。

12.3.2 图 形 表 示

1. 基本图形

IDEF0 方法采用结构化分析方法建立图形模型，其基本图形是盒子(Box)，代表功能活动，用与盒子相连的箭头代表与功能活动关联的各种事物，如图 12－20 所示。其中活动用动词或动宾词组表示，四周的箭头分别为“输入”(Input)、“控制”(Control)、“输出”(Output)、“机制”(Mechanism)，用名词表示，它们可以是抽象的数据，也可以是具体的数据。

“输入”是指某活动需要“消耗掉”、“用掉”或“变换成”输出的东西；“输出”是活动的结果；“机制”则是该活动赖以进行的基础或支撑条件，可以是执行活动的人或硬、软件设备；“控制”是该活动所受的约束或进行变换的条件、工作的依据。一个活动可以没有输入，但不能既无输入又无控制。显然，没有输出的活动也是不可思议的，否则，活动的目的何在呢？

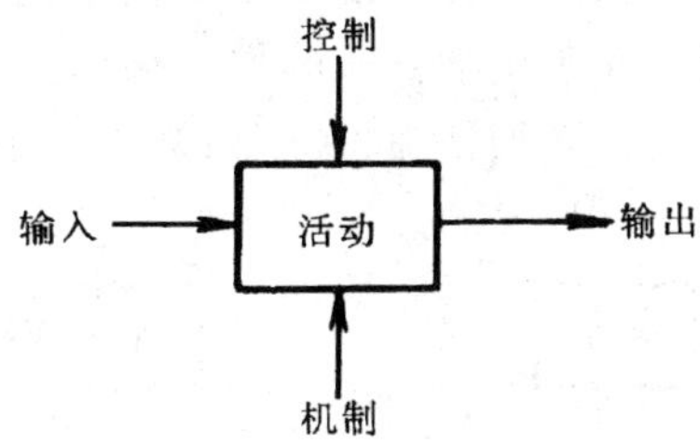

图 12－20 活动的表示

IDEF0 图，除了顶层 A－0 活动图是只有一个活动块以外，一般由 3～6 个功能活动“盒子”组成，个别情况允许出现 2 或 7 个活动。这些盒子在图上沿左上到右下对角线排列，并在盒子右下角标上其顺序号，其次序主要考虑前一块的输出作为后一块的输入的顺序，也可以表示一定程度上的重要次序或时序，但不作任何明确规定，原则上同一张图上的活动块是在同一等级的。

IDEF0 方法的整个模型是一组按递阶层次分解的图形，如图 12－21 所示。用结点号来标志图形或盒子在层次中的位置，结点号是由盒子的编号推导出来的。活动图的所有结点号都用字母 A 开头，最顶层图形为 A0 图，在 A0 以上用一个盒子来代表系统的内外关系图，编号为 A－0(上溯到更大范围的关系，还可有 A－1，A－2，A－3，甚至 A－4 图，但模型的顶层仍是 A0 图)。每个结点号是把父图的编号与父模块在父图中的编号组合起来。也就是说“父→子→孙……”每增加一“代”，结点号的位数就增加一位，形成如图 12－22 的结点树。

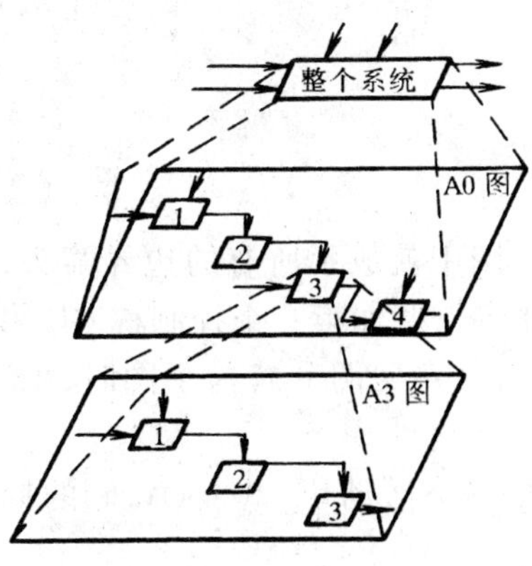

图 12－21 递阶层次分解图

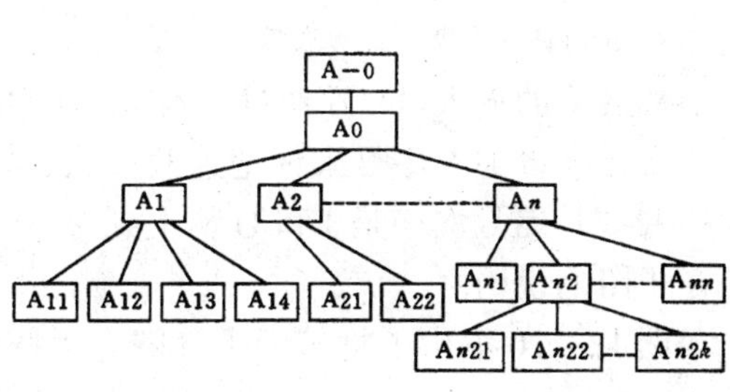

图 12－22 结点树

2. 箭头的不同类型及含义

箭头代表活动所关联的事物,它有两大类:一类称内部箭头,其两端分别连到图内两个盒子上;另一类称边界箭头,它的一端是开的,表示由图形以外的活动产生或被图形以外的活动所使用。

(1) 汇合与分流

事物或数据可以“汇合”、“分流”或“共用”。图 12-23(a)表示汇合,即多个活动产生同类数据(或合称为一类数据),图 12-23(b)表示活动的输出 A 分别供给了活动 2 和 3。B、C 是 A 的部分(分流)或全部(共用)。

(2) 通道箭头

在箭头的头端或尾端加上括弧,表示此箭头在该图的子图或父图中不出现,以使图形简化。在不接触盒子的那一端加括弧,表示该箭头在父图中未出现过,如图 12-24(a);在靠近盒子的一端加括弧,表示该箭头不出现于子图,如图12-24(b)所示。

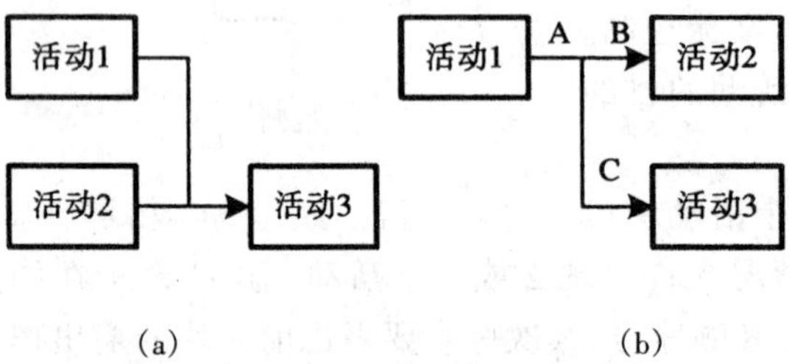

图 12-23 汇合与分流

(a) 汇合;(b) 分流。

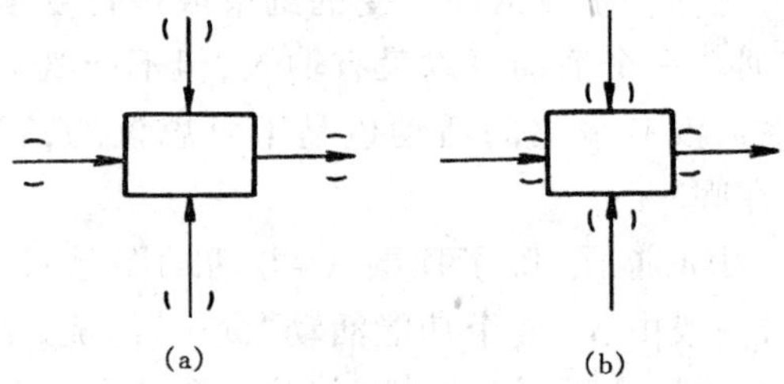

图 12-24 通道箭头

(3) 双向箭头

在图形中对于互为输入〔图 12-25(a)〕和互为控制〔图 12-25(b)〕的两个盒子可以用双向箭头连接,在箭头的上方或右侧加一个“·”以示注意。

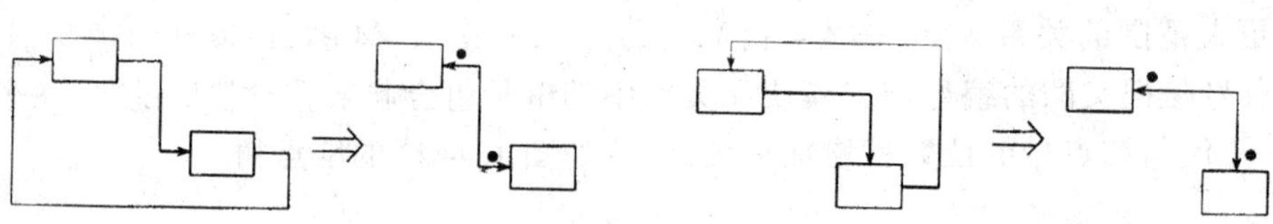

图 12-25 双向箭头

(a) 互为输入;(b) 互为控制。

3. ICOM 码

父盒子的输入(I)、控制(C)、输出(O)和机制(M)在子图中就成了所有的边界箭头,用它们的英文首字母加上序号来标记这些箭头,就称之为 ICOM 码。譬如第一个控制称 C1,第二个输入称 I2。其编号次序是 I 和 O 从上到下,C 和 M 从左到右。在父图分解为子图时,ICOM 码必须在子图上说明。

图 12-26 示出了将父盒子分解为子图中 B、H 和 W 三个活动块,其 ICOM 码的标注如图中所示。

4. 图表格式定义

IDEF0 标准图表格式如图 12-27 所示,它由三大部分组成:表头信息部分(图表上部)、主体部分(图表中部)和标识部分(图表下部)。

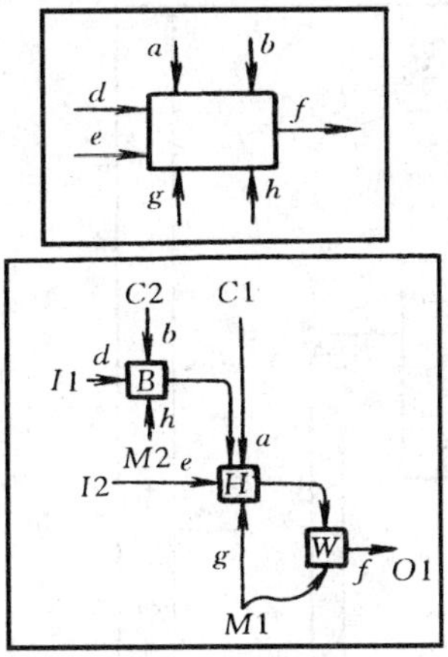

图 12－26　ICOM 码图

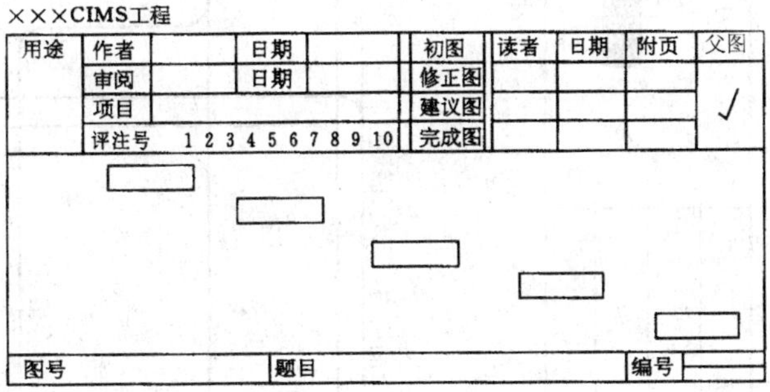

图 12－27　IDEF0 图纸格式标准

12.3.3　分解步骤

1. 选择范围、观点及目的

首先确定建模的立足点，包括范围、观点及目的，然后描述外部接口，建立与环境间的界限，确定讨论的问题，以及从什么人的角度观察问题，明确建模的意图。

2. 建立内外关系图(A－0 图)

画一单个盒子，里面放上活动名，概括所描述系统的全部内容，再用进入和离开盒子的箭头表示系统与环境的数据接口，这就是内外关系图。该图确定了系统边界，构成进一步分解的基础。图 12－28 所示的即为某管理信息系统的 A－0 图。

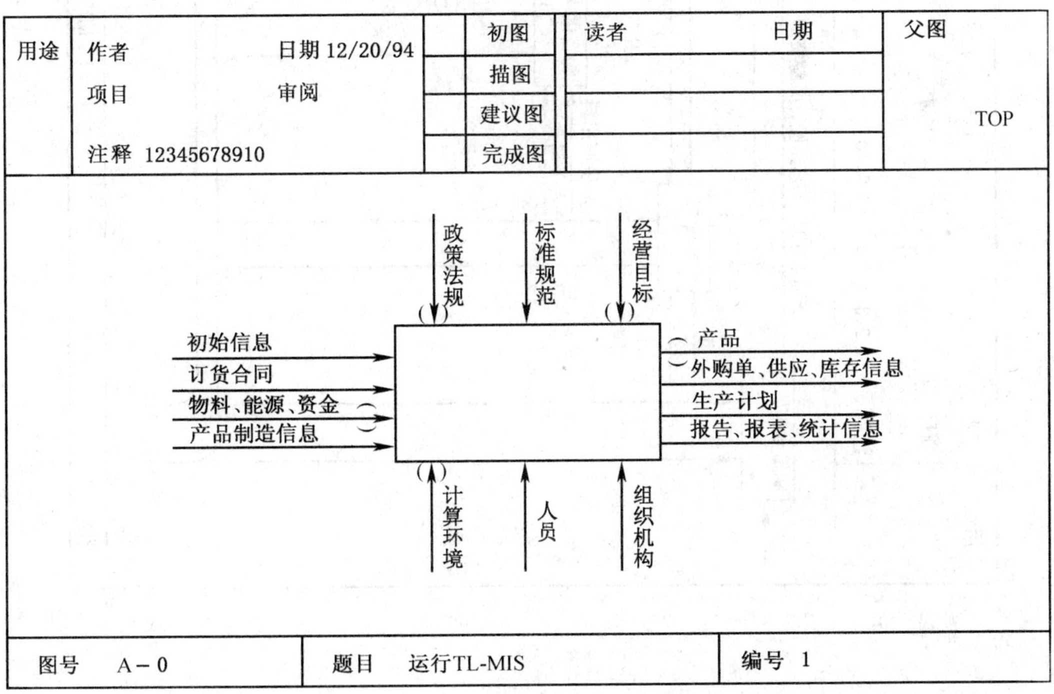

图 12－28　管理信息系统 A－0 图

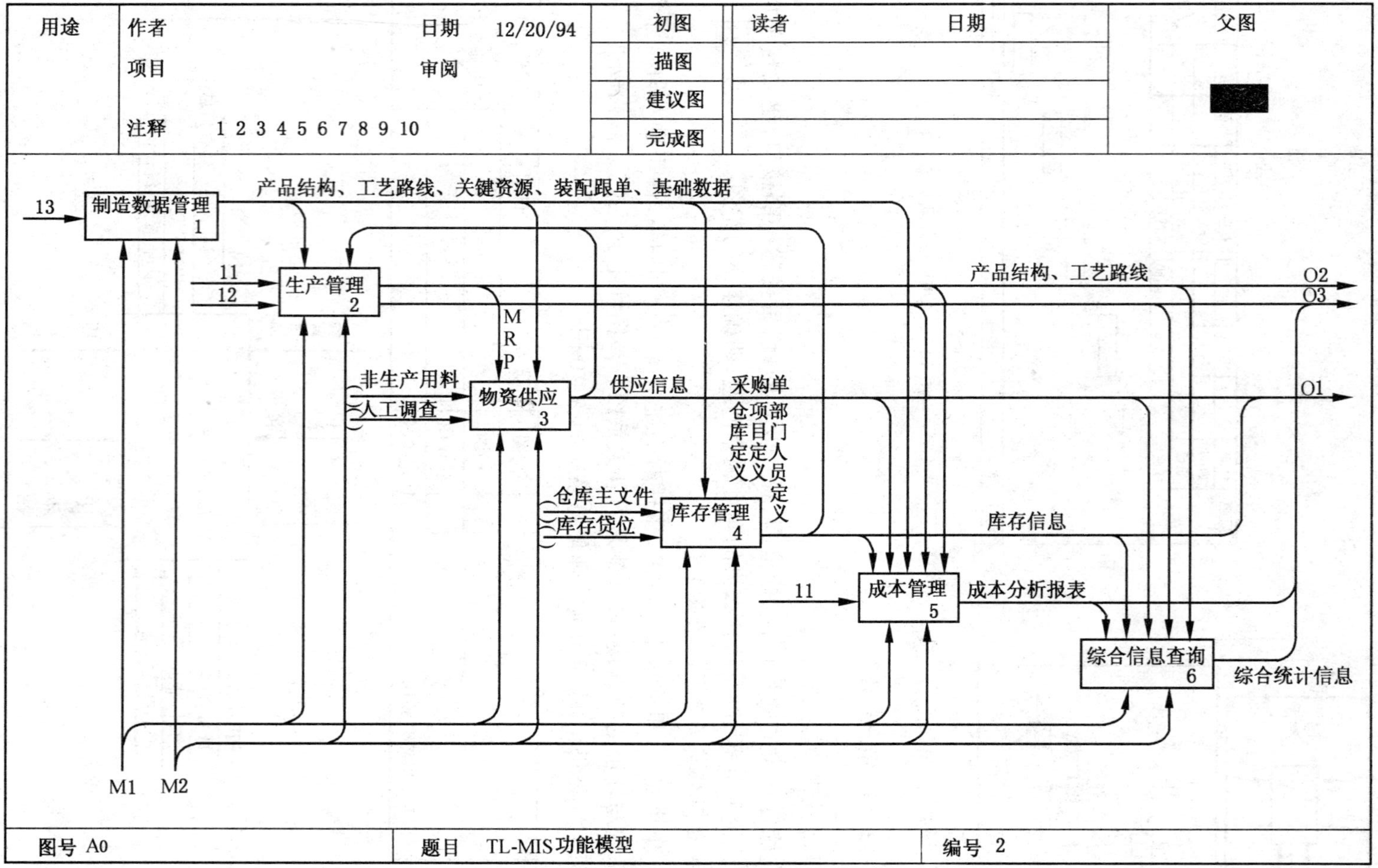

图 12－29 管理信息系统的 A0 图

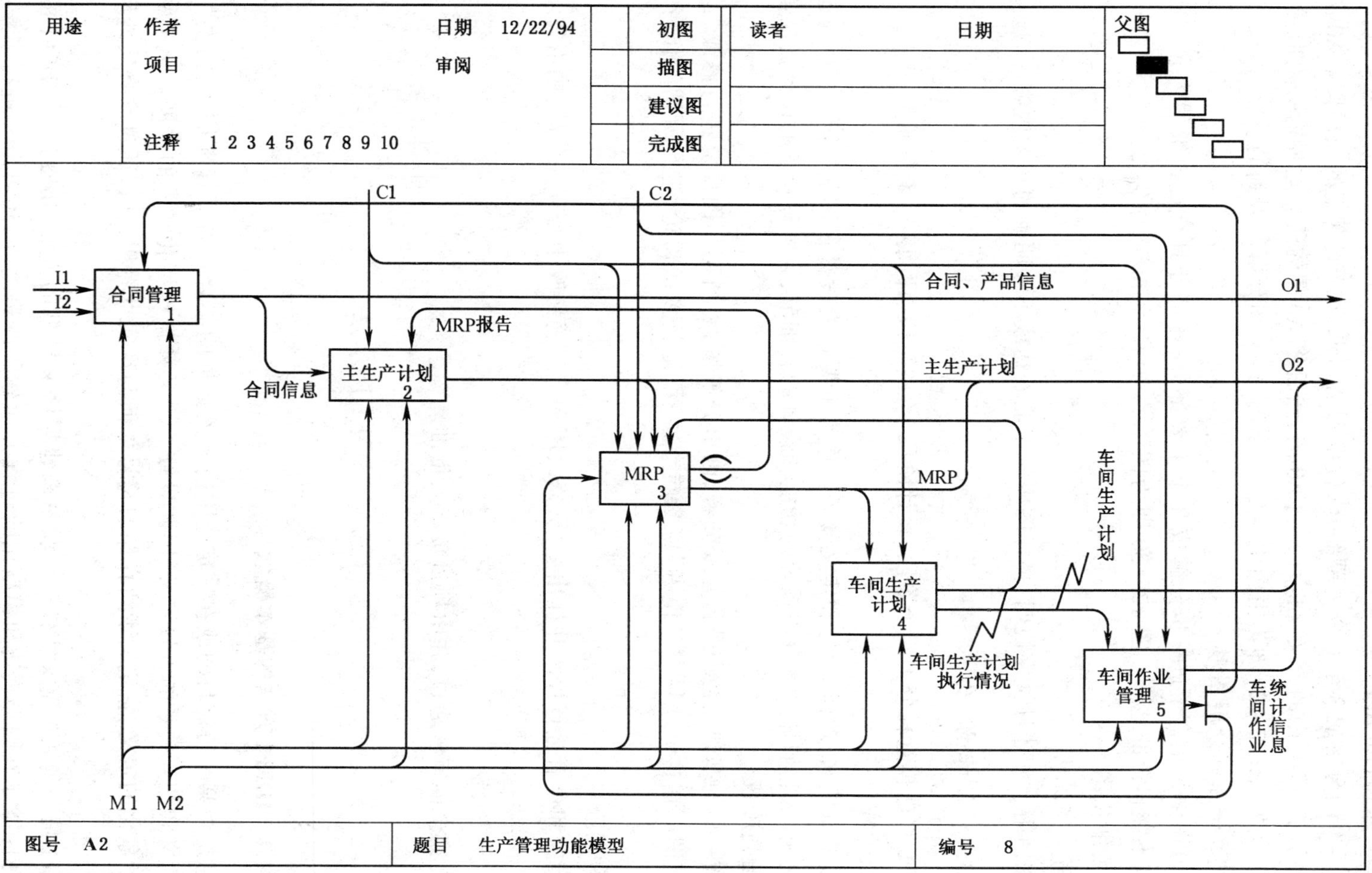

图 12-30 生产管理活动分解图

3. 画顶层图(A0 图)

把 A－0 图分解成 3 至 6 个主要部分,就得到 A0 图,即模型真正的顶层图。A0 图的结构清楚地表示了 A－0 图的含义。也可先画 A0 图,然后将 A0 图的所有边界箭头提取出来,形成 A－0 图。例如,图 12－29 即为由图 12－28 所示的 A－0 图分解后得到的顶层 A0 图。

4. 建立一系列分解图形

把 A0 图中每个盒子进一步分解成几个主要部分,各部分具有更详细的内容。依此可层层细化到不能再分的地步。图 12－30 即为图 12－29 所示 A0 图中第 2 个盒子(生产管理活动)的分解细化图。

5. 写文字说明

每张图附上叙述性文字说明,描述图中所不能表达或不够明确的重要内容。

12.3.4 工作阶段

IDEF0 将建模过程分为四个阶段:设计阶段、绘图阶段、评阅阶段和完成阶段。

1. 设计阶段

阅读背景资料,调研、思考和定义盒子。作为主要负责设计制图的"作者",必须通过多次与专家交谈,从它们那里了解该系统的功能和设计的各细节,为各种盒子的设计提供依据。

2. 绘图阶段

在前一步的基础上初步进行盒子分解,画出分解图,将所画的图反复进行修改,最后画出所有分解图。在这个过程中,"作者"应当与专家、评论员多次讨论,进行所谓的作者/读者循环。

3. 评阅阶段

由专家和读者进行评阅并提出意见,修改图形。反复修改中若存在分歧,则由技术委员会仲裁。

4. 完成阶段

由专家全面审核通过,并由项目负责人批准。

12.4 IDEF1 方法

12.4.1 IDEF1 方法的基本概念

信息是为某个特定目的或在一定范围内相关数据的集合。为了管理信息,需要提供一个数据的含义和相互关系的一致定义,因此导致了语义数据模型化技术的发展。语义数据模型是一个抽象化的定义,它定义了所存储的符号如何与现实世界相关联,通过它真实地反映现实世界。

IDEF1 是一种通过定义实体——联系来建立语义模型的方法,IDEF1x 是 IDEF1 的扩展版本。IDEF1x 除了在图形表达和模型化的过程方面作了改进之外,还对语义进行了扩充,引入了分类联系。

IDEF1 方法于适用于为各种复杂的系统建立信息模型,作为设计信息管理系统和数据库系统的依据。

IDEF1x 模型的基本结构是:

① 包含数据的有关事物,如人、概念、地方和事物等,用方框表示。

② 事物之间的联系用连接方框的连线来表示。

③ 事物的特征用方框中的属性表示。

在整个过程中需建立周密的文档制度,将各阶段的图册、书面评论意见、讨论的结果文件等归档保存,以便掌握系统开发和设计的全貌,并对发生的错误及时纠正。

12.4.2 IDEF1x 的成分及其图形表示

1. 实体

(1) 实体的定义

一个实体表示一个现实和抽象事物或它们的集合,集合中的事物必须具有相同的属性或特征。集合中的一个元素是这个实体的"实例"。一个现实世界的事物可以由多个实例来表示,例如张三可以是"雇员"和"教师"这两个实体的实例;而一个实体的实例,又可以描述现实世界事物的一个组合,例如约翰和玛丽就可以是"夫妻"这个实体的实例。

(2) 实体的分类

实体分为两类,一类称为"独立标识符实体",简称"独立实体",该类实体的每个实例都被唯一地标识而不取决于该实体与别的实体的联系;另一类称为"从属标识符实体",简称"从属实体",该类实体的每个实例的唯一标识依赖于该实体与其他实体的联系,该实体的主键的全部或部分来自外来键("键"的有关定义见本节第 3 条)。

(3) 实体的图形表示

IDEF1x 用矩形方盒子来表示实体,其中方角盒子(矩形)表示独立实体,圆角盒子表示从属实体,如图 12-31 所示。每个实体分配一个唯一的名字和一个号码,中间用斜线分开,放在盒子的上方。号码为正整数。实体名描述实体所表示的事物,且在整个模型中保持一致。它必须是名词短语,只能用单数名词,允许用缩写,例如:"雇员"、"零件"、"技改报告"等。实体的定义和同义词(或别名)的清单必须在模型的词汇表中给出。一张 IDEF1x 图中,一个实体只能出现一次。

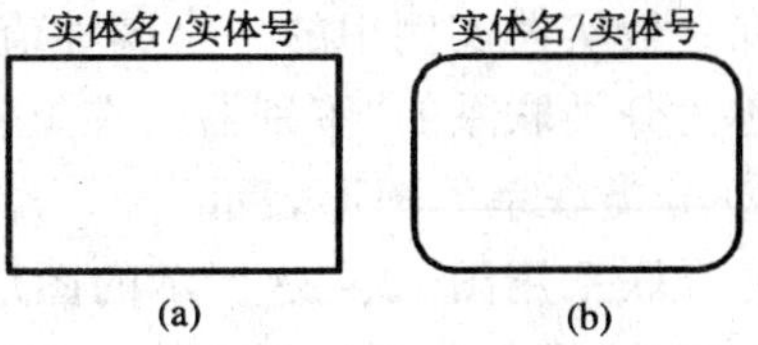

图 12-31 实体的图形
(a) 独立实体;(b) 从属实体。

2. 联系

联系指的是实体间的相互关系。根据实体间的不同关系,联系共分三类:连接联系、分类联系和非确定联系。连接联系和分类联系都属确定联系。

(1) 连接联系

① 连接联系的定义

连接联系又称父子联系或依存联系,指的是一个实体(子实体)依存于另一实体(父实体)的联系。连接联系又包括标定联系与非标定联系,在标定联系中子实体的每个实例都由它与父实体的联系确定。在非标定联系中,子实体的每个实例都能被唯一地确认而无须了解父实体的实例。

在连接联系中,父实体的每一个实例与子实体的 0 个、1 个或多个实例相连接,子实体的每个实例都精确地与父实体的一个实例相连接。也就是说,只有与之相连接的父实体的实例存在时,子实体的这个实例才能存在。例如"买主"与"订单"两个实体间,若一个买主(实例)发出 1 张或多张"订单"(实例),且每张订单只由一个买主发出,这说明这两个实体间存在连接联系。

② 连接联系的图形表示

由于连接联系分为标定联系与非标定联系，其图形表达方式如图 12－32 所示：

标定联系中每个父实体的实例可以对应几个子实体实例，用联系基数表示，分为四种情况：

- 缺省——0、1 或大于 1 的正整数；
- P——1 或大于 1 的正整数；
- Z——0 或 1；
- n——确定基数 n。

将这四种符号标在靠近子实体的小圆点旁。

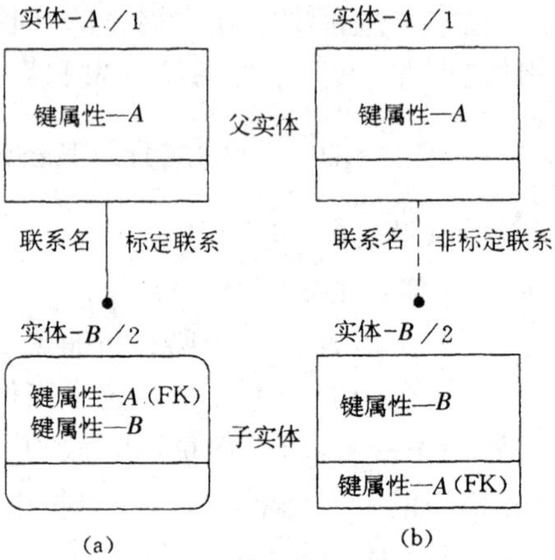

图 12－32　连接联系

(a) 标定联系；(b) 非标定联系。

(2) 分类联系

① 分类联系的定义

在现实世界中，一些事物(实体)是其他事物类的集合，这些集合性事物被称为“一般实体”，而与之相关的事物类则被称为“分类实体”。例如“切削刀具”这个一般实体，它的分类实体可能有“车刀”、铣刀”、“铰刀”等等。一般实体与分类实体之间的关系用分类联系表示。

若一个具有某种属性或特征的一般实体在某种意义上或更细致的特性上是其他一些实体的类，则这两种实体的联系是分类联系。分类联系又有完全分类联系与不完全分类联系之分。

若两个或多个实体中存在一个一般实体，它的每一个实例都与一个且仅与一个分类实体的实例相联系，则被称为“完全分类联系”。例如上例中的分类实体“车刀”和“铰刀”同属于一般实体“切削刀具”，但是这两个分类实体总是互不相容的。这就是说一把切削刀具它不可能既是车刀又是铰刀，即一般实体的一个实例只能与一个分类实体的实例相对应。

当一般实体的一个实例不与任何分类实体的任一实例相关联时，那么，这个联系被定义为“不完全分类联系”。

在一般实体实例中的一个属性值确定哪一个可能有的分类实体实例将与之关联，这个属性被称为分类联系的“鉴别器”，在上例中的鉴别器可以命名为“刀具类型”。

② 分类联系的图形表示

分类联系用图 12－33 所示的图形描述。图中的分类实体总是从属实体，而一般实体可以是独立实体，也可以是从属实体。此时，它的标识符可由其他联系中继承得到。对分类实体可以不标明基数，因为总是 0 或 1。

分类联系图形中小圆圈下划双线时表示为完全分类联系，说明分类实体集是完全的。如果小圆圈下为单线，则表示为不完全分类联系，说明分类实体集是不完全的。鉴别器的属性名可写在圆圈旁边。通常，一般实体到分类实体间的联系可读作“可以是”，而对于完全分类集而言，则可以读作“必须是”。

(3) 非确定联系

① 非确定联系的定义

非确定联系又称“多对多联系”，即关联实体相互间一个实体的一个实例对应另一个实体的0 个、1 个或多个实例。例如一个雇员可以在多个项目中工作，而一个项目中可以有多个雇员参加工作，这说明项目和雇员两个实体之间存在非确定性联系。

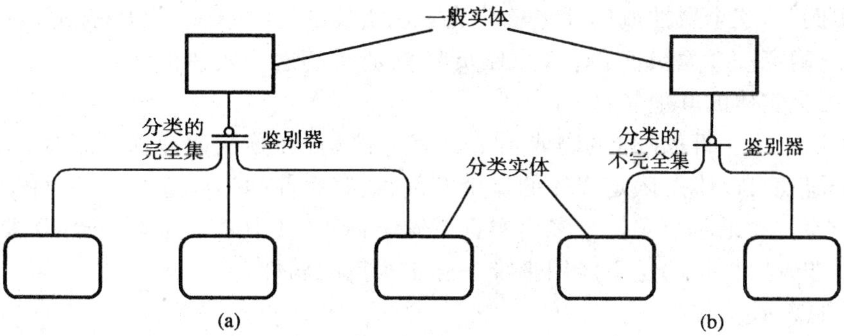

图 12 – 33　分类联系图形

(a) 完全分类联系；　(b) 不完全分类联系。

在建模初始阶段才有的这种非确定联系，在不断细化中必须改成确定的联系，比如引进第三个实体将非确定联系转化为确定联系。这个第三实体为构成非确定联系两实体的“公共子实体”，或称为“相关实体”。

② 非确定联系的图形表示

一个非确定联系用一条两端均带有圆点的直线来表示，如图 12 – 34 所示。对非确定联系应双向命名，两个联系名之间用“/”隔开，联系名的次序由两实体的相对位置确定。对于水平排列的两个实体，第一个联系名按先左后右标注；而对于垂直排列的两个实体，则按先上后下来确定第一个联系名。第二个联系名按第一个联系名的反向来确定。

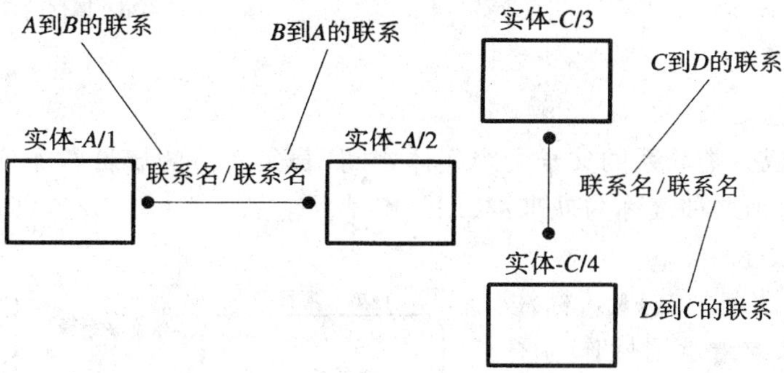

图 12 – 34　非确定联系

一个非确定联系总是存在于两个实体之间，而不是三个或更多个实体之间。但两个实体中任意一个实体的实例可以与另一实体的 0、1 或多个实例相关联，具体情况由基数决定。

3. 属性

(1) 属性的定义

属性(Attribute)是用来描述实体的某一种特征或性质，是用于进一步表示实体的。例如“雇员”这个实体，可以用“雇员名”、“年龄”等属性来进一步描述，“雇员名”、“年龄”也称这个实体的“属性实例”，每个属性实例又可以用“属性值”来定义。如“张三”、“54”等。

在 IDEF1x 模型中，每一个属性仅属于一个实体，而且，对于每一个与实体相关的属性来说，该实体的每一个实例都必须具有一个属性值。换句话说，实体的属性必须对所有该实体所代表的事物集合中的每个实例都适用，否则就必须增加新的实体来分别描述。

(2) 属性的分类

每一个实体都应有一个属性或多个属性组成的属性组，它们的属性值能唯一地确定该实体的每一个实例时，这个属性或属性组就构成了该实体的"主关键字"(Primary Key)。例如"雇员号"能唯一地确定一个雇员实例，这个雇员号就是雇员这个实体的主关键字，而雇员名、生日、年龄等则为该实体的其他属性。

属性又可以分为主键(亦称主码或主关键字)、次键(亦称次码或次关键字)和非键属性。由一个或几个属性可以唯一确定实体的每个实例，这些属性称为候选关键字，每个实体至少有一个候选关键字。如果一个实体有多个候选关键字，则选其中之一为主关键字(即主键)，其余为次关键字。非键属性指的是不能用来唯一确定实例的属性。

(3) 属性的表示

如图 12－35 所示，在实体方盒中，属性被分行列出。方盒内有一横线，横线之上为"主键"属性，横线之下为"次键"和非键属性。主关键字属性列在最上面，并用一水平线与其他属性分开。图 12－36 为雇员实体及其属性表示的实例。

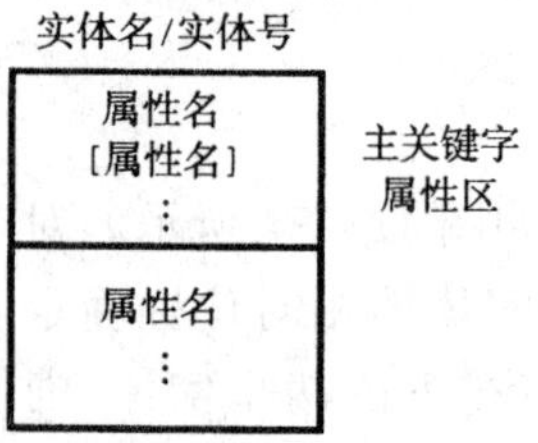

图 12－35　属性的表示

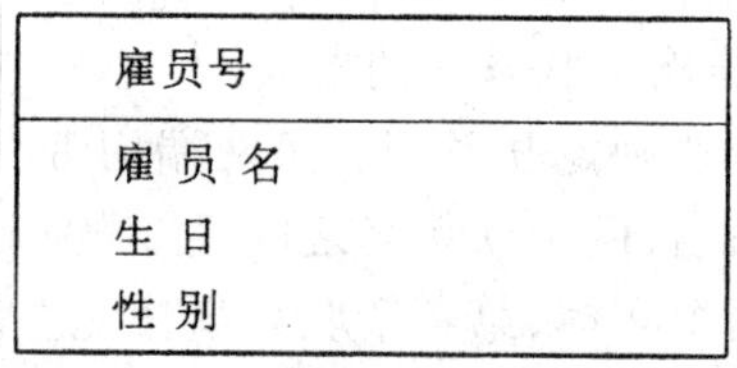

图 12－36　属性的表示实例

4. 外来键

(1) 外来键的定义

在有标定联系或分类联系的父子两个实体之间，若父实体的属性被子实体继承而成为子实体的键(关键字)，则这种键称为外来键，用(FK)表示。

(2) 外来键的表示

通过将继承属性名加"(FK)"标注以表明其为外来键，如果继承属性作为子实体的主关键字，则该继承属性应放在方箱水平线之上方，且该方箱应为圆角方箱，如果继承属性不是子实体的主关键字，则该属性应放在水平线之下，也可以是次关键字的一部分，实体方箱可以是直角方箱(见图12－37)。

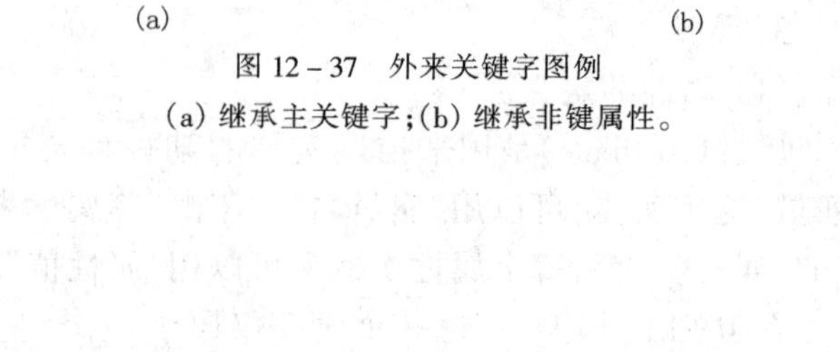

(a)　(b)

图 12－37　外来关键字图例

(a) 继承主关键字；(b) 继承非键属性。

12.4.3　IDEF1x 的建模过程

IDEF1x 建模过程如下：

① 定义实体；

② 定义联系；

③ 定义键；

④ 定义属性；

⑤ 确认并验收。

图 12－38 为按以上步骤建立的一个车间设备管理的 IDEF1x 模型。

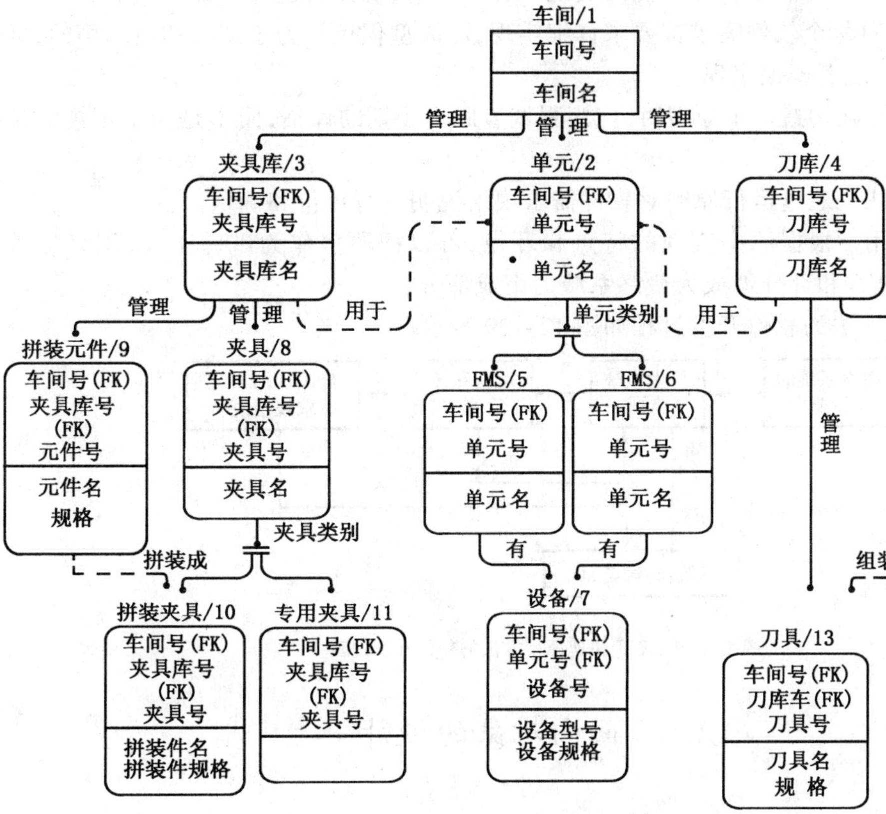

图 12－38　车间设备管理的 IDEF1x 模型

12.5　快速原型方法

快速原型方法是获取软件系统的基本需求后迅速产生出软件系统的一个原型的过程，该原型应表现出目标系统的功能和行为特性。原型法打破了传统的自顶向下开发模式，是目前比较流行的实用开发模式之一。

快速原型方法的主要思想是：系统开发人员根据自己的工作经验及其对现有系统和目标系统的调研分析，尽快建立一个能够反映用户主要需求的软件原型，使用户尽早了解所建系统的面貌及存在的问题，以便判断哪些功能是符合需要的，哪些还需要改进，通过原型反馈加深对系统需求的理解，并对系统需求说明进行补充和精化，使其对系统的分析和设计趋于合理和完善。

在软件开发的需求分析阶段建立原型系统有如下几方面的好处：

① 增进软件人员和用户对系统服务需求的理解，使比较含糊的软件需求和功能明确化；

② 帮助软件开发人员和用户发现并消除不协调的系统功能要求；

③ 表明主要各项服务系统的可应用性；

④ 作为理解和确认软件需求规格说明的工具。

原型法的内容包括下面四个方面：

(1) 功能选择　要恰当选择原型实现的功能。原型和最终的软件系统在功能范围上是有

区别的,主要是:

- 最终系统是软件需求全部功能的实现,而原型只实现其所选择的部分功能。
- 最终系统对每个软件需求都要求详细实现,而原型仅仅是为了试验和演示用的,部分功能需求可以忽略,或者模拟实现。

(2) 构造原型　在构造一个原型时,应当强调着眼于预期的评估,而不是为了正规的长期使用。

(3) 评价和确认　通过运行原型对软件需求规格说明进行评价和确认。

(4) 进一步使用　根据原型实现的特点和环境,可以把原型作为试验工具,用完后丢弃之;也可以使原型全部和部分地成为最终系统的组成部分。

基于快速原型方法的软件开发过程如图 12－39 所示。

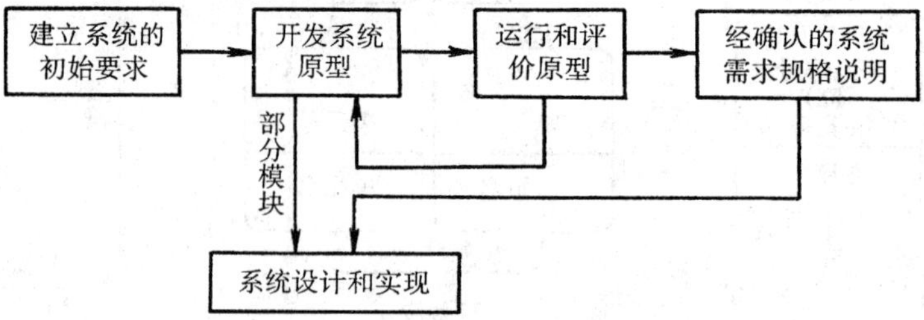

图 12－39　基于快速原型方法的软件开发过程

12.6　面向对象的设计

12.6.1　面向对象设计的基本原理

1. 面向对象设计的基本概念

为提高软件系统的稳定性、可修改性和可重用性,人们在实践中逐渐创造出软件工程的一种新途径——面向对象方法学。

Coad 和 Yourdon 给出的面向对象的定义是:“面向对象 = 对象 + 类 + 继承 + 通信”。如果一个软件系统是使用这样 4 个概念设计和实现的,则可以认为这个软件系统是面向对象的。

在面向对象的设计方法中,对象(Object)和传递消息(Message passing)分别是表示事物及事物间相互联系的概念。类(Class)和继承(Inheritance)是适应人们一般思维方式的描述范式。方法(Method)是允许作用于该类对象上的各种操作。这种对象、类、消息和方法的程序设计范式的基本点在于对象的封装性(Encapsulation)和继承性。通过封装能将对象的定义和对象的实现分开,通过继承能体现类与类之间的关系,再辅之以向各对象设计所提供的重载(Overload)及虚函数(Virtual function)的特性以及由此带来的实体运行时的多态性(Polymorphism)(即动态联编技术)(Dynamic Binding),构成了面向对象的基本特征。

(1) 对象(Object)

在应用领域中有意义的、与所要解决的问题有关的任何事物都可以作为对象,它既可以是具体的物理实体的抽象,也可以是人为的概念,或者是任何有明确边界和意义的东西。例如,一名职工、一家公司、一个窗口、一座图书馆、一本图书、贷款、借款等等,都可以作为一个对象。总之,对象是对问题域中某个实体的抽象,设立某个对象就反映了软件系统保存有关它的信息并且与它进行交互的能力。

由于客观世界中的实体通常都既有静态的属性,又有动态的行为,因此,面向对象方法学中对象是由描述该对象属性的数据以及可以对这些数据施加的所有操作封装在一起构成的统一体。故对象可简单表示为:对象 = 数据 + 操作。

为了具体说明对象,我们考虑在计算机屏幕上画圆。每个圆是由一个特定的圆心和半径定义的对象。画圆的操作为在屏幕上显示一个圆(drawCircle)。图12－40(a)中给出了计算机屏幕上的三个圆对象和它们的属性数据:圆心和半径。图12－40(b)给出了这些圆如何表示成对象。

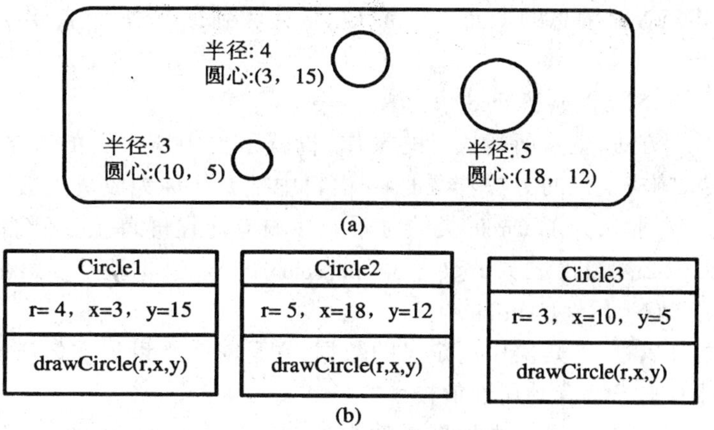

图 12－40 三个圆的对象表示

(2) 类(Class)

现实世界中存在的客观事物有些是彼此相似的,例如,张三、李四、王五……虽说每个人职业、性格、爱好、特长等等各有不同,但是,它们的基本特征是相似的,都是黄皮肤、黑头发、黑眼睛,都是炎黄子孙,于是人们把他(她)们统称为“中国人”。人类习惯于把有相似特征的事物归为一类,分类是人类认识客观世界的基本方法。

在面相对象的软件技术中,“类”就是对具有相同数据和相同操作的一组相似对象的定义,也就是说,类是对具有相同属性和行为的一个和多个对象的描述,通常在这种描述中也包括对怎样创建该类的新对象的说明。

例如,一个面向对象的图形程序在屏幕左下角显示一个半径 3 cm 的红颜色的圆,在屏幕中部显示一个半径 4 cm 的绿颜色的圆,在屏幕右上角显示一个 1 cm 的黄颜色的圆。这三个圆心位置、半径大小和颜色均不同的圆,是三个不同的对象。但是,它们都有相同的数据(圆心坐标、半径、颜色)和相同的操作(显示自己、放大缩小半径、在屏幕上移动位置,等等)。因此,它们是同一类事物,可以用“Circle 类”来定义。

(3) 实例(Instance)

实例就是由某个特定的类所描述的一个具体的对象。类是对具有相同属性和行为的一组相似的对象的抽象,类在现实世界中并不能真正存在。在地球上并没有抽象的“中国人”,只有一个个具体的中国人,例如,张三、李四、王五……同样,谁也没见过抽象的“圆”,只有一个个具体的圆。

实际上类是建立对象时使用的“样板”,按照这个样板所建立的一个个具体的对象,就是类的实际例子,通常称为实例。

当使用“对象”这个术语时,既可以指一个具体的对象,也可以泛指一般的对象,但是,当使用“实例”这个术语时,必然是指一个具体的对象。

(4) 消息(Message)

消息,就是要求某个对象执行在定义它的那个类中所定义的某个操作的规格说明,通常,一个消息由三个部分组成,包括:接收消息的对象、消息选择符(也称为消息名)、零个或多个变元。

例如，MyCircle是一个半径4 cm，圆心位于（100，200）的Circle类的对象，也就是Circle类的一个实例，当要求它以绿颜色在屏幕上显示自己时，在C++语言中应该向它发下列消息：

MyCircle.Show(GREEN);

其中MyCircle是接收消息的对象的名字,Show是消息选择符(即消息名),圆括号内的GREEN是消息的变元。当MyCircle接收到这个消息后,将执行在Circle类中所定义的Show操作。

(5) 方法(Method)

方法,就是所能执行的操作,也就是类中所定义的服务。方法描述了对象执行操作的算法,响应消息的方法。在C++语言中把方法称为成员函数。

例如,为了Circle类的对象能够响应让在屏幕上显示自己的消息Show(GREEN),在Circle类中必须给出成员函数Show(int color)的定义,也就是要给出这个成员函数的实现代码。

(6) 属性(Attribute)

属性,就是类中所定义的数据,它是对客观世界实体所具有的性质的抽象。类的每个实例都有自己特有的属性值。

在C++语言中把属性称为数据成员。例如,Circle类中定义的代表圆心坐标、半径、颜色等数据成员,就是圆的属性。

(7) 继承(Inheritance)

广义地说继承是指能够直接获得已有的性质和特征,而不必重复定义它们。在面向对象的软件技术中,继承是子类自动地共享基类中定义的数据和方法的机制。

面向对象软件技术的许多强有力的功能和突出的优点,都来源于把类组成一个层次结构的系统(类等级):一个类的上层可以有父类,下层可以有子类。这种层次结构系统的一个重要性质是继承性,一个类直接继承其父类的全部描述(数据和操作)。为了更深入、具体地理解继承性的含义,图12-41描绘了实现继承机制的原理。

(8) 多态性(Polymorphism)

多态性一词来源于希腊语,意思是“有许多形态”。在面向对象的软件技术中,多态性是指子类对象可以像父类对象那样使用,同样的消息既可以发送给父类对象也可以发送给子类对象。也就是说,在类等级的不同层次中可以共享(公用)一个行为(方法)的名字,然而不同层次中的每个类却各自按自己的需要来实现这个行为。当对象接收到发送给它的消息时,根据该对象所属于的类动态选用在该类中定义的实现算法。

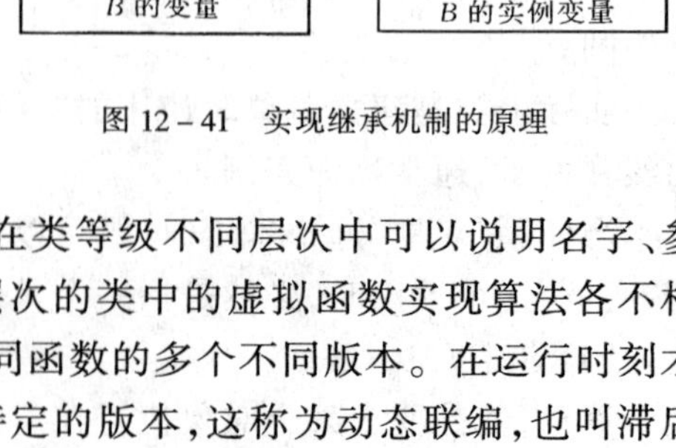

图12-41 实现继承机制的原理

在C++语言中,多态性是通过虚函数来实现的。在类等级不同层次中可以说明名字、参数特征和返回值类型都相同的虚拟成员函数,而不同层次的类中的虚拟函数实现算法各不相同。虚函数机制使得程序员能在一个类等级中使用相同函数的多个不同版本。在运行时刻才根据接收消息的对象所属于的类,决定到底执行哪个特定的版本,这称为动态联编,也叫滞后联编。

多态性机制不仅增加了面向对象软件系统的灵活性,进一步减少了信息冗余,而且显著提高了软件的可重用性和可扩充性。当扩充系统功能增加新的实体类型时,只需派生出与新实体类型相应的新的子类,并在新派生出的子类中定义符合该类需要的虚函数,完全无须修改原有的程序代码,甚至不需要重新编译所有的程序。

(9) 重载(Overloading)

有两种重载:函数重载是指在同一作用域内的若干个参数特征不同的函数可以使用相同的函数名字;运算符重载是指同一个运算符可以施加于不同类型的操作数上面。当然,当参数特征不同或被操作数的类型不同时,实现函数的算法或运算符的语义是不相同的。

在 C++ 语言中函数重载是通过静态联编(也叫先前联编)实现的,也就是在编译时根据函数变元的个数和类型,决定到底使用函数的哪个实现代码;对于重载的运算符,同样是在编译时根据此操作数的类型,决定使用该运算符的哪种语义。

重载进一步提高了面向对象系统的灵活性和可读性。

2. 面向对象设计的分析与设计方法简介

从 20 世纪 80 年代末期开始,国际上许多学者提出了不少面向对象的系统模型和表示方法,彼此有相同的地方,同时又存在差异。目前对面向对象的研究逐渐形成了三大主要流派,即 Peter Coad 和 Edward Yourdon 提出的面向对象的分析与设计"OOA&OOD"(Object Oriented Analysis and Object Oriented Design),James Rumbaugh 等提出的对象建模技术"OMT"以及 Booch 提出的面向对象设计"OOD"。其中 Coad 和 Yourdon 的"OOA&OOD"被认为是比较有影响的方法,其主要优点是:理论体系比较完善,具有坚实的实践基础;系统模型结构合理;表示方法和实施策略简明清晰,具有很强的可操作性。

下面简要介绍 Coad 和 Yourdon 的面向对象分析(OOA)和面向对象的设计(OOD)方法。

面向对象分析是针对问题域和系统任务的,不考虑与系统实现有关的因素。面向对象分析模型由 5 个层次构成,即类及对象层、结构层、主题层、属性层和服务层。构造面向对象分析模型的步骤是:

(1) 确定类及对象　首先需要识别、分析、确定出问题域中的类及其对象。表示类及对象的图形符号如图 12-42(a)所示,仅表示类的图形符号如图 12-42(b)所示。

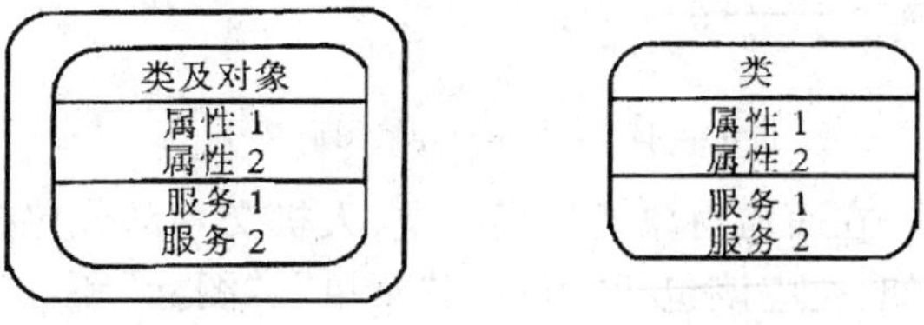

(a)　　(b)

图 12-42　类及对象的图形符号

(a) 类及对象;(b) 类。

(2) 确定关联　类之间的关联关系可分为归纳关系、组合关系和连接关系。归纳关系就是"一般—特殊"关系,它反映了一个类与若干个互不相容的子类之间的分类关系或继承关系,例如一般类"机动车"和特殊类"货车"、"客车"之间就是归纳关系;组合关系就是整体—部分关系,它反映的是类之间的集合或构成关系,例如整辆机动车和发动机之间的关系就为组合关系。连接关系指的是对象类之间相互依赖、相互作用的关系,例如教师有很多本书,教师与书是一对多的关系;作家写了很多本书,一本书可能有几个作家合写,作家与书是多对多的关系。关联关系的图形符号如图 12-43 所示。

(3) 区分主题　主题表示的是类的划分。不同的类属于不同的主题。主题的划分在于方便读者(分析员或用户)了解一个大的、复杂的模型机制,有助于组织工作分工。可用一个虚线框将属于同一主题的各个类包围起来。

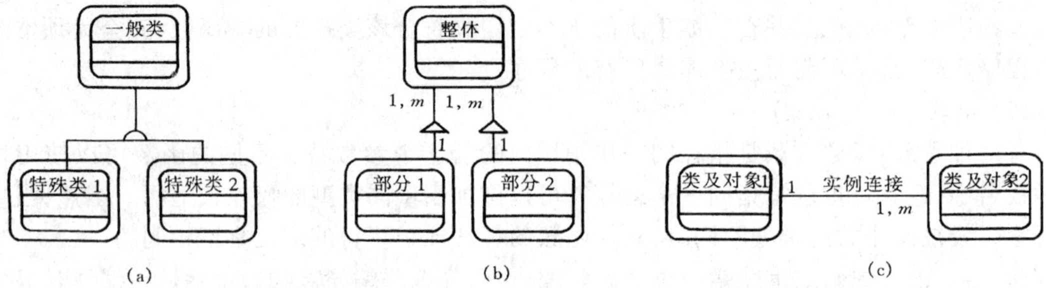

图 12 – 43　关联关系的图形符号

(a) 归纳关系；(b) 组合关系；(c) 连接关系。

(4) 定义属性　属性是一些数据,类中的每个对象都有它自己的属性值。要为所有的类定义它们的属性。实例连接表示一个对象需要其他对象的某些状态信息。

(5) 定义服务　服务就是对象提供的或所能完成的操作(在一般的面向对象分析术语中,称之为方法)。与服务有关的一个概念就是消息连接。消息连接表示一个对象为了完成服务需要什么信息,其图形符号如图 12 – 44 所示。

面向对象分析的主要工作是确定并且定义直接反映问题域的类和对象，而面向对象设计则确定并且定义为实现这个系统所需添加的类和对象，它们反映系统需求的一个具体实现。面向对象设计模型由问题域、人机交互、任务管理和数据管理四个部分构成。面向对象设计模型中的问题域部分就是面向对象分析的分析结果。图 12 – 45 描述了面向对象设计模型结构。

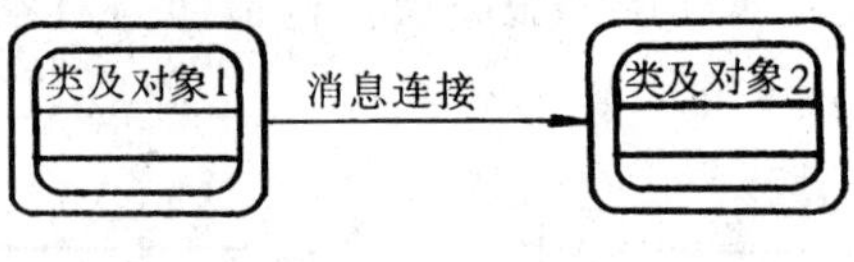

图 12 – 44　对象消息连接图形符号

图 12 – 45　面向对象设计模型结构

在面向对象设计模型中,人机交互部分包括有效的人机交互所需的显示和输入对象和类。例如,类应该包括“窗口”、“菜单”、“图标”和“工具条”等图形界面类。

任务管理部分包括任务的定义、通信和协调。在实际系统中,经常需要多任务并行处理,设立一个有效的任务管理部分往往有助于简化系统设计和代码。

数据管理部分提供了存储和检索对象的基本结构,旨在隔离具体的数据管理方案,无论是基于文件的管理、关系型数据库或是面向对象的数据库管理。

在面向对象设计模型的每个部分同样分为五个层次,即识别类和对象、识别结构、区分主题、定义属性和定义服务。每个部分都是按类似面向对象分析的活动步骤进行,这样,面向对象设计和面向对象分析的表示法完全统一起来。

关于面向对象分析与面向对象设计的详细论述,可参阅有关参考文献,限于篇幅,这里不进一步作具体介绍。

12.6.2　面向对象设计的设计实例

以下是一个简单的面向对象 C++ 绘图程序实例。实例中每个图形单元有两个基本属性:

位置和颜色。以此图形类作为基类，点、矩形、圆和直线作为其派生类。在这些派生类的基础上又派生出水平线类、竖直线类和正方形类。派生关系如图 12－46 所示；同时还具有一些计算功能，如计算边长、半径、两图间定位点的距离等。此程序在 Visual C ++ 6.0上编译通过。

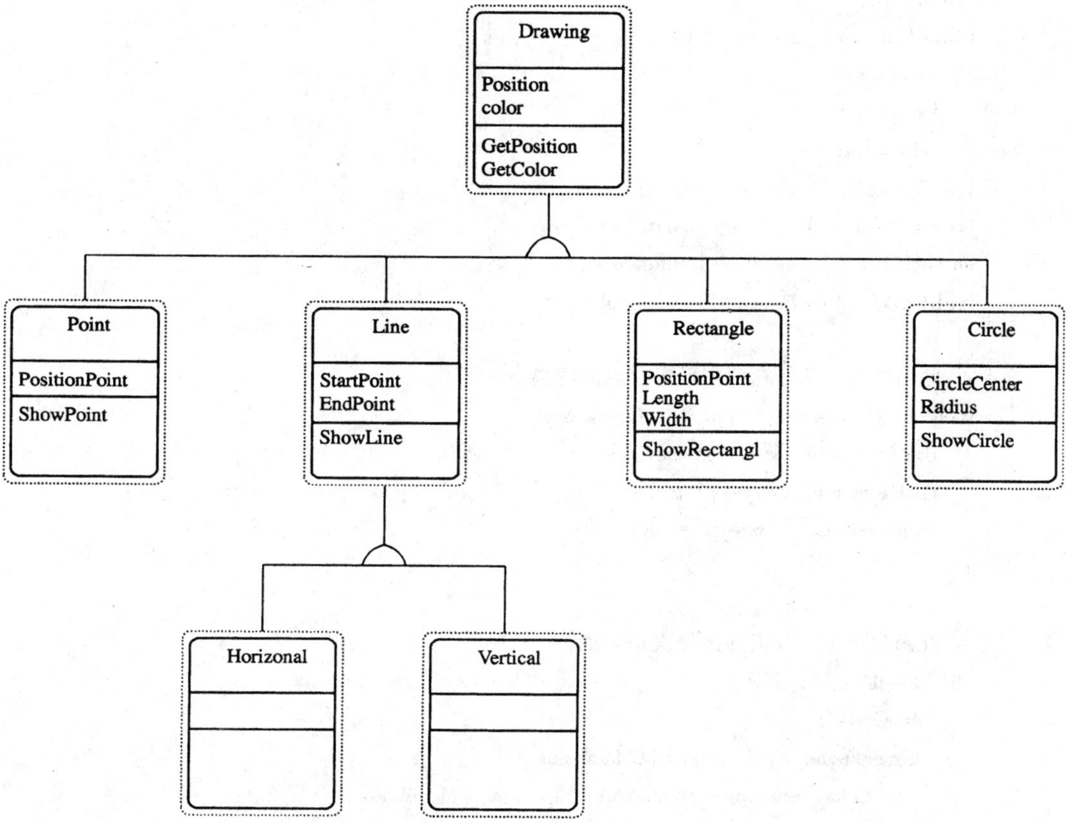

图 12－46　派生关系实例

针对图 12－46,在 Visual C ++ 6.0 环境下编写文件(draw.h)进行类定义：

```
// draw.h

......

#include "MainFrm.h"

// 图形的定位点
typedef struct
{    int x;
     int y;
}
Location;

// 定义基本图形类
class CDraw:public CObject
```

```
{   protected:
    Location loc;
    int color;
    public:
    CDraw();
    CDraw(int x,int y,int col = 100)
    {   loc.x = x;
        loc.y = y;
        color = col;
    }
    Location GetLoc()          {return loc;}
    int GetCol()               {return color;}
    void PutCol(int col)       {color = col;}

    // 此函数用于求任意两图形定位点的距离
    friend double distance(CDraw &p1,CDraw &p2)
    {   double dx = p1.loc.x - p2.loc.x;
        double dy = p1.loc.y - p2.loc.y;
        return sqrt(dx * dx + dy * dy);
    }

    // 此函数用于获取当前图形设备句柄
    HDC hGetDC()
    {     HDC hDC;
          CMainFrame * pMainFrm = (CMainFrame * )
            ((CDrawDemoApp * )AfxGetApp()) - > m_pMainWnd;

          if (pMainFrm)
          {
                  hDC = ::GetDC(pMainFrm - > m_hWnd);
          }

          return hDC;
      }

      // 此函数用于获取当前图形设备指针
      CDC * pGetDC()
      {   CDC * pDC = NULL;
          pDC = CDC::FromHandle(hGetDC());

          return pDC;
      }

          virtual ~ CDraw(); // 析构函数
```

```
};

// 定义点类,从图形类公有派生
class Point:public CDraw
{
    public:
    Point(int x,int y,int col = 100):CDraw(x,y,col) {}        // col 可为缺省参数,下同。
    void show()
    {
        HDC hDC = hGetDC();
        CDC * pDC = NULL;
        pDC = pGetDC();
        // 设置画笔颜色
        CPen pen(PS_SOLID,5,RGB(color,0,0));
        pDC -> SelectObject(&pen);
        // 绘点
        pDC -> SetPixel(loc.x,loc.y,RGB(color,0,0));
        Refresh();
    }
};

//定义直线类,从图形类公有派生
class Line:public CDraw
{
protected:
    Location endp;
public:
    Line(int x1,int y1,int x2,int y2,int col = 100)
        :CDraw(x1,y1,col)
    {
    endp.x = x2;
    endp.y = y2;
    }
    void show()
    {
    CDC * pDC = NULL;
    pDC = pGetDC();
    //设置画笔颜色
    CPen pen(PS_SOLID,1,RGB(color,0,0));
    pDC -> SelectObject(&pen);
    // 绘线
        pDC -> MoveTo(loc.x,loc.y);
        pDC -> LineTo(endp.x,endp.y);
        Refresh();
```

```
    }
};
// 定义水平线类,从直线类公有派生
class Horizontal:public Line
{
public:
    Horizontal(int x1,int x2,int y,int col = 100 )
        :Line(x1,y,x2,y,col){}

    void show()              {Line::show();}
    int GetY()               {return loc.y;}
    double GetLen()          {return double(abs(loc.x - endp.x));}
};

// 定义竖直线类,从直线类公有派生
class Vertical:public Line
{
public:
    Vertical(int y1,int y2,int x,int col = 100)
        :Line(x,y1,x,y2,col) {}
    void show()              {Line::show();Refresh();}
    int GetX()               {return loc.x;}
    double GetLen()          {return double(abs(loc.y - endp.y));}
};

// 定义矩形类,从图形类公有派生
class Rectangle:public CDraw
{
protected:
    int length,width;
public:
    Rectangle(int x,int y,int len,int wid,int col = 100 )
        :CDraw(x,y,col )
    {
        length = len;
        width = wid;
    }
    void show()
    {
        // 设置画笔颜色
        CDC * pDC = pGetDC();
        CPen pen(PS_SOLID,1,RGB(color,0,0));
        pDC->SelectObject(&pen);
        // 绘矩形
```

```
        pDC->Rectangle(loc.x,loc.y,loc.x+length,loc.y+width);
        Refresh();
    }
    int GetLen()      {return length;}
    int GetWid()      {return width;}
};

// 定义正方形类,从矩形类公有派生
class Square:public Rectangle
{
private:
    void GetLen() {}          // 申明为私有成员函数可使正方形对象不能直接引用它们,
    void GetWid() {}          // 而应使用后面的 GetEdgeLen(),以保证语义正确。
public:
    Square(int x,int y,int len,int col=100)
        :Rectangle(x,y,len,len,col) {}
    void show()        {Rectangle::show();Refresh();}
    int GetEdgeLen()          {return Rectangle::GetLen();}
};

// 定义圆类,从图形类公有派生
class Circle:public CDraw
{
private:
    int r;
public:
    Circle(int x,int y,int radius,int col=100)
        :CDraw(x,y,col),r(radius) {}
    void show()
    {
        // 设置画笔颜色
        CDC *pDC=pGetDC();
        CPen pen(PS_SOLID,1,RGB(color,0,0));
        pDC->SelectObject(&pen);
        // 绘圆
        pDC->Ellipse(&CRect(loc.x-abs(r),loc.y+abs(r),
            loc.x+abs(r),loc.y-abs(r)));
        Refresh();
    }
    int GetR()   {return r;}
};
```

下面的文件是用 Visual C++6.0 写成的测试程序(仅给出了主要源代码),该程序调用上面文件中定义的图形类及其相关成员函数将在计算机屏幕上绘制出有关图形元素。

```
// 实现文件:DrawDemoView.cpp
    ......
#include "draw.h"
    ......
// CDrawDemoView message handlers

void CDrawDemoView::OnDraw ()
{
    Point pt(50,60,100);                        // 定义一个点对象
    pt.show();                                  // 绘一个点

    Line ln(60,70,90,140);                      // 定义一个直线对象
    ln.show();                                  // 绘一条直线

    Horizontal hln(200,100,140,200);            // 定义一个水平直线对象
    hln.show();                                 // 绘一条水平线

    Vertical vln(110,140,220,150);              // 定义一个竖直线对象
    vln.show();                                 // 绘一条竖直线

    Square sq(140,190,190,200);                 //定义一个正方形对象
    sq.show();                                  // 绘一个正方形

    Rectangle rect( 40,40,140,240,100 );        //定义一个矩形对象
    rect.show();                                // 绘一个矩形

    Circle cir( 340,340,140,100 );              //定义一个圆对象
    cir.show();                                 // 绘一个圆
}
```

12.7 CAD/CAM 应用系统开发实例

本节我们用本章所叙述的有关软件工程的原理,以一个生产计划与控制管理系统(HOPE-PMS1.0)的开发为实例,介绍 CAD/CAM 应用系统开发的步骤和采取的具体方法。

12.7.1 系统要求

由于产品性质、批量等因素的不同,工业企业的生产模式也有很大差异,因此,生产管理系统的设计方法也有所不同。该生产管理系统以大型设备的单件、小批量生产为背景,具体要求有:

(1) 根据单件、小批量生产的特点,采用项目管理的方法,结合 OPT(最优生产技术)和 MRPⅡ(制造资源计划)的基本原理,对产品的设计、制造和装配的生产全过程,尤其对制造过程进行计划与控制。

(2) 充分利用现代企业生产计划手段,如计算机网络数据库环境、产品结构树、网络计划

图、甘特图等方法，充分考虑制造资源的能力限制，使制订出的生产计划尽量合理，并能及时跟踪生产计划的实施。

(3) 随时跟踪各型号的生产进度，统一调度各型号的生产，避免型号间的资源冲突。

(4) 建立生产管理系统各模块之间以及与工程分系统之间的数据转换处理接口，使设计、制造、管理信息畅通传递，有效共享。

(5) 本系统的建立过程分为：建立系统的功能模型，建立系统的业务流程，数据库设计、模块划分、界面设计以及系统软件结构设计与实现四部分。

12.7.2 系统功能模型的建立

生产管理系统是企业管理信息系统的核心。通过该系统可以有效地组织和协调型号产品的研制，合理地安排生产任务，及时有效地跟踪生产任务，以缩短生产周期、降低成本、保证质量、提高研制与生产的并行性和均衡性。

1. 生产管理系统功能

拟定所要建立的生产管理系统的功能，如图 12－47 所示，下面对各功能进行具体介绍。

(1) 建立产品结构树

生产管理子系统接收设计部门的设计模型，由型号调度建立产品结构树，树根为产品型号，树的节点为产品部件或零件信息，信息包括零部件编号、零部件代号、零部件名称、材料、制造类型、供货者、单位成本、生产车间、关键设备、优先级别、加工数量、拟完成日期等信息。产品结构树的信息是生产计划、调度的信息基础，因此，必须完备、准确。

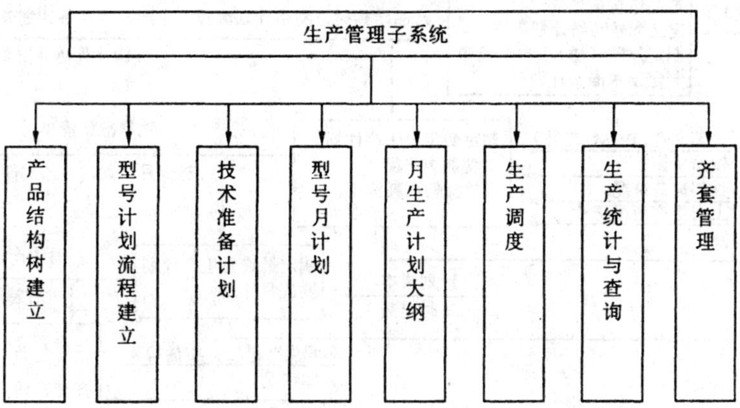

图 12－47 生产管理系统功能模块

(2) 型号计划流程

根据产品结构树及 CAPP 的工艺技术流程图，建立型号计划流程。它是型号月计划制订及月生产计划大纲制订的主要依据之一。同时，对关键作业进行动态跟踪与控制。

(3) 技术准备计划

根据年度生产计划大纲、各型号计划流程，编制采购计划、外协计划及工艺计划等。将技术准备计划下发到相关部门。

(4) 制订型号月计划

各型号的主管调度根据各型号计划要求编制型号月计划，并提交给总调度，编制初步月生产计划。

依据各型号月计划、上月计划完成情况、工艺文件、工装设计、材料消耗以及工厂的设备能力、制造资源制订出初步的月生产计划大纲；根据初步的月生产计划及工厂关键设备的生产能力、制造资源等因素对生产计划进行能力校核，使得初步的月生产计划尽量准确，并将初步的月生产计划发放到劳人处；在初步的月生产计划的基础上，填写计划工时，进行关键设备能力平衡。发放月生产计划大纲到车间等部门。

(5) 生产调度

它的功能是依据月生产计划和生产作业统计资料对生产过程进行协调和控制、投产前生产准备计划调度、零(部)件生产过程调度、库房管理调度、故障处理及多型号之间的资源进度协调。此项工作由调度人员在生产管理系统所提供的各类生产状态信息的帮助下手工完成。

(6) 生产统计

其功能有工时消耗统计、材料消耗统计、完成情况统计、质量情况统计、人员和设备情况的综合统计以及报表的汇总。

(7) 齐套管理

根据型号计划要求，利用产品结构树对某一型号的半成品完成、入库状况进行跟踪，以保证装配前零部件齐套。

2. 生产管理系统的功能模型

生产管理系统涉及的功能较多，功能模块之间的先后顺序及信息传递模型可用 IDEF0 图表示，如图 12-48 所示。

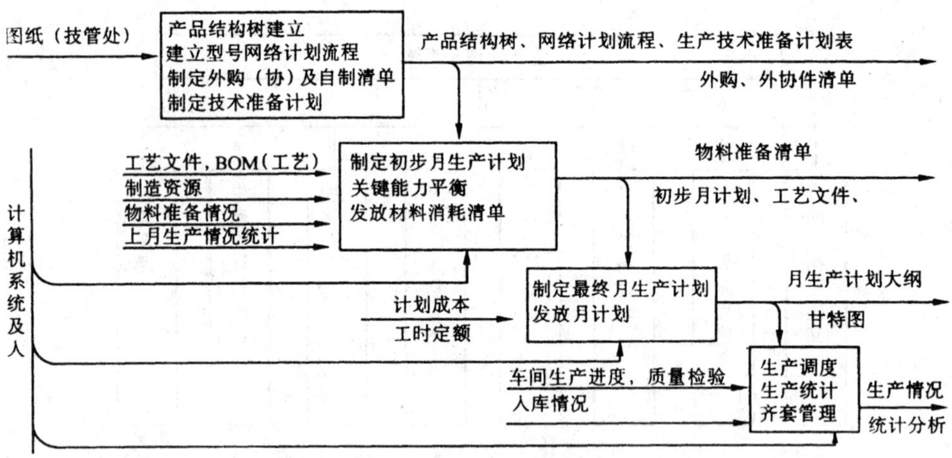

图 12-48 生产管理系统的 IDEF0 图

12.7.3 系统业务流程的建立

生产管理系统涉及的部门较多，有计划处、技管处、劳人处、各工艺室、质检处、物资处、车间、库房等多个部门。与这些部门间的信息交换频繁，业务流程的数据流图(DFD)如图 12-49 所示，其中，P 表示各部门的数据处理过程，D 表示各部门之间传递的数据。尽管该数据流图中的有关表达符号与 12.2.1 节中的符号有些出入，但这并不影响通过数据流图对系统进行分析。对图中生产计划 P2 进一步说明如下：

- P2.1 接受 D1(图纸，设计 BOM)
- P2.2 发放出 D2

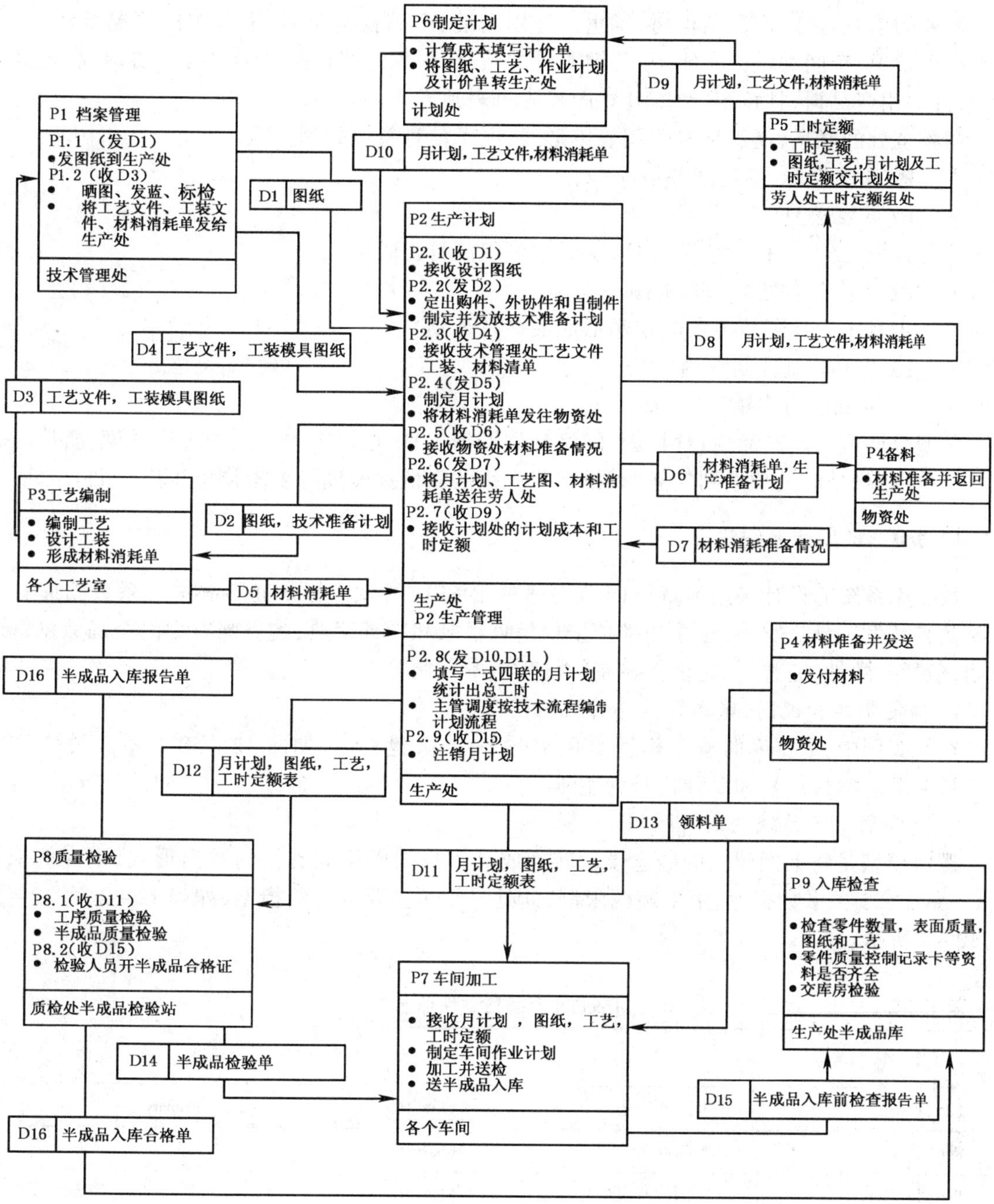

图 12－49 计划与生产管理数据流程图

建立产品结构树，建立各型号网络计划流程，生成外购（协）件、自制件明细表，发放技术准备计划。

- P2.3 接收 D4

从 CAPP 处，通过计算机网络取工艺文件、材料消耗清单及工装等信息，需要签字的表格在管理上依然用打印表的形式。

- P2.4 制订月初步计划

需要的信息包括：产品结构树、年生产计划大纲、产品技术流程、上月生产情况统计、工艺工装准备情况、车间关键设备能力、关键零件的信息，根据这些信息分型号统一协调，制订滚动计划，并利用产品树，甘特图、网络计划图等先进表达方式。

与物资处的联系，需签字的仍用表单形式，电子信息每周处理一次。

- P2.5 接收 D6 物料准备情况
- P2.6 发送 D7

将月计划，工艺文件发往劳人处，工时定额组制订工时。

- P2.7 从劳人处取工时定额

将初步月生产计划填上工时定额形成最终月计划。

- P2.8 发放月计划大纲
- P2.9 调度与注销

各型号调度利用产品树、甘特图、网络计划图等工具，根据车间上报的生产进度，质量检验处的质检情况，及时处理遇到的问题，根据优先级的高低和进度等要求调整生产计划。

12.7.4 数据库系统设计

数据库系统的设计采用本章第四节讲述的 IDEF1x 方法。以 SQL Server 关系数据库管理系统及其开发工具为支撑，建立和维护全局信息目录和设计字典，建立强有力的全局数据管理机制，包括一致性、完整性、完全性控制、时序/版本控制等。

1. 确定实体和视图，建立数据库的概念模型

在本实例中，数据库的概念模型是用 IDEF1x 方法建立的，如图 12－50 所示。设计 BOM 为项目来源。项目代号和零件代号为主键。

2. 建立数据库系统的逻辑模型

逻辑模型是将上面建立的概念模型转换成具体数据库所能支持的数据形式，本实例采用 SQL Server 6.5 关系数据库，由于篇幅限制，此处只给出主要的逻辑模型，如表 12－2、表 12－3、表 12－4 所示。

表 12－2　　TreePart 产品树零件信息表

字段名	含义	类型	备注
Part_Code	零部件编号	Char(16)	Primary Key
Part_Name	零部件名称	Char(16)	
Part_ProductType	零部件所属型号代号	Char(10)	
Part_Material	零部件材料	Char(10)	
Part_MakeType	零部件制造类型	Char(4)	
Part_Provider	零部件供货者	Char(16)	
Part_Cost	零部件单位成本	N(10.2)	
Part_CurrentPosition	零部件当前位置	Char(8)	
Part_KeyEquipment	零部件关键设备	Char(10)	

续上表

字　段　名	含　　义	类　　型	备　　注
Part_Priority	零部件优先级	Int	
Part_Amount	零部件加工数	Int	
Part_BeignDate	下达日期	Date	
Part_PlanEndDate	拟完成日期	Date	
Part_RealEndDate	实完成日期	Date	
Part_TrackFlag	当前跟踪零件	Int	作日记
Part_Remark	备注	Varchar(256)	

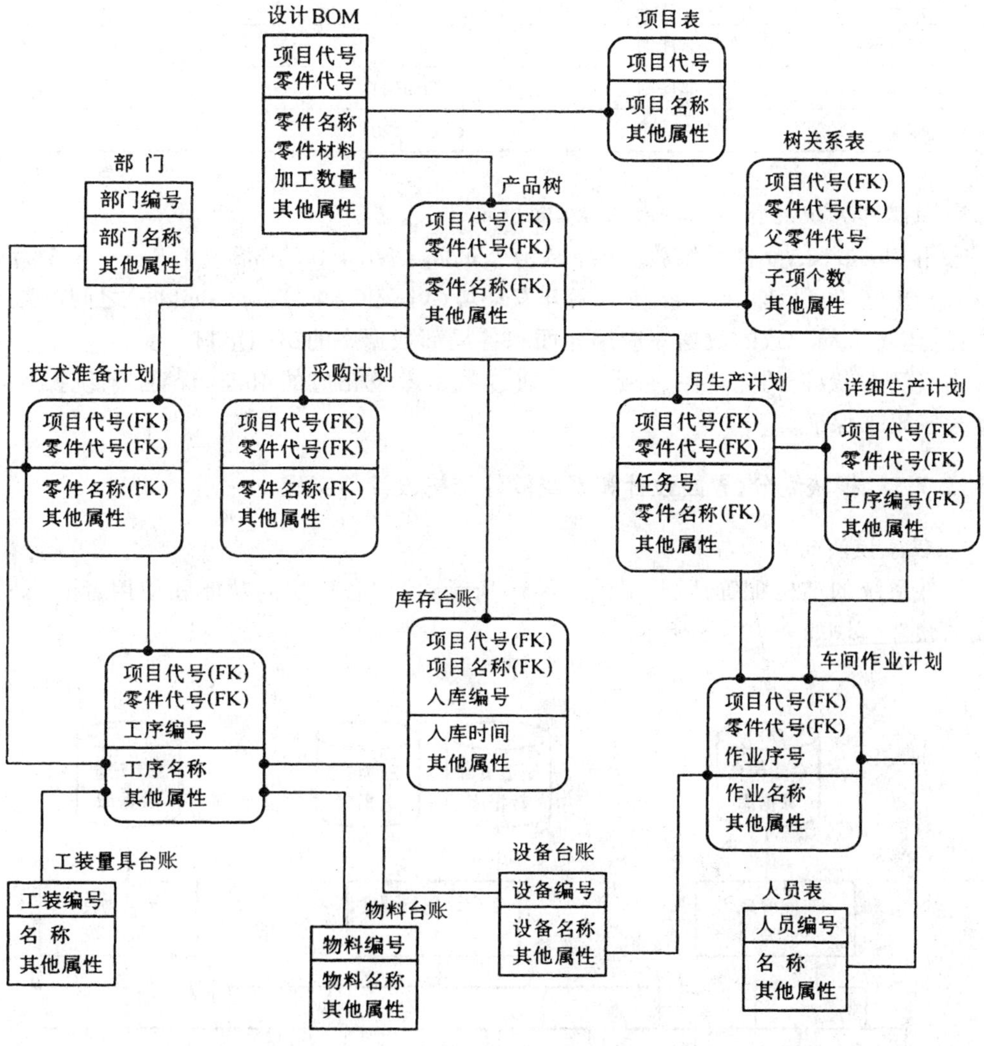

图 12－50　生产管理系统的 IDEF1x 图

表 12－3　TreeStruct 产品树层次结构信息

字 段 名	含　义	类　型	备　注
Tree_PartCode	零部件号	Char(16)	Primary Key
Tree_ParentPartCode	父零部件号	Char(16)	
Tree_PartLayer	该零部件所在层数	Int	
Tree_AboutChild	有无子项	Int	

表 12－4　设计 BOM 表

字 段 名	含　义	类　型	备　注
Bom_PartCode	零部件编号	Char(15)	Primary Key
Bom_PartName	零部件名称	Char(16)	
Bom_PartMaterial	零部件材料	Char(16)	
Bom_PartAmount	零部件加工数	Int	
Bom_PartMakeType	零部件制造类型	Char(4)	
Bom_Remark	备注	Char(20)	

3. 数据库系统的体系结构和安全机制

采用 Client/Server 体系结构，选择基于 Windows NT 4.0 的 MS SQL Server 6.5 为后台数据库，利用 ODBC 实现 SQL Server 与前端开发环境（VisualC ++，Power Builder）之间的数据集成和互操作，建立全局一致的数据库应用界面和各局部数据库的访问接口。

本实例中，数据的完整性、一致性等通过数据库及相应的 Rules 保证，系统操作的安全性靠型号密码来保证。

12.7.5　模块划分、界面设计和系统软件结构设计与实现

1. 程序模块的划分与配置

软件系统的结构配置情况如图 12－51 所示，根据各模块的功能和使用者的不同，系统划分成的软件模块如表 12－5 所示。

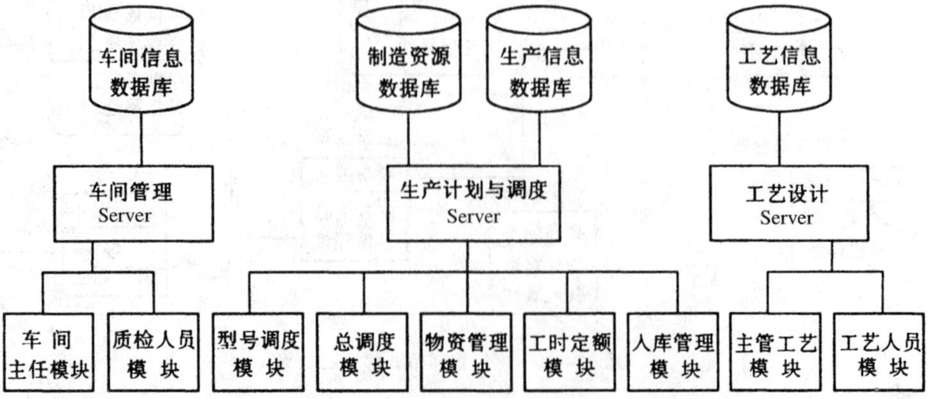

图 12－51　系统模块配置逻辑框图

表 12-5　　软件模块及使用者

使用人员	软件模块	节　点　个　数
型号调度号	产品树的建立与综合查询	N
	型号计划流程	N
	型号技术准备计划与调度	N
	型号月计划和生产调度	N
总调度	用技术准备计划与调度	1
	初步月计划	1
	最终月计划大纲	1
	生产调度(总调度)	1
工艺设计人员	工艺设计与完成情况反馈	N
物资管理人员	备料情况反馈	N
工时人员	工时定额与反馈	N
车间主任	车间管理与进度反馈	N(每个车间一个)
入库管理员	入库管理与信息反馈	N
质检人员	质量情况	N

2. 界面设计

本实例所涉及的软件模块较多,此处只给出“产品树的建立与综合查询”模块的主菜单界面,见图 12-52。主要的菜单项是:

- 项目建立　接收设计 BOM 信息,生成产品信息树。
- 项目编辑　对项目的个数及产品信息树节点进行修改。
- 信息查询　对产品的计划信息、工艺信息、完成情况等进行查询。
- 功能报表　生成并打印进度报表和成本报表。

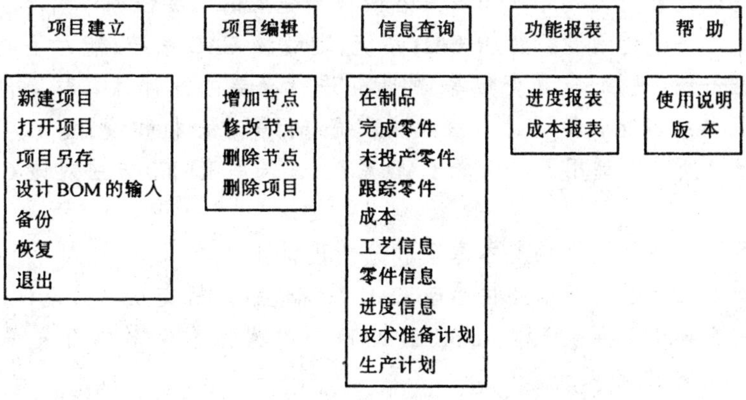

图 12-52　产品树建立与综合查询模块界面

3. 软件体系结构的设计

本系统后端采用 SQL Server 数据库,前端采用 Visual C++ 和 Power Builder 为开发工具,用 ODBC 将前后端连接。网络环境为 NT Server 4.0。

此处只给出“产品树的建立与综合查询”模块的程序结构。前端用 Visual C++ 开发。

由于 Visual C++ 采用面向对象编程技术，且提供了良好编程环境。所以程序编制比较简单。此处，在程序结构、ODBC 使用的控件等方面对程序进行简要说明。

(1) 程序结构

采用 Document/View 结构。本软件模块的工程(Project)名称为 Pms，所以主文档类为 PmsDoc，其父类为 CDocument。在该类中建立 OnFileOpen()、OnFileSave()成员函数，用于打开和存储后台的数据库。

采用切分窗口技术，在主框架类 CMainframe(其父类为 CFrameWnd)中创建 CSplitterWnd 类的成员变量，建立左右两个窗口，每个窗口内视类分别为：CPmsView(其父类为 Cview)和 CPmsFormView(其父类为 CFormView)。

(2) ODBC

本软件模块采用 ODBC 技术实现与后台数据库的关联。后台生产管理信息数据库名称为 PMSDB，其中有关产品树的表有 TreeProject、TreePart 和 TreeStruct。创建的类主要有：

- CTreeProject　其父类为 CRecordSet，关联的后台数据库表为 PMSDB.TreeProject。
- CTableInput　其父类为 CRecordSet，关联的后台数据库表为 PMSDB.TreePart。
- CTreeStruct　其父类为 CRecordSet，关联的后台数据库表为 PMSDB.TreeStruct。

(3) 控件及有关资源

在视类 CPmsView 中创建 CListCtrl 控件，作为项目的显示、编辑及相关控制环境。

在视类 CPmsView 中创建 CTreeCtrl 控件，作为产品树的显示、输入及控制环境。

在视类 CPmsFormView 中创建 CMSFlexGrid(来源于 Visual BASIC)控件，作为表示显示输入及控制环境。

在视类 CPmsView 和 CPmsFormView 中创建对话框类(父类为 Cdialog)，作为数据库类的信息输入口。

习题与思考题

12.1　简述软件开发的几个阶段及其各阶段要完成的主要任务。

12.2　欲设计一个通用圆柱齿轮 CAD 系统，通过该 CAD 系统，能对不同工作载荷条件和不同参数(直齿、斜齿、变位、非边变位等)的齿轮进行必要的设计计算和零件图输出。试采用结构化软件分析和结构化软件设计方法对该系统进行需求分析和设计。

12.3　对题 2 所述的通用圆柱齿轮 CAD 系统，试采用 IDEF0 方法对该 CAD 系统进行功能分析和系统设计。

12.4　试述面向对象设计的基本原理和分析设计步骤。

12.5　试对题 2 所述的通用圆柱齿轮 CAD 系统进行人机交互界面设计。

12.6　采用 Visual C++ 6.0 和 AutoCAD 2000 下的 ARX 作为软件开发平台，开发实现题 2 所述的通用圆柱齿轮 CAD 系统。

第 13 章　CAD/CAM 系统集成

一个完备的 CAD/CAM 系统的任务是能支持产品全生命周期（设计、制造、装配、检验、销售、维修等）各相关过程的生产活动。对各相对独立发展起来、又相互关联的各单项计算机辅助过程系统，一般称为 CAX（CAD、CAE、CAPP、NCP、MRPⅡ、……）进行有效的集成，是 CAD/CAM 技术发展的必然要求。尽管 CAD/CAM 集成技术目前还不很成熟，但它有迫切的应用要求。本章将介绍 CAD/CAM 集成技术中相对成熟的一些概念、理论和方法。

13.1　CAD/CAM 集成的概念

1. CAD/CAM 系统集成的概念

一般认为，CAD/CAM 系统集成就是把各种功能不同的软件系统如 CAD、CAPP、NCP、PDM、MRPⅡ、ERP 等系统按不同的用途有机地结合起来，用统一的执行控制程序组织各种信息的提取、传递、共享和处理，保证系统内信息流畅通，并协调各子系统有效地运行。CAD/CAM 集成包括数据信息与物理设备两方面的集成。从信息集成的角度上看，CAD、CAPP、NCP 之间信息的提取、交换、共享和处理的集成就构成了一个基本的一体化的 CAD/CAM 系统。

实现这种集成需具备两个基本要素，一是提供完备、一致并符合某种标准的产品信息模型；二是数据传递与交换符合某种规范的文件格式。

企业中的 CAD/CAM 系统及其计算机硬件一般分布在企业的各个部门，并通过网络联系在一起。由于各部门所采用的应用软件、操作系统及硬件平台不同，产生大量的分布式异构数据。同时企业中对这些数据缺乏有效的管理和控制机制，造成数据十分混乱。如何使数据共享、数据交换畅通地进行、完备地表达信息等一系列的问题，是 CAD/CAM 集成技术中要解决的主要问题。

2. CAD/CAM 系统集成的目标和原则

CAD/CAM 系统集成的基本目标是：在总体设计方案的指导下，以工程数据库为核心，以图形系统和网络软件为支撑，遵循产品数据接口标准和图形接口标准，把各个 CAX 应用软件连接成为一个有机的整体，实现功能互用、数据共享达到单项应用软件无法实现的整体效益。系统集成的具体原则是：

- 选择适当企业需要的先进网络支撑硬件环境和软件平台。
- 各子系统信息通讯畅通，数据共享方便、安全。
- 用户熟悉的软硬操作平台，尽量使用当前的新技术。
- 宜用统一的用户界面和产品信息模型。
- 集成应符合工程化和实用化的要求。
- 按系统工程原理和软件工程的方法，总体规划，分步实施，效益驱动。

13.2　CAD/CAM 系统集成方式

CAD/CAM 系统集成的关键是通过有效的手段和方法,解决产品设计和制造信息的共享。现有的 CAD/CAM 集成方式主要有如下四种:

13.2.1　通过专用数据接口程序交换产品信息的集成方式

其基本原理如图 13-1 所示。假定系统 A 代表某个 CAD 系统,系统 B 代表某个 CAM 系统。由图可知,在系统 A 与系统 B 之间需设置一专用的接口程序,其作用是:一方面接受来自 CAD 系统的几何信息和技术要求(前处理),另一方面将这些信息经过重新组织,转换成 CAM 系统所能接受的形式(后处理),输入到 CAM 系统。CAD/CAPP/CAM 集成系统发展初期较多地采用了这种集成方式。

图 13-1　专用数据接口

显然,采用这种方式连接时,开发者应对 CAD 与 CAM 系统都非常熟悉,且所开发的专用数据接口无通用性,对不同的 CAD 与 CAM 系统要开发不同的接口。当 CAD 系统或 CAM 系统发生变化时,接口程序也要随之进行修改。

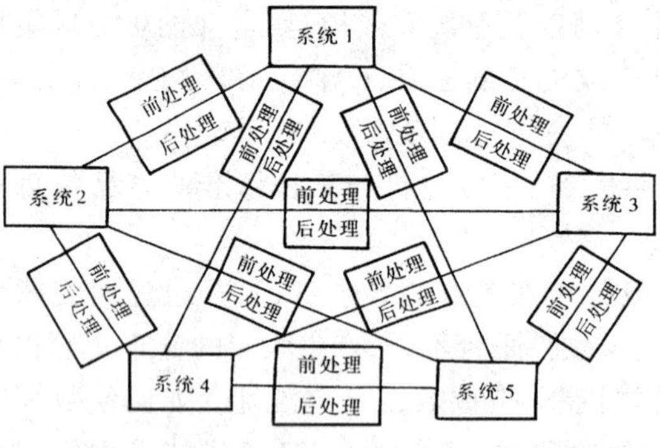

图 13-2　点对点数据交换方式

这种方式下,系统相互间的数据交换需要存在于两个系统之间。其特点是原理简单,转换接口程序易于实现,运行效率较高。这种方式又称点对点数据交换方式,如图 13-2 所示。但当子系统较多时,接口程序多,N 个系统需要 $N\times(N-1)$ 个处理程序。程序之间会有大量重复的数据,冗余度大,数据独立性差,不能共享。而且编写接口时需要了解的数据结构也较多,当一个系统的数据结构发生变化时,引起的修改量也较多。

13.2.2　通过标准数据格式文件交换产品信息的集成方式

采用该方式时,CAD 与 CAM 系统是借助于一个标准数据格式文件来进行数据的间接交换,其基本原理见图 13-3。该方式要求在 CAD 和 CAM 之间设置前置处理器(程序)和后置处理器(程序),两者通过具有标准数据交换格式的文件(如 IGES、STEP)联系,即 CAD 系统产生的数据由前置处理转换成为标准数据交换格式的文件,再由后置处理对标准数据交换文件进行分析、提取和变换,形成 CAM 所需的数据格式。

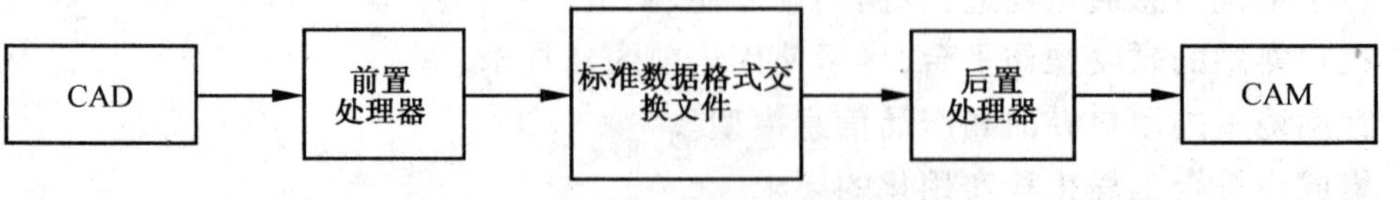

图 13-3　采用标准格式的数据转换

由于集成系统中存在一个与各子系统无关的标准格式文件，各子系统也可以通过后置处理，将标准格式文件转化为本系统所需的数据。这种集成方式，每个子系统只与标准格式文件打交道，无需知道别的细节，降低了接口维护难度，为系统的开发者和使用者提供了较大的方便。这种方式又称星形数据交换方式，如图 13－4 所示。这种方式可以减少集成系统内的接口数，N 个系统需要 $2N$ 个处理程序。显然，星形交换模式更适合 CAD/CAM 集成的分布式、开放式要求。作为中间数据交换格式的通用数据交换标准一直非常重要而令人瞩目，目前应用最为广泛的是 IGES 和 STEP，本章第 3 节和第 4 节将作这方面的介绍。目前大多数商品化的 CAD 系统都能输出 IGES 格式的图形文件。

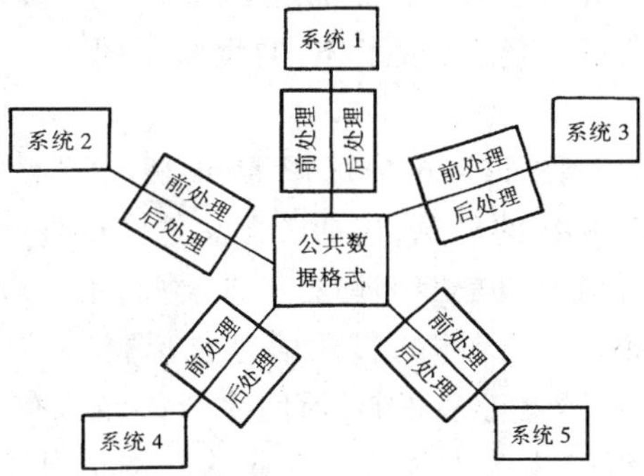

图 13－4　星形数据交换模式

13.2.3　通过统一的产品模型交换产品信息的集成方式

传统的 CAD 系统的计算机内部模型主要致力于对几何体的整体描述，但它不能被 CAPP 和 CAM 系统自动地理解，近年来人们开始研究面向制造的特征造型技术，以求能建立一种既能有效地进行 CAD，又能为 CAPP 系统、CAM 系统所完全理解的计算机内部模型。目前较普遍接受的方法是建立基于特征的、完整的、语义一致的产品信息模型，以满足产品生命周期各阶段对产品信息的不同需求和保证对产品信息理解的一致性，使 CAD、CAE、CAPP 及 CAM 等系统可以直接从该模型读取所需信息。

如图 13－5 所示，这种方式采用统一的集成产品数据模型，并采用统一的工程数据库及数据库管理系统来管理产品数据。各子系统之间可直接进行信息交换，而不是将产品信息转换成数据，再通过文件来交换。

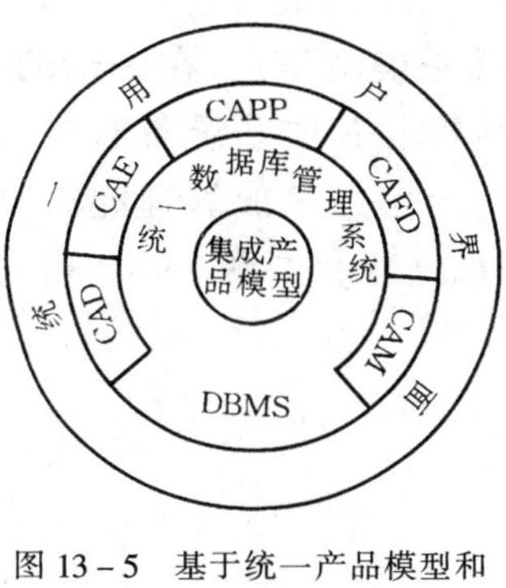

图 13－5　基于统一产品模型和数据库集成的框图

在这种方式中，集成产品模型是实现集成的核心，统一工程数据库是实现集成的基础。各功能模块通过公共数据库及统一的数据库管理系统（DBMS）实现数据的交换与共享，从而避免了数据文件格式的转化，消除了数据冗余，保证了数据一致性、安全性和可靠性，大大地提高了系统的集成性。

在本章最后一节，将对集成化产品模型的建立作有关介绍。

13.2.4　基于产品数据管理的集成方式

1. 基于 PDM 的 CAD/CAM 集成系统信息流动过程

产品数据管理（Product Data Management，PDM）技术是以产品数据的管理为核心，通过计算机网络和数据库技术把企业生产过程中所有与产品相关的信息和过程进行集成管理的技术。可通过 PDM 管理的信息包括产品开发计划、产品模型、工程图纸、技术规范、工艺文件、数控代码等，可通过 PDM 管理的过程包括设计、加工制造、计划调度、装配、检测等工作流程及过程处理程序。

通过 PDM 系统可以统一管理与产品有关的全部信息，因此 CAD、CAPP、CAM 之间不必直接传递信息,3C(CAD、CAPP、CAM)系统之间的信息传递都变成了分别和 PDM 之间的信息传递,CAD、CAPP、CAM 都从 PDM 系统中提取各自所需要的信息,各自应用的结果也放回 PDM 中去,从而真正实现了 3C 的集成。图 13-6 描述了 PDM 平台上 3C 集成系统中的信息流动过程。

从图 13-6 中可以看出 PDM 系统管理来自 CAD 系统的信息,包括图形文件和属性信息。图形文件既可以是零部件的三维模型,也可以是二维工程视图;零部件的属性信息包括材料、加工、装配、采购、成本等多种与设计、生产和经营有关的信息。在 PDM 系统中建立了企业的基本信息库,如材料、刀具、工艺等与产品有关的基本数据。因此在 PDM 环境下 CAPP 系统无需直接从 CAD 系统中获取零部件的几何信息,而是从 PDM 系统中获取正确的几何信息和相关的加工信息;根据零部件的相似性,从标准工艺库中获取相近的标准工艺,快速生成该零部件的工艺文件,从而实现 CAD 系统与 CAPP 系统的集成。同样 CAM 系统也通过 PDM 系统,及时准确地获得零部件的几何形状、工艺要求和相应的加工属性,生成正确的刀具轨迹和 NC 代码,并安全地保存在 PDM 系统中。由于 PDM 系统的数据具有一致性,确保 CAD、CAPP 和 CAM 数据得到有效的管理,因此,真正实现了 3C 系统的集成。

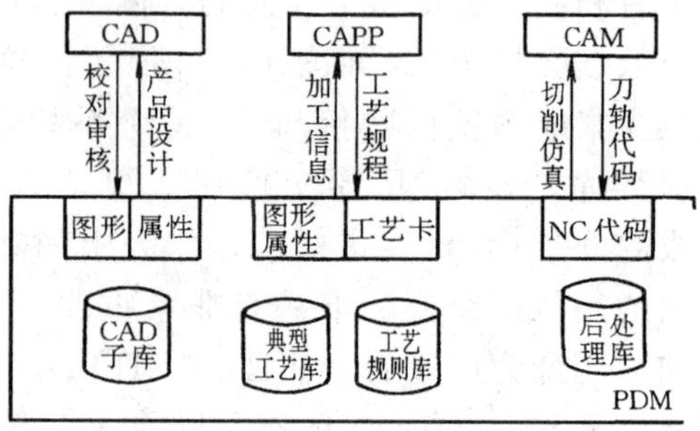

图 13-6　PDM 平台上 3C 集成系统中的信息流动过程

2. 基于 PDM 的 CAD/CAM 集成系统体系结构

基于 PDM 的系统集成是指集数据库管理、网络通信能力和过程控制能力于一体,将多种功能软件集成在一个统一平台上。它不仅能实现分布式环境中产品数据的统一管理,同时还能为人与系统的集成及并行工程的实施提供支持环境。它可以保证正确的信息,在正确的时刻传递给正确的人。图 13-7 为一种基于 PDM 的集成系统体系结构。其中系统集成层,即 PDM 核心层,向上提供 CAD/CAPP/CAM 的集成平台,把与产品有关的信息集成管理起来;向下提供对异构网络和异构数据库的接口,实现数据跨平台传输与分布处理。由图 13-7 可见,PDM 可在更大程度和范围内实现企业信息共享。

3. 基于 PDM 的 CAD/CAM 系统集成模式

采用 PDM 系统实现 CAD/CAM 的集成一般认为有如下三种模式:

(1) 封装模式

"封装"意味着操作可见而将数据和操作的实现都隐藏在对象中,即把对象的属性和操作方法同时封装在定义对象中,用操作集来描述可见的模块外部接口,用户"看不到"对象的内部结构和对象的操作方法,但可以通过调用操作即程序部分来使用对象,充分体现了信息隐蔽原则。"封装"使数据和操作有了统一的模型界面,提供了逻辑独立性能力。

为了使不同的应用系统之间能够共享信息以及对应用系统所产生的数据进行统一的管理,只要把外部应用系统进行"封装",即将产生这些数据的应用程序进行集成,则 PDM 就可以对分别放在数据库中的特征数据和文件柜中的数据文件进行有效的管理。

"封装"还提供从一种应用转到另一种应用的功能,使 PDM 系统能够识别 CAD 应用文件,并能对 CAD 程序发出指令,在 CAD 上工作的同时,也可以启动 PDM 程序,无需退出原来的系统,重新进入另一个系统。当 PDM 系统封装了 CAD/CAM,在 PDM 系统中就可以直接从图形文件中激活相应的CAD/CAM系统,并在该系统中,将相应的图形文件显示为相应的图形,反之,在CAD/CAM系统中,也可以直接进入PDM系统,进行相应的数据管理操作。PDM系统不仅可以封装CAD/CAM系统,还可以封装其他的应用系统,如文字处理、表格处理等。这样CAD/CAPP/CAM、CAQ等应用软件均可以封装在PDM系统内,实现信息透明、过程透明。对产品的电子仓库的任何操作必须通过PDM的数据接口进行,不允许通过其他前端工具直接对Oracle数据库进行数据操作。

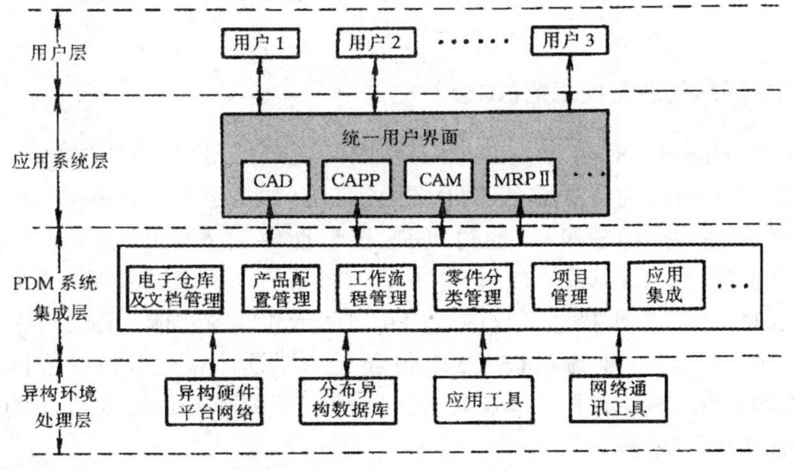

图13-7　基于PDM的集成系统体系结构

封装系统可以满足以文件形式生成的所有数据的应用系统的需求,但不允许PDM系统管理文件内部的数据,像特征、参数和装配数据等。因此,“封装”不能了解文件内部具体的数据,而对于包含产品结构信息的数据,还有其特殊性。PDM的产品结构配置模块必须掌握产品内部的结构关系,所以对产品结构信息就不能采用封装的方式,PDM集成这类数据有接口和集成两种不同层次的模式。

(2) 接口模式

可以把PDM看作是面向多种CAD软件的通用管理环境,采用标准数据接口来建立PDM的产品配置与多种CAD软件的装配结构之间的联系,在同一PDM的管理下,使多种CAD软件共享同一产品结构。

接口是比封装更加紧密的集成,自动化的程度更高,不需用户参与,PDM和CAD就能交换文件内部的数据。在CAD菜单中具有某些PDM功能,在PDM菜单中也具有某些CAD功能,像零部件号和材料信息等CAD数据可以单向传送到PDM上。

(3) 集成模式

在集成模式中,PDM对所有类型的信息都提供了全自动的双向相关交换,这些信息包括产品数据、特征数据和面向应用的数据。在CAD上能使用所有的PDM功能,使用户在前后一致的环境里工作。

通过对CAD/CAM的图形数据和PDM的产品结构数据的详细分析,采用集成模式制定统一的产品数据之间的结构关系,只要其中之一的结构关系发生了变化,则另一个自动随之改变,始终保持CAD/CAM的装配关系和PDM的产品结构树的同步一致。

集成模式的实施要花费很长的时间,要与各分系统的系统经销商紧密配合,要掌握有关这两种数据结构方面的详尽知识,还要投入大量精力去开发用户界面。

综上所述,PDM系统提供了一整套结构化的面向产品对象的公共服务集合环境,构成了集成化的基础,实现了以产品对象为核心的信息集成。使所有的用户均能在同一 PDM 工作环境下工作,实现与站点无关、与硬件无关、与操作系统无关,PDM 是 CAD/CAPP/CAM 集成的平台,是一个面向对象的企业全局信息集成的框架。

13.3 基于 IGES 的 CAD/CAM 数据交换

13.3.1 初始图形信息交换规范(IGES)

IGES(Initial Graphics Exchange Specification)是国际上产生最早、应用成熟广泛的图形数据交换标准。目前,几乎所有的有影响的 CAD/CAM 系统(如 I - DEAS、Pro/E、UG Ⅱ、SolidWorks、SolidEdge、MDT 等)均配有 IGES 接口,通过 IGES 接口能够输入输出有关图形的 IGES 文件。IGES 由美国国家标准协会(ANSI)公布,它由一系列产品的几何、绘图、结构和其他信息组成。1980 年公布的 IGES1.0 仅限于描述工程图纸的几何图形和注释实体。1982 年的 IGES2.0 版对图形信息进行了扩充。1986 年的 IGES3.0 版包含了工厂设计和建筑设计方面的内容。1988 年的 IGES4.0 版增加了 CSG、装配模型及其有限元模型等内容。1990 年公布的 IGES5.0 版包括了几何造型中的 B - Rep 表示。

1. IGES 文件结构和格式

IGES 文件是以 ASCII 码表示,记录长度为 80 个字符的顺序文件。从 IGES2.0 版本开始,增加了二进制文件格式的定义。ASCII 格式便于阅读,二进制格式则适于传送大容量文件。

IGES 文件包括图 13 - 8 所示的五个或六个段,即标志段、开始段、全局参数段、目录条目段、参数数据段、结束段。它们在 IGES 文件必须依次出现。

从图 13 - 9 所示的 IGES 文件物理记录格式看,记录的第 1 ~ 72 列为该段的内容,73 列分别用 S、G、D、P、T 作为段的标识,其中"S"表示开始段;"G"表示全局段;"D"表示目录条目段;"P"表示参数数据段;"T"表示结束段;第 74 ~ 80 列则是每一节的顺序编号。

标志段(通常的 ASCII 格式不用此段)
开始段(用字母 S 标识)
全局参数段(用字母 G 标识)
目录条目段(用字母 D 标识)
参数数据段(用字母 P 标识)
结束段(用字母 T 标识)

图 13 - 8 IGES 文件结构

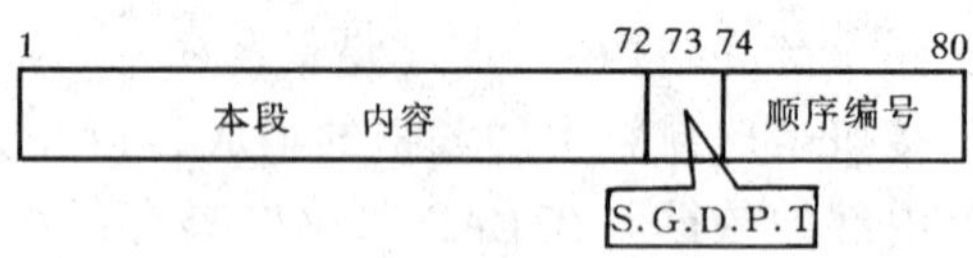

图 13 - 9 IGES 文件的物理记录格式
S—开始段;G—全局段;D—目录段;
P—参数段;T—终止段。

2. IGES 模型的实体

IGES 模型指用于定义组成某产品的实体(Entity)的集合。定义 IGES 模型就是通过定义实体,对产品的形状、尺寸以及某些说明产品特性的信息进行描述。

IGES 中的基本单元是实体,它分为三类。第一类是几何实体,如点、直线、圆弧、样条曲线、曲面等;第二类是描述实体,如尺寸标注、绘图说明等;第三类是结构实体,如结合项、图组、特性等。图 13 - 10 列出了 IGES 的主要实体。目前,国内外常用的商用 CAD/CAM 系统中的

IGES 接口所采用的实体基本上是 IGES 所定义实体中的一个子集。

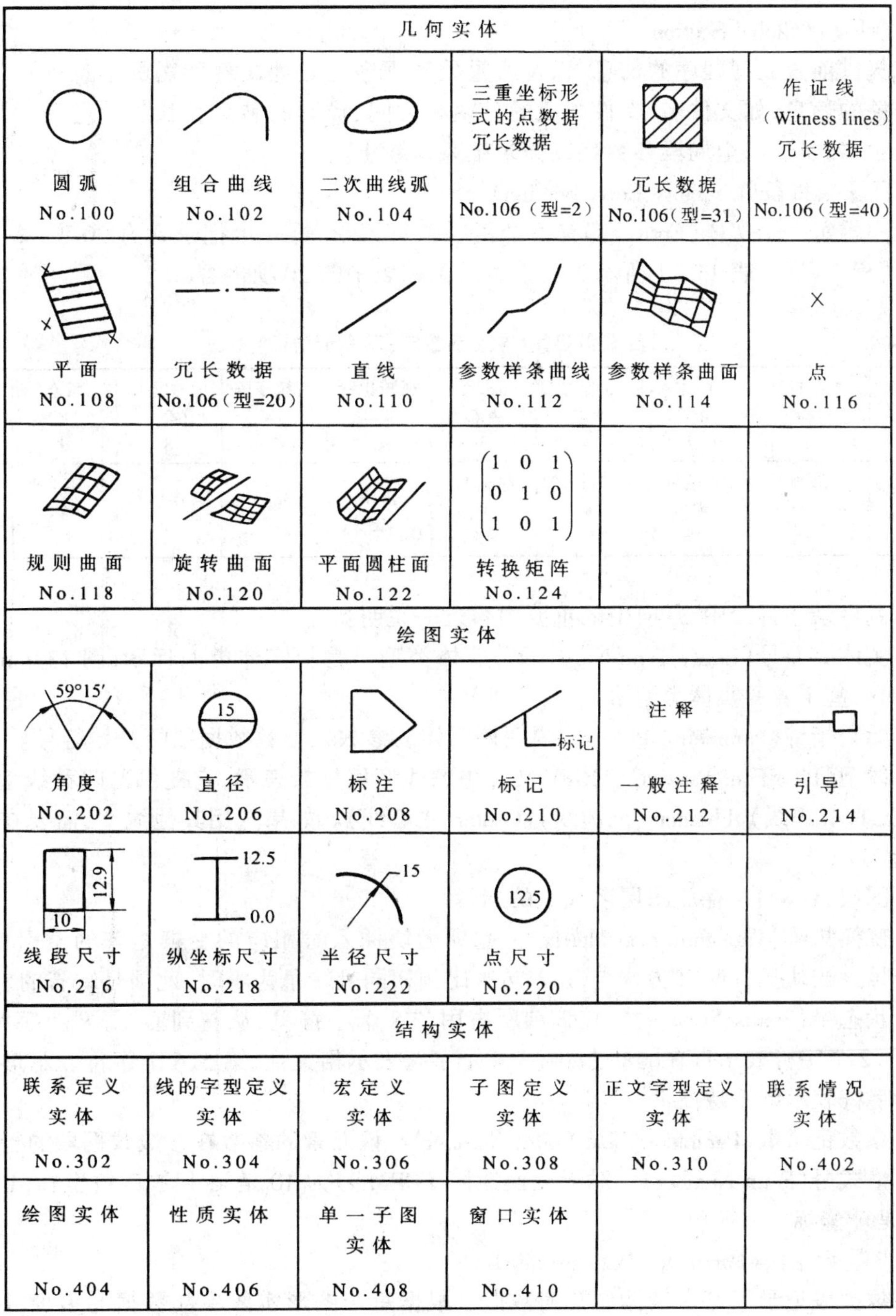

图 13－10　IGES 中的主要实体

3. IGES 文件的内容

以下对 IGES 文件各个段表述的内容予以具体说明。

(1) 标志段(Flag Section)

该段为可选,表示文件是二进制格式或压缩的 ASCII 码格式。

(2) 起始段(Start Section)

用来提供一般说明的文件序言。

(3) 全局段(Global Section)

用来提供前置处理程序的信息,以及后置处理程序为处理文件所需的信息。它包括与整个模型有关的信息,如文件名、文件生成的日期和时间、作者的名字和长度单位等。该段的参数是以自由格式输入,全局段参数将以记录结束符终止。

(4) 目录条目段(Directory Entry Section)

图形中的每一个实体(Entity)都有一个目录条目记录,每一个记录含有 20 项,每一项占 8 个字符,占相邻两行,表 13 – 1 所示为一个目录条目段中的 20 项内容。

表 13 – 1 目录条目段(#表示数字;△表示指针)

实体类型 # 1	参数指针 △ 2	版本 #△ 3	线型号 #△ 4	图层 #△ 5	视图指针 #△ 6	变换矩阵 △ 7	标号显示 △ 8	状态 # 9	序号 D# 10
实体类型 # 11	线宽 # 12	颜色号 #△ 13	参数记录 # 14	格式号 # 15	备用 16	备用 17	实体标号 18	实体下标 # 19	序号 D# +1 20

下面就目录条目段中 20 项中的重要内容逐一说明:

- 实体类型号(Entity Type Number) 实体类型号是指实体类型标示,图 13 – 10 中给出了 IGES 的一些主要的实体类型号。
- 参数指针(Parametric Point) 说明该实体的参数在参数数据段的开始行号。
- 线型(Line Font Pattern) IGES 文件中的线型用整数表示,它提供的四种线型是:Solid(实线)、Dashed(虚线)、Phantom(剖面线)、Center(中心线)。如果选用其他线型,需要在 IGES 文件中进行定义。
- 图层(Level) 存放图层名或它的指针。
- 变换矩阵(Transformation Matrix) 此项为块插入时相应的变换矩阵的索引在索引段时开始行号。当块插入时 X 方向与 Y 方向的比例相同且转角为零时,此项是缺省的。
- 状态号(Status Number) 在该项所占用的 8 个字符里,从左到右,每两个字符的含义如下:第 1、2 个字符表示存在的状态,第 3、4 个字符表示相关性,第 5、6 个字符表示形成特征,第 7、8 个字符表示体系特征。
- 参数记录数(Parameter Line Count Number) 该元素的参数在参数数据段的行数。
- 格式号(Form Number) 对于变换矩阵 FORM 号为 10 是笛卡尔直角坐标,11 是圆柱坐标,12 是球坐标。

(5) 参数数据段(Parameter Data Section)

参数数据段记录了每个实体的几何数据。根据每个图形实体参数数据的多少,决定它将有几行,参数数据段格式如下(其中 pd 为该实体在目录条目段的开始行号):

实体类型号 数据 1 数据 2 …… ……pd	P0000008
72	80

数据 $n-1$ 数据 n …… ……pd	P0000009
72	80

(6) 结束段(Termination Section)

结束段只占一行。在前 32 个字符里,分别用 8 个字符记录了开始段、全局段、目录条目段和参数数据段的段码和每段的总行数;第 33～72 个字符没有用到;最后 8 个字符为结束段的段码和行数:

S000002	G0000003	D0000068	P0000045		P0000008
8	16	24	32	72	80

4.IGES 文件实例

如图 13－11 所示零件,在 MDT5.0 下绘制该零件图形,以下是在 MDT5.0 下生成的与该图形对应的 IGES 文件:

```
                                                                          S      1    开始段
,,63HC:\Documents and Settings\Administrator\My Documents\B6-LZT.dwg,     G      1  ┐
                                  ⋮                                                  │ 全局参数段
60.5124233498206D0,,,11,0,15H20010720.170108,;                            G      7  ┘
     110       1       0       1       0       0       0         000000000D      1  ┐
     110       0       8       1       0                                0D      2  │
     406       2       0       0       0       0       0         000000000D      3  │
                                  ⋮                                                  │ 条目目录段
     212       0       8       6       0                                0D     80  │
     212      84       0       1       0       0       0         000000100D     81  │
     212       0       8       6       0                                0D     82  ┘
110,0.0D0,0.0D0,0.0D0,0.0D0,29.0D0,0.0D0;                                 1P      1  ┐
406,2,0,1H0;                                                              3P      2  │
                                  ⋮                                                  │ 参数数据段
-.316666666666667D0,2.5D0,1003,1.5707963267949D0,0.0D0,0,0,              81P     88  │
42.055715072661D0,40.1590392894097D0,0.0D0,1H~;                          81P     89  ┘
S      1G      7D      82P      89                                        T      1    结束段
```

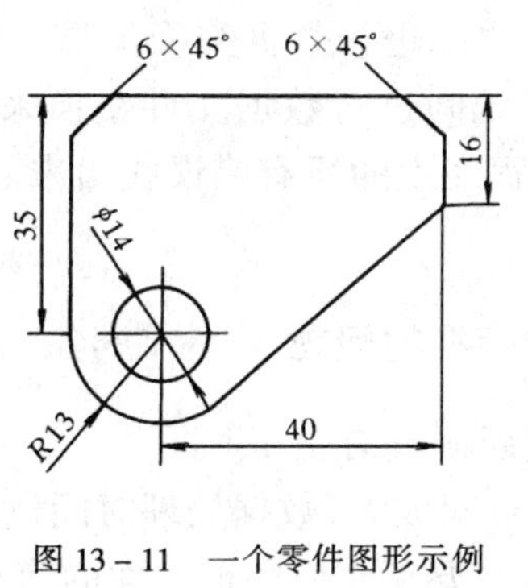

图 13－11 一个零件图形示例

13.3.2 基于 IGES 文件的 CAD/CAM 数据交换

在不同的 CAD/CAM 系统中,用 IGES 文件实现数据交换是通过图 13－12 所示的前置和后置处理来进行的。IGES 的前置处理程序,即把系统生成的图形文件转换成 IGES 格式的文件,后置处理则是将 IGES 文件转换成系统内部的图形文件格式。目前的很多 CAD 系统中,都具有 IGES 的前、后处理程序,但为了满足具体应用系统数据要求,后置处理程序有时需自行设计。前后处理程序的工作过程如图 13－12 所示。

后处理程序主要完成如下工作:

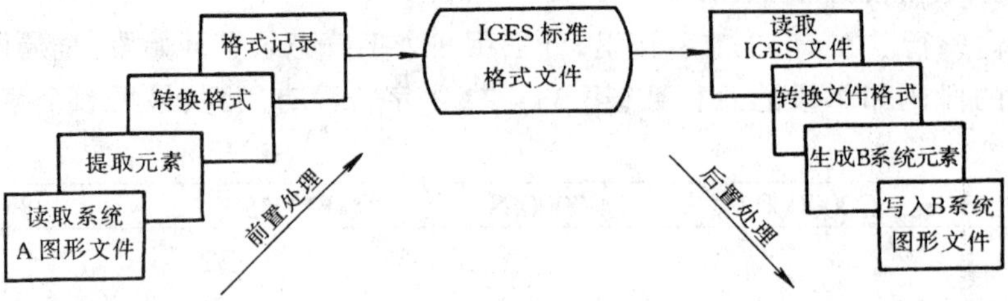

图 13-12　IGES前后置处理过程

(1) 打开 IGES 文件。

(2) 找到该文件的最后一个记录,即 IGES 文件的结束段。由结束段记录中读取整个 IGES 文件的各段总记录数。

(3) 根据开始段、全局段、目录条目段、参数数据段的记录数对各段进行定位。

(4) 在全局段的记录中可以读出有关这一图形文件的参数。

(5) 根据目录条目段地址,逐个记录读出每个实体元素类型和有关信息(层号、线型、颜色、子图名称等)以及参数数据,然后按实体类型号分别处理各类图形实体和其他元素记录,如直线、圆或圆弧、二次曲线、折线、尺寸标注线和各类标注等,并把它们处理成自己系统所需的存储格式。

(6) 对子图(或块)还应作单独处理,要找出各子图的相关图形元素,按自己的 CAD 系统子图的存储格式重新组织。

IGES 的图形元素种类繁多,存储信息量大,结构复杂。各个 CAD 系统又有自己的数据模式和存储结构,而且各不相同。所以怎样设计好 IGES 文件的前置和后置处理程序,并不是一件易事,一般容易漏掉信息。因此,往往需要进行大量的测试工作后,才能使 IGES 的前、后处理程序逐步完善起来。首先可在自己的 CAD 系统内进行数据交换的测试,这样容易实现;然后在不同的 CAD 系统之间进行数据交换测试,进一步查找问题;还可以用 IGES 文件建立的各种图形库与 CAD 系统间进行数据文件交换来测试。这种手工测试方法当然费工费时,而且不容易把前后处理程序中的所有错误找出来。为此,有人专门开发了有关的测试工具。

13.3.3　IGES 在数据交换中存在的问题

IGES 在实际应用中存在的主要问题有:

(1) IGES 交换文件占的存储空间太大,数据处理时间过长;

(2) IGES 定义的实体(Entity)主要是几何图形方面的信息,其他信息交换不充分;

(3) 数据转换中可能发生信息丢失或畸变。一个 CAD/CAM 系统往往只有一部分数据能够转换成 IGES 数据,在读入 IGES 文件时也经常忽略一部分数据。此外,由于 IGES 文件的一些语法结构具有二义性,所以不同的系统会对同一的 IGES 文件给出不同的解释,这也可能导致数据转换的失败。

尽管 IGES 数据标准存在这样那样的问题,但目前它仍然是应用最广泛的数据交换标准。

13.4 基于 STEP 的 CAD/CAM 产品数据交换

13.4.1 STEP 基本概念

STEP,是产品模型数据交换标准(Standard for the Exchange of Product Model Data)的缩写。它是一个用于表达和交换数字化产品信息的 ISO 标准(ISO 10303)。

STEP 技术提供一种不依赖于具体系统的中性机制,它规定了产品设计、制造,甚至于产品全部生命周期中所包含的诸如产品形状、解析模型、材料、加工方法、装配顺序、检验测试等方面信息的定义和数据交换的外部描述。因而 STEP 标准能够很好地解决生产过程中产品信息的共享问题,并且还支持现代制造业的并行工程(Concurrent Engineering)。

STEP 的应用范围非常广泛。STEP 的标准内部划分成许多子标准,其内容分别涉及几何、拓扑、外形表示、特征、外形表示接口、公差、材料、产品数据表示、绘图、机械产品结构、建筑工程结构、船舶模型、电子产品、有限元分析以及数据转换等。新的版本又增加了运动机构、标准零件、工艺规模、质量管理、加工制造、测试和产品寿命等内容。

STEP 的优势主要表现在:

- STEP 是一个能拓展的标准。它建立于 EXPRESS 语言之上,能拓展到任何工业。EXPRESS 语言除数据结构外还描述约束。一致性准则将防止二义性。
- STEP 是国际性的,由用户开发而不是供应商。用户驱动的标准是面向结果的,而厂家驱动的标准是面向技术的。STEP 已经而且将会继续适应技术的发展因而可用于产品数据的长期存档。
- STEP 为 CAD/CAM 信息集成提供了一整套方法和理论,其中包括模型描述方法和语言、集成信息资源、应用协议的开发、一致性测试方法论以及实现数据交换三种模式(文件交换、应用编程接口和数据库实现)。STEP 标准的制定主要有两个目的,一是产品的数据表示,一是产品数据共享与交换。

STEP 不仅是一项国际标准,而且还是一门技术、一种方法学。它不仅为我们提供了正确地建立产品信息模型的方法及标准化过程,而且在信息交换的实现方法上也给予了指导。

13.4.2 STEP 的组成

STEP 可划分为五方面的内容,每方面的内容又包括若干部分(Part)。这些内容及部分的编号是:

1. 描述方法(description methods),Part 11 ~ 19。
2. 集成资源(integrated resource),其中通用集成资源 Part 41 ~ 99,应用资源 Part 101 ~ 109。
3. 应用协议(application protocols),Part 201 ~ 1199。
4. 实现方法(implementation methods),Part 21 ~ 29。
5. 一致性测试(conformance testing),Part 31 ~ 39;抽象测试套件(abstract test suites),Part 1201 ~ 2199。

这五方面的内容分成七个系列文件:0、10、20、30、40、100 和 200 系列,表 13 – 2 列出了目前已有的、较成熟的各系列文件。

表 13-2　　　　STEP 的组成

系列	系列名	系列号	内　容	说　明
0	概述	1	概况与基本原理	
10	描述方法	11 12	EXPRESS 语言 EXPRESS - I 语言	提供支持 STEP 开发所需的方法与工具
20	实施方法	21 22	物理文件格式 标准数据存取接口	指明产品模型将被用于哪些数据处理任务
30	一致性测试方法和框架	31 32 33 34	一致性测试方法和框架 对测试库和一致性评估人员的需求 抽象测试套件规范 对不同实施方法的抽象测试方法	用以检查软件对本标准的符合程度
40	通用资源	41 42 43 44 45 46 47 48 49	产品描述和支持的基础 几何与拓扑表示 表达结构 产品结构配置管理 材料 直观表示 形状公差 形状特征 产品生命期支持	用 EXPRESS 语言描述的产品的概念模型
100	应用资源	101 102 103 104 105	绘图 工程设计 AEC(未定) 电子/电气连接 有限元分析 运动学	指明产品模型的哪些部分将付诸实施
200	应用协议	201 202 203 204 205 206 207 208 209 210 211 212	显式绘图 相关绘图 配置管理设计 使用边界表达的机械设计 使用曲面的机械设计 使用线框的机械设计 钣金冲模规划与设计 生命周期产品变动过程 构件和金属结构的分析与设计 电子印刷电路的装配、设计与制造 电子器械的测试、诊断与返修 电工设备	描述特定应用领域的信息要求，规定无二义性的信息描述方法，提供一致性测试需求与目标

13.4.3　STEP 的层次结构

STEP 采用全新的设计思想，将表 13-2 所示 STEP 标准的七个系列文件构成如图 13-13 所示的三个层次结构：应用层、逻辑层、物理层。

1. 应用层

在应用层内，各应用领域按照自己的经验、术语、技术和方法建立产品信息参考模型，并通过形式化定义语言或图表的方式表达，为相应领域提供便于应用的、完备的和最小冗余的产品信息模型。

应用层支持以 IDEF0 方法为基础的功能分析，并在此基础上设计产品数据模型。应用层的产品设计数据模型可使用 IDEF1x、EXPRESS-G 或 NIAM 等数据模型分析和设计方法来建立。

2. 逻辑层

通过对各需求模型的分析,找出共同点,协调冲突,形成统一的集成信息资源,为各个应用领域提供一些通用的、语义一致的实体集和关系集,用来描述不同的产品信息模型,并运用形式化工具描述逻辑层说明与物理层之间的联系。在逻辑层通常采用 STEP 定义的信息描述语言 EXPRESS 来描述产品信息模型。

3. 物理层

物理层用来导出和指明产品信息模型在计算机上的存储机制,产生在计算机上内部存储的产品信息。

在 STEP 中定义了采用中性文件、数据库和标准数据存取接口(Standard Data Access Interface,SDAI)三种方式在计算机上存储和交换产品信息。

与图 13－13 相对应,图 13－14 为 STEP 数据模型的三层次模型的描述实例。在图 13－14中采用 IDEF1x 模型表达产品应用层数据模型,采用 EXPRESS 语言表达产品逻辑层数据模型,采用中性文件表达产品物理层数据模型。

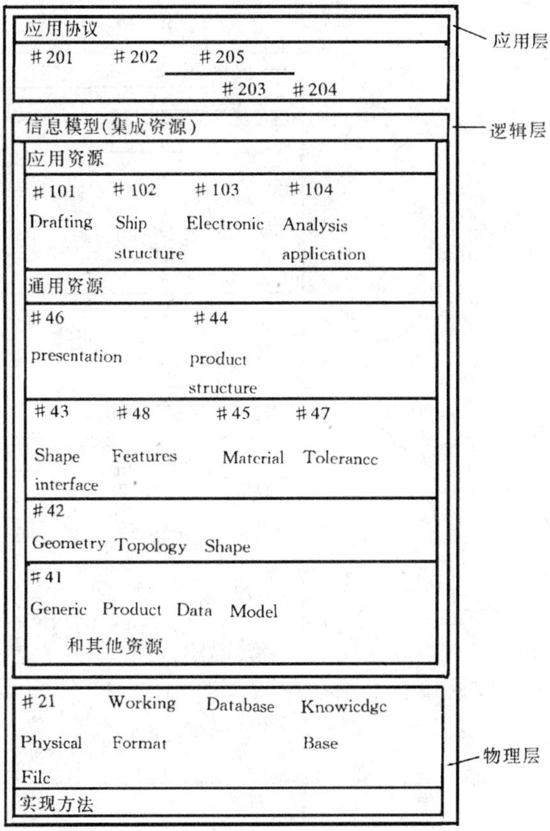

图 13－13 STEP 的三层结构

13.4.4 STEP 的产品信息描述与产品信息模型的建立

产品信息描述方法是 STEP 标准的基础,也是建立 STEP 产品信息模型的工具。由前面所述的 STEP 三级表达模式中可知:在应用层可用 IDEF0 方法进行产品信息需求分析,然后用 EXPRESS－G、IDEF1 或 NIAM 方法建立应用层产品数据模型;应用层的产品数据模型在逻辑层则用 EXPRESS 语言描述;对应于逻辑层产品数据模型,在物理层可采用 STEP 中性文件、标准数据存取接口 SDAI、数据库及知识库四种方式描述和交换产品数据。在本段我们将主要介绍 EXPRESS 语言和 EXPRESS－G,它们分别用于在逻辑层和应用层对产品数据模型进行描述。STEP 中性文件、SDAI 则在 14.4.7 节(基于 STEP 的产品数据交换方式)中介绍。

1. EXPRESS 语言

EXPRESS 语言是一种形式化的、面向对象的语言,它既吸收了其他语言的概念和特点,如 Ada、C、C++、Pascal、SQL 等,又吸收了面向对象技术继承机制,并且拥有丰富的数据类型,还增加了一些新的功能,形成了很强的信息表达能力。对产品数据描述时,它可保证描述的一致性及消除二义性。

EXPRESS 语言是一种形式化的数据规范语言,它不是程序设计语言,如 C++,也不是功能接口描述语言,如 CORBA/IDL。EXPRESS 语言不包括输入、输出、信息处理、异常处理等语言元素。这种形式化语言既具有可读性,使人们便于理解它的语义,又能被计算机理解,易于与高级语言(例如 C、C++)建立映射关系,有利于计算机应用程序和支撑软件的生成。

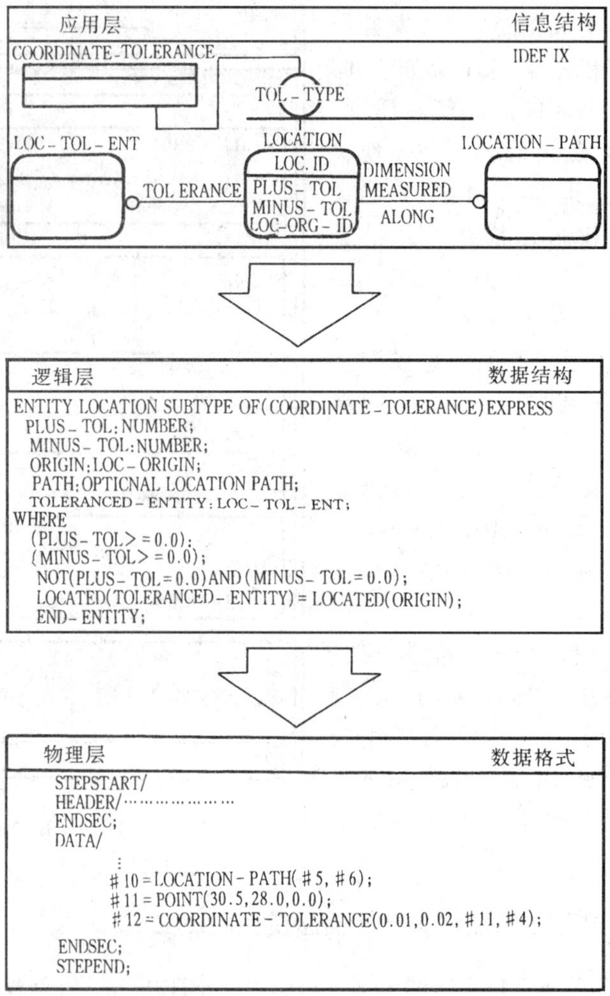

图 13-14　STEP 数据模型的三级描述模式

EXPRESS 语言的特点如下:

- 语言不仅能够为人所理解,而且能被计算机处理,描述的形式化使计算机自动检查和处理的可能性得到提高。
- 语言能够区分 STEP 涉及的复杂内容。
- 语言的重点放在实体(entity)的定义上,实体的定义包括实体的属性和施加的约束条件。
- 语言与具体的实现无关。

(1) EXPRESS 语言中的模式

EXPRESS 语言规定以模式(schema)作为描述信息模型的最外层框架。如同 C 程序是由函数组成的一样,EXPRESS 描述的信息模型是由一个或几个模式组成的,这些模式包含了模型的定义,并且提供了将信息模型进行细分的机制。模式内又分为实体(entity)、类型(type)、规则(rule)、函数(function)、过程(procedure)以及模式间的引用关系等说明,通过这些说明定义事物间的联系,从而建立信息模型。其中实体是重点,实体代表了真实世界中的物体,并可以组织成非常复杂的继承关系。实体由数据(data)与行为(behavior)定义,数据用来说明要处理的实体的性质,行为表示限制与操作。函数和过程描述某一算法,它们只能在规则说明和导出属性中使用,用于描述对实体的约束。规则是对整个模式有效的约束。模式之间可以互相使用(USE)和引用(REFERENCE)彼此的资源,包括类型、实体、常量、函数、规则等。

模式的结构如下:

```
SCHEMA schema_id;………………… 模式标识符
    {Interface_speclflcatlon:
        USE FROM schema_id(entity_id,type_id,
        old_entity_id AS new_entity_id,old_type_id AS new_type_id);
        REFERENCE FROM schema_id(entity_id,type_id)
    }  界面规范说明
    [constant_declaration]      ……………常量说明
    {entity_declaration}      ……………实体说明
    {function_declaration}      ……………函数说明
    {procedure_declaration}      ……………过程说明
    {type_declaration}      ……………类型说明
    {rule_declaration}      ……………规则说明
END_SCHEMA
```

在一般情况下,一个模式内说明的类型、实体、常量、函数、过程、规则等的作用域只限于所在模式,别的模式不能使用。而在实际应用中,一个模式内的说明有时需要引用其他模式中的资源,界面规范说明提供了模式间交流的机制。

(2) EXPRESS 语言中的实体类型

如上所述,实体是 EXPRESS 语言描述的重点。实体是通过实体类型进行描述和定义的,一个实体类型表示了一类具有共同特征的实体对象。在信息建模过程中,EXPRESS 主要通过对实体类型的描述,反映客观世界中我们感兴趣的事物,包括事实、实际对象、概念、设想、关系等。EXPRESS 中表达对象类和关系类是无区别的,均定义为实体类型。对象的特性在实体类型中用"属性"和"约束"表达。实体类型的结构如下:

```
ENTITY entity_id [subsuper]………实体类型标识符[超类/子类说明]
  {explicit_attr}  …………………显式属性说明
    [derive_ attr]  …………………导出属性说明
    [inverse_clause]  …………………逆向属性说明
    [unique_clause]  …………………唯一性规则(局部规则)
    [where_clause]  …………………值域规则(局部规则)
END_ENTITY
```

实体内有属性(Attribute),有局部规则(唯一性规则 Unique 与条件规则 Where),还有超类与子类(Supertype 与 Subtype)的说明等。子类和超类说明是实体说明中的重要部分,一个实体可以是另一个实体的子类,它继承超类的全部属性,子类和超类关系可以传递不可以递归。子类和超类的继承关系为描述复杂对象提供了有力的工具。

如实体类型单位向量可以这样来定义:

```
Entity unit vector;
a,b,c:Real;
```

```
Where
a * *2 + b * *2 + c * *2 = 1.0;
End entity;
```

其中 a、b、c 为属性，即说明单位向量的分量。Where 后面是局部规则，即三分量平方之和必须等于 1.0。

在实体中可含“显式属性”、“导出属性”和“逆向属性”三种。显式属性表示的信息可以期望直接从数据库中取得，导出属性表示的信息是从其他属性导出的，即是通过数学计算或函数调用得到的。现以定义实体圆为例：

```
SCHEMA circleExample;
  ENTITY point;
    x, y: REAL;
  END—ENTITY;
  ENTITY circle;
    center: point;
    radius: REAL;
  DERIVE
    area: REAL: = PI * radius * *2;
  END—ENTITY;
```

圆心（center）和半径（radius）就是显式属性，而圆的面积（area）就是通过半径计算求出的导出属性。这里的“DERIVE”引出的是导出属性，其值是通过计算表达式“PI * radius * *2”求得的。

（3）EXPRESS 语言中的实体数据类型

在 EXPRESS 中可使用的数据类型很丰富，其中主要包括：

① 简单数据类型（Simple data type），如表 13－3 所示。

表 13－3　简单数据类型

类型标识符	类　型	类型标识符	类　型
NUMBER	整型或实型	BOOLEAN	布尔型（TRUE、FALSE）
REAL	实型	LOGICAL	逻辑型（TRUE、FALSE、UNKNOWN）
INTEGER	整型	BINARY	二进制类型
STRING	字符型		

② 聚合数据类型（Aggregate data type），如表 13－4 所示。

表 13－4　聚合数据类型

类型标识符	类型名称	要　点
ARRAY	数组类型	有序、元素可有不定值、长度可变
LIST	链表类型	有序、元素值要求唯一、长度可变
SET	集合类型	无序、元素值要求唯一、长度可变
BAG	包类型	无序、元素可有不定值、长度可变

③ 构造数据类型(Constructed data type),包括枚举数据类型(ENUMERATION)和选择数据类型(SELECT)。

④ 命名数据类型(Named data type),包括实体数据类型(ENTITY)和定义数据类型(DEFINE)。

为了较详细地说明 EXPRESS 的用法,下面再给出一个用 EXPRESS 语言定义实体——人的例子。

对人的文字描述如下:

A person has certain defining characteristics, including a first name, a last name, an optional nickname, date of birth, and a description of their hair. A person is either male or female. A male may have a female wife; in which case the female has a male husband and may have a maiden name. A person may have chidren who are also person. A constraint is placed on husband and maiden name.

对以上文字叙述,可用 EXPRESS 语言描述如下:

```
A single schema EXPRESS model
SCHEMA example
TYPE date = ARRAY[1:3]OF INTEGER;
END TYPE;
TYPE hair_type = ENUMERATION OF
    (blonde, brown, black, red, white, bald);
END_TYPE;
ENTITY person
        ABSTRACT SUPERTYPE OF (ONE OF(female, male));
        First_name: STRING;
        last_name: STRING;
        nickname: STRIGN;
        birth_date: OPTIONAL STRING;
        children: SET [0:?]OF person;
        hair: hair_type;
        DERIVE:
        age: INTEGER: = years(birth_date);
        INVERSE: ( * Inverse attribute * )
        parents: SET[0:2]OF person FOR children;
END_ENTITY;
ENTITY female
        SUBTYPE OF(person);
        maiden_name: OPTIONAL STRING;
        INVERSE
        husband: SET[0:1]OF male for wife; - - hudsband is optional;
        WHERE
        w1: EXISTS(maiden_name)AND(SIZEOF(husband) = 1))XOR NOT EXISTS(maiden_name)
END_ENTITY;
ENTITY male
        SUBTYPE OF(person);
```

```
        wife:OPTIONAL female;
    END_ENTITY;
    FUNCTION years(past:date):INTEGER;
        (* This function calculates the number of years between the past date and the current date *)
    END_FUNCTION;
    END_SHEMA;
```

2. EXPRESS－G

EXPRESS－G 是 EXPRESS 语言的图形化描述，它很容易转换成 EXPRESS 语言。EXPRESS－G 是一种形式化面向对象的图形描述方法，它采用了符号或不同形状的标志图形符(icon)以表示模型中的主要条目(item)对象。

EXPRESS－G 的图形符主要有三种：

- 定义图形符　用来表示实体、简单数据类型、命名数据类型、构造数据类型和模式声明。
- 关系图形符　用来描述定义之间的关系。
- 构成图形符　使一个图可以用多于一页表达。

(1) 定义图形符

EXPRESS－G 图中对实体的定义用矩形框表示，如图 13－15 所示，实体之间的关系则用矩形框之间的连线表示。这些定义和关系的不同种类由线框和连线的线型区别开来。定义图形符用包含被定义事物的名字的矩形框表示。

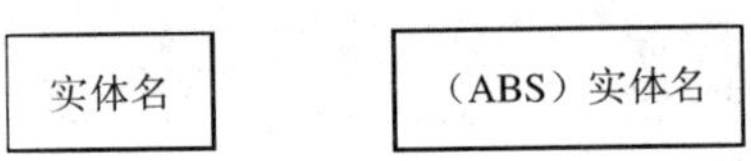

(a)　(b)

图 13－15　实体的表示

(a) 子类/超类实体；(b) 抽象超类。

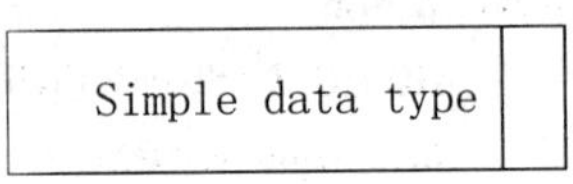

图 13－16　简单数据类型的表示

简单数据类型的表示如图 13－16 所示，包围在矩形框内的是数据类型名，包括 NUMBER(整型或实型)、REAL(实型)、INTEGER(整型)、STRING(字符型)、BOOLEAN(布尔型)、LOGICAL(逻辑型)、BINARY(二进制型)。

构造数据类型的表示如图 13－17 所示，矩形框的线形是虚线。

命名数据类型包括定义数据和实体数据两种，其图形表示如图 13－18 所示。

模型图中定义之间的属性名在关系线上标出，聚合类型 LIST(列表/链表)、SET(集合)、BAG(包)和 ARRAY(数组)紧跟在属性名后，以首字母即 L、S、B、A 表示，并标明其上下限。如果是导出属性，还须在属性名前加注"(DER)"。

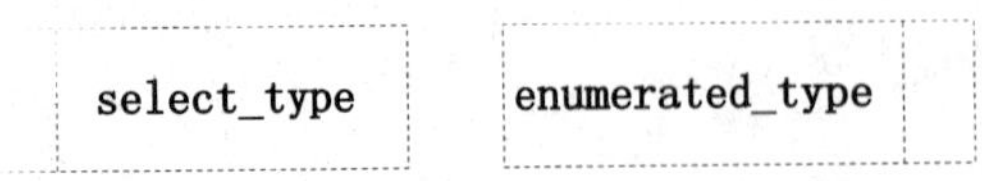

(a)　(b)

图 13－17　构造数据类型的表示

(a) 选择类型；(b) 枚举类型。

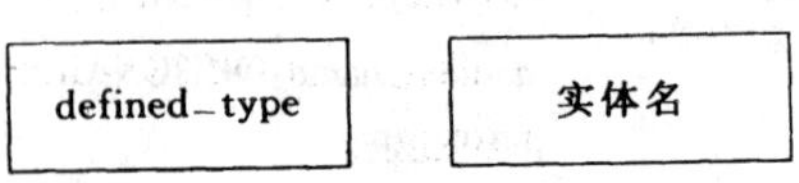

(a)　(b)

图 13－18　命名数据类型的表示

(a) 定义数据类型；(b) 实体数据类。

表示模式的图符如图 13－19 所示。

EXPRESS-G 不支持函数(FUNCTION)和过程(PROCEDURE)以及规则(RULE)的定义。

(2) 关系图形符

上述数据类型的图形表示用图 13－20 所示的不同线型连接，以表达它们之间的各种关系。实体和它的可选择性属性之间的关系由虚线表达，模式与模式之间的引用也由虚线表示。继承关系由粗实线表示，其他的关系由细实线表达。

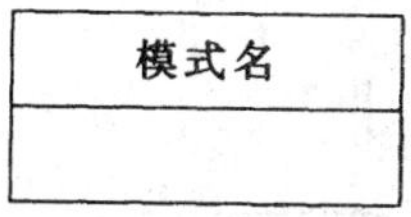

图 13－19　模式的表示

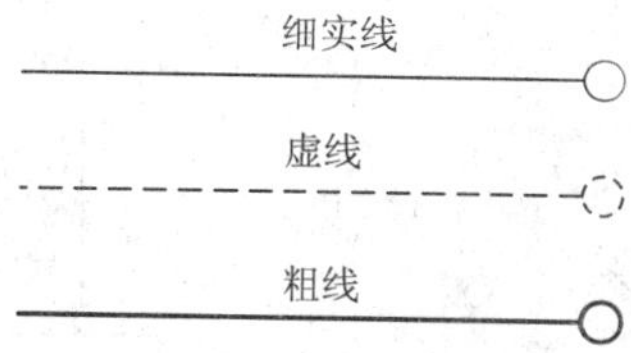

图 13－20　关系的表示

(3) 构成图形符

图形化的表达可在多个页上进行，每一页都编上号。实现页之间引用(inter-page references)和模式之间引用(inter-schema references)的图符如图 13－21 所示。当不同页上的类型定义之间存在关系时，表示关系的线以圆矩形为末端。圆矩形内含有页码和引用号码，页码是被引用的定义所在的页的号码，引用号码用来区分同一页上的不同引用。引用发生的页上的圆矩形包含被引用的定义名。被引用页上的圆矩形包含一列引用发生的页的页码，这些页码用括弧括起来。

模式之间的引用表示图 13－22 所示，引用由圆矩形框包含定义名来表示，定义名由模式名修饰。由另一模式的 USE 声明所引用的定义被装入一个实线型的矩形框中。如果这个定义有一个别名，那么这个别名被置于实矩形框中、圆矩形框之下。由另一模式的 REFERENCE 声明所引用的定义被装入一个虚线型的矩形框中。如果这个定义有一个别名，那么这个别名被置于虚矩形框中，圆矩形框之下。

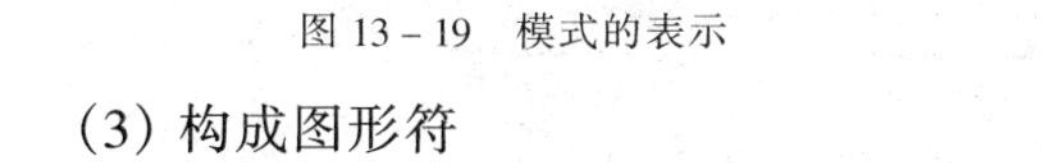

(a)　　(b)

图 13－21　引用的表示

(a) 引用到其他页；(b) 引用到本页。

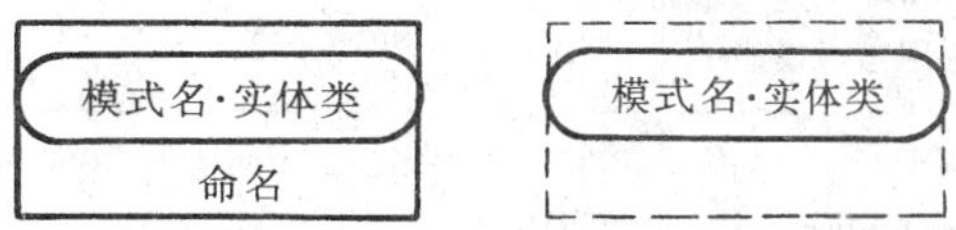

(a)　　(b)

图 13－22　模式引用的表示

(a) 用 USE 引用其他模式；

(b) 用 REFERENCE 引用其他关系。

对应于上面给出的用 EXPRESS 语言定义实体——人的例子，现在我们可以 EXPRESS－G 图来描述，如图 13－23 所示。

13.4.5　STEP 应用协议与产品信息模型的建立

STEP 通过建立不同的应用协议规定不同应用系统对集成化产品信息资源中进行引用的格式、模式和方法，从而使特定的应用系统建立起适合于该应用系统的产品信息模型，用于支持产品整个生命周期中不同时期和不同应用领域信息的集成和共享。

一个面向具体应用系统的应用协议包括：应用活动模型(AAM)、应用参考模型(ARM)和应用解释模型(AIM)三大部分。建立应用协议各模型的任务及描述方法见表 13－5。

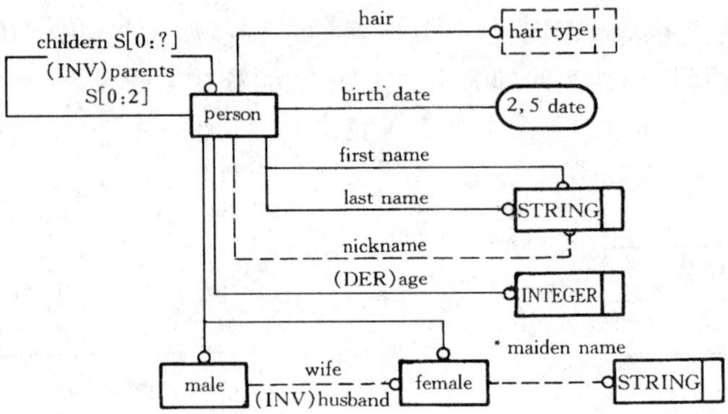

图 13－23　ENTITY 级的 EXPRESS－G 图

表 13－5　　　　STEP 应用协议的构成

模　型	任　　务	描　述　方　法
AAM Application Activity Model 应用活动模型	以过程和信息流的形式来描述应用的功能及相关信息	SADI(IDEF$_0$) 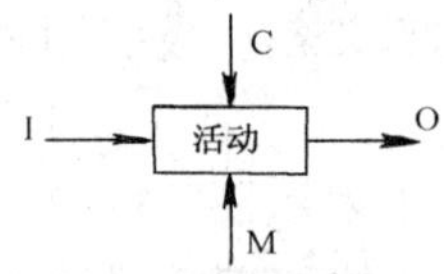
ARM Application Reference Model 应用参考模型	信息模型的应用视图的开发以及特定应用术语描述	EXPRESS－G，EXPRESS 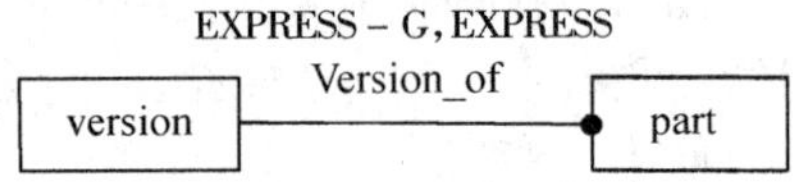
AIM Application Interpreted Model 应用描述模型	到的映射，期间实体映射成资源实体	EXPRESS，EXPRESS－G ENTY product_ Difinition_formation; Id:identifier; Description:text; Of_product;product END_ENTY; ENTY product; Id:identifier; name:label; Description:text; END_ENTY;

建立应用协议的过程也就是建立产品信息模型的过程，STEP 通过对应用协议的形式化规定使得这个过程更加科学化及规范化。建立应用协议的主要内容与步骤如下：

1．建立应用活动模型

针对具体应用问题，定义系统的应用范围，利用 IDEF0 描述应用中的各个信息流和处理过程。AAM 的建立通过对应用系统的范围和应用环境的分析，确定应用活动模型各个过程、信息流和对应的数据类，建立 AAM，并以文本的形式对应用范围和应用环境进行定义。

2．建立应用参考模型

用于定义特定应用的信息需求和约束，它用 EXPRESS－G、IDEF1x 或 NIAM 表达构件之间的关系，并以文本形式对应用对象进行解释。

3. 建立应用解释模型

对STEP集成资源构件进行抽取和解释建立特定产品信息模型，并由EXPRESS语言进行严格定义，作为实现系统产品数据交换或共享的基础。

图13－24表示的是应用活动模型ARM与应用解释模型AIM之间，如何通过集成通用资源和集成应用资源进行实体间的映射。

此外，有些应用实体需通过两个或多个应用协议进行定义，这些应用实体群将通过应用解释结构AIC(Application Interpreted Constructs)进行构造。AIC定义了这些协议的重叠部分。AIC的标准化在ISO 10303的500系列中。在本章最后一节，给出了建立STEP应用协议和产品信息模型的实例。

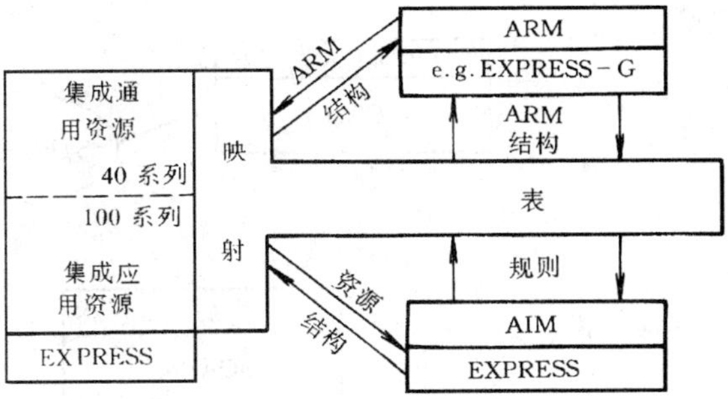

图13－24　ARM和AIM通过集成资源的应用映射

应用解释模型中的内容是从集成资源中汇集来的。应用协议根据某种应用的信息需求，通过增加子集、规则、属性等手段对汇集来的构件进行约束和修改、补充，使之满足这种应用的信息需求。

ISO已发表的应用协议还有Part 210——显示绘图、Part 203——配置控制设计，正在开发和审查过程中的应用协议有边界模型的机械设计、汽车机械设计的核心数据等。Part 203的内容是产品开发设计阶段的产品定义的数据和配置控制数据，它可用于企业间三维产品定义的数据交换。当前大多数的CAD系统都支持AP203(应用协议)。AP214是关于汽车机械设计过程的应用协议，该协议定义了在汽车设计过程中各个开发阶段的内容、范围和信息需求，并确定了满足这些信息需求的集成资源。该协议调查了汽车工业的需求，至少覆盖小汽车、卡车、大客车和摩托车；它还适用于其他结构的车辆，如铁路、农业和建筑车辆。

13.4.6　STEP集成资源

STEP集成资源分为一般资源和应用资源。一般资源与具体应用无关，例如：Part 42——几何和拓扑表示，Part 44——产品结构配置。应用资源由与某种应用相关的一般资源组成，例如：Part 101——绘图、Part 104——有限元。集成资源提供了STEP中每个信息元素的唯一表达，它们是用EXPRESS语言描述的。集成资源为应用协议提供了“原料”。已正式发布的集成资源有产品描述和支持、几何与拓扑表达、产品结构配置、形象化表示、绘图。Part 42用于描述产品形状。几何部分包括了参数化曲线、曲面的表达。拓扑部分表达了几何实体之间的关系。Part 42所表达的几何模型包括边界表示模型、CSG模型等。

Part 44用于机械、电子、建筑、计算机软件等完全不同的行业。产品结构配置模型支持整个产品生命周期中一个产品的不同版本和多个材料清单的管理。

13.4.7　基于STEP的产品数据交换方式

基于STEP的产品数据交换方式，或称STEP的实施方法或实现方式，是指符合STEP标准的信息和数据存取与交换的方法或格式，目前有四种方式：中性文件交换、标准数据存取接口、数据库交换、知识库交换。目前，中性文件交换和标准数据存取接口已分别成为国际标准和国际标准草案，但数据库和知识库实现方式却未形成正式的文件。

1. 基于中性文件的数据交换

中性文件交换是四种数据交换方式中的最低一级，为专门格式的 ASCII 码顺序文件，易于计算机处理。通过 STEP 中性文件实现产品数据的传输与交换如图 13 - 25 所示。

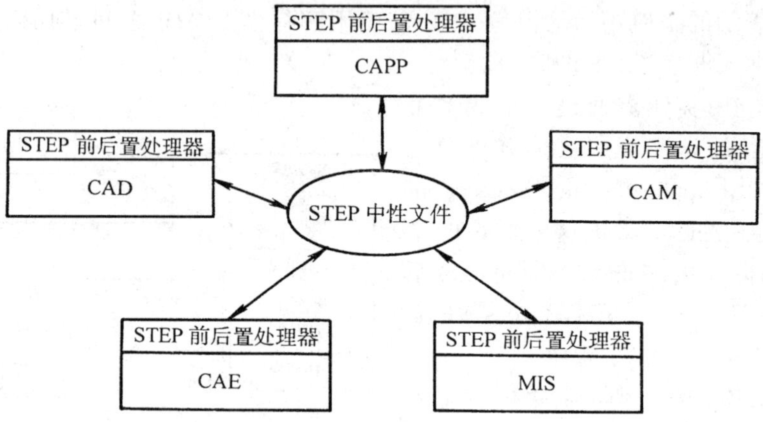

图 13 - 25　利用 STEP 中性文件实现产品数据交换

(1) 中性文件的结构

STEP 中性文件是一种无二义性的、上下文无关的、自由格式的顺序文件，交换结构文件是以正文编码形式(Clear text encoding)出现，便于软件处理。

整个文件以"ISO - 10303 - 21;"开始，以"END - ISO - 10303 - 21;"结束。文件由两段组成：标题段(Header section)和数据段(Data section)。每个段包含一个或多个实体(Entity)。实体是逻辑上相关数据的集合，它由一系列属性描述组成，而属性则是关于一个实体的事实，它可以是一个简单的基本数据，也可能是一个复杂的结构数据。

① 标题段

该部分描述 STEP 文件的名称、作者、日期等信息，这一段内容在每一交换结构文件中都有。这段以标记"HEADER"开始，以"ENDSEC"标记结束。

在标题段中，由于头部段的实体不被其他实体引用，所以头部段中不必书写实体实例的名称。标准规定包括以下三个必须按顺序书写的实体实例：文件描述(file_description)、文件名称(file_name)和文件模式(file_schema)，另外，标题段还允许用户自定义的实体实例出现。

- 文件描述，file_description，指定用来建立交换结构文件的版本以及它的内容。
- 文件名称，file_name，为交换结构提供人们可读的信息。
- 文件模式，file_schema，它是用 EXPRESS 表示模式，此模式将指定在数据段中各元素实例。

② 数据段

数据段以"DATA;"开始，以"ENDSEC;"结束。数据段中包含了产品所有数据，数据段中的数据实际上是 EXPRESS 定义的一些实体的实例。在中性文件中，这些实例的类型，也就是实体名，是以关键字的形式出现的，这些关键字必须与概念模式中的实体名保持一致。在中性文件中，数据段的实例集合便表达了应用协议规定的产品数据。

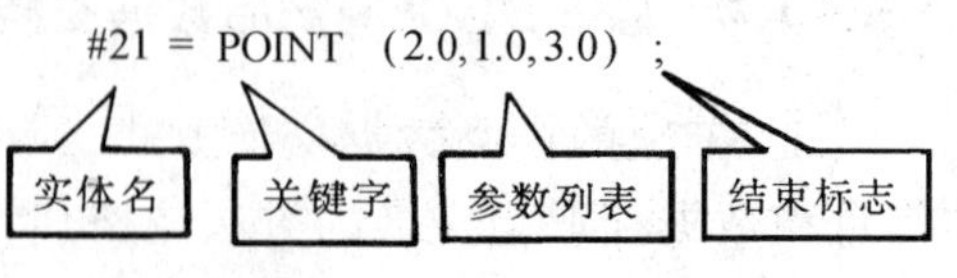

图 13 - 26　STEP 文件中的实体表示

图 13 - 26 即为 STEP 文件中的一个点实体表

示。

• STEP 中性文件的数据类型　包括简单数据类型、结构数据类型。简单数据类型有六种:整数、实数、字符串、实体名、二进制、枚举类型,结构数据类型只有链表一种。

• STEP 中性文件实体　是逻辑上相关的数据集合,中性文件实体分为标准实体和用户自定义实体。标准实体为 STEP 集成资源中定义的实体,可以由 EXPRESS 定义的概念模式映射得到,用户定义的实体是用户根据需要自己定义的实体,映射到在 STEP 文件中时,关键字需要以"!"开头。

• 实体的实例名　简称实体名。实体名由"#"后面跟一个 1~9 位的无符号数组成。该无符号数表示了该实例在 STEP 文件中的标识。同一个 STEP 中性文件,实体名代表着唯一的一个实例。实体名的顺序与文件的相对记录位置无关,在文件中不一定按顺序排列。

• 关键字　可以看作实例的名称,它代表实体实例所属实体的类型,STEP 文件中关键字相同的实例对应了 EXPRESS 概念模式中的同一个实体。

• 域　在数据段中还可定义域,SCOPE 结构定义由"&SCOPE"开始,以"ENDSCOPE"标记结束。域结构的简单记录由等号"="和关键词组成。

下面是通过域表示三角形实体的实例:

```
#1 = &SCOPE
#2 = POINT(0.0,0.0,0.0);
#3 = POINT(0.0,1.0,0.0);
#4 = POINT(3.0,0.0,0.0);
#5 = LINE(#2,#3);
#6 = LINE(#3,#4);
#7 = LINE(#4,#2);
  ENDSCOPE
  TRIANG(#5,#6,#7);
```

上述三角形 TRIANG 类型的实例 #1 由三个 LINE 元素(#5,#6,#7)定义。在域(SCOPE)中定义的元素,一般只能在域内被引用。

如果在域外需要引用域内定义的元素,则可采用带输出表的域结构来定义实例:

```
   #1 = &SCOPE
#12 = PART('PART 74A',$,$,$);
#13 = PART('PART 68B',$,$,$);
#14 = PART('PART 12C',$,$,$);
      ……
      ……
      ENDSCOPE/#13,#14/
      ASEMBLY((#12,#13),$,$,$);
```

域 ASMBLY 的定义带输出表/#13,#14/,说明元素 #13 和 #14 可以被域定义外的其他元素引用。表中美元符号 $ 是选择符,表示在此实例中它们的值可暂不提供。

在数据段中除域结构外,用户自己也可定义其他元素实例。

更详细的内容,例如,EXPRESS 语言中各种数据类型映射到 STEP 文件中的规则、实体映射规则、超类、抽象超类的映射规则、内部映射和外部映射等,请参考 ISO 10303 Part 21。

(2) 从 EXPRESS 描述到 STEP 中性文件的映射

EXPRESS 描述的产品数据模型是概念模式，与具体的实现方式无关。STEP 应用系统的产品模型采用形式化语言 EXPRESS 描述，而 STEP 中性文件实现方式采用的数据模型将覆盖产品生命周期各环节所需的产品信息。因此根据一定规则就可实现从 EXPRESS 描述到 STEP 中性文件的映射。图 13－27 为两个几何圆与它们的 EXPRESS 描述向 STEP 中性文件的映射的实例。

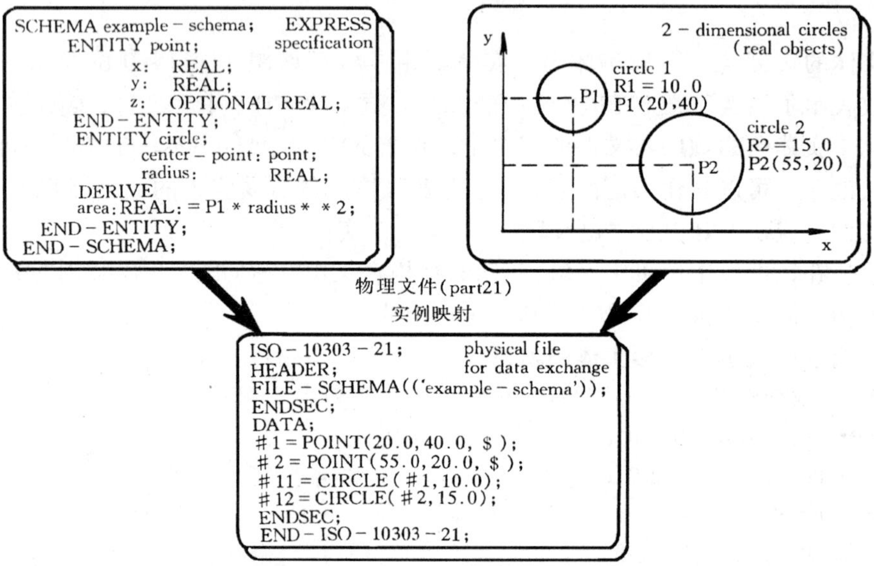

图 13－27　EXPRESS 描述向 STEP 中性文件映射实例

(3) 从 EXPRESS 描述到 C++ 的映射

C++ 语言是面向对象的程序设计语言，形式化描述语言 EXPRESS 不能用来编程。因此，可用 C++ 语言来实现模型，直接存取产品模型数据，与数据库进行信息交换。用 C++ 实现模型表明在 C++ 中可直接实现 STEP 中的实体。通过在 EXPRESS 和 C++ 之间定义明确的映射关系，把 EXPRESS 中的实体转换成 C++ 的类。这些类都是 Application Instance 的子类，Application Instance 是一个抽象的超类，它标志 STEP 的数据对象。C++ 类尽可能地保持 EXPRESS 的父/子类型关系，如果一个实体没有父类，那么它对应的 C++ 类是 Application Instance 的直接子类。EXPRESS 复杂的 AND/OR 实体类型用一个 C++ 类来处理，该 C++ 类的名字用'_AND_'把复杂实体中每一个实体的名字按字典顺序连接起来。EXPRESS 描述中的 LIST、ARRAY、BAG、SET 等被对应为 SdaiList、SdaiArray、SdaiBag、Sdaiset 等。每一个 EXPRESS SELECT 定义都被映射为 Sdaiselect 的子类，对于 SELECT 中的每一个类型，都有对应的读取、修改、查询函数。因此，把 EXPRESS 中的实体转换成 C++ 中的对象是完全可能的。

2. 基于标准数据存取接口(SDAI)的数据交换

一般情况下，应用程序对产品数据的存取方式是根据存取技术而定的。不同的数据存取技术有着不同的数据存取接口，例如，有的应用程序以文件方式来存取数据，有的则通过访问数据库来存取数据。基于文件存取的应用程序是不能访问数据库中的数据的，基于某个数据库管理系统的应用程序也不能访问其他数据库管理系统所管理的数据。鉴于此，STEP 标准定义了一套标准的数据存取接口 SDAI(Standard Data Access Interface)，以支持对用 EXPRESS 语言建模的数据的存取。这套数据存取接口独立于具体编程语言，对于 STEP 标准指定的四种数据交换方式都适用。

根据接口功能,SDAI操作可分为以下几类:

- 环境操作(Environment Operation) 用来初始化 SDAI,开始一个对话服务并创建相应的环境支持实例。
- 会话操作(Session Operation) 用来控制和调度在对话期间使用的 SDAI 模型。
- 存储操作(Repository Operation) 用来控制和调度在存储中的模型数据,包括指定和改变存取方式。
- 模型操作(Mode1 Operation) 用来创建实体实例,验证实例或实体间引用的合法性,规定或改变对模型的存取方式。
- 类型操作(Type Operation) 用来对实体间的超类、子类关系进行访问。
- 实体实例操作(Entity instance Operation) 可对 SDAI 定义的实体和应用模式定义的实体进行导航式访问。

应用实例操作(Application Instance Operation):允许对应用模式中的实体实例进行访问、修改、删除和验证实例的合法性。

正是因为有了这些丰富的操作支持,应用编程人员才可以不必关心数据的具体存储与维护,而将主要精力花在处理应用与数据的关系上面。此外,标准数据存取接口还为应用程序员在基于 STEP 标准的软件开发工作中提供了一个一致的数据存取环境。如果他们所操作的产品数据的 EXPRESS 描述(产品数据模型)是一致的,那么他们所开发的应用程序就可以实现信息集成。

用具体编程语言(如 C 语言、FORTRAN 语言等)对应 SDAI 各个接口所定义的功能编制相应的接口函数称为语言联编(Language Binding)。编程人员可以像使用其所用编程语言环境提供的库函数一样在程序中调用 SDAI 函数。目前已有商品化的 C 语言与 C++ 的 SDAI 联编,它们可以很好地支持 STEP 中性文件的生成与读取。

利用 SDAI C 联编实现 STEP 中性文件交换的基本思想如图 13-28 所示。应用系统 1 为产品数据输出方,应用系统 2 为输入方。系统 1 生成 STEP 中性文件的过程就是将系统内部的产品数据按 EXPRESS 语言描述的产品模型中的实体定义映射为一系列实体实例。其中,系统 1 的应用接口从系统内部读取产品数据,SDAI C 中用于创建实体实例的函数完成实体的具体映射。编程人员只需将所要映射的 EXPRESS 实体的名称及相应的产品数据赋给该函数,该函数根据所接收的实体名,检索 SDAI 数据字典,根据字典中相应的实体定义,生成相应的实体实例,如此多次调用,直至将全部产品数据都映射成相关的实体实例,即完成了 STEP 中性文件的生成。所谓 SDAI 数据字典,是指编译后的产品信息模型,EXPRESS 语言描述的产品信息模型是 ASCII 码文件,数据字典则是二进制文件。STEP 文件处理器运行时将数据字典加载到内存,因其是二进制形式,故可以节省内存开销,同时也便于 SDAI 函数访问。

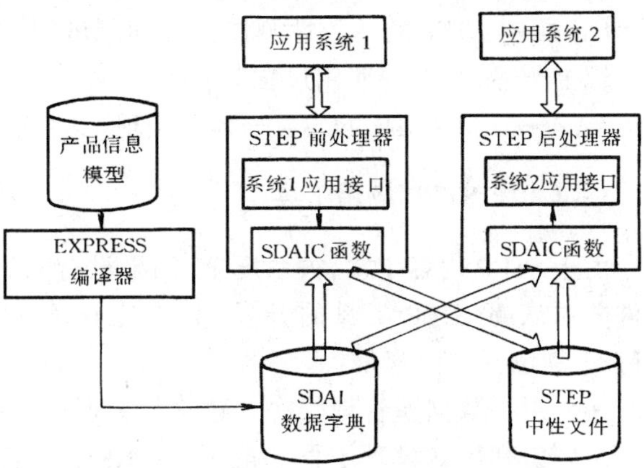

图 13-28 基于 SDAI 的 STEP 中性文件交换

应用系统 2 从 STEP 中性文件中读取数据的过程则是系统 1 输出产品数据的逆过程。由于 STEP 后处理器进行数据提取时采用了与系统 1 相同的产品信息模型,故可保证数据的一致性与完整性。

3. 数据库交换

调用标准存储软件和标准数据操作语言(如 SQL)来实现读、写、修改数据库中的数据。

4. 知识库交换

知识库实现方法是通过知识及规则推理机制,实现与知识库管理系统(KBMS)的交换。

13.4.8 STEP 实施的一致性测试

为保证软件可信度及检验应用程序是否符合设计的要求,STEP 规定了如何进行一致性测试的需求和指导,制定了一致性测试过程、测试方法和测试评估标准。一致性测试一般分为结合应用程序实例的测试和抽象测试两类,其测试过程要用应用协议的形式给出。

13.4.9 STEP 的使用方法

STEP 为开发各种 CAX 系统提供了一种标准化的建模工具和方法论。根据以上的各种介绍,我们将 STEP 的具体使用方法和步骤总结如下:

(1) 应用 $IDEF_0$进行功能分析,建立应用活动模型(AAM),以描述具体 CAX 系统的过程、信息流和功能需求。

一个 AAM 可以看作一个模式,其中的每个活动可以看作一个实体,活动的输入信息可以看作实体的属性,活动的控制信息可以看作对实体属性的各种约束。当前的活动可以看作被分解为各级子活动的父类,各级子活动可以看作当前活动的子类,子类活动继承了父类活动的各种属性和约束。

(2) 应用 EXPRESS - G(或 $IDEF_{1x}$)数据分析和设计方法,建立应用参考模型 ARM,以描述具体的 CAX 系统的信息要求、约束、功能及对象。

EXPRESS - G 是 EXPRESS 语言的一个子集,提供了数据模型的图形表示法。它是对 AAM 的每一个活动进行抽象,抽取出每个活动描述的对象及描述这一对象的相关属性。

(3) 根据应用活动模型 AAM 和应用参考模型 ARM,从集成资源中抽出所需资源构件,增加约束、关系和属性,建立用 EXPRESS 语言描述的应用解释模型 AIM,形成具体 CAX 系统的概念模式。

(4) 通过 EXPRESS 语言编译器将 AIM 映射为程序语言(如 C ++)的描述形式。

(5) 根据 STEP 的实现方法,用程序语言编制程序,实现具体应用的 CAX 系统。

(6) 根据 STEP 的一致性测试方法和测试集,对所实现的 CAX 系统进行测试。

综上所述,通常的使用过程为:

AAM→ARM→AIM→C ++ →程序实现→测试。

13.4.10 STEP 应用工具

由于 STEP 内容丰富,关系复杂,如果没有软件工具的支持很难应用。当前世界上有不少软件公司从事 STEP 工具的开发,其中比较著名的有美国的 STEP Tools 和德国的 ProSTEP。STEP 工具包括的内容是:

- 中心数据库管理程序　建立和管理一个中心数据库用于数据交换;
- EXPRESS 处理工程　把用 EXPRESS 语言描述的数据模式变为中心数据库的数据字典或 C ++ 程序;

- EXPRESS-G 与 EXPRESS 转换器；
- STEP 文件扫描器　把 STEP 中性文件转换为中心数据库中的模型；
- STEP 文件生成器　把中心数据库中的模型转换为 STEP 中性文件；
- STEP 文件合法性检查器；
- 中心数据库与其他数据库接口；
- 标准数据存取接日(SDAI)　用来编制应用系统的前后置程序；
- STEP 中性文件可视化工具　用来直接显示 STEP 中性文件所表达的图形。

13.5　集成化产品数据建模

13.5.1　集成化产品数据模型的基本内容

现有 CAD 系统采用的零件造型方法经多年发展已趋成熟，应用最普遍的是三维实体造型法，它使用 CSG 和 B-rep 来描述零件的几何模型。这种造型方法只解决了零件名义几何的描述，而且描述用的数据结构是针对整个零件的，用来显示零件的三维图形是胜任的。然而，对于 CAPP 和 CAM 来说，这种描述方法及其信息是不便使用和远远不够的，还缺乏工艺过程设计必需的大量信息，诸如材料特性、公差信息等。工艺过程设计除要根据零件的几何形状特点外，还必须考虑尺寸公差的大小、表面质量要求，以及其他热处理要求等来安排加工方法及顺序，选用机床、刀具等。但是，从目前的造型方法得到的数据结构只是一些面、环、边和点的数据表，它们只是名义几何最低层次的信息，并不能提供组成此零件几何形状特点的较高层次的语义信息。图 13－29 所示零件上有一内孔和凹槽。设计人员在设计此零件时很明确，两者显然不能用单一的刀具和加工方法加工出来，但是目前的实体造型方法把这种高层语义信息丢掉了，内孔和凹槽以相同的数据结构来描述，难以在后继的 CAPP、CAM 系统中利用。

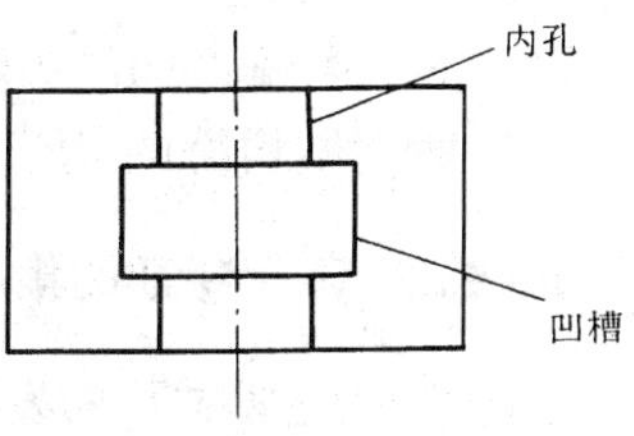

图 13－29　一个零件的两个形状特征

长期以来，产品生命周期内不同阶段的工作是由不同部门、不同工作人员完成的，因此建立了很多产品局部应用模型，如功能模型、装配模型、几何模型、公差模型、加工工艺模型等，这些模型缺乏统一的表达形式，所以很难实现信息集成、过程集成或功能集成。为了实现 CAD/CAM 各模块之间数据资源共享，必须满足两个条件：一是要有统一的产品数据模型定义体系，二是要有统一的产品数据交换标准，这是实现 CAD/CAM 集成及 CIMS 的关键。

产品数据指的是为全面定义一个零部件或构件所需要的几何、拓扑、公差、性能和属性等数据。它包括：

(1) 产品几何描述、如线框表示、几何表示、实体表示，以及拓扑、成形及展开等；

(2) 产品特征，如长、宽等体特征，孔槽等面特征，旋转体等车削件特征等；

(3) 尺寸公差、形位公差及其关联；

(4) 表面处理，如表面淬火；

(5) 材料，如材料牌号与规格、毛坯状态；

(6) 说明，如技术要求说明；

(7) 产品控制信息；

(8) 其他，如加工、装配工艺等。

集成产品数据模型可定义为与产品有关的所有信息构成的逻辑单元，它不仅包括产品的生命周期内有关的全部信息，而且在结构上还能清楚地表达这些信息的关联。因此研究集成产品数据模型，就是研究产品在其生命周期内各个阶段所需信息的内容以及不同阶段之间这些信息的相互约束关系。

图 13－30 为一个面向生产过程和 CAD/CAM 集成的产品数据模型所包含的内容，这是一个由很多局部模型组成的关联模型，它可以满足各生产环节对信息的不同需求。但为将这些局部模型有机集成，对数据的描述和表达应满足如下几点要求：

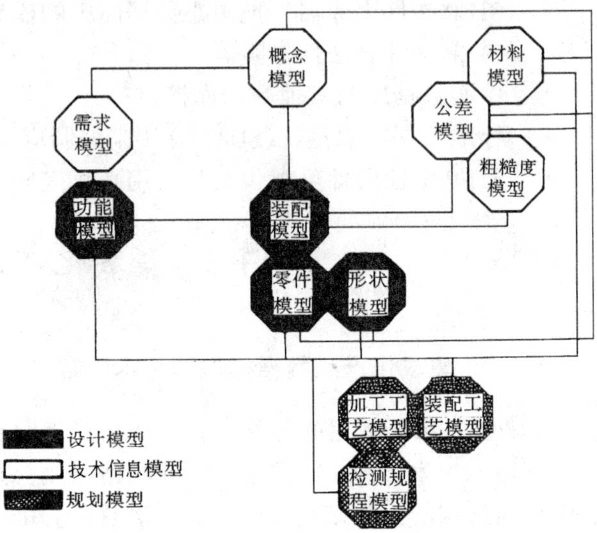

图 13－30　集成产品数据模型

(1) 数据表达完整，无冗余，无二义性；

(2) 建立数据之间的关联结构，当一部分数据修改时，与之相关部分数据也能相应变动；

(3) 数据结构简单，便于查询、修改和扩充。

13.5.2　基于特征的集成化产品数据模型

随着特征建模技术的发展，基于特征的集成产品数据模型结构由于具有容易表达、处理，能够反映设计师意图及描述信息完备等特点而引起广泛重视。基于特征的集成产品数据模型是一种为设计、分析、加工各环节都能自动理解的全局性模型。另外，它还可以与参数化设计、尺寸驱动等设计思想相结合，为设计者提供一个全新的设计环境。

在基于特征的集成产品数据模型中，特征信息的描述至关重要。除特征自身信息和特征之间相互关系之外，还必须将各环节中都要使用的公共信息表达清楚。图 13－31 为一种基于特征的集成产品数据模型层次结构实例。图中描述的关系既有树状关系，也有网状关系。经过分析，基于特征的集成产品数据模型所包含的有关零件信息，主要可以分成四类：

(1) 零件总体信息。这类信息彼此之间没有直接联系，主要是文字性描述零件总体特征，如零件名称、零件号、设计者、零件材料、热处理、最大尺寸、质量和生产纲领等。

(2) 基体信息。基体是造型开始的初始形体，也是一般工程人员理解的毛坯或半成品。它可以是预先定义的参数化实体，或者根据现场需要直接由图形支撑软件生成。对基体信息的描述主要包括基体表面之间的信息及基体与特征之间关系信息。为了与实际加工中按面进行加工的方式相适应，把基体划分为若干方位面并按方位面组织特征，可方便工艺过程制定及夹紧方案的制定。

(3) 零件特征信息。主要记录特征的分类号、所属方位面号、控制点坐标和方向、尺寸、公差、热处理、特征所在面号、定位面及定位尺寸、切入面与切出面、特征组成面、粗糙度、形位公差等。

(4) 零件几何、拓扑信息。这部分信息可直接由采用的实体建模软件的图形文件或数据

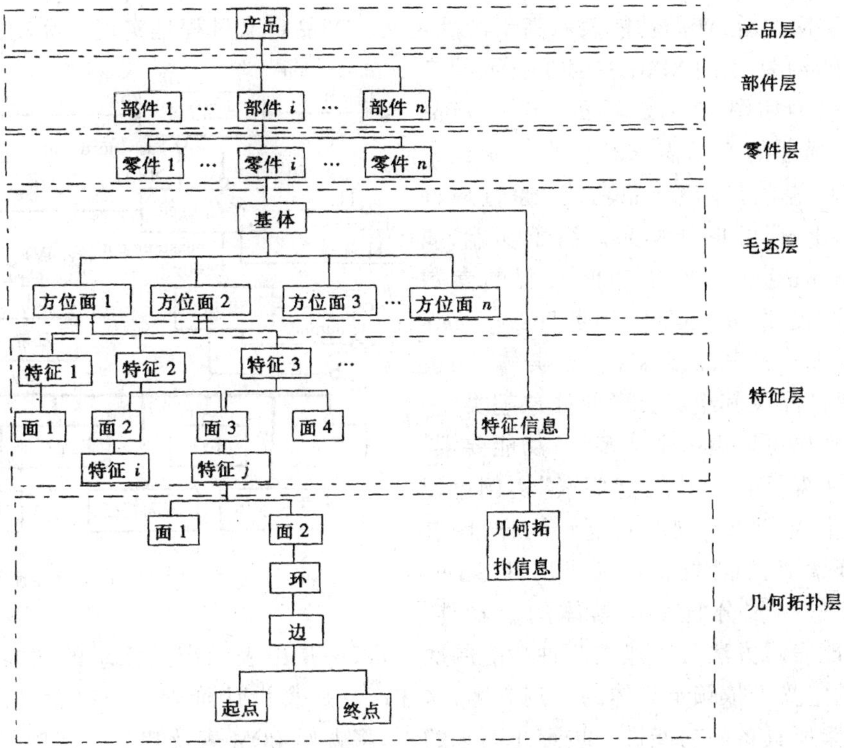

图 13－31　一种基于特征的集成产品模型逻辑层次结构

库读出，包括面、环、边、点的数据。

在基于特征的集成产品模型数据结构中，面的作用十分重要。它是建立特征之间关系、尺寸关系、形位公差之间关系的基准，同时也是设计、生产中经常使用的基准和依据，如基准面、工作面、连接面等。所以在产品数据模型中，应突出面的核心地位，提供显式的面的标号、检索、属性等功能和数据。

13.5.3　面向 CAD/CAPP 集成的 STEP 零件信息模型

如前面的章节所述，STEP 技术提供一种不依赖于具体系统的中性机制，它规定了产品设计、开发、制造，甚至于产品全部生命周期中所包含的诸如产品形状、解析模型、材料、加工方法、装配顺序、检验测试等必要的信息定义和数据交换的外部描述，因而 STEP 是建立基于集成的产品信息模型的有效工具和方法，使用 STEP 标准产品数据的前提是先建立一个用 EXPRESS表示的产品信息模型。

东南大学的研究人员在 SECAPP 的研究中提出了一种支持 CAD/CAPP 集成的产品数据模型，该 CAPP 系统需要的产品数据主要有：(1) 零部件的装配要求与技术要求；(2) 零部件的从属关系；(3) 传动轴之间的关系（如从动轴、主动轴）；(4) 轴与轴上典型装配副及零件间的联系（如轴－带轮、轴－齿轮等）；(5) 装配副定位方式、装配基准；(6) 配合公差；(7) 几何信息（如轴的主要轴段的直径、表面特征、位置、轴上各零件的最大直径等）。

通过分析以上信息需求，采用功能表示和产品定义两部分建立产品模型。这样上面的(1)、(5)可转化为功能表示，其余可在产品定义中描述。

1. 产品功能表示

从层次上看，产品功能表示高于产品定义。产品定义过程是实现产品功能的过程，因而要受到它的约束。用 EXPRESS - G 表示的产品功能模型如图 13 - 32 所示，实体“产品需求”中描述的产品需求转化为一个或一组产品功能。实体“产品功能”通过属性“has_need_of”可再分解为一组子功能，属性“measurement”是度量功能实现的参数（如实体“度量”的一个实例是{name, number, unit} = {功率, 2.5, kW}）。实体“功能要素”是产品及其组成要素的抽象超类，一个功能实例可以由一个或多个“功能要素”实例来实现，而一个“功能要素”实例可以体现一个或多个不同的功能。同样，附在“功能要素”上的功能也可通过属性“specified_by”进一步分解为更具体的子功能。这种功能表示方法可以建立两种功能层次结构，一是由表示产品需求的功能逐步分解而产生的，它的定义不依赖于具体的实现方案，这在产品概念设计阶段十分有意义；二是由产品及其组成要素所具备的功能进一步细化而来的，它将方便 BOM 表及装配工艺规划等应用系统获取产品信息。

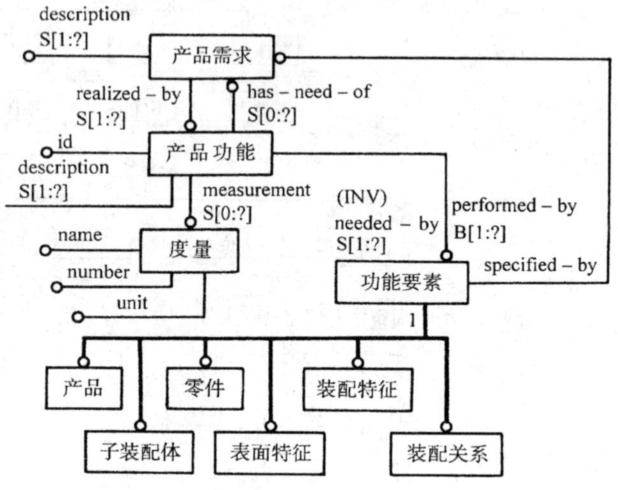

图 13 - 32 产品功能模型

2. 产品定义

产品定义是一个建立在产品层次上的装配模型。它定义了产品及其组成要素构成的层次关系、产品中相关联的两个零部件间的位置关系以及产品零部件间的装配关系（如联接关系、相对运动关系等）。

(1) 产品层次关系

产品结构可以划分为：产品、子装配体、零件、三维实体、表面特征等五个层次。如图 13 - 33 所示，“产品”和“子装配体”由若干“零部件”组成，通过属性虚链（vlink）将其组成零部件连接在一起，并定义这些零部件间的位置关系。“子装配体”和“零件”的属性“above”表示它们所属的“装配体”。零件的几何形状由“三维实体”通过布尔运算，以 CSG 方法生成。

零件的属性“code”是表示零件的成组编码，它将方便制造和装配过程中零件的识别。“三维实体”进一步分解为一组“表面特征”。作为产品定义的最小单位，“表面特征”不仅可以用于建立零件间的几何位置关系，而且也可描述产品制造信息（如表面光洁度、热处理要求等）。另外，“产品”、“子装配体”、“零件”、“表面特征”都将从它们的超类“功能要素”继承属性“specified_by”实现与“产品功能”实体的连接。

(2) 位置关系

位置关系是定义产品中相关零部件间的精确几何位置关系的，如图 13 - 34 所示。装配体与其下层的组成零部件之间的连接关系通过一组虚链实例建立。实体“虚链”用一组“相配特征”来表示两个相关零部件间的位置关系。

“相配特征”直接建立在两个不同连接的“表面特征”之间（其中一个表面特征为基准，另一个与之相配）。“相配类型”定义为四类：表示表面特征相互接触的“相对关系”和“配合关系”；

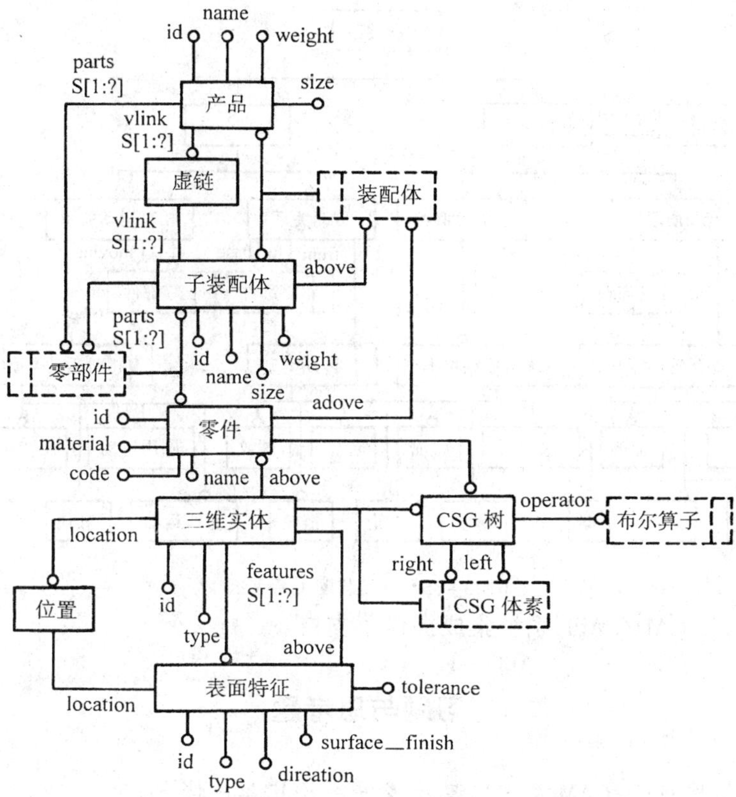

图 13－33　产品层次结构表示

表示表面特征不接触的“对齐关系”和“尺寸关系”。“相配特征”将从其父类“功能要素”中继承属性“specified_by”建立与产品功能的联系。

(3) 装配关系

位置关系是描述零部件间的几何关系，而装配关系则是表示零部件间的非几何关系，如图 13－35 所示。“装配关系”被定义为“联接关系”和“运动关系”的超类，“联接关系”划分为“有介质联接”和“无介质联接”，“有介质联接”又细分为螺钉、螺栓、键、销钉、弹簧、联轴节、轴承等联接，而“无介质联接”也细分为螺纹、过盈、锥面等联接。同样，“运动关系”也分为“传动”与“相对运动”，并细化为更具体的传动或运动关系。

可以看出，这种结构可以表示不同抽象层次的装配关系，并且独立于具体零件间的几何位置关系，因而不仅有力地支持产品概念设计过程，并且也支持并行工程中不同抽象层次的产品设计。同样，“装配关系”也是“功能要素”的子类，可以用继承属性“specified_by”与“产品功能”建立联系。

上述产品数据模型中，共定义了 41 个实体、9 个选择(Select)数据类型，为完整的产品信息描述

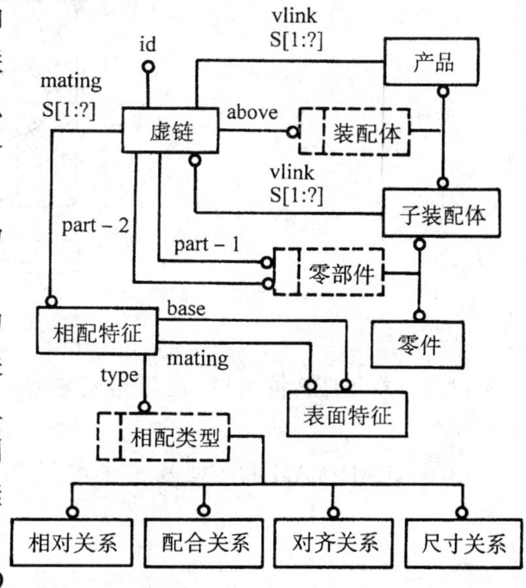

图 13－34　产品安装位置关系表示

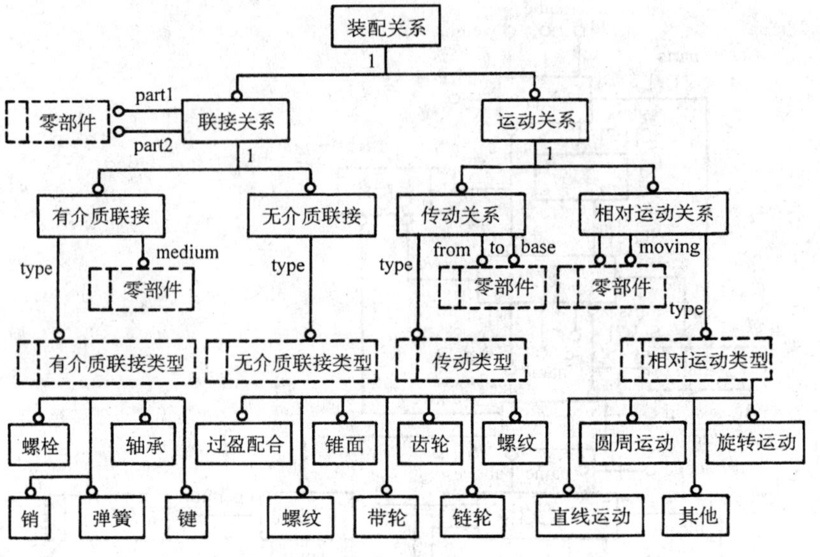

图 13-35　产品装配关系表示

建立了基本框架,为 CAD/CAPP 系统集成提供了支持。

习题与思考题

13.1　简述几种 CAD/CAM 系统信息集成方法及其各自特点。

13.2　分析基于特征的产品数据模型在 CAD/CAM 集成中的作用。

13.3　简述 STEP 技术在 CAD/CAM 集成中的作用。

13.4　在 MDT5.0、SolidWorks2000 分别绘制如图 13-36 所示零件,并用有关命令分别产生相应的 IGES 文件,阅读并分析比较二个 IGES 文件的异同。

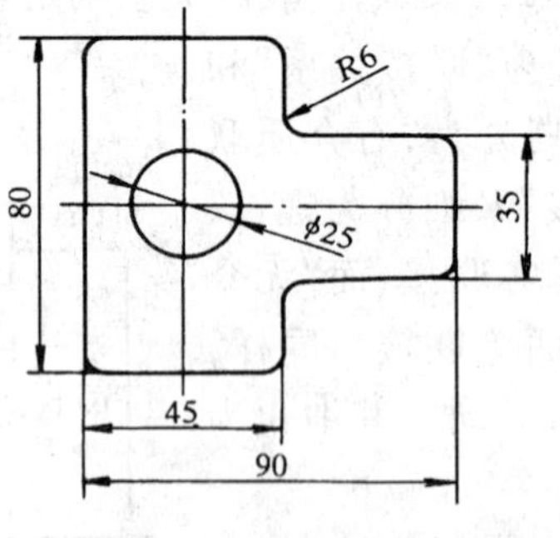

图 13-36　习题 13.4 用图

13.5　在 STEP 技术中,应用活动模型 AAM、应用参考模型 ARM 和应用解释模型 AIM 各有何作用?

13.6　CAD/CAM 系统集成的主要问题是什么?你认为应如何解决这些问题?

第 14 章　CAD/CAM 技术发展

自 20 世纪 70 年代以来，世界市场由过去传统的相对稳定逐步演变成动态多变的特征，由过去的局部竞争演变成全球范围内的竞争；同行业之间、跨行业之间的相互渗透、相互竞争日益激烈。为了适应变化迅速的市场需求，为了提高竞争力，现代的制造企业必须解决 TQCS 难题，即以最快的上市速度(T—Time to Market)，最好的质量(Q—Quality)，最低的成本(C—Cost)，最优的服务(S—Service)来满足不同顾客的需求。

与此同时，信息技术取得了迅速发展，特别是计算机技术、计算机网络技术、信息处理技术等取得了人们意想不到的进步。20 多年来的实践证明，将信息技术应用于制造业，进行传统制造业的改造，是现代制造业发展的必由之路。20 世纪 80 年代初，先进制造技术以信息集成为核心的计算机集成制造系统(Computer Integrated Manufacturing System，CIMS)开始得到实施；80 年代末，以过程集成为核心的并行工程(Concurrent Engineering，CE)技术和产品数据管理(Product Data Management，PDM)技术进一步提高了制造水平；进入 90 年代，先进制造技术进一步向更高水平发展，出现了虚拟制造(Virtual Manufacturing，VM)、精益生产(Lean Production，LP)、敏捷制造(Agile Manufacturing，AM)、虚拟企业(Virtual Enterprise，VE)、快速成形制造(Rapid Prototype Manufacturing，RPM)和分散网络化制造(DNPS)等新概念。本章着重介绍其中一些与 CAD/CAM 密切相关的新概念及其实现的关键技术。

14.1　并 行 工 程

14.1.1　并行工程的提出与定义

产品开发过程是指从产品需求分析到产品最终定型的全过程，包括产品的设计、测试、制造和装配过程。传统的产品开发方式是一个顺序的开发过程，是一种“抛过墙”式的产品开发方式，如图 14－1 所示。这种方法在设计的早期不能全面地考虑其下游的可制造性、可装配性

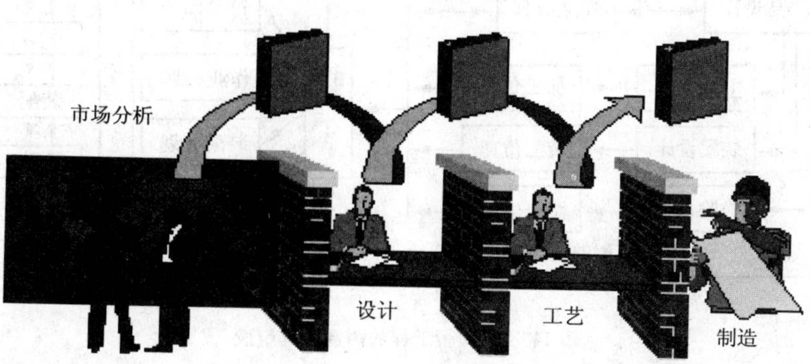

图 14－1　“抛过墙”式的产品开发方式

和质量可靠性等多种因素，致使制造出来的产品质量不能达到最优，造成产品开发周期长，成本高，难以满足激烈的市场竞争的需要。

为解决以上问题，人们认为应进一步强调产品开发早期阶段的工作对产品 TQCS 的影响，因而引入了并行工程的概念。并行工程是针对顺序工程的固有缺点而被人们提出的。并行工程与传统串行产品设计方式的根本区别在于并行工程把产品开发的各个活动看成是一个整体、集成的过程，并从全局优化的角度出发，对集成过程进行管理与控制。并行工程的重要目标就是使产品设计一次性成功，缩短产品开发周期，提高产品质量，降低生产成本，提高产品竞争力。串行产品开发过程与并行产品开发过程在信息流动关系上的区别如图 14－2 所示。

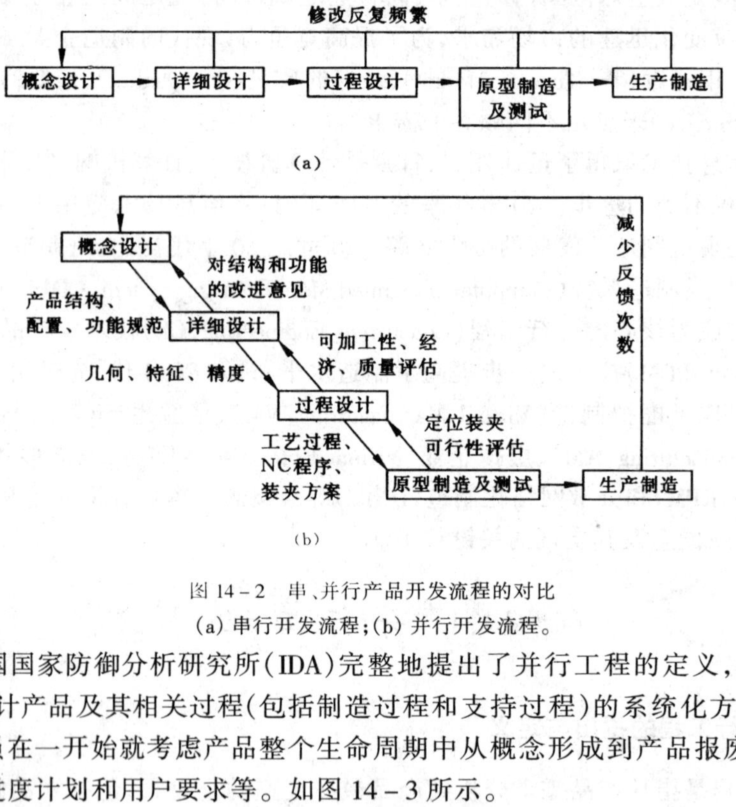

图 14－2　串、并行产品开发流程的对比

(a) 串行开发流程；(b) 并行开发流程。

1988 年美国国家防御分析研究所（IDA）完整地提出了并行工程的定义，即并行工程是集成地、并行地设计产品及其相关过程（包括制造过程和支持过程）的系统化方法。这种方法要求产品开发人员在一开始就考虑产品整个生命周期中从概念形成到产品报废的所有因素，包括质量、成本、进度计划和用户要求等。如图 14－3 所示。

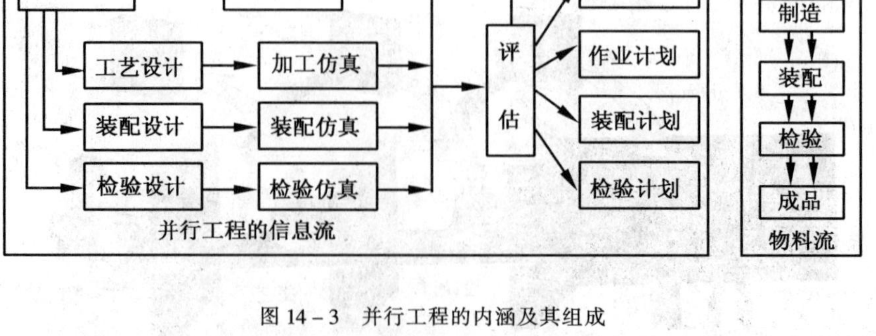

图 14－3　并行工程的内涵及其组成

由此可见，并行工程是一种现代产品开发中新发展的系统化方法，它以信息集成为基础，

通过组织多学科的产品开发小组,利用各种计算机辅助手段,实现产品开发过程的集成。

14.1.2 并行工程的关键技术

并行工程的关键技术包括:

(1) 并行产品开发过程建模、仿真与优化。并行工程与传统生产方式的本质区别在于它把产品开发的各个活动作为一个集成的、并行的产品开发过程,强调下游过程在产品开发早期参与设计过程;对产品开发过程进行管理和控制,不断改善产品开发过程。

(2) 并行工程的集成产品开发团队。产品开发由传统的部门制或专业组变成以产品(型号)为主线的多功能集成产品开发团队(Integrated Product Team,IPT)。IPT 被赋予相应的职责权利,对所开发的产品对象负责。

(3) 并行工程协同工作环境。在并行工程产品开发模式下,产品开发是由分布在异地的采用异种计算机软件工作的多学科小组完成的。多学科小组之间及多学科小组内部各组成人员之间存在着大量相互依赖的关系,并行工程协同工作环境支持 IPT 的异地协同工作。协调系统用于各类设计人员协调和修改设计,传递设计信息,以便作出有效的群体决策,解决各小组间的矛盾。PDM 系统构造的 IPT 产品数据共享平台,在正确的时间将正确的信息以正确的方式传递给正确的人员;基于 Client/Server 结构的计算机系统和广域的网络环境,使异地分布的产品开发队伍能够通过 PDM 和群组协同工作系统进行并行协作产品开发。计算机支持的协同工作(Computer Supported Cooperative Work,CSCW)是并行工程最重要的一种实施方式,也是并行工程发展到今天的一种必然的途径与趋势。

(4) 数字化产品建模与 CAx/DFx 使能工具。基于一定的数据标准,建立产品全生命周期的数字化产品模型,特别是基于 STEP 标准的特征模型,是高效快速实现不同设计软件工具之间的信息交换的基础,也是完成计算机模拟仿真分析的基础。产品设计主模型是产品开发过程中唯一的数据源,用于定义覆盖产品开发各个环节的信息模型,各环节的信息接口采用标准数据交换接口进行信息交换。数字化工具定义是指广义的计算机辅助工具集。最典型的有 CAD、CAE、CAPP、CAM、CAFD(计算机辅助工装系统设计)、DFA(面向装配的设计)、DFM(面向制造的设计)、MPS(加工过程仿真)等。它们被广泛用于并行工程产品开发的各个环节,在 STEP 标准的支持下,实现集成的、并行的产品开发。

(5) 质量功能配置(Quality Function Deployment,QFD)。QFD 是一种把用户需求作为最终质量保证因素映射到产品开发活动中去的系统化方法。它通过对产品开发各过程的基本元素、基本事件、基本活动的分析及它们之间关系的描述,实现对产品模型中涉及用户最终要求的因素进行控制,以保证最大限度地满足用户需求。它利用一些关系矩阵,即质量屋(House of Quality),来描述上面的这些关系,把用户需求转换成一系列可检查、可操作的事件、活动或指标。

14.1.3 并行设计系统

并行工程的核心是产品并行设计。并行设计是指设计工程师在产品设计阶段就综合考虑到工艺规划、制造、装配、测试、维护等其他环节的影响,以证明其设计的正确性与可行性。在产品并行设计过程中,按四个阶段进行设计和评价,如图 14-4 所示。

(1) 产品概念设计。对产品设计要求进行分组描述和表述,如设计实体的模式,以及性质、属性等之间的关系描述,并对方案优选、产品批量、类型、可制造性和可装配性进行评价,选出最佳方案,指导产品概念设计。

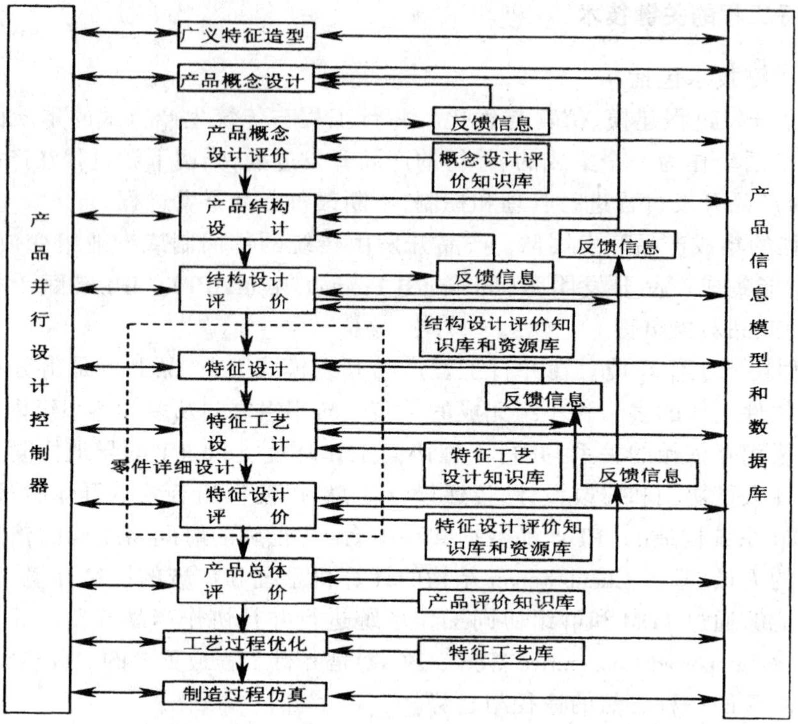

图 14-4 计算机辅助产品并行设计系统

(2) 结构设计及其评价。将产品概念设计获得的最佳方案结构化,确定产品的总体结构形式以及零件部件的主要形状、数量和相互间的位置关系;选择材料,确定产品的主要结构尺寸,以获得产品的多种结构方案,并对各种制造约束条件、加工条件、装夹方案、工装设计和零件标准化等各种方案进行评价和决策。选择最佳结构设计方案或提供反馈信息,指导产品的概念设计和结构设计。

(3) 详细设计及其评价。根据结构设计方案对零部件进行详细设计。零件由许多个特征组合而成,进行特征设计的同时进行工艺设计(生成其加工方法、切削参数、刀具选用和装夹方式等),并对其可制造性进行评价,及时反馈修改信息,指导特征设计,实现特征/工艺并行设计。

(4) 产品总体性能评价。该阶段由于产品信息较完善,对产品的功能、性能、可制造性和成本等采用价值工程方法对产品进行总体评价,并提出反馈信息,指导产品的概念设计、总体设计和详细设计。

在完成上述四个阶段的设计和评价后,还必须进行工艺过程优化,在完成产品设计、工艺设计和工装设计的基础上,对零件的实际加工过程进行仿真。

从图 14-4 可知,基于广义特征建立的产品信息模式,为产品并行设计过程中各项活动的信息交换与共享提供了切实的保证。而并行设计控制器是一协调板,它对设计结构进行发布和接收设计的反馈信息,对设计过程中的上下游活动进行协调与控制,实现多学科工程技术人员以及专家系统的协同工作,控制方式有电子邮件、文件传输、远程登录、远程布告牌和系统菜单操作等。并行设计是在各种资源约束下进行反复迭代(设计与修改),获得产品最优解和满意解的过程。

14.1.4 并行工程的实施

自 20 世纪 80 年代以来,并行工程在国际上得到了广泛重视,在许多应用中取得了成功。如波音飞机公司在其波音 777 型飞机的设计中采用了并行工程技术,从 1990 年 10 月开始到 1994 年 6 月结束,波音公司仅用了 3 年零 8 个月的时间就完成了波音 777 飞机的设计开发,而通常开发同样型号的飞机需要 7 ~ 10 年的时间。在波音 777 开发过程中,波音公司对产品的设计开发过程进行了重组,按照功能组建了 200 多个设计/制造团队,并实现了这些集成产品团队(IPT)的协同工作。通过全面采用三维实体建模和 100% 的数字化预装配,将设计更改、错误或返工报废减少了 50%。成功利用并行工程技术开发的产品还有瑞士 ABB 公司的火车运输系统、美国 Chrysler 公司的新型汽车、德国西门子公司自动化部的汽车电子系统、美国洛克希德导弹与空间公司的 Thaad 导弹等。

在 863/CIMS 主题的支持下,我国于 1995 年 7 月开展了 863/CIMS 关键技术攻关项目——并行工程。由清华大学、华中理工大学、北京航空航天大学、上海交通大学、航天总公司二院等 5 个单位联合开展技术攻关,并以航天二院某型号的复杂结构件为背景进行了初步的应用,取得了较好的攻关成果,图 14 – 5 为它的基于网络的研究开发环境。目前,作为并行工程攻关成果的应用推广,国内 9 家企业正在进一步开展实施并行工程的工作。实践证明,并行工程是一种加速企业新产品开发,赢得市场竞争的有效的先进制造模式与技术。

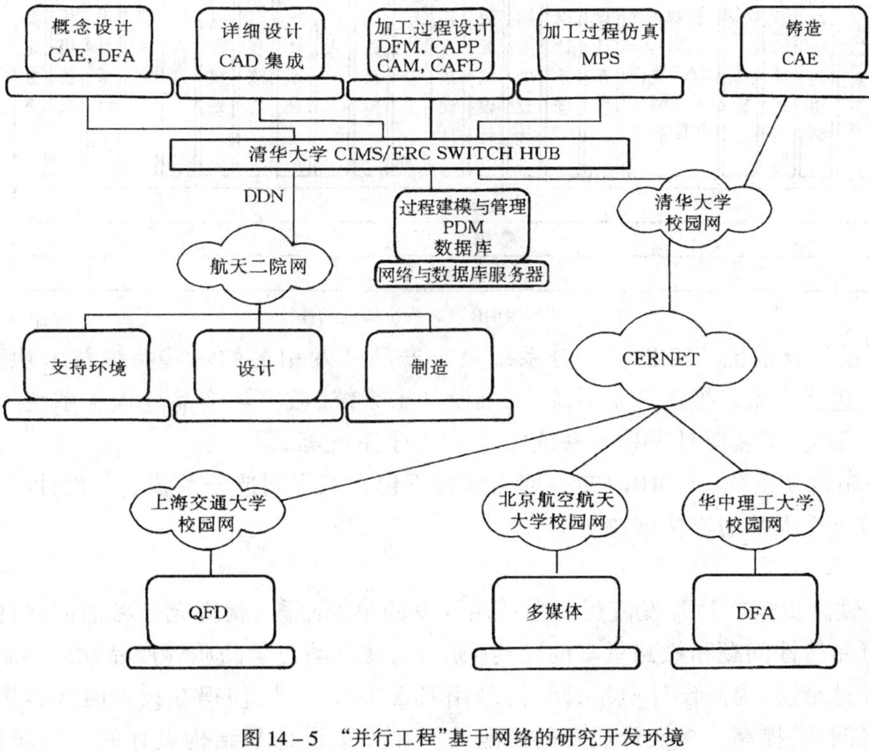

图 14 – 5 “并行工程”基于网络的研究开发环境

下面介绍齐齐哈尔车辆厂铁路货车开发并行工程的实施情况。

1. 背景分析

齐齐哈尔车辆厂隶属原中国铁路机车车辆工业总公司,主型产品为铁路货车和铁路起重机。该厂作为我国铁路货车产品设计制造的最大骨干企业,其产品基本代表我国铁路货车产品的现有水平，因此，在我国铁路运输业的发展中占据着非常重要的地位。随着市场竞争机制的不断完善，对铁路货车性能提出的要求越来越高，用户提出的交货期越来越短，品种也在不断增加，批量越来越小，该厂基本形成了大批量少品种与小批量多品种共存的局面。

2. QQHR-CE系统体系结构

齐齐哈尔铁路货车并行工程（QQHR-CE）应用系统可分解为五个分系统，即网络与数据库分系统、PDM分系统、管理分系统、工程设计分系统以及制造分系统。QQHR-CE系统的体系结构如图14－6所示。

(1) 网络与数据库分系统。网络与数据库是QQHR-CE应用工程的支持平台。该厂的设计处、冷工艺处、热工艺处、工装模具厂、厂办以及档案馆在网络与数据库系统的支持下联网，实现数据共享、分布式处理和信息集成。

(2) PDM分系统。该厂产品开发的各环节在产品数据管理系统（PDM）的支持下，实现产品开发过程和数据的集成。

(3) 过程管理分系统。过程管理分系统包含项目管理、产品开发过程建模与仿真、项目协调与冲突仲裁三个功能子系统。这些子系统覆盖产品开发过程中的管理与项目协调等功能。

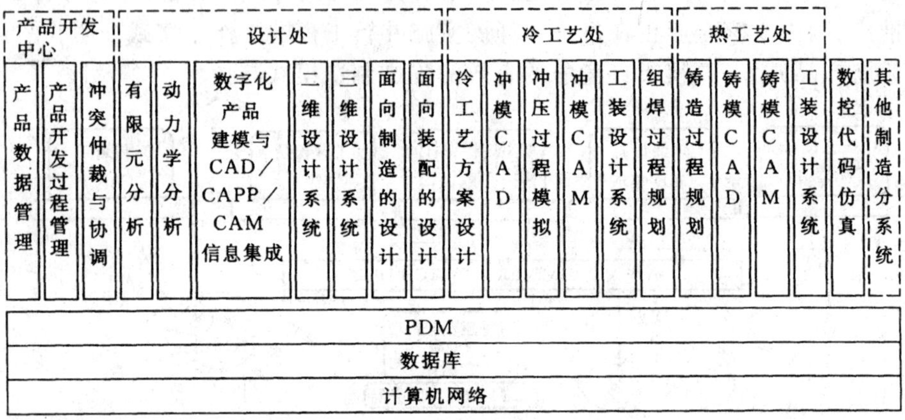

图14－6　QQHR－CE系统体系结构

(4) 工程设计分系统。工程设计分系统由与产品开发相关的一些关键技术功能模块组成。该分系统包括产品二维设计子系统、三维设计子系统、数字化产品建模子系统、计算机辅助工程分析子系统、工装模具设计子系统以及DFA子系统等。

(5) 工程制造分系统。QQHR-CE一期工程暂不包含工程制造分系统。与设计相关的制造问题反馈通过首件跟踪的方法解决。

3. 关键技术

(1) 改进铁路货车产品开发流程。在产品开发的早期阶段，就应充分考虑冲压件、铸钢件等类零件的可制造性问题和铁路货车的结构强度、刚度及动力学品质等产品性能问题，从而能够尽量减少设计错误，提高设计质量；同时，采用CAx/DFx工具，使得在设计时即考虑到加工、装配和工艺等问题，提高一次设计成功的可能性。在方案设计和结构设计的一定阶段向冷热工艺处等下游活动提前进行信息预发布，一方面及时得到信息反馈，以提高工艺性、可加工性等，另一方面，由于工艺部门提前介入，使得下游过程及时体会设计意图，可以在适当的时候进行工艺或生产准备，实现工艺和工装的并行开发，精简设计过程；制造系统与产品开发过程不构成大循环，从而缩短产品开发周期，提高产品质量与水平。

(2) 针对具体的产品开发,组织建立该项目的各级开发团队,开发团队成员必须是多学科、跨各个职能部门的,如厂级开发团队及其团队主管、子系统/子项目级开发团队、面向每一开发过程的开发团队等。

(3) 建立以 PDM 系统为框架的集成工作环境。首先对 PDM 功能进行扩充,扩展零部件定义、零部件属性、文档分类定义等,以保证全局数据的完整性、一致性及对产品数据进行动态管理;增加零件库管理等功能模块以满足车辆厂的功能需求。在 PDM 环境中实现对 CAD/CAE/CAM/CAPP 等应用工具的封装,并进一步对应用工具及其产生的数据进行直接跟踪和管理,实现信息共享。为适应并行化产品设计开发模式,并针对车辆厂更改流程中存在的大量问题,必须实现产品并行开发过程数据流程管理及变更过程管理,特别是完善产品数据动态管理和变更过程的规范化,以保证产品更改流程的及时性、准确性和规范性。

(4) 参照 STEP 应用协议建模方法,在充分考虑 CAE、CAPP、CAM 子系统的特征信息需求的前提下,建立面向铁路车辆的特征信息主模型,实现 CAD/CAPP 信息集成。

4. 实施效益

该厂实施并行工程的经济效益与社会效益是非常显著的。这主要表现在三个方面:①大大缩短产品的开发周期;②减少产品试制次数和试制费用;③提高产品质量水平,增加出口量。

14.2 产品数据管理

随着企业 CAD 技术应用的不断深化和拓宽,有效地管理好产品信息变得日益重要和迫切。产品数据管理(PDM)是在 CAD、CAPP、CAM 和数据库技术的推广应用中而发展起来的企业产品信息集成管理新技术,是企业建立并行产品开发协作环境的技术基础。

14.2.1 PDM 的需求

PDM 是在 20 世纪 90 年代初才开始在国际市场上形成软件产品的一种新技术,它是在 CAD/CAM/ CAE 和 EDM(Electronic Data Management)的基础上逐步发展起来的,主要归因于国际上许多大型企业逐渐接受 PDM 并把它作为支持企业经营过程重组、并行工程和 ISO 9000 认证等的使能技术。1984 年一些行业的领头羊如波音、休斯、奔驰、摩托罗拉等公司纷纷投入巨资实施 PDM,以此作为保持企业竞争力的主要手段。而今, 随着 CAD/CAM 及 CIMS 技术的迅速发展和应用,PDM 变得越来越重要,成为当今最热门的技术之一。PDM 对我国企业尤为重要,而我国企业信息化过程中存在的主要问题是:

(1) 信息共享程度低。企业的计算机辅助工具是一些离散孤立的系统,产品数据存储于不同的计算机系统,由于支持的文件格式和应用环境的差异,无法在设计、工艺和制造部门间有效地进行信息共享和传递。

(2) 信息反馈慢。传统技术文件是纸介质且管理手工化,因此设计部门无法及时收集工艺和制造部门反馈的新信息。

(3) 产品开发方式陈旧。长期以来,产品开发沿用传统的顺序工程方法,导致从设计到制造到设计修改的大循环,劳动量大且开发周期长,难以满足激烈的市场竞争要求。

(4) 设计重用度差。对 CAD、CAM、CAE 数据沿用对纸质文件的管理方法,缺乏迅速有效地检索产品数据文件的手段,造成不必要的重复设计。

PDM 技术正是在这些不同层次需求的驱动下产生的一门新兴的数据管理技术,它把数据库的数据管理能力、网络的通信能力和其自身数据的控制能力结合在一起，通过有效管理和控制所有与产品相关的信息，满足企业对信息管理较高层次的需求，从而能有效地解决上述问题。

14.2.2 PDM的基本概念

PDM技术早期目标是为解决大量工程图纸文档的管理，然后逐渐扩展到产品开发过程的三个领域中：①设计图纸和电子文档的管理；②自动化工程更改单的管理；③物料清单（BOM）的管理。目前对PDM技术尚未有统一的定义，主要致力于PDM技术和相关计算机集成技术的国际咨询公司CIMdata公司给出的PDM定义是："PDM是一门用来管理所有与产品相关信息（包括零件信息、配置、文档、CAD文件、结构、权限信息等）和所有产品相关过程（包括过程定义和管理）的技术"。加特纳集团（Gartner Group）公司把PDM定义为："PDM是为企业设计和生产构筑一个并行产品艺术环境（Concurrent art-to-product environment，由供应、工程设计、制造、采购、销售与市场、客户构成）的关键使能技术。一个成熟的PDM系统能够使所有参与创建、交流、维护设计意图的人在整个产品信息生命周期中自由共享和传递与产品相关的所有异构数据"。从这些论述可以看出，PDM是一门管理所有与产品相关的信息和与产品相关的过程的技术。

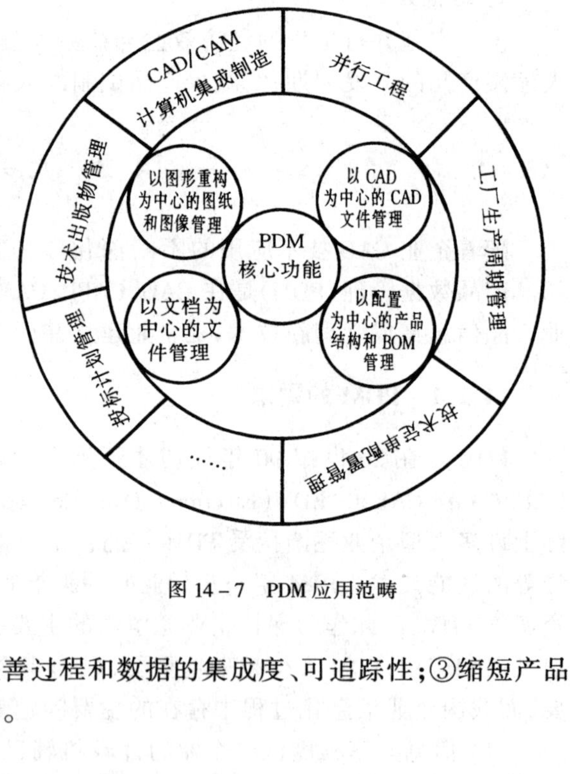

图14-7　PDM应用范畴

产品数据管理系统（PDMS）是集成并管理与产品有关的信息、过程和人与组织的软件，它为不同地点、不同部门的人员营造了一个虚拟的协同工作环境，使其可以在同一数字化的产品模型上一起工作。PDM的应用范围如图14-7所示。企业实施PDM有以下作用：①通过改善企业信息流，提高生产效率；②消除由于无效分布而造成的数据丢失及减少数据冗余；③支持并行工程，缩短产品开发时间；④提高数据的可靠程度，保证产品设计的质量；⑤改善过程和数据的集成度、可追踪性；③缩短产品上市时间，减少生产成本，全面提高企业竞争力。

14.2.3 PDM系统的体系结构

PDM是以计算机网络环境下的分布数据库系统为技术支撑，采用客户/服务器结构和工作方式，为企业实现产品全生命周期的信息管理、协调工作流程和进而建立的并行化产品开发协作环境，PDM系统的四层体系结构见图14-8。

14.2.4 PDM软件系统的功能

PDM软件的主要功能包括电子仓库与文档管理、产品配置管理、工作流程管理、分类与检索以及项目管理等方面（见图14-9）。

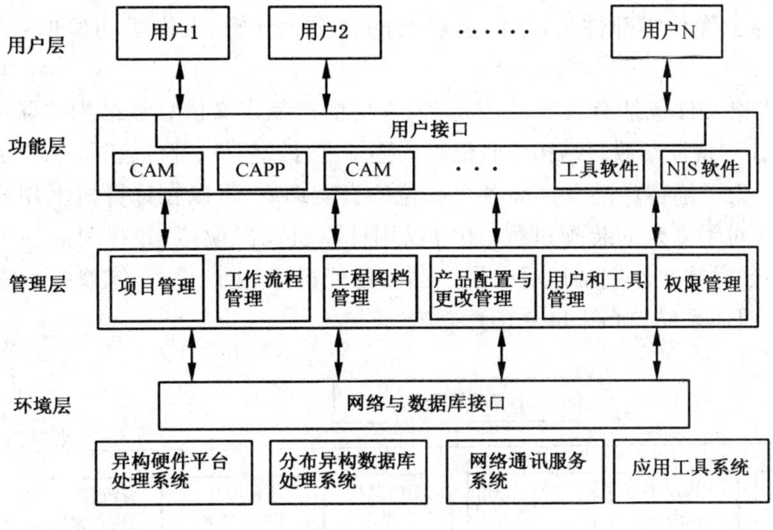

图 14-8　PDM 系统的体系结构

1. 电子仓库(Vault)

电子仓库是 PDM 核心模块,它保存了管理数据的数据(元数据)以及指向描述产品的相关信息的物理数据和文件的指针,它为用户存取数据提供一种安全的控制机制,并允许用户透明地访问全企业的产品信息,而不用考虑用户或数据的物理位置。这一模块的功能包括:①文件的检入(Check in)和检出(Check out);②按属性搜索机制;③动态浏览/导航能力;④分布式文件管理/分布式数据仓库;⑤安全机制(记录锁定、域锁定)。

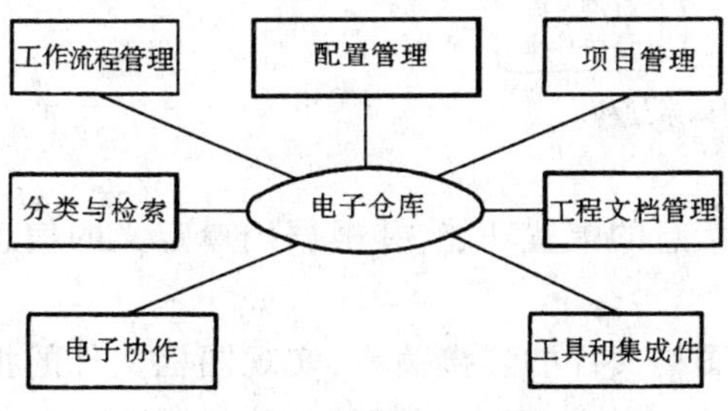

图 14-9　PDM 系统主要功能模块

2. 工程文档管理(Engineering Document Management)

(1) 文档管理对象

PDMS 管理的是产品整个生命周期中所包含的全部数据。这些数据包括:工程设计与分析数据、产品模型数据、产品图形数据、专家知识与推理规则及产品的加工数据等。可分为:①原始档案,包括合同、产品设计任务书、需求分析、可行性论证报告和产品设计说明书等文件。②设计文档,包括工程设计与分析数据。在工程设计数据中,一部分是各种设计过程的规范和标准以及产品的技术参数,另一部分是设计过程中生成的数据,另外,还有产品模型数据、产品图形信息、各类工作报告、验收标准及加工 NC 代码等。③工艺文档,CAPP 系统在工艺设计过程中所使用和产生的数据,分为静态与动态两类。静态工艺数据主要是指工艺设计手册上已经标准化和规范化的工艺数据以及标准工艺规程等;动态工艺数据主要指在工艺规划过程中所产生的相关信息。④生产过程的计划与管理数据。⑤维修服务,如备件清单、维修记录和使用手册等说明文件。⑥专用文件,如电子行业的电气原理图或布线图、印刷电路板图和零件插件图等。

(2) PDM 文档管理模型

PDM 把上述各种文档分成五种类型进行管理。

① 图形文件　由不同 CAD 软件产生的描述几何图形的文件。

② 文本文件　描述产品或部件、零件性能的文件。

③ 数据文件　为了优化零部件的设计，所进行的有限元分析、机构运动模拟、试验测试等产生的数据文件。

④ 表格文件　表格文件包括有关产品或部件、零件的产品定义信息和结构关联信息。产品定义信息包括基本属性和特征参数。结构关联信息描述了零件或组件、部件、产品之间的关联信息。

⑤ 多媒体文件　为了描述产品及产品各个部位的真实形象，可以在计算机上用渲染技术产生出逼真的图像照片，对于复杂的装配过程，还可以用计算机动态模拟，并在附加的技术指导下生成音像文件。这些多媒体文件主动地反映了产品的性能指标、生产过程、维修指南等信息。

(3) 工程图档管理体系结构(图 14－10)

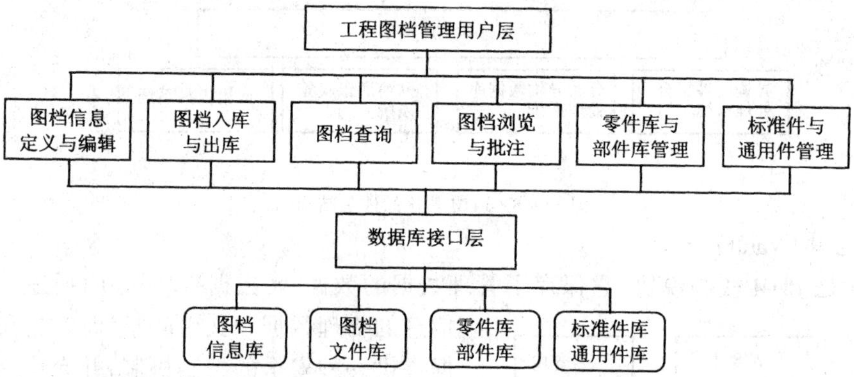

图 14－10　工程图档管理体系结构

(4) 工程图档管理的主要功能

① 图档信息定义与编辑模块。为用户提供图档信息的配置功能，并根据用户定义的信息项完成图档基本信息的录入与编辑。

② 图档入库与出库模块。建立图档基本信息与图档文件的连接关系，实现图档文件的批量入库和交互入库，并可将指定的图档文件从数据库中释放出来，传送给客户进行操作。对于数据库中的图档文件，支持 Check-in/Check-out 功能，保证文件的完整性和一致性。

③ 图档浏览模块。可以浏览和显示多种常见格式的文件，如 DWG、DXF 格式的图形文件，IGES 标准格式的图形文件，BMP、TIF、PCX、TGA、GIF 格式的图像文件，TXT、DOC 格式的文本文件，STEP 文件及语音文档等，并提供缩放(Zoom)和平移(Pan)等功能。

④ 图档批注模块。为用户提供快速、方便的批注功能，支持使用各种用于批注的实体，包括复线、指引文字和云状线等。用户可以通过屏幕工具栏选取批注工具，可以选择批注图层名称、颜色和批注文件名。批注文件可存放在独立的文件中，充分保护原始文件，批注中允许 Undo 操作。

3. 工作流程管理(Workflow or Process Management)

工作流程管理涉及到 Ronni Marshak 的 3R 问题，即路由(Routes)、规则(Rules)和角色(Ro1es)。路由定义了对象以及传送路径，对象包括文档、形式、事件、部件和消息等。规则定义了信息如何路由和路由给谁，即工作流的下一步方向和如何处理异常情况。工作流程管理的功能是实现对工作过程的建模、控制与协调(见

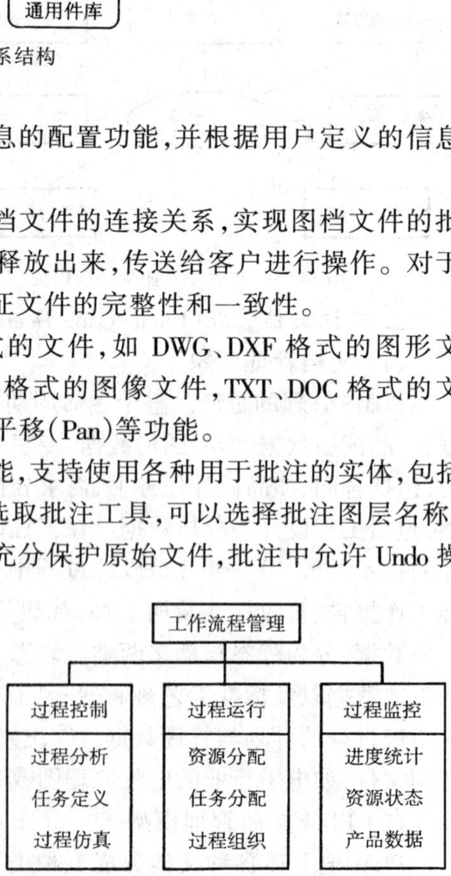

图 14－11　工作流程管理功能模块

图14－11)。①过程控制,在分析过程特点、关键环节、实施条件等基础上,定义一系列过程基本单元(任务),每一任务须定义其输入、输出、资源需求、人员要求和时间要求,根据任务间依赖关系组织过程。对该过程可以进行仿真,不合理时可以修改,过程定义中有一些优化算法。②过程运行,按定义的过程实施数据分发、资源分配和任务下达。③过程监控,通过对资源、产品数据和开发进度的监控,及时反映系统中发生的各种变更,进行过程重组,数据监控判断数据流向的正确性,已产生数据和期望数据对比以及是否调整计划。工作流管理执行过程如图 14－12 所示。

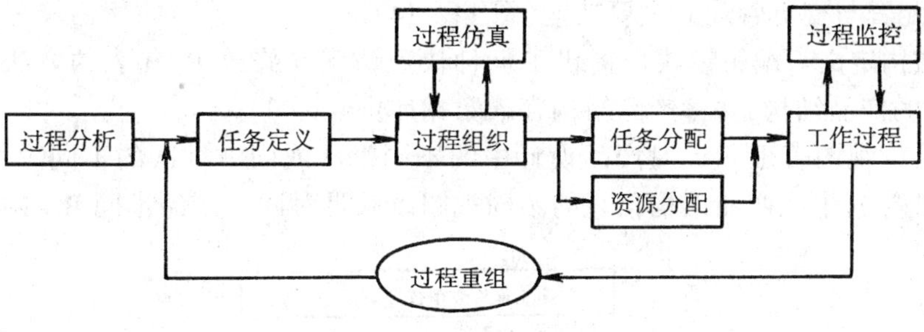

图 14－12　工作流程运行过程

4. *分类和检索*(Classification and Retrieval)

PDMS 需要管理大量的数据,为了较好地建立、使用与维护这些数据,PDMS 提供了快速方便的分类技术。它与面向对象技术相结合,将具有相似特性的数据与过程分为一类,并赋予一定的属性和方法,使用户能够在分布式环境中高效地查询文档、数据、零件、标准元件、过程等对象。分类功能是实现快速查询的支持技术之一。

PDMS 的检索功能是为最大程度地重新利用现有设计创建新的产品提供支持,主要功能包括:①零件数据库接口;②基于内容的而不是基于分类的检索;③构造数据电子仓库属性编码过滤器的功能。

5. *产品配置管理*(Product Configuration Management)

产品配置管理以电子仓库为底层支持,以物料清单为组织核心,把定义最终产品的有关工程数据和文档联系起来,对产品对象及其相互之间的联系进行维护和管理。产品对象之间的联系不仅包括产品、部件、组件、零件之间的多对多的装配联系,而且包括其他的相关数据,如制造数据、成本数据、维护数据等。产品配置管理能够建立完善的 BOM 表,实现其版本控制,高效灵活地检索与查询最新的产品数据,实现数据的安全性和完整性控制。

(1) 产品配置目标

产品配置目标的功能是:①集中管理产品数据资源及使用权限;②统一管理产品生命周期内全部数据的有效性;③各部门物料清单(BOM)的一致性;④提供用户关心的不同类型的产品配置信息;⑤灵活的产品数据配置模式。为了降低成本,要求零件替换灵活,尽量选择标准零件,或根据当地可用性资源选择替代品,以最低的成本来满足设计的要求。目标是:最多的产品类型,最少的零件数。

(2) 产品结构树(图 14－13)

产品分解是制造业的一项基础工作。在生产计划编制、物资采购计划编制和新产品开发中,常用产品零件汇总表方式或产品结构树来表示,产品结构树是由产品装配系统图、产品零部件明细表(包括通用件、标准件、自制件、外购件、外协件、原材料)产生。树中各

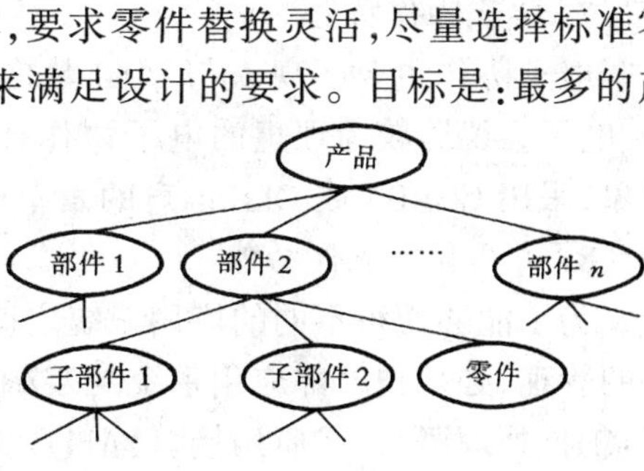

图 14－13　产品结构树

结点分别表示部件或组件，叶结点表示零件。这种视图方式反映了产品、零件之间的层次关系。

每个零部件都有其属性，如零件的材料、重量、尺寸、颜色以及部件由多少零件组成等。由于对象实例被分散地存放在网络中的若干结点上，为实现面向对象数据模型到关系数据模型的转换，将对象的描述属性转换为关系数据库中二维表信息，结构树的每个结点都连接着相关的零部件属性。

(3) 产品配置与变更管理的主要功能(图 14 – 14)

① 产品结构定义与编辑模块　提供了一种快速访问和修改 BOM 表的方法，用户可以定义和修改自己的产品结构，并将产品结构存入数据库中。

② 产品结构视图管理　针对产品设计中的不同批次或同一批次的不同阶段(如设计、工艺、制造与组装等)，生成产品结构信息的不同视图以满足对同一产品不同 BOM 描述的需求。

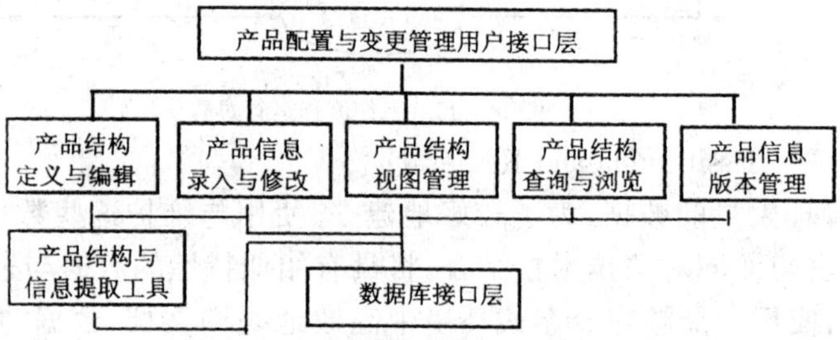

图 14 – 14　产品配置管理的体系结构

③ 产品结构查询与浏览　为用户提供多种条件查询与浏览，并用直观的图示方式显示产品零部件之间的层次关系。

从产品开发到原型制造的过程中，产品的配置信息要经历多次的变化，结构的改变信息的增加造成了产品信息具有各种版本。产品配置与变更管理对产品的各版本数据提供解冻、释放、复制等操作。

6. 项目管理(Project Management)

项目管理是建立在工作流程管理基础之上的一种管理。项目管理在项目实施过程中实现其计划、组织、人员及相关数据的管理与配置，进行项目运行状态的监视，完成计划的反馈。目前，许多 PDMS 只能提供工作流程活动的状态信息。项目管理的主要功能包括：

(1) 项目的创建、查询、审批、统计等功能；

(2) 提供项目人员组织机构的定义和修改；

(3) 在项目人员组织机构的基础上，实现人员角色指派与对产品数据操作权限的规定。

7. 电子协作功能

电子协作主要实现人与 PDM 数据之间高速、实时地交互功能，包括设计审查时的在线操作、电子会议等较为理想的电子协作技术能够无缝地与 PDMS 一起工作，允许交互访问 PDM 对象，采用 CORBA 或 OLE 消息的发布机制把 PDM 与图像紧密结合起来。

8. 工具和集成件功能

为了能够使得不同的应用系统之间能够共享信息，以及对应用系统所产生的数据进行统一的管理，必须把外部应用系统封装到 PDMS 之中，并可在 PDM 环境下运行。该模块的功能有：①批处理语言；②应用接口(API)；③图形界面/客户编程能力；④系统/对象编程能力；⑤工具封装能力；⑥集成件(样板集成件、产品化应用集成件、基于规则集成件)。

14.2.5 PDM的发展趋势

由于PDM技术的兴起和发展,已经产生并形成了一个相关的新产业,涌现出一大批PDM软件供应厂商。这些供应厂商按照他们的产品和服务对象进行分类,有的产品是支持全企业的,有的产品是支持工作团体或部门的,还有面向专用产品数据管理系统的。按其功能特点可分为:①以文档、数据管理为着重点;②主要面向CAD,以设计过程及产品结构管理为重点;③面向软件异构系统集成。

目前,有代表性的PDM软件产品是:EDS公司的Information Manager(IMAN)、SDRC公司的Metaphase、IBM公司的Product manager、HP公司的Work manager、CV公司的Optegra、PTC公司的Windchill和Autodesk公司的Work center等。PDM是应多元性数据管理与集成的需要而产生的,为制造业全生命周期的各种产品信息的统一管理与控制提供必要的支持工具,从CAD/CAM,CIMS走向并行工程的信息集成与过程集成的支持框架。PDM系统在日渐成熟的支撑技术推进下得到了迅速发展,对PDM系统产生巨大影响的两种技术:分布式计算技术和Internet/Intranet技术,促使PDM技术迈向新的台阶。参照国外主流的PDM产品及软件技术的最新研究成果,归纳出PDM系统具有如下的发展趋势:

(1) 构架在分布式计算环境上。PDM作为企业信息化的集成平台,要求能够集成不同应用平台下的应用系统,实现这个目标的技术手段是引入CORBA。目前,国外企业级的PDM产品无一例外地采用了CORBA平台,希望能从根本上消除企业信息化过程中的"孤岛"现象。

(2) 基于WEB的客户端。对跨地域分布的企业,需要提供能在浏览器上运行的PDM客户端,以便完成PDM的集成管理功能。基于WEB的客户端同时可以提高系统的可维护性。

(3) 功能模块的独立性。典型的PDM产品如IMAN、Sherpa WORKS等,各功能模块既相互关联,又相对独立。功能模块的独立性体现了CORBA平台的优势,各模块可以根据用户需求灵活地组合成不同的应用系统。

(4) 完备的应用工具集。为方便用户的使用,PDM需要提供大量的应用工具,如应用模型的建立工具、CAD系统接口、CAD系统浏览工具、二次开发接口等,丰富PDM的功能。

(5) PDM系统与ERP系统的集成。PDM与ERP系统在应用中的侧重点不同,但它们应是互为开放的系统,能够实现系统之间有效、可靠的集成。

(6) 与图形核心系统的集成。企业引入CAD的目的不应是只为了"甩图版",在产品数据模型之上,进行产品的外型设计、应力分析、强度分析、有限元分析、产品预装配、生成NC代码等才是CAD应用的真正目的。

14.3 快速成形制造

快速成形制造(Rapid Prototype Manufacturing,RPM)技术是国外20世纪80年代中后期发展起来的一种新技术,它与虚拟制造技术一起,被称为未来制造业的两大支柱技术。快速成形制造技术对缩短新产品开发周期、降低开发费用具有极其重要的意义,有人称快速成形制造技术是继NC技术后制造业的又一次革命。

14.3.1 快速成形制造技术原理

快速成形制造技术是综合利用CAD技术、数控技术、激光加工技术和材料技术实现从零件设计到三维实体原型制造一体化的系统技术。它采用软件离散——材料堆积的原理实现零件的成形，如图 14－15 所示。

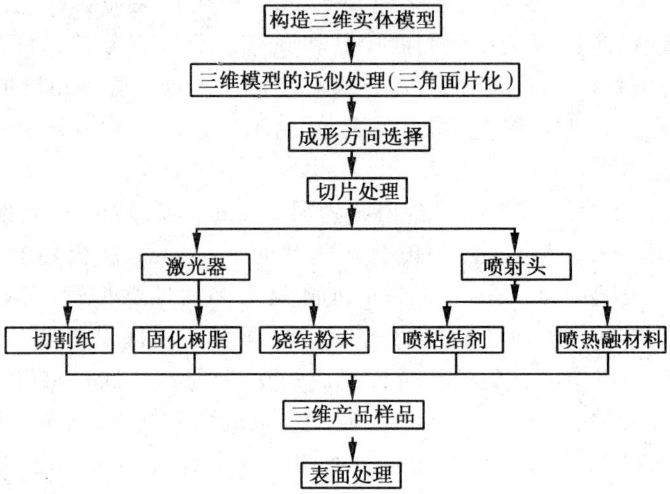

图 14－15　快速成形制造流程示意图

具体过程如下：首先利用高性能的 CAD 软件设计出零件的三维曲面或实体模型；再根据工艺要求，按照一定的厚度在 z 向(或其他方向)对生成的 CAD 模型进行分层切片，生成各个截面的二维平面信息；然后对层面信息进行工艺处理，选择加工参数，系统自动生成刀具移动轨迹和数控加工代码；再对加工过程进行仿真，确认数控代码的正确性；然后利用数控装置精确控制激光束选择性地切割一层一层的纸或固化一层层光敏树脂或烧结一层层的粉末材料，或者用喷射头选择性地喷射一层层热融材料或粘结剂，形成各截面轮廓并依此一层层地叠加成三维产品形状，直至整个零件加工完毕。可以看出，快速成形制造技术是一个由三维转换成二维(软件离散化)，再由二维到三维(材料堆积)的工作过程。

快速成形制造不仅可用于原始设计中快速生成零件的实物，也可用来快速复制实物(包括放大、缩小、修改和复制)。其工作原理是，用三维数字化仪采集三维实物信息，在计算机中还原生成实物的三维模型，必要时用三维 CAD 软件进行修改和缩放，然后进行三维离散化并送到成形机生成实物。整个过程如图 14－16 所示。

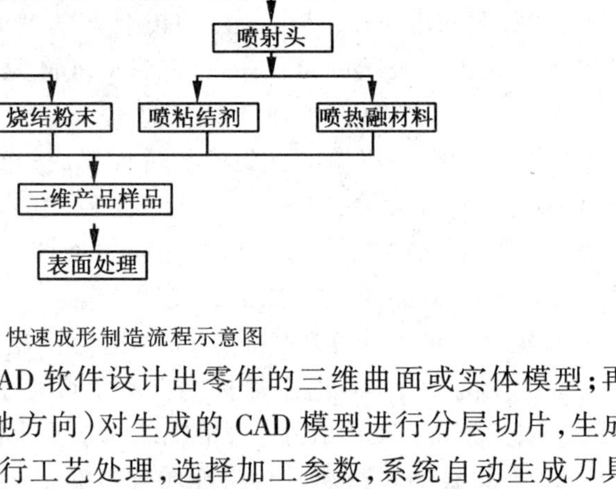

图 14－16　快速成形制造与反求工程

14.3.2　典型的 RPM 技术

目前，RPM 技术有数十种，下面介绍几种典型的有代表性的 RPM 技术：

(1) 立体平面印刷(SLA—Stereolithography Apparatus)

立体平面印刷又称立体光刻、光造型(见图 14－17)。液槽中盛满液态光固化树脂，它在一定剂量的紫外激光照射下就会在一定区域内固化。成形开始时,工作平台在液面下,聚焦后的激光光点在液面上按计算机的指令逐点扫描,在同一层内则逐点固化。当一层扫描完成后被照射的地方就固化,未被照射的地方仍然是液态树脂。然后升降架带动平台再下降一层高度,上面又布满一层树脂,以便进行第二层扫描,新固化的一层牢固地粘在前一层上,如此重复直到三维零件制作完成。立体印刷目前已可达 ±0.1mm 左右的制作精度,较广泛地用来为产品和模型的 CAD 设计提供样件和试验模型。

SLA 方法是最早出现的一种 RPM 工艺,目前是 RPM 技术领域中研究最多、技术最为成熟方法。

(2) 分层实体制造(LOM—Laminated Object Manufacturing)

见图 14-18,根据零件分层几何信息切割箔材和纸等,将所获得的层片粘接成三维实体。首先铺上一层箔材,然后用 CO_2 激光在计算机控制下切出本层轮廓,非零件部分全部切碎以便于去除。当本层完成后,再铺上一层箔材,用滚子辗压并加热,以固化粘结剂,使新铺上的一层牢固地粘接在已成形体上,再切割该层的轮廓,如此反复直到加工完毕。最后去除切碎部分以得到完整的零件。LOM 的关键技术是控制激光的光强和切割速度,使它们达到最佳配合,以便保证良好的切口质量和切割深度。这里所说的箔材可以是涂覆纸、涂覆陶瓷箔、金属箔或其他材质基的箔材。

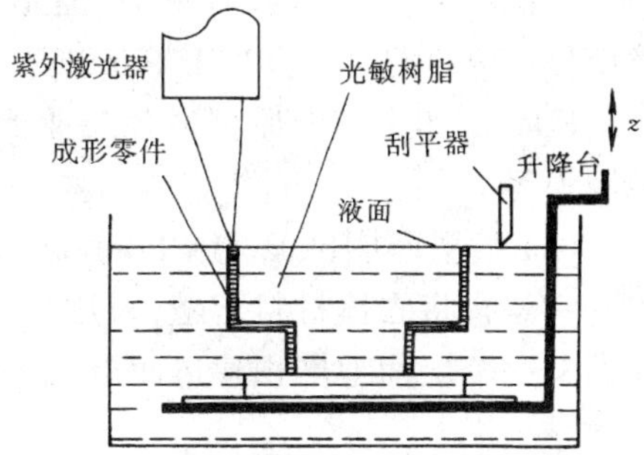

图 14-17　SLA 法原理图

LOM 模具具有与本模同等水平的强度,可与木模一样进行钻削等机械加工,也可以进行刮腻子等修饰加工。

(3) 选择性激光烧结(SLS—Selective Laser Sintering)

见图 14-19,SLS 采用 CO_2 激光器,使用的材料为多种粉末材料。先在工作台上铺上一层粉末,用激光束在计算机控制下有选择地进行烧结(零件的空心部分不烧结,仍为粉末材料),被烧结部分便固化在一起构成零件的实心部分。一层完成后再进行下一层,新一层与其上一层被牢牢地烧结在一起。全部烧结完成后,去除多余的粉末,便得到烧结成的零件。常采用的材料为尼龙、塑料、陶瓷和金属粉末。SLS 制作精度目前可达到 ±0.1 mm 左右。该方法的优点是由于粉末具有自支撑作用,不需要另外支撑,另外材料广泛,不仅能生产塑料材料,还可能直接生产金属和陶瓷零件。

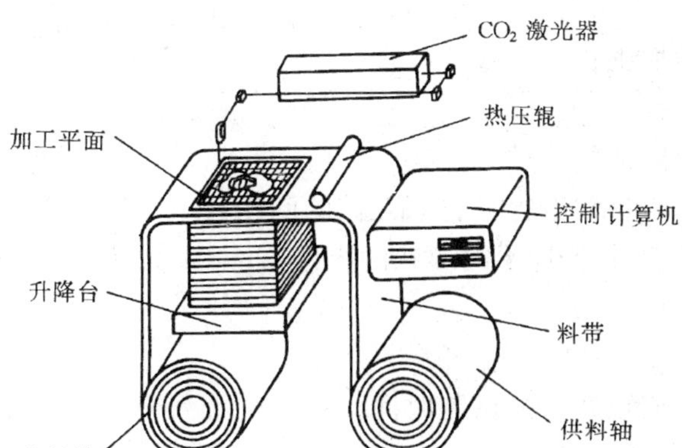

图 14-18　LOM 法原理图

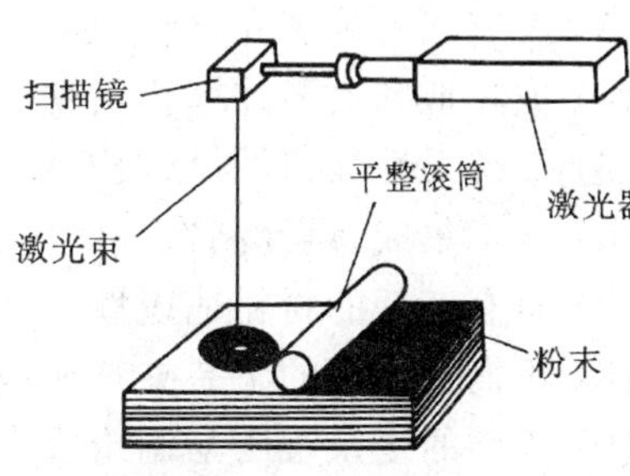

图 14-19　SLS 法原理图

(4) 熔融沉积成形(FDM—Fused Deposition Modeling)

它是一种不使用激光器的加工方法(见图 14－20),技术关键在于喷头,喷头在计算机控制下作 x—y 联动扫描以及 z 向运动,丝材在喷头中被加热并略高于其熔点。喷头在扫描运动中喷出熔融的材料,快速冷却形成一个加工层并与上一层牢牢连接在一起。这样层层扫描迭加便形成一个空间实体。FDM 工艺关键是保护半流动成形材料刚好在凝固温度点,通常控制在比凝固温度高 1 ℃左右。FDM 技术最大优点是速度快,此外,整个 FDM 成形过程是在 60～300 ℃下进行的,并且没有粉尘,也无有毒化学气体、激光或液态聚合物的泄漏,适宜办公室环境使用。三维打印(3DP,3D Printing)与 FDM 同属于选择性粉末熔结/粘接方法。

FDM 制作生成的原型适合工业上各种各样的应用,如概念成形、原型开发、精铸蜡模和喷镀制模等。

(5) 喷墨印刷(Ink—Jet Printing)

它是指将固体材料熔融,采用喷墨打印原理(气泡法和晶体振荡法)将其有序地喷出,一个层面又一个层面地堆积建造而形成一个三维实体,如图 14－21 所示。

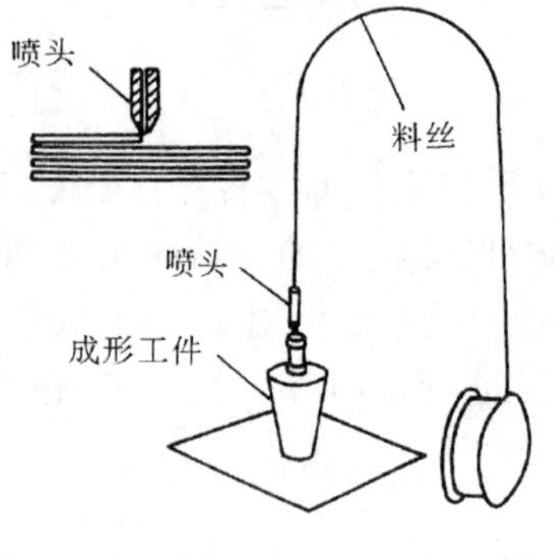

图 14－20　FDM 法原理图

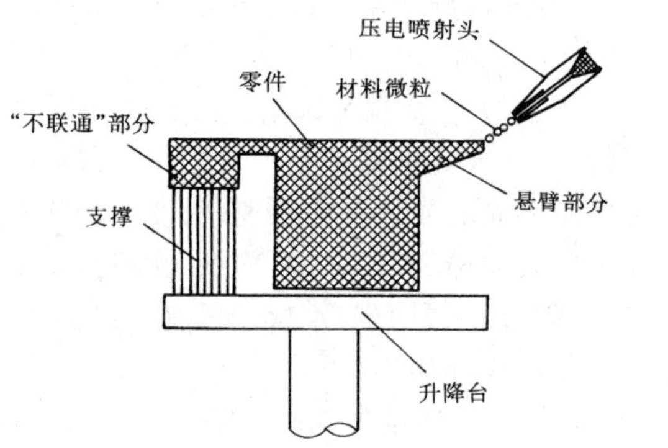

图 14－21　喷墨印刷原理

RPM 技术发展迅速,新的 RPM 技术层出不穷,此外,也出现了与 CNC 相结合、与模具成形相结合的快速成形制造工艺。

14.3.3　快速成形制造的特点

快速成形制造具有下列特点和优点:

(1) 更适合于形状复杂的、不规则零件的加工;

(2) 减少了对熟练技术工人的需求;

(3) 没有或极少废弃材料,是一种环保型制造技术;

(4) 成功地解决了计算机辅助设计中三维造型"看得见,摸不着"的问题;

(5) 系统柔性高,只需修改 CAD 模型就可生成各种不同形状的零件;

(6) 技术集成,设计制造一体化;

(7) 具有广泛的材料适应性;

(8) 不需要专用的工装夹具和模具,大大缩短新产品试制时间;

(9) 零件的复杂程度与制造成本关系不大。

以上特点决定了快速成形制造方法主要适合于新产品开发、快速单件及小批量零件制造、复杂形状零件的制造、模具设计与制造、也适合于难加工材料的制造、外形设计检查、装配检验等。

14.3.4 RPM的应用及发展趋势

RPM的应用主要表现在以下一些方面：

(1) 快速样机制造。主要在批量生产之前用于检验产品性能。利用RPM技术建造样机，测试，再设计，再建造，测试这样一个过程比传统方法节约了大量时间。另外，RPM可以利用透明材料代替金属样机，因此可以看清内部结构。

(2) 快速模具制造。以前的模具制造一般采用CNC加工、电火花加工和手工方式。而现在利用RPM技术制造的原型零件可作为制造模具的原模。目前用得比较多的是真空铸造、砂型铸造、熔蜡铸造以及直接用在模具制造上。

(3) 快速制造。即利用RPM技术直接生产产品。RPM技术决不会最终代替其他制造技术，特别是在大批量生产中。但随着其他材料和金属材料用得越来越多，用RPM制造的零件也会越来越多。特别对于单件小批量生产，因为不需要工装，因此成本较低。另外，对于用户有特殊要求的产品也只能用RPM。如美国Delaware大学的一个科研项目的3D数字模型就利用人头作为输入数据制造适合个人的头盔。美国航天局也正在实验利用RPM技术制造适合不同宇航员的宇航服。在医学上CT技术也正在利用RPM技术。

目前的发展趋势一是新型成形方法的研究和开发，其关键是寻找新的分层叠加成形原理，用什么材料进行分层叠加，如何进行分层叠加是研究的热点所在。因此，除了上述常见的SLA、LOM、SLS、FDM等分层叠加成形法之外，还正在研究新的分层叠加成形法。第二是提高速度，比如1998年元月美国的Stratasys公司的FDM机床其生产塑料原型的速度是以前老机床的2～2.5倍。第三个发展趋势是提高精度和表面粗糙度。目前最新的机床在x—y平面内的精度可达到0.08mm，但在z方向的精度还有待提高。第四个趋势是开发新材料，如金属、陶瓷、复合材料等。第五个趋势是增加零件尺寸，当前大多数的RPM机床生产的零件不超过0.125 m；大的零件必须分成几个部分制造，然后再手工组合在一起。最后一个趋势是RPM与网络技术结合，使得设计者可以远程提供设计数据进行立即制造(Immediate Manufacturing)。Berkeley大学的研究者正在设计这样的系统。

RPM技术是实现并行工程、虚拟制造和可持续发展制造战略的有效途径，可以应用于产品设计开发及集成制造多个方面，如产品开发中的设计评价、功能试验、可制造性与可装配性检验、非功能性样品制作、微型机械制造研究开发以及快速反求工程等。

14.4 虚拟制造

14.4.1 虚拟现实技术

虚拟现实(Virtual Reality, VR)又称灵境、拟实，它采用计算机技术生成一个逼真的，具有视、听、触等多种感知的人工媒体空间，即人工虚拟环境，使置身于该环境中的人可以通过各种多媒体传感交互设备与这一虚构的环境进行实时交互作用，产生身临其境的感觉。这种虚拟环境既可以是真实世界的模拟体现，也可是构想中的世界。

1. 虚拟现实技术的特征

虚拟现实技术可以使人们“沉浸”在计算机创建的虚拟环境中，并以自然的交互方式与虚拟环境交换信息。虚拟现实具有以下几个重要特征：

(1) 多感知性。在虚拟环境中,用户除了具有三维视觉外,还可借助于多媒体技术,产生视觉、听觉、触觉等多种感觉,同时,作为主体的人可以用语言手势、数据手套、触摸等方式控制和操作虚拟空间的对象。

(2) 沉浸感。它是指用户感到作为主角存在于虚拟环境中的真实程度,三维模型、空间感、三维环绕音响、场景随视点的变化而变化等,都会加强用户的沉浸感。

(3) 交互性。用户对虚拟环境中的物体的可操作程度、从虚拟环境中得到反馈的自然程度和对虚拟环境进行重新布置的方式。

(4) 自主性。在虚拟环境中物体反映一般规律(重力等)的真实程度和用户在虚拟环境中应遵循的一般准则(如不能穿墙而过等)。

(5) 动态的显示。即随着人的自身运动、视线和位置的改变(例如头部的转动),场景可随着人的视点作全方位的运动。

2. 虚拟现实环境

虚拟现实系统的硬件和软件根据复杂程度的不同,可分为完全沉浸式虚拟现实系统和经济型虚拟现实系统。完全沉浸式虚拟现实系统的外围设备一般包括以下几种:

(1) 头盔显示器。它为用户提供三维的虚拟视野,同时隔离用户的视线,使用户"沉浸"在虚拟环境中。有些头盔显示器可以使用户透过显示屏看到外面的环境,便于用户将虚拟环境与真实世界对照观察。

(2) 数据手套和数据衣。它可跟踪用户手或身体的位置、方向、姿势和动作,并将系统的反馈信息,如视觉上的变化、触觉和压力的感觉等信息传给用户。

(3) 语音识别系统。接受并识别用户的语音命令。

(4) 三维环绕音响系统。为用户营造身临其境的声音反馈。

经济型虚拟现实系统用一般的显示器、3D 鼠标、键盘等 PC 常用的 I/O 设备代替昂贵的头盔显示器、数据手套和数据衣等设备。核心的数据处理和应用系统,根据用户用途的不同进行配置。创建虚拟环境的软件一般用虚拟现实工具包,如 World Toolkit 等。也可用现在十分流行的 VRML(虚拟现实建模语言)来创建用于网上传播的 3D 虚拟环境。

总之,虚拟现实是一种由计算机综合的虚拟环境,它的主要技术构成为:实时三维显示及交互设备、多传感器交互技术、高分辨率显示技术以及系统集成软件等,它能让参与者体验或控制某些虚拟的事件,并可同其他参与者发生交互作用。

3. 虚拟现实建模语言 VRML

(1) VRML 语言

虚拟现实建模语言 (Virtual Reality Modeling Language, VRML)是描述虚拟环境中场景的一种标准。它定义了三维应用系统常用的语言描述,如层次变换、光源、视点、几何动画、雾、材料特性和纹理影射等,并具有简单的特征描述功能。

设计 VRML 的一个主要目标是保证它作为多个虚拟现实(VR)系统或其组成部分中有效的三维文件的交换、描述标准,并且这些 VR 系统或其他组成部分可分布在网络中的不同计算机上。VRML 类似于 HTML,它趋向于发展成为一种单一的多平台用于发布三维 WWW 网页的语言。事实上,一些信息适于用三维来表达,典型应用如游戏、工程、科学计算可视化、教学实验、建筑等,这些都需要大量的交互、动画及用户的参与和探索,是基于页、文字或图像格式的语言(如 HTML)所不能表达的。

VRML 提供了二维、三维文字和多媒体集成为一个混合模型的技术。当这些媒体类型与脚本语言以及 WWW 网的功能结合起来的时候,就可以开发出全新的交互应用。

(2) VRML 的基本概念

一个 VRML 文件包括了一些主要部件:文件头、场景图、原型和事件路由等,通过浏览器对 VRML 进行处理后,以声音和图像的形式展现出来,并且用户可以与场景进行交互。

① 头文件。为方便识别文件,每个 VRML 文件的开始采用如下形式:

VRMLV2.0 < encoding type > [optional comment] < line terminator >

② 场景图结构。VRML 文件用层次化的场景图来描述三维对象和世界。在场景图中的实体称为节点,VRML97 定义了 54 中不同的节点类型,其中包括几何元素体及外表特性、声音及语音特征,以及不同类型的群节点。节点在域中存放他们的数据,VRML 定义了 20 种类型的域,这些域可以用来存放单个数据到三维旋转矩阵数据。

③ 事件结构。VRML 定义了事件或消息传送机制,场景图中节点可以互相通讯。每一节点定义了事件的名称和类型,这些事件是该类型节点可以产生和接受的。

④ 感知器。感知器是 VRML 基本的用户交互和动画元素。当时间流逝时,Time Sensor 节点就产生了事件,Time Sensor 是所有动画行为的基础。其他感知器是所有用户交互的基础,当观看者在三维世界中移动或当用户使用一些输入设备进行交互操作时,这些感知器就产生了事件。

⑤ 脚本和插值器。可以在事件产生器和事件接受器之间插入脚本节点。脚本节点允许 VRML 编辑器用任何支持的脚本语言定义任意的行为。插值器节点实际上是完成简单的动画计算的内置语言。它们通常和 Time Sensor 以及场景图中其他的节点一起使对象移动。

⑥ 原型、封装和重用。VRML2.0 包括一种原型机制,可以对场景图进行封装和重用(PROTO 语句)。几何、特性、动画和行为都可以分开或一起封装。原型机制允许现存节点类型的混合形式定义新的节点类型,这一机制使 VRML 更容易使用,并且减少了 VRML 文件的大小。

⑦ 分布式场景。VRML2.0 有两种方法使一处定义的 VRML 世界分布于 WWW 网上。其中 Inline 节点允许存储在 Web 上的任何 VRML 文件,EXTENDPROTO 语句可以在由 WWW 网上任何地方来定义新的节点。更一般的情况是,EXTENDPROTO 语句使节点在 VRML 文件以外定义,这也是 VRML 基本的可扩展机制。

⑧ VRML 和 WWW。VRML 文件的后缀为.wrl。VRML 文件正式 MIME(Multipurpose Internet Mail Extension)类型定义为 model/vrml。URL(uniform resource locator)指明了一个文件所位于的服务器和读取协议,小写的"url"在 VRML 中指向域值可能包含 URL 或在线的编码数据。

⑨ 显示和交互。VRML 文件的解释、执行和显示一般由浏览器来完成,浏览器将展现场景图中的形状和声音,即所谓的"虚拟世界",用户可以在其中漫步,这一虚拟世界的显示根据视点的变化而不同。浏览器提供一些漫游方法(如步行或飞行),使用户在虚拟世界中移动视点的位置。除支持漫游外,浏览器还允许用户通过场景图层次中的感知器节点与虚拟世界进行交互。

(3) VRML 编程

VRML 编程可分为两类:① *.wrl 文件编程;②操纵 *.wrl 文件编程。

第一类编程主要是为了使.wrl 文件所模拟的现实世界具有较强的真实度,可通过 Java 语言来实现目的。有些虚拟世界构造器还提供了 APIs,如 OpenGL,通过这些 APIs 也可增强虚拟世界的真实性,并且还可通过对已有的 3DS、AutoCAD 等软件所生成的模型数据文件进行转换而得到 VRML 文件。

第二类编程是为了实现虚拟现实浏览器功能。Open Inventor 就具备各种类库用来操纵 *.wrl 文件。通过用 Open Inventor 编程,可实现虚拟现实浏览器的功能。SGI 公司还推出了支持 VRML2.0 标准的 C++ API—Cosmo 3D。Microsoft 公司的 Dimension X's Java based—Liquid Reality作为一 ActiveX 组件,同样也提供了虚拟现实浏览的功能。

综合这两种编程,使 VRML 不仅可用于 Internet 的虚拟现实,同时还派生出了另一类新应用:集虚拟现实构造与浏览于一体的应用。编程者构造出自己需要的虚拟世界,并通过编程来产生可用来漫游自己创建的虚拟世界的浏览器,使他人可交互地漫游其中。这在军事模拟、工程仿真、医学、娱乐事业、CAD、CAE 等方面都有广泛的应用前景。

14.4.2 虚拟制造

1. 虚拟制造的概念

虚拟制造(Virtual Manufacturing, VM)作为一种全新概念,是信息时代制造技术的重要标志。在这里制造是一种广义的概念,即一切与产品相关的活动和过程。虚拟的含义则是:这种制造虽然不是真实的,但却是本质上的。也就是说虚拟制造就是在计算机上实现制造的本质内容。实际上虚拟制造最终提供的是一个强有力的建模与仿真环境,使得产品的规划、设计、制造、装配等均可以在计算机上实现,且对涉及生产过程的方方面面(从车间加工到企业经营)提供支持,通过计算机虚拟模型来模拟和预估产品/系统的功能、性能及可制造性等各方面可能存在的问题,使得制造技术走出工业经济时代主要依赖于原材料物化的狭小天地,发展到基于信息知识的全方位预报的新阶段,计算机仿真技术以及更高层次的虚拟制造技术则在整个生命周期中都获得了应用,如表 14-1 所示。

表 14-1　产品生命周期各阶段的计算机仿真技术的应用情况

阶段	计算机仿真技术的应用
概念设计	产品的运动学分析(如应力分析、强度分析) 产品的运动学仿真(如机构之间的连接与碰撞)
详细设计	刀位轨迹仿真 加工过程仿真 装配仿真
加工制造	制造车间设计(车间布局、设备选择) 生产计划及作业调度 各级控制器设计 故障处理
测　试	测试用仿真器
培训/维护	训练仿真器

从以上分析可知,虚拟制造是虚拟现实技术和计算机仿真技术在制造领域的综合发展及应用,是实际制造过程在计算机上的本质实现,即采用计算机仿真与虚拟现实技术,在计算机上实现产品开发、制造以及管理与控制等制造的本质过程,以增强制造过程各级的决策与控制能力。它通过计算机技术构造一个虚拟的然而是逼真的制造环境,并在此环境中集成表 14-

1 中所有或大部分功能，实现从技术（如制图、有限元分析、原型制作等），到制造技术（如工艺计划、加工控制等），乃至车间布局、车间调度以及服务培训等各个方面的模拟和仿真。依据敏捷制造的哲理，VM 能把许多现有的和未来的制造技术全部集成在一起，可以并行地模拟产品整个生命周中的所有功能。利用 VM 技术不仅可以减少新产品开发的投资，而且可以大大缩短产品开发周期，从而对难以预测、持续变化的市场需求作出快速响应。虚拟制造系统不消耗资源和能量，也不生产产品，而只是模拟产品的设计、开发与实现过程，它具有以下特征：

(1) 功能一致性，即虚拟制造系统的功能与相应现实制造系统功能一致，忠实地反映制造过程本身的动态特性；

(2) 结构相似性，虚拟制造系统与现实系统在结构上是相似的；

(3) 组织的灵活性，虚拟制造系统是面向未来制造系统的，是面向市场、面向用户需求的，其组织与实现应具非常高的灵活性；

(4) 集成化，虚拟制造系统涉及的技术与工具很多，应综合运用系统工程、知识工程、人机工程等多学科先进技术，实现信息集成、智能集成、串并行工作机制集成和人机集成；

(5) 智能化，它着重实现虚拟环境下分布并行处理的智能协同求解和系统的全局最优决策。

2. 虚拟制造与实际制造的关系

实际制造系统（RMS）是物质流、信息流在控制流的协调与控制下在各个层次上进行相应的决策，实现从投入到产出的有效转变，其中物质流和信息流协调工作是其主体。制造过程的实质就是在能量流的作用下，通过一定的控制机制，对物质流赋予信息流的过程，是一个动态的、自组织的过程。而虚拟制造系统（VMS）则是在分布式协同工作等多学科技术支持的虚拟环境下的现实制造系统（RMS）的映射。可以简单标识为：

$$RMS = RPS + RIS + RCS;$$

$$VMS = VPS + VIS + VCS$$

其中 RPS、RIS、RCS 分别是实际物理系统、实际信息系统、实际控制系统，VPS、VIS、VCS 分别是各系统在虚拟制造环境下的映像，即是在计算机上对 RPS、RIS、RCS 的仿真。

另一方面，在实际制造系统中，物质流、信息流在一定的控制机制下生产出适销对路的产品，然后通过对实际制造系统进行抽象、分析、综合，得到实际产品的全数字化模型；虚拟制造的最终目标是反作用于实际制造过程，用来指导生产实践。因此，虚拟制造是实际制造的抽象，实际制造是虚拟制造的实例。虚拟制造系统与实际制造系统之间的这种关系如图 14－22 所示。

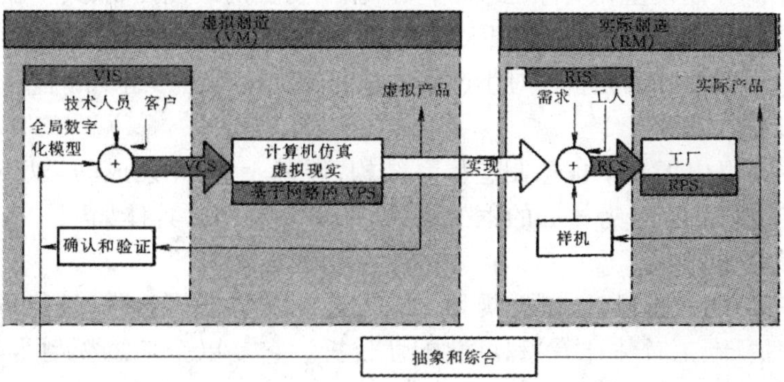

图 14－22　虚拟制造系统与实际制造系统之间的各种流的关系

3. 虚拟制造的分类

虚拟制造既涉及到与产品开发制造有关的工程活动，又包含与企业组织经营有关的管理活动。根据所涉及的范围不同，可将虚拟制造分成三类，即以设计为核心的虚拟制造、以生产为核心的虚拟制造和以控制为核心的虚拟制造（参见图 14－23）。

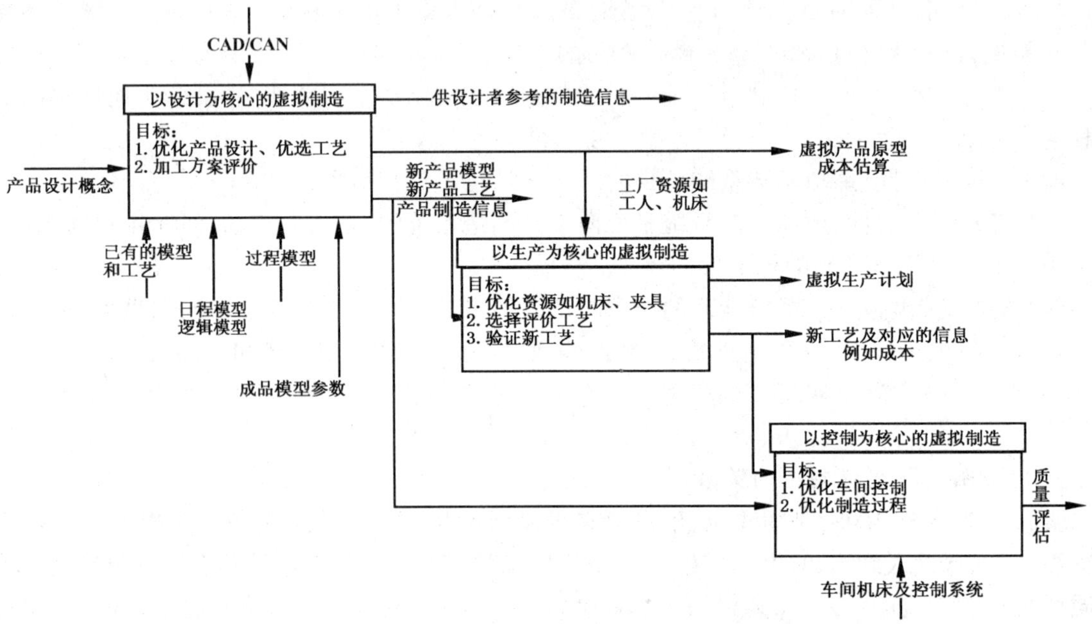

图 14－23　虚拟制造的分类及相互关系

（1）以设计为核心的虚拟制造

将制造信息引入设计过程，利用仿真来优化产品设计，从而在设计阶段就可以对零件甚至整机进行可制造性分析，包括加工工艺分析、铸造过程热力学分析、运动学分析和动力学分析等。主要解决设计出来的产品是什么样的问题。

（2）以生产为核心的虚拟制造

将仿真技术溶入生产过程模型，以此来评估和优化生产过程，以便降低费用、快速评价不同的工艺方案、资源需求计划、生产计划等，其主要目标是评价可生产性。

（3）以控制为核心的虚拟制造

将仿真技术加到控制模型和实际处理中，实现基于仿真的最优控制，其中虚拟仪器是当前研究的热点之一，它利用计算机软硬件的强大功能，将传统的各种控制仪表、检测仪表的功能数字化，并可灵活地进行各种功能的组合，对生产线或车间的优化等生产组织和管理活动进行仿真。

4. 虚拟制造的体系结构

国家 CIMS 中心提出了一个虚拟制造体系结构，即基于 PDM 集成的、以三个虚拟平台（虚拟开发、虚拟生产、虚拟企业）为核心的框架结构（见图 14－24），具体如下。

（1）虚拟开发平台

该平台支持产品的并行设计、工艺规划、加工、装配及维修等过程，进行可加工性分析（包括性能分析、费用估计、工时估计等）和可装配性分析。它是以全信息模型为基础的众多仿真分析软件的集成，具有以下研究环境：

① 基于产品技术复合化的产品设计与分析，除了几何造型与特征造型等环境外，还包括

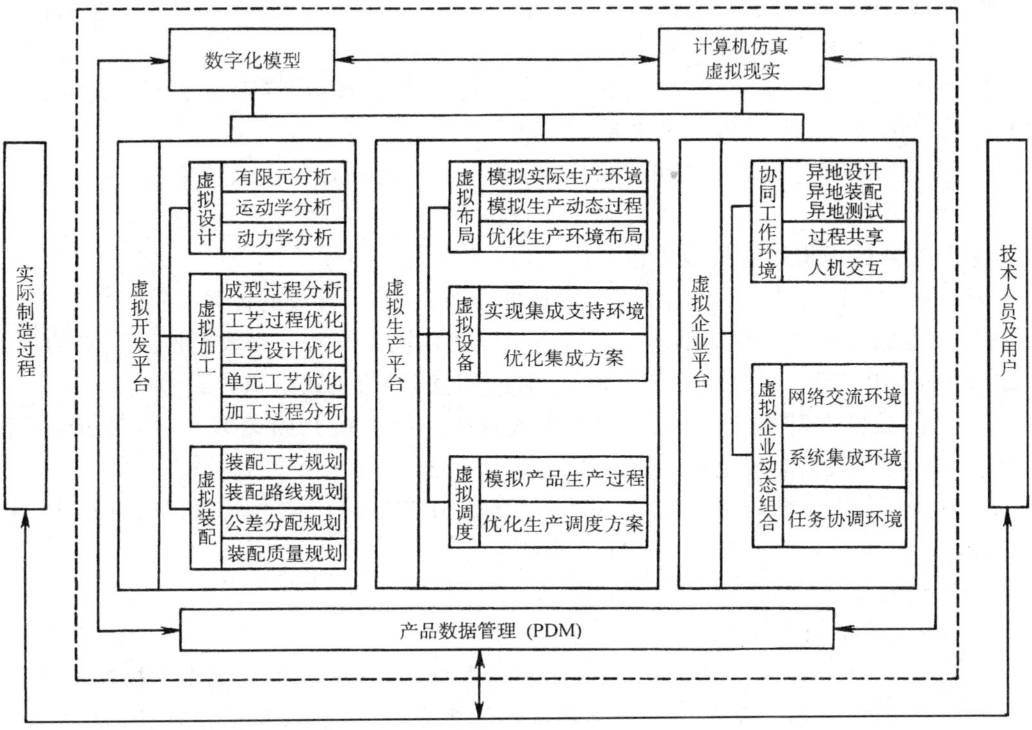

图 14 – 24　虚拟制造基地的结构

运动学、动力学、热力学模型分析环境等；

② 基于仿真的零部件制造设计与分析，包括工艺生成优化、工具设计优化、刀位轨迹优化、控制代码优化等；

③ 基于仿真的制造过程碰撞干涉检验及运动轨迹检验——虚拟加工、虚拟机器人等 ；

④ 材料加工成形仿真，包括产品设计，加工成形过程温度场、应力场、流动场的分析，加工工艺优化等；

⑤ 产品虚拟装配，根据产品设计的形状特征、精度特征，三维真实地模拟产品的装配过程，并允许用户以交互方式控制产品的三维真实模拟装配过程，以检验产品的可装配性。

(2) 虚拟生产平台

该平台支持生产环境的布局设计及设备集成、产品远程虚拟测试、企业生产计划及调度的优化，进行可生产性分析。

① 虚拟生产环境布局　根据产品的工艺特征、生产场地、加工设备等信息，三维真实地模拟生产环境，并允许用户交互地修改有关布局，对生产动态过程进行模拟，统计相应评价参数，对生产环境的布局进行优化。

② 虚拟设备集成　为不同厂家制造的生产设备实现集成提供支持环境，对不同集成方案进行比较。

③ 虚拟计划与调度　根据产品的工艺特征、生产环境布局模拟产品的生产过程，并允许用户以交互方式修改生产流程和进行动态调度，统计有关评价参数，以找出最满意的生产作业计划与调度方案。

(3) 虚拟企业平台

被预言为 21 世纪制造模式的敏捷制造，利用虚拟企业的形式以实现劳动力、资源、资本、技术、管理和信息等的最优配置,这就给企业的运行带来了一系列新的技术要求。虚拟企业平台为敏捷制造提供这种可合作性分析支持。

① 虚拟企业协同工作环境　支持异地设计、装配、测试的环境,特别是基于广域网的三维图形的异地快速传送、过程控制、人机交互等环境。

② 企业动态组合及运行支持环境　特别是 Internet 与 Intranet 下的系统集成与任务协调环境。

(4) 基于 PDM 的虚拟制造集成平台

虚拟制造平台应具有统一的框架、统一的数据模型,并具有开放的体系结构。

① 支持虚拟制造的产品数据模型　包括虚拟制造环境下产品全局数据模型定义的规范,多种产品信息(设计信息、几何信息、加工信息、装配信息等)的一致组织方式 。

② 基于产品数据管理(PDM)的虚拟制造集成技术　提供在 PDM 环境下,零件/部件虚拟制造平台、虚拟生产平台、虚拟企业平台的集成技术研究环境;

③ 基于 PDM 的产品开发过程集成　提供研究 PDM 应用接口技术及过程管理技术,实现虚拟制造环境下产品开发全生命周期的过程集成。

5. 虚拟制造的关键技术

(1) 计算机及虚拟现实技术

① 人机接口。VR 系统的人机接口是指向操作者显示信息,并接受操作者控制机器的行动与反应的所有设备,该接口覆盖了人类感知世界的多重信息通道,包括视觉、听觉、触觉等。另外,接口还包括位置跟踪、运动接口、语言交流以及生理反应等多种系统。

② 软件技术。软件技术是创建高度交互的、实时的、逼真的虚拟环境所需的关键技术。在进行软件开发时,要考虑虚拟环境的建模以及所建环境的可交互性、可漫游性等。

③ 虚拟现实计算平台。计算平台是指在 VR 系统中综合处理各种输入信息并产生作用于用户的交互性输出结果的计算机系统,由于 VR 系统的信息加工是实时的,虚拟环境的建模、I/O 工具的快速存取以及真实的视觉动态效果等需要大量的计算开销。

(2) 虚拟制造应用关键技术

① 建模　虚拟制造系统应当建立一个包容生产模型、产品模型、工艺模型的健壮的信息体系结构。

② 仿真　虚拟制造系统中的产品开发涉及到产品建模仿真、设计过程规划仿真、设计思维过程和设计交互行为等仿真,对设计结果进行评价,实现设计过程的早期反馈,减少或避免实物加工出来后产生的修改、返工。产品制造过程的仿真可归纳为制造系统仿真和具体的加工过程仿真。

③ 可制造性评价　可制造性的评价方法可分为两类:①基于规则的方法,即直接根据评判规则,通过对设计属性的评测来给可制造性定级;②基于方案的方法,即对一个或多个制造方案,借助于成本和时间等标准来检测是否可行或寻求最佳。

6. 虚拟制造应用实例

下面介绍的是国家 CIMS 中心肖田元小组开展的虚拟制造方面的研究工作。

(1) 虚拟设计

产品的外观装饰、色彩搭配等是产品设计的主要内容之一,成功的产品首先要有良好的人机环境和舒适的色彩。在 CAD 软件进行三维设计之后,虚拟样机的可视化工作,在虚拟设计中是很有意义的。剑杆织机的核心部件共轭凸轮决定了整个织机的质量和性能。凸轮廓线的设计既要考虑结构的因素，又要考虑织机运动学和动力学方面的要求，如果完全重新设计，必然要耗费大量的时间和人力。因此，为了加快产品的开发进程，采用了反求工程的思想，即通过测量国外成型产品数据，再进行必要的分析处理，然后进行有关的性能分析如运动学和动力学分析，分析设计机理，为指导设计提供技术支持(见图 14－25)。

(2) 虚拟装配

主要包括以下几个内容：装配过程仿真，公差分析，装配工艺规划。采用工程数据可视化软件动态地仿真实际零部件的装配过程，并可进行大装配漫游，从而发现干涉等装配问题(见图 14－26)。精度设计是产品设计的重要环节，它涉及到产品的质量和成本。装配工艺文件是指导实际装配过程的技术文件，包括装配顺序、设备工装和工时定额等。

图 14－25　剑杆织机虚拟产品可视化

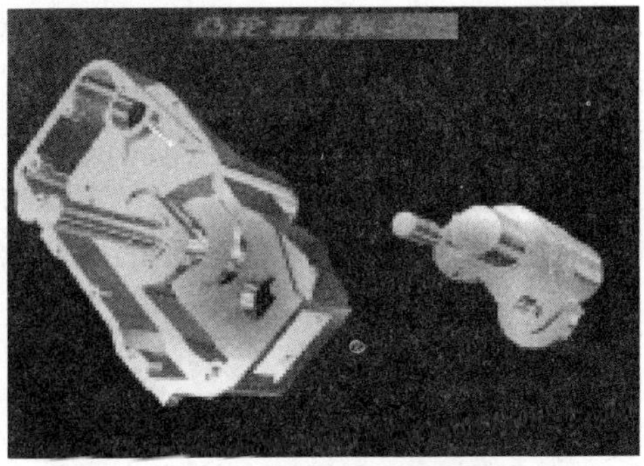

图 14－26　关键部件虚拟装配

(3) 虚拟加工

根据虚拟制造对虚拟加工环境的需求，研究小组开发研制了虚拟加工软件系统，其主要功能模块有：CAD 接口模块，NC 代码翻译模块，毛坯准备模块，机床配置模块，碰撞干涉检验模块，材料切除仿真模块。造型核心和 CAD 接口模块可以构造简单实体及通过数据文件读取复杂实体，用来定义各种加工中心设备的几何模型和夹具、零件、毛坯模型等，图 14－27 所示为虚拟加工环境构造的虚拟机床模型。

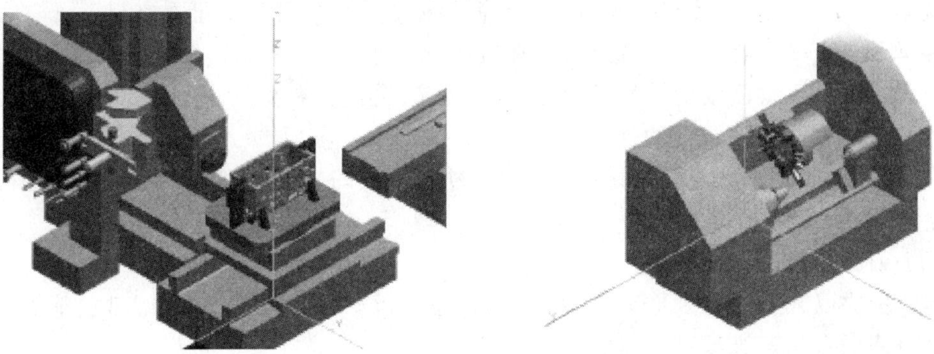

图 14－27　虚拟机床模型

14.4.3　虚拟产品开发

虚拟产品开发(Virtual Product Development，VPD)是虚拟制造研究领域中的一个重要内容，是以计算机仿真、建模为基础,集计算机图形学、智能技术、并行工程、虚拟现实技术和多媒体技术为一体,由多学科知识组成的综合系统技术。它是现实产品开发环境下的映射。它将现实产品开发环境和全过程的一切活动及产品演变成基于数字化的模型,对产品开发的行为进行预测和评价。

虚拟产品开发定义为:在产品设计或制造、维护等系统的物理实现之前,就模拟出未来产品的性能或制造、维护系统的状态,从而作出前瞻性的优化决策和实施方案。

1. 虚拟产品开发的特点

虚拟产品开发是由各个“虚拟”的产品开发活动组成的,由“虚拟”的产品开发组织来实施,由“虚拟”的产品开发资源来保证,通过分析“虚拟”的产品信息和产品开发过程信息求得开发“虚拟产品”的时间、成本、质量和开发风险,从而作出开发“虚拟产品”系统和综合的建议。虚拟产品开发的最终目的是缩短产品开发周期,以及缩短产品开发和用户之间的距离。

虚拟产品开发的特点是“虚拟”,除了产品虚拟化外,还包括功能虚拟化、地域虚拟化、组织虚拟化。功能虚拟化是指虚拟产品开发系统虽有制造、装配、营销等功能,但没有执行这些功能的机构;地域虚拟化是指产品开发各功能活动分布在不同的地点,但通过网络加以连接和控制;组织虚拟化是指扁平的多元的“网络组织结构”将随着开发目标的发展而产生、变化和消亡。

2. 虚拟产品开发的关键技术

虚拟产品开发体系的关键技术包括产品开发过程、数字化建模和产品开发、多种协同机制、数字化仿真以及各种支持系统五个方面。

(1) 产品开发的过程建模

在并行工程指导下,产品开发过程是多学科群体在计算机网络通信环境的支持下,在开发时间和资源约束下,建立产品全生命周期信息的开发组织结构和开发任务的动态调控流程。过程建模应考虑的内容有:

① 过程模型——过程模型的描述方法及在计算机上的处理和实现,过程的动态调整和优化。

② 组织模型——规划和描述组织结构、活动分工、权限和责任定义。

③ 资源模型——对信息、设备、人力、资金等资源进行动态规划和配置控制。

④ 约束规则——时间约束是首要约束,在资源允许下,增大产品开发活动的并行度;功能约束反映开发活动中后续活动对前期活动的功能要求;关键参数约束是开发活动之间及开发活动中单元之间相关性和一致性的保障。

⑤ 过程监控和协调——进行实际约束管理、过程的实时监控调度和冲突仲裁,保障过程按照最优方向进展。

(2) 支持 VPD 的产品数据模型

产品建模主要以并行设计及面向对象技术为工具,以 STEP 标准为思想,建立基于装配的约束参数化的特征产品定义模型。其特点如下:

① 具有统一的数据结构　产品采用百分之百的数字化定义方式,使产品数据模型在产品开发的各个阶段无二义性。

② 并行方式定义产品　并行产品定义是一种系统工程方法,它使开发人员一开始就考虑到产品生命周期里的所有环节。面向装配的设计、面向制造的设计、面向测试的设计、甚至考虑到产品报废后的可处理性等绿色产品设计思想等在并行方式的产品定义中可得到良好的体

现。

③ 支持工程分析工具的应用　工程分析工具利用已经建立好的产品模型，对零部件甚至整机进行有限元受力分析、热应力分析以及运动仿真、性能仿真、装配仿真，仿真的结果可直接用于指导数字化产品的设计修改，不必通过实物模型来验证。

④ 支持产品异地、并行设计　由于产品模型在计算机上定义，加之网络通信的迅速发展，处于异地的设计人员也可方便地进行交流。设计队伍中除有设计、制造、装配、试验等专业人员外，还有合作伙伴、用户代表等，这样在产品开发过程中能及早地发现问题，并使这些问题在产品开发的早期阶段就得到解决，尽量避免下游重大问题的反馈所造成的时间拖延、成本上升等现象。

(3) 多种协同机制

采用并行工程方法，缩短产品开发周期，并及早考虑到产品生命周期中所有环节的问题。这里需要多种协同机制，以实现虚拟开发系统中各群体、各层次对信息、资源的共享，协调处理各种更新、冲突和竞争。

① 组织协同　在虚拟产品开发体系下，是以 teamwork 的工作方式进行的。这就存在 team 内的人与人之间协作和开发组织内各 team 之间协作。

② 人机协同　从系统设计方法考虑，感知层面上采用人机联合感知，思维层面上采用人机共同分析，决策层面上采用人机相互协作，充分发挥各自优势。要强调人机协作来表现高质量的产品开发，而不是消除人的因素来达到全盘自动化。

③ 知识协同　在产品的开发过程中必须解决数据的更新、版本的升级和知识间的冲突，因而需要有一个机制保障这些数据库和知识库间的协调。较复杂的设计过程可以分解为若干个环节，每个环节对应一个子专家系统，多个专家系统协同合作，各子专家系统间互相通讯，它是过程集成和决策支持的重要环节。

④ 人、技术、组织三者的协同　在产品开发系统中，技术是基本手段，人是主体，组织是反映开发活动中人与人的相互关系。一个真正经济、高效、安全的虚拟产品开发系统，应该是由技术、人和组织三方面高度集成和协同的系统。

(4) 全生命周期的产品演变仿真和产品开发全过程的活动仿真

全生命周期的产品演变仿真是通过产品的数字模型，反映产品从无到有，再到消亡的整个演变活动，用户和开发者在制造实物之前即可评审其美观、可制造性、可装配性、可维护性、可销售性和环保性能等，从而确保产品开发的一次成功率。

产品开发全过程的活动仿真旨在通过开发活动的数字模型，反映动态联盟组织形式下，产品开发活动的功能行为和运作方式，仿真虚拟产品开发的设备布置、物流系统、资源的利用和冲突以及组织结构、生产活动和经营活动等行为，从而确保产品开发的可能性、合理性、可靠性、经济性、高适应性和快速响应能力。

由于系统庞大和复杂，被求解问题越综合、越形象、越直觉、越模糊，则用户和计算机系统之间的鸿沟就越宽，而实际上人们从主观愿望出发，十分迫切地想和计算机建立一个和谐的人机环境，使人们认识客观问题时的认识空间与计算机处理问题时的处理空间尽可能一致。为了适应 21 世纪信息的需求，人们不仅仅要求能通过打印输出或显示屏幕上的窗口，从外部去观察信息处理的结果，而且要求能通过人的视觉、听觉、触觉、嗅觉以及形体、手势或口令，参与到信息处理的环境中去，从而取得亲身的感受。因而信息处理已不再建立在一个单维的数字化信息空间上，而是建立在一个多维化的信息空间中，建立在一个定性和定量相结合、感性认识和理性认识相结合的综合集成环境中。

(5) 各种支持系统的开发

在产品开发过程中,许多环节的功能或作用能通过模型化或其他形式化的方法和手段表现出来,但决策环节有着较多模糊的因素和机理,目前还不能用形式化的方法进行描述。另外在开发活动中环境、组织等方面还存在许多随机和突发的事件,因而虚拟产品开发系统中必须有各种支持系统来支撑,如产品设计支持系统、装配支持系统和测试支持系统等。

3. 虚拟产品开发体系结构

虚拟产品开发体系结构如图 14 – 28 所示。在 OS(Operating System)、Network、DBMS(DataBase Management)和 KBMS 等平台的基础上,虚拟产品开发采用面向对象的方法与技术,在开发工具的支持下,将基本实体以对象的形式构造出来。通过总线结构将基本实体集成为功能实体。在这里,基本实体是指以对象形式表现的具有一定处理能力的软件模块,功能实体是指具有独立完成某一功能的、由数个基本实体组成的信息处理单位。总线结构由数据总线、状态总线和控制总线组成。其中,数据总线是基本实体之间数据交换与协议及其实现机制,状态总线是传递和监控各基本实体、工具和应用系统的工作状态,控制总线运行控制机制。基本实体在控制总线的统一协调与控制下,首先通过状态总线起动基本实体或应用系统,然后调用基本实体的操作通过数据总线交换数据,或者完成某种处理功能。开发平台的支持环境是操作系统(UNIX、Windows)、支持 TCP/IPT 的网络系统、各种关系数据库管理系统。整个平台在基于 ODBC 标准的数据流或信息流的基础上协调一致地工作。一组开发工具(设计工具、仿真工具、分析工具、决策工具)在 ODBC 的基础上集成起来,完成开发应用系统的主要工作。

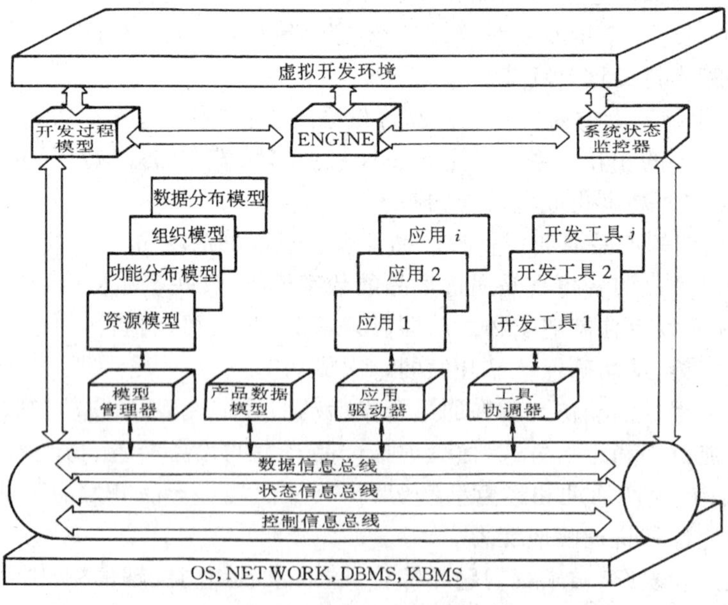

图 14 – 28 虚拟产品开发体系结构

工具协调器包括 DDE、OLE 的转换接口模块等,对于基于 ODBC 标准的开发工具可以直接集成到系统中,无需任何接口模块,对于非 ODBC 标准的开发工具可以通过接口转换模块集成到系统中。

14.5 敏 捷 制 造

1. 敏捷制造提出的背景

自二次世界大战以后，日本和西欧各国的经济遭受战争破坏，工业基础几乎被彻底摧毁，只有美国作为世界上唯一的工业国，向世界各地提供工业产品，所以美国的制造商们在 20 世纪 60 年代以前的策略是扩大生产规模。到了 70 年代，西欧发达国家和日本的制造业已基本恢复，不仅可以满足本国对工业的需求，甚至可以依靠本国廉价的人力、物力生产廉价的产品打入美国市场，致使美国的制造商们将策略重点由规模转向成本。80 年代，原西德和日本已经可以生产高质量的工业品和高档的消费品与美国的产品竞争，并源源不断地推向美国市场，又一次迫使美国的制造商将制造策略的重心转向产品质量。进入 90 年代，当丰田生产方式在美国产生了明显的效益之后，美国人认识到只降低成本、提高质量还不能保证赢得竞争，还必须缩短产品开发周期，加速产品的更新换代。当时美国汽车更新换代的速度已经比日本慢了许多，因此速度问题成为美国制造商们关注的重心。“敏捷”从字面上看正是表明要用灵活的应变去对付快速变化的市场需求。

1991 年美国里海大学（Lehigh University）亚柯卡（Iacocca）研究所在研究和总结美国制造业的现状和潜力后，发表了具有划时代意义的《21 世纪制造企业发展战略》报告，提出了敏捷制造和虚拟企业的新概念，其核心观点是除了学习日本的成功经验外，更要利用美国信息技术的优势，夺回制造工业的世界领先地位。

2. 敏捷制造的概念和内涵

敏捷制造的基本思想是：通过把动态灵活的虚拟组织结构（virtual organization）或动态联盟、先进的柔性生产技术和高素质的人员进行全方位的集成，从而使企业能够从容应付快速变化和不可预测的市场需求，由此获得长期的经济效益。它是一种提高企业竞争能力的全新制造组织模式。它强调人、组织、管理、技术的高度集成，强调企业面向市场的敏捷性（agility）。图 14-29 形象地体现了敏捷制造的概念。

敏捷制造包含如下丰富的内涵：

(1) 敏捷制造的出发点是多样化、个性化的市场需求和瞬息万变的经营机遇，是一种“定单式”的制造方式。

(2) 敏捷性反映的是制造企业驾驭变化、把握机遇和产品创新的能力。

(3) 敏捷制造重视充分调动人的积极因素，强调需要有知识、精技能、善合作、能应变的高素质员工，充分弘扬人机系统中人的主观能动性。

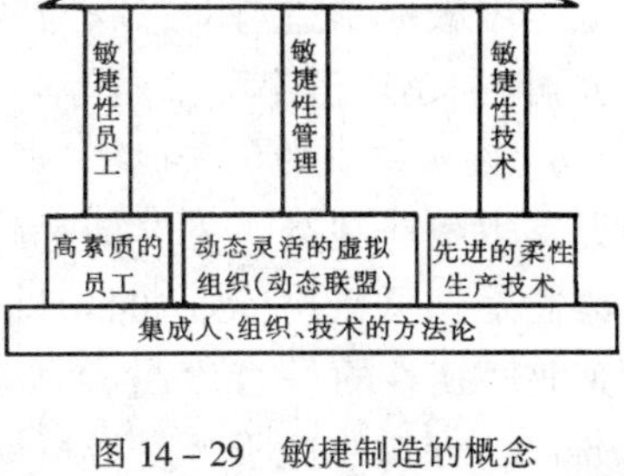

图 14-29 敏捷制造的概念

(4) 敏捷制造不采用以职能部门为基础的静态结构，而是推行面向产品过程的小组工作方式，企业间由机遇驱动而形成动态联盟。

动态联盟是敏捷制造的基本组织形态，其含义是指企业群体为了赢得某一机遇性市场竞争，围绕某种新产品开发，通过选用不同组织/企业的优势资源，综合成单一的靠网络通信联系的阶段性经营实体。动态联盟具有集成性和时效性两大特点。它实质上是不同组织/企业间的动态集成，随市场机遇的存亡而聚散。在具体表现上，结盟的可以是同一个大公司的不同组织部门（以互利和信任为基础，而非上级意志），也可以是不同国家的不同公司。动态联盟的思想基础是共同赢(win - win),联盟中的各个组织/企业互补结盟,以整体优势来应付多变的市场,从而共同获利。

敏捷制造的基本定义如下:以柔性生产技术和动态组织结构为特点,以高素质协同良好的工作人员为核心,实行企业间网络集成,形成快速响应市场的社会化制造体系。与其他制造模式相比较,敏捷制造的主要特征是:①以满足用户要求,获得利润为目标;②以竞争能力和信誉为依据,选择组成动态公司的合作伙伴;③基于合作间的相互信任、分工协作、共同目标来有力地增强整体实力;④把知识、技艺、信息投入最底层生产线。

敏捷制造作为一种新的制造哲理,有许多新的制造思想。但是,必须指出,敏捷制造并不意味着需要高额的投资作为前提,也不需要抛弃所有过去的生产过程和结构,而是强调如何利用旧的、可靠的生产过程和生产要素(尽可能少添加新过程)来构成新系统,生产出更多的新产品。动态联盟就是利用已有的社会技术基础,通过重组来实现敏捷制造的有效方式。

3. 敏捷制造的典型应用

敏捷制造能成为21世纪制造模式,它的特点主要在于有成功的例证和切乎实际的行为,如表14-2所示。此外,它在过程控制工业、半导体工业中都有明显的应用效果。

表 14-2　　敏捷制造的典型应用

项　目	生产单位	时间	效　果
笔记本式计算机	美国 AT&T	1991	从决策到产品展览仅四个月,全部元件由国外企业承担,在美组装
自行车	日本松下国家自行车工业公司	1987	每辆车生产时间为8~10个工作日,为大批量生产的一半,价格为1300美元(原为2500~3500美元)
空气压缩机	美国空气压缩机公司	1988	耗资为125~25万(原为50万)美元,时间为原来的1/3~1/2
匹兹堡万能夹具	通用汽车公司	1991	成本为3/70;时间为1/37;占地1/300,制造方便可伸缩重用/重构、适用性好

由于经济发展有共同的规律,在我国高新技术的新兴产业群中,也有不少不自觉地、而自发地运用敏捷制造与动态联盟的基本规律取得了很大的成功,例如:深圳的华为公司、北大方正公司、神龙通信工程公司等等。

4. 企业组织的敏捷性

实现敏捷制造的关键是对制造企业进行敏捷化改造或重组,增强企业的敏捷性。企业的敏捷性是指可重构(reconfigurable)、可重用(reusable)和可扩充(scalable)的特性,即RRS特性。对企业敏捷性的综合度量,可以用成本(cost)、时间(time)、健壮性(robustness)和自适应范围(scope of change)这四个度量指标。其中,自适应范围是敏捷性的精华,它不是预先按规定的需求范围建立某过程,而是使企业从组织结构上具有RRS特性,是企业预计完成变化活动的能力,与创新性密切相关。成本是指完成敏捷变化(或转换)的成本,变化成本与新产品的上市成本密切相关,也与产品过程的设计与实现相关。健壮性是指敏捷变化过程的坚固性和稳定性,它与新产品和过程的质量密切相关。这四个方面相互约束,相互关联。敏捷性必须在此四个方面取得均衡。例如,无成本约束的快速变化是无意义的;不健壮的变化也不实用;自适应变化范围必须与快速的时间、合理的成本、保险的健壮性相联系。企业实现敏捷性转化的费用直接反映在产品成本、质量、市场响应之中。

从企业的组织管理角度可以用五个主要变量或要素来表示企业的敏捷性，即通信连通性(communication connectedness)、跨组织参与性(interorganization participation)生产灵活性(production flexibility)、管理相关性(management involvement)和雇员使能性(employee empowerment)。

(1) 通信连通性是指敏捷企业中跨越公司和组织机构范围的通信、交流程度，它包括通信技术和通信行为两方面。

(2) 跨组织参与性是指敏捷企业跨越公司范围组织进行经营活动的能力和水平。跨组织的共同参与有多种方式，如基于顾客(供应商)长期合同建立的供应链关系、合资联合体、虚拟伙伴合作关系等。在敏捷制造中主要关心虚拟伙伴合作关系，即动态联盟方式。合作伙伴间的相互信任和依赖是跨组织间的共同参与取得成功所必不可少的因素。

(3) 生产灵活性是指企业的制造能力、生产及时性和可重构性的水平。敏捷企业要利用各个层次(公司层、工厂层、单元层、设备层等)的灵活性，尤其要考虑公司层的灵活性。

(4) 管理相关性是指企业主动参与管理以调整其组织和资源使得敏捷制造得以实现的水平。它与企业的组织和资源、企业创新性和主动性、动态联盟的作用密切相关，直接影响着公司及其经营过程的可重构性和灵活性。

(5) 雇员使能性指企业使每个雇员能够根据公司目标定义其义务责任，影响其工作领域乃至整个公司的决策能力的水平。雇员使能性包括公司建立多功能项目组的能力、对雇员的全面培训、雇员被授权和解决问题的水平等方面。

5. 实现敏捷制造的关键技术

在《21 世纪制造企业发展战略》报告中，描述了美国敏捷制造企业模式中所包含的 20 个技术使能子系统，现只就其中最为重要的，也是现有企业在敏捷化变革中首先要解决的技术问题简述如下：

(1) 基础技术——CIM 技术　CIM(计算机集成制造)技术是一种组织、管理与运行企业生产的技术。它借助于计算机硬软件，综合运用现代管理技术、制造技术、信息技术、自动化技术、系统工程技术等，将企业生产全过程中有关人、技术、经营管理三要素及信息流、物料流有机地集成并优化运行，以实现产品高质、低耗、上市快，从而使企业赢得市场竞争。它为实现敏捷制造的集成环境打下了坚实的基础，是敏捷制造的基础技术。

(2) 环境技术——网络技术　实现敏捷制造，企业需要具有前述的通信连通性，网络环境是必备的，并应按照企业网——全国网——全球网的步骤建立，实施企业的网络技术。利用企业网实现企业内部工作小组之间的交流和并行工作，利用全国网、全球网共享资源，实现异地设计和异地制造，及时地、最优地建立动态联盟。基于网络的企业资源计划管理系统和商品供应链系统都将为敏捷制造的实施提供必需的信息。

(3) 统一技术——标准化技术　以集成和网络为基础的制造离不开信息的交流，交流的前提是有统一的交流规则，这就是标准化的工作。执行电子数据交换标准 EDI、产品数据交换标准 STEP 及超文本数据交换标准 SGML 等，是进入国际合作大环境，参加跨国动态联盟的前提。

(4) 虚拟技术——模型和仿真技术　敏捷制造通过动态联盟和虚拟制造来实现，因而对产品经营过程进行建模和仿真，采用基于仿真的产品设计和制造方法是十分必要的。另外，作为敏捷制造在产品设计和制造过程中的主要手段之一的虚拟原型系统，也是以模型和仿真技术为基础的。

(5) 协同技术——并行工程技术　并行工程技术是对产品及相关过程(包括制造过程和支持过程)进行并行、一体化设计的一种系统化技术。该技术要求产品设计人员在设计一开始就考虑到产品全生命周期(从概念形成到产品报废)中的所有因素,包括质量、成本、速度、进度及用户要求等。并行工程通过组成多学科的产品开发小组协同工作,利用各种计算机辅助工具等手段,使产品开发的各阶段既有一定的时序又能并行。同时,采用由上下游因素共同决策产品开发各阶段工作的方式,使产品开发的早期就能及时发现产品开发过程中的问题,从而缩短开发周期,降低成本,增强对市场的响应敏捷度。

(6) 过程技术——工作流管理技术　动态联盟是面向具体产品而动态创建的虚拟公司,其组织结构的临时性和动态性,加上产品研制过程的创新性和协同特性,在很大程度上决定了动态联盟的管理将采用或者基于项目管理的方式来进行。能够有效支持企业业务重组、业务过程集成、项目管理和群组协同工作的工作流管理技术,对于实施动态联盟具有重要的支持作用。另外,工作流管理系统还可以作为企业间信息集成的使能工具,基于 Web 和基于邮件方式的工作流管理系统可以为企业灵活地组建动态联盟和实现信息交换发挥重要作用。

(7) 企业集成——企业集成就是开发和推广各种集成方法,在适应市场多变的环境下运行虚拟的、分布式的敏捷企业。

此外,集成框架技术、集成平台技术、数据库技术、决策支持系统、人机工程、人工智能等也都是支持敏捷制造和动态联盟的重要技术。敏捷制造是 21 世纪企业生存、竞争的必要条件,它表示的是一种在不可预见、持续变化前提下的适应和驾驭市场变化的能力,它要求整个社会的协同努力。

14.6　分散网络化 CAD/CAM

自 20 世纪 90 年代以来,伴随着商业全球化的浪潮,计算机软、硬件及网络技术的发展极大地促进了产品的全球化设计与生产。而这种全球化的步伐反过来又增加了对网络支持的 CAD 系统和网络化异地设计制造系统的需求。

14.6.1　网络 CAD 概述

1. 背景与产生原因

人们从事 CAD 工作时,发现有很多的设计是在广域地理环境下进行的。如设计人员、设计资源处在多个不同的地方。与此同时,随着产品复杂程度的加剧,设计一致性的保证越来越难。相应的是,一个复杂产品在概念设计和详细设计时就涉及不同专业的知识。这不仅需要强调不同的设计方向与风格,还要构造和处理不同领域的数据模型。从技术层面上看,一个复杂产品的设计涉及的人员有设计人员、用户、开发商及生产商等。产品的设计不仅仅只是设计人员与产品的交互,还包括与其他设计人员及环境的交流。设计可以看成是一组有着共同最终目的的群体活动。通过设计人员与环境交互而产生的设计活动就是我们所说的协同设计。计算机支持的网络 CAD 使得群体成员(包括设计者、生产者、销售者和管理者等)在产品生命周期中以并行、协同的方式交换产品信息,对产品设计思想、设计进程、设计组织和设计信息进行协调与管理,并加强了人与人之间的协同支持。

2. 相关概念与技术

网络 CAD 目前尚无统一的定义,但广泛认为它是利用网络及其衍生技术,通过分布协同的工作方式使产品设计合理有序,设计方案和数据广泛优化,设计资源与信息模型广泛共享,从而保证 CAD 产品的高性能、高质量、低成本和短周期。尽管网络 CAD 概念相关提法很多,但多是借用网络技术方面的术语。相关网络 CAD 的概念被称为“以网络为中心的 CAD(Network - Centric CAD)”。

网络 CAD 技术正逐渐成为一门新兴的学科。网络 CAD 涉及的技术主要包括:①分布式数据库;②元数据;③标准数据交换格式;④分布应用;⑤网络技术;⑥数据压缩技术;⑦计算机支持的协同工作。

3. 应用领域

目前,网络 CAD 主要应用于:

(1) CAD/CAM/CAE 集成化

由于 CAD/CAM/CAE 技术把人和机器的各自优点结合了起来,大幅度提高劳动生产率,使 CAD/CAM/CAE 成为衡量国家科技现代化和工业现代化程度的重要标志之一。CAD/CAM/CAE 集成化的目的是提供一种能覆盖以某类产品为主的、更高效能的设计/制造整体系统,实现各个应用程序所需要的及产生的信息进行存储和交流,达到软件资源和信息共享,避免不必要的重复和冗余。网络 CAD 本身注重系统环境共享和软件共享的机制与信息一致性的控制及管理,从硬件集成和软件集成两方面为 CAD/CAM/CAE 提供了柔性集成。

(2) 远程计算与设计

市场的竞争导致了产品资源的分散性与分布性。异地设计成为降低成本、加速产品开发的一个解决方法。但异地设计的一方(客户端)远离设计中心(服务端),缺乏连续资源保障,导致效率下降、开发周期延长。网络 CAD 利用网络及 Web 寻求设计中心(服务端)的支持与协作,提供远端 CAD 计算与设计工具,异地异构服务,改善了远程设计的工作模式。目前基于 Web 技术的远程 CAD 资源获取是网络 CAD 研究与应用的热点。

(3) 工作流程管理与 PDM

网络 CAD 的一个主要发展方向就是实现人机交互事件的协作自动化。无论工作流程管理技术还是 PDM 系统都具有一定的设计过程管理共享与自动化特征。从 CAD 对象的任务确立、分解、组织、执行、重构到相关信息的存储、分类、链接、维护、共享,网络技术促使 CAD 转向更多考虑产品设计过程管理与协调。相应的产品信息模型建立在多用户、多学科、多视角的基础上,不仅仅是网络 CAD 的需要,也有利于产品对象的工作流程管理与数据管理。

(4) 虚拟产品可视化

虚拟产品是指计算机表达的数字化产品信息。新产品特别是一些大型、复杂的产品,如建筑物、飞机等的开发与研制,必须要可视化模型来设计、验证产品的各种方案、性能。在分布环境下,利用虚拟产品可视化模型进行 CAD 协同工作,更有利于优化设计环境、提高协作效能、感知设计对象、加深感性认知。虚拟环境、可视化技术等也逐渐与网络 CAD 交叉,构造出更为协调的人机一体化系统。

4. 研究内容与发展动态

网络 CAD 的研究内容包括技术、组织和方法等多个层次。从技术上讲,它包括 CAD、数据库、分布计算及网络技术等。从组织上讲,网络 CAD 是一个交叉性学科,而其产品对象也涉及多个学科领域。各个学科与技术的组织、共享与融合是研究的关键。从方法上讲,网络 CAD 设计依赖面向对象技术、分布式对象技术、面向智能体程序设计技术等的支持。目前网络 CAD 有关研究与发展主要集中在:

(1) 基于 Web 的 CAD(Web-based CAD)

CAD 设计已应用到各个行业中。新的挑战不单单是大量不同的 CAD 系统及各异的用户界面,还包括设计人员、工具、数据的地理分散性。近几年,软件技术飞速发展促进了 Internet 网上分布用户界面的应用,但远程异地 CAD 工具的使用及发展还不够。当前基于 Web 的 CAD 的核心问题是如何利用 Web 技术方便迅速地获取和提供 CAD 远程资源,包括设计工具、设计数据、设计知识等。Web 技术可以将地理上不同的 CAD 系统联系在一起,缩短了人—人、人—机、机—机间的距离。

(2) 多学科 CAD 信息模型

网络 CAD 技术的研究是基于不同设计应用程序间共享数据的需求而产生的。它的发展是面向不同设计模型的协同,具有协同的特性,其产品对象也涉及多学科。在计算机表达中虚拟产品应提供足够的信息以满足多学科、多视角的需求。目前的方法多是从产品的特征信息入手,构造面向不同学科的完备信息及关联信息,这对产品数据表达与交换标准提出了很高的要求。现有的 STEP、IGES、DWG、DXF、DWF 等数据标准均满足不了上述功能。

(3) 广义 CAD

广义 CAD 是 CAD 在网络中的一种扩展。它是指除了传统的应用外,网络 CAD 还要包括以下的功能:相关文件的字处理与制表、设计表达的可视化技术、设计执行的评估分析、渲染与动画技术、异构分布信息的数据库管理。此外,还要包括多媒体技术、CSCW 技术的支持。相对而言,广义 CAD 考虑更多的是信息间的连续性与继承性。

(4) 基于 Agent 的分布虚拟设计环境

构造基于 Agent 的虚拟设计环境的目的是创造相对和谐的人机协作环境,是未来网络 CAD 的一个发展方向。基于 Agent 的方法,特别是面向智能体程序设计技术,是面向对象技术的一种改进。Agent 与众不同的精神状态表达相同于人认识、改造客观世界的精神反映。对于那些我们尚未深入了解的复杂环境和系统,这种描述方法是一种最为方便有效的手段。利用这种分布虚拟环境人们可以身临其境地感知其他人员的操作与设计结果,达到虚拟现实的效果。

14.6.2 制造网络

虚拟企业能否取得成功,关键在于合作伙伴之间是否存在敏捷的信息基础框架,以及是否充分利用了这个信息基础框架来改善制造商、供应商、顾客和合作伙伴之间的关系,从而进一步降低生产成本、提高产品质量和减少生产周期。因此,美国的政府部门、大学、科研机构和公司利用先进的通信和信息技术建立了许多制造网络,如"计算机辅助制造网络"、"零件族网络"、"制造系统的敏捷基础框架"、"企业集成网络"等。本小节介绍前两种制造网络。

1. 计算机辅助制造网络——CAMnet

CAMnet 是由美国国防部 ARPA 提供资助、通用电器公司研究与开发中心开发的模具计算机辅助制造网(见图 14-30)。它主张以计算机技术为基础,利用高速计算机网络把企业集成在一起,参加产品开发的合作伙伴能够在网络上协调工作,摆脱距离、时间、平台和工具等因素的束缚,获取重要的

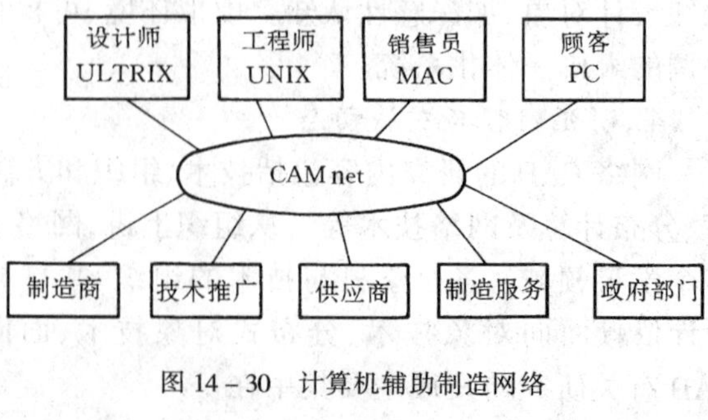

图 14-30 计算机辅助制造网络

设计和制造信息(诸如CAD模型、生产工艺、制造仿真、最新的顾客要求等等)。CAMnet利用WWW服务器,开发出传递分布式制造信息和服务的使能器,这些使能器包含在WWW服务工具箱内。CAMnet提供了“塑料应用设计服务”、“环境制造服务”、“材料选择服务”和“供应商预资格服务”等四种服务。

(1) CAMnet目标

CAMnet系统总体目标是开发和演示跨过国家信息基础框架传递制造信息和服务的各种使能器,并把成果逐步向工业界推广。企业的信息大多以各种数据库、文本、图形和数据文件方式存在,CAMnet有必要把这些分布信息集成起来,以供合作伙伴共享。但是,到目前为止还没有任何确定的方案能够把不同地点、不同系统、不同存储方式的信息有效地连接起来。因此,CAMnet将提供给用户一个柔性的客户/服务器文件“框架”,并利用它把所存在的分布式制造信息库和工具集成起来。

(2) CAMnet结构

以往开发的计算机信息系统通常忽视了人的因素,不同的系统代表着不同的产品数据,缺乏与其他程序的接口,很少提供相互之间信息流的协调方法。CAMnet通过采用活性文件、通用HTML阅读器和客户/服务器方法来克服这些缺点。活性文件驻留在应用服务器中,可由客户端的HTML阅读器或其他工具调用,以访问指定的数据。

开发CAMnet的目的是要共享分布在不同地点的信息资源和服务。这就要求CAMnet具有开放式的结构,以使建立在各种不同类型计算机网络上的企业信息基础框架都能利用CAMnet上的服务。为此,CAMnet需要:①开发一个可重用软件包的通用框架,以建立活性文件;②使用WWW工具箱传递可重用的软件包;③以这个框架及其软件包为基础,演示工具箱的实用性和特点。

目前,CAMnet工具箱包含的组件有:WWW-Tcl、Session管理器、Expand/Contract、Email/Fax、WAIS/WWW、菜单条工具、图像映射工具、Tcl-CGI装载模块和Tcl动态装载器。CAMnet框架既可用来解决指定的问题,也可以用已存在的工具箱建立新框架,作为新应用的解决方案。

CAMnet所提供的服务建立在诸如TCP/IP和HTTP这样的标准数据通信协议,以及HTML浏览器的基础上,用户可以使用各种类型的计算机,利用由HTML浏览器触发的接口,从有关的数据库中获取工程数据或使用各种应用工具。CAMnet的软件结构如图14-31所示,由“框架”、“集成”和“相互作用”三部分组成。基于客户/服务器方式的“框架”使用HTTP作为HTTP服务器和HTML浏览器的连接层。通过HTTP,浏览器可以向服务器发送请求(诸如提交表或进入其他连接);服务器可以反馈信息。更复杂的请求则需要通过网关使用CGI(Common Gateway Interface)处理,这些网关能够从数据库中选择所需要的数据,通过打包器调用指定的应用,并访问存储在其他网址的信息等。总之,基于框架的应用能够共享信息,在分布式的场所之间使用HTTP进行通信,以及使用CGI处理

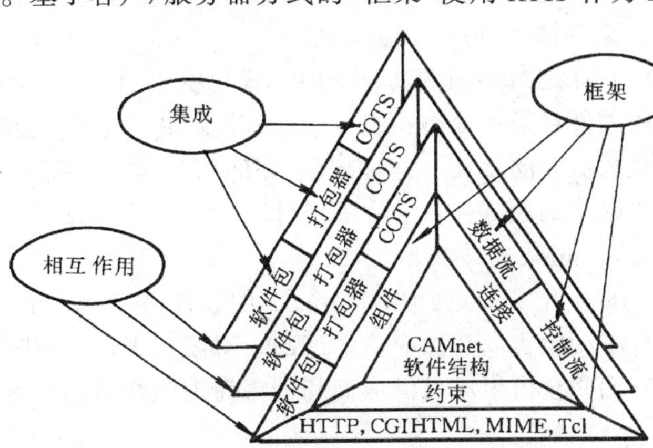

图14-31 CAMnet的软件结构

复杂的操作。

许多 COTS 产品和 CAMnet 工具箱的“集成”是通过 CGI 和 Tcl 完成的。目前，市场上存在的大量商用产品(诸如 HTTP 服务器、HTML 浏览器和数据库管理系统等)既减少了 CAMnet 应用的投资又有利于 CAMnet 的使用和推广。

CAMnet 软件结构中的“相互作用”是指采用标准的相互连接协议(也就是 TCP/IP、HTTP)，使得 CAMnet 上的应用能够交换数据和具有相同 HTML 表示的活性文件。这些活性文件利用数据打包器为系统之间数据传递提供了工具。

(3) CAMnet 服务和功能

目前，利用 CAMnet 框架已经开发了四种服务：塑料应用设计指南(PADG)、环境制造指导(EMA)、材料选择工具(MST)和供应商预资格数据(SPQD)。

PADG 为当前广泛使用的、具有工程计算和 Snap-fit 设计功能的图纸式设计指南提供了交互式和集成化的方法。这个模块可以驻留在分布式系统的多个节点上，并具有以下功能：①搜索；②目录；③GE 塑料产品；④设计计算；⑤定义设计环境；⑥定义几何；⑦计算变形；⑧计算力；⑨E-mail 结果；⑩Fax 结果；⑪存储；⑫装载。

EMA 提供给用户各种关于对环境有影响(“绿色制造”)的化学品的信息。EMA 的功能包括：①显示每种化学品的使用规则；②化学品搜索模式操作；③显示每种化学品的毒性；④每种化学品的基本数据；⑤化学品毒性及使用规则比较；⑥显示化学品簇；⑦簇搜索模式操作；⑧每种化学品的所有簇。

MST 为用户浏览 GE 的塑料材料库提供了交互式工具，并允许用户选择具有指定性质的材料。MST 模块的功能包括：①浏览产品数据；②指定与几何无关的性质；③搜索；④指定与几何有关的性质；⑤选择。基于功能②和④，选择功能经过计算，给出了一个包含投资性能比分析的材料分类列表。

SPQD 搜集了所有销售商提供的数据，并根据指定的标准评估供应商。SPQD 可供两类用户使用，一类是买方，他们是集成企业的成员，使用活性文件访问由销售商提供的数据，并根据企业标准对销售商作出评价；另一类是卖方，他们通过 HTML 浏览器提供 SPQD，并把所要求的数据发送给买方。对买方来讲，SPQD 模块提供的功能包括：“显示所有的 SPQD 列表”、“分类 SPQD 列表”和“搜索 SPQD 列表”。对卖方而言，SPQD 模块提供了“填数据表”、“FaxSPQD 表”、“E-mailSPQD 表”、“显示 SPQD 列表”以及“显示制造装配调查”。

2. 零件族网络——PartNet

PartNet 是由美国国防部 ARPA 提供资助、Utah 大学和 PartNet 公司合作完成的项目，是一个在线零件目录和分布式组件信息系统。它建立在最新的网络技术、面向对象的应用开发和分布式数据库的基础上，为内部或外部用户提供在线的桌面访问。用户可在任何地点确定、搜索和选择存储在零件目录中的组件。

(1) PartNet 基本技术

PartNet 开发了一个名为“e-mall”的软件(参见图 14-32)，它能够方便地建立电子路径以支持来自不同销售商和供应商的产品。对客户来讲，这些产品信息好像来自一个资源场所，而实际上它们完全由半成品供应商和销售商控制在自己的数据库中。e-mall 主要采用以下两种技术：

① 网络信息中间商(NIB)。NIB 把经路由器到来的 Web 浏览器请求与虚拟数据库接口(VDI)数据连接起来。NIB 管理每一个来自客户的请求并把适当的信息发送到网络中的目标

数据库;NIB 也把目标数据库返回的信息同每个远程节点关联起来。客户搜索 e-mall 不必考虑数据的位置和结构,NIB 能够确定要访问什么数据、从哪访问以及怎样访问;同时,它把 VDI 返回的数据转换成 HTML 并发送到用户处。

② 虚拟数据库接口(VDI)。VDI 是用于查询网络中每一个远程数据库的结构。VDI 接收来自 NIB 信息和请求,以搜索存放在远程数据库的指定信息。VDI 根据这些信息把用户请求与数据库对应起来,并把结果返回到 NBI,最终显示在客户的浏览器上。VDI 是相当柔性的,它既可集成在一个新的数据库中,也可利用已存在的数据库。系统中 VDI 的数量不受限制,PartNet 的 e-mall 结构支持大规模分布式数据库网络。

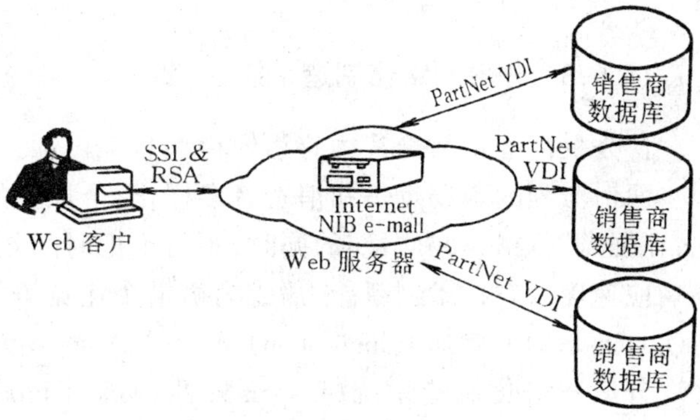

图 14－32　PartNet 的工作原理

(2) PartNet 特点

对供应商而言,PartNet 的零件目录永远不会过期,客户可随时了解产品的更新信息;PartNet 为用户浏览和选择的各类零件信息提供了使用报告;PartNet 减少了 CD－ROM 的复制和分布费用;PartNet 为世界范围的新市场和新顾客提供瞬时的连接通道;PartNet 目录允许用户每天 24 小时随时访问;PartNet 使你能够完全控制你的企业产品信息;PartNet 并不依赖于哪一个数据库管理系统,而是与 ODBC 兼容的 DBMS;PartNet 能够同时处理几千种用户查询。

对客户而言,PartNet 允许用户随时访问供应商的产品信息;PartNet 为用户查询提供了容易使用的目录表;PartNet 的异步通信方式对用户查询提供瞬时的反应;PartNet 既可通过它自己提供的高速接口,也可通过浏览器(诸如 Netscape)访问;PartNet 为用户提供了柔性的搜索方法,诸如通过零件名称、零件属性、零件号等;PartNet 提供了访问 CAD 图形、数据清单及产品的 GIF 图像等功能;PartNet 提供了报价单,并允许客户直接从桌面订购。

(3) PartNet 配置

PartNet 的 e-mall 能够被设计成在几种不同的配置下运作,以适合于不同的环境。哪一种配置最合适完全依赖于企业系统的商业目的。最常用的三种实施方法是"存储前端"模型、"供应链"模型和"专用协约客户"模型。

① 存储前端配置

这是最简单的实施方法,因为整个系统仅包含一个数据库,仅一个供应商对外销售其产品。在这种配置中,销售商对进入 Web 场所的所有客户显示相同的产品目录和价格清单。

② 供应链集成配置

在这种配置中,一个供应商联盟或来自一个供应商的多个分布式数据库产品信息显示在一个虚拟目录中。对于从任何 Web 场所进入的客户来讲,虽然他们只看到一个目录,但实际上他们访问了分布于多个不同场所的资源。这种特性一般适用于对专用客户(如大的团体客户)显示特殊的价格和产品信息。Web 场所的安全机构限制了其他客户对这些目录的访问。

③ 专用协约客户配置

这种配置是对供应链集成方式的扩展,即允许多个专用客户访问一个或多个供应商的数据库。每个团体客户都可访问安全的 Web 场所而限制其他人浏览产品信息和数据。这样,供应商就能够对所有客户使用相同的数据库，但限制了未授权的客户访问有关的产品数据和价格。

14.6.3 分散网络化制造系统

1.分散网络化制造系统的总体构思

面对激烈的市场竞争和消费者多样化、个性化的需求，制造企业的经营战略也要相应地变化，在强调“价格”和“质量”的同时，不得不把时间效应和时间利润提到议事日程上来，于是“市场响应速度”和“技术创新能力”成为衡量企业竞争能力的重要标准，这就是要在 CIMS 追求的 T、Q、C、S 基础上增加 I(Innovation)。

分散网络化制造系统(Dispersed Networked Production System, DNPS 或 Distributed Networked Manufacturing System, DNMS)是实现敏捷制造和可持续发展的一种生产模式。分散的含义是指集团成员是动态的、没有规律的和地理上相隔的。网络化意味着利用信息和通信技术把它们加以组织起来进行生产，它从名称上就指明了我国当前构建虚拟企业的特点和物理含义，比笼统地称为虚拟企业更容易为人们理解和接受，便于在中国制造企业中推广。

分散网络化制造系统是利用不同地区的现有生产资源，把它们迅速组合成为一种没有围墙的、超越空间约束的、靠电子手段联系的、统一指挥的经营实体，以便快速推出高质量、低成本的新产品。图 14－33 为一种制造服务网的逻辑结构。

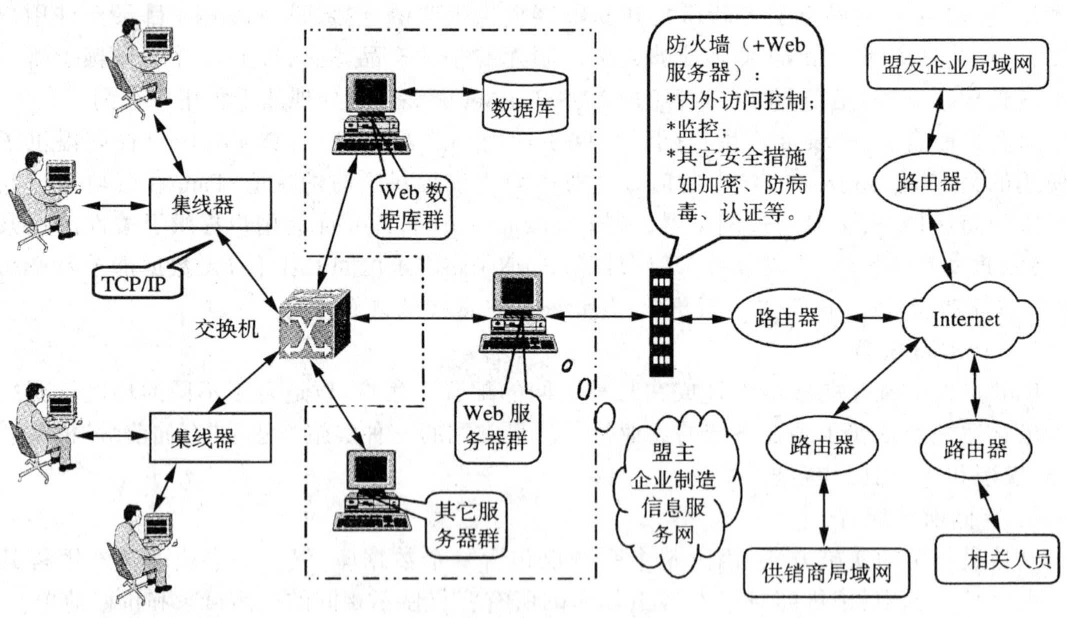

图 14－33 基于 Intranet/Internet 的制造服务网的逻辑结构

2. 分散网络化制造系统的组成

分散网络化制造系统具有以下特点：

(1) 快速地、并行地组织不同的部门或集团成员将新产品从设计转入生产。

(2) 快速地将产品制造厂家和零部件供应厂家组合成虚拟企业，形成高效经济的供应链。

(3) 在产品实现过程中各参加单位能够就用户需求、计划、设计、模型、生产进度、质量以及其他数据进行实时交换和通信。

分散网络化制造将由企业内联网和企业外联网、系统集成、数据库技术、系统安全和防火墙技术、网络和通信技术等支撑技术组成。图 14－34 为半分散化网络制造体系结构。

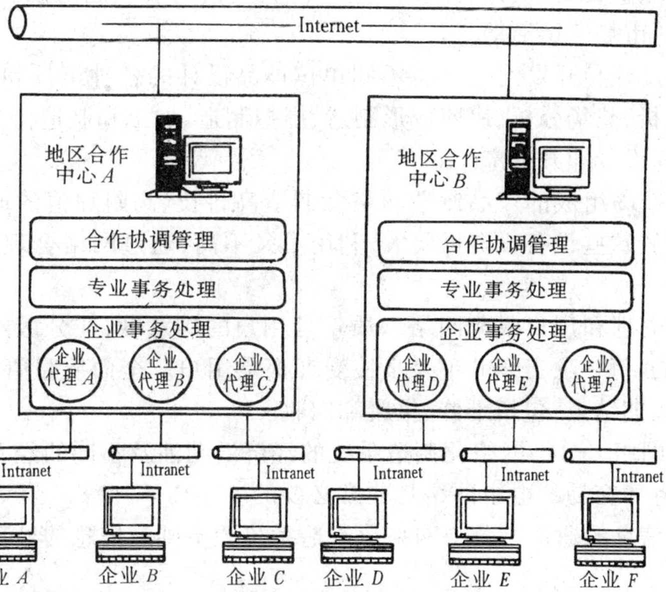

图 14－34　半分散化网络制造体系结构

3. 分散网络化制造系统的主要类型及关键技术

(1) 分散网络化制造系统的类型

① 主多从型

主要是复杂产品的生产，主导企业仅从事产品的装配。例如汽车的生产，大量的汽车零部件是由成千上百个分散在不同地点的企业供应的，由总装厂装配成最终产品。随着产品的多样化和顾客化，不仅零部件的数量不断增加，核心企业的生产组织和管理方式也发生了很大的变化。在这种情况下，采用分散网络化制造系统对推行及时制生产、零库存和全面质量管理都有很大的好处，可以促使实现高效率的供应链，为主机厂和配套厂都带来经济效益。

② 专有技术型

在设计、开发和制造高新技术产品的过程中，往往需要某些专有技术和特种设备，例如复杂构件的强度和应力分析、热变形分析、复杂过程的仿真、快速成形制造、超精密加工等。这种具备专有技术的小公司是知识型和智力型的，他们虽然不具有大型生产设备和能力，但却掌握关键的高新技术，往往是分散网络化制造系统的重要组成部分，可以促使专有技术和特种设备社会化和商业化，实现利益分享。

③ 动态联盟型

随着经营机遇和产品、经营过程和合作伙伴、经营目标和核心资源、产品供应链以及风险和利益等关系的变化，分散网络化制造系统的主导企业可能发生变化，“盟主”地位是动态的。谁能最先抓住市场机遇，并对整个产品的概念和关键技术有所创新，谁就可能优先获得领导权。当然，盟主应该是相对稳定的，但也可以是交错的，即就某种产品而言，本企业是盟主，而在另一产品的制造过程中是配角。动态联盟的成败关键在于如何构成满足顾客需求的联合生产过程的运行机制，使生产要素有效地耦合，资源的利用更加合理。

(2) 分散网络化制造的关键技术

① 制造企业信息网络　在这个网络上提供集团成员的制造资源和专有技术，以便相互选择伙伴，建立动态联盟，快速设计、开发和制造某种产品。同时，还可以利用它建立可靠的供应链和进行高效率的市场营销活动。

② 快速产品设计和开发网络　将不同单位产品设计的各种工具和经验，如实体建模、有限元分析、应力分析、热场分析、快速成形制造、虚拟制造、加工和制造仿真等加以集成，采用并行工程的方法快速设计和开发产品。

③ 由独立制造岛组成的产品制造网络　制造高科技、高附加值的产品，往往需要贵重的或特殊的设备，购置这些设备投资风险大，利用率又不高，通过网络合理利用社会资源是一个很好的办法。

④ 全面质量管理和用户服务网络　质量是用户的满意度，在分散网络化制造系统中，用户的概念是广义的，每一项工作的下一步接受者都是用户。全面质量管理就是从产品构思开始直到产品生命周期结束，包括维修、报废和回收。

⑤ 电子财务网络　分散网络化制造系统的经济活动涉及不同的经营实体和人员，一个能够快速反应的财务和交易的电子网络是非常必要的。

⑥ 制造工程信息的通信　分散网络化制造系统的基础是信息的处理、交换、传送和通信。

习题与思考题

14.1　叙述并行工程的内涵和关键支持技术。

14.2　什么是 PDM？PDM 的主要功能有哪些？

14.3　典型的快速成形制造技术有哪几种？各有何特点？

14.4　虚拟现实的定义是什么？有哪些特征？

14.5　叙述什么是虚拟制造及虚拟制造系统的基本构成。实现虚拟制造的关键技术是什么？

14.6　叙述敏捷制造的内涵和实现敏捷制造的关键技术。

14.7　叙述网络 CAD 的基本概念和其应用。

14.8　图示一网络化制造系统的结构组成。

参考文献

1 Kunwoo LEE. Principles of CAD/CAM/CAE Systems. England: Addison Wesley Longman Limited, 1998

2 Chris McMahon. CAD CAM Principles practice and manufacturing management

3 肖刚,等.机械 CAD 原理与实践.北京:清华大学出版社,1999

4 蔡颖,等.CAD/CAM 原理与应用.北京:机械工业出版社,1998

5 范玉青,等编著.CAD 软件设计.北京:北京航空航天大学出版社,1996

6 高奇微,莫欣农编著.产品数据管理(PDM)及其实施.北京:机械工业出版社,1998

7 宁汝新主编.CAD/CAM 技术.北京:机械工业出版社,1999

8 殷国富,等.计算机辅助设计技术与应用.北京:科学出版社,2000

9 孙文焕.计算机辅助设计和制造技术.北京:西北工业大学出版社,1994

10 郭启全.CAD/CAM 基础教程.北京:电子工业出版社,1997

11 董逸生.CIMS 中的数据库技术.北京:机械工业出版社,1997

12 林志航.计算机辅助质量系统.北京:机械工业出版社,1997

13 戴同.CAD/CAPP/CAM 基本教程.北京:机械工业出版社,1997

14 王先逵.计算机辅助制造.北京:清华大学出版社,1999

15 秦鹏飞.现代制造工程.上海:中国纺织大学出版社,1998

16 李爱平,等.制造系统与设备的控制.上海:同济大学出版社,1998

17 熊光楞.计算机集成制造系统的组成与实施.北京:清华大学出版社,1996

18 陈禹云,谢斌,董亚男编著.计算机集成制造系统系统设计和实施方法论.北京:清华大学出版社,1996

19 机电一体化技术手册编写组.机电一体化技术手册(第二版).北京:机械工业出版社,1999

20 张海藩.软件工程导论.北京:清华大学出版社,1998

21 刘雄伟.数控加工理论与编程技术(第二版).北京:机械工业出版社,2000

22 蔡青.CAD/CAM 系统的可视化集成化智能化网络化.西安:西北工业大学出版社,1996

23 童秉枢.机械 CAD 技术基础.北京:清华大学出版社,1996

24 刘飞.CIMS 制造自动化.北京:机械工业出版社,1997

25 孙家广.计算机图形学.北京:清华大学出版社,2000

26 潘云鹤.CAD 系统与方法.杭州:浙江大学出版社,1997

27 李世国.AutoCAD 高级开发技术 ARX 编程与应用.北京:机械工业出版社,1999

28 孙大涌.先进制造技术.北京:机械工业出版社,2000

29 赵云霞,等.数控编程.北京:机械工业出版社,1996

30 孙竹.数控机床编程与操作.北京:机械工业出版社,1997

31 吴启迪,等编著.柔性制造自动化的原理与实践.北京:清华大学出版社,1997

32 陈禹六,等.计算机集成制造(CIM)系统设计和实施方法论.北京:清华大学出版社,1996

33 肖祥芷.冲压工艺与模具计算机辅助设计.北京:国防工业出版社,1996

34 童秉枢.现代 CAD 技术.北京:清华大学出版社,2000

35 孟祥生,田凌,童秉枢.基于 STEP 标准的 CAD 与 CAPP 信息集成,工程图学学报,1997 年 2-3 期

36 周济,戴同主编.CAD 基础及应用.北京:机械工业出版社,1996

37 孙家广.计算机辅助设计技术基础.北京:清华大学出版社,2000

38 王知行,李建生,王哲.机械 CAD 与仿真技术.哈尔滨:哈尔滨工业大学出版社,2000

39 文福安.最新计算机辅助设计.北京:北京邮电大学出版社,2000

40 吴锡英,周伯鑫.计算机集成制造技术.北京:机械工业出版社,1999

41 王贤坤主编.机械 CAD/CAM 技术应用与开发.北京:机械工业出版社,2000

42 王先逵主编.现代制造技术.北京:清华大学出版社,2001

43 沈被娜,刘祖照,姚晓冬.计算机软件技术基础.北京:清华大学出版社,2000
44 宁汝新,等编著.产品开发集成技术.北京:兵器工业出版社,2000
45 沈斌,陈炳森,张曙.生产系统学.上海:同济大学出版社,1999
46 张鄂主编.现代设计方法.西安:西安交通大学出版社,1999
47 刘文剑,等编著.CAD/CAM 集成技术.哈尔滨:哈尔滨工业大学出版社,2000
48 戴同主编.机构与机械零部件 CAD.武汉:华中理工大学出版社,1999
49 徐灏主编.机械设计手册(第 2 版)第 2 卷.北京:机械工业出版社,2000
50 王隆太主编.现代制造技术.北京:机械工业出版社,2000
51 陈国权著.制造业先进生产方式与管理模式.北京:科学技术文献出版社,1998
52 田斌,等编著.机械 CAD 技术教程.北京:武汉工业大学出版社,2000
53 蒋庄德主编.机械精度设计.北京:西安交通大学出版社,2000
54 杨岳,等编著.CAM 技术与应用.北京:机械工业出版社,1996
55 王福军,张志民,张师伟编著.AutoCAD 环境下 C/Visual C ++ 应用程序开发教程.北京:希望电子出版社,2000
56 邵俊东,李旭东编著.AutoCAD ObjectARX2000 开发技术指南.北京:电子工业出版社,2000
57 [德]施普尔·克劳舍著.虚拟产品开发技术.宁汝新,等译.北京:机械工业出版社,2000
58 张曙著.分散网络化制造.北京:机械工业出版社,1999
59 黄心渊编著.虚拟现实技术与应用.北京:科学出版社,1999
60 王秀峰,等编著.快速原型制造技术.北京:中国轻工业出版社,2001
61 盛晓敏,邓朝晖主编.先进制造技术.北京:机械工业出版社,2001
62 熊光楞主编.并行工程的理论与实践.北京:清华大学出版社,2001
63 范玉顺主编.工作流管理技术基础.北京:清华大学出版社,2001
64 卢秉恒主编.RP 技术与快速模具制造.西安:陕西科学技术出版社,1998
65 吴玉瑞,马士华编著.现代生产管理学.武汉:华中理工大学出版社,1993
66 张根保主编.质量工程学.北京:机械工业出版社,2000
67 张公绪主编.新编质量管理学.北京:高等教育出版社,1998
68 严隽琪,范秀敏,姚健.虚拟制造系统的体系结构及其关键技术.中国机械工程,1999,9(11)
69 张曙,林德生.可持续发展的生产模式—分散网络化生产系统.中国机械工程,1998,8(2)
70 储备,等.网络 CAD 技术简述,小型微型计算机系统,2001,21(5)
71 王细洋,等.敏捷制造:内涵与关键.南昌航空工业学院,1999,13(1)
72 马永军,李荣彬,张曙.制造网络的发展状况.机械科学与技术,2000,19(3)
73 肖田元,等.虚拟制造内涵及其应用研究.系统仿真学报,2001,13(1)
74 栾斌,袁桂芳.试论并行工程.长春大学学报,2000,10(2)
75 王宏典,张友良,陆春进.虚拟制造技术及其应用.机械科学与技术,1998,17(5)
76 蒋祖华,唐文献,赵良才.虚拟产品开发体系研究.华东船舶工业学院学报,1999,13(2)
77 韩坚,吴澄,范玉顺.供应链建模与管理的技术现状和发展趋势.计算机集成制造系统,1998,4(4)
78 王怀伯,高国军,张申生.敏捷供应链管理关键技术.中国机械工程,2000,11(4)
79 袁清珂,王海燕,CIMS 中的集成质量系统及其关键技术.计算机集成制造系统,1997,3(6)
80 杨旭,等.CIMS 环境下计算机辅助质量保证系统的研究.计算机工程与设计,2000,11(3)
81 李小俚,王洪瑞,宾兴.先进制造技术中的敏捷制造.燕山大学学报,1999,22(2)
82 熊光楞,张和明,李伯虎.并行工程在我国的研究与应用.计算机集成制造系统,2000,6(2)
83 林勇,马士华.供应链管理(SCM)与信息技术.管理现代化,2000,111(2)
84 宋天虎.我国快速成形制造技术的发展与展望.中国机械工程,2000,11(10)
85 肖田元,等.虚拟制造内涵及其应用研究.系统仿真学报,2001,13(1)

86 李蔚,罗意平,杨岳,等.基于零件—设备特征匹配的 CAPP 系统中的信息描述.机械设计,2000.12
87 李惠云,徐燕申,李树杭.集成化 CAPP 的研究方法评述.机械设计,1999.2
88 府大兴.CAPP 的发展状况及趋势.电子机械工程.2000,7(2)
89 李小林,关锡英,易红.支持 CAD/CAPP 集成的产品数据模型 . 计算机集成制造系统,1998.6